科学出版社"十三五"普通高等教育本科规划教材

微积分与数学模型(上册)

(第三版)

电子科技大学成都学院文理学院　编

科学出版社

北　京

内 容 简 介

　　本教材是由电子科技大学成都学院文理学院应用数学系的教师，依据教育部关于高等院校微积分课程的教学基本要求，以培养应用型科技人才为目标而编写的. 全书分上、下两册，本书为上册，共五章，内容包括函数、极限与连续，导数与微分，微分中值定理与导数的应用，不定积分，定积分及其应用等，其中，每章最后一节分别介绍了极限模型、导数与微分模型、优化与微分模型、不定积分模型、定积分模型. 每节后面配备有适当的习题，每章配备有复习题，书后附部分习题参考答案和附录. 本书注重应用，在介绍微积分基本内容的基础上，融入了很多模型及应用实例.

　　本书可作为普通高校及成人高等教育、高等教育自学考试等各类本科微积分课程的教材或参考书.

图书在版编目(CIP)数据

微积分与数学模型：全 2 册 / 电子科技大学成都学院文理学院编.
3 版. ——北京：科学出版社，2024.8. ——(科学出版社"十三五"普通高等教育本科规划教材). —— ISBN 978-7-03-079021-7

Ⅰ. O172；O141.4

中国国家版本馆 CIP 数据核字第 20244FY041 号

责任编辑：胡海霞　李　萍 / 责任校对：杨聪敏
责任印制：师艳茹 / 封面设计：无极书装

科 学 出 版 社 出版
北京东黄城根北街 16 号
邮政编码：100717
http://www.sciencep.com
三河市骏杰印刷有限公司印刷
科学出版社发行　各地新华书店经销

*

2014 年 9 月第　一　版　　开本：720×1000　1/16
2017 年 8 月第　二　版　　印张：34 1/2
2024 年 8 月第　三　版　　字数：690 000
2024 年 8 月第十八次印刷
定价：99.00 元(全 2 册)
(如有印装质量问题，我社负责调换)

前　言

为了培养应用型科技人才,我们在大学数学的教学中以工程教育为背景,坚持将数学建模、数学实验的思想与方法融入数学主干课程,取得了较好的效果.通过教学实践我们认为微积分与数学模型、线性代数与数学模型、概率统计与数学模型课程,对转变师生的教育理念,引领学生热爱数学学习、重视数学应用很有帮助,对理工类应用型本科学生工程数学素养的培养很有必要.本书第一版自2014年出版以来,受到同类院校的广泛关注,并被多所学校选为教材或参考资料.

本书积极贯彻党的二十大精神,充分发挥教材的铸魂育人功能,为培养德智体美劳全面发展的社会主义建设者和接班人奠定坚实基础.经过多年的教学实践,和广泛征求同行的宝贵意见,在保持第一版、第二版教材的框架和风格的基础上,此次修改了以下四个方面内容:

(1) 对第二版中的部分内容进行了优化与增删,使一些计算过程更加简明;

(2) 对第二版中的例题、习题进行了精选,并增添了一些典型例题、习题,尤其是增补了部分计算比较简单又利于加强概念理解的习题,并重新校订了全部习题及其答案;

(3) 对第二版部分章节的文字叙述做了改进,为学生理解数学内容的实质起到重要的作用;

(4) 对第二版中的少数印刷错误进行了校正.

本书由帅鲲、罗文品主编,第1章由贺金兰、伍冬梅编写,第2章由武伟伟、孙娜、康淑菊编写,第3章由李红波、陈良莉编写,第4章由罗文品、帅鲲编写,第5章由张琳、马祥玉编写.全书由帅鲲、罗文品负责统稿.

在本书的编写过程中,得到了彭年斌、陈骑兵、张秋燕、张诗静、李宝平、张强的热情帮助和支持,特此致谢.

这次修订中,我们获得了许多宝贵的意见和建议,借本书再版机会,向对我们工作给予关心、支持的学校领导、广大同行也表示诚挚的谢意.

作为我们教学实践和改革的一个阶段性总结,本书还有许多需要完善的地方,因此我们真诚希望得到同行的批评指正,以便共同把微积分的基础教学工作做好.

编　者

2024年4月于成都

第二版前言

本书是科学出版社第一批"十三五"普通高等教育本科规划教材,也是四川省 2013～2016 年高等教育人才培养质量和教改建设项目成果. 本书第一版自 2014 年出版以来,受到同类院校的广泛关注,并被多所学校选为教材或参考资料. 经过几年的教学实践,并广泛征求同行的宝贵意见,在保持第一版教材的框架和风格的基础上,此次再版修改了以下几个方面内容:

(1) 对部分内容进行了优化与增删,使一些计算过程更加简明;

(2) 对原教材中的例题、习题进行了精选,并增添了一些典型例题、习题;

(3) 对文字叙述进行了加工,使其表达更加简明;

(4) 对原教材中的少数印刷错误进行了勘误.

本书由陈骑兵,康淑菊主编,上册执笔者是:张秋燕、康淑菊(第 1 章)、武伟伟(第 2 章)、彭年斌、康淑菊(第 3 章)、张诗静(第 4、5 章),全书由陈骑兵负责统稿.

这次修订中,我们获得了许多宝贵的意见和建议,借本书再版机会,向对我们工作给予关心、支持的学院领导、广大同行表示诚挚的谢意,新版中存在的问题,欢迎专家、同行和读者批评指正.

编　者

2017 年 6 月于成都

第一版前言

为了培养应用型科技人才,我们在大学数学的教学中以工程教育为背景,坚持将数学建模、数学实验的思想与方法融入数学主干课程,收到了好的效果.通过教学实践我们认为将原来的高等数学、线性代数、概率论与数理统计课程分别改设为微积分与数学模型、线性代数与数学模型、概率统计与数学模型课程,对转变师生的教育理念,引领学生热爱数学学习、重视数学应用很有帮助,对理工类应用型本科学生工程数学素养的培养很有必要.

"将数学建模思想全面融入理工类数学系列教材的研究"是电子科技大学成都学院"以 CDIO 工程教育为导向的人才培养体系建设"项目中的课题,也是四川省 2013～2016 年高等教育人才培养质量和教改建设项目.

本套系列教材主要以应用型科技人才培养为导向,以理工类专业需要为宗旨,在系统阐述微积分、线性代数、概率统计课程的基本概念、基本定理、基本方法的同时融入了很多经典的数学模型,重点强调数学思想与数学方法的学习,强调怎样将数学应用于工程实际.

本书主要介绍函数、极限与连续,导数与微分,微分中值定理及其应用、一元函数积分学等内容以及极限模型、导数模型、优化与微分模型、定积分模型.

本书的编写具有如下特点:

(1) 在保证基础知识体系完整的前提下,力求通俗易懂,删除了繁杂的理论性证明过程;教材体系和章节的安排上,严格遵循循序渐进、由浅入深的教学规律;在对内容深度的把握上,考虑应用型科技人才的培养目标和学生的接受能力,做到深浅适中、难易适度.

(2) 在重要概念和公式的引入上尽量根据数学发展的脉络还原最质朴的案例,教材中引入的很多案例都是数学建模活动中或讨论课上学生最感兴趣的问题,其内容丰富、生动有趣、视野开阔、宏微兼具.这对于提高学生分析问题和解决问题的能力都很有帮助.

(3) 按节配备了难度适中的习题,按章配备了复习题,并附有答案或提示.

全书讲授与模型讨论需要 80 学时.根据不同层次的需要,课时和内容可酌情取舍.

本书由彭年斌、张秋燕主编,第 1 章由张秋燕编写,第 2 章由武伟伟编写,第 3 章由彭年斌编写,第 4 章和第 5 章由张诗静编写.全书由彭年斌负责统稿.

在本书的编写过程中,我们参阅了大量的教材与文献资料,在此向这些作者表示感谢.

　　由于编者水平有限,书中难免有缺点和不妥之处,恳请同行专家和读者批评指正.

电子科技大学成都学院

数学建模与工程教育研究项目组

2014 年 5 月于成都

目　　录

绪　　论

微积分是研究函数的微分、积分,以及相关概念和应用的数学基础学科.它是 17 世纪由英国的牛顿(Newton,1643~1727)和德国的莱布尼茨(Leibniz,1646~ 1716)在前人成果的基础上分别创立起来的.17 世纪的欧洲,正处于工业革命时期,航海、造船业的兴起,运河、渠道的修建,以及各种机械的制造,都促使人们研究物体(包括天体)的运动变化,研究曲线、图形的一般数学方法,并将这些方法应用到实践中去.牛顿-莱布尼茨创立的微积分虽然一开始并不严格,但却直观生动,并且无论是对数学还是对其他科学乃至于技术的发展都产生了巨大的影响.

系统地将微积分建立在极限理论基础之上的,是 19 世纪上半叶的法国数学家柯西(Cauchy,1789~1857),而现在人们之所以能够运用集合论来处理微积分的问题,应归功于 19 世纪下半叶的数学家康托尔(Cantor,1845~1918).微积分的发展经过了漫长的三百多年.

数学模型是用数学语言抽象出的某个现实对象的数量规律.构造数学模型的过程主要有三个步骤.第一步,构造模型:从实际问题中分析、简化、抽象出数学问题.第二步,数学解答:对所提出的数学问题求解.第三步,模型检验:将所求得的答案返回到实际问题中去,检验其合理性并进一步总结出数学规律.

微积分的产生和发展与人类的实际需要密切相关.而借助于微积分,在解决各类问题的同时也建立了很多数学模型.

微积分的产生与下面两个典型模型直接相关.

模型 1　阿基米德(Archimedes,公元前 287 年~前 212 年)问题.

如图 0.1 所示,由曲线 $y=x^2$,x 轴与直线 $x=1$ 可以围成一个平面图形 D,求平面图形求平面图形的面积,D 的面积 S.

并不是一个新话题.我们熟知三角形、长方形、平行四边形、梯形、圆等平面图形的面积计算公式,也研究过一些其他规则图形的面积,在研究中大多都是将其分割成已知图形面积的和或差.然而,本题中平面图形的面积却不能如法炮制.

实际上,这个问题早在公元前就被古希腊数学家阿基米德解决了.如图 0.2(a)～(d)所示,我们发现每个图中小矩形面积的和是随小矩形个数的变化而变化的,而且随小矩形个数的增多,小矩形

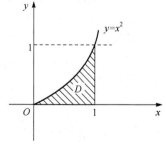

图 0.1

面积的和越来越接近于要求的平面图形的面积. 阿基米德的解题思想正是基于此,即将区间$[0,1]$平均分成n等份. 若把n个小矩形面积的和记为S_n,则当n充分大时,S_n趋近于S.

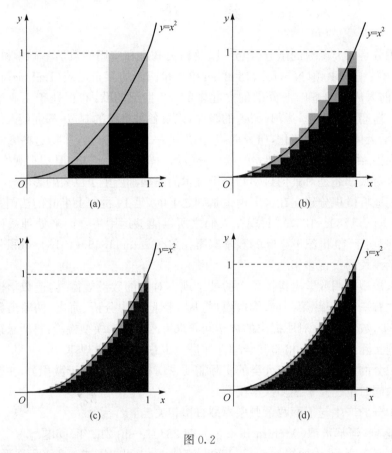

图 0.2

后来的数学家将此过程细化为四个步骤:分割、近似、求和、取极限,这正是积分的思想. 本书第 5 章有详细叙述.

模型 2 变速直线运动的瞬时速度问题.

某质点做变速直线运动,已知t_0时刻的位移为$s(t_0)$,t时刻的位移为$s(t)$. 求t_0时刻的瞬时速度v_{t_0}.

本题的难点在于"变". 其实,这个问题早在 17 世纪就已由英国的物理学家牛顿解决了,即先求平均速度$\bar{v}=\dfrac{s(t)-s(t_0)}{t-t_0}$,则当$t$趋近于$t_0$时,平均速度$\bar{v}$就趋近于$v_{t_0}$. 后来的数学家就将瞬时速度定义为平均速度的极限,即

$$v_{t_0} = \lim_{t \to t_0} \frac{s(t) - s(t_0)}{t - t_0}.$$

而这个特殊的极限后来就抽象为导数的定义. 这属于微分学的内容, 将在本书第 2 章中详述.

《微积分与数学模型》一书主要包括: 函数、极限与连续; 一元函数微积分学及其模型应用实例; 多元函数微积分学及其模型应用实例; 常微分方程与无穷级数及其应用等. 其中重点介绍了极限模型、优化与微分模型、定积分模型、数量值函数积分模型、向量值函数积分模型、微分方程中的模型与经济数学模型. 函数是微积分研究的基本对象, 极限是微积分的基本工具, 微分和积分方法是基本技能, 众多的结合工程实际的数学模型应用是基本训练.

从数学发展的历史可以看出, 微积分的产生, 是一件由常量数学向变量数学转变的具有划时代意义的大事, 它是学习数学和掌握任何一门自然科学与工程技术的基础, 读者要充分认识到学习微积分与数学模型的重要性, 要注重研究和掌握微积分与数学模型学习的特点, 认真理解基本概念, 熟悉基本定理, 掌握基本技能, 会应用基本模型, 以期使自己的思想方法从不变到变、从有限到无限、从有形到无形、从特殊到一般、从直观到抽象, 产生一个质的飞跃.

微积分生动有趣但又深邃严谨, 贴近生活但又复杂多变, 希望读者在学习时勤于思考、善于发现, 在掌握基本的数学方法的同时, 不断提高应用能力.

第1章 函数、极限与连续

函数是数学中的一个基本概念,它反映了客观世界中变量变化之间的相依关系,是微积分的主要研究对象.极限是研究微积分的重要工具.本章介绍函数的概念及特性,极限的概念、性质与运算,函数的连续性.它们是学习微积分的基础,也是数学应用中建立数学模型的基础.

1.1 函数的基本概念

1.1.1 准备知识

1. 集合

集合是某些指定对象组成的总体.通常用大写字母 $A,B,C,\cdots$ 表示集合.构成集合的成员称为**元素**,一般用小写字母 $a,b,c,\cdots$ 表示.并且,若 a 是集合 A 的元素,则可记作 $a\in A$,读作"a 属于 A".不含任何元素的集合称为**空集**,记作 $\varnothing$.本书所涉及的集合主要是数集.一般地,自然数集合用 $\mathbf{N}$ 表示;正整数集合用 $\mathbf{N}^*$ 表示;整数集合用 $\mathbf{Z}$ 表示;有理数集合用 $\mathbf{Q}$ 表示;实数集合用 $\mathbf{R}$ 表示.

2. 区间

设 a 和 b 都是实数,且 $a<b$,则数集 $\{x\,|\,a<x<b\}$ 称为**开区间**,记作 (a,b);数集 $\{x\,|\,a\leqslant x\leqslant b\}$ 称为**闭区间**,记作 $[a,b]$.类似地,$[a,b)=\{x\,|\,a\leqslant x<b\}$ 和 $(a,b]=\{x\,|\,a<x\leqslant b\}$ 都称为**半开区间**.以上这些区间的长度是有限的,统称为**有限区间**.否则,称为**无限区间**,如 $[a,+\infty)=\{x\,|\,x\geqslant a\}$.

另外,还有一类特殊的区间在本书的数学表述中经常遇到.

设 x_0 与 δ 是两个实数,且 $\delta>0$,满足不等式 $|x-x_0|<\delta$ 的实数 x 的全体称为 x_0 的 δ **邻域**.若用 $U(x_0,\delta)$ 表示 x_0 的 δ 邻域,则

$$U(x_0,\delta)=(x_0-\delta,x_0+\delta),$$

其中 x_0 称为 $U(x_0,\delta)$ 的中心点,δ 称为半径;而

$$\mathring{U}(x_0,\delta)=(x_0-\delta,x_0)\bigcup(x_0,x_0+\delta)$$

称为 x_0 的 δ **去心邻域**,其中 $(x_0-\delta,x_0)$ 称为 $U(x_0,\delta)$ 的左邻域,$(x_0,x_0+\delta)$ 称为 $U(x_0,\delta)$ 的右邻域.x_0 的 δ 邻域 $U(x_0,\delta)$ 用数轴形象地表示如图 1.1 所示.

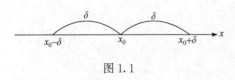

图 1.1

在以后的数学表述中,有两个常用的逻辑量词符号"∀"和"∃"."∀"表示"任意"."∃"表示"存在".

1.1.2　函数的概念

1. 函数的定义

引例　自由落体运动方程.

在自由落体运动中,物体下落的距离随下落时间的变化而变化,下落距离 s 与时间 t 之间的变化关系为:$s = \dfrac{1}{2}gt^2$,其中 g 为重力加速度.

当变量 t 在给定的范围内取得一个定值后,可以通过公式确定出另一个变量 s 的值,这种变量之间的关系称为**函数**.

定义 1.1　设 x 和 y 是两个变量,D 是一个给定的数集.如果对于 $\forall x \in D$,按照某一法则 f,变量 y 都有确定的值和它对应,则称 f 为定义在 D 上的**函数**.数集 D 称为该函数的**定义域**,x 称为**自变量**,y 称为**因变量**.与自变量 x 对应的因变量 y 的值可记作 $f(x)$,称为函数 f 在点 x 处的**函数值**.D 上所有数值对应的全体函数值的集合称为**值域**.

其中,定义域和对应法则是构成函数的两个要素,判断两个函数是否为同一函数,需要由这两个要素来检验.

例 1.1.1　求函数 $f(x) = \dfrac{x^2 - 9}{x + 3}$ 的定义域,并判断它与 $g(x) = x - 3$ 是否为同一函数.

解　当分母 $x + 3 \neq 0$ 时,函数 $f(x)$ 才有意义,所以函数的定义域为 $x \neq -3$ 的全体实数,用区间表示为 $(-\infty, -3) \cup (-3, +\infty)$.

而 $g(x) = x - 3$ 的定义域是 $(-\infty, +\infty)$,$f(x)$ 与 $g(x)$ 的定义域不同,所以 $f(x)$ 与 $g(x)$ 不是同一函数.

例 1.1.2　求函数 $f(x) = \dfrac{1}{\sqrt{2 - x}} + \sqrt{x + 3}$ 的定义域.

解　$f(x)$ 由两个表达式相加而成,表达式 $\dfrac{1}{\sqrt{2 - x}}$ 有意义的范围是 $x \in (-\infty, 2)$;表达式 $\sqrt{x + 3}$ 有意义的范围为 $x \in [-3, +\infty)$.取其公共部分,故此函数的定义域为 $\{x \mid -3 \leqslant x < 2\}$,或写成 $[-3, 2)$.

若对 $\forall x \in D$,对应的函数值总是唯一的,则将函数称为**单值函数**,否则称为**多值函数**.本书中如不特别说明,所指函数均为单值函数.

2. 分段函数

在自变量的不同变化范围中,对应法则用不同的式子来表示的函数,称为**分段函数**.

（1）**符号函数**

$$y = \mathrm{sgn}x = \begin{cases} -1, & x < 0, \\ 0, & x = 0, \\ 1, & x > 0. \end{cases}$$

（2）**取整函数**

$$y = [x], \quad 其中 [x] 表示不超过 x 的最大整数.$$

（3）**狄利克雷（Dirichlet）函数**

$$D(x) = \begin{cases} 1, & 当 x 为有理数, \\ 0, & 当 x 为无理数. \end{cases}$$

（4）**黎曼（Riemann）函数**

$$R(x) = \begin{cases} \dfrac{1}{q}, & 当 x = \dfrac{p}{q}\left(p, q \in \mathbf{N}^*, \dfrac{p}{q} 为既约真分数\right), \\ 0, & 当 x = 0, 1 和 (0,1) 内的无理数. \end{cases}$$

3. 反函数

一般地,设函数 $y = f(x)(x \in A)$ 的值域是 B,根据这个函数中 x, y 的关系,用 y 把 x 表示出,得到 $x = \varphi(y)$.若对于 y 在 B 中的任何一个值,通过 $x = \varphi(y)$, x 在 A 中都有唯一的值和它对应,那么,$x = \varphi(y)$ 就表示 y 是自变量、x 是因变量的函数,这样的函数 $x = \varphi(y)$ $(y \in B)$ 叫做函数 $y = f(x)(x \in A)$ 的**反函数**.

习惯上,常用 x 表示自变量,y 表示因变量,所以我们将 $y = f(x)(x \in A)$ 的反函数改写为 $y = \varphi(x)$.

反函数 $y = \varphi(x)$ 的定义域、值域分别是函数 $y = f(x)$ 的值域、定义域.由于改变了自变量和因变量的记号,因而在直角坐标系 xOy 中,原函数 $y = f(x)$ 和其反函数 $y = \varphi(x)$ 关于直线 $y = x$ 是对称的.

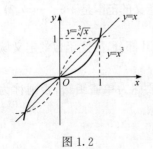

图 1.2

例 1.1.3　求函数 $y = x^3$ 的反函数,并画出原函数与反函数的图形（图 1.2）.

解　函数 $y = x^3$ 的定义域为 $\mathbf{R}$,值域为 $\mathbf{R}$.

由 $y = x^3$ 解得

$$x = \sqrt[3]{y},$$

交换 x 与 y,则 $y = x^3$ 的反函数写成

$$y = \sqrt[3]{x} \quad (x \in \mathbf{R}).$$

在图 1.2 中,原函数 $y=x^3$ 的图形如实线所示,反函数 $y=\sqrt[3]{x}$ 的图形如虚线所示,它们关于直线 $y=x$ 对称.

常见的三角函数 $y=\sin x$,$y=\cos x$,$y=\tan x$ 的反函数分别为 $y=\arcsin x$,$y=\arccos x$,$y=\arctan x$,其定义域、值域如表 1.1 所示,图形如图 1.3 所示.

表 1.1　常见反三角函数的定义域、值域

	$y=\arcsin x$	$y=\arccos x$	$y=\arctan x$
定义域	$[-1,1]$	$[-1,1]$	**R**
值域	$\left[-\dfrac{\pi}{2},\dfrac{\pi}{2}\right]$	$[0,\pi]$	$\left(-\dfrac{\pi}{2},\dfrac{\pi}{2}\right)$
图像	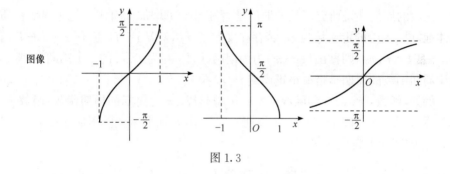		

图 1.3

1.1.3　函数特性

1. 函数的有界性

函数的有界性是研究函数的自变量在某一确定范围变化时,其取值是否有界的性质.具体地,设 $f(x)$ 在集合 X 上有定义,若 $\exists M>0$,使得对 $\forall x\in X$ 都有 $|f(x)|\leqslant M$,则称函数 $f(x)$ 在 X 上**有界**;否则,称函数 $f(x)$ 在 X 上**无界**.

例如,函数 $f(x)=\sin x$ 在 $(-\infty,+\infty)$ 上是有界的,因为 $\exists M=1>0$,使得对 $\forall x\in(-\infty,+\infty)$ 都有 $|\sin x|\leqslant 1$. 当然,这里的 M 的取值并不是唯一的,如也可以取 $M=2$. 类似分析可得到函数 $f(x)=\mathrm{e}^x$ 在 $(-\infty,+\infty)$ 上无界,但在 $(-\infty,0)$ 上有界.

2. 函数的单调性

函数的单调性是研究函数的自变量增加时,其取值是增加还是减少的性质.具体地,设 $f(x)$ 在区间 I 上有定义,若对 $\forall x_1,x_2\in I$,且 $x_1<x_2$,恒有 $f(x_1)\leqslant f(x_2)$,则称函数 $f(x)$ 在 I 上**单调递增**;若对 $\forall x_1,x_2\in I$,且 $x_1<x_2$,恒有 $f(x_1)\geqslant f(x_2)$,则称函数 $f(x)$ 在 I 上**单调递减**.

3. 函数的奇偶性

函数的奇偶性是研究函数的图像关于坐标轴以及坐标原点是否具有对称性. 具体地,设 $f(x)$ 的定义域 D 关于原点对称,若对 $\forall x \in D$,恒有 $f(-x) = -f(x)$,则称函数 $f(x)$ 在 D 上为**奇函数**,此时,函数 $f(x)$ 的图像关于坐标原点对称;若对 $\forall x \in D$,恒有 $f(-x) = f(x)$,则称函数 $f(x)$ 在 D 上为**偶函数**,此时,函数 $f(x)$ 的图像关于 y 轴对称.

例如,函数 $y = \cos x$ 和 $y = x^2$ 都是实数集上的偶函数,函数 $y = \sin x$ 和 $y = x^3$ 都是实数集上的奇函数.

4. 函数的周期性

函数的周期性是研究函数的取值是否随自变量增加而有规律地重复的性质. 具体地,设 $f(x)$ 的定义域为 D,若存在常数 $T \neq 0$,对 $\forall x \in D$,恒有 $x + T \in D$,且 $f(x+T) = f(x)$,则称函数 $f(x)$ 为**周期函数**,称 T 为 $f(x)$ 的一个**周期**. 通常,我们说周期函数的周期是指最小正周期.

例如,函数 $y = \sin x$ 和函数 $y = \cos x$ 都是以 2π 为周期的周期函数;函数 $y = \tan x$ 和函数 $y = \cot x$ 都是以 π 为周期的周期函数. 周期函数的图形在相邻两个长度为 T 的区间上完全相同.

习 题 1.1

1. 已知函数 $f(x) = 1 + x^2$,求 $f(1), f(-1), f(0), f(k), f(-k)$ 的值.

2. 判断下列各组函数是否相同,并说明理由.

(1) $y = \sqrt{x^2}, y = |x|$;　　　　(2) $y = \ln x^2, y = 2\ln x$;

(3) $y = \dfrac{x^2-1}{x+1}, y = x-1$;　　(4) $y = \sqrt{1-x}\sqrt{2-x}, y = \sqrt{(1-x)(2-x)}$.

3. 求下列函数的定义域.

(1) $y = \ln(x^2 + 2x - 3)$;　　　(2) $y = \sqrt{x^2 - 4}$;

(3) $y = \dfrac{\sqrt{x-1}}{\ln(x-1)}$;　　　　(4) $y = \sqrt{25-x^2} + \arcsin\dfrac{x-1}{5}$.

4. 讨论下列函数的奇偶性.

(1) $y = a^x - a^{-x}$($a > 0$ 且 $a \neq 1$);　(2) $y = 3x - x^3 + x^5$;

(3) $y = x + \cos 2x$;　　　　　(4) $y = \ln(\sqrt{1+x^2} - x)$.

5. 已知 $f(x) = e^x, f[\varphi(x)] = 1-x$,且 $\varphi(x) \geqslant 0$,则 $\varphi(x) = \underline{\hspace{2cm}}$,定义域为 $\underline{\hspace{2cm}}$.

6. 目前,我国对民用电实施阶梯电价,A 省具体方案:第一档是月度用电量为 180kW·h(包含 180kW·h)以内,这档电价是 0.5653 元/(kW·h);第二档是月度用电量超过 180kW·h,但未超过 350kW·h,这档电价是在第一档电价基础上涨 0.05 元/(kW·h);第三档是月度用电量为 350kW·h 以上,这档电价是超出部分在第一档电价基础上涨 0.3 元/kW·h. 以一个年度为计量周期,月度滚动使用. 若以 y 表示应缴电费(单位:元),x 表示用电量(单位:kW·h),试建立 y 与 x 之间的函数关系,若某户在 2019 年全年共用电 3000kW·h,问该户需缴电费多少元?

1.2　初 等 函 数

1.2.1　基本初等函数

基本初等函数有:常值函数、幂函数、指数函数、对数函数、三角函数、反三角函数,以上六类函数统称为基本初等函数. 以上基本初等函数的一些性质,具体内容见表 1.2.

表 1.2　基本初等函数的图形及其简单性质

名称	解析表达式	定义区间	图形	简单性质
常值函数	$y=C$ (C 为常数)	$x\in(-\infty,+\infty)$		偶函数,周期函数,有界
幂函数	$y=x^{\mu}$ ($\mu\in\mathbf{R}$ 为常数)	随 μ 的不同而不同,但在 $x>0$ 时有意义		(1) 当 μ 为偶数时,为偶函数 (2) 当 μ 为奇数时,为奇函数 (3) 当 μ 为负数时,图形在原点间断 (4) 当 $x>0$ 时,函数单调,图形都经过第一象限的点(1,1)

名称	解析表达式	定义区间	图形	简单性质
指数函数	$y=a^x$, $a>0$,且$a\neq1$	$x\in(-\infty,+\infty)$	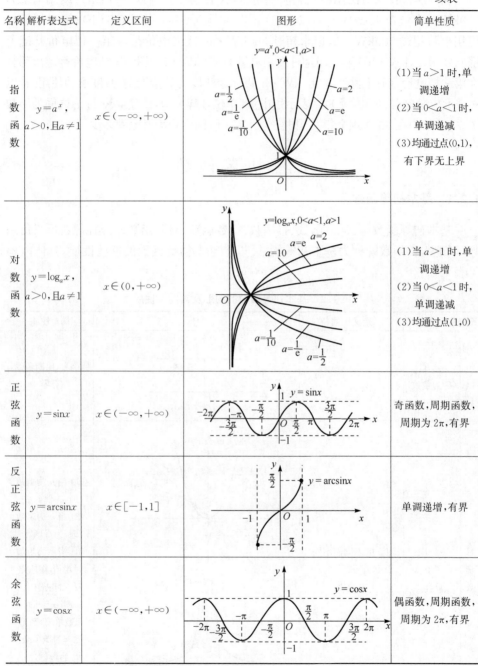	(1)当$a>1$时,单调递增 (2)当$0<a<1$时,单调递减 (3)均通过点$(0,1)$,有下界无上界
对数函数	$y=\log_a x$, $a>0$,且$a\neq1$	$x\in(0,+\infty)$		(1)当$a>1$时,单调递增 (2)当$0<a<1$时,单调递减 (3)均通过点$(1,0)$
正弦函数	$y=\sin x$	$x\in(-\infty,+\infty)$		奇函数,周期函数,周期为2π,有界
反正弦函数	$y=\arcsin x$	$x\in[-1,1]$		单调递增,有界
余弦函数	$y=\cos x$	$x\in(-\infty,+\infty)$		偶函数,周期函数,周期为2π,有界

续表

名称	解析表达式	定义区间	图形	简单性质
反余弦函数	$y=\arccos x$	$x\in[-1,1]$		单调递减,有界
正切函数	$y=\tan x$	$x\in\left(k\pi-\dfrac{\pi}{2},\right.$ $\left.k\pi+\dfrac{\pi}{2}\right),k\in\mathbf{Z}$		奇函数,周期函数,周期为 π,在 $\left(k\pi-\dfrac{\pi}{2},k\pi+\dfrac{\pi}{2}\right)$ 上单调递增
反正切函数	$y=\arctan x$	$x\in(-\infty,+\infty)$		奇函数,单调递增,有界
余切函数	$y=\cot x$	$x\in(k\pi,k\pi+\pi),k\in\mathbf{Z}$		奇函数,周期函数,周期为 π,在 $(k\pi,k\pi+\pi)$ 上单调递减
反余切函数	$y=\operatorname{arccot}x$	$x\in(-\infty,+\infty)$		非奇非偶函数,单调递减,有界

1.2.2　函数的复合

质量为 m 的质点从空中自由下落,如果 t 时刻下落至空中某点,它具有速度 v 和动能 E. 我们知道,$E=\dfrac{1}{2}mv^{2}$,又将 $v=gt$ "代入",显然 E 可以表示为 t 的函数 $E=\dfrac{1}{2}m(gt)^{2}$,这个"代入"就是"复合",其结果就得出了复合函数.

设 y 是 u 的函数 $y=f(u)$，u 又是 x 的函数 $u=\varphi(x)$，且 $\varphi(x)$ 的函数值的全部或部分在 $f(u)$ 的定义域内，那么 y 通过 u 的联系也是 x 的函数，这个函数是由函数 $y=f(u)$ 及 $u=\varphi(x)$ 复合而成的**复合函数**，记作 $y=f[\varphi(x)]$，其中 u 称为**中间变量**.

注 1　复合函数 $y=f[\varphi(x)]$ 的定义域是 $u=\varphi(x)$ 的定义域的一个子集（空集除外）.

注 2　并非任何两个函数均能复合. 例如，函数 $y=\arcsin u$ 与函数 $u=2+x^2$ 是不能复合成一个函数的. 因为对于 $u=2+x^2$ 的定义域 $(-\infty,+\infty)$ 中的任何 x 值所对应的 u 值（都大于或等于 2），对于 $y=\arcsin u$ 都没有定义.

注 3　复合函数的中间变量可以不止一个. 例如，$y=e^{\sin 3x}$ 是由 $y=e^u$，$u=\sin v$，$v=3x$ 复合而成的，其中 u,v 都是中间变量.

例 1.2.1　设函数 $y=\ln u$，$u=4-t^2$，$t=\cos x$，试将 y 写成 x 的函数.

解　$y=\ln(4-\cos^2 x)$.

例 1.2.2　设 $f(x)=x^2$，$g(x)=\ln x$，求 $f(g(x))$，$g(f(x))$.

解　$f(g(x))=f(\ln x)=(\ln x)^2$；$g(f(x))=g(x^2)=\ln x^2$.

复合函数的本质就是一个函数. 为了研究函数的需要，今后经常要将一个给定的函数看成由若干个基本初等函数复合而成的形式，从而把它分解成若干个基本初等函数.

例 1.2.3　下列复合函数由哪些基本初等函数复合而成？

(1) $y=\cos x^4$；　　　　　(2) $y=e^{\arctan\sqrt{x}}$.

解　(1) 函数 $y=\cos x^4$ 由 $y=\cos u$，$u=x^4$ 复合而成；

(2) 函数 $y=e^{\arctan\sqrt{x}}$ 由 $y=e^u$，$u=\arctan v$，$v=\sqrt{x}$ 复合而成.

1.2.3　初等函数的概念

由基本初等函数经过有限次的四则运算或复合运算而构成的可用一个解析表达式表示的函数，称为**初等函数**. 例如

$$y=x+1,\quad y=\frac{2}{x},\quad y=\sin^2 x,\quad y=\sqrt{x^2},$$

以及双曲函数

$$双曲正弦\ \mathrm{sh}x=\frac{e^x-e^{-x}}{2},\quad 双曲余弦\ \mathrm{ch}x=\frac{e^x+e^{-x}}{2},$$

$$双曲正切\ \mathrm{th}x=\frac{\mathrm{sh}x}{\mathrm{ch}x}=\frac{e^x-e^{-x}}{e^x+e^{-x}},\quad 双曲余切\ \mathrm{cth}x=\frac{\mathrm{ch}x}{\mathrm{sh}x}=\frac{e^x+e^{-x}}{e^x-e^{-x}}$$

等都是初等函数.

但注意分段函数是用几个式子来表示的一个函数，一般来说它不是初等函数.

如:函数 $y = \begin{cases} x+1, & x>0, \\ x, & x \leqslant 0 \end{cases}$ 不是初等函数.

习 题 1.2

1. 设 $f(x)$ 是定义在 $(-\infty, +\infty)$ 上的奇函数,在区间 $(0, +\infty)$ 上的表达式为 $f(x) = x - x^2$,求 $f(x)$ 在区间 $(-\infty, 0)$ 上的表达式.

2. 分解下列复合函数,说明每一个函数是由哪些简单函数复合而成的.

(1) $y = \sin(\log_2 x)$;

(2) $y = \sqrt{\tan \dfrac{x}{2}}$;

(3) $y = e^{\cos \frac{1}{x}}$;

(4) $y = \arccos \sqrt{\log_2(x^2 - 1)}$.

3. 判断下列函数哪些是初等函数.

(1) $y = \sqrt{\sin(x-3)}$;

(2) $y = \ln(x + \sqrt{x^2 + a^2})$;

(3) $y = \sqrt{x^2}$;

(4) $y = \operatorname{sgn} x = \begin{cases} 1, & x>0, \\ 0, & x=0, \\ -1, & x<0. \end{cases}$

4. 设函数 $f(x) = \begin{cases} 1, & |x|<1, \\ 0, & |x|=1, \\ -1, & |x|>1, \end{cases}$ $g(x) = e^x$,求 $f(g(x))$ 和 $g(f(x))$.

5. 一曲柄连杆机构如图 1.4 所示,主动轮以匀角速度 ω 弧度/秒旋转,曲柄 OA 绕轴 O 做圆周运动. 开始时,O, A, B 三点在同一水平线上,设 $OA = R, AB = l$,求 s 与时间 t 的函数关系.

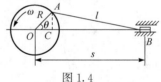

图 1.4

1.3 极限的概念

1.3.1 极限引例

我们知道无限循环小数是有理数,而有理数总是可以表示为两个互素的素数之商. 如 $\dfrac{1}{3} = 0.333\cdots$,这个结果对于大多数人来说是容易理解的. 但是如果等式两边同时乘以 3 会得到 $1 = 0.999\cdots$,此时我们会有这样的困惑:$0.999\cdots$ 循环小数不管有多少位 9,它总会和 1 相差 $0.00\cdots001$? 事实上,如果从极限的角度来理解 $0.999\cdots$ 循环小数是数列 $\left\{ x_n = 1 - \dfrac{1}{10^n} \right\} = \{0.9, 0.99, 0.999, 0.9999, 0.99999, \cdots\}$ 的极限,那么其极限就是 1.

春秋战国时期的哲学家庄子在《庄子·天下》一书中记载"截丈问题"时说："一尺之棰,日取其半,万世不竭",意思就是一尺长的木杖,今天取走一半,明天在剩余的部分再取走一半,以后每天都在前一天的剩余部分里面取走一半,随着时间的流逝,木杖会越来越短,长度越来越趋近于零,但又永远不会等于零.那么不管取多长时间都是取不完的.如果我们用数列表示每次取走之后剩余部分的长度,则可以表示为 $\left\{\dfrac{1}{2},\dfrac{1}{4},\dfrac{1}{8},\cdots,\dfrac{1}{2^n},\cdots\right\}$.如果从极限的角度来看,该数列的极限是 0,则只要时间无穷的情况下,最终这根木杖是可以被取完的.

魏晋时期的数学家刘徽在计算圆周率时首创"割圆术",即"割之弥细,所失弥少,割之又割,以至于不可割,则与圆合体,而无所失矣".意思就是计算圆的内接正 n 边形的面积,如图 1.5 所示,随着内接正多边形的边数越来越多,其面积也越来越接近圆的面积,直到 n 无限大,则得到圆的精确面积.正多边形和圆是两类不同的图形,显然不管正多边形有多少条边,它仍然不能看作一个圆,但是如果从极限的角度来看,当边数趋于无穷大的时候,正多边形的极限是圆就是合理的.

可见,极限是处理实际问题的重要的数学工具,因此研究极限非常重要.

图 1.5

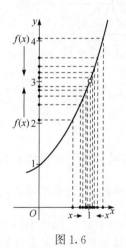

图 1.6

1.3.2　极限的直观定义

下面,我们通过例 1.3.1 来直观地理解极限.

例 1.3.1　考察函数 $f(x)=\dfrac{x^3-1}{x-1}$ 在 $x=1$ 处的极限.

显然,$f(x)$ 在 $x=1$ 处没有定义.然而,当 x 趋于 1 时,函数会如何变化?更确切地讲,当 x 趋于 1 时,函数 $f(x)$ 的值会趋向于什么?通过求 1 附近的几个值,可得到表 1.3.我们也可画出函数 $f(x)$ 的草图,如图 1.6 所示.表 1.3 和图 1.6 均显示一个相同的结论:当 x 趋于 1 时,$f(x)$ 趋于 3.

表 1.3　$f(x)$ 求值列表

x	1.2	1.1	1.01	1.001	↓	1.000	↑	0.999	0.99	0.9	0.8
$f(x)=\dfrac{x^3-1}{x-1}$	3.640	3.310	3.030	3.003	↓	无定义	↑	2.997	2.970	2.710	2.440

一般地,我们给出极限的直观定义.

定义 1.2　设函数 $f(x)$ 在点 x_0 的某去心邻域内有定义,当 x 无限接近于常数 x_0 但不等于 x_0 时,若 $f(x)$ 趋向于常数 A,则称 A 为 $f(x)$ 当 x 趋于 x_0 时的**极限**,记作 $\lim\limits_{x\to x_0}f(x)=A$.

注　这里对函数 $f(x)$ 在点 x_0 没有任何要求,甚至都不需要 $f(x)$ 在 x_0 有定义.例 1.3.1 对 $f(x)=\dfrac{x^3-1}{x-1}$ 在 $x=1$ 处的讨论也说明了这个问题.极限考虑的是函数 $f(x)$ 在 x_0 附近的变化趋势,与在 x_0 处的函数值无关.

定义 1.2 使用了"接近""趋向"这两个感性的词.但是,多近才算接近,怎样才算趋向? 并没有说清楚.为了说清楚,我们需要给出极限的精确定义.

1.3.3　极限的精确定义

1. 函数在某点处的极限

在给出极限的精确定义之前,先看例 1.3.2.

例 1.3.2　利用 $y=f(x)=x^2$ 的图像确定 x 有多靠近 2 时,才能使 $f(x)$ 在 4 ± 0.05 范围之内.

解　$f(x)$ 在 4 ± 0.05 范围之内,即 $3.95<f(x)<4.05$. 如图 1.7(b) 所示,先画出直线 $y=3.95$ 和直线 $y=4.05$. 进而,分别通过这两条直线与函数图像的交点作 x 轴的垂线 $x=\sqrt{3.95}$ 和 $x=\sqrt{4.05}$,如图 1.7(c) 所示,若 $1.98746\approx\sqrt{3.95}<x<\sqrt{4.05}\approx2.01246$,则 $3.95<f(x)<4.05$. 由于,右端点 2.01246 更接近于 2,故当 x 落在与 2 相差 0.01246 的范围之内的时候,$f(x)$ 在 4 ± 0.05 范围之内.

进一步地,x 有多靠近 2 时,才能使 $f(x)$ 在 4 ± 0.01 范围之内呢? 读者可类似分析.当然,此时,我们需要 x 更靠近 2. 而且,事实上不管要求 $f(x)$ 多么接近 4,我们都可以找到合适的靠近 2 的 x 的范围.

定义 1.3　设函数 $f(x)$ 在点 x_0 的某去心邻域内有定义,如果存在常数 A,若对于 $\forall\varepsilon>0$(无论 ε 多么小),总 $\exists\delta>0$,使得当 $0<|x-x_0|<\delta$ 时,总有 $|f(x)-A|<\varepsilon$,则称 A 为 $f(x)$**当 x 趋于 x_0 时的极限**,记作 $\lim\limits_{x\to x_0}f(x)=A$.

定义 1.3 用 ε 表示任意小的正数,巧妙地将"$f(x)$ 趋向于常数 A"转化为

"$f(x)$ 与 A 的距离可以任意小",即"$|f(x)-A|<\varepsilon$";用 δ 表示充分小的正数,是为了刻画 x 接近 x_0 的程度. 当然, δ 依赖于 ε, 也就是说给定一个 ε, 就会相应有一个 δ.

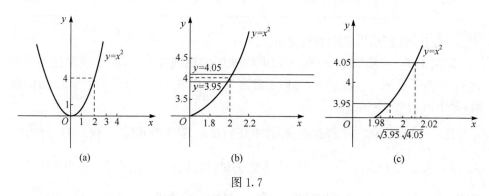

图 1.7

注1　图 1.8 可以帮助我们充分理解定义 1.3.

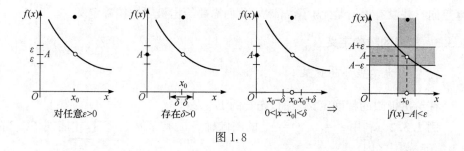

图 1.8

注2　仿照定义 1.3, 我们也可类似定义 $\lim\limits_{x\to\infty}f(x)=A$, 即

$$\lim_{x\to\infty}f(x)=A \Leftrightarrow \forall \varepsilon>0, \exists X>0, \text{当} |x|>X \text{ 时,有} |f(x)-A|<\varepsilon.$$

有了极限的精确定义, 我们就可以验证某个数是否为函数的极限了.

例 1.3.3　证明: $\lim\limits_{x\to 3}(2x+1)=7$.

分析: 根据极限定义, 对于 $\forall \varepsilon>0$, 需要找出 $\delta>0$, 使得当 $0<|x-3|<\delta$ 时, 有 $|(2x+1)-7|<\varepsilon$. 而

$$|(2x+1)-7|<\varepsilon \Leftrightarrow |2x-6|<\varepsilon \Leftrightarrow |x-3|<\frac{\varepsilon}{2}.$$

因此, 我们找到了 δ, 即 $\delta=\dfrac{\varepsilon}{2}$.

证　对于 $\forall \varepsilon>0$, 取 $\delta=\dfrac{\varepsilon}{2}$, 则当 $0<|x-3|<\delta$ 时, 有

$$|(2x+1)-7|=|2x-6|=2|x-3|<2\delta=\varepsilon.$$

因此, $\lim\limits_{x \to 3}(2x+1)=7$.

例 1.3.4　证明: $\lim\limits_{x \to 2}\sqrt{x}=\sqrt{2}$.

分析: 对于 $\forall \varepsilon > 0$, 我们希望能够找到相应的 $\delta > 0$, 使得当 $0 < |x-2| < \delta$ 时, 都有 $|\sqrt{x}-\sqrt{2}|=\dfrac{x-2}{\sqrt{x}+\sqrt{2}} < \dfrac{x-2}{\sqrt{2}}$, 因此可以选择 $\delta = \sqrt{2}\varepsilon$.

证　对于 $\forall \varepsilon > 0$, 取 $\delta = \sqrt{2}\varepsilon$, 则当 $0 < |x-2| < \delta$ 时, 有

$$|\sqrt{x}-\sqrt{2}|=\frac{x-2}{\sqrt{x}+\sqrt{2}} < \frac{x-2}{\sqrt{2}} < \frac{\delta}{\sqrt{2}}=\varepsilon,$$

因此, $\lim\limits_{x \to 2}\sqrt{x}=\sqrt{2}$.

对于某点的极限, 还可以单独从 x_0 的左侧或者右侧定义单侧极限. 与双侧极限的严格定义类似, 我们给出其严格数学表达.

定义 1.4（右极限）　对于 $\forall \varepsilon > 0$（无论 ε 多么小）, 总 $\exists \delta > 0$, 使得当 $0 < x < x_0+\delta$ 时, 总有 $|f(x)-A| < \varepsilon$, 则称 A 是 $f(x)$ 当 x 趋近 x_0^+ 时的右极限, 记为

$$\lim_{x \to x_0^+}f(x)=A \text{ 或 } f(x_0+0)=A.$$

定义 1.5（左极限）　对于 $\forall \varepsilon > 0$（无论 ε 多么小）, 总 $\exists \delta > 0$, 使得当 $x_0-\delta < x < 0$ 时, 总有 $|f(x)-A| < \varepsilon$, 则称 A 是 $f(x)$ 当 x 趋近 x_0^- 时的左极限, 记为

$$\lim_{x \to x_0^-}f(x)=A \text{ 或 } f(x_0-0)=A.$$

显然, 通过对比左右极限的定义与双侧极限的定义, 可以得到如下定理.

定理 1.1　$\lim\limits_{x \to x_0}f(x)=A$ 成立的充要条件是左极限 $\lim\limits_{x \to x_0^-}f(x)$ 和右极限 $\lim\limits_{x \to x_0^+}f(x)$ 均存在且都等于 A.

图 1.9 能帮助我们更直观地理解其内涵. 即使函数的左右极限都存在, 也不能保证函数的极限就一定存在.

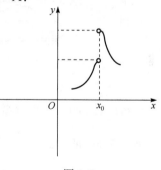

图 1.9

例 1.3.5　已知函数 $f(x)=\begin{cases} x-1, & x < 0, \\ 0, & x=0, \\ x+1, & x > 0, \end{cases}$　当 $x \to 0$ 时, 证明函数 $f(x)$ 的极限不存在.

证　当 $x \to 0$ 时, 函数 $f(x)$ 的左极限 $\lim\limits_{x \to 0^-}f(x)=\lim\limits_{x \to 0^-}(x-1)=-1$, 而右极限 $\lim\limits_{x \to 0^+}f(x)=\lim\limits_{x \to 0^+}(x+1)=1$.

因左极限和右极限存在但不相等,故$\lim\limits_{x \to 0} f(x)$不存在.

2. 函数在无穷远处的极限

函数在无穷远处的极限是指,当$|x|$充分大时,$f(x)$能任意趋近常数A. 此时对于"任意趋近常数A",仍可采用规定距离标准$\varepsilon > 0$,使$|f(x) - A| < \varepsilon$来描述. 对于"$|x|$充分大",可以用任意大的正数$X > 0$,使用$|x| > X$来描述. 于是我们给出如下定义.

定义 1.6　设$f(x)$在离原点充分远的区间$|x| \geqslant a$上有定义,A是常数,如果对于任意给定的正数ε,总存在正数X,使得当$|x| > X$时,都有

$$|f(x) - A| < \varepsilon,$$

则称A是$f(x)$当$x \to \infty$时的极限. 记为$\lim\limits_{x \to \infty} f(x) = A$.

可类似定义$\lim\limits_{x \to +\infty} f(x) = A$与$\lim\limits_{x \to -\infty} f(x) = A$.

在图形上,可以认为不管给定多么小的正数ε,总能找到足够大的正数X,使得曲线$y = f(x)$在区间$(-\infty, -X), (X, +\infty)$的部分完全落在直线$y = a - \varepsilon$与$y = a + \varepsilon$之间. 如图 1.10 所示.

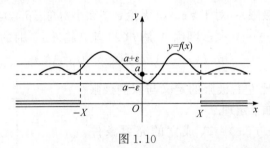

图 1.10

显然$\lim\limits_{x \to \infty} f(x) = A$的充要条件是$\lim\limits_{x \to -\infty} f(x) = \lim\limits_{x \to +\infty} f(x) = A$.

例 1.3.6　证明:$\lim\limits_{x \to \infty} \dfrac{1}{x} = 0$.

证　对于$\forall \varepsilon > 0$,欲使$\left| \dfrac{1}{x} - 0 \right| = \dfrac{1}{|x|} < \varepsilon$,取$X = \dfrac{1}{\varepsilon}$,则当$|x| > X$时,有

$\left| \dfrac{1}{x} - 0 \right| < \varepsilon$,所以$\lim\limits_{x \to \infty} \dfrac{1}{x} = 0$.

定义 1.7　对于$\forall \varepsilon > 0$,总$\exists N > 0$,使得当$n > N$时,总有$|a_n - a| < \varepsilon$,则称a为数列$\{a_n\}$当n趋于无穷大时的极限,记作$\lim\limits_{n \to \infty} a_n = a$.

若$\lim\limits_{n \to \infty} a_n = a$,则称数列$\{a_n\}$收敛于$a$;若$\lim\limits_{n \to \infty} a_n$不存在,则称数列$\{a_n\}$发散.

习 题 1.3

1. 用极限的定义证明：

(1) $\lim\limits_{x \to 3}(3x-1)=8$；　　　　　　　　(2) $\lim\limits_{x \to -2} \dfrac{x^2-4}{x+2}=-4$.

2. 用极限的定义证明：

(1) $\lim\limits_{x \to \infty} \dfrac{1+x^3}{2x^3}=\dfrac{1}{2}$；　　　　　　(2) $\lim\limits_{x \to +\infty} \dfrac{\sin x}{\sqrt{x}}=0$.

3. 设 $f(x)=\begin{cases} x, & x \leqslant 2, \\ 2x-1, & x>2, \end{cases}$ 试求 $\lim\limits_{x \to 0}f(x)$；$\lim\limits_{x \to 2}f(x)$；$\lim\limits_{x \to 3}f(x)$.

4. 设函数 $f(x)=\begin{cases} x, & x \text{ 是有理数}, \\ -x, & x \text{ 是无理数}, \end{cases}$ 求 $\lim\limits_{x \to 1}f(x)$ 和 $\lim\limits_{x \to 0}f(x)$.

5. 求下列函数在 $x=0$ 处的左右极限，并说明在 $x=0$ 处的极限是否存在.

(1) $f(x)=\begin{cases} x, & x \leqslant 0, \\ (x-1)^2, & x>0; \end{cases}$　　　(2) $f(x)=\begin{cases} \mathrm{e}^x, & x \leqslant 0, \\ (x+1)^2, & x>0. \end{cases}$

6. 求当 $x \to 0$ 时，函数 $f(x)=\dfrac{x}{x}$，$g(x)=\dfrac{|x|}{x}$ 的左右极限，并说明它们在 $x \to 0$ 时的极限是否存在.

1.4　极限的性质与运算

1.4.1　极限的性质

以 $\lim\limits_{x \to x_0}f(x)$ 为例讨论极限的性质，并给出简要的定理证明过程. 对于其他形式极限（$\lim\limits_{x \to \infty}f(x)$，$\lim\limits_{x \to \infty}a_n$）的性质类似可得.

定理 1. 2（唯一性）　若 $\lim\limits_{x \to x_0}f(x)$ 存在，则必唯一.

证（反证法）　设 $\lim\limits_{x \to x_0}f(x)=A$，$\lim\limits_{x \to x_0}f(x)=B$，且 $A \neq B$（不妨设 $A<B$）.

对于 $\varepsilon=\dfrac{B-A}{2}>0$，由于 $\lim\limits_{x \to x_0}f(x)=A$，则 $\exists \delta_1>0$，使得当 $0<|x-x_0|<\delta_1$ 时，有

$$|f(x)-A|<\varepsilon=\frac{B-A}{2} \Leftrightarrow \frac{3A-B}{2}<f(x)<\frac{A+B}{2}.$$

同理，由于 $\lim\limits_{x \to x_0}f(x)=B$，则 $\exists \delta_2>0$，使得当 $0<|x-x_0|<\delta_2$ 时，有

$$|f(x)-B|<\varepsilon=\frac{B-A}{2} \Leftrightarrow \frac{A+B}{2}<f(x)<\frac{3B-A}{2}.$$

因此,当 $0<|x-x_0|<\min\{\delta_1,\delta_2\}$ 时,有

$$\frac{3A-B}{2}<f(x)<\frac{A+B}{2}, \quad \frac{A+B}{2}<f(x)<\frac{3B-A}{2}$$

同时成立,这显然是不可能的. 故得证.

定理 1.3(局部有界性)　若 $\lim\limits_{x\to x_0}f(x)=A$,则存在 $M>0$ 以及 $\delta>0$,使得当 $0<|x-x_0|<\delta$ 时,有 $|f(x)|\leqslant M$.

证　由于 $\lim\limits_{x\to x_0}f(x)=A$,根据极限的定义,对于 $\varepsilon=1$,$\exists\delta>0$,使得当 $0<|x-x_0|<\delta$ 时,有 $|f(x)-A|<\varepsilon=1\Leftrightarrow A-1<f(x)<A+1$. 取 $M=\max\{|A-1|,|A+1|\}$,则当 $0<|x-x_0|<\delta$ 时,有

$$|f(x)|\leqslant M.$$

定理 1.4(局部保号性)　若 $\lim\limits_{x\to x_0}f(x)=A$,且 $A>0$(或 $A<0$),则存在 $\delta>0$,使得当 $0<|x-x_0|<\delta$ 时,有 $f(x)>0$(或 $f(x)<0$).

证　我们证明 $A>0$ 的情形,$A<0$ 的情形可类似证明.

由于 $\lim\limits_{x\to x_0}f(x)=A$,根据极限的定义,对于 $\varepsilon=\dfrac{A}{2}$,则 $\exists\delta>0$,使得当 $0<|x-x_0|<\delta$ 时,有 $|f(x)-A|<\varepsilon=\dfrac{A}{2}\Leftrightarrow 0<\dfrac{A}{2}<f(x)<\dfrac{3A}{2}$. 得证.

利用定理 1.4 可以证明,$\exists\delta>0$,当 $0<|x-x_0|<\delta$ 时,若 $f(x)\geqslant 0$(或 $\leqslant 0$),且 $\lim\limits_{x\to x_0}f(x)=A$,则 $A\geqslant 0$(或 $\leqslant 0$).

1.4.2　极限的运算

下面介绍极限的四则运算法则、复合函数的极限运算定理和极限存在的两个准则.

定理 1.5(极限的四则运算)　若 $\lim f(x)=A$,$\lim g(x)=B$,则

(1) $\lim[f(x)\pm g(x)]$存在,且

$$\lim[f(x)\pm g(x)]=\lim f(x)\pm\lim g(x)=A\pm B$$

(推广到有限个函数也成立).

(2) $\lim f(x)g(x)$存在,且 $\lim f(x)g(x)=\lim f(x)\cdot\lim g(x)=AB$.

推论 1.1　$\lim[cf(x)]=c\lim f(x)$(c 为常数).

推论 1.2　$\lim[f(x)]^n=[\lim f(x)]^n$($n$ 为正整数).

(3) 若 $B\neq 0$,则 $\lim\dfrac{f(x)}{g(x)}$存在,且 $\lim\dfrac{f(x)}{g(x)}=\dfrac{\lim f(x)}{\lim g(x)}=\dfrac{A}{B}$.

以上定理和推论中的记号 $\lim$ 略去了自变量 x 的变化过程,表示对 x 的各种变化趋势均成立.下面仅以 $x\to x_0$ 为例证明,其他形式类似可得.

证　(1) 只证 $\lim[f(x)+g(x)]=A+B$，过程为 $x\to x_0$.

由于 $\lim\limits_{x\to x_0}f(x)=A$，所以，对 $\forall\varepsilon>0$，$\exists\delta_1>0$，当 $0<|x-x_0|<\delta_1$ 时，有

$|f(x)-A|<\dfrac{\varepsilon}{2}$. 对此 ε，又因为 $\lim\limits_{x\to x_0}g(x)=B$，所以 $\exists\delta_2>0$，当 $0<|x-x_0|<\delta_2$

时，有 $|g(x)-B|<\dfrac{\varepsilon}{2}$，取 $\delta=\min\{\delta_1,\delta_2\}$，则当 $0<|x-x_0|<\delta$ 时，有

$$|(f(x)+g(x))-(A+B)|=|(f(x)-A)+(g(x)-B)|$$

$$\leqslant|f(x)-A|+|g(x)-B|<\dfrac{\varepsilon}{2}+\dfrac{\varepsilon}{2}=\varepsilon,$$

所以 $\lim\limits_{x\to x_0}(f(x)+g(x))=A+B$.

(2) 对 $\forall\varepsilon>0$，$\exists\delta_1>0$，当 $0<|x-x_0|<\delta_1$ 时，有 $|f(x)-A|<\varepsilon$，对此 ε，$\exists\delta_2>0$，当 $0<|x-x_0|<\delta_2$ 时，有 $|g(x)-B|<\varepsilon$，取 $\delta=\min\{\delta_1,\delta_2\}$，则当 $0<|x-x_0|<\delta$ 时，有

$$|f(x)g(x)-AB|=|(f(x)-A)(g(x)+B)+A(g(x)-B)-B(f(x)-A)|$$

$$\leqslant|f(x)-A|(|g(x)|+|B|)+|A||g(x)-B|+|B||f(x)-A|$$

$$<\varepsilon(|g(x)|+|A|+2|B|).$$

另外，$|g(x)-B|<\varepsilon\Rightarrow|g(x)|<\max\{|B+\varepsilon|,|B-\varepsilon|\}$，记 $M=\max\{|B+\varepsilon|,|B-\varepsilon|\}$，则

$$|f(x)g(x)-AB|<\varepsilon(M+|A|+2|B|),$$

所以 $\lim\limits_{x\to x_0}f(x)g(x)=AB$.

定理 1.5 中(3)的证明留给读者.

例 1.4.1　求极限 $\lim\limits_{x\to1}(x^2-5x+10)$.

解　$\lim\limits_{x\to1}(x^2-5x+10)=\lim\limits_{x\to1}x^2-5\lim\limits_{x\to1}x+10=1^2-5\times1+10=6$.

在例 1.4.1 的求解中，极限 $\lim\limits_{x\to1}x^2$ 和 $\lim\limits_{x\to1}x$ 我们都是直接代入，这是求极限的最基本的方法. 至于为什么可以直接代入，我们会在 1.6 节说明.

例 1.4.2　求极限 $\lim\limits_{x\to1}\dfrac{x^2+x-2}{2x^2+x-3}$.

解　当 $x\to1$ 时，分子、分母均趋于 0，所以不能直接利用定理 1.5. 但是，注意到分子、分母有公因子 $(x-1)$，所以

$$\lim\limits_{x\to1}\dfrac{x^2+x-2}{2x^2+x-3}=\lim\limits_{x\to1}\dfrac{(x+2)(x-1)}{(2x+3)(x-1)}=\lim\limits_{x\to1}\dfrac{x+2}{2x+3}=\dfrac{3}{5}.$$

例 1.4.3　求极限 $\lim\limits_{n\to\infty}\left(\dfrac{1}{n^2}+\dfrac{2}{n^2}+\cdots+\dfrac{n}{n^2}\right)$.

解　当 $n \to \infty$ 时，这是无穷多项相加，故不能用定理 1.5，需要先变形.

$$原式 = \lim_{n \to \infty} \frac{1}{n^2}(1 + 2 + \cdots + n) = \lim_{n \to \infty} \frac{1}{n^2} \cdot \frac{n(n+1)}{2} = \lim_{n \to \infty} \frac{n+1}{2n} = \frac{1}{2}.$$

例 1.4.4　求极限 $\displaystyle\lim_{x \to \infty} \frac{3x^2 + 2x - 1}{7x^2 + 5x - 3}$.

解　当 $x \to \infty$ 时，分子、分母极限均不存在，故不能用定理 1.5，需要先变形.

$$原式 = \lim_{x \to \infty} \frac{\dfrac{3x^2 + 2x - 1}{x^2}}{\dfrac{7x^2 + 5x - 3}{x^2}} = \lim_{x \to \infty} \frac{3 + \dfrac{2}{x} - \dfrac{1}{x^2}}{7 + \dfrac{5}{x} - \dfrac{3}{x^2}} = \frac{3}{7}.$$

定理 1.6（复合函数的极限运算）　设函数 $y = f(g(x))$ 是由函数 $y = f(u)$ 和函数 $u = g(x)$ 复合而成的，且 $y = f(g(x))$ 在 x_0 的某去心邻域内有定义. 若 $\displaystyle\lim_{x \to x_0} g(x) = u_0$，$\displaystyle\lim_{u \to u_0} f(u) = A$，且存在 $\delta_0 > 0$，使得当 $x \in \mathring{U}(x_0, \delta_0)$ 时，有 $g(x) \neq u_0$，则 $\displaystyle\lim_{x \to x_0} f(g(x)) = \lim_{u \to u_0} f(u) = A$.

证　由 $\displaystyle\lim_{u \to u_0} f(u) = A$ 可得，对 $\forall \varepsilon > 0$，$\exists \delta_1 > 0$，当 $0 < |u - u_0| < \delta_1$ 时，有 $|f(u) - A| < \varepsilon$.

又由 $\displaystyle\lim_{x \to x_0} g(x) = u_0$ 可得，对上述 $\delta_1 > 0$，$\exists \delta_2 > 0$，当 $0 < |x - x_0| < \delta_2$ 时，有 $|g(x) - u_0| < \delta_1$.

又当 $x \in \mathring{U}(x_0, \delta_0)$ 时，有 $g(x) \neq u_0$. 取 $\delta = \min\{\delta_2, \delta_0\}$，则当 $0 < |x - x_0| < \delta$ 时，有 $|g(x) - u_0| < \delta_1$ 且 $|g(x) - u_0| \neq 0$，即 $0 < |g(x) - u_0| < \delta_1$，因此有

$$|f[g(x)] - A| = |f(u) - A| < \varepsilon.$$

注　定理 1.6 中，若将 $\displaystyle\lim_{x \to x_0} g(x) = u_0$ 换作 $\displaystyle\lim_{x \to x_0} g(x) = \infty$ 或 $\displaystyle\lim_{x \to \infty} g(x) = \infty$，将 $\displaystyle\lim_{u \to u_0} f(u) = A$ 换成 $\displaystyle\lim_{u \to \infty} f(u) = A$，可得类似结论.

例 1.4.5　$\displaystyle\lim_{x \to \frac{1}{3}} \sin(3x - 1)$.

解　令 $3x - 1 = u$，则有 $\displaystyle\lim_{x \to \frac{1}{3}} \sin(3x - 1) = \lim_{u \to 0} \sin u = 0$.

例 1.4.6　$\displaystyle\lim_{x \to 8} \frac{\sqrt[3]{x} - 2}{x - 8}$.

解　令 $\sqrt[3]{x} = u$，则有

$$\lim_{x \to 8} \frac{\sqrt[3]{x} - 2}{x - 8} = \lim_{u \to 2} \frac{u - 2}{u^3 - 8} = \lim_{u \to 2} \frac{u - 2}{(u - 2)(u^2 + 2u + 4)}$$

$$= \lim_{u \to 2} \frac{1}{u^2 + 2u + 4} = \frac{1}{12}.$$

例 1.4.7 求极限 $\lim_{x \to 3} \dfrac{\sqrt{1+x} - 2}{x-3}$.

解 当 $x \to 3$ 时,分子、分母极限均趋向于 0,故不能用定理 1.5,需要先变形.

$$原式 = \lim_{x \to 3} \frac{(\sqrt{1+x} - 2)(\sqrt{1+x} + 2)}{(x-3)(\sqrt{1+x} + 2)} = \lim_{x \to 3} \frac{1+x-4}{(x-3)(\sqrt{1+x} + 2)}$$

$$= \lim_{x \to 3} \frac{1}{(\sqrt{1+x} + 2)} = \frac{1}{4}.$$

定理 1.7(夹逼准则) 若函数 $f(x), g(x), h(x)$ 满足

(1) 当 $x \in \mathring{U}(x_0, \delta)$ 时,有 $g(x) \leqslant f(x) \leqslant h(x)$;

(2) $\lim\limits_{x \to x_0} g(x) = A$,$\lim\limits_{x \to x_0} h(x) = A$,

则极限 $\lim\limits_{x \to x_0} f(x)$ 存在,且等于 A.

对自变量变化过程的其他形式也有类似于定理 1.7 的结论,在这里就不一一叙述了.

证 因为 $\lim\limits_{x \to x_0} g(x) = A$,所以对 $\forall \varepsilon > 0$,$\exists \delta_1 > 0$,当 $0 < |x - x_0| < \delta_1$ 时,有 $|g(x) - A| < \varepsilon$. 又 $\lim\limits_{x \to x_0} h(x) = A$,所以对上述 ε,$\exists \delta_2 > 0$,当 $0 < |x - x_0| < \delta_2$ 时,有 $|h(x) - A| < \varepsilon$. 于是

$$|g(x) - A| < \varepsilon \Leftrightarrow A - \varepsilon < g(x) < A + \varepsilon,$$

$$|h(x) - A| < \varepsilon \Leftrightarrow A - \varepsilon < h(x) < A + \varepsilon,$$

又当 $x \in \mathring{U}(x_0, \delta)$ 时,有 $g(x) \leqslant f(x) \leqslant h(x)$,所以,若取 $\delta_0 = \min\{\delta, \delta_1, \delta_2\}$,则当 $x \in \mathring{U}(x_0, \delta_0)$ 时,有

$$A - \varepsilon < g(x) \leqslant f(x) \leqslant h(x) < A + \varepsilon,$$

即 $|f(x) - A| < \varepsilon$. 所以,$\lim\limits_{x \to x_0} f(x) = A$.

因为当 $0 < |x| < \dfrac{\pi}{2}$ 时,有 $\cos x < \dfrac{\sin x}{x} < 1$(留给读者自己证明,见习题 1.4 第 2 题). 所以由定理 1.7 可得如下重要结论:

$$\lim_{x \to 0} \frac{\sin x}{x} = 1.$$

例 1.4.8 求下列极限.

(1) $\lim\limits_{x \to 0} \dfrac{\sin 4x}{x}$;　　　　　　(2) $\lim\limits_{x \to 0} \dfrac{\tan 2x}{3x}$;

(3) $\lim\limits_{x \to 0} \dfrac{1-\cos 2x}{x^2}$; 　　　　　(4) $\lim\limits_{x \to 0} \dfrac{7x-\sin x}{3x+\sin x}$.

解 (1) $\lim\limits_{x \to 0} \dfrac{\sin 4x}{x} = \lim\limits_{x \to 0} \left(\dfrac{\sin 4x}{4x} \cdot 4 \right) = 4.$

(2) $\lim\limits_{x \to 0} \dfrac{\tan 2x}{3x} = \lim\limits_{x \to 0} \left(\dfrac{\sin 2x}{2x} \cdot \dfrac{2x}{3x} \cdot \dfrac{1}{\cos 2x} \right) = \dfrac{2}{3}.$

(3) $\lim\limits_{x \to 0} \dfrac{1-\cos 2x}{x^2} = \lim\limits_{x \to 0} \dfrac{2\sin^2 x}{x^2} = 2\lim\limits_{x \to 0} \left(\dfrac{\sin x}{x} \right)^2 = 2.$

(4) $\lim\limits_{x \to 0} \dfrac{7x-\sin x}{3x+\sin x} = \lim\limits_{x \to 0} \dfrac{7 - \dfrac{\sin x}{x}}{3 + \dfrac{\sin x}{x}} = \dfrac{7-1}{3+1} = \dfrac{3}{2}.$

定理 1.8（单调有界准则） 单调有界数列必有极限.

实际上,定理 1.8 还可具体描述为:单调递增数列若有上界,则必有极限;而单调递减数列若有下界,则必有极限.

在这里我们不打算给出定理 1.8 的详细证明,只做如下几何解释帮助大家理解.

如图 1.11 所示,从数轴上看,由于数列 $\{a_n\}$ 单调,故 a_n 随着 n 的增大只能朝一个方向移动. 因此,只有两种可能:或者 a_n 趋向于无穷大,或者 a_n 趋向于某一个定点 a. 然而,数列 $\{a_n\}$ 有界,所以第一种情形就不可能发生了. 这就表示数列 $\{a_n\}$ 必有极限.

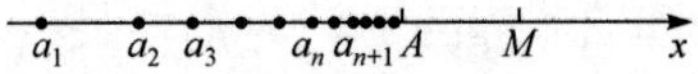

图 1.11

注 有界数列不一定有极限,如 $\{(-1)^n\}$.

应用定理 1.8,可得如下结论.

$$\lim\limits_{x \to \infty} \left(1 + \dfrac{1}{x}\right)^x = e.$$

此结论的证明比较烦琐,在此就不详述了. 若令 $t = \dfrac{1}{x}$,由 $\lim\limits_{x \to \infty}\left(1 + \dfrac{1}{x}\right)^x = e$ 可得 $\lim\limits_{t \to 0}(1+t)^{\frac{1}{t}} = e$,也可以表示成

$$\lim\limits_{x \to 0}(1+x)^{\frac{1}{x}} = e.$$

例 1.4.9 求下列极限.

(1) $\lim\limits_{x\to\infty}\left(1+\dfrac{3}{x}\right)^{2x}$；

(2) $\lim\limits_{x\to\infty}\left(1-\dfrac{1}{x}\right)^{x}$；

(3) $\lim\limits_{x\to 0}\ln(1+x)^{\frac{1}{x}}$；

(4) $\lim\limits_{x\to 0}\dfrac{x}{e^{x}-1}$.

解

(1) $\lim\limits_{x\to\infty}\left(1+\dfrac{3}{x}\right)^{2x}=\lim\limits_{x\to\infty}\left(1+\dfrac{3}{x}\right)^{\frac{x}{3}\cdot 6}=\lim\limits_{x\to\infty}\left[\left(1+\dfrac{3}{x}\right)^{\frac{x}{3}}\right]^{6}$

$\qquad=\left[\lim\limits_{x\to\infty}\left(1+\dfrac{3}{x}\right)^{\frac{x}{3}}\right]^{6}=e^{6}.$

(2) $\lim\limits_{x\to\infty}\left(1-\dfrac{1}{x}\right)^{x}=\lim\limits_{x\to\infty}\left(1+\dfrac{1}{-x}\right)^{-x\cdot(-1)}=\lim\limits_{x\to\infty}\left[\left(1+\dfrac{1}{-x}\right)^{-x}\right]^{-1}$

$\qquad=\left[\lim\limits_{x\to\infty}\left(1+\dfrac{1}{-x}\right)^{-x}\right]^{-1}=e^{-1}.$

(3) $\lim\limits_{x\to 0}\ln(1+x)^{\frac{1}{x}}=\ln\left[\lim\limits_{x\to 0}(1+x)^{\frac{1}{x}}\right]=\ln e=1.$

(4) $\lim\limits_{x\to 0}\dfrac{x}{e^{x}-1}\xlongequal[x=\ln(1+u)]{e^{x}-1=u}\lim\limits_{u\to 0}\dfrac{\ln(1+u)}{u}=\lim\limits_{u\to 0}\ln(1+u)^{\frac{1}{u}}=1.$

习 题 1.4

1. 证明:若 $\varphi(x)\geqslant\psi(x)$，且 $\lim\limits_{x\to x_0}\varphi(x)=a$，$\lim\limits_{x\to x_0}\psi(x)=b$，则 $a\geqslant b$.

2. 证明:当 $0<|x|<\dfrac{\pi}{2}$ 时,有 $\cos x<\dfrac{\sin x}{x}<1$.

3. 计算下列极限.

(1) $\lim\limits_{x\to\infty}\dfrac{4x^3-2x^2+x}{3x^2+2x}$；

(2) $\lim\limits_{x\to\sqrt{2}}\dfrac{x^2-2}{x^2+1}$；

(3) $\lim\limits_{x\to 1}\dfrac{x^2-2x+1}{x^2-1}$；

(4) $\lim\limits_{n\to\infty}\dfrac{2^{n+1}+3^{n+1}}{2^n+3^n}$；

(5) $\lim\limits_{x\to\infty}(\sqrt{x^2+x}-\sqrt{x^2-1})$；

(6) $\lim\limits_{x\to\infty}\dfrac{x^2+x-1}{x^4-3x^2+1}$；

(7) $\lim\limits_{n\to\infty}\dfrac{1+\dfrac{1}{3}+\dfrac{1}{9}+\cdots+\dfrac{1}{3^n}}{1+\dfrac{1}{2}+\dfrac{1}{4}+\cdots+\dfrac{1}{2^n}}$；

(8) $\lim\limits_{n\to\infty}\dfrac{1+2+3+\cdots+n}{n^2}$；

(9) $\lim\limits_{x\to\infty}\left(1-\dfrac{1}{x}\right)\left(2-\dfrac{1}{x^2}\right)$；

(10) $\lim\limits_{n\to\infty}\dfrac{(n+1)(n+2)(n+3)}{6n^3}$；

(11) $\lim\limits_{x \to 1}\left(\dfrac{1}{1-x}-\dfrac{3}{1-x^3}\right)$;

(12) $\lim\limits_{x \to \infty}\dfrac{x^2}{2x+1}$.

4. 计算下列极限.

(1) $\lim\limits_{x \to \pi}\dfrac{\sin x}{\pi-x}$;

(2) $\lim\limits_{x \to 0}\dfrac{\arcsin x}{x}$;

(3) $\lim\limits_{n \to \infty}\left(n \cdot \sin\dfrac{\pi}{n}\right)$;

(4) $\lim\limits_{x \to 0}\dfrac{1-\cos x}{x\sin x}$;

(5) $\lim\limits_{x \to 0}\dfrac{\sin 4x}{\sqrt{x+1}-1}$;

(6) $\lim\limits_{x \to \infty}\left(\dfrac{1+x}{x}\right)^{x-3}$;

(7) $\lim\limits_{x \to 0}(1+kx)^{\frac{1}{x}}$;

(8) $\lim\limits_{x \to 0}(1+2\tan x)^{\cot x}$;

(9) $\lim\limits_{x \to \infty}\left(\dfrac{2x+1}{2x-1}\right)^x$;

(10) $\lim\limits_{n \to \infty}n[\ln(n+3)-\ln(n+1)]$.

5. 求下列极限.

(1) $\lim\limits_{n \to \infty}\sqrt{1+\dfrac{1}{n}}$;

(2) $\lim\limits_{n \to \infty}\left(\dfrac{1}{\sqrt{n^2+1}}+\dfrac{1}{\sqrt{n^2+2}}+\cdots+\dfrac{1}{\sqrt{n^2+n}}\right)$.

1.5　无穷小量

1.5.1　无穷小量与无穷大量

定义 1.8　如果函数 $f(x)$ 当 $x \to x_0$(或 $x \to \infty$)时的极限为 0,那么函数 $f(x)$ 称为 $x \to x_0$(或 $x \to \infty$)时的**无穷小量**,简称无穷小.

例如,$\lim\limits_{x \to 2}(2x-4)=2\times2-4=0$,所以可称 $2x-4$ 为当 $x \to 2$ 时的无穷小量.

类似地,可给出 $f(x)$ 是 $x \to \infty$ 时的无穷小量的定义.例如,$\lim\limits_{x \to \infty}\dfrac{1}{x}=0$,所以可

称 $\dfrac{1}{x}$ 为当 $x \to \infty$ 时的无穷小量.

注 1　无穷小量不是一个数,不要将其与非常小的数混淆.

注 2　0 是唯一可作为无穷小量的常数.

定义 1.9　若对 $\forall M>0$, $\exists \delta>0$,使得当 $0<|x-x_0|<\delta$ 时,有 $|f(x)|>M$,则称 $f(x)$ 为当 $x \to x_0$ 时的**无穷大量**,记作 $\lim\limits_{x \to x_0}f(x)=\infty$.

注 1　对自变量变化过程的其他形式也有类似定义,在此就不一一详述了.

注 2　无穷大量也不是一个数,不要将其与非常大的数混淆.

注 3　无穷大量一定无界,但是无界量却未必一定是无穷大量,如函数

$f(x)=x\sin x$,其图像如图 1.12 所示,可看出 $f(x)$ 在 $(-\infty,+\infty)$ 内无界,但 $f(x)$ 却不是 $x\to\infty$ 时的无穷大量.

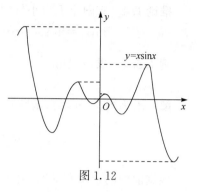

无穷小量与无穷大量之间的关系可由下面的定理说明.

定理 1.9　在自变量的同一变化趋势下,

(1) 若 $f(x)$ 为无穷大量,则 $\dfrac{1}{f(x)}$ 为无穷小量;

图 1.12

(2) 若 $f(x)$ 为无穷小量,且 $f(x)\neq 0$,则 $\dfrac{1}{f(x)}$ 为无穷大量.

有了这个定理,很多关于无穷大量的运算便可转化为无穷小量讨论.

1.5.2　无穷小量的运算性质

设在 x 的一定变化趋势下,$\lim\alpha(x)=0$,$\lim\beta(x)=0$.

定理 1.10　两个无穷小量的和或差仍为无穷小量,即若 $\lim\alpha=0$,$\lim\beta=0$,则 $\lim(\alpha\pm\beta)=0$.

注 1　此定理的证明可由 1.4 中定理 1.5 的(1)推出.

注 2　此定理可推广到有限个的情形,但对于无限多个的情形就不同了.例如,尽管 $\lim\limits_{n\to\infty}\dfrac{1}{n}=0$,但是,

$$\lim_{n\to\infty}\underbrace{\left(\frac{1}{n}+\frac{1}{n}+\cdots+\frac{1}{n}\right)}_{n\text{个}}=\lim_{n\to\infty}n\cdot\frac{1}{n}=1\neq 0.$$

定理 1.11　有界函数与无穷小量的乘积仍为无穷小量,即设函数 $f(x)$ 有界,$\lim\alpha=0$,则 $\lim\alpha f(x)=0$.

证　仅证 $x\to x_0$ 时的情况,其余情形类似证明.设函数 $f(x)$ 在 x_0 的某邻域 $U(x_0,\delta_1)$ 内有界,则 $\exists M>0$,当 $x\in U(x_0,\delta_1)$ 时,有 $|f(x)|\leqslant M$,又 α 为当 $x\to x_0$ 时的无穷小量,即 $\lim\limits_{x\to x_0}\alpha=0$,故对 $\forall\varepsilon>0$,$\exists\delta>0(\delta<\delta_1)$,当 $x\in\mathring{U}(x_0,\delta)$ 时,有

$$|\alpha|<\frac{\varepsilon}{M}\Rightarrow|\alpha f(x)|=|f(x)||\alpha|<M\cdot\frac{\varepsilon}{M}=\varepsilon,$$

所以 $\lim\limits_{x\to x_0}\alpha f(x)=0$.

由定理 1.11 可得如下结论.

推论 1.3　常数与无穷小量的乘积仍为无穷小量,即若 k 为常数,$\lim\alpha=0$,则 $\lim k\alpha=0$.

推论 1.4　有限个无穷小量的乘积仍为无穷小量，即

$$\lim \alpha_1 = \lim \alpha_2 = \cdots = \lim \alpha_n = 0 \Rightarrow \lim(\alpha_1 \alpha_2 \cdots \alpha_n) = 0.$$

例 1.5.1　求极限 $\lim\limits_{x \to \infty} \dfrac{\sin x}{x}$.

解　因为当 $x \to \infty$ 时，函数 $\sin x$ 有界，而 $\lim\limits_{x \to \infty} \dfrac{1}{x} = 0$，所以，由定理 1.11 可得

$$\lim_{x \to \infty} \frac{\sin x}{x} = \lim_{x \to \infty} \left(\sin x \cdot \frac{1}{x} \right) = 0.$$

根据前面的定理和推论，两个无穷小量的和、差、积都依然是无穷小量。而对于两个无穷小量的商却没那么简单。例如，当 $x \to 0$ 时，函数 $x, \sin x, x^2$ 均为无穷小量，但是

$$\lim_{x \to 0} \frac{\sin x}{x} = 1, \quad \lim_{x \to 0} \frac{x^2}{x} = 0, \quad \lim_{x \to 0} \frac{x}{x^2} = \infty,$$

因此，有必要对无穷小量进行比较。

1.5.3　无穷小量的比较

定义 1.10　设 $\alpha(x)$ 与 $\beta(x)$ 为 x 在同一变化过程中的两个无穷小量，$\alpha(x) \neq 0$.

(1) 若 $\lim \dfrac{\beta}{\alpha} = 0$，则称 β 是 α 的**高阶无穷小**，记作 $\beta = o(\alpha)$；

(2) 若 $\lim \dfrac{\beta}{\alpha} = \infty$，则称 β 是 α 的**低阶无穷小**；

(3) 若 $\lim \dfrac{\beta}{\alpha} = C \neq 0$，则称 β 是 α 的**同阶无穷小**.

特别地，若 $\lim \dfrac{\beta}{\alpha} = 1$，则称 β 与 α 是**等价无穷小**，记作 $\beta \sim \alpha$.

例 1.5.2　当 $x \to 0$ 时，比较下列无穷小。

(1) $\beta(x) = 1 - \cos x, \alpha(x) = \dfrac{1}{2} x^2$；

(2) $\beta(x) = \arcsin x, \alpha(x) = x$；

(3) $\beta(x) = \ln(1 + x), \alpha(x) = x$.

解　(1) 由于

$$\lim_{x \to 0} \frac{\beta(x)}{\alpha(x)} = \lim_{x \to 0} \frac{1 - \cos x}{\frac{1}{2} x^2} = \lim_{x \to 0} \frac{2 \sin^2 \frac{x}{2}}{\frac{1}{2} x^2} = \lim_{x \to 0} \left(\frac{\sin \frac{x}{2}}{\frac{x}{2}} \right)^2 = 1,$$

所以,当 $x\to0$ 时,$1-\cos x$ 与 $\dfrac{1}{2}x^2$ 是等价无穷小,即 $1-\cos x\sim\dfrac{1}{2}x^2$.

类似可得(2)和(3):当 $x\to0$ 时,$\arcsin x\sim x$,$\ln(1+x)\sim x$.

值得注意的是,并不是任意两个无穷小量都可进行比较,例如:当 $x\to0$ 时,

$x\sin\dfrac{1}{x}$ 与 x^2 既非同阶,又无高低阶可比较,因为 $\lim\limits_{x\to0}\dfrac{x\sin\dfrac{1}{x}}{x^2}$ 不存在且不为 ∞.

定理 1.12（无穷小与函数极限的关系）　$\lim\limits_{x\to x_0}f(x)=A$ 的充分必要条件是 $f(x)=A+\alpha(x)$,其中 $\alpha(x)$ 是当 $x\to x_0$ 时的无穷小.

证　必要性.设 $\lim\limits_{x\to x_0}f(x)=A$,则

$$\lim_{x\to x_0}[f(x)-A]=0,$$

令 $\alpha(x)=f(x)-A$,则 $\alpha(x)$ 是当 $x\to x_0$ 时的无穷小,并且 $f(x)=A+\alpha(x)$.

充分性.设 $f(x)=A+\alpha(x)$,$\alpha(x)$ 是当 $x\to x_0$ 时的无穷小,则

$$\lim_{x\to x_0}f(x)=\lim_{x\to x_0}[A+\alpha(x)]=A+\lim_{x\to x_0}\alpha(x)=A.$$

此定理对于 $x\to\infty$ 时的情形同样成立.

关于等价无穷小,有如下定理.

定理 1.13　若 $\alpha,\beta,\alpha',\beta'$ 均为 x 的同一变化过程中的无穷小量,且 $\alpha\sim\alpha'$,$\beta\sim\beta'$,$\lim\dfrac{\beta'}{\alpha'}$ 存在或为 ∞,则

$$\lim\frac{\beta}{\alpha}=\lim\frac{\beta'}{\alpha'}.$$

证　(1) 若 $\lim\dfrac{\beta'}{\alpha'}=A$,则

$$\lim\frac{\beta}{\alpha}=\lim\left(\frac{\beta}{\beta'}\cdot\frac{\beta'}{\alpha'}\cdot\frac{\alpha'}{\alpha}\right)=\lim\frac{\beta}{\beta'}\cdot\lim\frac{\beta'}{\alpha'}\cdot\lim\frac{\alpha'}{\alpha}=1\cdot\lim\frac{\beta'}{\alpha'}\cdot1=A.$$

(2) 若 $\lim\dfrac{\beta'}{\alpha'}=\infty$,则 $\lim\dfrac{\alpha'}{\beta'}=0$,因此

$$\lim\frac{\alpha}{\beta}=\lim\left(\frac{\alpha}{\alpha'}\cdot\frac{\alpha'}{\beta'}\cdot\frac{\beta'}{\beta}\right)=\lim\frac{\alpha}{\alpha'}\cdot\lim\frac{\alpha'}{\beta'}\cdot\lim\frac{\beta'}{\beta}=1\cdot\lim\frac{\alpha'}{\beta'}\cdot1=0,$$

所以 $\lim\dfrac{\beta}{\alpha}=\lim\dfrac{\beta'}{\alpha'}=\infty$.

例 1.5.3　求极限 $\lim\limits_{x\to 0}\dfrac{2x^2}{\sin^2 x}$.

解　当 $x\to 0$ 时,$\sin x\sim x$,所以,$\lim\limits_{x\to 0}\dfrac{2x^2}{\sin^2 x}=\lim\limits_{x\to 0}\dfrac{2x^2}{x^2}=2$.

例 1.5.4　求极限 $\lim\limits_{x\to 0}\dfrac{\arcsin 2x}{x^2+2x}$.

解　当 $x\to 0$ 时,$\arcsin 2x\sim 2x$,所以,原式 $=\lim\limits_{x\to 0}\dfrac{2x}{x^2+2x}=\lim\limits_{x\to 0}\dfrac{2}{x+2}=\dfrac{2}{2}=1$.

记住一些常用的等价无穷小可以简化某些极限的运算. 当 $x\to 0$ 时,常用的等价无穷小有

$$\sin x\sim x,\quad \tan x\sim x,\quad \arcsin x\sim x,\quad \arctan x\sim x,\quad \mathrm{e}^x-1\sim x,\quad a^x-1\sim x\ln a,$$
$$\ln(1+x)\sim x,\quad 1-\cos x\sim \dfrac{1}{2}x^2,\quad (1+x)^a-1\sim ax.$$

特别需要提出的是,等价无穷小代换适用于乘、除,对于加、减不能盲目使用.

例 1.5.5　求极限 $\lim\limits_{x\to 0}\dfrac{\tan x-\sin x}{\sin^3 x}$.

解　$\lim\limits_{x\to 0}\dfrac{\tan x-\sin x}{\sin^3 x}=\lim\limits_{x\to 0}\dfrac{\tan x(1-\cos x)}{\sin^3 x}=\lim\limits_{x\to 0}\dfrac{x\cdot\dfrac{x^2}{2}}{x^3}=\dfrac{1}{2}$.

下面介绍无穷小量的阶的概念.

定义 1.11　设 $\alpha(x)$ 与 $\beta(x)$ 为 x 在同一变化过程中的两个无穷小量,$\alpha(x)\neq 0$,若 $\lim\dfrac{\beta}{\alpha^k}=c\neq 0$,$c$ 为常数,$k>0$,则称 β 是关于 α 的 k **阶无穷小**.

例 1.5.6　当 $x\to 0$ 时,$f(x)=\sqrt{x+2\sqrt{x}}$ 是关于 x 的几阶无穷小量?

解　$\lim\limits_{x\to 0}\dfrac{\sqrt{x+2\sqrt{x}}}{x^k}=\lim\limits_{x\to 0}\dfrac{x^{\frac{1}{4}}\sqrt{\sqrt{x}+2}}{x^k}=\lim\limits_{x\to 0}x^{\frac{1}{4}-k}\sqrt{\sqrt{x}+2}$,取 $k=\dfrac{1}{4}$,可使得

上式极限为 $\sqrt{2}$,所以 $f(x)$ 是关于 x 的 $\dfrac{1}{4}$ 阶无穷小量.

习 题 1.5

1. 在给定的变化过程中,下列哪些是无穷小量? 哪些是无穷大量?

(1) $f(x)=\dfrac{1}{x^2}$,$x\to 0$;　　　　　　　　(2) $f(x)=\dfrac{1}{x^2}$,$x\to\infty$;

(3) $f(x)=\mathrm{e}^x-1$,$x\to 0$;　　　　　　　(4) $f(x)=\mathrm{e}^x-1$,$x\to\infty$;

(5) $f(x)=\sin\dfrac{1}{x}$,$x\to 0$;　　　　　　　(6) $f(x)=\sin\dfrac{1}{x}$,$x\to\infty$.

2. 请思考:一个无穷小量与一个无穷大量的乘积是无穷小量还是无穷大量? 请说明理由.

3. 当 $x \to 1$ 时,判断无穷小量 $1-x$ 与下列无穷小量的关系.

(1) $\dfrac{1-x^2}{2}$;　　　　　　　　　　　　(2) $1-x^3$.

4. 当 $x \to \infty$ 时, $\dfrac{x+1}{x^4+1}$ 与 $\dfrac{1}{x}$ 比较是多少阶无穷小量?

5. 求下列极限.

(1) $\lim\limits_{x \to \infty} \dfrac{1}{x} \sin x$;　　　　　　　　　(2) $\lim\limits_{x \to 0} \dfrac{\ln(1+2x)}{\sin 3x}$;

(3) $\lim\limits_{x \to 0} \dfrac{\sin 2x \cdot (e^{3x}-1)}{\tan x^2}$;　　　　(4) $\lim\limits_{x \to 0} \dfrac{\sqrt{1+3x \tan x}-1}{\sin x^2}$;

(5) $\lim\limits_{x \to 0} \dfrac{\sqrt[3]{1-x \sin x}-1}{\ln(1-x) \cdot \tan 3x}$;　　　(6) $\lim\limits_{x \to a} \dfrac{\ln x - \ln a}{x-a}$;

(7) $\lim\limits_{x \to 0} \dfrac{e^x - e^{\tan x}}{x - \tan x}$;　　　　　(8) $\lim\limits_{x \to 0} \dfrac{\arcsin \dfrac{x}{\sqrt{1-x^2}}}{\ln(1-x)}$.

6. 确定 a,b 的值,使得 $\lim\limits_{x \to +\infty} \left(\dfrac{x^2+1}{x+1} - ax - b \right) = 0$.

7. 确定 a,b 的值,使得 $\lim\limits_{x \to -\infty} (\sqrt{x^2-x+1} - ax - b) = 0$.

1.6　函数的连续性

1.6.1　连续函数的概念

连续是很多自然现象的本质属性,比如每天的温度变化是连续的,降落伞在空中的位置变化是连续的,嫦娥六号在太空中的运行轨迹是连续的,等等. 我们希望精确描述连续所具有的属性. 先来观察图 1.13. 其中,只有图 1.13(d)中函数 $f(x)$ 在点 x_0 连续,其余各图中函数 $f(x)$ 在点 x_0 都不连续. 因此,有下面的定义.

定义 1.12　若函数 $f(x)$ 在包含 x_0 的某个邻域 $U(x_0,\delta)$ 内有定义,且 $\lim\limits_{x \to x_0} f(x) = f(x_0)$,则称 $f(x)$ 在点 x_0 **连续**.

定义 1.13　若函数 $f(x)$ 在包含 x_0 的某个邻域 $U(x_0,\delta)$ 内有定义,且 $\lim\limits_{\Delta x \to 0} \Delta y = 0$,其中 Δy 表示对应自变量从 x_0 变到 $x_0+\Delta x$ 时函数的增量,即 $\Delta y = f(x_0+\Delta x) - f(x_0)$,则称 $f(x)$ 在点 x_0 连续.

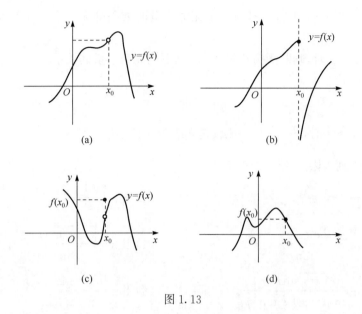

图 1.13

定义 1.14　若函数 $f(x)$ 在包含 x_0 的某个右(左)邻域内有定义,且 $\lim\limits_{x \to x_0^+} f(x) = f(x_0)$ ($\lim\limits_{x \to x_0^-} f(x) = f(x_0)$),则称 $f(x)$ 在点 x_0 **右(左)连续**.

注 1　若 $f(x)$ 在开区间 (a,b) 每一点处都连续,则称 $f(x)$ 在 (a,b) 上连续,记作 $f(x) \in C(a,b)$,其中 $C(a,b)$ 表示在 (a,b) 内所有连续函数的集合.

注 2　若 $f(x)$ 在开区间 (a,b) 内每一点处都连续,且在左端点 $x=a$ 处右连续($\lim\limits_{x \to a^+} f(x) = f(a)$),在右端点 $x=b$ 处左连续($\lim\limits_{x \to b^-} f(x) = f(b)$),则称 $f(x)$ 在闭区间 $[a,b]$ 上连续,记作 $f(x) \in C[a,b]$.

1.6.2　间断点及其分类

要使 $f(x)$ 连续,根据定义 1.12,必须满足以下三个条件.

(1) $f(x)$ 在 $x=x_0$ 有定义;

(2) $\lim\limits_{x \to x_0} f(x)$ 存在;

(3) $\lim\limits_{x \to x_0} f(x) = f(x_0)$.

若三个条件中有一个不成立,则称 $f(x)$ 在点 x_0 **间断**,称 x_0 为**间断点**.

若 $f(x)$ 在间断点 x_0 处左右极限均存在,则 x_0 为 $f(x)$ 的第一类间断点. 第一类间断点中,若 x_0 处左右极限均存在且相等,但不等于 $f(x_0)$,或 $f(x)$ 在 x_0 处无定义,则 x_0 为可去间断点;若 x_0 处左右极限存在但不等,则 x_0 为跳跃间断点.

若 $f(x)$ 在间断点 x_0 处至少有一个极限不存在,则 x_0 为 $f(x)$ 的第二类间断点. 若在 x_0 处的左右极限至少有一个为 ∞,则 x_0 为 $f(x)$ 的无穷间断点;若 $f(x)$ 在 x_0 的邻域内做无穷次振荡,则 x_0 为 $f(x)$ 的振荡间断点.

$$间断点\begin{cases}第一类间断点\begin{cases}可去间断点\\跳跃间断点\end{cases}\\第二类间断点\begin{cases}无穷间断点\\振荡间断点\end{cases}\end{cases}$$

例 1.6.1　描述如图 1.14 所示的函数的连续性.

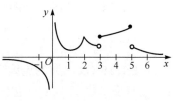

图 1.14

解　函数在开区间 $(-\infty,0)$,$(0,3)$ 和 $(5,+\infty)$ 以及闭区间 $[3,5]$ 上连续. $x=0$ 是无穷型间断点,属第二类间断点;$x=3$ 和 $x=5$ 是跳跃间断点,属第一类间断点.

例 1.6.2　讨论函数 $f(x)=\sin\dfrac{1}{x}$ 在 $x=0$ 点处的连续性.

解　函数在 $x=0$ 处无定义;当 $x\to0$ 时,函数值在 -1 与 1 之间振荡(图 1.15),

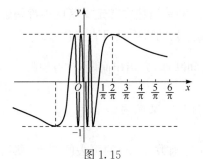

图 1.15

所以点 $x=0$ 是函数 $f(x)=\sin\dfrac{1}{x}$ 的振荡间断点,属第二类间断点.

例 1.6.3　判断函数
$$f(x)=\begin{cases}x+1,&x>0,\\0,&x=0,\\x-1,&x<0\end{cases}$$
在 $x=0$ 点处的连续性.

解　显然函数在点 $x=0$ 及其附近均有定义,又
$$\lim_{x\to0^-}f(x)=\lim_{x\to0^-}(x-1)=-1,$$
$$\lim_{x\to0^+}f(x)=\lim_{x\to0^+}(x+1)=1,$$
所以,$\lim\limits_{x\to0^-}f(x)\neq\lim\limits_{x\to0^+}f(x)$,故 $\lim\limits_{x\to0}f(x)$ 不存在,函数在 $x=0$ 点处不连续,$x=0$ 是函数 $f(x)$ 的跳跃间断点. 其图像如图 1.16 所示.

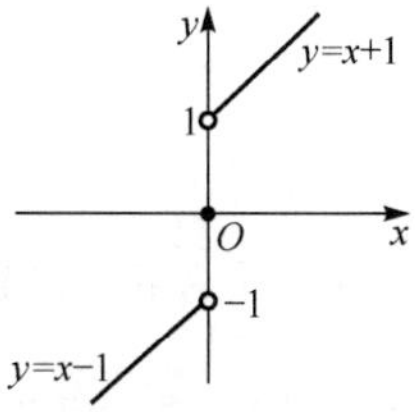

例 1.6.4　判断函数 $f(x)=\begin{cases}\dfrac{\sin x}{x},&x\neq0,\\0,&x=0\end{cases}$ 在 $x=0$ 点处的连续性.

图 1.16

解　函数 $f(x)$ 在 $x=0$ 及其邻域均有定义,且 $f(0)=0$,但

$$\lim_{x\to 0}f(x)=\lim_{x\to 0}\frac{\sin x}{x}=1\neq f(0),$$

所以 $f(x)$ 在 $x=0$ 处不连续,$x=0$ 是 $f(x)$ 的可去间断点,属第一类间断点.

1.6.3　连续函数的运算性质与初等函数的连续性

根据极限的运算性质,我们可以得到连续函数的运算性质.

定理 1.14（连续函数的四则运算法则）　若 $f(x),g(x)$ 均在点 x_0 处连续,则 $f(x)\pm g(x),f(x)\cdot g(x)$ 及 $\dfrac{f(x)}{g(x)}(g(x_0)\neq 0)$ 都在点 x_0 处连续.

定理 1.15（反函数的连续性）　若 $y=f(x)$ 在区间 I_x 上单值,单增(减),且连续,则其反函数 $x=\varphi(y)$ 也在对应的区间 $I_y=\{y\,|\,y=f(x),x\in I_x\}$ 上单值,单增(减),且连续.

定理 1.16（复合函数的连续性）　函数 $u=\varphi(x)$ 在点 $x=x_0$ 连续,且 $\varphi(x_0)=u_0$,函数 $y=f(u)$ 在点 u_0 连续,则复合函数 $y=f(\varphi(x))$ 在点 x_0 处连续.

由于基本初等函数在其定义域区间内都是连续的,再结合初等函数的定义以及连续函数的运算性质,我们可以得出结论:**一切初等函数在其定义区间内都是连续的**.因此,对于初等函数,求其在定义区间内的点处的极限就可直接代入.

例 1.6.5　求函数 $f(x)=\dfrac{\sin x}{x(1-x)}$ 的所有间断点,并指出间断点的类型.

解　函数 $f(x)=\dfrac{\sin x}{x(1-x)}$ 为初等函数,而且其定义域为 $\{x\,|\,x\neq 0,x\neq 1\}$.又 $\lim\limits_{x\to 0}\dfrac{\sin x}{x(1-x)}=1$,$\lim\limits_{x\to 1}\dfrac{\sin x}{x(1-x)}=\infty$,所以,$x=0$ 是函数 $f(x)$ 的可去间断点,属第一类间断点.$x=1$ 是函数 $f(x)$ 的无穷间断点,属第二类间断点.

例 1.6.6　求极限 $\lim\limits_{x\to 0}\dfrac{\ln(1+x)}{x}$.

解　$\lim\limits_{x\to 0}\dfrac{\ln(1+x)}{x}=\lim\limits_{x\to 0}\ln(1+x)^{\frac{1}{x}}=\ln\lim\limits_{x\to 0}(1+x)^{\frac{1}{x}}=\ln e=1.$

习 题 1.6

1. 讨论下列函数的连续性.

(1) $f(x)=\begin{cases}5, & x<1,\\ 4x+1, & 1\leqslant x<2,\\ 5+x^2, & x\geqslant 2;\end{cases}$

(2) $f(x) = |x|$.

2. 求函数 $f(x) = \dfrac{x^3 + 3x^2 - x - 3}{x^2 + x - 6}$ 的连续区间，并求 $\lim\limits_{x \to 0} f(x)$，$\lim\limits_{x \to -3} f(x)$，$\lim\limits_{x \to 2} f(x)$.

3. 求下列极限.

(1) $\lim\limits_{x \to 0} \sqrt{x^2 - 4x + 5}$；　　　　　　　　(2) $\lim\limits_{x \to -1} \dfrac{e^{-2x} - 1}{x^2}$.

4. 指出下列函数的间断点，并说明这些间断点的类型.

(1) $f(x) = \dfrac{x^2 - 1}{x^2 - 3x + 2}$；　　　　　　(2) $f(x) = \dfrac{x^2 - x}{|x|(x^2 - 1)}$；

(3) $f(x) = \dfrac{\sin x}{x^2 - x}$；　　　　　　(4) $f(x) = \begin{cases} \dfrac{\sin x}{x}, & x < 0, \\ 0, & x = 0, \\ e^{-x}, & x > 0; \end{cases}$

(5) $f(x) = \dfrac{1}{1 - e^{\frac{x}{x-1}}}$.

5. 确定 a, b 的值，使得函数 $f(x) = \begin{cases} \dfrac{\ln(1 - 3x)}{ax}, & x < 0, \\ 2, & x = 0, \\ \dfrac{\sin bx}{x}, & x > 0 \end{cases}$ 在 $x = 0$ 处连续.

6. 某市出租汽车收费标准起步价(3km 以内)为 13 元,以后每超出 1km 加收 2.3 元.请建立收费与行驶路程的函数关系,并画出其图像,讨论其连续性.

7. 地球作用在一个物体上的重力与物体的质量及其到地心的距离有关,具体如下：

$$g(r) = \begin{cases} \dfrac{GMmr}{R^3}, & r < R, \\ \dfrac{GMm}{R^2}, & r \geqslant R, \end{cases}$$

其中,G 表示重力常数,M 表示地球质量,R 表示地球半径.判断 g 是否为 r 的连续函数.

1.7　闭区间上连续函数的性质

1.7.1　最值定理

定理 1.17　闭区间上的连续函数在该区间一定有界.

定理 1.18　闭区间上的连续函数一定有最大值和最小值.

需要指出的是,"闭区间"与"连续"两个条件若有一个不满足,则上述结论不一定成立. 例如,函数 $y = \tan x$ 在开区间 $\left(-\dfrac{\pi}{2}, \dfrac{\pi}{2}\right)$ 内是连续的,但它在开区间 $\left(-\dfrac{\pi}{2}, \dfrac{\pi}{2}\right)$ 内是无界的,且既无最大值又无最小值;又如,函数

$$f(x)=\begin{cases} -x, & -1 \leqslant x < 0, \\ 1, & x = 0, \\ -x+2, & 0 < x \leqslant 1 \end{cases}$$

在闭区间$[-1,1]$上有间断点 $x=0$,这个函数在闭区间$[-1,1]$上虽然有界,但既无最大值也无最小值.

1.7.2　介值定理

定理 1.19（介值定理）　设 $f(x)$ 在$[a,b]$上连续,且 $f(a) \neq f(b)$,则对于 $f(a)$ 与 $f(b)$ 之间的任意常数 C,在 (a,b) 内至少存在一点 ξ,使得 $f(\xi) = C(a < \xi < b)$.

推论 1.5　设函数 $f(x)$ 在闭区间$[a,b]$上连续,则对于 $\forall C \in (m, M)$,m 与 M 分别为 $f(x)$ 在$[a,b]$的最小值和最大值,必存在 $\xi \in (a,b)$,使得 $f(\xi) = C$.

定义 1.15　若存在 x_0 使得 $f(x_0) = 0$,则称 x_0 为 $f(x)$ 的**零点**. 由介值定理很容易得到下面的零点定理.

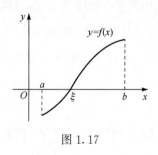

图 1.17

定理 1.20　设 $f(x)$ 在$[a,b]$上连续,且 $f(a)$ 与 $f(b)$ 异号,则在开区间(a,b)内,至少存在一点 ξ,使得 $f(\xi) = 0$,即 $f(x)$ 在 (a,b) 内至少有一个零点.

如图 1.17 所示,从几何上看$(a, f(a))$与$(b, f(b))$在 x 轴的上下两侧,由于 $f(x)$ 连续,显然,在 (a,b) 上,$f(x)$ 的图像与 x 轴至少相交一次.

定理 1.20 对判断零点的位置很有用处,但不能求出零点.

例 1.7.1　证明方程 $\sin x + x + 1 = 0$ 在 $\left(-\dfrac{\pi}{2}, \dfrac{\pi}{2}\right)$ 内至少有一个根.

证 令 $f(x)=\sin x+x+1$,因

$$f\left(-\frac{\pi}{2}\right)=-\frac{\pi}{2}<0, \quad f\left(\frac{\pi}{2}\right)=2+\frac{\pi}{2}>0,$$

故由零点存在定理可知,$\exists \xi \in \left(-\frac{\pi}{2},\frac{\pi}{2}\right)$,使 $f(\xi)$

$=\sin\xi+\xi+1=0$,即方程在 $\left(-\frac{\pi}{2},\frac{\pi}{2}\right)$ 内至少有一

个根 $x=\xi$.

例 1.7.2 证明:在一个金属圆环形截面的边缘上,总有彼此相对的两点拥有相同的温度.

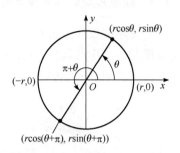

图 1.18

证 以圆环形截面的圆心为原点,如图 1.18 所示,建立平面直角坐标系.设圆截面的半径为 r,圆截面上任意一点 (x,y) 处的温度为 $T(x,y)$.设与 x 轴成 θ 角和 $\theta+\pi$ 角金属圆环形截面的边缘上两点的温度差为 $f(\theta)$,则 $f(\theta)=T(r\cos\theta,r\sin\theta)-T(r\cos(\theta+\pi),r\sin(\theta+\pi))$,$\theta\in[0,\pi]$.由于温度是连续变化的,因此 $f(\theta)$ 在 $[0,\pi]$ 上连续.而且,

$$f(0)=T(r,0)-T(-r,0), \quad f(\pi)=T(-r,0)-T(r,0)=-f(0).$$

若 $f(0)=0$,则我们找到了彼此相对且拥有相同温度的两点.若 $f(0)\neq0$,则 $f(0)$ 与 $f(\pi)$ 异号,由定理 1.20 可得,至少存在一点 $\xi\in(0,\pi)$,使得 $f(\xi)=0$,即存在彼此相对的两点拥有相同的温度.

习 题 1.7

1. 证明方程 $x^5-3x=1$ 在区间 $(1,2)$ 内至少有一个根.

2. 证明方程 $x^n+x^{n-1}+\cdots+x^2+x=1(n=2,3,\cdots)$ 在 $(0,1)$ 内必有唯一实根 x_n,并求 $\lim\limits_{n\to\infty}x_n$.

3. 设 $f(x)\in C[a,b]$,$g(x)\in C[a,b]$,且 $f(a)>g(a)$,$f(b)<g(b)$.证明:$\exists\xi\in(a,b)$,使 $f(\xi)=g(\xi)$.

4. 设 $f(x)$ 在 $[a,b]$ 上连续,且 $a<x_1<x_2<\cdots<x_n<b$. 证明:在 $[x_1,x_n]$ 上存在一点 ξ,使得

$$f(\xi)=\frac{f(x_1)+f(x_2)+\cdots+f(x_n)}{n}.$$

5. 一徒步旅行者从早晨 4 点开始登山,于正午到达山顶.第二天早晨 5 点他沿原路返回,并于上午 11 点回到山脚出发地.请说明在这两天路上的某些位置处,旅行者的手表显示相同的时间.

1.8 极限模型应用举例

1.8.1 斐波那契数列与黄金分割

斐波那契数列是由意大利数学家斐波那契在研究兔子繁殖问题时提出的. 在斐波那契的著作《算盘书》(Liber Abaci)中, 他记述了以下饶有趣味的问题.

有人想知道一年中一对兔子可以繁殖多少对小兔子, 就筑了墙把一对兔子圈了进去. 如果这对大兔子一个月生一对小兔子, 每产一对子兔必为一雌一雄, 而且每一对小兔子生长一个月就成为大兔子, 并且所有的兔子可全部存活, 那么一年后围墙内有多少对兔子.

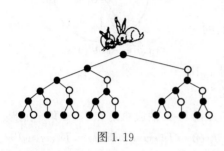

图 1.19

假设用○表示一对小兔子, 用●表示一对大兔子, 根据上面叙述的繁殖规律, 可画出兔子繁衍图, 如图 1.19 所示.

或者, 我们也可以列表考察兔子的逐月繁殖情况, 如表 1.4 所示.

表 1.4 兔子逐月繁殖情况

分类	月份											
	一	二	三	四	五	六	七	八	九	十	十一	十二
●	1	1	2	3	5	8	13	21	34	55	89	144
○	0	1	1	2	3	5	8	13	21	34	55	89

由此, 我们不难发现兔子的繁殖规律: 每月的大兔子总数恰好等于前两个月大兔子数目的总和. 按此规律可写出数列

$$1,1,2,3,5,8,13,21,34,55,89,144,233,\cdots.$$

该数列即为斐波那契数列, 具有以下递推关系:

$$x_n+x_{n+1}=x_{n+2}.$$

法国数学家比内(Binet)求出了通项 x_n 为

$$x_n=\frac{1}{\sqrt{5}}\left[\left(\frac{1+\sqrt{5}}{2}\right)^n-\left(\frac{1-\sqrt{5}}{2}\right)^n\right], \quad n=0,1,2,\cdots,n.$$

对 $x_n+x_{n+1}=x_{n+2}$, 两边同时除以 x_{n+1}, 假设该数列中相邻两项比值 $\dfrac{x_n}{x_{n+1}}$ 的极限存在, 并记为 $a(a>0)$, 有

$$\frac{x_n}{x_{n+1}}+1=\frac{x_{n+2}}{x_{n+1}},$$

$$\lim_{n\to\infty}\frac{x_n}{x_{n+1}}=\lim_{n\to\infty}\frac{x_{n+1}}{x_{n+2}}=a,$$

则有

$$a+1=\frac{1}{a},\quad a=\lim_{n\to\infty}\frac{x_n}{x_{n+1}}=\frac{\sqrt{5}-1}{2}\approx0.618.$$

由此可见,多年后兔子的总对数,成年兔子对数和子兔的对数均以 61.8% 的比率增长,0.618 正是黄金分割比.黄金分割的概念是两千多年前由希腊数学家欧多克索斯给出的,具体定义如下.

把任一线段分割成两段,使得 $\dfrac{\text{大段}}{\text{全段}}=\dfrac{\text{小段}}{\text{大段}}=\lambda$,这样的分割叫黄金分割,比值 λ 叫黄金分割比.

黄金分割之所以称为"黄金"分割,是比喻这一"分割"如黄金一样珍贵.黄金分割比,是工艺美术、建筑、摄影等许多艺术门类中审美的因素之一.人们认为它表现了恰到好处的"和谐".比如,大多数身材好的人的肚脐是人体总长的黄金分割点,许多世界著名的建筑物中也都包含黄金分割比,摄影中常用"黄金分割"来构图.

此外,斐波那契数列中的每一个数都称为斐波那契数,它在大自然中也展现出强大的生命力.

(1) 花瓣数中的斐波那契数.大多数植物的花,其花瓣数都恰是斐波那契数.例如,兰花、茉莉花、百合花有 3 个花瓣,毛茛属的植物有 5 个花瓣,翠雀属植物有 8 个花瓣,万寿菊属植物有 13 个花瓣,紫菀属植物有 21 个花瓣,雏菊属植物有 34、55 或 89 个花瓣.

(2) 向日葵花盘内葵花籽排列的螺线数.向日葵花盘内,如图 1.20 所示,种子是按对数螺线排列的,有顺时针转和逆时针转的两组对数螺线.两组螺线的条数往往成相邻的两个斐波那契数,一般是 34 和 55,大向日葵是 89 和 144,还曾发现过一个更大的向日葵有 144 和 233 条螺线.

图 1.20

(3) 股票指数增减的"波浪理论".1934 年美国经济学家艾略特(Elliott)通过分析研究大量的资料后,发现了股票指数增减的微妙规律,并提出了颇有影响的"波浪理论".该理论认为:股指波动的一个完整过程(周期)是由波形图(股指变化的图像)上的 5(或 8)个波组成,其中 3 上 2 下(或 5 上 3 下).注意此处的 2,3,5,8 均是斐波那契数列中的数.

1.8.2　交流电路中的电流强度

在交流电路中,电流大小是随时间变化的,设电流通过导线的横截面的电量是 $Q(t)$,它是时间 t 的函数,求某时刻 t_0 的电流强度.

这里求的时刻 t_0 的电流强度和绪论中分析过的变速直线运动的瞬时速度有些类似. 我们可以先求时间由 t_0 改变到 $t_0+\Delta t$ 时, 通过导线的电量, 即 $\Delta Q = Q(t_0+\Delta t)-Q(t_0)$. 进而, 在 Δt 这段时间内, 导线的平均电流强度为 $\bar{I}=\dfrac{\Delta Q}{\Delta t}=\dfrac{Q(t_0+\Delta t)-Q(t_0)}{\Delta t}$. 而且, Δt 越小, $\bar{I}$ 就越接近 t_0 时刻的电流强度 $i(t_0)$, 当 $\Delta t \to 0$ 时, 如果极限 $\lim\limits_{\Delta t \to 0}\dfrac{\Delta Q}{\Delta t}$ 存在, 则此极限就是 t_0 时刻的电流强度, 即 $i(t_0)=\lim\limits_{\Delta t \to 0}\dfrac{\Delta Q}{\Delta t}=\lim\limits_{\Delta t \to 0}\dfrac{Q(t_0+\Delta t)-Q(t_0)}{\Delta t}$, 是一个特殊的比值形式的极限. 在第 2 章会看到, 我们将把这种特殊的极限定义为导数.

习 题 1.8

1. 用数学归纳法证明斐波那契数列的通项公式为

$$x_n=\frac{1}{\sqrt{5}}\left[\left(\frac{1+\sqrt{5}}{2}\right)^n-\left(\frac{1-\sqrt{5}}{2}\right)^n\right], \quad n=0,1,2,\cdots.$$

2. 一根长为 8cm 的电线, 它的质量从左端开始到右边 x（单位: cm）的地方是 x^3（单位: g）, 如图 1.21 所示.

图 1.21

(1) 求这根电线中间 2cm 长的一段的平均线密度（平均线密度＝质量/长度）;

(2) 求从左端开始 3cm 处的实际线密度.

3. 某个城市被一种流感冲击, 官方估计流感暴发 t 天后感染人数为

$$p(t)=120t^2-2t^3, \quad 0 \leqslant t \leqslant 40.$$

求在 $t=10, t=20$ 和 $t=30$ 时的流感传播率.

4. 电荷量相对时间的变化率叫电流. 设有 $\dfrac{1}{3}t^3+t$（单位: C）电荷在 t（单位: s）内流过一根电线, 求 3s 后的电流以及判断何时出现 20A 的电流脉冲.

复 习 题 1

A

1. 函数 $f(x)$ 在 $x=x_0$ 处极限存在, 是在此处有定义的_____条件, 在 $x=$

x_0 处连续是在此处可导的_____条件.

2. 当 $x \to 0^+$ 时, $\sin x^2$ 是 $\ln(1+\sqrt{x})$ 的_____阶无穷小.

3. 计算下列极限.

(1) $\lim\limits_{n \to \infty}\left(1-\dfrac{1}{2^2}\right)\left(1-\dfrac{1}{3^2}\right)\cdots\left(1-\dfrac{1}{n^2}\right)$;

(2) $\lim\limits_{x \to \frac{\pi}{3}}\dfrac{1-2\cos x}{\sin\left(x-\dfrac{\pi}{3}\right)}$;

(3) $\lim\limits_{x \to 0^+}(\cos\sqrt{x})^{\frac{1}{x}}$;

(4) $\lim\limits_{x \to 0}\dfrac{\sqrt[m]{1+\alpha x}-\sqrt[n]{1+\beta x}}{x}$ (m,n 为正整数).

4. 求函数 $f(x)=\dfrac{(e^{\frac{1}{x}}+e)\tan x}{x(e^{\frac{1}{x}}+e)}$ 在 $[-\pi,\pi]$ 上的第一类间断点, 说明理由.

5. 证明: 方程 $\sqrt{x}-\cos x=0$ 在区间 $\left(0,\dfrac{\pi}{2}\right)$ 内至少有一个根.

6. 对于数列 $\{x_n\}$: $x_1=1$, $x_{n+1}=1+\dfrac{x_n}{1+x_n}$ ($n=1,2,\cdots$), 证明 $\lim\limits_{n \to \infty}x_n$ 存在并求极限.

B

1. 求下列函数的极限.

(1) $\lim\limits_{x \to \infty}x\sin\dfrac{2x}{x^2+1}$;

(2) $\lim\limits_{x \to 0}\dfrac{\ln\cos x}{x^2}$;

(3) $\lim\limits_{x \to 0}\left(\dfrac{1+x}{1-e^{-x}}-\dfrac{1}{x}\right)$;

(4) $\lim\limits_{x \to 0}\left(\dfrac{1}{e^x-1}-\dfrac{1}{\ln(1+x)}\right)$.

2. 若 $\lim\limits_{x \to 0}\dfrac{\sin x}{e^x-a}(\cos x-b)=5$, 则 $a=$_____, $b=$_____.

3. 若 $\lim\limits_{x \to 0}\left(\dfrac{1-\tan x}{1+\tan x}\right)^{\frac{1}{\sin kx}}=e$, 则 $k=$_____.

4. 设函数 $f(x)=x+a\ln(1+x)+bx\sin x$, $g(x)=kx^3$, 若 $f(x)$ 与 $g(x)$ 在 $x \to 0$ 时等价无穷小, 求 a,b,k 的值.

第 2 章　导数与微分

　　微积分学的一个重要部分是微分学,导数和微分是微分学的两个重要概念.导数是函数变化率的度量,微分是当自变量有微小变化时,函数值的改变量的近似.本章将介绍导数与微分的概念以及它们的计算方法.

　　从 15 世纪初文艺复兴时期起,欧洲的工业、农业、航海事业与商贾贸易得到大规模的发展,形成了一个新的经济时代.16 世纪的欧洲,正处在资本主义萌芽时期,生产力得到了很大发展. 生产实践的发展对自然科学提出了新的课题,迫切需要力学、天文学等基础学科的发展,而这些学科都是深刻依赖于数学的,因而也推动了数学的发展.在各类学科对数学提出的种种要求中,下列三类问题催生了微分学:

　　(1) 求变速运动的瞬时速度;

　　(2) 求曲线上一点处的切线;

　　(3) 求最大值和最小值.

　　这三类实际问题的现实原型在数学上都可归结为函数相对于自变量变化而变化的快慢程度,即所谓函数的变化率问题.

2.1　导数

2.1.1　导数的产生背景

　　1. 变速直线运动的瞬时速度

　　设一质点做非匀速直线运动,其位移与时间的关系为 $s=f(t)$.若 t_0 为某一确定时刻,t 为邻近于 t_0 的时刻,从时刻 t_0 到 t 这段时间,质点从位置 $s_0=f(t_0)$ 移动到 $s=f(t)$,这时的位移为

$$\Delta s=s-s_0=f(t)-f(t_0), \tag{2.1}$$

那么比值

$$\overline{v}=\frac{s-s_0}{t-t_0}=\frac{f(t)-f(t_0)}{t-t_0} \tag{2.2}$$

可以认为是质点在 t_0 到 t 这段时间间隔的平均速度.如果时间间隔较短,(2.2)式的比值可以近似表示质点在时刻 t_0 的速度,但是对于研究精确速度是不够的.求时刻 t_0 的精确速度可以令 $t \to t_0$,对(2.2)式取极限,如果这个极限存在,设为 v,即

$$v = \lim_{t \to t_0} \frac{f(t) - f(t_0)}{t - t_0},$$

该极限值 v 称为质点在时刻 t_0 的瞬时速度.

2. 切线的斜率

圆的切线可以定义为"与曲线只有一个交点的直线". 但是对于其他曲线, 用这个定义就不一定合适了. 比如对于函数 $y = |x|$, 在原点处两个坐标轴都符合上述定义, 但实际上该函数在原点处没有切线. 下面给出切线的定义.

如图 2.1, 设曲线 C 是 $y = f(x)$ 函数的图形, $M(x_0, y_0)$ 为曲线 C 上一点, 在 C 上点 M 附近任取一点 $N(x, y)$, 作割线 MN, 于是割线 MN 的斜率为

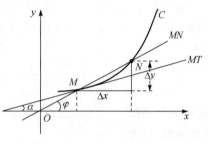

图 2.1

$$\tan\varphi = \frac{f(x) - f(x_0)}{x - x_0}.$$

当点 N 沿曲线 C 趋于点 M 时, 割线 MN 将随之转动, 若割线 MN 存在极限位置 MT, 则称直线 MT 为曲线 C 在点 M 的切线. 当点 N 无限接近点 M, 即当 $x \to x_0$ 时有 $\varphi \to \alpha$ (α 为切线 MT 的倾角), 故曲线 $y = f(x)$ 在点 $M(x_0, y_0)$ 处的切线斜率为

$$\tan\alpha = \lim_{\varphi \to \alpha} \tan\varphi = \lim_{x \to x_0} \frac{f(x) - f(x_0)}{x - x_0},$$

或记为斜率 $k = \lim_{x \to x_0} \frac{f(x) - f(x_0)}{x - x_0}$.

3. 产品总成本的变化率

设某产品的总成本 C 是产量 x 的函数, 即 $C = f(x)$, 当产量由 x_0 变到 x 时, 总成本相应的改变量为 $\Delta C = f(x) - f(x_0)$, 总成本的平均变化率为

$$\frac{f(x) - f(x_0)}{x - x_0}.$$

当 $x \to x_0$ 时, 如果极限 $\lim_{x \to x_0} \dfrac{f(x) - f(x_0)}{x - x_0}$ 存在, 则称此极限是产量为 x_0 时的总成本的变化率.

类似问题还有: 加速度是速度增量与时间增量之比的极限, 线密度是质量增量与长度增量之比的极限, 电流强度是电量增量与时间增量之比的极限, 化学反应速度是浓度增量与时间增量之比的极限. 上述问题虽然有不同的实际背景, 但从抽象

的数量关系来看,其实质都是函数的改变量与自变量的改变量之比,在自变量改变量趋于零时的极限,我们把这种特定的极限称为函数的导数.

2.1.2　导数的概念

上面的几个问题虽然有不同的实际背景,但是抛开它们的具体意义而只保留其数学结构,我们就抽象出导数的概念.

1. 导数定义

定义 2.1　设函数 $y=f(x)$ 在点 x_0 及其某邻域内有定义,当自变量在 x_0 处取得增量 $\Delta x=x-x_0(\Delta x\neq 0)$ 时,相应的因变量 y 取得增量 $\Delta y=f(x)-f(x_0)$,如果

$$\lim_{\Delta x\to 0}\frac{\Delta y}{\Delta x}=\lim_{x\to x_0}\frac{f(x)-f(x_0)}{x-x_0}$$

存在,则称**函数 $y=f(x)$ 在点 x_0 处可导**,并称此极限值为**函数 $y=f(x)$ 在点 x_0 处的导数**,记为 $f'(x_0)$,即

$$f'(x_0)=\lim_{x\to x_0}\frac{f(x)-f(x_0)}{x-x_0},$$

也可记为 $y'|_{x=x_0}$,$\dfrac{\mathrm{d}y}{\mathrm{d}x}\bigg|_{x=x_0}$ 或 $\dfrac{\mathrm{d}f(x)}{\mathrm{d}x}\bigg|_{x=x_0}$.

如果此极限不存在,则称**函数 $y=f(x)$ 在点 x_0 处不可导**或导数不存在.

函数 $y=f(x)$ 在点 x_0 处的导数,也可用不同的形式表示,如果记 $x=x_0+\Delta x$,则 $\Delta x=x-x_0$,当 $x\to x_0$ 时,$\Delta x\to 0$. 因此,导数也可以定义为如下形式:

$$f'(x_0)=\lim_{\Delta x\to 0}\frac{f(x_0+\Delta x)-f(x_0)}{\Delta x}.$$

将上式中的 Δx 换成 h,则有

$$f'(x_0)=\lim_{h\to 0}\frac{f(x_0+h)-f(x_0)}{h}.$$

例 2.1.1　求函数 $f(x)=x^2-8x+9$ 在 $x=2$ 处的导数.

解　由定义可得

$$f'(2)=\lim_{x\to 2}\frac{f(x)-f(2)}{x-2}$$

$$=\lim_{x\to 2}\frac{x^2-8x+9-(2^2-8\times 2+9)}{x-2}$$

$$=\lim_{x\to 2}\frac{x^2-2^2-8(x-2)}{x-2}$$

$$= \lim_{x \to 2}(x-6)$$
$$= -4.$$

例 2.1.2　讨论函数 $y = \sqrt[3]{x}$ 在 $x = 0$ 处的可导性.

解　由于

$$y'\big|_{x=0} = \lim_{\Delta x \to 0} \frac{f(0+\Delta x)-f(0)}{\Delta x}$$

$$= \lim_{\Delta x \to 0} \frac{\sqrt[3]{\Delta x}}{\Delta x} = \infty,$$

故函数 $y = \sqrt[3]{x}$ 在 $x = 0$ 处不可导.

导数的概念就是函数的变化率这一概念的精确描述,它撇开了自变量和因变量所代表的几何或者物理方面的特殊意义,纯粹从数量方面来刻画变化率的本质:因变量改变量与自变量改变量之比 $\dfrac{\Delta y}{\Delta x}$ 是因变量 y 在以 x_0 和 $x_0 + \Delta x$ 为端点的区间上的平均变化率,而导数 $f'(x_0)$ 则是因变量 y 在点 x_0 处的变化率,它反映了因变量随自变量的变化而变化的快慢程度.

如果 $\Delta x \to 0$ 时,$\dfrac{\Delta y}{\Delta x} \to \infty$,也就是函数 $y = f(x)$ 在点 x_0 处不可导,为了方便起见,也往往说函数 $y = f(x)$ 在 x_0 处的导数为无穷大.

2. 导函数

定义 2.2　如果函数 $y = f(x)$ 在开区间 (a,b) 内的每点处都可导,则称函数 $f(x)$ 在区间 (a,b) 内**可导**,并记为 $f(x) \in D(a,b)$. 这时,对于任一 $x \in (a,b)$,都对应着一个确定的导数值 $f'(x)$. 这样就构成了一个新的函数,这个函数称为 $y = f(x)$ 的**导函数**,记作 $f'(x), y', \dfrac{\mathrm{d}y}{\mathrm{d}x}$ 或 $\dfrac{\mathrm{d}f(x)}{\mathrm{d}x}$.

若用极限表示函数 $f(x)$ 的导函数,则

$$f'(x) = \lim_{\Delta x \to 0} \frac{f(x+\Delta x)-f(x)}{\Delta x} = \lim_{h \to 0} \frac{f(x+h)-f(x)}{h}.$$

显然,函数 $y = f(x)$ 在点 x_0 处的导数 $f'(x_0)$ 等于导函数 $f'(x)$ 在点 $x = x_0$ 处的函数值,即

$$f'(x_0) = f'(x)\big|_{x=x_0}.$$

导函数 $f'(x)$ 简称导数.

下面我们就用导数的定义推出一些基本初等函数的导数公式.

例 2.1.3　求函数 $f(x) = C$(C 为常数)的导数.

解　由于

$$f'(x) = \lim_{\Delta x \to 0} \frac{f(x+\Delta x) - f(x)}{\Delta x} = \lim_{\Delta x \to 0} \frac{C-C}{\Delta x} = 0,$$

即 $f'(x) = 0$,故常值函数的求导公式 $C' = 0$.

例 2.1.4 求函数 $f(x) = \sin x$ 的导数 $f'(x)$ 及 $f'\left(\dfrac{\pi}{4}\right)$.

解 由于

$$f'(x) = \lim_{h \to 0} \frac{f(x+h) - f(x)}{h} = \lim_{h \to 0} \frac{\sin(x+h) - \sin x}{h}$$

$$= \lim_{h \to 0} \frac{2\cos\left(x + \dfrac{h}{2}\right)\sin\dfrac{h}{2}}{h}$$

$$= \lim_{h \to 0} \frac{2\cos\left(x + \dfrac{h}{2}\right)}{h} \cdot \frac{h}{2}$$

$$= \lim_{h \to 0} \cos\left(x + \frac{h}{2}\right) = \cos x,$$

即 $(\sin x)' = \cos x$,故 $f'\left(\dfrac{\pi}{4}\right) = (\sin x)'\big|_{x = \frac{\pi}{4}} = \cos\dfrac{\pi}{4} = \dfrac{\sqrt{2}}{2}$.

用类似的方法,可求得 $(\cos x)' = -\sin x$.

例 2.1.5 求函数 $f(x) = a^x (a > 0, a \neq 1)$ 的导数.

解 由于

$$f'(x) = \lim_{h \to 0} \frac{f(x+h) - f(x)}{h} = \lim_{h \to 0} \frac{a^{x+h} - a^x}{h}$$

$$= a^x \lim_{h \to 0} \frac{a^h - 1}{h} = a^x \lim_{h \to 0} \frac{h\ln a}{h}$$

$$= a^x \ln a \quad (a^h - 1 \sim h\ln a \ \text{当} \ h \to 0),$$

故指数函数的导数公式 $(a^x)' = a^x \ln a$.

特别地,有 $(\mathrm{e}^x)' = \mathrm{e}^x$.

例 2.1.6 求函数 $f(x) = \log_a x (a > 0, a \neq 1)$ 的导数.

解 由于

$$f'(x) = \lim_{h \to 0} \frac{f(x+h) - f(x)}{h} = \lim_{h \to 0} \frac{\log_a(x+h) - \log_a x}{h}$$

$$= \lim_{h \to 0} \frac{1}{h}\log_a\left(\frac{x+h}{x}\right) = \lim_{h \to 0}\log_a\left(1 + \frac{h}{x}\right)^{\frac{1}{h}}$$

$$=\lim_{h\to 0}\log_a\left(1+\frac{h}{x}\right)^{\frac{x}{h}\cdot\frac{1}{x}}$$

$$=\lim_{h\to 0}\frac{1}{x}\log_a\left(1+\frac{h}{x}\right)^{\frac{x}{h}}$$

$$=\frac{1}{x}\log_a e$$

$$=\frac{1}{x}\frac{\ln e}{\ln a}=\frac{1}{x\ln a},$$

故 $(\log_a x)'=\dfrac{1}{x\ln a}.$

特殊地,有 $(\ln x)'=\dfrac{1}{x}.$

例 2.1.7　设函数 $f(x)=x^n$(n 为正整数),求 $f'(a)$.

解　$f'(a)=\lim_{x\to a}\dfrac{f(x)-f(a)}{x-a}$

$$=\lim_{x\to a}\frac{x^n-a^n}{x-a}$$

$$=\lim_{x\to a}(x^{n-1}+ax^{n-2}+\cdots+a^{n-1})$$

$$=na^{n-1}.$$

把以上结果中的 a 换为 x 可得 $(x^n)'=nx^{n-1}$.

更一般地,对于幂函数 $f(x)=x^\mu$(μ 为常数),有 $(x^\mu)'=\mu x^{\mu-1}$,这个公式的证明将在以后讨论. 利用这个公式,可以方便地求出幂函数的导数.

例如,当 $\mu=\dfrac{1}{2}$ 时,$y=\sqrt{x}$ $(x>0)$,有

$$(\sqrt{x})'=(x^{\frac{1}{2}})'=\frac{1}{2}x^{\frac{1}{2}-1}=\frac{1}{2}x^{-\frac{1}{2}},$$

即 $(\sqrt{x})'=\dfrac{1}{2\sqrt{x}}.$

当 $\mu=-1$ 时,$y=\dfrac{1}{x}$ $(x\neq 0)$,有

$$\left(\frac{1}{x}\right)'=(x^{-1})'=-x^{-1-1},$$

即 $\left(\dfrac{1}{x}\right)'=-\dfrac{1}{x^2}.$

2.1.3　单侧导数

定义 2.3　如果极限 $\lim\limits_{\Delta x \to 0^-} \dfrac{f(x_0 + \Delta x) - f(x_0)}{\Delta x}$ 存在,则称此极限值为函数 $y = f(x)$ 在 x_0 的**左导数**,记作 $f'_-(x_0)$. 如果极限 $\lim\limits_{\Delta x \to 0^+} \dfrac{f(x_0 + \Delta x) - f(x_0)}{\Delta x}$ 存在,则称此极限值为函数 $y = f(x)$ 在 x_0 的**右导数**,记作 $f'_+(x_0)$.

定理 2.1　函数 $y = f(x)$ 在点 x_0 处可导的充要条件是 $y = f(x)$ 在点 x_0 处左右导数存在且相等,即

$$f'(x_0) = A \Leftrightarrow f'_-(x_0) = f'_+(x_0) = A.$$

如果函数 $y = f(x)$ 在开区间 (a, b) 内可导,且在左端点 $x = a$ 存在右导数 $f'_+(a)$ 和在右端点 $x = b$ 存在左导数 $f'_-(b)$,则称 $f(x)$ 在闭区间 $[a, b]$ 上可导.

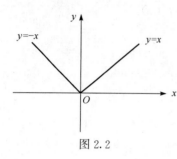

图 2.2

例 2.1.8　证明函数 $f(x) = |x|$（图 2.2）在 $x = 0$ 处不可导.

证　$f(x) = |x| = \begin{cases} -x, & x \leqslant 0, \\ x, & x > 0. \end{cases}$

当 $x < 0$ 时,由左导数定义,得

$$f'_-(0) = \lim_{x \to 0^-} \frac{f(x) - f(0)}{x} = \lim_{x \to 0^-} \frac{-x}{x} = -1;$$

当 $x > 0$ 时,由右导数定义,得

$$f'_+(0) = \lim_{x \to 0^+} \frac{f(x) - f(0)}{x} = \lim_{x \to 0^+} \frac{x}{x} = 1.$$

由于 $f'_-(0) \neq f'_+(0)$,所以函数 $f(x) = |x|$ 在 $x = 0$ 处不可导.

2.1.4　导数的几何意义

由导数的产生背景切线的斜率可知,函数 $y = f(x)$ 在点 x_0 处的导数等于函数 $y = f(x)$ 所表示的曲线在点 (x_0, y_0) 处的切线斜率,即 $f'(x_0) = \tan\alpha$. 其中 α 是曲线上点 $M(x_0, y_0)$ 处的切线与 x 轴正方向的夹角. 由直线的点斜式方程,可以得到该点处的切线方程为

$$y - y_0 = f'(x_0)(x - x_0).$$

过曲线 $y = f(x)$ 上一点 $M(x_0, y_0)$ 且垂直于该点的切线的直线称为曲线在该点的法线,法线方程为

$$y - y_0 = -\frac{1}{f'(x_0)}(x - x_0) \quad (f'(x_0) \neq 0).$$

如果 $f'(x_0)$ 为无穷大,则曲线在点 (x_0, y_0) 处具有垂直于 x 轴的切线 $x = x_0$. 所以有导数必有切线,有切线不一定有导数.

例 2.1.9 求抛物线 $f(x) = x^2 - 8x + 9$ 在点 $(3, -6)$ 处的切线方程.

解 $f(x) = x^2 - 8x + 9$ 在 x_0 处的导数为

$$f'(x_0) = 2x_0 - 8,$$

所以,过点 $(3, -6)$ 处的切线斜率为

$$f'(3) = 2 \cdot 3 - 8 = -2.$$

切线方程(图 2.3)为

$$y - (-6) = -2(x - 3),$$

即 $y = -2x$.

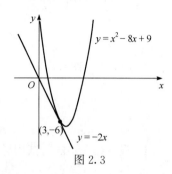

图 2.3

2.1.5 函数可导与连续的关系

定理 2.2 若函数 $y = f(x)$ 在点 x_0 处可导,则函数 $f(x)$ 在点 x_0 处连续,反之不成立.

证 由于函数 $y = f(x)$ 在点 x_0 处可导,即 $\lim\limits_{\Delta x \to 0} \dfrac{\Delta y}{\Delta x} = f'(x_0)$,所以

$$\lim_{\Delta x \to 0} \Delta y = \lim_{\Delta x \to 0} \left(\frac{\Delta y}{\Delta x} \cdot \Delta x \right) = \lim_{\Delta x \to 0} \frac{\Delta y}{\Delta x} \cdot \lim_{\Delta x \to 0} \Delta x = f'(x_0) \cdot 0 = 0,$$

故 $y = f(x)$ 在点 x_0 处连续.

反之,$f(x)$ 在点 x_0 处连续时,$f(x)$ 在点 x_0 处不一定可导.

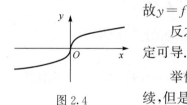

图 2.4

举例说明,函数 $f(x) = \sqrt[3]{x}$ 在区间 $(-\infty, +\infty)$ 内连续,但是在 $x = 0$ 处是不可导的(图 2.4),因为

$$f'(0) = \lim_{x \to 0} \frac{f(x) - f(0)}{x - 0} = \lim_{x \to 0} \frac{\sqrt[3]{x}}{x} = \lim_{x \to 0} \frac{1}{\sqrt[3]{x^2}} = +\infty.$$

又如,$g(x) = |x|$ 在区间 $(-\infty, +\infty)$ 内连续,但是 $g'_-(0) = -1$,$g'_+(0) = 1$,故 $g(x)$ 在 $x = 0$ 处是不可导的.

例 2.1.10 讨论函数 $f(x) = \begin{cases} x \sin \dfrac{1}{x}, & x \neq 0, \\ 0, & x = 0 \end{cases}$ 在点 $x = 0$ 处的连续性与可导性.

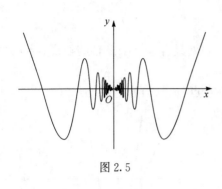

图 2.5

解　由于 $\lim\limits_{x\to 0}f(x)=\lim\limits_{x\to 0}x\sin\dfrac{1}{x}=0$,所以 $f(x)$ 在 $x=0$ 处连续. 事实上 $f(x)$ 在 $(-\infty,+\infty)$ 内处处连续.

但 $f'(0)=\lim\limits_{\Delta x\to 0}\dfrac{f(0+\Delta x)-f(0)}{\Delta x}=$

$\lim\limits_{\Delta x\to 0}\dfrac{\Delta x\sin\dfrac{1}{\Delta x}-0}{\Delta x}=\lim\limits_{\Delta x\to 0}\sin\dfrac{1}{\Delta x}$ 不存在,所以 $f(x)$ 在 $x=0$ 处不可导(图 2.5).

习 题 2.1

1. 设 $f(x)=4x^2$,试用导数定义求 $f'(x)$ 和 $f'(-2)$.

2. 设 $f(x)=(e^x-1)(e^{2x}-2)\cdots(e^{nx}-n)$,其中 n 为正整数,试用定义求 $f'(0)$.

3. 利用导数公式 $(x^\mu)'=\mu x^{\mu-1}$(μ 为实数),求下列函数的导数.

(1) $y=x^5$;　　　　　　(2) $y=\sqrt{x^3}$;　　　　　　(3) $y=\dfrac{1}{x}$;

(4) $y=\dfrac{1}{\sqrt{x}}$;　　　　　　(5) $y=\sqrt{x\sqrt{x\sqrt{x}}}$.

4. 求曲线 $y=x^4$ 在 $(1,1)$ 点的切线方程及法线方程.

5. 讨论函数 $f(x)=\begin{cases}2x^2, & x<2,\\ 4x, & x\geq 2\end{cases}$ 在点 $x=2$ 处的连续性及可导性.

6. 求函数 $f(x)=\begin{cases}x^2, & x\geq c,\\ ax+b, & x<c\end{cases}$ 在 $x=c$ 处的右导数. 当 a 与 b 取何值时,函数 $f(x)$ 在 $x=c$ 可导?

7. 已知 $f(0)=0$,且 $f'(0)$ 存在,求 $\lim\limits_{x\to 0}\dfrac{f(x)}{x}$.

8. 设 $f'(x_0)$ 存在,试用导数定义求下列极限.

(1) $\lim\limits_{\Delta x\to 0}\dfrac{f(x_0-\Delta x)-f(x_0)}{\Delta x}$;

(2) $\lim\limits_{h\to 0}\dfrac{f(x_0+ah)-f(x_0-\beta h)}{h}$;

(3) $\lim\limits_{n\to\infty}\dfrac{f\left(x_0+\dfrac{1}{n}\right)-f(x_0)}{\dfrac{1}{n}}$.

9. 讨论 $f(x)=\begin{cases} x\arctan\dfrac{1}{x}, & x\neq 0, \\ 0, & x=0 \end{cases}$ 在 $x=0$ 处的连续性与可导性.

10. 设函数 $f(x)$ 在 $[-1,1]$ 上有界，$g(x)=f(x)\sin x^2$，求 $g'(0)$.

11. 设 $f(x)$ 为连续函数，且 $\lim\limits_{x\to 2}\dfrac{f(x)+3}{\ln(x-1)}=1$，求 $y=f(x)$ 在 $x=2$ 处的切线方程.

12. 设 $y=x^n$（n 为大于 1 的整数）上的点 $(1,1)$ 处的切线交 x 轴于点 $(\xi,0)$，求 $\lim\limits_{n\to\infty}y(\xi)$.

2.2　导数的运算法则

2.1 节根据导数的定义，求出了一些基本初等函数的导数公式. 但是如果对于每一个函数都利用导数定义去求导往往会很困难. 因此本节介绍导数的四则运算法则、反函数的导数法则，由此推出所有基本初等函数的导数公式. 最后介绍复合函数求导的链式法则. 借助这些法则和公式，我们能够求出常见函数的导数.

2.2.1　导数的四则运算法则

定理 2.3　设函数 $u=u(x)$ 及 $v=v(x)$ 在点 x 处可导，那么它们的和、差、积、商（除分母为零的点外）都在点 x 处可导，并且

(1) $(u\pm v)'=u'\pm v'$;

(2) $(uv)'=u'v+uv'$;

(3) $\left(\dfrac{u}{v}\right)'=\dfrac{u'v-uv'}{v^2}$.

下面给出法则 (1) 的证明，法则 (2) 和 (3) 的证明从略.

证　(1) 设 $y=u\pm v$，则当 x 取得增量 Δx 时，u,v 分别取得增量

$$\Delta u=u(x+\Delta x)-u(x), \quad \Delta v=v(x+\Delta x)-v(x),$$

于是

$$\begin{aligned} \Delta y &=[u(x+\Delta x)\pm v(x+\Delta x)]-[u(x)\pm v(x)] \\ &=[u(x+\Delta x)-u(x)]\pm[v(x+\Delta x)-v(x)] \\ &=\Delta u\pm\Delta v. \end{aligned}$$

所以

$$y'=\lim_{\Delta x\to 0}\frac{\Delta y}{\Delta x}=\lim_{\Delta x\to 0}\frac{\Delta u\pm\Delta v}{\Delta x}=\lim_{\Delta x\to 0}\frac{\Delta u}{\Delta x}\pm\lim_{\Delta x\to 0}\frac{\Delta v}{\Delta x}=u'\pm v'.$$

定理 2.3 中的法则(1)和(2)可推广到任意有限个可导函数的情形.

例如, $u=u(x)$, $v=v(x)$, $w=w(x)$ 均可导,则有

$$(u\pm v\pm w)'=u'\pm v'\pm w';$$

$$(uvw)'=[(uv)w]'=(uv)'w+(uv)w'=(u'v+uv')w+(uv)w',$$

即 $(uvw)'=u'vw+uv'w+uvw'.$

在法则(2)中,如果 $v=C(C$ 为常数),因为 $C'=0$,则有

$$(Cu)'=Cu',$$

即常数因子可以从导数符号中提出.

例 2.2.1 设 $y=3x^2-5x+\sin\dfrac{\pi}{3}$,求 y' .

解 由法则(1),得

$$y'=\left(3x^2-5x+\sin\frac{\pi}{3}\right)'=6x-5+0=6x-5.$$

例 2.2.2 设 $y=x^3\sin x$,求 y' .

解 由法则(2),得

$$y'=(x^3\sin x)'=(x^3)'\sin x+x^3(\sin x)'=3x^2\sin x+x^3\cos x.$$

例 2.2.3 设 $y=\dfrac{x+1}{x-1}(x\neq 1)$,求 y' .

解 由法则(3),得

$$y'=\left(\frac{x+1}{x-1}\right)'=\frac{(x+1)'(x-1)-(x+1)(x-1)'}{(x-1)^2}$$

$$=\frac{(x-1)-(x+1)}{(x-1)^2}=\frac{-2}{(x-1)^2}.$$

例 2.2.4 设 $y=\tan x$,求 y' .

解 $y=\tan x=\dfrac{\sin x}{\cos x}$,由法则(3),得

$$y'=\frac{(\sin x)'\cos x-\sin x(\cos x)'}{\cos^2 x}$$

$$=\frac{\cos^2 x+\sin^2 x}{\cos^2 x}=\frac{1}{\cos^2 x}$$

$$=\sec^2 x,$$

故 $(\tan x)'=\sec^2 x.$

类似地,可得$(\cot x)' = -\csc^2 x$.

例 2.2.5　设 $y = \sec x$,求 y'.

解　因 $y = \sec x = \dfrac{1}{\cos x}$,则

$$y' = \frac{0 - 1 \cdot (\cos x)'}{\cos^2 x} = \frac{\sin x}{\cos^2 x}$$
$$= \tan x \sec x,$$

故 $(\sec x)' = \tan x \sec x$.

类似地,可得 $(\csc x)' = -\cot x \csc x$.

值得注意的是,导数的四则运算法则只有 $u(x)$, $v(x)$ 均在 x 处可导的条件下才能运用.

2.2.2　反函数的求导法则

定理 2.4　设函数 $x = f(y)$ 在某区间 I_y 内单调、可导且 $f'(y) \neq 0$,则其反函数 $y = f^{-1}(x)$ 在对应区间 $I_x = \{x \mid x = f(y), y \in I_y\}$ 内也可导,并且

$$[f^{-1}(x)]' = \frac{1}{f'(y)} \quad \text{或} \quad \frac{\mathrm{d}y}{\mathrm{d}x} = \frac{1}{\dfrac{\mathrm{d}x}{\mathrm{d}y}}.$$

证　$\forall x \in I_x$,设 $\Delta x \neq 0$,且 $x + \Delta x \in I_x$. 由 $x = f(y)$ 单调,可知其反函数 $y = f^{-1}(x)$ 单调,故 $\Delta y = f^{-1}(x + \Delta x) - f^{-1}(x) \neq 0$,即 $\dfrac{\Delta y}{\Delta x} = \dfrac{1}{\dfrac{\Delta x}{\Delta y}}$.

由 $x = f(y)$ 可导,知 $x = f(y)$ 连续,所以其反函数 $y = f^{-1}(x)$ 在点 x 处连续,于是 $\Delta x \to 0$ 时,必有 $\Delta y \to 0$,且 $\lim\limits_{\Delta y \to 0} \dfrac{\Delta x}{\Delta y} = f'(y) \neq 0$,因此

$$\lim_{\Delta x \to 0} \frac{\Delta y}{\Delta x} = \lim_{\Delta y \to 0} \frac{1}{\dfrac{\Delta x}{\Delta y}} = \frac{1}{\lim\limits_{\Delta y \to 0} \dfrac{\Delta x}{\Delta y}} = \frac{1}{f'(y)},$$

即

$$[f^{-1}(x)]' = \frac{1}{f'(y)} \quad \text{或} \quad \frac{\mathrm{d}y}{\mathrm{d}x} = \frac{1}{\dfrac{\mathrm{d}x}{\mathrm{d}y}}.$$

定理 2.4 表明,反函数的导数等于它的直接函数导数的倒数.

例 2.2.6　设直接函数为 $y = \log_a x (a > 0, a \neq 1)$,其反函数为 $x = a^y$,函数 $x = a^y$ 在区间 $I_y = (-\infty, +\infty)$ 内单调、可导,且 $(a^y)' = a^y \ln a \neq 0$,因此在对应区间

$I_x = (0, +\infty)$ 内有

$$(\log_a x)' = \frac{1}{(a^y)'} = \frac{1}{a^y \ln a}.$$

又因为 $a^y = x$,所以可得 $(\log_a x)' = \dfrac{1}{x \ln a}$.

例 2.2.7 求 $y = \arcsin x$ $(-1 < x < 1)$ 的导数.

解 $y = \arcsin x$ 在 $(-1 < x < 1)$ 上的直接函数为 $x = \sin y \left(\text{其中} -\dfrac{\pi}{2} < y < \dfrac{\pi}{2}\right)$,

$x = \sin y$ 在 $\left(-\dfrac{\pi}{2}, \dfrac{\pi}{2}\right)$ 上单调增加,且 $x' = (\sin y)' = \cos y > 0$,所以

$$(\arcsin x)' = \frac{1}{(\sin y)'} = \frac{1}{\cos y} = \frac{1}{\sqrt{1 - \sin^2 y}} = \frac{1}{\sqrt{1 - x^2}}.$$

类似地,$(\arccos x)' = -\dfrac{1}{\sqrt{1 - x^2}}$.

例 2.2.8 求 $y = \arctan x$ $(-\infty < x < +\infty)$ 的导数.

解 $y = \arctan x$ 在 $(-\infty < x < +\infty)$ 上的直接函数为 $x = \tan y$ $\left(-\dfrac{\pi}{2} < y < \dfrac{\pi}{2}\right)$. $x = \tan y$ 在 $\left(-\dfrac{\pi}{2}, \dfrac{\pi}{2}\right)$ 上单调增加,且 $x' = (\tan y)' = \sec^2 y > 0$,因此

$$(\arctan x)' = \frac{1}{(\tan y)'} = \frac{1}{\sec^2 y} = \frac{1}{1 + \tan^2 y} = \frac{1}{1 + x^2}.$$

类似地,$(\text{arccot} x)' = -\dfrac{1}{1 + x^2}$.

2.2.3 复合函数的求导法则

在学习复合函数求导方法之前我们先来看一个例子.

例如,求 $(\sin 2x)' = ?$

解答:由于 $(\sin x)' = \cos x$,故 $(\sin 2x)' = \cos 2x$. 这个解答正确吗?

这个解答是错误的,正确的解答应该如下:

$$(\sin 2x)' = (2\sin x \cos x)' = 2[(\sin x)' \cos x + \sin x (\cos x)'] = 2\cos 2x.$$

发生错误的原因是 $(\sin 2x)'$ 是对自变量 x 求导,而不是对 $2x$ 求导.

除了用正弦的倍角公式将其转化为乘积求导外,还有其他的方法吗? 下面我们给出复合函数求导的常用方法:链式法则.

定理 2.5 如果 $u = \varphi(x)$ 在点 x 处可导,函数 $y = f(u)$ 在 x 对应的点 $u = $

$\varphi(x)$ 处可导,则复合函数 $y=f[\varphi(x)]$ 在点 x 处可导,且

$$\frac{\mathrm{d}y}{\mathrm{d}x}=f'(u)\cdot\varphi'(x)\quad\text{或}\quad\frac{\mathrm{d}y}{\mathrm{d}x}=\frac{\mathrm{d}y}{\mathrm{d}u}\cdot\frac{\mathrm{d}u}{\mathrm{d}x}.$$

此法则称为复合函数求导的链式法则.

证　因为 $y=f(u)$ 在点 u 处可导,所以 $\lim\limits_{\Delta u\to 0}\dfrac{\Delta y}{\Delta u}=f'(u)$ 存在,由趋向于极限的量与无穷小量之间的关系得

$$\frac{\Delta y}{\Delta u}=f'(u)+\alpha,$$

其中 $\lim\limits_{\Delta u\to 0}\alpha=0$.

若 $\Delta u\neq 0$,则

$$\Delta y=f'(u)\Delta u+\alpha\Delta u. \tag{2.3}$$

若 $\Delta u=0$,则由于 $\Delta y=f(u+\Delta u)-f(u)=0$,所以对于任何 α,式(2.3)均成立.因此可规定此时 $\alpha=0$.

即无论 $\Delta u=0$ 或 $\Delta u\neq 0$,式(2.3)均成立.于是

$$\frac{\Delta y}{\Delta x}=f'(u)\frac{\Delta u}{\Delta x}+\alpha\frac{\Delta u}{\Delta x},$$

两端取极限,得

$$\lim_{\Delta x\to 0}\frac{\Delta y}{\Delta x}=f'(u)\lim_{\Delta x\to 0}\frac{\Delta u}{\Delta x}+\lim_{\Delta x\to 0}\alpha\frac{\Delta u}{\Delta x}.$$

由于已知 $u=\varphi(x)$ 在 x 处可导,所以 $u=\varphi(x)$ 在 x 处连续.

当 $\Delta x\to 0$ 时,$\Delta u\to 0$,从而 $\alpha\to 0$,故

$$\frac{\mathrm{d}y}{\mathrm{d}x}=f'(u)\cdot\varphi'(x)=f'[\varphi(x)]\varphi'(x).$$

定理 2.5 说明:(1)复合函数 $y=f[\varphi(x)]$ 对自变量 x 的导数,等于函数对中间变量的导数与中间变量对自变量的导数的乘积,即 $\{f[\varphi(x)]\}'=f'[\varphi(x)]\cdot\varphi'(x)$.

(2) 若要求 $y=f[\varphi(x)]$ 在某一点 x_0 的导数,则 $\dfrac{\mathrm{d}y}{\mathrm{d}x}\bigg|_{x=x_0}=f'[\varphi(x_0)]\cdot\varphi'(x_0)=f'(u_0)\varphi'(x_0)$,其中 $u_0=\varphi(x_0)$.

(3) 公式可推广到任意有限个函数复合的情形,如 $y=f(u),u=u(v),v=v(x)$,则 $\dfrac{\mathrm{d}y}{\mathrm{d}x}=\dfrac{\mathrm{d}y}{\mathrm{d}u}\cdot\dfrac{\mathrm{d}u}{\mathrm{d}v}\cdot\dfrac{\mathrm{d}v}{\mathrm{d}x}$.运用复合函数求导法则时,关键是弄清复合函数的复合关系,由外向内一层一层地逐个求导,不能遗漏.

例 2.2.9　求 $y = \sin(4x + 3)$ 的导数.

解　此函数由 $y = \sin u, u = 4x + 3$ 复合而成.

$$\frac{dy}{dx} = \frac{dy}{du} \cdot \frac{du}{dx} = (\sin u)' \cdot (4x + 3)'$$
$$= \cos u \cdot 4 = 4\cos(4x + 3).$$

例 2.2.10　设 $y = \ln\tan x$, 求 $\dfrac{dy}{dx}$.

解　原函数是由 $y = \ln u, u = \tan x$ 复合而成的, 因此,

$$\frac{dy}{dx} = \frac{dy}{du} \cdot \frac{du}{dx} = \frac{1}{u} \cdot \sec^2 x = \cot x \cdot \sec^2 x = \frac{1}{\sin x \cos x}.$$

例 2.2.11　求函数 $y = (x^2 + 1)^{10}$ 的导数.

解　设 $y = u^{10}, u = x^2 + 1$, 则

$$\frac{dy}{dx} = \frac{dy}{du} \cdot \frac{du}{dx} = 10u^9 \cdot 2x = 10(x^2 + 1)^9 \cdot 2x = 20x(x^2 + 1)^9.$$

例 2.2.12　设 $y = \ln\cos(e^x)$, 求 $\dfrac{dy}{dx}$.

解　原函数是由 $y = \ln u, u = \cos v, v = e^x$ 复合而成的, 因此,

$$\frac{dy}{dx} = \frac{dy}{du} \cdot \frac{du}{dv} \cdot \frac{dv}{dx} = \frac{1}{u}(-\sin v) \cdot e^x = -e^x \tan(e^x),$$

可简单写为

$$\frac{dy}{dx} = \frac{1}{\cos(e^x)}(\cos e^x)' = \frac{1}{\cos(e^x)}(-\sin(e^x))(e^x)' = -e^x \tan(e^x).$$

复合函数求导既是重点又是难点. 从上述例子可以看出, 求导时, 首先要始终明确所给函数是由哪些函数复合而成的; 其次, 所求的导数是哪个函数对哪个变量(不管是自变量还是中间变量)的导数. 在逐层求导时, 不要遗漏, 也不要重复. 熟练之后可以不设中间变量的字母, 采用下列例题的方式计算.

例 2.2.13　$y = \sqrt[3]{1 - 2x^2}$, 求 $\dfrac{dy}{dx}$.

解　$\dfrac{dy}{dx} = [(1 - 2x^2)^{\frac{1}{3}}]' = \dfrac{1}{3}(1 - 2x^2)^{-\frac{2}{3}} \cdot (1 - 2x^2)' = \dfrac{-4x}{3\sqrt[3]{(1 - 2x^2)^2}}.$

例 2.2.14　设 $x > 0, \mu$ 为实数, 证明 $(x^\mu)' = \mu x^{\mu - 1}$.

证　因为 $x^\mu = (e^{\ln x})^\mu = e^{\mu\ln x}$, 所以有

$$(x^\mu)' = (e^{\mu\ln x})' = e^{\mu\ln x} \cdot (\mu\ln x)' = x^\mu \cdot \mu \cdot \frac{1}{x} = \mu x^{\mu - 1}.$$

例 2.2.15　已知 $f(u)$ 可导, 求函数 $y = f(\sec x)$ 的导数.

解　$y'=[f(\sec x)]'=f'(\sec x)\cdot(\sec x)'=f'(\sec x)\cdot\sec x\cdot\tan x.$

注　求此类含抽象函数的导数时,应特别注意记号表示的真实含义,此例中,$f'(\sec x)$表示对 $\sec x$ 求导,而$[f(\sec x)]'$表示对 x 求导.

2.2.4　基本初等函数的导数公式

经过上面的讨论,现在可以将基本初等函数的求导公式归纳如下.

(1) $(C)'=0$;

(2) $(x^a)'=ax^{a-1}$;

(3) $(a^x)'=a^x\ln a$;

(4) $(e^x)'=e^x$;

(5) $(\log_a x)'=\dfrac{1}{x\ln a}$;

(6) $(\ln x)'=\dfrac{1}{x}$;

(7) $(\sin x)'=\cos x$;

(8) $(\cos x)'=-\sin x$;

(9) $(\tan x)'=\sec^2 x$;

(10) $(\cot x)'=-\csc^2 x$;

(11) $(\sec x)'=\sec x\tan x$;

(12) $(\csc x)'=-\csc x\cot x$;

(13) $(\arcsin x)'=\dfrac{1}{\sqrt{1-x^2}}$;

(14) $(\arccos x)'=\dfrac{-1}{\sqrt{1-x^2}}$;

(15) $(\arctan x)'=\dfrac{1}{1+x^2}$;

(16) $(\text{arccot}\,x)'=\dfrac{-1}{1+x^2}.$

有了这些公式和导数的四则运算法则以及复合函数的求导法则,我们就可以求初等函数的导数.

例 2.2.16　设 $y=\ln|x|$,求 y'.

解　因为$y=\ln|x|=\begin{cases}\ln(-x), & x<0,\\ \ln x, & x>0,\end{cases}$所以

$$y'=\begin{cases}-\dfrac{1}{x}(-x)'=\dfrac{1}{x}, & x<0,\\[2mm] \dfrac{1}{x}, & x>0,\end{cases}$$

于是$(\ln|x|)'=\dfrac{1}{x}(x\neq0).$

例 2.2.17　设 $y=e^{|x-1|}$,求 $y'(x)$.

解　这里求的是导函数

$$y=e^{|x-1|}=\begin{cases}e^{1-x}, & x\leqslant1,\\ e^{x-1}, & x>1.\end{cases}$$

当 $x<1$ 时,$y'=e^{1-x}\cdot(1-x)'=-e^{1-x}$,

当 $x>1$ 时,$y'=e^{x-1}(x-1)'=e^{x-1}.$

而在点 $x=1$ 处,由于函数在左右两侧的表达式不同,所以需要用导数定义,

分左右导数考虑.

$$f'_-(1)=\lim_{x\to1^-}\frac{f(x)-f(1)}{x-1}=\lim_{x\to1^-}\frac{\mathrm{e}^{1-x}-1}{x-1}=-1 \quad (x\to1^-,\mathrm{e}^{1-x}-1\sim1-x),$$

$$f'_+(1)=\lim_{x\to1^+}\frac{f(x)-f(1)}{x-1}=\lim_{x\to1^+}\frac{\mathrm{e}^{x-1}-1}{x-1}=1,$$

因为 $f'_-(1)\neq f'_+(1)$,故 $f(x)$ 在 $x=1$ 不可导,所以

$$y'(x)=\begin{cases}-\mathrm{e}^{1-x}, & x<1,\\ 不存在, & x=1,\\ \mathrm{e}^{x-1}, & x>1.\end{cases}$$

例 2.2.18　设 $y=f(x)=\begin{cases}x^2\sin\dfrac{1}{x}, & x\neq0,\\ 0, & x=0,\end{cases}$ 求 $f'(x)$,并讨论 $f'(x)$ 在 $x=0$ 点处的连续性.

解　当 $x\neq0$ 时,$y'=2x\sin\dfrac{1}{x}+x^2\cos\dfrac{1}{x}\cdot\left(-\dfrac{1}{x^2}\right)=2x\sin\dfrac{1}{x}-\cos\dfrac{1}{x}.$

当 $x=0$ 时,用导数定义有

$$f'(0)=\lim_{x\to0}\frac{f(x)-f(0)}{x}$$

$$=\lim_{x\to0}\frac{x^2\sin\dfrac{1}{x}-0}{x}=\lim_{x\to0}x\sin\frac{1}{x}$$

$$=0.$$

因此

$$f'(x)=\begin{cases}2x\sin\dfrac{1}{x}-\cos\dfrac{1}{x}, & x\neq0,\\ 0, & x=0.\end{cases}$$

但是 $\lim\limits_{x\to0}f'(x)=\lim\limits_{x\to0}\left(2x\sin\dfrac{1}{x}-\cos\dfrac{1}{x}\right)$ 不存在,故导函数 $f'(x)$ 在 $x=0$ 点处不连续.

习 题 2.2

1. 设 $f(x)$ 在点 x_0 处可导,$g(x)$ 在点 x_0 处不可导,证明:

(1) 函数 $F(x)=f(x)+g(x)$ 在点 x_0 处不可导;

(2) 若 $f(x_0)\neq0$,则 $G(x)=f(x)g(x)$ 在点 x_0 处不可导.

2. 求下列函数的导数.

(1) $y = x^4 + \dfrac{7}{x^3} - \dfrac{2}{x} + 10$；

(2) $y = 5x^2 - 3^x + 2e^x$；

(3) $y = x^5 + 5^x$；

(4) $y = 3e^x \sin x$；

(5) $y = \dfrac{\cos x}{x^2}$；

(6) $y = \arccos x$；

(7) $y = \dfrac{10^x + 1}{10^x - 1}$；

(8) $y = \dfrac{x^3}{3^x}$.

3. 求下列函数在给定点的导数.

(1) $y = 3\sin x - 4\cos x$，求 $y' \big|_{x=\frac{\pi}{3}}$ 及 $y' \big|_{x=\frac{\pi}{4}}$；

(2) $y = x\sin x + \dfrac{1}{2}\cos x$，求 $\dfrac{\mathrm{d}y}{\mathrm{d}x}\bigg|_{x=\frac{\pi}{4}}$；

(3) $f(x) = \dfrac{2}{3-x} + \dfrac{x^2}{5}$，求 $f'(0)$ 及 $f'(1)$.

4. 求下列函数的导数.

(1) $y = (4x + 3)^6$；

(2) $y = 3e^{2x}$；

(3) $y = 2\sin(3x + 4)$；

(4) $y = 3^{\sin x}$；

(5) $y = \ln(3 + x)$；

(6) $y = \cos(4 - 5x)$；

(7) $y = \ln(x + \sqrt{a^2 + x^2})$；

(8) $y = e^{-\frac{x}{3}}\cos 2x$；

(9) $y = \sqrt{x + \sqrt{x + \sqrt{x}}}$；

(10) $y = \dfrac{1 - \ln x}{1 + \ln x}$；

(11) $y = e^{\arctan\sqrt{x}}$；

(12) $y = \sec^2 \dfrac{x}{a} + \csc^2 \dfrac{x}{a}$；

(13) $y = a^{a^x} + x^{a^a}$；

(14) $y = \log_x(\ln x)$.

5. 设 $f(u)$ 可导，求 $\dfrac{\mathrm{d}y}{\mathrm{d}x}$.

(1) $y = f\left(\arcsin \dfrac{1}{x}\right)$；

(2) $y = f(2^x) \cdot 2^{f(x)}$；

(3) $y = f(\sin^2 x) + f(\cos^2 x)$.

6. 已知 $f\left(\dfrac{1}{x}\right) = \dfrac{x}{1+x}$，求 $f'(x)$.

7. 设 $f(x)$ 在 $x = 1$ 处有连续的导数，$f'(1) = -2$，求 $\lim\limits_{x \to 0^+} \dfrac{\mathrm{d}}{\mathrm{d}x} f(\cos\sqrt{x})$.

8. 设 $f(x) = |x-a|\varphi(x)$，$\varphi(x)$ 在 $x=a$ 连续，求 $f'(a)$.

9. 设 $y = f\{f[f(x)]\}$，其中 $f(u)$ 可导，求 $\dfrac{\mathrm{d}y}{\mathrm{d}x}$.

2.3　隐函数的导数、由参数方程所确定的函数的导数、相关变化率

2.3.1　隐函数的导数

前面讨论的都是形如 $y=f(x)$ 的显函数的导数，但是有些函数的表达式不是显函数的形式，比如方程 $x+y^3=1$，$y-x-\sin y=0$，也表示了变量 y 与 x 的对应关系，如何求出其导数呢？

一般地，如果变量 y 与 x 满足方程 $F(x,y)=0$，且在一定条件下，当 x 取某区间内的任一值时，相应地总有满足该方程的唯一的 y 值存在，那么就说方程 $F(x,y)=0$ 在该区间内确定了一个隐函数. 把一个隐函数化为显函数，称为隐函数的显化. 例如方程 $x+y^3=1$ 可表示为 $y=\sqrt[3]{1-x}$，就是把隐函数化为了显函数. 由于在很多情况下无法将隐函数关系式显化，即无法求出表达式 $y=f(x)$，我们就有必要来探讨求隐函数导数的一般性方法.

1. 隐函数的定义

定义 2.4　给定方程 $F(x,y)=0$，如果在某区间 (a,b) 上存在着函数 $y=f(x)$，使 $\forall x \in (a,b)$，$F(x,f(x))=0$ 成立，则称 $y=f(x)$ 是由方程 $F(x,y)=0$ 确定的隐函数.

有关隐函数的存在理论，这里不讨论，只关注隐函数的导数.

2. 隐函数求导法

设由方程 $F(x,y)=0$ 确定了隐函数 $y=y(x)$，于是对方程两端关于 x 求导，遇到 x 直接求导，遇到 y 就将 y 看成 x 的函数，再乘以 y 对 x 的导数 y'，得到一个含有 y' 的方程，然后从中解出 y' 即可.

例 2.3.1　设函数 $y=y(x)$ 由方程 $\mathrm{e}^y=2x$ 所确定，求 y'.

解法 1　将函数化成显式再求导.

对方程 $\mathrm{e}^y=2x$ 两端取自然对数

$$y=\ln 2x,$$

$$y'=\frac{2}{2x}=\frac{1}{x}.$$

解法 2　对方程两端关于 x 求导.注意 y 是 x 的函数，得

$$e^y y' = 2,$$

解得

$$y' = \frac{2}{e^y} = \frac{2}{2x} = \frac{1}{x}.$$

对隐函数求导今后常用第二种方法.

例 2.3.2 求由方程 $y^5 + 2y - x - 3x^7 = 0$ 所确定的隐函数 $y = y(x)$ 在 $x = 0$ 处的导数 $\dfrac{\mathrm{d}y}{\mathrm{d}x}\Big|_{x=0}$.

解 对方程两端关于 x 求导,得

$$5y^4 \frac{\mathrm{d}y}{\mathrm{d}x} + 2 \frac{\mathrm{d}y}{\mathrm{d}x} - 1 - 21x^6 = 0,$$

由此得 $\dfrac{\mathrm{d}y}{\mathrm{d}x} = \dfrac{1 + 21x^6}{5y^4 + 2}$,因为当 $x = 0$ 时,从原方程求得 $y = 0$,所以 $\dfrac{\mathrm{d}y}{\mathrm{d}x}\Big|_{x=0} = \dfrac{1}{2}$.

例 2.3.3 设 $y = y(x)$ 由方程 $e^y + 2xy - e = 0$ 所确定,求 $y'(0)$.

解 对方程两端关于 x 求导,得

$$e^y \frac{\mathrm{d}y}{\mathrm{d}x} + 2y + 2x \frac{\mathrm{d}y}{\mathrm{d}x} = 0,$$

故

$$y' = \frac{-2y}{e^y + 2x}.$$

将 $x = 0$ 代入方程,解得 $y = 1$,故 $y'(0) = -\dfrac{2}{e}$.

例 2.3.4 证明曲线 $\sqrt{x} + \sqrt{y} = \sqrt{a}$ 上任意一点的切线在两坐标轴上的截距之和为常数 $a\,(a > 0)$.

证 设 (x_0, y_0) 为曲线上任一点,先求出曲线在该点的切线斜率,对 $\sqrt{x} + \sqrt{y} = \sqrt{a}$ 两端关于 x 求导,则

$$\frac{1}{2\sqrt{x}} + \frac{y'}{2\sqrt{y}} = 0, \quad y' = -\sqrt{\frac{y}{x}}.$$

在 (x_0, y_0) 处切线斜率 $y'|_{(x_0, y_0)} = -\sqrt{\dfrac{y_0}{x_0}}$,于是得切线方程

$$y - y_0 = -\sqrt{\frac{y_0}{x_0}}\,(x - x_0).$$

令 $y = 0$,则 $x = x_0 + \sqrt{x_0 y_0}$,再令 $x = 0$,得 $y = y_0 + \sqrt{x_0 y_0}$.故

$$x_0 + y_0 + 2\sqrt{x_0 y_0} = (\sqrt{x_0} + \sqrt{y_0})^2 = (\sqrt{a})^2 = a.$$

3. 对数求导法

在求导过程中我们发现有的函数虽然是显函数形式,但不好求导. 例如,幂指函数 $y=f(x)^{g(x)}$ $(f(x)>0,f(x),g(x)$ 可导$)$ 就没有求导公式;又如,函数 $y=\dfrac{(2x+3)\sqrt[3]{6-x}}{\sqrt[5]{x+1}}$, $y=\sqrt{\mathrm{e}^{\frac{1}{x}}\sqrt{x\sqrt{\sin x}}}$,直接求导非常复杂. 因此我们考虑用两端取自然对数的方法,将其转化为隐函数后再求导. 一般地,称这种方法为对数求导法.

对 $y=f(x)^{g(x)}$ $(f(x)>0,f(x),g(x)$ 可导$)$ 两端取自然对数,有

$$\ln y=g(x)\ln f(x),$$

两端对 x 求导,显然 y 是 x 的函数,于是

$$\frac{y'}{y}=g'(x)\ln f(x)+g(x)\cdot\frac{f'(x)}{f(x)},$$

即

$$y'=y\left[g'(x)\ln f(x)+\frac{g(x)}{f(x)}f'(x)\right]$$

$$=f(x)^{g(x)}\left[g'(x)\ln f(x)+\frac{g(x)}{f(x)}f'(x)\right].$$

例 2.3.5　设 $y=x^{\arcsin x}$ $(x>0)$,求 y'.

解　对方程两端取自然对数 $\ln y=\arcsin x\ln x$,两端对 x 求导

$$\frac{y'}{y}=\frac{1}{\sqrt{1-x^2}}\ln x+\arcsin x\cdot\frac{1}{x},$$

即

$$y'=x^{\arcsin x}\left[\frac{\ln x}{\sqrt{1-x^2}}+\frac{\arcsin x}{x}\right].$$

例 2.3.6　设函数 $x=x(y)$ 由方程 $x^y=y^x$ $(x>0,y>0)$ 所确定,求 $\dfrac{\mathrm{d}x}{\mathrm{d}y}$.

解　对方程两端取自然对数

$$y\ln x=x\ln y,$$

对 y 求导,$x=x(y)$,得

$$\ln x+y\cdot\frac{x'(y)}{x}=x'(y)\ln y+x\frac{1}{y},$$

解得

$$x'(y) = \frac{\dfrac{x}{y} - \ln x}{\dfrac{y}{x} - \ln y} = \frac{x(x - y\ln x)}{y(y - x\ln y)}.$$

例 2.3.7　设 $y = 3^x + x^3 + x^x \ (x > 0)$，求 y'.

解　当幂指函数与其他函数相加减时，就不能再用取对数的方法求导，这时需要将幂指函数写成指数函数的形式，如 $x^x = e^{x\ln x}$，于是问题转化为求 $y = 3^x + x^3 + e^{x\ln x} \ (x > 0)$ 的导数.

$$y' = 3^x \ln 3 + 3x^2 + e^{x\ln x}\left(\ln x + x \cdot \frac{1}{x}\right)$$
$$= 3^x \ln 3 + 3x^2 + x^x(\ln x + 1).$$

例 2.3.8　设 $y = y(x)$ 由方程 $x^{y^2} + y^2\ln x - 4 = 0$ 所确定，求 y'.

解　将方程改写为 $e^{y^2\ln x} + y^2\ln x - 4 = 0$，再对 x 求导

$$e^{y^2\ln x}\left[2yy'\ln x + \frac{y^2}{x}\right] + 2yy'\ln x + \frac{y^2}{x} = 0.$$

注意到 $x^{y^2} = e^{y^2\ln x}$，解出 y' 并化简得 $y' = -\dfrac{y}{2x\ln x}$.

下面再介绍用对数求导法求由多个因子乘除所表示的函数的导数.

例 2.3.9　设 $y = \dfrac{(2x+3)\sqrt[3]{6-x}}{\sqrt[5]{x+1}}$，求 y'.

解　对两端取自然对数 $\ln y = \ln \dfrac{(2x+3)\sqrt[3]{6-x}}{\sqrt[5]{x+1}}$，利用对数的性质

$$\ln y = \ln(2x+3) + \frac{1}{3}\ln(6-x) - \frac{1}{5}\ln(x+1),$$

再对 x 求导，其中 $y = y(x)$，

$$\frac{y'}{y} = \frac{2}{2x+3} - \frac{1}{3} \cdot \frac{1}{6-x} - \frac{1}{5} \cdot \frac{1}{x+1},$$

所以

$$y' = \frac{(2x+3)\sqrt[3]{6-x}}{\sqrt[5]{x+1}}\left[\frac{2}{2x+3} - \frac{1}{3(6-x)} - \frac{1}{5(x+1)}\right].$$

例 2.3.10　设 $y = \sqrt{e^{\frac{1}{x}}\sqrt{x\sqrt{\sin x}}}$，求 y'.

解　将函数改写为 $y = e^{\frac{1}{2x}} \cdot x^{\frac{1}{4}} \cdot \sin^{\frac{1}{8}} x$，两端取对数

$$\ln y = \frac{1}{2x}\ln e + \frac{1}{4}\ln x + \frac{1}{8}\ln\sin x,$$

$$\frac{y'}{y} = -\frac{1}{2x^2} + \frac{1}{4x} + \frac{\cos x}{8\sin x}.$$

所以 $y' = \sqrt{e^{\frac{1}{x}}\sqrt{x\sqrt{\sin x}}}\left(-\frac{1}{2x^2} + \frac{1}{4x} + \frac{1}{8}\cot x\right).$

2.3.2　由参数方程所确定的函数的导数

设 y 与 x 的函数关系由参数方程 $\begin{cases} x = x(t), \\ y = y(t) \end{cases}$ 所确定,下面求 $\dfrac{\mathrm{d}y}{\mathrm{d}x}$.

虽然,通过参数方程消去参数 t,将 y 表示为 x 的函数后求出 $\dfrac{\mathrm{d}y}{\mathrm{d}x}$ 不失为一种方法,但是消去参数 t 有时会有困难. 因此,我们需要找到一种方法能直接求出由参数方程所确定的函数的导数.

定理 2.6　若 $x(t), y(t)$ 均可导,$x(t)$ 存在可导的反函数,且 $x'(t) \neq 0$,则由参数方程 $\begin{cases} x = x(t), \\ y = y(t) \end{cases}$ 所确定的函数 $y = y(x)$ 可导,且 $\dfrac{\mathrm{d}y}{\mathrm{d}x} = \dfrac{y'(t)}{x'(t)}.$

证　记 $x = x(t)$ 的反函数为 $t = t(x)$,于是 $y = y[t(x)]$,利用复合函数和反函数的导数公式,

$$\frac{\mathrm{d}y}{\mathrm{d}x} = \frac{\mathrm{d}y}{\mathrm{d}t} \cdot \frac{\mathrm{d}t}{\mathrm{d}x} = \frac{\mathrm{d}y}{\mathrm{d}t} \cdot \frac{1}{\dfrac{\mathrm{d}x}{\mathrm{d}t}} = \frac{y'(t)}{x'(t)} \quad (x'(t) \neq 0),$$

即 $\dfrac{\mathrm{d}y}{\mathrm{d}x} = \dfrac{y'(t)}{x'(t)}.$

上式就是由参数方程所确定的函数的求导公式.

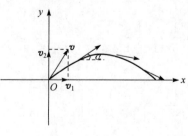

图 2.6

例 2.3.11　已知抛射体的运动方程为 $\begin{cases} x = v_1 t, \\ y = v_2 t - \dfrac{1}{2}gt^2, \end{cases}$ 其运动轨迹如图 2.6 所示,求抛射体在时刻 t 的瞬时速度 v 的大小与方向.

解　抛射体在时刻 t 的瞬时速度 v 的大小等于其水平分速度与竖直分速度的合成,即

$$|\boldsymbol{v}| = \sqrt{v_1{}^2 + v_2{}^2} = \sqrt{\left(\frac{\mathrm{d}x}{\mathrm{d}t}\right)^2 + \left(\frac{\mathrm{d}y}{\mathrm{d}t}\right)^2}$$

$$= \sqrt{v_1^2 + (v_2 - gt)^2}.$$

设 α 为速度 $\boldsymbol{v}$ 与 x 轴正方向之间的夹角,由导数的几何意义知

$$\tan\alpha = \frac{\mathrm{d}y}{\mathrm{d}x} = \frac{y'(t)}{x'(t)} = \frac{v_2 - gt}{v_1},$$

所以 $\alpha = \arctan\dfrac{v_2 - gt}{v_1}$,由此可知抛射体的入射角 $(t=0)$ 为

$$\alpha = \arctan\frac{v_2}{v_1}.$$

当 $\tan\alpha = \dfrac{v_2 - gt}{v_1} = 0$,即 $t = \dfrac{v_2}{g}$ 时,运动方向水平,抛射体达到最高点.

例 2.3.12 求曲线 $\begin{cases} x = \sin t, \\ y = \cos 2t \end{cases}$ 在 $t = \dfrac{\pi}{3}$ 处的切线方程.

解 曲线在任意点的切线斜率为

$$\frac{\mathrm{d}y}{\mathrm{d}x} = \frac{y'(t)}{x'(t)} = \frac{(\cos 2t)'}{(\sin t)'} = \frac{-\sin 2t \cdot 2}{\cos t} = -4\sin t,$$

将 $t = \dfrac{\pi}{3}$ 代入方程,得曲线上对应点的坐标为 $\left(\dfrac{\sqrt{3}}{2}, -\dfrac{1}{2}\right)$. 在此点处的切线斜率为

$$\frac{\mathrm{d}y}{\mathrm{d}x}\bigg|_{t=\frac{\pi}{3}} = -4\sin t\,\big|_{t=\frac{\pi}{3}} = -2\sqrt{3}.$$

于是,切线方程为

$$y - \left(-\frac{1}{2}\right) = -2\sqrt{3}\left(x - \frac{\sqrt{3}}{2}\right),$$

化简得

$$y = -2\sqrt{3}\,x + \frac{5}{2}.$$

例 2.3.13 求螺线 $r = a\theta\,(a > 0)$ 在 $\theta = \dfrac{\pi}{2}$ 处的法线方程.

解 由直角坐标与极坐标的关系

$$\begin{cases} x = r\cos\theta, \\ y = r\sin\theta \end{cases}$$

得螺线在直角坐标系中的参数方程为

$$\begin{cases} x = a\theta\cos\theta, \\ y = a\theta\sin\theta. \end{cases}$$

当 $\theta = \dfrac{\pi}{2}$ 时，其切线斜率为

$$\frac{\mathrm{d}y}{\mathrm{d}x}\bigg|_{\theta=\frac{\pi}{2}} = \frac{y'(\theta)}{x'(\theta)}\bigg|_{\theta=\frac{\pi}{2}} = \frac{\theta\cos\theta+\sin\theta}{-\theta\sin\theta+\cos\theta}\bigg|_{\theta=\frac{\pi}{2}} = -\frac{2}{\pi},$$

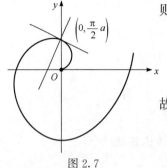

则其法线斜率为 $k = \dfrac{\pi}{2}$.

又

$$x\left(\frac{\pi}{2}\right)=0, \quad y\left(\frac{\pi}{2}\right)=\frac{\pi}{2}a,$$

故所求法线（图 2.7）方程为

$$y-\frac{\pi}{2}a=\frac{\pi}{2}x,$$

图 2.7

即 $y=\dfrac{\pi}{2}(x+a)$.

隐函数与参数方程所确定的函数的求导法则都是根据复合函数求导的链式法则得出的，所以熟练地掌握复合函数求导法则是十分重要的.

2.3.3　相关变化率

设在某一变化过程中 y 是 x 的函数，而 y 与 x 又都是第三个变量 t 的函数，$x=x(t)$ 对 t 可导，从而变化率 $\dfrac{\mathrm{d}x}{\mathrm{d}t}$ 与 $\dfrac{\mathrm{d}y}{\mathrm{d}t}$ 之间也存在一定关系. 这两个相互依赖的变化率称为相关变化率. 相关变化率问题就是研究这两个变化率之间的关系，以便从其中一个变化率求出另一个变化率.

例 2.3.14　某船被一绳索牵引靠岸，绞盘比船头高 4m，拉动绳索的速度为 2m/s，问当船距岸边 8m 时船前进的速率为多大？

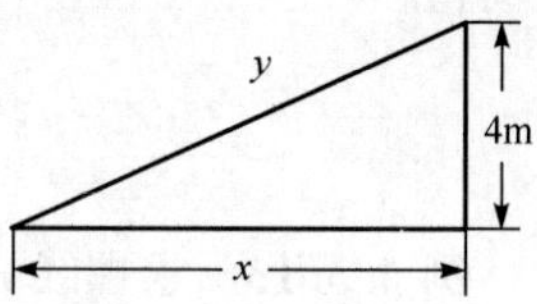

解　如图 2.8 所示，设 t 时刻该船与岸的距离为 x m，船与绞盘的距离为 y m，则 $x^2+4^2=y^2$，其中 y 与 x 均为时间 t 的函数，已知 $\dfrac{\mathrm{d}y}{\mathrm{d}t}=2\text{m/s}$，将方程两边同时对 t 求导，得

图 2.8

$$2x\frac{\mathrm{d}x}{\mathrm{d}t}=2y\frac{\mathrm{d}y}{\mathrm{d}t},$$

$$\frac{\mathrm{d}x}{\mathrm{d}t}=\frac{y}{x}\frac{\mathrm{d}y}{\mathrm{d}t}.$$

将 $x=8$ 代入 $x^2+4^2=y^2$ 得 $y=4\sqrt{5}$，又 $\dfrac{\mathrm{d}y}{\mathrm{d}t}=2\mathrm{m/s}$，于是得 $\dfrac{\mathrm{d}x}{\mathrm{d}t}=\sqrt{5}\,\mathrm{m/s}$，即当船距岸边 $8\mathrm{m}$ 时船前进的速率为 $\sqrt{5}\,\mathrm{m/s}$.

例 2.3.15 如图 2.9 所示，一个高为 $4\mathrm{m}$、底半径为 $2\mathrm{m}$ 的圆锥形容器，假设以 $2\mathrm{m^3/min}$ 的速率将水注入该容器，求水深 $3\mathrm{m}$ 时水面上升的速度.

解 用 V,h,r 分别表示时刻 t 水的体积、水的深度与水面半径. 由已知条件 $\dfrac{\mathrm{d}V}{\mathrm{d}t}=2(\mathrm{m^3/min})$，求水深 $3\mathrm{m}$ 时水面上升的速率.

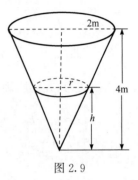

图 2.9

首先建立 V 与 h 的关系，由体积公式有

$$V=\frac{1}{3}\pi r^2 h.$$

由图 2.9 可知 $\dfrac{r}{h}=\dfrac{2}{4}$，即 $r=\dfrac{1}{2}h$，代入上式得

$$V=\frac{1}{3}\pi\left(\frac{h}{2}\right)^2 h=\frac{\pi}{12}h^3,$$

两边对 t 求导，得

$$\frac{\mathrm{d}V}{\mathrm{d}t}=\frac{\pi}{4}h^2\frac{\mathrm{d}h}{\mathrm{d}t},$$

因此

$$\frac{\mathrm{d}h}{\mathrm{d}t}=\frac{4}{\pi h^2}\frac{\mathrm{d}V}{\mathrm{d}t}.$$

将 $h=3,\dfrac{\mathrm{d}V}{\mathrm{d}t}=2$ 代入得到

$$\frac{\mathrm{d}h}{\mathrm{d}t}=\frac{8}{9\pi}(\mathrm{m/min}).$$

故当 $h=3$ 时，水面上升速率为 $\dfrac{8}{9\pi}\mathrm{m/min}$.

习 题 2.3

1. 求下列方程所确定的函数 $y=y(x)$ 的导数 $\dfrac{\mathrm{d}y}{\mathrm{d}x}$.

(1) $x^3+3x^4 y-2xy^2+8=0$；

(2) $y=\sin\dfrac{y}{x}$；

(3) $\mathrm{e}^{xy}+y\ln x=\sin 2x$；

(4) $xy=\mathrm{e}^{x+y}$；

(5) $y = 1 + x e^y$.

2. 用对数求导法求 $y = y(x)$ 的导数 y'.

(1) $y = x^{\sin x}$；

(2) $(\cos x)^y = (\sin y)^x$；

(3) $x^y = y^x + \sin x^2$；

(4) $y = \dfrac{\sqrt{x+2}\,(3-x)^4}{(x+1)^5}$；

(5) $y = \sqrt{x \sqrt{\sin x \sqrt{1 - e^x}}}$.

3. 求曲线 $y^2 + y^4 = 2x^3$ 在 $y = 1$ 处的切线方程.

4. 求参数方程所确定的函数的导数 $\dfrac{\mathrm{d}y}{\mathrm{d}x}$.

(1) $\begin{cases} x = at + b, \\ y = \dfrac{1}{3} at^2 + bt; \end{cases}$
(2) $\begin{cases} x = \theta(1 - \sin\theta), \\ y = \theta\cos 2\theta; \end{cases}$
(3) $\begin{cases} x = 2e^t, \\ y = 3e^{-t}. \end{cases}$

5. 求摆线 $\begin{cases} x = a(t - \sin t), \\ y = a(1 - \cos t) \end{cases}$ 在 $t = \dfrac{\pi}{2}$ 处的切线和法线方程.

6. 一气球从离开观察员 500m 处离地面铅直上升，其速度为 140m/min. 当气球高度为 500m 时，观察员视线的仰角增加率是多少？

7. 一飞艇在离地面 2km 的上空以 200km/h 的速度飞临某目标的上空，以便进行航空摄影，试求飞艇飞至目标正上方时，摄影机转动的角速度.

8. 一圆柱体的侧面因受压而伸长，其底半径 r 以变化率 2cm/s 减少，其高 h 以变化率 5cm/s 增加，求当 $r = 6$cm，$h = 8$cm 时，其体积 V 的变化率.

2.4　高　阶　导　数

前面我们学习了一阶导数，但在很多实际问题中，可能需要研究导数的导数的意义，即需要研究高阶导数.

引例

做变速直线运动的物体的速度 $v(t)$ 是位移函数 $s(t)$ 关于时间 t 的导数，由物理知识我们知道，加速度表示速度变化的快慢，即加速度 $a(t)$ 是速度 $v(t)$ 关于时间 t 的导数，其表达式为

$$a(t) = \frac{\mathrm{d}v}{\mathrm{d}t} = \frac{\mathrm{d}}{\mathrm{d}t}\left(\frac{\mathrm{d}s}{\mathrm{d}t}\right).$$

将 s 对 t 的一阶导数再对 t 求导，得到的 $\dfrac{\mathrm{d}}{\mathrm{d}t}\left(\dfrac{\mathrm{d}s}{\mathrm{d}t}\right)$ 称为 s 对 t 的二阶导数.

2.4.1 高阶导数的概念

定义 2.5 若函数 $y=f(x)$ 在点 x 的某邻域 $U(x)$ 内可导,且极限

$$\lim_{\Delta x \to 0} \frac{f'(x+\Delta x)-f'(x)}{\Delta x}$$

存在,则称该极限值为函数 $f(x)$ 在点 x 处的二阶导数,记为 y'',$y''(x)$ 或 $\dfrac{d^2 y}{dx^2}$.

由此可知,加速度 $a(t)$ 是位移函数 $s(t)$ 对时间 t 的二阶导数,即

$$a(t)=s''(t)=\frac{d^2 s}{dt^2}.$$

可见,二阶导数实际上是一阶导数的导数. 类似地,二阶导数的导数是三阶导数,三阶导数的导数是四阶导数,$\cdots$,$n-1$ 阶导数的导数是 n 阶导数,并分别记作

$$y''',y^{(4)},\cdots,y^{(n)};f'''(x),f^{(4)}(x),\cdots,f^{(n)}(x) \text{或} \frac{d^3 y}{dx^3},\frac{d^4 y}{dx^4},\cdots,\frac{d^n y}{dx^n}.$$

二阶及二阶以上的导数统称高阶导数,并规定 $f^{(0)}(x)=f(x)$. 与一阶导数类似,$y=f(x)$ 在点 x_0 处的二阶导数记为 $f''(x_0)$ 或 $y''(x_0)$,n 阶导数就记为 $f^{(n)}(x_0)$ 或 $y^{(n)}(x_0)$.

求高阶导数就是多次连续地求导数,因此不需要新的方法,用前面学过的求导方法逐阶来计算高阶导数即可.

2.4.2 高阶导数的计算

1. 指定阶数求导

对于指定较小阶数求导时,通常依次求导,得到 y',y'',直至求出所有的导数.

1) 显函数求导

例 2.4.1 已知 $y=ax^2+bx+c$,求 y'''.

解 $y'=2ax+b$,$y''=2a$,$y'''=0$.

例 2.4.2 求 n 次多项式 $P_n(x)=a_0 x^n+a_1 x^{n-1}+\cdots+a_{n-1}x+a_n$ 的 n 阶导数.

解 $P_n'(x)=a_0 n x^{n-1}+a_1(n-1)x^{n-2}+\cdots+a_{n-1}$,

$P_n''(x)=a_0 n(n-1)x^{n-2}+a_1(n-1)(n-2)x^{n-3}+\cdots+2a_{n-2}$.

每求一次导数,多项式的幂次就降低一次,因此

$$P_n^{(n)}(x)=a_0 n(n-1)(n-2)\cdots 3 \cdot 2 \cdot 1=a_n n!.$$

由此可知,对 n 次多项式 $P_n(x)$ 求高于 n 阶的导数均为 0,即

$$P_n^{(n+1)}(x)=P_n^{(n+2)}(x)=\cdots=0.$$

例 2.4.3 设 $y = e^x \cos x$，求 $y^{(4)}$.

解

$$y' = e^x \cos x - e^x \sin x = e^x (\cos x - \sin x).$$

$$y^{(2)} = e^x (\cos x - \sin x) + e^x (-\sin x - \cos x)$$
$$= -2e^x \sin x.$$

$$y^{(3)} = -2e^x \sin x - 2e^x \cos x$$
$$= -2e^x (\sin x + \cos x).$$

$$y^{(4)} = -2e^x (\sin x + \cos x) - 2e^x (\cos x - \sin x)$$
$$= -4e^x \cos x.$$

2) 参数方程确定的函数求导

例 2.4.4 求方程 $\begin{cases} x = \arctan t, \\ y = \ln(1+t^2) \end{cases}$ 所确定的函数的二阶导数 $\dfrac{d^2 y}{dx^2}\Big|_{t=1}$.

解 由参数式函数求导的公式得

$$\frac{dy}{dx} = \frac{\dfrac{dy}{dt}}{\dfrac{dx}{dt}} = \frac{\dfrac{2t}{1+t^2}}{\dfrac{1}{1+t^2}} = 2t,$$

这里的 $\dfrac{dy}{dx}$ 是关于 t 的函数，则二阶导数

$$\frac{d^2 y}{dx^2} = \frac{d}{dx}\left(\frac{dy}{dx}\right) = \frac{\dfrac{d}{dt}\left(\dfrac{dy}{dx}\right)}{\dfrac{dx}{dt}} = \frac{2}{\dfrac{1}{1+t^2}} = 2(1+t^2),$$

故 $\dfrac{d^2 y}{dx^2}\Big|_{t=1} = 4$. 所以，参数方程所确定的函数的二阶导数的计算公式为

$$\frac{d^2 y}{dx^2} = \frac{d}{dx}\left(\frac{dy}{dx}\right) = \frac{\dfrac{d}{dt}\left(\dfrac{dy}{dx}\right)}{\dfrac{dx}{dt}}.$$

例 2.4.5 求方程 $\begin{cases} x = a \cos t, \\ y = b \sin t \end{cases}$ 所确定的函数的二阶导数 $\dfrac{d^2 y}{dx^2}$.

解 $\quad \dfrac{dy}{dx} = \dfrac{\dfrac{dy}{dt}}{\dfrac{dx}{dt}} = \dfrac{b \cos x}{-a \sin x} = -\dfrac{b}{a} \cot t,$

$$\frac{\mathrm{d}^2 y}{\mathrm{d} x^2} = \frac{\mathrm{d}}{\mathrm{d} x}\left(\frac{\mathrm{d} y}{\mathrm{d} x}\right) = \frac{\dfrac{\mathrm{d}}{\mathrm{d} t}\left(\dfrac{\mathrm{d} y}{\mathrm{d} x}\right)}{\dfrac{\mathrm{d} x}{\mathrm{d} t}} = \frac{-\dfrac{b}{a}(-\csc^2 t)}{-a \sin x} = -\frac{b}{a^2 \sin^3 t}.$$

3) 隐函数求导

例 2.4.6 设 $y = \tan(x+y)$，求 y''.

解 对方程两端关于 x 求导，得

$$y' = (1+y')\sec^2(x+y).$$

解得

$$y' = \frac{\sec^2(x+y)}{1-\sec^2(x+y)} = -\csc^2(x+y),$$

对上式两端再关于 x 求导，得

$$y'' = -2\csc(x+y) \cdot [-\csc(x+y) \cdot \cot(x+y)] \cdot (1+y')$$
$$= 2\csc^2(x+y) \cdot \cot(x+y) \cdot (1+y'),$$

将 $y' = -\csc^2(x+y)$ 代入上式化简得

$$y'' = -2\csc^2(x+y) \cdot \cot^3(x+y).$$

例 2.4.7 求方程 $y = 1 + x\mathrm{e}^y$ 确定的隐函数的二阶导数 y''.

解 根据隐函数的求导方法，两边对 x 求导，得

$$y' = \mathrm{e}^y + x\mathrm{e}^y y',$$

整理有

$$y' = \frac{\mathrm{e}^y}{1-x\mathrm{e}^y} = \frac{\mathrm{e}^y}{2-y},$$

上式两边再对 x 求导，得

$$y'' = \frac{\mathrm{e}^y y'(2-y) - \mathrm{e}^y(-1)y'}{(2-y)^2} = \frac{\mathrm{e}^y(3-y)y'}{(2-y)^2}$$

$$= \frac{\mathrm{e}^y(3-y)}{(2-y)^2} \frac{\mathrm{e}^y}{2-y} = \frac{\mathrm{e}^{2y}(3-y)}{(2-y)^3}.$$

2. 任意阶数求导

1) 简单函数的 n 阶导数

对于较为简单的函数，我们可以通过逐次求导发现 n 阶导数的规律，加以数学归纳法证明.

例 2.4.8 求正弦函数 $y = \sin x$ 的 n 阶导数.

解

$$y' = \cos x = \sin\left(x + \frac{\pi}{2}\right),$$

$$y'' = \cos\left(x + \frac{\pi}{2}\right) = \sin\left(x + \frac{\pi}{2} + \frac{\pi}{2}\right)$$

$$= \sin\left(x + 2 \cdot \frac{\pi}{2}\right),$$

$$y''' = \cos\left(x + 2 \cdot \frac{\pi}{2}\right) = \sin\left(x + 3 \cdot \frac{\pi}{2}\right),$$

$$\cdots\cdots$$

即有

$$y^{(n)} = \sin\left(x + n \cdot \frac{\pi}{2}\right).$$

用类似的方法可求得 $(\cos x)^{(n)} = \cos\left(x + n \cdot \frac{\pi}{2}\right).$

例 2.4.9　求指数函数 $y = a^x$ 的 n 阶导数.

解　$y' = a^x \ln a, y'' = a^x (\ln a)^2, y''' = a^x (\ln a)^3, y^{(4)} = a^x (\ln a)^4, \cdots,$

即有

$$(a^x)^{(n)} = a^x (\ln a)^n.$$

特别地,当 $a = e$ 时,有 $(e^x)^{(n)} = e^x (\ln e)^n = e^x.$

例 2.4.10　求幂指函数 $y = x^\alpha$ 的 n 阶导数(α 是任意常数).

解　根据高阶导数求导法则,有

$$y' = \alpha x^{\alpha-1},$$
$$y'' = \alpha(\alpha-1) x^{\alpha-2},$$
$$y''' = \alpha(\alpha-1)(\alpha-2) x^{\alpha-3},$$
$$y^{(4)} = \alpha(\alpha-1)(\alpha-2)(\alpha-3) x^{\alpha-4},$$

$$\cdots\cdots$$

一般地,

$$y^{(n)} = \alpha(\alpha-1)(\alpha-2)\cdots(\alpha-n+1) x^{\alpha-n},$$

即有

$$(x^\alpha)^{(n)} = \alpha(\alpha-1)(\alpha-2)\cdots(\alpha-n+1) x^{\alpha-n} \quad (\alpha \in \mathbf{R}, x > 0).$$

特别地,(1)当 $\alpha = n$ 时,有

$$(x^n)^{(n)} = n(n-1)(n-2)\cdots 2 \cdot 1 = n!; \quad (x^n)^{(n+1)} = 0.$$

(2) 当 $\alpha = -1$ 时,有

$$\left(\frac{1}{x}\right)^{(n)} = (x^{-1})^{(n)} = (-1)(-2)(-3)\cdots(-n)(x)^{(-1-n)} = (-1)^n \frac{n!}{x^{n+1}}.$$

(3) 当 $x \triangleq 1 + x$,且 $\alpha = -1$ 时,有

$$\left(\frac{1}{1+x}\right)^{(n)}=(-1)^n\frac{n!}{(1+x)^{n+1}}.$$

例 2.4.11　求函数 $\ln(1+x)$ 的 n 阶导数.

解　对于 $y=\ln(1+x)$ 的 n 阶导数,可视作 $y'=\dfrac{1}{1+x}$ 的 $n-1$ 阶导数,则

$$y^{(n)}=(y')^{(n-1)}=\left(\frac{1}{1+x}\right)^{(n-1)}=(-1)^{n-1}\frac{(n-1)!}{(1+x)^n},$$

即

$$[\ln(1+x)]^{(n)}=(-1)^{n-1}\frac{(n-1)!}{(1+x)^n}.$$

前面我们都是对单个函数高阶导数的讨论,而对于涉及两个函数的和或积的高阶导数又该如何去考虑呢?

2) 两个函数的和或积的 n 阶导数

设函数 $u(x)$ 与 $v(x)$ 在点 x 处均具有 n 阶导数,那么容易给出线性法则

$$[\alpha u(x)\pm\beta v(x)]^{(n)}=\alpha u^{(n)}(x)\pm\beta v^{(n)}(x)\quad(\alpha,\beta\text{ 为常数}).$$

但是对于 $[\alpha u(x)\cdot\beta v(x)]^{(n)}$ 就没那么简单了,假设 $y=uv$,容易给出

$$y'=u'v+uv',$$
$$y''=u''v+2u'v'+uv'',$$
$$y'''=u'''v+3u''v'+3u'v''+uv''',$$
$$\cdots\cdots$$

用数学归纳法可以证明

$$(uv)^{(n)}=u^{(n)}v+nu^{(n-1)}v'+\frac{n(n-1)}{2!}u^{(n-2)}v''+\cdots$$
$$+\frac{n(n-1)\cdots(n-k+1)}{k!}u^{(n-k)}v^{(k)}+\cdots uv^{(n)},$$

即

$$(uv)^{(n)}=\sum_{k=0}^{n}C_n^k(u)^{(n-k)}(v)^{(k)},$$

其中 $C_n^k=\dfrac{n!}{k!\,(n-k)!}(k=0,1,2,\cdots,n)$,上式即为**莱布尼茨(Leibniz)公式**.

例 2.4.12　设 $y=x^2\mathrm{e}^{2x}$,求 $y^{(20)}$.

解　由于 x^2 的高于 2 阶的导数都等于 0,因此将 y 看作 $u=\mathrm{e}^{2x}$ 与 $v=x^2$ 的乘积,再利用莱布尼茨公式即可.

假设 $u=\mathrm{e}^{2x}$,$v=x^2$,则

$$u^{(k)} = 2^k \mathrm{e}^{2x} \quad (k = 1, 2, \cdots, 20),$$

$$v' = 2x, \quad v'' = 2, \quad v^{(k)} = 0 \quad (k = 3, 4, \cdots, 20),$$

代入莱布尼茨公式,得

$$y^{(20)} = (x^2 \mathrm{e}^{2x})^{(20)}$$

$$= 2^{20} \mathrm{e}^{2x} \cdot x^2 + 20 \cdot 2^{19} \mathrm{e}^{2x} \cdot 2x + \frac{20 \cdot 19}{2!} \cdot 2^{18} \mathrm{e}^{2x} \cdot 2$$

$$= 2^{20} \mathrm{e}^{2x} (x^2 + 20x + 95).$$

习 题 2.4

1. 求下列函数的二阶导数.

(1) $y = \mathrm{e}^{2x} \sin 3x$;　　　　　　(2) $y = \ln(x + \sqrt{1 + x^2}\,)$;

(3) $y = \tan x$;　　　　　　　　(4) $y = x \arctan \dfrac{1}{x}$.

2. 求由参数方程所确定的函数的二阶导数.

(1) $\begin{cases} x = \ln(1 + t^2), \\ y = t - \arctan t; \end{cases}$　　(2) $\begin{cases} x = \dfrac{t^2}{2}, \\ y = 1 - t; \end{cases}$　　(3) $\begin{cases} x = \sin t, \\ y = \cos 2t. \end{cases}$

3. 求下列隐函数 y 的二阶导数.

(1) $y = \tan(x + y)$;　　　(2) $xy + y^2 = 1$;　　　(3) $y = 2 + x \mathrm{e}^y$.

4. 求下列函数的 n 阶导数.

(1) $f(x) = \ln(2 + x)$;　　　(2) $f(x) = x \mathrm{e}^{-x}$;

(3) $f(x) = \dfrac{1 - x}{1 + x}$;　　　　(4) $f(x) = \sin^4 x - \cos^4 x$.

5. 设 $f(x) = (x - a)^n \varphi(x)$,其中 $\varphi(x)$ 在 a 点的一个邻域内有 $(n-1)$ 阶连续导数,求 $f^{(n)}(a)$.

6. 求函数 $f(x) = x^2 \ln(x + 1)$ 在 $x = 0$ 处的 n 阶导数 $f^{(n)}(0)(n \geqslant 3)$.

2.5 微　　分

函数的微分是微分学的又一个重要概念,本节介绍微分的定义、微分与导数的关系、微分的运算法则以及利用微分作函数的线性近似.

2.5.1 微分的概念

引例　温度变化下金属片面积的改变量.

边长为 x 的正方形金属薄片,受温度变化的影响,其边长改变了 Δx ,则其面积改变了多少?

解 如图 2.10 所示,设正方形面积为 $S=x^2$,面积的增量为

$$\Delta S=(x+\Delta x)^2-x^2=2x\Delta x+(\Delta x)^2.$$

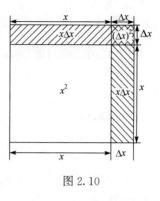

ΔS 由两部分组成:一部分是 $2x\Delta x$,即图中两个矩形的面积;另一部分是 $(\Delta x)^2$,即图中小正方形的面积. 显然 $2x\Delta x$ 是 ΔS 的主要部分,且当 x 一定时,$2x$ 为常数,$2x\Delta x$ 是 Δx 的线性函数,$2x$ 又恰好为 x^2 在点 x 处的导数;而另一部分 $(\Delta x)^2$ 是 $\Delta x\rightarrow 0$ 时的高阶无穷小,即 $(\Delta x)^2=o(\Delta x)$. 也就是说,$2x\Delta x$ 是增量的主要部分.

图 2.10

因此,当边长的变化 $|\Delta x|$ 很小时,该正方形面积的改变量 ΔS 可以近似地用线性部分 $2x\Delta x$ 来表示,且 $2x_0=S'|_{x=x_0}=(x^2)'|_{x=x_0}$. 这种近似是合理的,且具有一般性. 事实上,$2x\Delta x$ 就称为面积函数 $S=x^2$ 在 x 点处的微分.

1. 微分的定义

定义 2.6 设函数 $y=f(x)$ 在点 x_0 的某邻域 $U(x_0)$ 内有定义,且 $x_0+\Delta x\in U(x_0)$,若 $f(x)$ 在点 $x_0+\Delta x$ 处的增量 $\Delta y=f(x+\Delta x)-f(x)$ 与自变量增量 Δx 满足如下关系

$$\Delta y=A\Delta x+o(\Delta x),$$

其中 A 是与 Δx 无关的常数,$o(\Delta x)$ 是 $\Delta x\rightarrow 0$ 时比 Δx 高阶的无穷小,则称函数 $y=f(x)$ 在点 x_0 处**可微**. $A\cdot\Delta x$ 称为函数 $y=f(x)$ 在点 x_0 处的**微分**,记为 $\mathrm{d}y|_{x=x_0}$,即

$$\mathrm{d}y\big|_{x=x_0}=A\Delta x.$$

$A\Delta x(A\neq 0)$ 称为 Δy 的线性主部,当 $A\neq 0$ 且 $|\Delta x|$ 很小时,就可以用 Δx 的线性函数 $A\Delta x$ 来近似代替 Δy. 那么,函数 $y=f(x)$ 需要满足什么条件时才可微? 当函数 $y=f(x)$ 可微时,其线性主部 $A\Delta x$ 中与 Δx 无关的常数 A 又等于什么? 这两个问题的答案可由下面的定理给出.

2. 可微与可导的关系

定理 2.7 函数 $y=f(x)$ 在点 x_0 处可微的充要条件是 $y=f(x)$ 在点 x_0 处可导,且 $A=f'(x_0)$,即 $\mathrm{d}y|_{x=x_0}=f'(x_0)\Delta x$.

证 必要性. 设函数 $y=f(x)$ 在 x_0 点处可微,由定义有

$$\Delta y=A\Delta x+o(\Delta x),$$

其中 A 是与 Δx 无关的常数,$\lim\limits_{\Delta x \to 0} \dfrac{o(\Delta x)}{\Delta x} = 0$.

对上式两边同时除以 Δx 得

$$\frac{\Delta y}{\Delta x} = A + \frac{o(\Delta x)}{\Delta x},$$

令 $\Delta x \to 0$,取极限,得

$$f'(x_0) = \lim_{\Delta x \to 0} \frac{\Delta y}{\Delta x} = A + \lim_{\Delta x \to 0} \frac{o(\Delta x)}{\Delta x} = A,$$

因此,如果函数 $y = f(x)$ 在点 x_0 处可微,那么一定有 $y = f(x)$ 在 x_0 处可导,且 $f'(x) = A$.

充分性. 若 $y = f(x)$ 在 x_0 点处可导,则

$$\lim_{\Delta x \to 0} \frac{\Delta y}{\Delta x} = f'(x_0),$$

由趋向于极限的量与无穷小量之间的关系

$$\frac{\Delta y}{\Delta x} = f'(x_0) + \alpha,$$

其中 $\lim\limits_{\Delta x \to 0} \alpha = 0$,即

$$\Delta y = f'(x_0)\Delta x + \alpha \Delta x,$$

显然 $\lim\limits_{\Delta x \to 0} \dfrac{\alpha \Delta x}{\Delta x} = 0$,即 $\alpha \Delta x = o(\Delta x)$,故

$$\Delta y = f'(x_0)\Delta x + o(\Delta x).$$

由于 $f'(x_0)$ 与 Δx 无关,$o(\Delta x)$ 是 Δx 的高阶无穷小,所以由微分的定义知 $y = f(x)$ 在点 x_0 处可微.

定理 2.7 说明一元函数 $y = f(x)$ 在 x_0 处可微与可导等价,且函数 $y = f(x)$ 在 x_0 处的微分可表示为 $\mathrm{d}y \big|_{x=x_0} = f'(x_0) \cdot \Delta x$.

一般地,又将自变量 x 的增量 Δx 规定为自变量的微分,记为 $\mathrm{d}x$,即 $\Delta x = \mathrm{d}x$. 于是函数在点 x_0 处的微分表达式也可记为 $\mathrm{d}y = f'(x_0)\mathrm{d}x$.

若函数在区间 I 上每一点都可微,则 $\mathrm{d}y = f'(x)\mathrm{d}x$.

这个公式反映了导数与微分的关系,由于 $\mathrm{d}y, \mathrm{d}x$ 分别表示因变量与自变量的微分,从而导数就可以表示为函数的微分与自变量的微分的商,即 $f'(x) = \dfrac{\mathrm{d}y}{\mathrm{d}x}$,因此,导数可以看成两个**微分的商**,简称为**微商**.

例 2.5.1　设 $y = f(x) = 3x^2 - 2x$,当 $x = 1, \Delta x = 0.01$ 时,求 Δy 与 $\mathrm{d}y$.

解　$\Delta y = f(x + \Delta x) - f(x)$

$\qquad\quad = 3(x + \Delta x)^2 - 2(x + \Delta x) - 3x^2 + 2x$

$$=(6x-2)\Delta x+3(\Delta x)^2.$$

$$\Delta y\Big|_{\substack{x=1\\\Delta x=0.01}}=0.0403,$$

$$dy\Big|_{\substack{x=1\\\Delta x=0.01}}\approx f'(x)\Delta x=0.04.$$

例 2.5.2　求函数 $y=x^2\ln x$ 的微分.

解　因 $y'=2x\ln x+x^2\cdot\dfrac{1}{x}=2x\ln x+x$,故

$$dy=y'dx=(2x\ln x+x)dx.$$

2.5.2　微分的运算法则

由前面推导的结论 $dy=f'(x)dx$ 可知,要计算函数 $y=f(x)$ 的微分,可归结为求 $y=f(x)$ 的导数,由导数的基本公式与运算法则,很容易得到微分的计算公式和运算法则.

1. **基本初等函数的微分公式**

(1) $d(C)=0(C$ 为常数$)$;　　　　　　(2) $dx^\alpha=\alpha x^{\alpha-1}dx$;

(3) $da^x=(a^x\ln a)dx$;　　　　　　　(4) $de^x=e^x dx$;

(5) $d(\log_a x)=\dfrac{1}{x\ln a}dx(a>0,a\neq1)$;　(6) $d(\ln x)=\dfrac{1}{x}dx$;

(7) $d(\sin x)=\cos x dx$;　　　　　　(8) $d(\cos x)=-\sin x dx$;

(9) $d(\tan x)=\sec^2 x dx$;　　　　　(10) $d(\cot x)=-\csc^2 x dx$;

(11) $d(\sec x)=\sec x\tan x dx$;　　　(12) $d(\csc x)=-\csc x\cot x dx$;

(13) $d(\arcsin x)=\dfrac{1}{\sqrt{1-x^2}}dx$;　　(14) $d(\arccos x)=\dfrac{-1}{\sqrt{1-x^2}}dx$;

(15) $d(\arctan x)=\dfrac{1}{1+x^2}dx$;　　(16) $d(\text{arccot}x)=\dfrac{-1}{1+x^2}dx$.

2. **微分的四则运算法则**

由函数的和、差、积、商的求导法则,可得到微分的四则运算法则. 设函数 $u=u(x),v=v(x)$ 在点 x 处可微,则有

(1) $d(u\pm v)=du\pm dv$;

(2) $d(Cu)=Cdu(C$ 为常数$)$;

(3) $d(uv)=vdu+udv$;

(4) $d\left(\dfrac{u}{v}\right) = \dfrac{v\,du - u\,dv}{v^2}\ (v \neq 0)$.

这些法则的证明可直接从微分的定义与上述定理得出,例如

$$d\left(\frac{u}{v}\right) = \left(\frac{u}{v}\right)' dx = \frac{u'v - uv'}{v^2} dx = \frac{v\,du - u\,dv}{v^2}.$$

3. 复合函数的微分法则(一阶微分形式的不变性)

当 u 为自变量时,若函数 $y = f(u)$ 在点 u 可微,则 $dy = f'(u)\,du$.

当 u 不是自变量,而是中间变量时,若 $u = \varphi(x)$ 在点 x 处可微,$y = f(u)$ 在点 u 处可微,则由复合函数求导法则推得复合函数 $y = f[\varphi(x)]$ 的微分为

$$dy = df[\varphi(x)] = \{f[\varphi(x)]\}' dx = f'[\varphi(x)] \cdot \varphi'(x) dx.$$

又因 $du = \varphi'(x)dx$,所以仍有 $dy = f'(u)\,du$. 故无论 u 是自变量还是中间变量,函数 $y = f(u)$ 的微分总是保持同一形式 $dy = f'(u)\,du$,即微分在形式上保持不变这一性质称为**一阶微分形式的不变性**. 利用该性质可方便地计算微分.

例 2.5.3　$y = e^{x^2 + x}$,求 dy.

解法 1　利用 $dy = y'dx$,有

$$dy = (e^{x^2 + x})' dx = e^{x^2 + x}(2x + 1) dx.$$

解法 2　利用微分形式不变性,有

$$dy = (e^{x^2 + x})' d(x^2 + x) = e^{x^2 + x}(2x + 1) dx.$$

例 2.5.4　求 $xy = e^{x + y}$ 所确定的函数 $y = y(x)$ 的微分 dy.

解　对方程两端求微分,得

$$x\,dy + y\,dx = e^{x + y} d(x + y),$$
$$x\,dy + y\,dx = e^{x + y}(dx + dy),$$
$$x\,dy - e^{x + y} dy = e^{x + y} dx - y\,dx,$$
$$(x - e^{x + y}) dy = (e^{x + y} - y) dx,$$

所以

$$dy = \frac{e^{x + y} - y}{x - e^{x + y}} dx.$$

例 2.5.5　求方程 $\begin{cases} x = \sin t, \\ y = \cos 2t \end{cases}$ 所确定的函数的一阶导数 $\dfrac{dy}{dx}$.

解　因 $dy = -\sin 2t\, d2t = -2\sin 2t\, dt$,$dx = \cos t\, dt$,故

$$\frac{dy}{dx} = \frac{-2\sin 2t\, dt}{\cos t\, dt} = -4\sin t.$$

2.5.3 函数的线性近似

首先介绍微分的几何意义. 如图 2.11 所示,在曲线 $y=f(x)$ 上,过点 $M(x_0, f(x_0))$ 作切线 $L(x)$,则切线方程为

$$L(x)=f(x_0)+f'(x_0)(x-x_0),$$

这个切线方程是 x 的一次函数,所以是线性函数.

点 N 是自变量 x 有微小增量 Δx 时对应曲线上的一点,令 $x=x_0+\Delta x$,当点 $N(x, f(x))$ 很接近点 M,即 Δx 很小时,此时切线纵坐标对应的增量 $\mathrm{d}y=L(x)-$

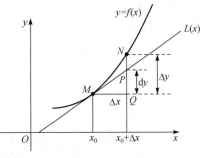

图 2.11

$f(x_0)=f'(x_0)\Delta x$,N 点相对 M 点纵坐标的增量 $\Delta y=f(x)-f(x_0)=f'(x_0)\Delta x+o(\Delta x)$,可见,$\Delta y \approx \mathrm{d}y$. 这在几何上表示,在点 $M(x_0, f(x_0))$ 附近,可以用切线函数近似代替曲线函数,数学上称为局部线性化方法."以直代曲"是微分学的重要思想方法之一.

下面就利用微分的定义推出两个线性近似公式.

若函数 $y=f(x)$ 在点 x_0 处可微,则

$$\Delta y=A\Delta x+o(\Delta x)=f'(x_0)\Delta x+o(\Delta x). \tag{2.4}$$

当 $|\Delta x|$ 很小,且 $f'(x_0)\neq 0$ 时,就得到增量的近似计算公式

$$\Delta y \approx \mathrm{d}y=f'(x_0)\Delta x. \tag{2.5}$$

式 (2.5) 又可写成 $f(x_0+\Delta x)-f(x_0) \approx f'(x_0)\Delta x$,因此 $f(x_0+\Delta x) \approx f(x_0)+f'(x_0)\Delta x$.

令 $x=x_0+\Delta x$,则 $\Delta x=x-x_0$,得

$$f(x) \approx f(x_0)+f'(x_0)(x-x_0). \tag{2.6}$$

这就是函数值的线性近似计算公式.

例 2.5.6 利用微分计算 $\mathrm{e}^{0.01}$ 的值.

解 由公式 $f(x) \approx f(x_0)+f'(x_0)(x-x_0)$,设 $f(x)=\mathrm{e}^x$. 令 $x_0=0$,则 $f'(x)=\mathrm{e}^x$,于是

$$\mathrm{e}^{0.01} \approx \mathrm{e}^0+\mathrm{e}^x\big|_{x=0}(0.01-0)$$
$$=1+1\times 0.01$$
$$=1.01.$$

在工程问题中,经常会遇到一些复杂的计算公式. 如果直接用这些公式进行计算,那是很费力的. 利用微分往往可以把一些复杂的计算公式改用简单的近似公式来代替.

在 $f(x) \approx f(x_0) + f'(x_0)(x - x_0)$ 中,取 $x_0 = 0$,得

$$f(x) \approx f(0) + f'(0)x, \qquad\qquad (2.7)$$

这就是零点的线性近似公式.

我们可由式(2.7)推导出一些常用的近似公式.

(1) $\sin x \approx x$ (x 用弧度作单位来表达);

(2) $(1+x)^a \approx 1 + ax$;

(3) $e^x \approx 1 + x$;

(4) $\tan x \approx x$ (x 用弧度作单位来表达);

(5) $\ln(1+x) \approx x$.

下面给出(1)的证明.

设 $f(x) = \sin x$,则 $f'(x) = \cos x$,$f(0) = \sin 0 = 0$,$f'(0) = \cos 0 = 1$. 由式(2.7)得

$$\sin x \approx 0 + 1(x - 0) = x,$$

其余的零点近似计算公式,类似可证.

例 2.5.7 计算 $\ln(1.05)$ 的近似值.

解 因 $\ln(1.05) = \ln(1 + 0.05)$,由公式 $\ln(1+x) \approx x$ 得

$$\ln(1.05) = \ln(1 + 0.05) \approx 0.05,$$

故 $\ln(1.05) \approx 0.05$.

习 题 2.5

1. 求下列函数的微分.

(1) $y = e^x \cos x$;

(2) $y = \ln^2(1-x)$;

(3) $y = (e^x + e^{-x})^2$;

(4) $y = \arcsin \sqrt{x}$;

(5) $y = \dfrac{1-x}{1+x}$;

(6) $y = \dfrac{1}{x} + \sqrt{x}$;

(7) $y = 2x \cos 2x$;

(8) $y = x^3 e^{2x}$.

2. 设函数 $y = y(x)$ 由下列的方程所确定,求函数的微分 $\mathrm{d}y$.

(1) $x = y^y$;

(2) $\ln \sqrt{x^2 + y^2} = \arctan \dfrac{y}{x}$.

3. 函数 y 如下式所示,其中 f 可微,求 $\mathrm{d}y$.

(1) $y = f(\ln x) e^{f(x)}$;

(2) $y = f(\sqrt{x}) + \sin f(x)$.

4. 在括号内填写函数使等式成立.

(1) $\mathrm{d}y(\qquad) = \dfrac{1}{1+x^2} \mathrm{d}x$;

(2) $\mathrm{d}y(\qquad) = 6x \, \mathrm{d}x$;

(3) $\mathrm{d}y($ 　　　　$)=\dfrac{2}{x}\mathrm{d}x$;　　　　　(4) $\mathrm{d}y($ 　　　　$)=\dfrac{1}{\sqrt{1-x^2}}\mathrm{d}x$;

(5) $\mathrm{d}y($ 　　　　$)=\mathrm{e}^{2x}\mathrm{d}x$;　　　　　(6) $\mathrm{d}y($ 　　　　$)=\dfrac{\ln x^2}{x}\mathrm{d}x$.

5. 求下列各式的近似值.

(1) $\sqrt[5]{0.95}$;　　　　(2) $\ln 1.01$;　　　　(3) $\mathrm{e}^{0.05}$;

(4) $\arctan 1.02$;　　(5) $\cos 60°20'$;　　(6) $\sin 31°$.

6. 一个平面圆环形,其内半径为 10 厘米,宽为 0.1 厘米,求其面积的精确值与近似值.

2.6　导数与微分模型应用举例

2.6.1　实际问题中的导数模型

例 2.6.1(气体的压缩率与压缩系数)　求温度恒定的气体体积 V 随压强 P 的变化率.气体体积 V 是压强 P 的函数,即 $V=V(P)$.

解　当压强由 P 变化至 $P+\Delta P$ 时,相应体积的改变量为 $\Delta V=V(P+\Delta P)-V(P)$,体积的平均变化率为 $\dfrac{\Delta V}{\Delta P}=\dfrac{V(P+\Delta P)-V(P)}{\Delta P}$,当 $\Delta P<0$ 时,显然有 $\Delta V\geqslant 0$,气体体积随压强减小而膨胀.因此上述比值非正,从而其绝对值反映体积对压强的平均压缩率.对平均压缩率取极限,则 $\dfrac{\mathrm{d}V}{\mathrm{d}P}=\lim\limits_{\Delta P\to 0}\dfrac{\Delta V}{\Delta P}$,即为压强等于 P 时,气体体积的压缩率.

热力学中定义 $\beta=-\dfrac{V'(P)}{V}$ 为气体的等温压缩系数,它表示压强为 P 时,单位体积气体的体积压缩率.

例 2.6.2(边际成本)　设某公司生产 x 件产品时的总成本为 $C(x)$,当生产的件数从 x 增加到 $x+\Delta x$ 时,增加的成本为 $\Delta C=C(x+\Delta x)-C(x)$,从而 $\dfrac{\Delta C}{\Delta x}=\dfrac{C(x+\Delta x)-C(x)}{\Delta x}$,表示生产 Δx 件产品的平均成本,令 $\Delta x\to 0$ 取极限得

$$\frac{\mathrm{d}C}{\mathrm{d}x}=\lim_{\Delta x\to 0}\frac{C(x+\Delta x)-C(x)}{\Delta x}.$$

在经济学中,将 $\dfrac{\mathrm{d}C}{\mathrm{d}x}$ 称为边际成本,它给出了产量为 x 时生产单位产品所需的成本.

由于成本函数的自变量只能取非负整数 n,所以成本函数是不连续的,也不可导.但当产品数量很大时,我们粗略地将自变量看成是连续变化的,若取 $\Delta x = 1$ 和足够大的 x,则有

$$C'(x) \approx C(x+1) - C(x),$$

这表示产量为 x 时的边际成本近似于多生产一件产品的成本.

类似地,在经济学中还有边际需求、边际收益、边际利润等概念,它们分别是需求函数、收益函数、利润函数的导数,其含义类似于边际成本.

例 2.6.3(生物种群的增长率) 设 $N = N(t)$ 表示某生物种群在时刻 t 的个体总数,求此生物种群在时刻 t_0 的增长率.

解 设在 $[t_0, t_0 + \Delta t]$ 时间间隔内种群个体总数的增量为

$$\Delta N = \frac{N(t_0 + \Delta t) - N(t_0)}{\Delta t}.$$

瞬时增长率是平均增长率 t_0 时刻的极限值.令 $\Delta t \to 0$ 取极限,得 t_0 时刻的瞬时增长率

$$N'(t_0) = \lim_{\Delta x \to 0} \frac{\Delta N}{\Delta t}.$$

这里要注意种群个体总数 $N(t)$ 只能取正整数,是不连续的函数,从而也不可导,但由于多数生物种群繁衍世代延续,且数量庞大,当时间间隔 Δt 较小时,由出生和死亡引起的种群个体数量的变化相对于个体总数来说也较小,因此可近似地把 $N(t)$ 看成连续可导函数.

例 2.6.4(电流) 电流是由带电粒子如电子、离子等的有序运动形成的,电流的大小用单位时间内通过某处的电荷量来表示.

解 假设在 $[0, t]$ 时间段内通过导线横截面的电荷量为 $Q = Q(t)$,在 $[t, t + \Delta t]$ 时间段内通过导线横截面的电荷量增量为 $\Delta Q(t)$,那么该横截面处 Δt 时间段内的平均电流为

$$\bar{i} = \frac{\Delta Q(t)}{\Delta t}.$$

该横截面处 t 时刻的电流(即瞬时电流)i 为令时间增量 $\Delta t \to 0$ 时平均电流的极限,即 t 时刻的电流为

$$i = \lim_{\Delta t \to 0} \frac{\Delta Q(t)}{\Delta t} = Q'(t) = \frac{\mathrm{d}Q}{\mathrm{d}t}.$$

2.6.2 实际问题中的微分模型

例 2.6.5(受热金属球体积的增量) 一个实心的金属球半径为 15cm,其受热后半径增大了 0.06cm,求其体积增大的近似值.

解　此问题系函数的增量问题,当增量 Δx 很小时,可用微分的线性近似进行求解,函数的增量 $\Delta y \approx f'(x_0)\Delta x$.

设实心金属球的半径为 r,则其体积 $V(r)=\dfrac{4}{3}\pi r^3$,体积的导数 $V'(r)=4\pi r^2$,且 $r=15,\Delta r=0.06$,代入微分的线性近似公式有

$$\Delta V \approx V'(r=15)\Delta r=4\pi(15)^2 \times 0.06 \approx 169.56(\text{cm}^3).$$

因此该实心金属球的体积增大的近似值为 169.56cm^3.

2.6.3　经营决策模型

例 2.6.6　假设你经营一条航线,考察近年来的数据发现,该航线的总成本近似为航班数的二次函数,该航线的总收入与航班数近似成正比. 且该航线无航班时,该航线年总成本为 100 万美元;当航班为 25 架次时,年总成本为 200 万美元;航班为 50 架次时,年总成本及年总收入都为 500 万美元. 现该航线航班有 31 架次,问是否需要增加第 32 次航班?

1. 模型建立

我们假设作出的决定纯粹以盈利为目的:如果这架航班能为公司盈利,那么就应该增加. 显然需要考虑当航班为 31 架次时的边际利润,其含义为,当航班为 31 架次时,多增加 1 次航班所增加(或减少)的利润.

此处边际利润为利润函数的导数,而利润函数是经济管理中的常用函数,其计算方法为收入函数与成本函数之差.

设该航线上航班数为 q,该航线总成本为 $C(q)$,该航线总收入为 $R(q)$,该航线利润为 $L(q)$.

由现有条件,可设 $C(q)\approx a_1 q^2+a_2 q+a_3$,将 $(0,100),(25,200),(50,500)$ 代入,得 $a_1=\dfrac{4}{25},a_2=0,a_3=100$,故得该航线的总成本为

$$C(q)\approx \frac{4}{25}q^2+100.$$

设 $R(q)=a_4 q$,将 $(50,500)$ 代入得 $a_4=10$,故得该航线总收入为

$$R(q)=10q.$$

该航线的利润函数为

$$L(q)=R(q)-C(q)$$
$$=10q-\left(\frac{4}{25}q^2+100\right)$$

$$=-\frac{4}{25}q^2+10q-100.$$

2. 模型求解

需要计算$\dfrac{\mathrm{d}L(q)}{\mathrm{d}q}$在$q=31$的值.

$$\frac{\mathrm{d}L(q)}{\mathrm{d}q}=\frac{\mathrm{d}\left(-\dfrac{4}{25}q^2+10q-100\right)}{\mathrm{d}q}$$

$$=-\frac{8}{25}q+10.$$

当$q=31$时,该航线的边际利润为$\dfrac{\mathrm{d}L(q)}{\mathrm{d}q}\Big|_{q=31}=-\dfrac{8}{25}\times31+10=0.08$,即该航线有31架次航班时,每增加1次航班,该航线利润将增加0.08万美元,故可以考虑增加第32架次航班.

习 题 2.6

1. 假设生产x台洗衣机的成本（单位：元）为$c(x)=2000+100x-0.1x^2$,求第50台和第100台洗衣机生产出来时的边际成本.

2. 已知飞机起飞前需滑行的距离由$s=(10/9)t^2$确定,距离s从起点开始算,单位为m,时间t从刹闸放开算起,单位为s. 当飞机的速率达到200km/h时飞机就处于起飞升空状态.

(1) 要使飞机处于起飞升空状态需多少时间?

(2) 在这段时间里飞行滑行了多长距离?

3. 向正在培养细菌增长的营养液中注入杀菌剂时,细菌群体会先继续增长,然后停止增长,并且细菌数开始减少. 细菌种群的数量关于时间t（单位：h）的表达式为

$$n=10^6+10^4t-10^3t^2.$$

分别求$t=0;t=5;t=10$时刻细菌的增长率.

4. 一个女孩把风筝放到300m高,水平吹来的风以25m/s的速率把风筝吹离,当风筝离女孩500m远时,女孩放风筝线的速度要有多快?

5. 一个球状气球正以$100\pi\mathrm{dm}^3/\mathrm{min}$充入氦气. 当气球半径为5dm时,

(1) 气球半径的增长有多快?

(2) 气球表面积的增长有多快?

复习题 2

A

1. 设 $f(x)$ 在 $x=a$ 处可导,且 $f(a)=0$,则 $|f(x)|$ 在 $x=a$ 处可导的充分必要条件是_____.

2. 若 $f(x)$ 可微,当 $\Delta x \to 0$ 时,在点 x 处的 $\Delta y - \mathrm{d}y$ 是关于 Δx 的(   ).

   A. 高阶无穷小　　　　　　B. 等价无穷小

   C. 同阶无穷小　　　　　　D. 低阶无穷小

3. 利用定义讨论函数 $f(x)=\begin{cases} x\sin\dfrac{1}{x}, & x\neq 0, \\ 0, & x=0 \end{cases}$ 在 $x=0$ 处的连续性与可导性.

4. 试确定常数 a,b 的值,使函数 $f(x)=\begin{cases} 1+\ln(1-2x), & x\leqslant 0, \\ a+be^x, & x>0 \end{cases}$ 在 $x=0$ 处可导,并求出 $f'(x)$.

5. 求下列函数的导数.

   (1) $y=\sin x \ln x^2$;　　　　　　(2) $y=e^{x^2} \cdot 2^x$;

   (3) $y=\dfrac{\cos x^2}{1+x}$;　　　　　　(4) $y=\dfrac{x(x^2+1)}{\sqrt{1-x^2}}$;

   (5) $y=\arctan[\ln(2x^3-1)]$;　　(6) $y=(3x^3-2x^2+5)^3$.

6. 设 $e^{\arctan\frac{y}{x}}=\sqrt{x^2+y^2}$,求 $\dfrac{\mathrm{d}y}{\mathrm{d}x}$.

7. 求下列函数的高阶导数.

   (1) $y=\ln(x+\sqrt{1+x^2})$,求 y'';

   (2) $y=x^2\ln x$,求 $y^{(4)}$;

   (3) $y=\dfrac{1-x}{1+x}$,求 $y^{(n)}$.

8. 求由参数方程 $\begin{cases} x=2\ln\cot\theta, \\ y=\tan\theta \end{cases}$ 所确定的函数 $y=y(x)$ 在 $\theta=\dfrac{\pi}{4}$ 处的切线方程.

9. 求下列函数的微分 $\mathrm{d}y$.

   (1) $y=\ln\tan\dfrac{x}{4}$;　　　　　　(2) $y=\dfrac{2x}{\sqrt{1+x^2}}$;

(3) $\ln\sqrt{x^2+y^2}=\arctan\dfrac{y}{x}$.

10. 已知函数 $f(x)$ 在 $(0,+\infty)$ 内可导，$f(x)>0$，且满足 $\lim\limits_{h\to0}\left[\dfrac{f(x+hx)}{f(x)}\right]^{\frac{1}{h}}=$ $e^{\frac{1}{x}}$，求 $f(x)$ 与 $f'(x)$ 之间的关系.

B

1. 以下函数在 $x=0$ 处不可导的是（　　）.
A. $f(x)=\cos|x|$ 　　　　　B. $f(x)=|x|\sin|x|$
C. $f(x)=\cos\sqrt{|x|}$ 　　　　D. $f(x)=|x|\sin\sqrt{|x|}$

2. 设函数 $g(x)$ 可微，$h(x)=e^{1+g(x)}$，$h'(1)=1$，$g'(1)=2$，则 $g(1)$ 的值为（　　）.
A. $\ln3-1$ 　　　　　B. $\ln2-1$
C. $-\ln2-1$ 　　　　D. $-\ln3-1$

3. 已知函数 $f(x)=x^2\ln(1-x)$，当 $n\geq3$ 时，$f^{(n)}(0)$ 为（　　）.
A. $-\dfrac{n!}{n-2}$ 　　　　　B. $-\dfrac{(n-2)!}{n}$
C. $\dfrac{n!}{n-2}$ 　　　　　D. $\dfrac{(n-2)!}{n}$

4. 曲线 $\begin{cases}x=t-\sin t,\\y=1-\cos t\end{cases}$ 在 $t=\dfrac{3}{2}\pi$ 处的切线在 y 轴上的截距为_____.

5. 参数方程为 $\begin{cases}x=\sqrt{t^2+1},\\y=\ln(t+\sqrt{t^2+1}),\end{cases}$ 则 $\dfrac{d^2y}{dx^2}\bigg|_{t=1}=$_____.

6. 设函数 $f(x)$ 在 $(-\infty,+\infty)$ 上有定义，在区间 $[0,2]$ 上，$f(x)=x(x^2-4)$，且对任意的 x 都有 $f(x)=kf(x+2)$，其中 k 为常数.
(1) 求 $f(x)$ 在 $[-2,0]$ 上的表达式；
(2) k 为何值时，$f(x)$ 在 $x=0$ 处可导？

7. 设函数 $y=f(x)$ 由参数方程 $\begin{cases}x=2t+t^2,\\y=\varphi(t)\end{cases}$ $(t>-1)$ 确定，其中 $\varphi(t)$ 具有二阶导数，且 $\varphi(1)=\dfrac{5}{2}$，$\varphi'(1)=6$，已知 $\dfrac{d^2y}{dx^2}=\dfrac{3}{4(1+t)}$，求函数 $\varphi(t)$.

第 3 章 微分中值定理与导数的应用

本章首先介绍在微积分学中有重要价值的几个微分中值定理,然后在此基础上利用导数研究函数在区间上的整体性态.

3.1 微分中值定理

3.1.1 罗尔定理

我们先介绍一个引理.

引理(费马①定理) 若函数 $f(x)$ 在开区间 (a,b) 内一点 x_0 取得最大值(或最小值),且 $f(x)$ 在点 x_0 可导,则 $f'(x_0)=0$.

引理的几何意义是明显的(图 3.1),曲线在最高点和最低点显然有水平切线,其斜率等于 0. 这是因为在最高点(或最低点)的两侧,曲线的单调性由单增变为单减(或由单减变为单增),切线的斜率由正变负(或由负变正),当切线沿曲线连续变化时,就必然经过位于水平位置的那一点,在该点的导数等于零.

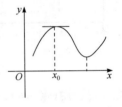

图 3.1

证 不妨设 $f(x)$ 在点 x_0 处取得最大值,于是对任何 Δx,$f(x_0+\Delta x)\leqslant f(x_0)$.

当 $\Delta x<0$ 时,$\dfrac{f(x_0+\Delta x)-f(x_0)}{\Delta x}\geqslant 0$;

当 $\Delta x>0$ 时,$\dfrac{f(x_0+\Delta x)-f(x_0)}{\Delta x}\leqslant 0$.

由 $f(x)$ 在 x_0 处可导,$f'(x_0)=\lim\limits_{\Delta x\to 0}\dfrac{f(x_0+\Delta x)-f(x_0)}{\Delta x}$ 存在,可知

$$f'_-(x_0)=f'_+(x_0)=f'(x_0).$$

根据极限的保号性,得

$$f'(x_0)=f'_-(x_0)=\lim\limits_{\Delta x\to 0^-}\dfrac{f(x_0+\Delta x)-f(x_0)}{\Delta x}\geqslant 0,$$

---

① 费马(P. de Fermat,1601~1655),法国数学家,与笛卡儿共同创建解析几何,是用切线研究函数的创始人,也是微分学的创始人之一.

$$f'(x_0) = f'_+(x_0) = \lim_{\Delta x \to 0^+} \frac{f(x_0 + \Delta x) - f(x_0)}{\Delta x} \leqslant 0.$$

所以,$f'(x_0) = 0$.

若 $f(x)$ 在 x_0 点处取得最小值,类似可证.

定理 3.1(罗尔[①]定理)　如果函数 $f(x)$ 满足

(1) 在闭区间 $[a,b]$ 上连续;

(2) 在开区间 (a,b) 内可导;

(3) 在区间端点处的函数值相等,即 $f(a) = f(b)$,

那么在 (a,b) 内至少一点 $\xi(a < \xi < b)$,$f'(\xi) = 0$.

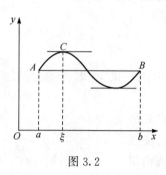

图 3.2

定理 3.1 的几何意义:如果连续曲线在 A,B 处的纵坐标相等且除端点外处处有不垂直于 x 轴的切线,那么在曲线上至少存在一点 $(\xi, f(\xi))$,曲线在该点的切线是水平的,即 $f'(\xi) = 0$(图 3.2).

证　由 $f(x)$ 在闭区间 $[a,b]$ 上连续,可知 $f(x)$ 在闭区间 $[a,b]$ 上必取得它的最大值 M 和最小值 m,于是根据已知条件只有两种可能.

(1) $M = m$,由于 $\forall x \in [a,b]$,$m \leqslant f(x) \leqslant M$,那么 $f(x) \equiv M$,因此对于 $\forall x \in (a,b)$,$f'(x) = 0$ 成立,故 $\exists \xi \in (a,b)$,$f'(\xi) = 0$.

(2) 设 m 不在端点取得,即 $m \neq f(a) = f(b)$,由闭区间上连续函数的最值定理,必至少存在一点 $x = \xi \in (a,b)$,使得 $f(\xi) = m$,由于已知 $f(x)$ 在 $x = \xi$ 可导,根据费马定理可知 $f'(\xi) = 0$.

注　定理中的三个条件是充分条件而非必要条件,如 $f(x) = (x-1)^2$,在 $[0,3]$ 上不满足条件(3),但有 $\xi = 1 \in (0,3)$,满足 $f'(\xi) = 0$. 定理中的三个条件缺少其中一个,则定理的结论将不一定成立,如 $f(x) = |x|$ 在 $x \in [-1,1]$ 上找不到一点 ξ,使得 $f'(\xi) = 0$.

例 3.1.1　验证:$f(x) = \ln\sin x$ 在 $\left[\dfrac{\pi}{6}, \dfrac{5\pi}{6}\right]$ 上满足罗尔定理.

证　函数 $f(x) = \ln\sin x$ 是定义在 $\left[\dfrac{\pi}{6}, \dfrac{5\pi}{6}\right]$ 上的初等函数,初等函数在其有定义的区间上连续,所以 $f(x)$ 在闭区间 $\left[\dfrac{\pi}{6}, \dfrac{5\pi}{6}\right]$ 上连续;$f'(x) = \dfrac{\cos x}{\sin x}$ 在 $\left(\dfrac{\pi}{6}, \dfrac{5\pi}{6}\right)$ 内

---

① 罗尔(M. Rolle,1652~1719),法国数学家.

处处存在，又 $f\left(\dfrac{\pi}{6}\right)=f\left(\dfrac{5\pi}{6}\right)=\ln\dfrac{1}{2}$，根据罗尔定理，$\exists\xi\in\left(\dfrac{\pi}{6},\dfrac{5\pi}{6}\right)$ 使得 $f'(\xi)=$

$\cot\xi=0$，显然 $\xi=\dfrac{\pi}{2}\in\left(\dfrac{\pi}{6},\dfrac{5\pi}{6}\right)$.

例 3.1.2 　不用求出 $f(x)=(x-1)(x-2)(x-3)$ 的导数，说明方程 $f'(x)=0$ 有几个实根，并指出它们所在的区间.

解 　由于 $f(x)$ 是定义在 $(-\infty,+\infty)$ 上的初等函数，所以 $f(x)$ 在 $(-\infty,+\infty)$ 连续，且 $f(x)$ 是多项式函数，在 $(-\infty,+\infty)$ 可导，$f(1)=f(2)=f(3)=0$，故 $f(x)$ 在区间 $[1,2]$ 和 $[2,3]$ 上均满足罗尔定理的条件，所以 $\exists\xi_1\in(1,2)$，使 $f'(\xi_1)=0$，$\exists\xi_2\in(2,3)$，使 $f'(\xi_2)=0$，即方程 $f'(x)=0$ 至少有两个实根. 又 $f'(x)$ 为二次多项式，由代数基本定理，方程 $f'(x)=0$ 至多有两个实根. 综上，$f'(x)=0$ 恰有两个实根，分别位于区间 $(1,2)$ 和 $(2,3)$ 内.

例 3.1.3 　设 $f(x)\in C[0,\pi]\bigcap D(0,\pi)$，求证 $\exists\xi\in(0,\pi)$，使

$$f'(\xi)\sin\xi+f(\xi)\cos\xi=0.$$

证 　设辅助函数 $F(x)=f(x)\sin x$，由已知 $f(x)\in C[0,\pi]\bigcap D(0,\pi)$ 可得 $F(x)$ 在 $[0,\pi]$ 上连续，在 $(0,\pi)$ 内可导，$F(0)=F(\pi)=0$，所以根据罗尔定理，$\exists\xi\in(0,\pi)$ 使

$$F'(\xi)=\big[f'(x)\sin x+f(x)\cos x\big]\Big|_{x=\xi}=f'(\xi)\sin\xi+f(\xi)\cos\xi=0.$$

例 3.1.4 　证明 $x^3+x-1=0$ 有且仅有一个实根.

证 　设 $f(x)=x^3+x-1$，则 $f(x)$ 的零点就是原方程的根，因 $f(x)$ 是多项式函数，在 $(-\infty,+\infty)$ 上连续，且 $f(0)=-1<0$，$f(1)=1>0$，由零点定理可知，存在 $c\in(0,1)$ 使 $f(c)=0$，即 $f(x)$ 在 $(0,1)$ 内至少有一个实根.

下面证明唯一性.

反证法：设函数 $f(x)$ 有两个实根 c_1，c_2，不妨设 $c_1<c_2$，由于函数 $f(x)$ 在 $[c_1,c_2]$ 上连续，在 (c_1,c_2) 内可导，并且 $f(c_1)=f(c_2)=0$，由罗尔定理知，在 (c_1,c_2) 内存在一点 c_3 使 $f'(c_3)=0$，但对一切实数 x，有 $f'(x)=3x^2+1>0$，与结论 $f'(c_3)=0$ 矛盾，故假设不成立，所以方程仅有一个实根.

3.1.2 　拉格朗日中值定理

引例（超速罚单）　一名交警看到轿车在进入高速公路的匝道上启动. 他用对讲机告诉沿高速公路前方 30km 处的另一名交警. 当轿车在 28min 后到达第二名交警所在位置时，其速度为 60km/h. 轿车司机因为超过 60km/h 的限速而收到一张罚单. 为什么交警能得出司机超速的结论？

分析 　该轿车司机在 28min 内的平均速度为

$$\overline{v} = \frac{30}{28/60} \approx 64 (\mathrm{km/h}),$$

既然平均速度为 64km/h,那么轿车司机在行驶的过程中,至少会在某一时刻的速度为 64km/h,当然轿车司机可能会在中间很多时刻的速度为 64km/h,因为至少存在一个时刻的速度大于限速 60km/h,所以可以断定该司机超速行驶. 由此引出了拉格朗日中值定理.

定理 3. 2 (拉格朗日[①]中值定理)　若函数 $f(x) \in C[a,b] \bigcap D(a,b)$,则至少存在一点 $\xi \in (a,b)$,使

$$f'(\xi) = \frac{f(b) - f(a)}{b - a}. \tag{3.1}$$

定理 3.2 的几何意义:如果连续曲线弧 $\overset{\frown}{AB}$ 上除端点外处处具有不平行于 y 轴的切线,那么在曲线弧上必至少有一点 $(\xi, f(\xi))$,曲线在该点的切线平行于连接这两个端点的弦 $\overline{AB}$,如图 3.3 所示,弦 $\overline{AB}$ 的斜率为 $\frac{f(b) - f(a)}{b - a}$,在点 $(\xi, f(\xi))$ 处有切线平行于弦 $\overline{AB}$,所以 $f'(\xi) = \frac{f(b) - f(a)}{b - a}, \xi \in (a,b)$.

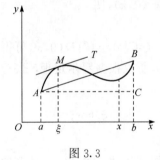

图 3.3

分析:由题意即证 $\exists \xi \in (a,b), \xi$ 是导函数方程

$$f'(x) - \frac{f(b) - f(a)}{b - a} = 0$$ 的根.

因为

$$\left[f(x) - \frac{f(b) - f(a)}{b - a} x \right]' = f'(x) - \frac{f(b) - f(a)}{b - a},$$

所以需要验证函数 $F(x) = f(x) - \frac{f(b) - f(a)}{b - a} x$ 是否满足罗尔定理.

证　设辅助函数 $F(x) = f(x) - \frac{f(b) - f(a)}{b - a} x, x \in [a,b]$. 由定理条件知,

函数 $F(x)$ 在 $[a,b]$ 上连续,在 (a,b) 内可导,并且 $F(a) = F(b) = \frac{bf(a) - af(b)}{b - a}$.

根据罗尔定理,$\exists \xi \in (a,b)$,使

$$F'(\xi) = \left[f'(x) - \frac{f(b) - f(a)}{b - a} \right] \Bigg|_{x = \xi} = f'(\xi) - \frac{f(b) - f(a)}{b - a} = 0,$$

---

① 拉格朗日(J. L. Lagrange,1736~1813),法国数学家、力学家、天文学家.

即 $f'(\xi)=\dfrac{f(b)-f(a)}{b-a}$,$\xi\in(a,b)$.

显然,该定理对于 $b<a$ 也成立,(3.1)式称为拉格朗日中值公式.

若将拉格朗日中值定理的结论改写为 $f(b)-f(a)=f'(\xi)(b-a)$,则可以看出定理揭示了函数在一个区间上的增量与区间内某一点的导数值之间的联系,并且给出了函数增量的精确表达式.

在 $f(b)-f(a)=f'(\xi)(b-a)$,$\xi\in(a,b)$ 中,若令 $x=a$,$\Delta x=b-a$,则 $b=x+\Delta x$,公式变为

$$\Delta y=f(x+\Delta x)-f(x)=f'(\xi)\Delta x, \quad \xi\text{ 介于 }x\text{ 与 }x+\Delta x\text{ 之间}.$$

若 $\Delta x>0$,记 $\theta=\dfrac{\xi-x}{\Delta x}$,则 $\xi=x+\theta\Delta x$,θ 为一个真分数,$0<\theta<1$.

那么定理 3.2 中的结论又可改写为

$$f(x+\Delta x)-f(x)=f'(x+\theta\Delta x)\Delta x \quad (0<\theta<1).$$

若 $\Delta x<0$,类似可得.

这就是函数在 $[x,x+\Delta x]$ 上的增量的精确表达式. 我们称这个公式为"有限增量公式"或"微分中值公式",可见定理 3.2 从理论上肯定了 ξ 的存在性,尽管 ξ 不易求出.

拉格朗日中值定理的应用

(1) 证明不等式.

例 3.1.5 证明:当 $x>0$ 时,$\dfrac{x}{1+x}<\ln(1+x)<x$.

证 设 $f(x)=\ln(1+x)$,$x>0$,显然 $f(x)\in C[0,x]\bigcap D(0,x)$,且

$$f'(x)=\frac{1}{1+x}.$$

由拉格朗日中值定理,$\exists\xi\in(0,x)$,使

$$f(x)-f(0)=f'(\xi)(x-0),$$

即

$$\ln(1+x)=\frac{1}{1+\xi}x, \quad \xi\in(0,x).$$

由于 $0<\xi<x$,所以

$$\frac{x}{1+x}<\frac{x}{1+\xi}<x,$$

即 $\dfrac{x}{1+x}<\ln(1+x)<x$.

显然拉格朗日中值定理在上述不等式的证明中起到了重要的桥梁作用.

例 3.1.6　一场大雨过后,一个水库的水量在 24h 内增加了 1727m³,试说明在这 24h 内水库的水量在某个时刻以超过 852dm³/min 的流量在增加.

解　24h 内该水库的水的平均流量为

$$\frac{1727}{24\times60}\approx1199(\text{dm}^3/\text{min}).$$

由拉格朗日中值定理知,24h 内水库的水在某一时刻的流量约为 1199dm³/min,1199>852,所以可以断定在这 24h 内水库的水量在某个时刻以超过 852dm³/min 的流量在增加.

(2) 证明恒等式.

推论 3.1　若函数 $f(x)$ 在开区间 (a,b) 内可导,且 $\forall x\in(a,b)$,恒有 $f'(x)=0$,则 $f(x)$ 在 (a,b) 内必恒等于一个常数,即 $f(x)\equiv C$.

证　在 (a,b) 内任取两点 x_1,x_2,设 $x_1<x_2$,于是 $f(x)$ 在 $[x_1,x_2]$ 上满足拉格朗日中值定理的条件,所以 $\exists\xi\in(x_1,x_2)$ 使 $f(x_2)-f(x_1)=f'(\xi)(x_2-x_1)$. 由于 $\forall x\in(a,b)$,$f'(x)\equiv0$,所以 $f'(\xi)=0$,从而 $f(x_1)=f(x_2)$,由 x_1,x_2 的任意性,故 $f(x)\equiv C$.

推论 3.2　若函数 $f(x),g(x)$ 均在开区间 (a,b) 内可导,且 $\forall x\in(a,b)$,恒有 $f'(x)=g'(x)$,则在 (a,b) 内 $f(x)=g(x)+C$,其中 C 为任意常数.

证　作辅助函数 $F(x)=f(x)-g(x)$,由题设 $F'(x)=f'(x)-g'(x)=0$,根据推论 3.1,$\forall x\in(a,b)$,$F(x)=f(x)-g(x)\equiv C$. 故 $f(x)=g(x)+C$.

推论 3.2 说明当两个函数的导函数相等时,它们之间至多相差一个常数.

例 3.1.7　证明:$\arctan x+\text{arccot}x=\dfrac{\pi}{2}$.

证　设函数 $f(x)=\arctan x+\text{arccot}x$,则函数 $f(x)$ 在 $(-\infty,+\infty)$ 上连续、可导,并且 $f'(x)=\dfrac{1}{1+x^2}-\dfrac{1}{1+x^2}\equiv0$,由推论 3.1 知,函数 $f(x)$ 恒等于常数 C. 又 $f(1)=\dfrac{\pi}{2}$,所以 $\arctan x+\text{arccot}x=\dfrac{\pi}{2}$.

例 3.1.8　设函数 $f(x)$ 在 $(-\infty,+\infty)$ 上可导,且 $f'(x)=f(x)$,$f(0)=1$,则 $f(x)=\text{e}^x$.

证　由题意即证 $\dfrac{f(x)}{\text{e}^x}\equiv1$,$\forall x\in(-\infty,+\infty)$,作辅助函数 $\varphi(x)=\dfrac{f(x)}{\text{e}^x}$,由已知 $f'(x)=f(x)$,从而有 $\varphi'(x)=\dfrac{f'(x)\text{e}^x-f(x)\text{e}^x}{\text{e}^{2x}}=\dfrac{f'(x)-f(x)}{\text{e}^x}=0$,根据推论 3.1,$\varphi(x)=\dfrac{f(x)}{\text{e}^x}=C$,$\forall x\in(-\infty,+\infty)$.

又 $f(0)=1$,从而 $\varphi(0)=1$,所以 $C=1$,即 $\varphi(x)=\dfrac{f(x)}{\mathrm{e}^x}=1$,故 $f(x)=\mathrm{e}^x$, $x\in(-\infty,+\infty)$.

（3）证明函数单调性判定定理,具体证明见 3.4 节.

3.1.3　柯西中值定理

定理 3.3（柯西[①]中值定理）　若函数 $f(x),g(x)$ 在 $[a,b]$ 上连续,在 (a,b) 内可导,对 $\forall x\in(a,b),g'(x)\neq0$,则 $\exists\xi\in(a,b)$ 使

$$\frac{f(b)-f(a)}{g(b)-g(a)}=\frac{f'(\xi)}{g'(\xi)}.$$

柯西中值定理可以通过引入辅助函数 $\varphi(x)=f(x)-f(a)-\dfrac{f(b)-f(a)}{g(b)-g(a)}\cdot$ $[g(x)-g(a)]$,利用罗尔定理进行证明,证明从略.

柯西定理的几何意义:若以 x 为参数,用参数方程 $\begin{cases}X=g(x),\\Y=f(x),\end{cases}a\leqslant x\leqslant b$ 来表示 Y 与 X 的函数关系,那么在 XOY 坐标系下,利用参数方程所表示的函数的导数公式 $\left.\dfrac{\mathrm{d}Y}{\mathrm{d}X}\right|_{X=g(\xi)}=\left.\dfrac{f'(x)}{g'(x)}\right|_{x=\xi}$,我们可以很清楚地看到柯西定理有与罗尔定理、拉格朗日定理类似的几何意义. 如图 3.4 所示,曲线弧上点 $(g(\xi),f(\xi))$ 处的切线斜率与弦 $\overline{AB}$ 的斜率相等.

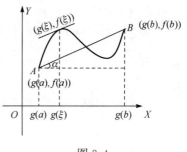

图 3.4

柯西中值定理表明,在一个闭区间上,两个函数的增量比等于该区间内某一点 ξ 处的导数比.

若在拉格朗日定理中令 $f(a)=f(b)$,则得到罗尔定理;若在柯西中值定理中令 $g(x)=x$,则柯西中值定理就转化为拉格朗日中值定理. 可见罗尔定理是拉格朗日中值定理的特例,柯西中值定理是拉格朗日中值定理的推广.

习 题 3.1

1. 函数 $f(x)=|\sin x|$ 在区间 $\left[-\dfrac{\pi}{2},\dfrac{\pi}{2}\right]$ 上满足罗尔定理的条件吗,为什么?

---

① 柯西(A. -L. Cauchy,1789~1857),法国数学家,微积分学奠基人.

2. 验证函数 $f(x)=\ln x$ 在区间$[1,e]$上满足拉格朗日中值定理,并求出点 ξ.

3. 验证函数 $f(x)=\sin x$ 及 $g(x)=x+\cos x$ 在区间 $\left[0,\dfrac{\pi}{2}\right]$ 上满足柯西中值定理.

4. 设函数 $f(x)=x(x-1)(x-2)(x-3)(x-4)$,试说明 $f''(x)=0$ 有几个根.

5. 证明:$x^5+2x^3+4x-1=0$ 有且仅有一个正根.

6. 已知函数 $f(x)$ 在 $\left[0,\dfrac{\pi}{2}\right]$ 上连续,在 $\left(0,\dfrac{\pi}{2}\right)$ 内可导,且 $f(0)=0,f\left(\dfrac{\pi}{2}\right)=1$,试证:在开区间 $\left(0,\dfrac{\pi}{2}\right)$ 内至少存在一点 ξ,使得 $f'(\xi)=\cos\xi$.

7. 证明恒等式:$\operatorname{arccot}x-\arctan\dfrac{1}{x}=0(x>0)$.

8. 利用拉格朗日中值定理证明下列不等式.

(1) $|\sin x-\sin y|\leqslant|x-y|\ (\forall x,y\in\mathbf{R})$;

(2) $nx^{n-1}(y-x)\leqslant y^n-x^n\leqslant ny^{n-1}(y-x)(n>1,0\leqslant x\leqslant y)$;

(3) $\dfrac{h}{1+h^2}<\arctan h<h(h>0)$;

(4) 当 $x>1$ 时,$e^x>ex$.

9. 设 $0<a<b$,函数 $f(x)$ 在$[a,b]$上连续,在(a,b)内可导,证明存在一点 $\xi\in(a,b)$,使得 $f(b)-f(a)=\xi f'(\xi)\ln\dfrac{b}{a}$.

10. 设 $f(x)$ 在 $\left[0,\dfrac{\pi}{2}\right]$ 上连续,在 $\left(0,\dfrac{\pi}{2}\right)$ 内可导,证明:存在 $\xi\in\left(0,\dfrac{\pi}{2}\right)$,使得
$$f'(\xi)\sin 2\xi+2f(\xi)\cos 2\xi=0.$$

11. 证明:方程 $e^x=ax^2+bx+c$ 的根不超过三个.

12. 设 $e<a<b<e^2$,证明:$\ln^2 b-\ln^2 a>\dfrac{4}{e^2}(b-a)$.

3.2　洛必达法则

我们学过的大部分极限是以下情况之一:
$$\lim\frac{f(x)}{g(x)},\quad \lim(f(x)-g(x)),\quad \lim f(x)\cdot g(x),\quad \lim f(x)^{g(x)}.$$

有时可以利用函数的连续性直接用 x_0(或∞)替代 x 来进行计算,但这种方法

有时解决不了某些极限问题. 例如, 当 $x \to x_0$ (或 $x \to \infty$)时, 两个函数 $f(x)$ 与 $g(x)$ 都趋于零或者都趋于无穷大, 那么极限 $\lim\limits_{\substack{x \to x_0 \\ (x \to \infty)}} \dfrac{f(x)}{g(x)}$ 可能存在, 也可能不存在, 通常把这类极限称为不定式或不定型, 并分别简记为 $\dfrac{0}{0}$ 或 $\dfrac{\infty}{\infty}$. 对于这类极限, 即使它存在也不能用"商的极限等于极限的商"这一法则进行运算, 本节将利用柯西中值定理得出一个求这类极限的简便而重要的方法——洛必达(L'Hospital)法则.

我们重点介绍 $\dfrac{0}{0}$ 型或 $\dfrac{\infty}{\infty}$ 型, 因为后面五种不定型都可以通过初等运算化为 $\dfrac{0}{0}$ 型或 $\dfrac{\infty}{\infty}$ 型.

3.2.1　关于 $\dfrac{0}{0}$ 型不定式的洛必达法则

定理 3.4　设函数 $f(x), g(x)$ 满足以下条件:

(1) $\lim\limits_{x \to x_0} f(x) = 0, \lim\limits_{x \to x_0} g(x) = 0$;

(2) 在 x_0 点的某去心邻域 $\mathring{U}(x_0, \delta)$ 内, $f'(x)$ 及 $g'(x)$ 均存在, 且 $g'(x) \neq 0$;

(3) $\lim\limits_{x \to x_0} \dfrac{f'(x)}{g'(x)}$ 存在(或为 ∞),

则 $\lim\limits_{x \to x_0} \dfrac{f(x)}{g(x)} = \lim\limits_{x \to x_0} \dfrac{f'(x)}{g'(x)}$.

证　$\lim\limits_{x \to x_0} f(x) = 0, \lim\limits_{x \to x_0} g(x) = 0$, 因此 $x = x_0$ 是 $f(x), g(x)$ 的可去间断点或连续点.

令 $f(x_0) = 0, g(x_0) = 0$, 那么 $f(x), g(x)$ 在 $x = x_0$ 处连续, 又因 $f(x)$, $g(x)$ 在点 x_0 的某去心邻域内连续, 从而在点 x_0 的邻域内连续, 则在 $[x_0, x]$ 或 $[x, x_0]$ 上 $f(x), g(x)$ 满足柯西中值定理, 于是

$$\frac{f(x)}{g(x)} = \frac{f(x) - f(x_0)}{g(x) - g(x_0)} = \frac{f'(\xi)}{g'(\xi)}, \quad 其中 \ x_0 < \xi < x (或 \ x < \xi < x_0).$$

令 $x \to x_0(\xi \to x_0)$, 于是有 $\lim\limits_{x \to x_0} \dfrac{f(x)}{g(x)} = \lim\limits_{x \to x_0} \dfrac{f'(x)}{g'(x)}$.

注 1　定理 3.4 中如果将极限 $x \to x_0$ 换成 $x \to x_0^+, x \to x_0^-$ 或 $x \to \infty, x \to -\infty, x \to +\infty$, 那么只要把条件作相应的修改, 则仍然有 $\lim \dfrac{f(x)}{g(x)} = \lim \dfrac{f'(x)}{g'(x)}$.

注 2　如果用了一次洛必达法则后, $\lim \dfrac{f'(x)}{g'(x)}$ 仍属于 $\dfrac{0}{0}$ 型, 那么只要 $f'(x)$,

$g'(x)$满足定理的条件,就可以继续对分子、分母分别求导,第二次使用洛必达法则,而得 $\lim\dfrac{f(x)}{g(x)}=\lim\dfrac{f'(x)}{g'(x)}=\lim\dfrac{f''(x)}{g''(x)}$,直至将极限确定为止.

例 3.2.1   求 $\lim\limits_{x\to1}\dfrac{x^3-3x+2}{x^3-x^2-x+1}$.

解   是 $\dfrac{0}{0}$ 型.

$$\lim_{x\to1}\frac{x^3-3x+2}{x^3-x^2-x+1}=\lim_{x\to1}\frac{3x^2-3}{3x^2-2x-1}=\lim_{x\to1}\frac{6x}{6x-2}=\frac{3}{2}.$$

注   上式中的 $\lim\limits_{x\to1}\dfrac{6x}{6x-2}$ 已经不是未定式了,不能对它应用洛必达法则,否则会导致错误结果.

例 3.2.2   求 $\lim\limits_{x\to0}\dfrac{e^x-\cos x}{x^2}$.

解   是 $\dfrac{0}{0}$ 型.

$$\lim_{x\to0}\frac{e^x-\cos x}{x^2}=\lim_{x\to0}\frac{e^x+\sin x}{2x}=\infty.$$

例 3.2.3   求 $\lim\limits_{x\to0}\dfrac{x-\tan x}{x\sin^2 x}$.

解   是 $\dfrac{0}{0}$ 型.

$$\lim_{x\to0}\frac{x-\tan x}{x\sin^2 x}=\lim_{x\to0}\frac{x-\tan x}{x^3}=\lim_{x\to0}\frac{1-\sec^2 x}{3x^2}$$
$$=\lim_{x\to0}\frac{-2\sec^2 x\tan x}{6x}=-\frac{1}{3}.$$

例 3.2.4   求 $\lim\limits_{x\to+\infty}\dfrac{\ln\left(1+\dfrac{1}{x}\right)}{\operatorname{arccot}x}$.

解   是 $\dfrac{0}{0}$ 型

$$\lim_{x\to+\infty}\frac{\ln\left(1+\dfrac{1}{x}\right)}{\operatorname{arccot}x}=\lim_{x\to+\infty}\frac{\dfrac{1}{x}}{\operatorname{arccot}x}=\lim_{x\to+\infty}\frac{-\dfrac{1}{x^2}}{-\dfrac{1}{1+x^2}}=\lim_{x\to+\infty}\frac{1+x^2}{x^2}=1.$$

注   在运用洛必达法则求极限时,应和等价无穷小替换、四则运算法则、变量替换结合起来使用,边做边化简,尽快求出极限.

3.2.2　关于 $\dfrac{\infty}{\infty}$ 型不定式的洛必达法则

定理 3.5　设函数 $f(x),g(x)$ 满足以下条件:

(1) $\lim\limits_{x\to x_0}f(x)=\infty,\lim\limits_{x\to x_0}g(x)=\infty$;

(2) 在 x_0 点的某去心邻域 $\mathring{U}(x_0,\delta)$ 内,$f'(x)$ 及 $g'(x)$ 均存在,且 $g'(x)\neq0$;

(3) $\lim\limits_{x\to x_0}\dfrac{f'(x)}{g'(x)}$ 存在(或为 ∞),

则 $\lim\limits_{x\to x_0}\dfrac{f(x)}{g(x)}=\lim\limits_{x\to x_0}\dfrac{f'(x)}{g'(x)}$.

定理 3.5 的证明从略.定理中如果将极限 $x\to x_0$ 换成 $x\to x_0^+$,$x\to x_0^-$ 或 $x\to\infty$,$x\to-\infty$,$x\to+\infty$,那么只要把条件做相应修改,结论仍然成立.

例 3.2.5　求 $\lim\limits_{x\to+\infty}\dfrac{\ln x}{x^n}\,(n>0)$.

解　是 $\dfrac{\infty}{\infty}$ 型.

$$\lim_{x\to+\infty}\frac{\ln x}{x^n}=\lim_{x\to+\infty}\frac{\dfrac{1}{x}}{nx^{n-1}}=\lim_{x\to+\infty}\frac{1}{nx^n}=0.$$

例 3.2.6　求 $\lim\limits_{x\to+\infty}\dfrac{x^n}{\mathrm{e}^{\lambda x}}\,(n\in\mathbf{N},\lambda>0)$.

解　是 $\dfrac{\infty}{\infty}$ 型.

$$\lim_{x\to+\infty}\frac{x^n}{\mathrm{e}^{\lambda x}}=\lim_{x\to+\infty}\frac{nx^{n-1}}{\lambda\mathrm{e}^{\lambda x}}=\lim_{x\to+\infty}\frac{n(n-1)x^{n-2}}{\lambda^2\mathrm{e}^{\lambda x}}=\cdots=\lim_{x\to+\infty}\frac{n!}{\lambda^n\mathrm{e}^{\lambda x}}=0.$$

事实上,若 $n\in\mathbf{R}^+$,极限仍然为零.以上两个例子说明虽然当 $x\to+\infty$ 时,$\ln x,x^n,\mathrm{e}^{\lambda x}$ 都是无穷大量,但是它们趋于 ∞ 的速度是不同的,x^n 增大的速度比 $\ln x$ 快,而 $\mathrm{e}^{\lambda x}$ 增大的速度又比 x^n 快得多.

3.2.3　其他不定型

除了 $\dfrac{0}{0}$ 型、$\dfrac{\infty}{\infty}$ 型外,还有 $0\cdot\infty,\infty-\infty,1^\infty,0^0,\infty^0$ 等不定型. 这些不定型可以通过恒等变形化成 $\dfrac{0}{0}$ 型或 $\dfrac{\infty}{\infty}$ 型,变形的方法如下.

$0 \cdot \infty$ 型:移乘作除,即化成"$\dfrac{0}{\dfrac{1}{\infty}} = \dfrac{0}{0}$"型或"$\dfrac{\infty}{\dfrac{1}{0}} = \dfrac{\infty}{\infty}$"型.

$\infty - \infty$ 型:通分或提因式化成 $\dfrac{0}{0}$ 型或 $\dfrac{\infty}{\infty}$ 型.

$1^{\infty}, 0^{0}, \infty^{0}$ 型:化成指数求极限,即 $\lim\limits_{x \to x_0} u(x)^{v(x)} = e^{\lim\limits_{x \to x_0} v(x)\ln u(x)}$.

例 3.2.7　求 $\lim\limits_{x \to 0} x^2 e^{\frac{1}{x^2}}$.

解　是 $0 \cdot \infty$ 型.

$$\lim_{x \to 0} x^2 e^{\frac{1}{x^2}} = \lim_{x \to 0} \frac{e^{\frac{1}{x^2}}}{\dfrac{1}{x^2}} = \lim_{x \to 0} \frac{e^{\frac{1}{x^2}} \left(\dfrac{1}{x^2}\right)'}{\left(\dfrac{1}{x^2}\right)'} = \infty.$$

例 3.2.8　求 $\lim\limits_{x \to 0} \left(\dfrac{1}{x} - \dfrac{1}{e^x - 1}\right)$.

解　是 $\infty - \infty$ 型,用通分的方法化作 $\dfrac{0}{0}$ 型或 $\dfrac{\infty}{\infty}$ 型.

$$\lim_{x \to 0} \left(\frac{1}{x} - \frac{1}{e^x - 1}\right) = \lim_{x \to 0} \frac{e^x - 1 - x}{x(e^x - 1)} \overset{\frac{0}{0}}{=} \lim_{x \to 0} \frac{e^x - 1 - x}{x^2} = \lim_{x \to 0} \frac{e^x - 1}{2x}$$

$$= \frac{1}{2} \quad (当 x \to 0 时, e^x - 1 \sim x).$$

例 3.2.9　求 $\lim\limits_{x \to 0^+} \left(\ln \dfrac{1}{x}\right)^x$.

解　是 ∞^0 型.

$$\lim_{x \to 0^+} \left(\ln \frac{1}{x}\right)^x = e^{\lim\limits_{x \to 0^+} [x\ln(-\ln x)]} = e^{\lim\limits_{x \to 0^+} \frac{\ln(-\ln x)}{\frac{1}{x}}} = e^{\lim\limits_{x \to 0^+} \frac{\frac{1}{x\ln x}}{-\frac{1}{x^2}}} = e^0 = 1.$$

例 3.2.10　求 $\lim\limits_{x \to 0^+} x^x$.

解　是 0^0 型.设 $y = x^x$,两端取自然对数 $\ln y = x\ln x$,所以 $y = e^{x\ln x}$,

$$\lim_{x \to 0^+} x^x = \lim_{x \to 0^+} e^{x\ln x} = e^{\lim\limits_{x \to 0^+} \frac{\ln x}{\frac{1}{x}}} = e^{\lim\limits_{x \to 0^+} \frac{\frac{1}{x}}{-\frac{1}{x^2}}} = e^{\lim\limits_{x \to 0^+} x} = e^0 = 1.$$

例 3.2.11　求 $\lim\limits_{x \to 1} x^{\frac{1}{1-x}}$.

解　是 1^∞ 型.

$$\lim_{x\to 1}x^{\frac{1}{1-x}}=\lim_{x\to 1}e^{\frac{\ln x}{1-x}}=e^{\lim_{x\to 1}\frac{\frac{1}{x}}{-1}}=e^{-1}.$$

注　（1）不是 $\dfrac{0}{0}$ 型或 $\dfrac{\infty}{\infty}$ 型不能使用洛必达法则，例如 $\lim\limits_{x\to 0}\dfrac{e^x-\cos x}{x^2}=$ $\lim\limits_{x\to 0}\dfrac{e^x+\sin x}{2x}$，右端已不再是不定型，所以不能再用洛必达法则，原式为 ∞；

（2）遇到 $0\cdot\infty,\infty-\infty,1^\infty,0^0,\infty^0$ 型，需要先化为 $\dfrac{0}{0}$ 型或 $\dfrac{\infty}{\infty}$ 型，再用洛必达法则；

（3）洛必达法则的条件是结论成立的充分而非必要条件，当条件不满足时，不能断定 $\lim\limits_{x\to x_0}\dfrac{f(x)}{g(x)}$ 不存在.

例如，$\lim\limits_{x\to 0^+}\dfrac{x\sin\dfrac{1}{x}}{\sqrt{x}}=\lim\limits_{x\to 0^+}\sqrt{x}\sin\dfrac{1}{x}=0.$ 若将其看成 $\dfrac{0}{0}$ 型用洛必达法则，那么

$$\lim_{x\to 0^+}\frac{x\sin\dfrac{1}{x}}{\sqrt{x}}=\lim_{x\to 0^+}\frac{\sin\dfrac{1}{x}+x\cos\dfrac{1}{x}\cdot\left(-\dfrac{1}{x^2}\right)}{\dfrac{1}{2\sqrt{x}}}=\lim_{x\to 0^+}\left(2\sqrt{x}\sin\dfrac{1}{x}-\dfrac{2}{\sqrt{x}}\cos\dfrac{1}{x}\right).$$

由于 $\lim\limits_{x\to 0^+}2\sqrt{x}\sin\dfrac{1}{x}=0,\lim\limits_{x\to 0^+}\dfrac{2}{\sqrt{x}}\cos\dfrac{1}{x}$ 不存在且又不为 ∞，所以右端的极限不存在且又不为 ∞，这不符合定理中的条件（3）"$\lim\limits_{x\to x_0}\dfrac{f'(x)}{g'(x)}$ 存在（或为 ∞）"，所以不能用洛必达法则，但是，$\lim\limits_{x\to 0^+}\dfrac{x\sin\dfrac{1}{x}}{\sqrt{x}}=\lim\limits_{x\to 0^+}\sqrt{x}\sin\dfrac{1}{x}=0$（无穷小量与有界量乘积还是无穷小量）. 因此，洛必达法则的条件是结论成立的充分而非必要条件.

习 题 3.2

1. 用洛必达法则求下列极限.

(1) $\lim\limits_{x\to 0}\dfrac{\sin x^2}{x}$；

(2) $\lim\limits_{x\to 0}\dfrac{\tan x-x}{x-\sin x}$；

(3) $\lim\limits_{x\to a}\dfrac{\sin x-\sin a}{x-a}$；

(4) $\lim\limits_{x\to \pi}\dfrac{\sin 7x}{\tan 11x}$；

(5) $\lim\limits_{x\to a}\dfrac{x^m-a^m}{x^n-a^n}(a\neq0)$;

(6) $\lim\limits_{x\to+\infty}\dfrac{\ln(x+2)}{\log_2 x}$;

(7) $\lim\limits_{x\to\frac{\pi}{2}}\dfrac{\tan x}{\tan 3x}$;

(8) $\lim\limits_{x\to0^+}\sin x\ln x$;

(9) $\lim\limits_{x\to0}x^2\mathrm{e}^{\frac{1}{x^2}}$;

(10) $\lim\limits_{x\to0^+}(1+2x)^{\frac{1}{2\ln x}}$;

(11) $\lim\limits_{x\to1}\left(\dfrac{2}{x^2-1}-\dfrac{1}{x-1}\right)$;

(12) $\lim\limits_{x\to\frac{\pi}{4}}(\tan x)^{\tan 2x}$;

(13) $\lim\limits_{x\to0^+}x^{\sin x}$;

(14) $\lim\limits_{x\to0^+}\left(\dfrac{1}{x}\right)^{\tan x}$;

(15) $\lim\limits_{x\to1}\dfrac{\ln x}{x-1}$;

(16) $\lim\limits_{x\to0}\dfrac{\mathrm{e}^x-\mathrm{e}^{-x}}{\sin x}$;

(17) $\lim\limits_{x\to0}\dfrac{1-\cos x}{x^2}$;

(18) $\lim\limits_{x\to\left(\frac{\pi}{2}\right)^+}\dfrac{\ln\left(x-\frac{\pi}{2}\right)}{\tan x}$;

(19) $\lim\limits_{x\to0}x\cot 2x$;

(20) $\lim\limits_{x\to0^+}x^a\ln x\,(a>0)$;

(21) $\lim\limits_{x\to1}(1-x)\tan\dfrac{\pi}{2}x$;

(22) $\lim\limits_{x\to0}\left(\cot x-\dfrac{1}{x}\right)$;

(23) $\lim\limits_{x\to1}x^{\frac{1}{1-x}}$;

(24) $\lim\limits_{x\to0}\left(\dfrac{3^x+4^x}{2}\right)^{\frac{1}{x}}$;

(25) $\lim\limits_{x\to0^+}x^{\frac{1}{\ln(\mathrm{e}^x-1)}}$;

(26) $\lim\limits_{x\to+\infty}(\mathrm{e}^x+x)^{\frac{1}{x}}$;

(27) $\lim\limits_{x\to\infty}(1+x^2)^{\frac{1}{x}}$;

(28) $\lim\limits_{x\to0}\dfrac{\mathrm{e}^{-\frac{1}{x^2}}}{x^{100}}$;

(29) $\lim\limits_{x\to0}\left(\dfrac{\mathrm{e}^x+x\mathrm{e}^x}{\mathrm{e}^x-1}-\dfrac{1}{x}\right)$;

(30) $\lim\limits_{x\to0}\dfrac{a^x-b^x}{x}(a,b>0)$;

(31) $\lim\limits_{x\to1}\dfrac{x^3-1+\ln x}{\mathrm{e}^x-\mathrm{e}}$;

(32) $\lim\limits_{x\to0}\dfrac{\ln(1+x^2)}{\sec x-\cos x}$;

(33) $\lim\limits_{x\to1}\left(\dfrac{x}{x-1}-\dfrac{1}{\ln x}\right)$;

(34) $\lim\limits_{x\to0^+}(\tan x)^{\sin x}$.

2. 判断下列极限能否用洛必达法则,并利用正确的方法进行极限求解.

(1) $\lim\limits_{x\to\infty}\dfrac{x-\sin x}{x+\sin x}$;

(2) $\lim\limits_{x\to0}\dfrac{x^2\sin\frac{1}{x}}{\sin x}$;

(3) $\lim\limits_{x\to-\infty}\dfrac{\sqrt{1+x^2}}{x}$;   (4) $\lim\limits_{x\to+\infty}\dfrac{e^x-e^{-x}}{e^x+e^{-x}}$;

(5) $\lim\limits_{x\to\infty}\dfrac{x+\sin x}{x}$.

3. 若 $f(x)$ 的二阶导数 $f''(x)$ 存在,求 $\lim\limits_{h\to0}\dfrac{f(x+h)+f(x-h)-2f(x)}{h^2}$.

4. 设 $f(x)$ 在 $x=0$ 处可导,且 $f(0)=0$,求 $\lim\limits_{x\to0}\dfrac{f(1-\cos x)}{\tan x^2}$.

3.3　泰勒公式

　　用简单函数近似表示复杂函数是数学中的一种常用方法. 由于多项式有很多好的性质(例如连续性、可导性、能快速计算函数值等),所以我们常用多项式函数来近似表示其他函数. 例如在 2.5 节中我们就使用了多项式函数来近似一些函数:

$$\text{当}|x|\text{接近于 0 时,}e^x\approx1+x,\ \sin x\approx x,\ 1-\cos x\approx\frac{1}{2}x^2.$$

那么对于一个复杂函数如何用一个多项式函数近似呢?

3.3.1　泰勒定理

　　由微分概念知:$f(x)$ 在点 x_0 可导,则有 $f(x)=f(x_0)+f'(x_0)(x-x_0)+o(x-x_0)$,即在点 x_0 附近,可以用一次多项式 $f(x_0)+f'(x_0)(x-x_0)$ 逼近函数 $f(x)$. 这种近似表达式虽然简单,但是还存在着不足:首先精度不高,误差是 $x-x_0$ 的高阶无穷小;其次不能具体估算出误差的大小. 基于此,我们考察一个 n 次多项式

$$P_n(x)=a_0+a_1(x-x_0)+a_2(x-x_0)^2+\cdots+a_n(x-x_0)^n \tag{3.2}$$

为函数 $f(x)$ 的近似表达式,那么 $P_n(x)$ 的系数 a_0,a_1,$a_2,\cdots,a_n$ 怎么确定呢? 从几何上看,图 3.5 中的近似曲线 $P_n(x)$ 与 $f(x)$ 在点 x_0 处应相交,有公共切线,有相同的弯曲方向,因此有

$$P_n(x_0)=f(x_0),\quad P_n'(x_0)=f'(x_0),$$
$$P_n''(x_0)=f''(x_0),\cdots,\quad P_n^{(n)}(x_0)=f^{(n)}(x_0).$$

按这些等式来确定多项式函数 $P_n(x)$ 的系数 a_0,a_1,$a_2,\cdots,a_n$.

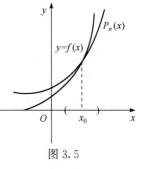

图 3.5

　　对(3.2)式逐次求它在点 x_0 处的各阶导数,得到

$$P_n(x_0)=a_0, P'_n(x_0)=a_1, P''_n(x_0)=2! \, a_2, \cdots, P_n^{(n)}(x_0)=n! \, a_n,$$

即

$$a_0=f(x_0), a_1=\frac{f'(x_0)}{1!}, a_2=\frac{f''(x_0)}{2!}, \cdots, a_n=\frac{f^{(n)}(x_0)}{n!}.$$

由此可见,多项式 $P_n(x)$ 的各项系数由其在点 x_0 的各阶导数值所唯一确定. 将求得的系数 $a_0, a_1, a_2, \cdots, a_n$ 代入(3.2)式,有

$$P_n(x)=f(x_0)+\frac{f'(x_0)}{1!}(x-x_0)+\frac{f''(x_0)}{2!}(x-x_0)^2+\cdots+\frac{f^{(n)}(x_0)}{n!}(x-x_0)^n.$$

$$(3.3)$$

下面的定理证明了多项式(3.3)为所要求的 n 阶多项式.

定理 3.6 (泰勒中值定理)　若函数 $f(x)$ 在含有点 x_0 的某个开区间 (a,b) 内具有直到 $(n+1)$ 阶的导数,则对任一 $x \in (a,b)$ 有

$$f(x)=f(x_0)+f'(x_0)(x-x_0)+\frac{f''(x_0)}{2!}(x-x_0)^2+\cdots$$

$$+\frac{f^{(n)}(x_0)}{n!}(x-x_0)^n+R_n(x),$$

$$(3.4)$$

其中 $R_n(x)=\dfrac{f^{(n+1)}(\xi)}{(n+1)!}(x-x_0)^{n+1}$,这里 ξ 是介于 x_0 与 x 之间的某个值.

该定理的证明略.

多项式 $P_n(x)$ 称为函数 $f(x)$ 在点 x_0 处的 **n 阶泰勒**[①]**多项式**,称 $R_n(x)$ 为**拉格朗日型余项**,公式(3.4)称为 $f(x)$ 在点 x_0 处的**带有拉格朗日型余项的 n 阶泰勒公式**. $P_n(x)$ 的各项系数 $\dfrac{f^{(k)}(x_0)}{k!}(k=1,2,\cdots,n)$ 称为**泰勒系数**.

由泰勒中值定理可知,用多项式 $P_n(x)$ 近似表达函数 $f(x)$ 时,其误差为 $|R_n(x)|$. 如果对于某个固定值 n,当 $x \in (a,b)$ 时,$|f^{(n+1)}(x)| \leqslant M$,则有

$$|R_n(x)|=\left|\frac{f^{(n+1)}(\xi)}{(n+1)!}(x-x_0)^{n+1}\right| \leqslant \frac{M}{(n+1)!}|x-x_0|^{n+1}.$$

由定理 3.6 知,$R_n(x)$ 是 $(x-x_0)^n$ 的高阶无穷小,故 $R_n(x)=o((x-x_0)^n)$.

定理 3.7　设函数 $f(x)$ 在点 x_0 处 n 阶可导,则

$$f(x)=f(x_0)+f'(x_0)(x-x_0)+\frac{f''(x_0)}{2!}(x-x_0)^2+\cdots$$

---

① 泰勒(B. Taylor,1685~1731),英国数学家.

$$+\frac{f^{(n)}(x_0)}{n!}(x-x_0)^n+o((x-x_0)^n),\tag{3.5}$$

其中 $o((x-x_0)^n)$ 称为**佩亚诺(Peano)型余项**. 所以(3.5)式又称为**带有佩亚诺型余项的 n 阶泰勒公式**.

定理 3.6 和定理 3.7 各自成立的条件不同. 佩亚诺型余项的 n 阶泰勒公式只要求 $f(x)$ 在 x_0 点处存在 n 阶导数,所以公式反映的是函数 $f(x)$ 在 x_0 点的邻域的局部性态;而拉格朗日型余项的 n 阶泰勒公式要求 $f(x)$ 在含 x_0 的某区间内存在 $n+1$ 阶导数,所以公式反映的是函数 $f(x)$ 在包含 x_0 点在内的整个区间 (a,b) 上的性态.

在式(3.4)中若令 $n=0$,则得 0 阶拉格朗日型余项的泰勒公式

$$f(x)=f(x_0)+f'(\xi)(x-x_0),\quad \xi\text{ 在 }x_0\text{ 与 }x\text{ 之间}.$$

由此可见拉格朗日型余项的 n 阶泰勒公式是微分中值定理的推广.

当 $x_0=0$ 时,泰勒公式又称为麦克劳林[①]公式,

$$f(x)=f(0)+\frac{f'(0)}{1!}x+\frac{f''(0)}{2!}x^2+\cdots+\frac{f^{(n)}(0)}{n!}x^n+o(x^n)\tag{3.6}$$

或

$$f(x)=f(0)+\frac{f'(0)}{1!}x+\frac{f''(0)}{2!}x^2+\cdots+\frac{f^{(n)}(0)}{n!}x^n+\frac{f^{(n+1)}(\xi)}{(n+1)!}x^{n+1},\tag{3.7}$$

其中 ξ 在 0 与 x 之间.

此时余项 $R_n(x)=\dfrac{f^{(n+1)}(\xi)}{(n+1)!}x^{n+1}$,由于 ξ 在 0 与 x 之间,$\xi=x_0+\theta(x-x_0)$,$x_0=0$,所以可记 $\xi=\theta x$,其中 $0<\theta<1$,于是

$$f(x)=f(0)+\frac{f'(0)}{1!}x+\frac{f''(0)}{2!}x^2+\cdots+\frac{f^{(n)}(0)}{n!}x^n+\frac{f^{(n+1)}(\theta x)}{(n+1)!}x^{n+1}\quad(0<\theta<1).$$

3.3.2　将函数展开为泰勒公式

将函数展开为泰勒公式有两种方法. 一种是直接展开法,一种是间接展开法. 我们这里只介绍直接展开法. 直接展开法的步骤是:首先写出 $f(x)$ 及 $f(x)$ 的 n 阶导数;然后求出 $f^{(n)}(x_0)$,写出 $a_0=f(x_0)$,$a_n=\dfrac{f^{(n)}(x_0)}{n!}$;最后写出函数 $f(x)$ 的 n 阶泰勒公式.

下面写出几个常用函数的 n 阶麦克劳林公式,注意到此时 $x_0=0$.

(1) $f(x)=\mathrm{e}^x$.

---

① 麦克劳林(C. Maclaurin,1698~1746),18 世纪英国最具有影响力的数学家之一.

由 $f'(x)=f''(x)=\cdots=f^{(n)}(x)=e^x$, $f^{(n+1)}(x)=e^x$, 有 $f(0)=f'(0)=\cdots=f^{(n)}(0)=1$, $f^{(n+1)}(\xi)=e^\xi$, $\xi=\theta x$, 于是

$$e^x=1+x+\frac{x^2}{2!}+\cdots+\frac{x^n}{n!}+\frac{e^\xi}{(n+1)!}x^{n+1},$$

其中 ξ 在 0 与 x 之间, $-\infty<x<+\infty$.

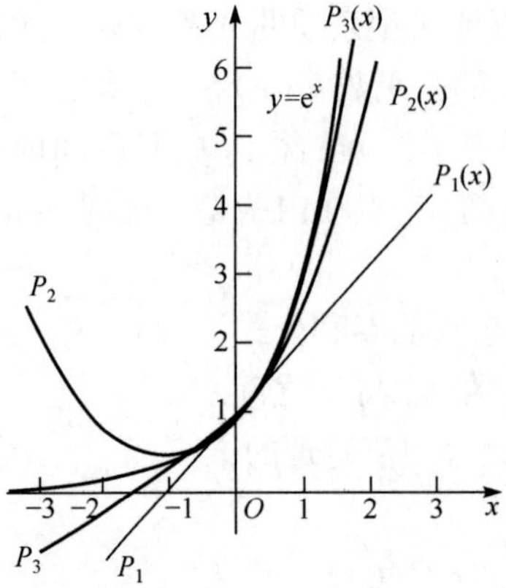

图 3.6 作出了 $y=e^x$ 在 $n=1$, $n=2$, $n=3$ 时近似多项式的图形. 由图可见对相同的 x, n 越大时, 其近似程度越好.

(2) $f(x)=\sin x$.

由 $f^{(n)}(x)=\sin\left(x+\dfrac{n\pi}{2}\right)$, $f^{(n+1)}(x)=\sin\left(x+\dfrac{n+1}{2}\pi\right)$, 有

$$f(0)=0, f'(0)=1, f''(0)=0, f'''(0)=-1, \cdots,$$
$$f^{(n)}(0)=\sin\frac{n\pi}{2}, f^{(n+1)}(\xi)=\sin\left(\xi+\frac{n+1}{2}\pi\right).$$

于是

$$\sin x=x-\frac{x^3}{3!}+\frac{x^5}{5!}-\frac{x^7}{7!}+\cdots+\frac{\sin\dfrac{n\pi}{2}}{n!}x^n+\frac{\sin\left(\xi+\dfrac{n+1}{2}\pi\right)}{(n+1)!}x^{n+1},$$

其中 ξ 在 0 与 x 之间, $-\infty<x<+\infty$.

图 3.7 作出了 $y=\sin x$ 在 $n=1,3,5,\cdots,19$ 时的近似多项式的图形, 由图可见, 对相同的 x, n 越大, 逼近程度越好.

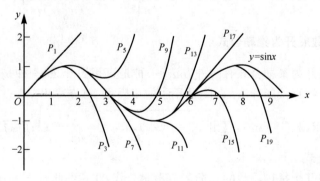

图 3.7

(3) $f(x)=\cos x$.

用与上面类似的方法可得

$$\cos x = 1 - \frac{x^2}{2!} + \frac{x^4}{4!} - \frac{x^6}{6!} + \cdots + \frac{\cos\frac{n\pi}{2}}{n!}x^n + \frac{\cos\left(\xi + \frac{n+1}{2}\pi\right)}{(n+1)!}x^{n+1},$$

其中 ξ 在 0 与 x 之间, $-\infty < x < +\infty$.

(4) $f(x) = \ln(1+x)$.

由

$$f'(x) = \frac{1}{1+x}, f''(x) = -\frac{1}{(1+x)^2}, f'''(x) = \frac{2}{(1+x)^3}, f^{(4)}(x) = \frac{-3!}{(1+x)^4}, \cdots,$$

$$f^{(n)}(x) = (-1)^{(n-1)}\frac{(n-1)!}{(1+x)^n}, \quad f^{(n+1)}(x) = (-1)^n\frac{n!}{(1+x)^{(n+1)}},$$

有

$$f(0) = 0, f'(0) = 1, f''(0) = -1, f'''(0) = 2!, f^{(4)}(0) = -3!, \cdots,$$

$$f^{(n)}(0) = (-1)^{n-1}(n-1)!, f^{(n+1)}(\xi) = (-1)^n\frac{n!}{(1+\xi)^{n+1}},$$

得

$$\ln(1+x) = x - \frac{x^2}{2} + \frac{x^3}{3} - \frac{x^4}{4} + \cdots + (-1)^{n-1}\frac{x^n}{n} + (-1)^n\frac{x^{n+1}}{(n+1)(1+\xi)^{n+1}},$$

其中 ξ 在 0 与 x 之间, $-1 < x < +\infty$.

(5) $f(x) = (1+x)^\alpha, \alpha$ 为任意实数.

由

$$f'(x) = \alpha(1+x)^{\alpha-1}, f''(x) = \alpha(\alpha-1)(1+x)^{\alpha-2}, \cdots,$$

$$f^{(n)}(x) = \alpha(\alpha-1)\cdots(\alpha-n+1)(1+x)^{\alpha-n},$$

$$f^{(n+1)}(x) = \alpha(\alpha-1)\cdots(\alpha-n+1)(\alpha-n)(1+x)^{\alpha-n-1},$$

有

$$f(0) = 1, f'(0) = \alpha, f''(0) = \alpha(\alpha-1), \cdots, f^{(n)}(0) = \alpha(\alpha-1)\cdots(\alpha-n+1),$$

$$f^{(n+1)}(\xi) = \alpha(\alpha-1)\cdots(\alpha-n+1)(\alpha-n)(1+\xi)^{\alpha-n-1}.$$

于是

$$(1+x)^\alpha = 1 + \alpha x + \frac{\alpha(\alpha-1)}{2!}x^2 + \cdots + \frac{\alpha(\alpha-1)(\alpha-2)\cdots(\alpha-n+1)}{n!}x^n$$

$$+ \frac{\alpha(\alpha-1)\cdots(\alpha-n+1)(\alpha-n)(1+\xi)^{\alpha-n-1}}{(n+1)!}x^{n+1},$$

其中 ξ 在 0 与 x 之间, $-1 < x < +\infty$.

3.3.3　泰勒公式的应用

1. 利用泰勒公式计算函数的近似值

利用泰勒多项式计算函数的近似值需要略去其余项,略去余项产生的误差称

为截断误差,截断误差是指 $|R_n(x)|$ 在 (a,b) 上的一个上界.

例 3.3.1　利用 $f(x)=\mathrm{e}^x$ 的三阶麦克劳林公式,计算 $\sqrt{\mathrm{e}}$ 的近似值.

解　$\mathrm{e}^x=1+x+\dfrac{x^2}{2!}+\dfrac{x^3}{3!}+\dfrac{\mathrm{e}^\xi}{4!}x^4$,$\xi$ 在 0 与 x 之间,取

$$x=\frac{1}{2},\quad \mathrm{e}^{\frac{1}{2}}\approx 1+\frac{1}{2}+\frac{1}{2!}\left(\frac{1}{2}\right)^2+\frac{1}{3!}\left(\frac{1}{2}\right)^3,$$

$$R_3\left(\frac{1}{2}\right)=\frac{\mathrm{e}^\xi}{4!}\left(\frac{1}{2}\right)^4,\quad 0<\xi<\frac{1}{2}.$$

以下估计截断误差的大小:

$$\left|R_3\left(\frac{1}{2}\right)\right|=\frac{\mathrm{e}^\xi}{4!}\left(\frac{1}{2}\right)^4<\frac{\mathrm{e}^{\frac{1}{2}}}{4!}\left(\frac{1}{2}\right)^4<\frac{3^{\frac{1}{2}}}{4!}\left(\frac{1}{2}\right)^4<\frac{1.7322}{4!}\cdot\frac{1}{2^4}<0.005=5\times10^{-3}.$$

因此在计算时取四位小数,四舍五入成三位小数有

$$\sqrt{\mathrm{e}}=\mathrm{e}^{\frac{1}{2}}\approx 1+\frac{1}{2}+\frac{1}{2!}\cdot\frac{1}{2^2}+\frac{1}{3!}\cdot\frac{1}{2^3}$$

$$\approx 1+0.5000+0.1250+0.0208=1.6458\approx 1.646,$$

即用 1.646 近似表示 $\sqrt{\mathrm{e}}$ 时所产生的误差不超过 5×10^{-3}.

2. 求函数在区间上的近似多项式

例 3.3.2　在 $x_0=0$ 的附近用一个 x 的二次多项式 Ax^2+Bx+C 近似 $\sec x$,使其误差是 x^2 的高阶无穷小.

解　由题意将 $f(x)=\sec x$ 展开为二阶麦克劳林公式并写出佩亚诺型余项,使 $\sec x=Ax^2+Bx+C+o(x^2)$,其中 A,B,C 待定.

由于 $f(x)=\sec x$,$f'(x)=\sec x\tan x$,$f''(x)=\sec x\tan^2 x+\sec^3 x$,将 $f(0)=1$,$f'(0)=0$,$f''(0)=1$ 代入公式

$$f(x)=f(0)+f'(0)x+\frac{f''(0)}{2!}x^2+o(x^2),$$

得

$$\sec x=1+\frac{1}{2}x^2+o(x^2),$$

即 $A=\dfrac{1}{2}$,$B=0$,$C=1$ 为所求.

3. 利用泰勒公式研究函数性态

例 3.3.3　若 $f(x)$ 在 $(0,1)$ 内二阶可导,且有最小值,$\min\limits_{x\in(0,1)}f(x)=0$,$f\left(\dfrac{1}{2}\right)=1$,

求证:$\exists \xi \in (0,1)$ 使 $f''(\xi) > 8$.

证 设 $f(x)$ 在 $x=a$ 处取得最小值,则 $f(a)=0$,其中 $a \in (0,1)$,由 $f(x)$ 在 $(0,1)$ 内二阶可导知 $f'(a)$ 存在,根据费马定理有 $f'(a)=0$. 将 $f(x)$ 在点 $x=a$ 处展开为一阶泰勒公式

$$f(x)=f(a)+f'(a)(x-a)+\frac{f''(\xi)}{2!}(x-a)^2, \quad \xi \text{ 在 } a \text{ 与 } x \text{ 之间}.$$

在上式中,令 $x=\frac{1}{2}$,已知 $f\left(\frac{1}{2}\right)=1$,所以在 a 与 $\frac{1}{2}$ 之间存在 ξ,使得

$$1=f\left(\frac{1}{2}\right)=\frac{f''(\xi)}{2!}\left(\frac{1}{2}-a\right)^2.$$

当 $0<a<1$ 时,$\left|\frac{1}{2}-a\right|<\frac{1}{2}$,所以

$$1=\frac{f''(\xi)}{2}\left(\frac{1}{2}-a\right)^2<\frac{f''(\xi)}{2}\cdot\frac{1}{4},$$

即 $f''(x)>8, x \in (0,1)$.

利用泰勒公式讨论函数性态,证明不等式非常重要,有兴趣的读者可参阅其他教材.

4. 利用泰勒公式求极限

前面我们已经学过一些求极限的方法,但是有些极限用我们之前学过的方法计算比较复杂,或者不可用. 这里我们讲一种新的方法,利用具有佩亚诺型余项的 n 阶泰勒公式求极限,有时候非常方便.

例 3.3.4 求极限 $\lim\limits_{x \to 0} \dfrac{e^x-1-x}{x^2}$.

解 由 e^x 的麦克劳林展开式,可得

$$\lim_{x \to 0} \frac{e^x-1-x}{x^2}=\lim_{x \to 0} \frac{\left(1+x+\dfrac{x^2}{2!}+o(x^2)\right)-1-x}{x^2}=\lim_{x \to 0} \frac{\dfrac{x^2}{2!}+o(x^2)}{x^2}=\frac{1}{2}.$$

此例用洛必达法则求解也比较简单,但是下面这个例子用洛必达法则会很复杂,而通过泰勒展开式会简化很多.

例 3.3.5 求极限 $\lim\limits_{x \to 0} \dfrac{\cos x-e^{-\frac{x^2}{2}}}{x^4}$.

解 因为极限式的分母为 x^4,所以可用四阶麦克劳林公式表示极限的分子,即

$$\cos x - \mathrm{e}^{-\frac{x^2}{2}} = 1 - \frac{x^2}{2} + \frac{x^4}{24} + o(x^5) - \left[1 - \frac{x^2}{2} + \frac{x^4}{8} + o(x^5)\right] = -\frac{x^4}{12} + o(x^5),$$

于是有 $\displaystyle\lim_{x\to0} \frac{\cos x - \mathrm{e}^{-\frac{x^2}{2}}}{x^4} = \lim_{x\to0} \frac{-\dfrac{1}{12}x^4 + o(x^5)}{x^4} = -\frac{1}{12}.$

习 题 3.3

1. 设 $f(x) = x^4 - 5x^3 + x^2 - 3x + 4$，求 $f(x)$ 在点 $x_0 = 4$ 处的四阶泰勒公式.

2. 求函数 $f(x) = \ln\cos x$ 在 $x_0 = \dfrac{\pi}{4}$ 处带拉格朗日型余项的二阶泰勒公式.

3. 利用泰勒公式求下列极限.

(1) $\displaystyle\lim_{x\to0} \frac{\sin x - x\cos x}{\sin^3 x}$;   (2) $\displaystyle\lim_{x\to0} \frac{\mathrm{e}^x - 1 - x - \dfrac{x}{2}\sin x}{\sin x - x\cos x}$.

4. 验证当 $0 < x \leqslant \dfrac{1}{2}$ 时，按公式 $\mathrm{e}^x \approx 1 + x + \dfrac{x^2}{2} + \dfrac{x^3}{6}$ 计算 e^x 的近似值，所产生的误差小于 0.01；并求 $\sqrt{\mathrm{e}}$ 的近似值，使误差小于 0.01.

5. 计算 $\ln 1.2$ 的值，使误差不超过 0.0001.

6. 设函数 $f(x)$ 在 x 处二阶可导，利用泰勒公式证明

$$\lim_{h\to0} \frac{f(x_0+h) + f(x_0-h) - 2f(x_0)}{h^2} = f''(x_0).$$

7. 利用泰勒公式证明：当 $x \geqslant 0$ 时，$\sin x \geqslant x - \dfrac{1}{6}x^3$.

8. 试确定常数 A, B, C 的值，使得 $\mathrm{e}^x(1 + Bx + Cx^2) = 1 + Ax + o(x^3)$，其中 $o(x^3)$ 是当 $x \to 0$ 时 x^3 的高阶无穷小.

3.4 函数的单调性、极值、最大值与最小值

第 1 章中已经给出了函数在某一区间上单调性的定义. 本节将利用函数的一阶导数和二阶导数的符号并结合微分中值定理来刻画函数的动态性质.

3.4.1 函数单调性的判定法

从几何直观上我们发现函数的单调性与函数导数的符号有密切的关系，当函数 $f(x)$ 在区间 (a,b) 内的图像是一条沿 x 轴正方向上升的曲线时，曲线上任意一点的切线的斜率为非负的，如图 3.8(a) 所示；当函数 $f(x)$ 在区间 (a,b) 内的图像

是一条沿 x 轴正方向下降的曲线时,曲线上任意一点的切线的斜率为非正的,如图 3.8(b)所示.因此可以用函数的导数的符号判定函数的单调性.

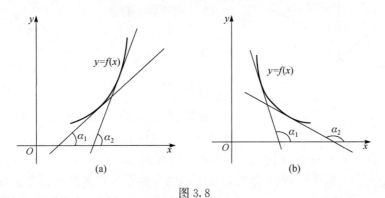

图 3.8

定理 3.8(函数单调性判定定理) 设函数 $f(x)$ 在 $[a,b]$ 上连续,在 (a,b) 内可导.

(1) 若 $\forall x \in (a,b)$,$f'(x) > 0$,则 $f(x)$ 在 $[a,b]$ 上单调增加;

(2) 若 $\forall x \in (a,b)$,$f'(x) < 0$,则 $f(x)$ 在 $[a,b]$ 上单调减少.

证 任取 $x_1,x_2 \in [a,b]$,设 $x_1 < x_2$,$f(x)$ 在 $[x_1,x_2]$ 上满足拉格朗日中值定理的条件,于是

$$f(x_2) - f(x_1) = f'(\xi)(x_2 - x_1), \quad \xi \in (x_1,x_2).$$

若 $\forall x \in (a,b)$,$f'(x) > 0$,则 $f'(\xi) > 0$,由 $x_2 - x_1 > 0$,可知 $f(x_2) > f(x_1)$,因此 $f(x)$ 在 $[a,b]$ 上单调增加;

若 $\forall x \in (a,b)$,$f'(x) < 0$,则 $f'(\xi) < 0$,由 $x_2 - x_1 > 0$,可知 $f(x_2) < f(x_1)$,因此 $f(x)$ 在 $[a,b]$ 上单调减少.

将定理 3.8 中的闭区间 $[a,b]$ 换成其他类型的区间(包括无穷区间),结论也是成立的.

1. 求函数的单调性

例 3.4.1 讨论函数 $y = x^3$ 的单调性.

解 函数定义域为 $(-\infty, +\infty)$,$y' = 3x^2$,令 $y' = 0$,得 $x = 0$. 在 $(-\infty, 0)$,$(0, +\infty)$ 上 y' 恒大于 0,所以 $y = x^3$ 在 $(-\infty, +\infty)$ 上单调增加,如图 3.9 所示.注意,在这里点 $(0,0)$ 并不是单调区间的分界点,这说明在某区间上单调增加(减少)的函数,其导数不一定处处为正(为负).

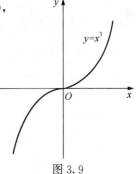

图 3.9

例 3.4.2 讨论函数 $y = \sqrt[3]{x^2}$ 的单调性.

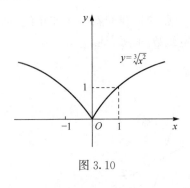

图 3.10

解 函数的定义域为 $(-\infty,+\infty)$,$y'=\dfrac{2}{3}\dfrac{1}{\sqrt[3]{x}}$,在 $x=0$ 处导数不存在.

$x\in(-\infty,0)$,$y'<0$,所以函数在 $(-\infty,0)$ 上单调减少;

$x\in(0,+\infty)$,$y'>0$,所以函数在 $(0,+\infty)$ 上单调增加.

这里点 $(0,0)$ 是函数的连续点,也是单调区间的分界点,如图 3.10 所示.

注 称使 $f'(x)=0$ 的点 x_0 为函数 $f(x)$ 的驻点.

从以上两个例子注意到,函数增减区间的分界点一定是驻点或是导数不存在的点;但是驻点或导数不存在的点却不一定是函数增减区间的分界点,例如函数 $y=x^3$ 在 $x=0$ 处导数为零,但在 $(-\infty,+\infty)$ 上都是单调增加的.

综上,求函数单调区间的步骤如下:

第一步 确定函数的定义域;

第二步 求 $f'(x)$,找出 $f'(x)=0$ 和 $f'(x)$ 不存在的点;

第三步 用驻点和不可导点划分定义域区间,列表确定各子区间上 $f'(x)$ 的符号,用判定定理求出单调区间.

例 3.4.3 求 $f(x)=\dfrac{x^2-2x+2}{x-1}$ 的单调区间.

解 $f(x)$ 的定义域为 $(-\infty,1)\bigcup(1,+\infty)$,

$$f'(x)=\frac{(2x-2)(x-1)-(x^2-2x+2)\cdot 1}{(x-1)^2}=\frac{x(x-2)}{(x-1)^2}.$$

令 $f'(x)=0$ 得驻点 $x=0$,$x=2$. 在 $x=1$ 处 $f(x)$ 的导数不存在. 列表 3.1 如下.

表 3.1 $f(x)$ 的单调区间

x	$(-\infty,0)$	0	$(0,1)$	1	$(1,2)$	2	$(2,+\infty)$
$f'(x)$	+	0	−	不存在	−	0	+
$f(x)$	↗		↘		↘		↗

所以 $(-\infty,0]$ 和 $[2,+\infty)$ 是单增区间,$[0,1)$ 和 $(1,2]$ 是单减区间.

2. 函数单调性的应用

例 3.4.4 试证方程 $x^2=x\sin x+\cos x$ 恰有两个实根.

证 令 $f(x)=x^2-x\sin x-\cos x$,则
$$f'(x)=2x-x\cos x=x(2-\cos x).$$
令 $f'(x)=0$,解得 $x=0$.

当 $x<0$ 时, $f'(x)<0$;当 $x>0$ 时, $f'(x)>0$.因此函数在 $(-\infty,0)$ 上单减,在 $(0,+\infty)$ 上单增.

又 $f(-\pi)=f(\pi)=\pi^2+1>0$, $f(0)=-1<0$,由零点定理知存在 $\xi\in(-\pi,0)$ 和 $\eta\in(0,\pi)$,使 $f(\xi)=0$, $f(\eta)=0$.又 $f(x)$ 在 $(-\infty,0)$ 和 $(0,+\infty)$ 上分段单调,故方程只有两个实根.

例 3.4.5 证明:当 $0<x<\dfrac{\pi}{2}$ 时, $\sin x>\dfrac{2}{\pi}x$.

证 设函数 $f(x)=\dfrac{\sin x}{x}\left(0<x<\dfrac{\pi}{2}\right)$,则
$$f'(x)=\frac{x\cos x-\sin x}{x^2}=\frac{\cos x(x-\tan x)}{x^2}.$$

当 $0<x<\dfrac{\pi}{2}$ 时, $x<\tan x$,所以 $f'(x)<0$.由定理 3.8 可知, $f(x)$ 在 $\left(0,\dfrac{\pi}{2}\right)$ 上单减.又
$$f(x)>f\left(\frac{\pi}{2}\right)=\frac{2}{\pi},$$
即 $\sin x>\dfrac{2}{\pi}x$.

3.4.2 函数的极值

在学习函数的极值之前,我们先来看一个例子.

设函数 $f(x)=2x^3-9x^2+12x-3$,容易知道点 $x=1$ 及 $x=2$ 是此函数单调区间的分界点,又可知在点 $x=1$ 的左侧附近,函数值是单调增加的,在点 $x=1$ 的右侧附近,函数值是单调减小的.因此存在着点 $x=1$ 的一个邻域,对于这个邻域内任意点 $x(x=1$ 除外 $)$, $f(x)<f(1)$ 均成立,点 $x=2$ 也有类似的情况(在此不多说),为什么这些点有这些性质呢? 事实上,这就是我们将要学习的内容——函数的极值.下面先介绍函数极值的概念.

定义 3.1 设函数 $f(x)$ 定义在区间 I 上, $x_0\in I$,若存在 x_0 的某个邻域 $U(x_0,\delta)\subseteq I$,使对 $\forall x\in\mathring{U}(x_0,\delta)$ 都有
$$f(x)<f(x_0)\quad(f(x)>f(x_0)),$$
则称 $f(x_0)$ 为函数 $f(x)$ 的一个**极大值(极小值)**,而 x_0 称为 $f(x)$ 的一个**极大(极**

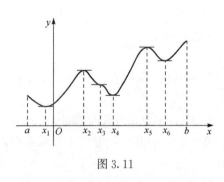

图 3.11

小)值点. 极大值与极小值统称为**极值**,极大值点与极小值点统称为**极值点**.

在图 3.11 中,x_1,x_4,x_6 是函数 $f(x)$ 的极小值点,x_2,x_5 是函数 $f(x)$ 的极大值点,x_3 不是函数 $f(x)$ 的极值点.

极值是局部概念,是函数在一个邻域内的最大或最小值,即局部最值,而不是整个区间内的最大或最小值,所以某个极小值有可能大于某个极大值. 如图 3.11 中,$f(x_6)$是极小值,$f(x_2)$是极大值,显然 $f(x_6) > f(x_2)$.

定理 3.9（函数取得极值的必要条件）　设函数 $f(x)$ 在 x_0 点处可导,若 $f(x)$ 在 x_0 点取得极值,则必有 $f'(x_0) = 0$.

定理 3.9 的几何意义:如果函数 $f(x)$ 在极值点 x_0 处可导,则曲线 $y = f(x)$ 在点$(x_0, f(x_0))$有水平切线.

注 1　由定理 3.9 可知,可导函数的极值点必是驻点,但驻点不一定是极值点. 如 $y = x^3$,在 $x = 0$ 处 $f'(0) = 0$,所以 $x = 0$ 是驻点,但 $x = 0$ 不是极值点.

注 2　函数在它的导数不存在的点处也可能取得极值,如 $y = |x|$ 在 $x = 0$ 处不可导,但函数在 $x = 0$ 处取得极小值.

$f(x)$的驻点与 $f'(x)$不存在的点统称为 $f(x)$ 的**极值可疑点**. 只有在极值可疑点,函数才可能取得极值,但是极值可疑点不一定就是极值点. 如何确定极值可疑点是否是极值点呢? 下面介绍判断极值点的两个充分条件.

定理 3.10（极值的第一充分条件）　x_0 是函数 $f(x)$ 的极值可疑点,则可得如表 3.2 所示的结论.

表 3.2　极值的第一充分条件

x	$(x_0-\delta, x_0)$	x_0	$(x_0, x_0+\delta)$	结论
	$-$	可疑点	$+$	$f(x_0)$是极小值
	$+$	可疑点	$-$	$f(x_0)$是极大值
$f'(x)$	$-$	可疑点	$-$	$f(x_0)$不是极值
	$+$	可疑点	$+$	$f(x_0)$不是极值

证　由单调性的判定定理,结论很显然.

定理 3.10 的几何意义是很明显的,如图 3.12 所示.

综上,可以归纳出寻找和判断极值的步骤如下:

(1) 求出函数 $f(x)$ 的导数;

(2) 找出 $f(x)$ 的驻点和导数不存在的点;

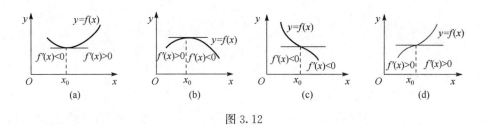

图 3.12

（3）用这些点把定义域分成若干个小区间,列表考察各个区间分界点两侧导数的符号,判别该点是否是极值点,如果是,确定是极大值点还是极小值点.

例 3.4.6 求函数 $y=(x-2)\sqrt[3]{x^2}$ 的极值.

解 显然函数的定义域为 $(-\infty,+\infty)$.求函数的驻点和不可导点.

$$y'=\sqrt[3]{x^2}+\frac{2}{3}\cdot\frac{x-2}{\sqrt[3]{x}}=\frac{5x-4}{3\sqrt[3]{x}}.$$

令 $y'=0$ 得驻点 $x=\dfrac{4}{5}$,不可导点为 $x=0$,用 $x=\dfrac{4}{5}$,$x=0$ 分割函数的定义域区间,并讨论其左右两侧 $f'(x)$ 的符号以确定极值(表 3.3).

表 3.3 $f(x)$ 的极值的讨论

x	$(-\infty,0)$	0	$\left(0,\dfrac{4}{5}\right)$	$\dfrac{4}{5}$	$\left(\dfrac{4}{5},+\infty\right)$
$f'(x)$	$+$	不存在	$-$	0	$+$
$f(x)$	↗	极大值	↘	极小值	↗

由表 3.3 可知 $f(0)=0$ 为极大值,$f\left(\dfrac{4}{5}\right)=-\dfrac{12}{5}\sqrt[3]{\dfrac{2}{25}}$ 为极小值,如图 3.13 所示.

例 3.4.7 求函数 $f(x)=3-|x^3-1|$ 的极值.

解 $f(x)=\begin{cases}2+x^3, & -\infty<x\leqslant 1,\\ 4-x^3, & 1<x<+\infty.\end{cases}$ 因为

$$f'_-(1)=\lim_{x\to 1^-}\frac{f(x)-f(1)}{x-1}=\lim_{x\to 1^-}\frac{2+x^3-3}{x-1}$$

$$=\lim_{x\to 1^-}\frac{x^3-1}{x-1}=\lim_{x\to 1^-}(x^2+x+1)=3,$$

$$f'_+(1)=\lim_{x\to 1^+}\frac{f(x)-f(1)}{x-1}=\lim_{x\to 1^+}\frac{4-x^3-3}{x-1}$$

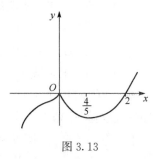

图 3.13

$$= \lim_{x \to 1^+} \frac{1-x^3}{x-1} = \lim_{x \to 1^+} -(x^2+x+1) = -3,$$

所以 $f'(x) = \begin{cases} 3x^2, & -\infty < x < 1, \\ \text{不存在}, & x = 1, \\ -3x^2, & 1 < x < +\infty. \end{cases}$

令 $f'(x) = 0$，得驻点 $x = 0$. $x = 1$ 为不可导点，以 $x = 0, x = 1$ 为分界点列表讨论(表 3.4).

表 3.4　$f(x)$ 的极值的讨论

x	$(-\infty, 0)$	0	$(0, 1)$	1	$(1, +\infty)$
$f'(x)$	$+$	0	$+$	不存在	$-$
$f(x)$	↗	无极值	↗	极大值	↘

故函数在 $x = 1$ 取得极大值 $f(1) = 3$，如图 3.14 所示.

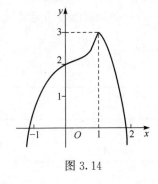

图 3.14

由于某些函数在驻点左右两侧导数的符号不易确定，而在驻点处 $f''(x)$ 存在，则可用极值的第二充分条件判定该点是否为极值点.

定理 3.11（极值的第二充分条件）　设 $f(x)$ 在 x_0 处存在二阶导数，且 $f'(x_0) = 0$.

(1) 若 $f''(x_0) < 0$，则 $f(x)$ 在 x_0 处取得极大值；

(2) 若 $f''(x_0) > 0$，则 $f(x)$ 在 x_0 处取得极小值；

(3) 若 $f''(x_0) = 0$，则 $f(x)$ 在 x_0 处是否取得极值不能判定.

证　由 $f''(x_0) > 0$ 和 $f'(x_0) = 0$ 可知，$f'(x)$ 在 x_0 两侧是由"$-$"到"$+$"，故 $f(x_0)$ 是极小值. 若 $f''(x_0) < 0$，则同理可证 $f(x_0)$ 是极大值.

当 $f''(x_0) = 0$ 时，不能确定 $f(x_0)$ 是否是极值. 例如：

$f(x) = x^3, x = 0$ 是驻点，$f''(0) = 0, f(0) = 0$ 不是极值；

$g(x) = x^4, x = 0$ 是驻点，$g''(0) = 0, g(0) = 0$ 是极小值.

例 3.4.8　求函数 $f(x) = (x^2 - 1)^3 + 1$ 的极值.

解　$f'(x) = 6x(x^2 - 1)^2$，令 $f'(x) = 0$，得驻点 $x = 0, x = \pm 1, f''(x) = 6(x^2 - 1)(5x^2 - 1)$.

因 $f''(0) = 6 > 0$，所以由定理 3.11 知，$f(x)$ 在 $x = 0$ 取得极小值 $f(0) = 0$. 因 $f''(-1) = f''(1) = 0$，所以不能用第二充分条件来判断，但是可用第一充分条件作出判断.

由于在 $x = -1$ 的左右两侧 $f'(x)$ 恒小于 0，在 $x = 1$ 的左右两侧 $f'(x)$ 恒大

于 0,所以 $f(x)$ 在 $x=\pm 1$ 处均不取得极值.

3.4.3 函数的最大值与最小值

接下来,我们研究函数的最大值与最小值.

在实际生活中,我们经常会遇到怎样才能使材料最省、成本最低及效率最高等问题,这就是最大值与最小值问题,统称为最值问题. 若函数 $f(x)$ 在闭区间 $[a,b]$ 上连续,则它在该区间上必取得它的最大值和最小值. 函数的最值与极值是有区别的. 极值是对一个点的邻域来讲的,它有局部意义,而最值是对整个定义域而言的,是全局性的. 最值有可能在区间内部取得,也有可能在区间端点取得,如果最大值(最小值)在区间内的某一点取得,那么这个最大值(最小值)必是函数的一个极大值(极小值). 如图 3.15,函数 $f(x)$ 的最小值为 $f(x_2)$,最大值为 $f(b)$. 图中 x_1,x_2,x_3 为 $f(x)$ 的驻点,x_4 为不可导点. 显然函数 $f(x)$ 的最大值(最小值)只可能在驻点、不可导点和端点处

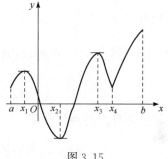

图 3.15

取得. 因此若函数 $f(x)$ 在闭区间 $[a,b]$ 上连续,在开区间 (a,b) 内除有限个点外可导,且最多有有限个驻点,则可用下述方法求 $f(x)$ 在 $[a,b]$ 上的最大值(最小值).

设 $f(x)$ 在 $[a,b]$ 上连续,令最大值为 M,最小值为 m,有

$M=\max\{f(x)$ 在驻点的函数值,$f(x)$ 在不可导点的函数值,端点的函数值$\}$,

$m=\min\{f(x)$ 在驻点的函数值,$f(x)$ 在不可导点的函数值,端点的函数值$\}$.

求函数 $f(x)$ 在 $[a,b]$ 上的最值的步骤如下.

(1) 求出函数 $f(x)$ 的导数;

(2) 找出函数 $f(x)$ 的驻点和导数不存在的点,如 $x_1,x_2,\cdots,x_n$;

(3) 比较函数 $f(x)$ 在点 $a,b,x_1,x_2,\cdots,x_n$ 处的函数值,确定它们中的最大值和最小值,便得 $f(x)$ 在 $[a,b]$ 上的最值.

在实际问题中,若目标函数 $f(x)$ 在 $[a,b]$ 上连续,在 (a,b) 内可导,并且有唯一驻点 x_0,如果根据问题的实际意义,判定 $f(x)$ 在 (a,b) 内必有最大(小)值,那么不必讨论就可以判定 x_0 就是 $f(x)$ 在 $[a,b]$ 上的最大(小)值点,$f(x_0)$ 为最大(小)值.

例 3.4.9 求函数 $f(x)=x^3-3x+3$ 在区间 $\left[-3,\dfrac{3}{2}\right]$ 处的最大值、最小值.

解 $f(x)$ 在此区间处处可导,先来求函数的极值点 $f'(x)=3x^2-3=0$,故 $x=\pm 1$,再来比较端点与极值点的函数值,取出最大值与最小值即为所求. 因为

$$f(1)=1, \quad f\left(\frac{3}{2}\right)=\frac{15}{8}, \quad f(-3)=-15, \quad f(-1)=5,$$

故函数的最大值为 $f(-1)=5$,函数的最小值为 $f(-3)=-15$.

例 3.4.10　求函数 $f(x)=x^{\frac{2}{3}}-(x^2-1)^{\frac{1}{3}}$ 在 $[-2,2]$ 上的最大值、最小值.

解　$f'(x)=\frac{2}{3}\cdot\frac{1}{\sqrt[3]{x}}-\frac{1}{3}\cdot\frac{2x}{\sqrt[3]{(x^2-1)^2}}=\frac{2(x^2-1)^{\frac{2}{3}}-2x^{\frac{4}{3}}}{3\sqrt[3]{x}\cdot\sqrt[3]{(x^2-1)^2}}$,令 $f'(x)=0$,

解得驻点 $x=\pm\frac{1}{\sqrt{2}}$,在 $x=0,x=\pm1$ 处,函数不可导,$x=\pm2$ 为区间端点.

注意到 $f(x)$ 为偶函数,通过计算可得

$$f\left(\pm\frac{1}{\sqrt{2}}\right)=\sqrt[3]{4}, \quad f(0)=1, \quad f(\pm1)=1, f(\pm2)=\sqrt[3]{4}-\sqrt[3]{3}.$$

比较上述各点的函数值得

$$f_{\max}(x)=f\left(\pm\frac{1}{\sqrt{2}}\right)=\sqrt[3]{4}, \quad f_{\min}(x)=f(\pm2)=\sqrt[3]{4}-\sqrt[3]{3}.$$

例 3.4.11　求内接于半径为 R 的球的最大圆柱体的高.

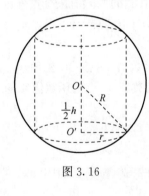

图 3.16

解　如图 3.16 所示,设圆柱的底圆半径为 r,高为 h,则圆柱体的体积 $V=\pi r^2 h$,由 $r=\sqrt{R^2-\frac{h^2}{4}}$ 得目标函数 $V(h)=\pi\left(R^2-\frac{h^2}{4}\right)h=\pi R^2 h-\frac{\pi}{4}h^3$,其中 $0\leqslant h\leqslant 2R$.

令 $V'(h)=\pi R^2-\frac{3}{4}\pi h^2=0$,解得唯一驻点 $h=\frac{2\sqrt{3}}{3}R$,又

$$V''(h)=-\frac{3}{2}\pi h, \quad V''\left(\frac{2\sqrt{3}}{3}R\right)<0,$$

由极值的第二充分条件知 $h=\frac{2\sqrt{3}}{3}R$ 为极大值点. 又实际问题必有最大值,所以 $h=\frac{2\sqrt{3}}{3}R$ 也为最大值点. 故内接于半径为 R 的球的最大圆柱体的高为 $\frac{2\sqrt{3}}{3}R$,此时 $V_{\max}=\frac{4}{9}\sqrt{3}\pi R^3$.

例 3.4.12 如图 3.17 为一串联电路,其中 E 为直流电源,内阻为 r,若要使电路中的负载电阻 R 获得最大功率,R 应取为多大?

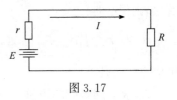

图 3.17

解 已知功率 P 与电流 I 和负载电阻的关系为 $P=I^2R$,在此电路中电流强度 $I=\dfrac{E}{R+r}$,故

$$P(R)=\left(\frac{E}{R+r}\right)^2 \cdot R \quad (R>0),$$

$$P'(R)=\frac{E^2(R+r)^2-E^2R \cdot 2(R+r)}{(R+r)^4}=\frac{E^2(r-R)}{(R+r)^3}.$$

令 $P'(R)=0$,得唯一驻点 $R=r$.

当 $R<r$ 时,$P'(R)>0$;

当 $R>r$ 时,$P'(R)<0$.

故 $R=r$ 为极大值点.

由问题的实际意义可知,当取负载电阻 $R=r$ 时,其所获得的功率最大,即

$$P_{\max}=\frac{E^2}{4r}.$$

习 题 3.4

1. 判定函数 $f(x)=x+\cos x(0\leqslant x\leqslant 2\pi)$ 的单调性.

2. 确定下列函数的单调区间.

(1) $y=2x^3-6x^2-18x-7$;

(2) $y=(x-1)(x+1)^3$;

(3) $y=x-\ln(1+x)$;

(4) $y=\mathrm{e}^x-x-1$;

(5) $y=\arctan x-x$;

(6) $y=\dfrac{4(x+1)}{x^2}-2$.

3. 证明下列不等式.

(1) 当 $x>0$ 时,$1+\dfrac{1}{2}x>\sqrt{1+x}$;

(2) 当 $0<x<\dfrac{\pi}{2}$ 时,$\tan x>x+\dfrac{1}{3}x^3$;

(3) 当 $0<x<\dfrac{\pi}{2}$ 时,$\sin x+\tan x>2x$;

(4) 当 $x>0$ 时,$1+x\ln(x+\sqrt{1+x^2})>\sqrt{1+x^2}$.

4. 证明方程 $x+p\cos x=q$ 有且仅有一个实根,其中 p,q 为实数,$0<p<1$.

5. 设 $f(x)$ 在 $(-\infty,+\infty)$ 可导,且 $f(x)+f'(x)>0$,试证:若方程 $f(x)=0$

有根,则根必唯一.

6. 设 $f(x)$ 在 $x=0$ 的邻域可导,且 $\lim\limits_{x\to 0}\dfrac{f'(x)}{x}=1$,试问 $x=0$ 是否为 $f(x)$ 的极值点? 为什么?

7. 求下列函数的极值,并判断是极大值还是极小值.

(1) $y=2x^3-6x^2-18x+7$;

(2) $y=x+\sqrt{1-x}$;

(3) $y=x-\ln(1+x)$;

(4) $y=\dfrac{3x^2+4x+4}{x^2+x+1}$;

(5) $y=|x(x^2-1)|$.

8. a 为何值时,$f(x)=a\sin x+\dfrac{1}{3}\sin 3x$ 在 $x=\dfrac{\pi}{3}$ 处取得极值? 它是极大值还是极小值? 并求出此极值.

9. 试根据 $f'(x),f''(x)$ 的性质,证明 $f(x)=x\ln x-x-\dfrac{x^2}{6}(x>0)$ 仅有一个极大值与一个极小值.

10. 求证:当 $x\in[-5,5]$ 时,$1\leqslant e^{|x-3|}\leqslant e^8$.

11. 求下列函数的最大值和最小值.

(1) $y=x^4-4x^3+8,x\in[-1,1]$;

(2) $y=xe^{-x^2},x\in[-1,1]$;

(3) $y=x+\sqrt{1-x},-5\leqslant x\leqslant 1$.

12. 函数 $y=x^2-\dfrac{54}{x}(x<0)$ 在何处取得最小值?

13. 函数 $y=\dfrac{x}{x^2+1}(x\geqslant 0)$ 在何处取得最大值?

14. 某车间靠墙壁要盖一间长方形小屋,现有存砖只够砌 20m 长的墙壁. 问应围成怎样的长方形才能使这间小屋的面积最大?

15. 在半径为 R 的球中作一个内接圆锥,求最大内接圆锥的高 h.

16. 铁路线上 AB 段的距离为 100km,工厂 C 距 A 处为 20km,AC 垂直于 AB(图 3.18). 为运输需要,要在 AB 线上选定一点 D,向工厂修筑一条公路,已知铁路每千米运费与公路每千米运费之比为 $3:5$,为了使货物从供应端 B 运到工厂 C 的运费最省,问 D 点应该选在何处?

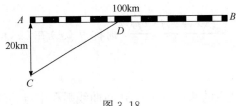

图 3.18

3.5 函数的凹凸性与曲线的拐点

函数的单调性反映在图形上,就是曲线的上升或下降.但是曲线在上升或下降的过程中,还有一个弯曲方向的问题.如图 3.19 中有两段弧,虽然它们都是上升的,但图形却有显著的不同,$\overset{\frown}{AB}$ 是向上凸的曲线弧,而 $\overset{\frown}{BC}$ 是向上凹的曲线弧,它们的凹凸性不同.在研究函数的图形及其性态时,考察它的凹凸性及凹凸性改变的分界点是必要的.下面我们就来研究曲线的凹凸性及其判定法.

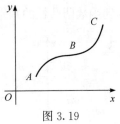

图 3.19

3.5.1 函数的凹凸性

我们从几何上看到,在有的曲线弧上任取两点,则连接这两点的弦总位于这两点间的弧段的上方,如图 3.20(a),而在有的曲线弧任取两点,则结论正好相反,如图 3.20(b),曲线弧的这种性质就是曲线的凹凸性.因此曲线的凹凸性可以用连接曲线弧上任意两点的弦的中点与曲线弧上相应点的位置关系来描述,下面我们可以给出曲线凹凸性的定义.

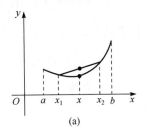
(a)

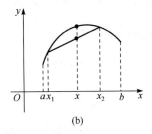
(b)

图 3.20

定义 3.2 设 $f(x) \in C[a,b]$,对 $\forall x_1, x_2 \in (a,b)(x_1 \neq x_2)$,若有

(1) $f\left(\dfrac{x_1+x_2}{2}\right) < \dfrac{f(x_1)+f(x_2)}{2}$,则称 $f(x)$ 在 (a,b) 内为(向上)**凹的**

（或凹弧）；

(2) $f\left(\dfrac{x_1+x_2}{2}\right)>\dfrac{f(x_1)+f(x_2)}{2}$，则称 $f(x)$ 在 (a,b) 内为（向上）**凸的**（或凸弧）.

定义 3.2 是对于任意的两点 x_1,x_2，比较曲线弧在中点的函数值 $f\left(\dfrac{x_1+x_2}{2}\right)$ 与曲线弧上相应的纵坐标 $f(x_1)$ 和 $f(x_2)$ 的算术平均值的大小来确定函数的凹凸性.

从几何上看（如图 3.21），当曲线弧凹时，其切线始终在曲线弧下方，而且切线的斜率沿 x 轴正方向单调增加，从而有 $f''(x)>0$；当曲线弧凸时，其切线始终在曲线弧的上方，而切线的斜率沿 x 轴正方向单调减少，从而有 $f''(x)<0$. 由此可得到函数凹凸性的判别法.

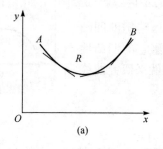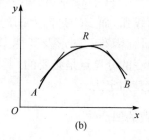

图 3.21

定理 3.12（凹凸性的判别）　设 $f(x)$ 在 $[a,b]$ 上连续，在 (a,b) 内具有一阶和二阶导数，那么

(1) 若在 (a,b) 内，$f''(x)>0$，则 $f(x)$ 在 $[a,b]$ 上的图形是凹的；

(2) 若在 (a,b) 内，$f''(x)<0$，则 $f(x)$ 在 $[a,b]$ 上的图形是凸的.

证　对于情形(1)，设 x_1 和 x_2 为 $[a,b]$ 内任意两点，且 $x_1<x_2$，记 $\dfrac{x_1+x_2}{2}=x_0$，并记 $x_2-x_0=x_0-x_1=h$，则 $x_1=x_0-h$，$x_2=x_0+h$，由拉格朗日中值定理得

$$f(x_0+h)-f(x_0)=f'(x_0+\theta_1 h)h,$$
$$f(x_0)-f(x_0-h)=f'(x_0-\theta_2 h)h,$$

其中 $0<\theta_1<1,0<\theta_2<1$，两式相减，得

$$f(x_0+h)+f(x_0-h)-2f(x_0)=[f'(x_0+\theta_1 h)-f'(x_0-\theta_2 h)]h,$$

对 $f'(x)$ 在区间 $[x_0-\theta_2 h,x_0+\theta_1 h]$ 上再利用拉格朗日中值公式，得

$$[f'(x_0+\theta_1 h)-f'(x_0-\theta_2 h)]h=f''(\xi)(\theta_1+\theta_2)h^2,$$

其中 $x_0-\theta_2 h<\xi<x_0+\theta_1 h$，按情形(1)的假设 $f''(\xi)>0$，故有

$$f(x_0+h)+f(x_0-h)-2f(x_0)>0,$$

即 $\dfrac{f(x_0+h)+f(x_0-h)}{2}>f(x_0)$，亦即 $\dfrac{f(x_1)+f(x_2)}{2}>f\left(\dfrac{x_1+x_2}{2}\right)$，所以，$f(x)$ 在 $[a,b]$ 上的图形是凹的.

同理可证情形(2).

例 3.5.1 判定曲线 $y=e^x$ 的凹凸性.

解 因为 $y'=e^x$，$y''=e^x$，所以在函数 $y=e^x$ 的定义域 $(-\infty,+\infty)$ 内 $y''>0$，由定理 3.12 可知，曲线 $y=e^x$ 是凹的.

例 3.5.2 判定 $f(x)=x^3$ 的凹凸性.

解 $f(x)$ 的定义域为 $(-\infty,+\infty)$，$f'(x)=3x^2$，$f''(x)=6x$.

当 $x\in(-\infty,0)$ 时，$f''(x)<0$，$f(x)$ 为凸弧；

当 $x\in(0,+\infty)$ 时，$f''(x)>0$，$f(x)$ 为凹弧.

由此可见 $f(x)=x^3$ 在点 $(0,0)$ 的左右两侧凹凸性相反，一般称这样的点为曲线的拐点.

3.5.2 曲线的拐点

定义 3.3 设 $f(x)$ 在 x_0 及其邻域连续，若 $f(x)$ 在 x_0 的左右两侧凹凸性不同，则称点 $(x_0,f(x_0))$ 为曲线 $y=f(x)$ 的**拐点**(图 3.22).

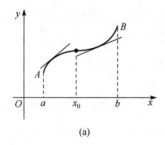 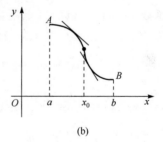

(a)　　　　　　　　　　(b)

图 3.22

那么如何寻找 $y=f(x)$ 的拐点呢？由例 3.5.2 可知，$(0,0)$ 是函数 $f(x)=x^3$ 的拐点，在拐点的左侧 $f''(x)<0$，在拐点的右侧 $f''(x)>0$，拐点是分界点，所以拐点处 $f''(x)=0$，即 $f''(0)=0$，于是有下列定理.

定理 3.13（拐点的必要条件） 设 $f(x)$ 在 (a,b) 内二阶可导，$x_0\in(a,b)$，若 $(x_0,f(x_0))$ 是曲线 $y=f(x)$ 的一个拐点，则必有 $f''(x_0)=0$.

证明略(定理证明与费马定理证明类似).

注 1 $f''(x_0)=0$ 只是 $(x_0,f(x_0))$ 为 $f(x)$ 的拐点的必要条件，而不是充分条件.

注 2 由上述定理可知,拐点有可能是 $f''(x)=0$ 的点;除此以外,$f''(x)$ 不存在的点,也有可能是拐点.

定理 3.14(拐点的充分条件) 设 $f(x)$ 在 (a,b) 内二阶可导,$x_0 \in (a,b)$,$f''(x_0)=0$. 若 $f''(x)$ 在点 $(x_0-\delta,x_0)$ 和 $(x_0,x_0+\delta)$ 的两侧异号,则点 $(x_0,f(x_0))$ 为曲线 $y=f(x)$ 的拐点,否则 $(x_0,f(x_0))$ 不是 $y=f(x)$ 的拐点.

证明略.

综合以上分析,我们得到求区间 I 上的连续函数 $y=f(x)$ 的拐点的步骤:

(1) 求 $f''(x)$;

(2) 令 $f''(x)=0$,解出方程在区间 I 内的实根,并求出区间 I 内 $f''(x)$ 不存在的点;

(3) 对于(2)中求出的每一个实根或二阶导数不存在的点 x_0,检查 $f''(x)$ 在 x_0 左、右两侧邻域的符号,当两侧的符号相反时,点 $(x_0,f(x_0))$ 是拐点,当两侧的符号相同时,点 $(x_0,f(x_0))$ 不是拐点.

例 3.5.3 曲线 $y=x^4$ 是否有拐点?

解 $y'=4x^3$,$y''=12x^2$,解方程 $y''=0$,得 $x=0$. 在 $x=0$ 的左右两侧均有 $f''(x)>0$,曲线在点 $x=0$ 的邻域凹凸性不变,即 $(0,0)$ 点不是该曲线的拐点,曲线 $y=x^4$ 没有拐点.

例 3.5.4 求曲线 $y=3x^4-4x^3+1$ 的拐点及凹凸区间.

解 函数 $y=3x^4-4x^3+1$ 的定义域为 $(-\infty,+\infty)$,

$$y'=12x^3-12x^2,$$

$$y''=36x^2-24x=36x\left(x-\frac{2}{3}\right),$$

解方程 $y''=0$ 得 $x_1=0$,$x_2=\frac{2}{3}$. $x_1=0$ 及 $x_2=\frac{2}{3}$ 把函数的定义域 $(-\infty,+\infty)$ 分成三个部分区间,在每个部分区间上二阶导数的符号及曲线凹凸性的相关讨论如表 3.5 所示.

表 3.5 $f(x)$ 的凹凸性与拐点

x	$(-\infty,0)$	0	$\left(0,\frac{2}{3}\right)$	$\frac{2}{3}$	$\left(\frac{2}{3},+\infty\right)$
$f''(x)$	$+$	0	$-$	0	$+$
曲线的凹凸性	凹	拐点 $(0,1)$	凸	拐点 $\left(\frac{2}{3},\frac{11}{27}\right)$	凹

由以上讨论的结果可见,曲线 $y=3x^4-4x^3+1$ 在 $(-\infty,0]$,$\left[\frac{2}{3},+\infty\right)$ 上是

凹的, 在 $\left[0,\dfrac{2}{3}\right]$ 上是凸的, 点 $(0,1)$ 和点 $\left(\dfrac{2}{3},\dfrac{11}{27}\right)$ 是拐点.

例 3.5.5　求 $f(x)=1-x^{\frac{1}{3}}$ 的凹凸性与拐点.

解　$f(x)$ 的定义域为 $(-\infty,+\infty)$,

$$f'(x)=-\frac{1}{3}x^{-\frac{2}{3}}, \quad f''(x)=\frac{2}{9}\cdot\frac{1}{\sqrt[3]{x^5}}.$$

当 $x=0$ 时, $f''(x)$ 不存在, $x=0$ 将定义域 $(-\infty,+\infty)$ 分成两个部分区间, 在每个部分区间上二阶导数的符号及曲线凹凸性的相关讨论如表 3.6 所示.

表 3.6　$f(x)$ 的凹凸性与拐点

x	$(-\infty,0)$	0	$(0,+\infty)$
$f''(x)$	$-$	不存在	$+$
曲线的凹凸性	凸	拐点 $(0,1)$	凹

由以上讨论的结果可见, 曲线 $f(x)=1-x^{\frac{1}{3}}$ 在 $(-\infty,0]$ 上是凸的, 在 $[0,+\infty)$ 上是凹的, 点 $(0,1)$ 是拐点 (如图 3.23).

例 3.5.6　一质点沿一直线运动, 如果它相对于某个固定点的右侧距离为 S, 其中 S 在 $t=\dfrac{2}{3}$ 与 $t=2$ 分别取得极大值与极小值, $t=\dfrac{4}{3}$ 是曲线拐点的横坐标, $S=S(t)$ 的曲线如图 3.24 所示, 试问

(1) 质点在什么时间向左运动, 什么时间向右运动?

(2) 质点在什么时间加速度为正, 什么时间加速度为负, 质点何时开始加速运动?

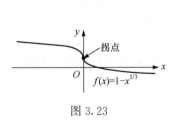

图 3.23　　　　　　　　　　　　　图 3.24

解　设质点的运动方程为 $S=S(t)$, 由图像可知

(1) 当 $0<t<\dfrac{2}{3}$ 和 $t>2$ 时, $S(t)$ 单调增加, $S'(t)>0$, 其速度大于 0, 所以质点向右运动; 当 $\dfrac{2}{3}<t<2$ 时, $S(t)$ 单调减少, $S'(t)<0$, 其速度小于 0, 所以质点向左

运动.

(2) 当 $0<t<\dfrac{4}{3}$ 时,$S(t)$ 凸,其加速度 $S''(t)<0$,速度 $S'(t)$ 单调减少,当 $t>\dfrac{4}{3}$ 时,$S(t)$ 凹,加速度 $S''(t)>0$,其速度 $S'(t)$ 单调增加,故 $t=\dfrac{4}{3}$ 时,质点开始做加速运动.

习 题 3.5

1. 求下列函数的拐点及凹凸区间.

(1) $y=4x-x^2$;

(2) $y=x^3+3x^2-x+5$;

(3) $y=\ln(x^2+1)$;

(4) $y=x^4(12\ln x-7)$;

(5) $f(x)=(x-5)x^{\frac{2}{3}}$.

2. 当 a,b 为何值时,点 $(1,3)$ 为曲线 $y=ax^3+bx^2$ 的拐点?

3. 已知函数 $y=ax^3+bx^2+cx+d$ 有拐点 $(-1,4)$,且在 $x=0$ 处有极大值 2,求 a,b,c,d.

4. 曲线 $y=(x-1)^2(x-3)^2$ 的拐点有几个?

5. 求曲线 $\begin{cases} x=t^2, \\ y=3t+t^3 \end{cases}$ 的拐点.

6. 利用函数图形的凹凸性,证明下列不等式.

(1) $\dfrac{x^n+y^n}{2}>\left(\dfrac{x+y}{2}\right)^n(x,y>0,x\neq y,n>1)$;

(2) $2\cos\dfrac{x+y}{2}>\cos x+\cos y\left(x,y\in\left(-\dfrac{\pi}{2},\dfrac{\pi}{2}\right)\right)$.

7. 试确定 $y=k(x^2-3)^2$ 中的 k 值,使曲线在拐点处的法线通过原点.

8. 设 $f(x)$ 在点 x_0 处三阶可导,$f''(x_0)=0$,$f'''(x_0)\neq 0$,求证:$(x_0,f(x_0))$ 为 $f(x)$ 的拐点.

3.6　函数图形的描绘

前两节,我们根据函数的一阶导数讨论了函数的单调性与极值,根据函数的二阶导数讨论了函数的凹凸性与拐点,这些信息有助于我们粗略地了解函数的图形,为了方便起见,特总结如下(图 3.25).

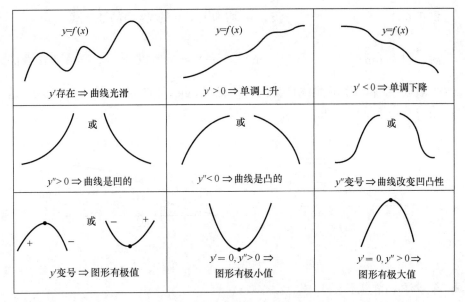

图 3.25

　　为了更准确地反映函数的变化趋势,作出函数的图形,还有必要研究曲线的渐近线.

3.6.1　曲线的渐近线

　　定义 3.4　当曲线上的动点 P 沿着曲线远离原点时,如果该点与某定直线上的相应点 Q 的距离趋于零,则称此直线为曲线的渐近线(图 3.26).

　　由于直线相对于坐标系的位置有三种,即平行于 x 轴或平行于 y 轴或为斜的,所以曲线的渐近线也有三种,即水平渐近线、垂直渐近线与斜渐近线.

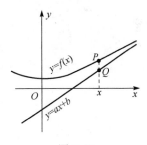

图 3.26

　　1. 水平渐近线

　　如果 $y=f(x)$ 的定义域为无穷区间,且 $\lim\limits_{x\to\infty}f(x)=b$(这里也可以是 $\lim\limits_{x\to-\infty}f(x)=b$ 或 $\lim\limits_{x\to+\infty}f(x)=b$),则称 $y=b$ 为曲线 $y=f(x)$ 的一条**水平渐近线**.

　　例 3.6.1　求曲线 $y=\arctan x$ 的渐近线.

　　解　因为 $\lim\limits_{x\to+\infty}\arctan x=\dfrac{\pi}{2}$,所以 $y=\dfrac{\pi}{2}$ 是曲线的一条水平渐近线. 又因为 $\lim\limits_{x\to-\infty}\arctan x=-\dfrac{\pi}{2}$,所以 $y=-\dfrac{\pi}{2}$ 也是曲线的一条水平渐近线. 如图 3.27 所示.

例 3.6.2　求 $y=\dfrac{c}{1+be^{-ax}}$ (a,b,c 均为大于 0 的常数)的渐近线.

解　因为 $\lim\limits_{x\to+\infty}\dfrac{c}{1+be^{-ax}}=c$，$\lim\limits_{x\to-\infty}\dfrac{c}{1+be^{-ax}}=0$，所以 $y=c$，$y=0$ 为函数的两条水平渐近线，本例中的曲线称为逻辑斯谛(Logistic)曲线，如图 3.28 所示，是实际应用中的一条重要曲线.

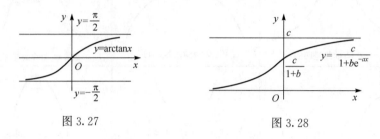

图 3.27　　　　　　　　　　　图 3.28

2. 垂直渐近线

如果 $\lim\limits_{x\to x_0}f(x)=\infty$(这里可以是 $\lim\limits_{x\to x_0^-}f(x)=\infty$，$\lim\limits_{x\to x_0^+}f(x)=\infty$)，则称 $x=x_0$ 为曲线 $y=f(x)$ 的一条**垂直渐近线**. 求 $y=f(x)$ 的垂直渐近线，相当于求函数 $y=f(x)$ 的无穷间断点.

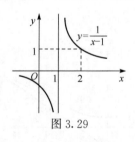

图 3.29

例 3.6.3　求曲线 $y=\dfrac{1}{x-1}$ 的渐近线.

解　因为 $\lim\limits_{x\to\infty}\dfrac{1}{x-1}=0$，所以 $y=0$ 是曲线的一条水平渐近线. 又因为 $\lim\limits_{x\to1}\dfrac{1}{x-1}=\infty$，所以 $x=1$ 是曲线的一条垂直渐近线. 如图 3.29 所示.

3. 斜渐近线

如果对于曲线 $y=f(x)$，存在着常数 $a,b(a\neq0)$，使 $\lim\limits_{x\to\infty}[f(x)-(ax+b)]=0$，则称直线 $y=ax+b$ 为曲线 $y=f(x)$ 的一条斜渐近线(这里 $x\to-\infty$，$x\to+\infty$ 均成立)(如图 3.26).

函数 $y=f(x)$ 有斜渐近线 $y=ax+b$ 的充要条件是 $a=\lim\limits_{x\to\infty}\dfrac{f(x)}{x}$，$b=\lim\limits_{x\to\infty}[f(x)-ax]$ 均存在，其中 $a\neq0$.

必要性. 设 $y=f(x)$ 有斜渐近线 $y=ax+b$，则 $\lim\limits_{x\to\infty}[f(x)-(ax+b)]=0$，

于是

$$\lim_{x\to\infty}\frac{1}{x}\left[f(x)-(ax+b)\right]=\lim_{x\to\infty}\left(\frac{f(x)}{x}-a-\frac{b}{x}\right)=0.$$

由于 $\lim\limits_{x\to\infty}\dfrac{b}{x}=0$, 右端极限存在, 所以 $a=\lim\limits_{x\to\infty}\dfrac{f(x)}{x}$. 又 $\lim\limits_{x\to\infty}\left[(f(x)-ax)-b\right]=0$, 所以 $b=\lim\limits_{x\to\infty}\left[f(x)-ax\right]$.

充分性. 当 $a=\lim\limits_{x\to\infty}\dfrac{f(x)}{x}$, $b=\lim\limits_{x\to\infty}(f(x)-ax)$ 时, 显然 $\lim\limits_{x\to\infty}\left[f(x)-(ax+b)\right]=\lim\limits_{x\to\infty}\left[(f(x)-ax)-b\right]=b-b=0$, 所以 $y=ax+b$ 是函数 $f(x)$ 的斜渐近线.

上述讨论表明, 若 $a=\lim\limits_{x\to\infty}\dfrac{f(x)}{x}$, $b=\lim\limits_{x\to\infty}\left[f(x)-ax\right]$ 的两个极限中有一个不存在, 则函数就没有斜渐近线, 若其中 $a=0$, 则曲线只有水平渐近线 $y=b$.

综上, 我们可得到求函数渐近线的步骤.

(1) 首先求 $f(x)$ 的无穷间断点, 若 x_0 是 $f(x)$ 的无穷间断点, 则 $x=x_0$ 为 $f(x)$ 的垂直渐近线.

(2) 用公式 $a=\lim\limits_{x\to\infty}\dfrac{f(x)}{x}$, $b=\lim\limits_{x\to\infty}\left[f(x)-ax\right]$ 求出 a,b, 若 a,b 为定数, 且 $a\neq0$, 则 $y=ax+b$ 为斜渐近线; 若 $a=0$, 则 $y=b$ 为水平渐近线.

例 3.6.4　求 $f(x)=\dfrac{2(x-2)(x+3)}{x-1}$ 的渐近线.

解　显然 $x=1$ 是 $f(x)$ 的无穷间断点, 即 $\lim\limits_{x\to1}f(x)=\infty$, 所以 $x=1$ 是曲线的一条垂直渐近线.

又因为

$$a=\lim_{x\to\infty}\frac{f(x)}{x}=\lim_{x\to\infty}\frac{2(x-2)(x+3)}{x(x-1)}=2,$$

$$b=\lim_{x\to\infty}\left[\frac{2(x-2)(x+3)}{x-1}-2x\right]$$

$$=\lim_{x\to\infty}\frac{2(x-2)(x+3)-2x(x-1)}{x-1}=4,$$

所以 $y=2x+4$ 是曲线的一条斜渐近线. 如图 3.30 所示.

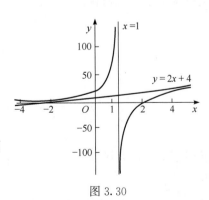

图 3.30

例 3.6.5　求 $f(x)=\dfrac{x}{x^2-1}$ 的渐近线.

解　显然 $x=\pm 1$ 为 $f(x)$ 的无穷间断点,所以 $x=\pm 1$ 为两条垂直渐近线.

$$a=\lim_{x\to\infty}\frac{f(x)}{x}=\lim_{x\to\infty}\frac{x}{x(x^2-1)}=0,$$

$$b=\lim_{x\to\infty}[f(x)-ax]=\lim_{x\to\infty}\frac{x}{x^2-1}=0.$$

所以 $y=0$ 为水平渐近线,没有斜渐近线.

3.6.2　函数图形的描绘举例

有了微分学作工具,我们可以比较准确地描绘函数的图像,描绘函数图像的过程就是研究函数的过程,作函数图像,通常可按照以下步骤进行.

(1) 确定函数 $f(x)$ 的定义域、间断点、奇偶性与周期性;

(2) 求 $f'(x)$, $f''(x)$,令 $f'(x)=0$, $f''(x)=0$,分别求出其零点与导数不存在的点;

(3) 将第二步中求出的各点从小到大将函数的定义域分成若干个部分区间,列表讨论这些区间内 $f'(x)$ 与 $f''(x)$ 的符号,以确定函数的单调性与极值、凹凸性与拐点;

(4) 求函数的渐近线;

(5) 描点连线作图,必要时增添一些特殊点.

例 3.6.6　描绘函数 $f(x)=\dfrac{x^2-4}{x^2-1}$ 的图形.

解　$f(x)$ 为有理函数, $x=\pm 1$ 为 $f(x)$ 的无穷间断点, $x=\pm 1$ 为两条垂直渐近线,函数的图像被分为三个部分,又 $f(-x)=f(x)$, $f(x)$ 为偶函数,所以函数的图像关于 y 轴对称.

$$f'(x)=\frac{2x(x^2-1)-(x^2-4)\cdot 2x}{(x^2-1)^2}=\frac{6x}{(x^2-1)^2}.$$

令 $f'(x)=0$,得 $x=0$,

$$f''(x)=\frac{6(x^2-1)^2-6x\cdot 2(x^2-1)\cdot 2x}{(x^2-1)^4}=\frac{-6(3x^2+1)}{(x^2-1)^3}.$$

显然 $f''(x)\neq 0$,用 $x=-1$, $x=0$, $x=1$ 划分函数的定义域区间,列表讨论(表3.7).

表 3.7　$f(x)$ 的单调性与极值、凹凸性与拐点

x	$(-\infty,-1)$	-1	$(-1,0)$	0	$(0,1)$	1	$(1,+\infty)$
$f'(x)$	$-$		$-$	0	$+$		$+$
$f''(x)$	$-$		$+$	$+$	$+$		$-$
$f(x)$	↘凸		↘凹	极小值	↗凹		↗凸

极小值 $f(0)=4$,且 $x=\pm2$ 时,$f(\pm2)=0$.

在 $x=\pm1$ 左右两侧,虽然 $f''(x)$ 改变符号,但因函数在 $x=\pm1$ 处无定义,故曲线没有拐点.因为 $\lim\limits_{x\to\infty}f(x)=1$,所以 $y=1$ 为函数的水平渐近线.又知 $x=\pm1$ 为函数的垂直渐近线,根据渐近线的走势及表中 $f'(x)$,$f''(x)$ 的符号可描出曲线图形(图 3.31).

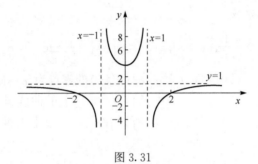

图 3.31

例 3.6.7　作函数 $f(x)=x^3-x^2-x+1$ 的图形.

解　定义域为 $(-\infty,+\infty)$,无奇偶性及周期性.

$$f'(x)=(3x+1)(x-1),\quad f''(x)=2(3x-1).$$

令 $f'(x)=0$,得 $x=-\dfrac{1}{3}$,$x=1$.令 $f''(x)=0$,得 $x=\dfrac{1}{3}$.

列表综合如表 3.8 所示.

表 3.8　$f(x)$ 的单调性与极值、凹凸性与拐点

x	$\left(-\infty,-\dfrac{1}{3}\right)$	$-\dfrac{1}{3}$	$\left(-\dfrac{1}{3},\dfrac{1}{3}\right)$	$\dfrac{1}{3}$	$\left(\dfrac{1}{3},1\right)$	1	$(1,+\infty)$
$f'(x)$	$+$	0	$-$		$-$	0	$+$
$f''(x)$	$-$		$-$	0	$+$		$+$
$f(x)$	↗凸	极大值	↘凸	拐点 $\left(\dfrac{1}{3},\dfrac{16}{27}\right)$	↘凹	极小值	↗凹

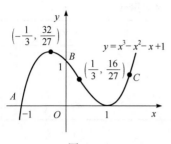

图 3.32

补充点:$A(-1,0),B(0,1),C\left(\dfrac{3}{2},\dfrac{5}{8}\right)$,综合作出图形,如图 3.32 所示.

例 3.6.8　描绘函数 $f(x)=\dfrac{1}{\sqrt{2\pi}}\mathrm{e}^{-\frac{x^2}{2}}$ 的图形.

解　显然函数 $f(x)=\dfrac{1}{\sqrt{2\pi}}\mathrm{e}^{-\frac{x^2}{2}}$ 的定义域为 $(-\infty,+\infty)$,由于 $f(-x)=f(x)$,所以 $f(x)$ 是偶函数,它的图形关于 y 轴对称,因此可以只讨论 $[0,+\infty)$ 上该函数的图形.

又因

$$f'(x)=\frac{1}{\sqrt{2\pi}}\mathrm{e}^{-\frac{x^2}{2}}(-x)=-\frac{1}{\sqrt{2\pi}}x\mathrm{e}^{-\frac{x^2}{2}},$$

$$f''(x)=-\frac{1}{\sqrt{2\pi}}\left[\mathrm{e}^{-\frac{x^2}{2}}+x\mathrm{e}^{-\frac{x^2}{2}}(-x)\right]=\frac{1}{\sqrt{2\pi}}\mathrm{e}^{-\frac{x^2}{2}}(x^2-1),$$

所以在 $[0,+\infty)$ 上,$f'(x)$ 的零点为 $x=0$;$f''(x)$ 的零点为 $x=1$.

在 $(0,1)$ 内,$f'(x)<0,f''(x)<0$,所以在 $[0,1]$ 上的曲线弧下降而且是凸的,在 $(1,+\infty)$ 内,$f'(x)<0,f''(x)>0$,所以在 $[1,+\infty)$ 上的曲线弧下降而且是凹的.

上述结果,见表 3.9.

表 3.9　$f(x)$ 的极值点、凹凸性与拐点

x	0	(0,1)	1	$(1,+\infty)$
$f'(x)$	0	—	—	—
$f''(x)$	$-\dfrac{1}{\sqrt{2\pi}}$	—	0	+
$f(x)$ 的图形	极大值	↘凸	拐点	↘凹

由于 $\lim\limits_{x\to+\infty}f(x)=0$,所以图形有一条水平渐近线 $y=0$.

可以算出 $f(0)=\dfrac{1}{\sqrt{2\pi}}$,$f(1)=\dfrac{1}{\sqrt{2\pi e}}$,$f(2)=\dfrac{1}{\sqrt{2\pi e^2}}$.

综上讨论,可以画出函数 $f(x)=\dfrac{1}{\sqrt{2\pi}}\mathrm{e}^{-\frac{x^2}{2}}$ 在 $[0,+\infty)$ 上的图形.最后利用图形的对称性,便可

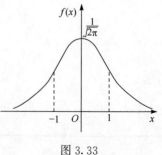

图 3.33

得到函数在$(-\infty,0)$上的图形(如图 3.33).

习 题 3.6

1. 两坐标轴 $x=0,y=0$ 是否都是函数 $y=\dfrac{\sin x}{x}$ 的渐近线?

2. 曲线 $y=\dfrac{x^2}{x^2-1}$ 有垂直渐近线_____和水平渐近线_____.

3. 曲线 $y=\dfrac{x^2}{2x+1}$ 的斜渐近线方程为_____.

4. 曲线 $y=\dfrac{1}{x}+\ln(1+e^x)$ 的渐近线条数为(　　　).

A. 0　　　　　　　B. 1　　　　　　C. 2　　　　　　　D. 3

5. 曲线 $y=\dfrac{x^2+x}{x^2-1}$ 的渐近线条数为(　　　).

A. 0　　　　　　　B. 1　　　　　　C. 2　　　　　　　D. 3

6. 求下列函数的渐近线.

(1) $y=\dfrac{x^3}{x^2+2x-3}$;　　　　　　(2) $y=\dfrac{x}{2}+\arctan x$;

(3) $y=\dfrac{e^x}{1+x}$;　　　　　　　　(4) $y=e^{-\frac{1}{x}}$.

7. 作出下列函数的图形.

(1) $y=\dfrac{4(x+1)}{x^2}-2$;　　　　　　(2) $y=x^4-4x^3+10$;

(3) $y=\dfrac{2x^2}{x^2-1}$;　　　　　　　(4) $y=\dfrac{\ln x}{x}$;

(5) $y=\dfrac{x^3}{2(x-1)^2}$;　　　　　　(6) $y=x\sqrt{3-x}$.

3.7　优化与微分模型应用举例

本节介绍简单的优化模型.优化问题是人们在工程技术、经济管理和工农业生产中最常遇到的一类问题.公司经理要根据生产成本和市场需要确定产品的价格,使所获得的利润最大;企业管理者要在保证生产连续性与均衡性的前提下,确定一个合理的库存量,以达到压缩库存物资,加速资金周转,提高经济效益的目的;电力、化工单位生产过程中的最优控制;机械设计制造中零件参数的优化;等等.这些问题都可以归结为微积分中的函数极值问题,也就是优化问题,其中大部分都可以用微分法求解.

3.7.1　经营优化问题

在经济数学中有成本函数 $C(x)$、收入函数 $R(x)$ 与利润函数 $L(x)$(其中 x 表示产品的产量)的概念.企业总利润可以表示为
$$L(x)=R(x)-C(x),$$
$L(x)$ 称为经营优化问题的目标函数.

显然,当总收入小于总成本时,企业亏损;当总收入大于总成本时,企业赢利.在图 3.34 中,我们用 R 线与 C 线分别表示某企业的总收入函数与总成本函数,则企业利润就是图形上相对于同一 x 值的 R 与 C 的纵坐标之差.当图中的箭头向上时,表示赢利;当图中箭头向下时,表示亏损.由图可见,$x=x_1$ 是企业保本经营的最低产量;当 $x=x_2$ 时,企业获得最大利润.

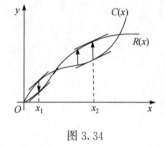

图 3.34

一般地,经济学上称某函数的导数为其边际函数.从图 3.34 可以看出,在取得最大利润的点 x_2 处,对应于两条曲线 C,R 上的点的切线互相平行,即 $R'(x_2)=C'(x_2)$,这并不是偶然的,因为利润函数
$$L(x)=R(x)-C(x).$$
若 $L(x)$ 可导,则在极值点处,有
$$L'(x)=R'(x)-C'(x)=0,$$
即
$$R'(x)=C'(x).$$

总利润最大值在边际收入等于边际成本时取得,这是经济学上的一个重要命题.

例 3.7.1　某厂商的总收益函数与总成本函数分别为 $R=30x-3x^2$(单位:万元),$C=x^2+2x+2$(单位:万元),其中 x(单位:台)为产品产量,厂商追求最大利润,而政府要征收与产量 x 成正比的税,试求

(1) 征税收益最大值与此时的税率.

(2) 厂商纳税前后的最大利润及每单位产品的价格.

模型假设

设政府征税的收益为 T,税率为 t,由题意 $T=tx$,企业纳税后的总成本函数为 $C_t=C+tx$,设税前利润为 $L_1(x)$,税后利润为 $L_2(x)$.

模型建立与求解

第一步　先求税前厂商获得的最大利润及每单位产品的价格,建立目标函数

$$L_1(x) = R(x) - C(x)$$
$$= 30x - 3x^2 - (x^2 + 2x + 2)$$
$$= -4x^2 + 28x - 2.$$

对 x 求导,并令 $L_1'(x) = -8x + 28 = 0$,解得驻点 $x = \dfrac{7}{2}$.

由于 $L_1''(x) = -8, L_1''\left(\dfrac{7}{2}\right) < 0$,故 $x = \dfrac{7}{2}$ 为极大值点,函数在该点取得极大值

也为最大值,即产量 $x = \dfrac{7}{2}$(台)时,厂商获得税前最大利润.

$$L_{\max} = L_1\left(\dfrac{7}{2}\right) = (-4) \times \left(\dfrac{7}{2}\right)^2 + 28 \times \dfrac{7}{2} - 2 = 47 (万元).$$

又 $R\left(\dfrac{7}{2}\right) = L_1\left(\dfrac{7}{2}\right) + C\left(\dfrac{7}{2}\right)$,其中 $C\left(\dfrac{7}{2}\right) = \left(\dfrac{7}{2}\right)^2 + 2 \times \dfrac{7}{2} + 2 = 21.25$(万

元),$R\left(\dfrac{7}{2}\right) = 47 + 21.25 = 68.25$(万元),产品单价为 $68.25 \div \dfrac{7}{2} = 19.5$(万元).

由于产品的产量应该为整数台,现 $x = \dfrac{7}{2} = 3.5, 3 < 3.5 < 4$,所以分别取 $x = 3$

与 $x = 4$ 进行比较,易得 $L_1(3) = 46, C(3) = 17, R(3) = 63$,产品单价为 $\dfrac{63}{3} = 21$(万

元),而 $L_1(4) = 46, C(4) = 26, R(4) = 72$,产品单价为 $\dfrac{72}{4} = 18$(万元).

经比较可知,取产量 $x = 3$ 比较合理,此时厂商可获最大利润 46 万元,产品单
价为 21 万元.

第二步　求厂商税后获得的最大利润及每单位产品的价格,目标函数为
$$L_2(x) = R(x) - C_t(x) = 30x - 3x^2 - (x^2 + 2x + 2 + tx)$$
$$= -4x^2 + 28x - tx - 2.$$

令 $L_2'(x) = -8x + 28 - t = 0$,解得 $x = \dfrac{7}{2} - \dfrac{t}{8}$. 此时征税收益 $T = tx = \dfrac{7}{2}t -$

$\dfrac{t^2}{8}$,要使征税收益最大,令 $T'(t) = \dfrac{7}{2} - \dfrac{t}{4} = 0$,得 $t = 14$. $T''(14) = -\dfrac{1}{4} < 0$,所以

当税率 $t = 14$ 时,征税收益最大,又当 $t = 14$ 时,$x = \dfrac{7}{4}$.

注意到 $L_2''\left(\dfrac{7}{4}\right) = -8 < 0$,所以 $x = \dfrac{7}{4}$ 时,函数取得极大值也为最大值.

$$L_{2\max}=L_2\left(\frac{7}{4}\right)=(-4)\times\left(\frac{7}{4}\right)^2+14\times\frac{7}{4}-2=10.25(万元).$$

最大征税收益为 $T_{\max}=tx\Big|_{\substack{x=\frac{7}{4}\\t=14}}=24.5(万元)$，$C_t\left(\frac{7}{4}\right)=\left(\frac{7}{4}\right)^2+2\times\frac{7}{4}+2+$

$14\times\frac{7}{4}\approx33.06(万元)$．由于此时总收益为 $R\left(\frac{7}{4}\right)=L\left(\frac{7}{4}\right)+C_t\left(\frac{7}{4}\right)\approx10.25+$

$33.06=43.31(万元)$，故产品单价为 $43.31\div\frac{7}{4}\approx24.75(万元)$．

与第一步类似，由于 $x=\frac{7}{4}$，介于 1 与 2 之间，厂商可通过比较产量 $x=1$ 和 x $=2$ 时各项指标，作出生产 1 台或 2 台产品的决策．

拓展思考

（1）当税率 $t=14$ 时，税前税后厂商获得的最大利润差别很大，以求出的驻点比较，税前利润 $L_1\left(\frac{7}{2}\right)=47$ 万元，税后利润 $L_2\left(\frac{7}{4}\right)=10.25$ 万元，相差 30 多万元，所以为调动厂商的积极性，政府应适当降低税率，以期获得双赢．

（2）税前税后产品销售单价差别大，税前产品单价每台 19.5 万元，税后每台单价 24.75 万元，所以不能仅从理论分析角度定价，而应跟踪市场销售情况，分析产品单价对企业经营的持续性与均衡性的影响合理定价，适时改变经营策略．

3.7.2 运输问题

例 3.7.2 设海岛 A 与陆地城市 B 到海岸线的距离分别为 a 与 b，它们之间的水平距离为 d，需要建立它们之间的运输线，若海上轮船的速度为 v_1，陆地汽车的速度为 v_2，试问转运站 P 设在海岸线上何处才能使运输的时间最短？

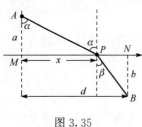

图 3.35

模型假设

（1）海岸线是直线 MN，如图 3.35 所示；

（2）A 与 B 到海岸线的距离为它们到直线 MN 的距离．

模型建立与求解

设 MP 为 x，则海上运输所需要时间为

$$t_1=\frac{|AP|}{v_1}=\frac{\sqrt{a^2+x^2}}{v_1},$$

陆地运输所需的时间为

$$t_2 = \frac{|PB|}{v_2} = \frac{\sqrt{b^2+(d-x)^2}}{v_2},$$

因此,问题的目标函数为

$$t = t_1 + t_2 = \frac{\sqrt{a^2+x^2}}{v_1} + \frac{\sqrt{b^2+(d-x)^2}}{v_2}.$$

现在求 $t(x)$ 的最小值

$$\frac{\mathrm{d}t}{\mathrm{d}x} = \frac{x}{v_1\sqrt{a^2+x^2}} - \frac{d-x}{v_2\sqrt{b^2+(d-x)^2}},$$

由上述方程解驻点比较麻烦,因此先讨论方程 $\dfrac{\mathrm{d}t}{\mathrm{d}x}=0$ 有没有实根.

可以证明 $\dfrac{\mathrm{d}t}{\mathrm{d}x}=0$ 有唯一实根.

因为

$$\frac{\mathrm{d}^2 t}{\mathrm{d}x^2} = \frac{a^2}{v_1(a^2+x^2)^{\frac{3}{2}}} + \frac{b^2}{v_2\left[b^2+(d-x)^2\right]^{\frac{3}{2}}},$$

在 $[0,d]$ 上, $\dfrac{\mathrm{d}^2 t}{\mathrm{d}x^2}>0$,所以 $\dfrac{\mathrm{d}t}{\mathrm{d}x}$ 单调增加,且

$$t'(0) = -\frac{d}{v_2\sqrt{b^2+d^2}}<0, \quad t'(d) = \frac{d}{v_1\sqrt{a^2+d^2}}>0,$$

由零点定理,必存在唯一的 $\xi \in (0,d)$ 使 $t'(\xi)=0$. 根据问题的实际意义, ξ 就是 $f(x)$ 的最小值点.

由于直接从 $\dfrac{\mathrm{d}t}{\mathrm{d}x}=0$ 求驻点 $x=\xi$ 比较麻烦,我们也可以引入两个辅助角 α,β ,由图 3.35 可知

$$\sin\alpha = \frac{x}{\sqrt{a^2+x^2}}, \quad \sin\beta = \frac{d-x}{\sqrt{b^2+(d-x)^2}}.$$

令 $\dfrac{\mathrm{d}t}{\mathrm{d}x}=0$ 得 $\dfrac{\sin\alpha}{v_1} - \dfrac{\sin\beta}{v_2}=0$,即 $\dfrac{\sin\alpha}{v_1} = \dfrac{\sin\beta}{v_2}$. 这说明,当点 P 取在等式 $\dfrac{\sin\alpha}{v_1} = \dfrac{\sin\beta}{v_2}$ 成立的地方时,从 A 到 B 的运输时间最短.

拓展思考

等式 $\dfrac{\sin\alpha}{v_1} = \dfrac{\sin\beta}{v_2}$ 也是光学中的折射定理,根据光学中的费马原理,光线在两点

之间传播必取时间最短的路线. 若光线在两种不同介质中的速度分别为 v_1 与 v_2，则同样经过上述推导可知光源从一种介质中的点 A 传播到另一种介质中的点 B 所用的时间最短的路线由 $\dfrac{\sin\alpha}{v_1}=\dfrac{\sin\beta}{v_2}$ 确定. 其中 α 为光线的入射角，β 为光线的折射角.

由于在海上与陆地上的两种不同的运输速度相当于光线在两种不同传播媒介中的速度，因而所得结论也与光的折射定理相同. 可见，有很多属于不同学科领域的问题，虽然它们的具体意义不同，但在数量关系上可以用同一数学模型来描述.

3.7.3　库存问题

库存管理在企业管理中占有很重要的地位，工厂定期购入原料，存入仓库以备生产之用；书店成批购入各种图书，以备读者选择购买；水库在雨季蓄水，以备旱季灌溉和发电；等等. 这里都有一个如何使库存量最优的问题. 存储量过大，存储费用太高；存储量过小，又会导致一次性订购的费用增加，或不能及时满足需求而遭受损失. 所以，为了保证生产的连续性与均衡性，需要确定一个合理的、经济的库存量，并定期订货加以补充，按需求发货，以达到压缩库存物资，加速资金周转的目的.

下面先简要地介绍与库存模型相关的概念，然后讨论一种比较简单的库存模型和解法.

企业的基本功能是输入、转换和输出，它们是一个完整的系统. 输入过程称为供应过程，输出过程称为需求过程，为保证生产正常运行，供应的数量和速度必须不小于需求的数量和速度，多余的货物就储存在各部门的仓库里. 企业的仓库按供应和需求对象的不同，可大致分为两类，即原材料库与半成品库与成品库.

原材料库：用于存放生产所需的各种原材料的仓库. 这些原材料大多是由物资供应部门定期向外采购而来的. 这类仓库的库存费用 T 由采购费 C 和保管费 H 两部分组成，即

$$T=C+H.$$

半成品库和成品库：用于存放经过生产加工而成的半成品和成品的仓库. 这类仓库的最大存储量一般就是生产批量，而库存费用 T 由工装调整费 S 和保管费 H 两部分构成，即

$$T=S+H.$$

随着生产批量的增大，计划期(年、季、月)内投产的批数减少，工装调整的次数减少，工装调整费下降，但库存增加，保管费用上升，因此，为降低库存费用，必须确定一个经济批量 Q^* 使库存费用最小.

综上所述，在讨论库存问题时，涉及三种费用，即采购费、工装调整费和保

管费.

下面介绍不允许缺货情况下的一种库存模型.

例 3.7.3（瞬时送货的确定型库存问题）　假设某工厂生产需求速率稳定,库存下降到零时,再订购进货,一次采购量为 Q,进货有保障有规律.在只考虑采购费及保管费(不考虑工装调整费)的前提下,试确定最经济的采购量 Q^*,使库存费用为最小,并求最小库存费.

模型假设

(1) 采购费为 C,一次采购费为 C_0;

(2) 保管费为 H,每单位物资的保管费为 C_H;

(3) 总库存费为 T;

(4) 计划期内总需求量为 R;

(5) 一次采购量为 Q;

(6) 平均库存量为 $\bar{Q}$.

模型建立与求解

由于

$$\text{库存费用 } T = \text{采购费 } C + \text{保管费 } H,$$

其中 $C = \dfrac{R}{Q}C_0\left(\dfrac{R}{Q} \text{为计划期内的采购次数}\right)$,$H = \bar{Q}C_H$,所以 $T = \dfrac{R}{Q}C_0 + \bar{Q}C_H$.

当企业的需求恒定时,保管费的消费速度是均匀的,而平均库存量与一次采购量的关系是 $\bar{Q} = \dfrac{1}{2}Q$(有关平均库存量的计算需要用积分的知识,此处直接给出结论).于是可将库存费用 T 表示为 Q 的一次函数

$$T = f(Q) = \frac{R}{Q}C_0 + \frac{1}{2}C_H Q,$$

问题归结为对一个一元函数求最小值,所以用微分法求最优解.

令 $f'(Q) = -\dfrac{RC_0}{Q^2} + \dfrac{1}{2}C_H = 0$,解得

$$Q^* = \sqrt{\frac{2RC_0}{C_H}},$$

此为唯一驻点,根据问题的实际意义,这就是所要求的经济采购量.此时库存的最小费用为 $T^* = \sqrt{2RC_0 C_H}$.

习 题 3.7

1. 某人准备租用一辆载重量为 5t 的货车将一批货物从 A 地运往 B 地,货物

的速度为 $x\,\text{km/h}(40{<}x{<}65)$，每升柴油可供货车行驶 $\dfrac{400}{x}\text{km}$，柴油价格为 5.36 元/升，司机劳务费为 30 元/时，假设 A，B 两地路程为 45km，试求运输费用最低的货车行驶速度.

2. 某厂年计划生产 6500 件产品，设每个生产周期的工装调整费为 200 元，每年每件产品的储存费为 3.2 元，每天生产产品 50 件，市场需求 26 件/天，每年工作 300 天，试求最经济的生产批量 Q^* 和最小的库存费用 T^*.

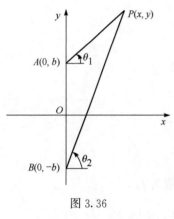

图 3.36

3. 某航空母舰派其护卫舰去搜索一名被迫跳伞的飞行员，护卫舰找到飞行员后，航母向护卫舰通报了航母当前的位置、航速与航向，并指令护卫舰尽快返回，问护卫舰应当怎样航行，才能在最短的时间内与航母会合.(提示：建立平面直角坐标系，设航母在 $A(0,b)$ 处，护卫舰在 $B(0,-b)$ 处，两者间的距离为 $2b$. 设航母沿 x 轴正向夹角为 θ_1 的方向，以常速 v_1 行驶，护卫舰沿与 x 轴正向夹角为 θ_2 的方向以速度 v_2 行驶，它们的会合点为 $P(x,y)$，记 $\dfrac{v_2}{v_1}=a$，如图 3.36 所示.)

复习题 3

A

1. 设函数 $f(u)$ 具有连续的一阶导数，且 $\displaystyle\lim_{x\to0}\frac{f(2x)}{x}=2$，则 $\displaystyle\lim_{x\to0}\frac{x}{f(3x)}=$（　　）.

A. 3　　　　　　B. $\dfrac{1}{3}$　　　　　　C. 2　　　　　　D. $\dfrac{1}{2}$

2. 函数 $f(x)$ 具有 2 阶导数，$g(x)=f(0)(1-x)+f(1)x$，则在区间 $[0,1]$ 上（　　）.

A. 当 $f'(x)\geqslant0$ 时，$f(x)\geqslant g(x)$　　　　　B. 当 $f'(x)\geqslant0$ 时，$f(x)\leqslant g(x)$

C. 当 $f''(x)\geqslant0$ 时，$f(x)\geqslant g(x)$　　　　　D. 当 $f''(x)\geqslant0$ 时，$f(x)\leqslant g(x)$

3. 曲线 $y=\dfrac{x^2+x}{x^2-1}$ 的渐近线的条数为（　　）.

A. 0　　　　　　B. 1　　　　　　C. 2　　　　　　D. 3

4. 设函数 $f(x)$ 在 $[0,4]$ 上连续，在 $(0,4)$ 内可导，$0{<}x_1{<}x_2{<}4$，则下式中不一定成立的是（　　）.

A.　$f(4)-f(0)=f'(\xi)(4-0),\xi\in(0,4)$

B.　$f(0)-f(4)=f'(\xi)(0-4),\xi\in(0,4)$

C.　$f(4)-f(0)=f'(\xi)(4-0),\xi\in(x_1,x_2)$

D.　$f(x_1)-f(x_2)=f'(\xi)(x_1-x_2),\xi\in(x_1,x_2)$

5. 试确定曲线 $y=ax^3+bx^2+cx+d$ 中的 a,b,c,d,使得在 $x=-2$ 处曲线有水平切线,$(1,-10)$ 为拐点,且点 $(-2,44)$ 在曲线上.

6. 证明下列不等式.

(1) 当 $x>0$ 时,$\dfrac{x}{1+x^2}<\arctan x$;

(2) 当 $e<a<b<e^2$ 时,$\ln^2 b-\ln^2 a>\dfrac{4}{e^2}(b-a)$;

(3) 当 $x>0,x\neq1$ 时,$2\sqrt{x}>3-\dfrac{1}{x}$;

(4) 当 $x>0$ 时,$\ln(1+x)>\dfrac{\arctan x}{1+x}$.

7. 求下列函数的极限.

(1) $\lim\limits_{x\to0}\dfrac{x-(1+x)\sin x}{x^2}$;

(2) $\lim\limits_{x\to\infty}\dfrac{3\ln x}{\sqrt{x+3}+\sqrt{x}}$;

(3) $\lim\limits_{x\to1^-}\ln x\ln(1-x)$;

(4) $\lim\limits_{x\to0}\dfrac{\tan x-x}{(e^x-1)(\sqrt[3]{1-x^2}-1)}$.

8. 试证:方程 $\sin x=x$ 只有一个实根.

9. 设 $k>0$,试问 k 为何值时,方程 $\arctan x-kx=0$ 存在正根?

10. 求函数 $y=2x^3+3x^2-12x+10$ 的单调区间,并求其在区间 $[-3,3]$ 上的极值与最值.

11. 求函数 $f(x)=\dfrac{1}{2-3x+x^2}$ 的麦克劳林展开式.

B

1. 设在 $[0,1]$ 上,$f''(x)>0$,则 $f'(0),f'(1),f(1)-f(0)$ 或 $f(0)-f(1)$ 几个数的大小顺序为(　　).

A.　$f'(1)>f'(0)>f(1)-f(0)$　　　　B.　$f(1)-f(0)>f'(1)>f'(0)$

C.　$f'(1)>f(1)-f(0)>f'(0)$　　　　D.　$f'(1)>f(0)-f(1)>f'(0)$

2. 若函数 $f(x)$ 在闭区间 $[a,b]$ 上可导,则在开区间 (a,b) 内,$f'(x)\equiv0$ 是在

$[a,b]$ 上 $f(a)=f(x)$ 的(　　)条件.

A. 充分　　　　　　　　　B. 充要

C. 必要　　　　　　　　　D. 既不充分也不必要

3. 设常数 $k>0$,函数 $f(x)=\ln x-\dfrac{x}{e}+k$ 在 $(0,+\infty)$ 内零点的个数为(　　).

A. 0　　　　　　B. 1　　　　　　C. 2　　　　　　D. 3

4. 求下列函数的极限.

(1) $\lim\limits_{x\to0}(\cos x)^{\frac{1}{x^2}}$;　　　　(2) $\lim\limits_{x\to0}\dfrac{[\sin x-\sin(\sin x)]\sin x}{x^4}$.

5. 设函数 $y=y(x)$ 由参数方程 $\begin{cases}x=\dfrac{1}{3}t^3+t+\dfrac{1}{3},\\ y=\dfrac{1}{3}t^3-t+\dfrac{1}{3}\end{cases}$ 确定,求曲线 $y=y(x)$ 的极值、凹凸区间及拐点.

6. 证明:双曲线 $\dfrac{x^2}{a^2}-\dfrac{y^2}{b^2}=1$ 的渐近线为 $y=\pm\dfrac{b}{a}x$.

7. 一房地产公司有 50 套公寓要出租,当月租金定为 1000 元时,公寓会全部租出去,当月租金每增加 50 元时,就会多一套公寓租不出去.而租出去的公寓每月需要花 100 元的维修费,试问月租金定在多少时,可获得最大收入.

8. 一颗粒子在介质甲中的运行速度为 v_1,在介质乙中运行的速度为 v_2,为了在最短的时间内从点 P 移动到点 Q,试找出这个粒子的运动路径.

第 4 章 不 定 积 分

前面我们讨论了已知函数求导数的问题,本章将讨论其相反问题,即已知一个函数的导数或微分,反过来求原来的函数,这就是积分学中的不定积分问题. 本章先介绍原函数与不定积分的概念,再介绍几种基本的计算不定积分的方法.

4.1 不定积分的概念与性质

4.1.1 原函数与不定积分的概念

定义 4.1 设 $f(x)$ 是定义在区间 I(有限或无穷)上的函数,如果存在函数 $F(x)$,使得对 $\forall x \in I$,都有

$$F'(x) = f(x) \quad \text{或} \quad \mathrm{d}F(x) = f(x)\mathrm{d}x,$$

则称 $F(x)$ 为 $f(x)$ 在区间 I 上的一个**原函数**.

例如,$(\sin x)' = \cos x$,则 $\sin x$ 是 $\cos x$ 的一个原函数,又 $(\sin x + C)' = \cos x$(其中 C 为任意常数),所以 $\sin x + C$ 也是 $\cos x$ 的原函数.

又如,$(x^3)' = 3x^2$,所以 x^3 是 $3x^2$ 的一个原函数,又因为 $(x^3 + C)' = 3x^2$(其中 C 为任意常数),所以 $x^3 + C$ 也是 $3x^2$ 的原函数.

对于原函数概念有以下两点需要说明.

(1) 从上述例子可见:一个函数的原函数不是唯一的. 事实上,若 $F(x)$ 为 $f(x)$ 在区间 I 上的原函数,则有 $F'(x) = f(x)$,$[F(x) + C]' = f(x)$(C 为任意常数),从而 $F(x) + C$ 也是 $f(x)$ 在区间 I 上的原函数.

(2) 一个函数的任意两个原函数之间相差一个常数. 事实上,若 $F(x)$ 和 $G(x)$ 都为 $f(x)$ 在区间 I 上的原函数,则有 $[F(x) - G(x)]' = F'(x) - G'(x) = f(x) - f(x) = 0$,即 $F(x) - G(x) = C$(C 为任意常数).

由此知道,若 $F(x)$ 为 $f(x)$ 在区间 I 上的原函数,则函数 $f(x)$ 的全体原函数为 $F(x) + C$(C 为任意常数).

一个函数需要具备什么条件才能保证它的原函数一定存在呢?

定理 4.1(原函数存在定理) 如果函数 $f(x)$ 在区间 I 上连续,则必定存在原函数.

也就是说,连续函数一定有原函数. 此定理的证明要在 5.2 节中才能完成.

定义 4.2 若函数 $F(x)$ 是 $f(x)$ 的一个原函数,则 $f(x)$ 的原函数的一般表达式 $F(x) + C$ 称为 $f(x)$ 的不定积分,记作

$$\int f(x)\mathrm{d}x = F(x) + C,$$

其中 $\int$ 称为**积分号**，$f(x)$ 称为**被积函数**，$f(x)\mathrm{d}x$ 称为**被积表达式**，x 称为**积分变量**，C 称为**积分常数**.

对于不定积分的定义，需要注意以下两点.

（1）在 $\int f(x)\mathrm{d}x$ 中，积分号 $\int$ 表示对函数 $f(x)$ 进行求原函数的运算，故求不定积分的运算，实质是求导（或求微分）运算的逆运算.

（2）求 $\int f(x)\mathrm{d}x$，求的是 $f(x)$ 的全体原函数，所以不能忽略积分常数 C，在几何问题中 C 有几何意义，在物理问题中 C 有物理意义.

例 4.1.1　求 $\int 4x^3\mathrm{d}x$.

解　由于 $(x^4)' = 4x^3$，所以 x^4 是 $4x^3$ 的一个原函数. 因此

$$\int 4x^3\mathrm{d}x = x^4 + C.$$

例 4.1.2　求 $\int \dfrac{1}{x}\mathrm{d}x$.

解　由于 $\ln|x| = \begin{cases} \ln(-x), & x<0, \\ \ln x, & x>0, \end{cases}$ 当 $x<0$ 时，$(\ln|x|)' = [\ln(-x)]' = \dfrac{1}{x}$，当 $x>0$ 时，$(\ln|x|)' = (\ln x)' = \dfrac{1}{x}$，所以

$$\int \frac{1}{x}\mathrm{d}x = \ln|x| + C \quad (x \neq 0).$$

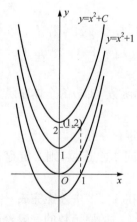

图 4.1

例 4.1.3　设曲线通过点 $(1,2)$，且其上任一点处的切线斜率等于这点横坐标的两倍，求此曲线的方程.

解　设所求曲线的方程为 $y = F(x)$，按题设，曲线上任一点 (x,y) 处的切线斜率为

$$\frac{\mathrm{d}y}{\mathrm{d}x} = 2x.$$

因为 $(x^2)' = 2x$，所以 $\int 2x\mathrm{d}x = x^2 + C$，即 $F(x) = x^2 + C$，又因为所求曲线过点 $(1,2)$，代入得 $2 = 1 + C$，则 $C = 1$.

故所求曲线方程为 $F(x) = x^2 + 1$，如图 4.1

所示.

4.1.2　不定积分的几何意义

如图 4.1 中的抛物线族 $y=x^2+C$ 即为 $f(x)=2x$ 的不定积分,而过点 $(1,2)$ 的那一条为 $y=x^2+1$,此时若作直线 $x=1$ 去截这些抛物线,那么在交点处所有曲线的切线相互平行,其斜率均等于 2,即 $(x^2+C)'|_{x=1}=2x|_{x=1}=2$.

由此可得不定积分的几何意义.

在平面直角坐标系中,$f(x)$ 的任一个原函数 $F(x)$ 的图形,称为 $f(x)$ 的一条**积分曲线**,其方程为 $y=F(x)$,而 $\int f(x)\mathrm{d}x=F(x)+C$ 称为 $f(x)$ 的**积分曲线族**.

积分曲线族中的任何一条积分曲线都可以由 $y=F(x)$ 沿 y 轴平移 C 个单位而得到. 如果作一条直线 $x=x_0$ 与这些积分曲线相交,那么在交点处,这些曲线的切线互相平行,且 $(F(x)+C)'|_{x=x_0}=f(x_0)$,如图 4.2 所示.

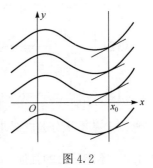

图 4.2

4.1.3　基本积分表

下面用不定积分的定义,根据一些基本初等函数的导数公式推出相应的一些积分公式,列出基本积分表.

例如,因为 $\left(\dfrac{x^{\mu+1}}{\mu+1}\right)'=x^\mu$,所以 $\dfrac{x^{\mu+1}}{\mu+1}$ 是 x^μ 的一个原函数,于是

$$\int x^\mu \mathrm{d}x=\frac{x^{\mu+1}}{\mu+1}+C \quad (\mu\neq-1).$$

类似地,可以得到其他积分公式.

(1) $\int k\,\mathrm{d}x=kx+C$ (k 为常数);

(2) $\int x^\mu \mathrm{d}x=\dfrac{x^{\mu+1}}{\mu+1}+C$ ($\mu\neq-1$);

(3) $\int \dfrac{1}{x}\mathrm{d}x=\ln|x|+C$ ($x\neq0$);

(4) $\int \cos x\,\mathrm{d}x=\sin x+C$;

(5) $\int \sin x\,\mathrm{d}x=-\cos x+C$;

(6) $\int \dfrac{\mathrm{d}x}{\cos^2 x}=\int \sec^2 x\,\mathrm{d}x=\tan x+C$;

(7) $\displaystyle\int \frac{\mathrm{d}x}{\sin^2 x} = \int \csc^2 x\,\mathrm{d}x = -\cot x + C$;

(8) $\displaystyle\int \sec x \tan x\,\mathrm{d}x = \sec x + C$;

(9) $\displaystyle\int \csc x \cot x\,\mathrm{d}x = -\csc x + C$;

(10) $\displaystyle\int \mathrm{e}^x\,\mathrm{d}x = \mathrm{e}^x + C$;

(11) $\displaystyle\int a^x\,\mathrm{d}x = \frac{a^x}{\ln a} + C\ (a > 0, a \neq 1)$;

(12) $\displaystyle\int \frac{\mathrm{d}x}{\sqrt{1-x^2}} = \arcsin x + C$;

(13) $\displaystyle\int \frac{\mathrm{d}x}{1+x^2} = \arctan x + C$.

以上基本积分公式是求不定积分的基础,必须熟记.

4.1.4　不定积分的性质

由不定积分的定义,可以得出不定积分的下列性质.

性质 4.1　(1) $\left[\int f(x)\mathrm{d}x\right]' = f(x)$ 或 $\mathrm{d}\left[\int f(x)\mathrm{d}x\right] = f(x)\mathrm{d}x$;

(2) $\displaystyle\int f'(x)\mathrm{d}x = f(x) + C$ 或 $\displaystyle\int \mathrm{d}f(x) = f(x) + C$.

证　设 $F(x)$ 是 $f(x)$ 的一个原函数,则

$$\left[\int f(x)\mathrm{d}x\right]' = [F(x)+C]' = F'(x) = f(x).$$

所以(1)成立.

由于 $f(x)$ 是 $f'(x)$ 的一个原函数,由不定积分的定义,(2)显然成立.

性质 4.2　$\displaystyle\int kf(x)\mathrm{d}x = k\int f(x)\mathrm{d}x\ (k \neq 0, k$ 为常数$)$.

证　因为 $\left[k\int f(x)\mathrm{d}x\right]' = k\left[\int f(x)\mathrm{d}x\right]' = kf(x)$,等式右端的导数等于左端的被积函数,所以正确.

性质 4.3　函数代数和的不定积分等于各个函数的不定积分的代数和,即

$$\int [f(x) \pm g(x)]\mathrm{d}x = \int f(x)\mathrm{d}x \pm \int g(x)\mathrm{d}x.$$

证　请读者自行证明.

下面利用基本积分表和不定积分的性质,求一些简单的不定积分.

例 4.1.4 求 $\int (3x^2 - 7x + 8)\mathrm{d}x$.

解
$$\int (3x^2 - 7x + 8)\mathrm{d}x = \int 3x^2 \mathrm{d}x - \int 7x \mathrm{d}x + \int 8\mathrm{d}x$$

$$= 3\int x^2 \mathrm{d}x - 7\int x \mathrm{d}x + \int 8\mathrm{d}x$$

$$= 3 \cdot \frac{x^3}{3} - 7 \cdot \frac{x^2}{2} + 8x + C$$

$$= x^3 - \frac{7}{2}x^2 + 8x + C.$$

例 4.1.5 求 $\int (1 - \sqrt[3]{x^2})^2 \mathrm{d}x$.

解
$$\int (1 - \sqrt[3]{x^2})^2 \mathrm{d}x = \int (1 - 2x^{\frac{2}{3}} + x^{\frac{4}{3}})\,\mathrm{d}x$$

$$= \int 1\mathrm{d}x - 2\int x^{\frac{2}{3}} \mathrm{d}x + \int x^{\frac{4}{3}} \mathrm{d}x$$

$$= x - 2 \cdot \frac{1}{\frac{2}{3}+1}x^{\frac{2}{3}+1} + \frac{1}{\frac{4}{3}+1}x^{\frac{4}{3}+1} + C$$

$$= x - \frac{6}{5}x^{\frac{5}{3}} + \frac{3}{7}x^{\frac{7}{3}} + C.$$

例 4.1.6 求 $\int \dfrac{\sqrt{1+x^2}}{\sqrt{1-x^4}}\mathrm{d}x$.

解
$$\int \frac{\sqrt{1+x^2}}{\sqrt{1-x^4}}\mathrm{d}x = \int \frac{\sqrt{1+x^2}}{\sqrt{1-x^2}\sqrt{1+x^2}}\mathrm{d}x = \int \frac{1}{\sqrt{1-x^2}}\mathrm{d}x = \arcsin x + C.$$

例 4.1.7 求 $\int \dfrac{2x^4}{1+x^2}\mathrm{d}x$.

解
$$\int \frac{2x^4}{1+x^2}\mathrm{d}x = 2\int \frac{x^4-1+1}{1+x^2}\mathrm{d}x = 2\int \frac{(x^2+1)(x^2-1)+1}{1+x^2}\mathrm{d}x$$

$$= 2\int \left(x^2 - 1 + \frac{1}{1+x^2}\right)\mathrm{d}x$$

$$= 2\int x^2 \mathrm{d}x - 2\int \mathrm{d}x + 2\int \frac{\mathrm{d}x}{1+x^2}$$

$$= \frac{2}{3}x^3 - 2x + 2\arctan x + C.$$

例 4.1.8 求 $\int 2^x \mathrm{e}^x \mathrm{d}x$.

解　$\int 2^x \, \mathrm{e}^x \, \mathrm{d}x = \int (2\mathrm{e})^x \, \mathrm{d}x = \dfrac{(2\mathrm{e})^x}{\ln(2\mathrm{e})} + C = \dfrac{2^x \, \mathrm{e}^x}{1 + \ln 2} + C.$

例 4.1.9　求 $\int \dfrac{3 \cdot 5^x - 4 \cdot 2^x}{3^x} \mathrm{d}x.$

解　$\int \dfrac{3 \cdot 5^x - 4 \cdot 2^x}{3^x} \mathrm{d}x = 3\int \left(\dfrac{5}{3}\right)^x \mathrm{d}x - 4\int \left(\dfrac{2}{3}\right)^x \mathrm{d}x$

$$= \dfrac{3 \cdot \left(\dfrac{5}{3}\right)^x}{\ln \dfrac{5}{3}} - \dfrac{4 \cdot \left(\dfrac{2}{3}\right)^x}{\ln \dfrac{2}{3}} + C.$$

例 4.1.10　求 $\int \cos^2 \dfrac{x}{2} \mathrm{d}x.$

解　$\int \cos^2 \dfrac{x}{2} \mathrm{d}x = \int \dfrac{1 + \cos x}{2} \mathrm{d}x = \dfrac{1}{2}x + \dfrac{1}{2}\sin x + C.$

例 4.1.11　求 $\int \dfrac{1}{\sin^2 \dfrac{x}{2} \cos^2 \dfrac{x}{2}} \mathrm{d}x.$

解　$\int \dfrac{1}{\sin^2 \dfrac{x}{2} \cos^2 \dfrac{x}{2}} \mathrm{d}x = \int \dfrac{1}{\left(\dfrac{\sin x}{2}\right)^2} \mathrm{d}x = 4\int \csc^2 x \, \mathrm{d}x = -4\cot x + C.$

例 4.1.12　求 $\int 3\tan^2 x \, \mathrm{d}x.$

解　先利用三角恒等式化成基本积分表中有的积分,然后再逐项求积分.

$$\int 3\tan^2 x \, \mathrm{d}x = 3\int (\sec^2 x - 1)\mathrm{d}x = 3\int \sec^2 x \, \mathrm{d}x - 3\int \mathrm{d}x$$
$$= 3\tan x - 3x + C.$$

例 4.1.13　求 $\int \dfrac{1}{\sin^2 x \cos^2 x} \mathrm{d}x.$

解　$\int \dfrac{1}{\sin^2 x \cos^2 x} \mathrm{d}x = \int \dfrac{\sin^2 x + \cos^2 x}{\sin^2 x \cos^2 x} \mathrm{d}x = \int \dfrac{1}{\cos^2 x} \mathrm{d}x + \int \dfrac{1}{\sin^2 x} \mathrm{d}x$

$$= \tan x - \cot x + C.$$

由上面的例子可以看出,在很多情况下,被积函数在基本积分表中不一定找得到相应的公式,这时往往需要对被积函数进行各种恒等变形,如分解因式、多项式的增项减项、作三角变换等,最后将其变形成基本积分表中的类型积分.

习 题 4.1

1. 在下面的括号中填写正确值,并计算相应的不定积分.

(1) (　　　)$' = \dfrac{1}{1+x^2}$, $\displaystyle\int \dfrac{1}{1+x^2}dx =$ _____ ;

(2) (　　　)$' = 4^x$, $\displaystyle\int 4^x dx =$ _____ ;

(3) (　　　)$' = \dfrac{1}{\sqrt{x}}$, $\displaystyle\int \dfrac{1}{\sqrt{x}}dx =$ _____ ;

(4) (　　　)$' = e^{-x}$, $\displaystyle\int e^{-x} dx =$ _____ ;

(5) (　　　)$' = \cos 3x$, $\displaystyle\int \cos 3x\, dx =$ _____ .

2. 填空题.

(1) 若 $\ln\cos x$ 是 $f(x)$ 的一个原函数,则 $f(x) =$ _____ ;

(2) 若 $\displaystyle\int f(x)dx = \dfrac{3}{2}\sin x^2 + C$,则 $f(x) =$ _____ ;

(3) $\displaystyle\int d\arcsin\sqrt{x} =$ _____ ;

(4) $\displaystyle d\left(\int x^2 e^{2x}\, dx\right) =$ _____ ;

(5) $\left(\displaystyle\int \dfrac{1}{\sqrt[3]{1-x}}dx\right)' =$ _____ ;

(6) $\displaystyle\int (\sec x\, \tan x)'dx =$ _____ .

3. 计算下列不定积分.

(1) $\displaystyle\int (3x^2 - 2\sin x + 7)dx$;

(2) $\displaystyle\int \left(\dfrac{5}{x} + \dfrac{3}{x^2}\right)dx$;

(3) $\displaystyle\int e^x\left(2 - \dfrac{e^{-x}}{\sqrt{x^3}}\right)dx$;

(4) $\displaystyle\int \sec x\,(\sec x - 3\tan x)dx$;

(5) $\displaystyle\int \dfrac{x^2 + x - 1}{\sqrt{x\sqrt{x}}}dx$;

(6) $\displaystyle\int \dfrac{3x^3 + 3x - 2}{x^2 + 1}dx$;

(7) $\displaystyle\int \dfrac{3x^4 + 2x^2}{x^2 + 1}dx$;

(8) $\displaystyle\int \dfrac{dx}{x^2(1 + x^2)}$;

(9) $\displaystyle\int \cos\theta\,(\tan\theta + \sec\theta)d\theta$;

(10) $\displaystyle\int \left(\cos\dfrac{x}{2} - \sin\dfrac{x}{2}\right)^2 dx$;

$(11) \displaystyle\int 3^{x+1} e^x \, dx$;

$(12) \displaystyle\int \frac{dh}{\sqrt{2gh}}$;

$(13) \displaystyle\int \frac{3 \cdot 2^x - 2 \cdot 5^x}{5^x} dx$;

$(14) \displaystyle\int \frac{dx}{1 + \cos 2x}$;

$(15) \displaystyle\int 3\cos^2 \frac{x}{2} dx$;

$(16) \displaystyle\int \cot^2 x \, dx$;

$(17) \displaystyle\int \frac{4\sin^3 x - 1}{\sin^2 x} dx$;

$(18) \displaystyle\int \frac{\cos 2x}{\cos x - \sin x} dx$;

$(19) \displaystyle\int \frac{\cos 2x}{\sin^2 x \cos^2 x} dx$;

$(20) \displaystyle\int \frac{1 + \cos^2 x}{1 + \cos 2x} dx$.

4. 设 $\displaystyle\int f(x) dx = x^2 e^{3x} + C$，求 $\displaystyle\int f'(x) dx$.

5. 一曲线通过点 $(e^2, 3)$，且在任一点处的切线的斜率等于该点横坐标的倒数，求该曲线的方程.

6. 设 $f(x) = \begin{cases} 1, & x \leqslant 0, \\ e^x, & x > 0, \end{cases}$ 求 $F(x) = \displaystyle\int f(x) dx$，且使 $F(0) = 0$.

4.2 换元积分法

利用基本积分表和不定积分的运算性质能够计算的不定积分是非常有限的，所以有必要寻求更多的积分方法. 本节将学习一种基本的积分法——换元积分法. 它与微分学中复合函数的微分法则相对应. 换元积分法通常分为两类，即第一类换元积分和第二类换元积分.

4.2.1 第一类换元法(凑微分法)

问题 $\displaystyle\int e^{2x} dx = e^{2x} + C$ 成立吗?

观察 由基本积分公式知道 $\displaystyle\int e^u du = e^u + C$，令 $u = 2x$，可知

$$\int e^{2x} d(2x) = e^{2x} + C,$$

则 $\displaystyle\int e^{2x} dx \neq e^{2x} + C$.

解法 可将微分 dx 凑成 $\frac{1}{2} d(2x)$ 的形式，即 $dx = \frac{1}{2} d(2x)$，则

$$\int e^{2x} dx = \frac{1}{2} \int e^{2x} d(2x) + C \xlongequal{u = 2x} \frac{1}{2} \int e^u du = \frac{1}{2} e^u + C \xlongequal{u = 2x} \frac{1}{2} e^{2x} + C.$$

定理 4.2 设 $F'(u)=f(u)$，又 $u=\varphi(x)$ 有连续导数，则

$$\int f[\varphi(x)]\varphi'(x)\mathrm{d}x = \left[\int f(u)\mathrm{d}u\right]\Bigg|_{u=\varphi(x)} = F[\varphi(x)]+C.$$

证 对上式右端关于 x 求导，

$$\frac{\mathrm{d}}{\mathrm{d}x}(F[\varphi(x)]+C)=F'(u)\varphi'(x)=f(u)\varphi'(x)=f[\varphi(x)]\varphi'(x),$$

所以 $\int f[\varphi(x)]\varphi'(x)\mathrm{d}x = \int f[\varphi(x)]\mathrm{d}\varphi(x) = \int f(u)\mathrm{d}u = F(u) + C = F[\varphi(x)]+C.$

上述方法称为**第一类换元法**，也称为**凑微分法**. 它的基本思路是当 $\int g(x)\mathrm{d}x$ 在基本积分表中没有公式时，可以考虑变形被积表达式为 $g(x)\mathrm{d}x=f[\varphi(x)]\varphi'(x)\mathrm{d}x$ 的形式，令 $u=\varphi(x)$，然后利用基本积分表对新变量 u 积分.

例 4.2.1 求 $\int (2x+1)^{10}\mathrm{d}x$.

解 利用凑微分公式 $\mathrm{d}x=\dfrac{1}{a}\mathrm{d}(ax+b)$，所以

$$\int (2x+1)^{10}\mathrm{d}x = \frac{1}{2}\int (2x+1)^{10}(2x+1)'\mathrm{d}x = \frac{1}{2}\int (2x+1)^{10}\mathrm{d}(2x+1)$$

$$\xrightarrow{2x+1=u} \frac{1}{2}\int u^{10}\mathrm{d}u = \frac{1}{2}\cdot\frac{u^{11}}{11}+C$$

$$\xrightarrow{u=2x+1} \frac{1}{22}(2x+1)^{11}+C.$$

例 4.2.2 求 $\int \dfrac{1}{3+2x}\mathrm{d}x$.

解 $\int \dfrac{1}{3+2x}\mathrm{d}x = \dfrac{1}{2}\int \dfrac{1}{3+2x}\cdot(3+2x)'\mathrm{d}x$

$$= \frac{1}{2}\int \frac{1}{3+2x}\mathrm{d}(3+2x)$$

$$\xrightarrow{3+2x=u} \frac{1}{2}\int \frac{1}{u}\mathrm{d}u = \frac{1}{2}\ln|u|+C$$

$$\xrightarrow{u=3+2x} \frac{1}{2}\ln|3+2x|+C.$$

注 一般情形：$\int f(ax+b)\mathrm{d}x \xrightarrow{ax+b=u} \dfrac{1}{a}\int f(u)\mathrm{d}u.$

例 4.2.3 计算不定积分 $\int x\,\mathrm{e}^{x^2}\mathrm{d}x$.

解　$\displaystyle\int x\,\mathrm{e}^{x^2}\,\mathrm{d}x=\frac{1}{2}\int \mathrm{e}^{x^2}(x^2)'\,\mathrm{d}x=\frac{1}{2}\int \mathrm{e}^{x^2}\,\mathrm{d}(x^2)\xlongequal{x^2=u}\frac{1}{2}\int \mathrm{e}^{u}\,\mathrm{d}u$

$$=\frac{1}{2}\mathrm{e}^{u}+C\xlongequal{u=x^2}\frac{1}{2}\mathrm{e}^{x^2}+C.$$

注　一般情形：$\displaystyle\int x f(x^2)\,\mathrm{d}x\xlongequal{x^2=u}\frac{1}{2}\int f(u)\,\mathrm{d}u.$

例 4.2.4　计算不定积分 $\displaystyle\int x\sqrt{1-x^2}\,\mathrm{d}x.$

解　$\displaystyle\int x\sqrt{1-x^2}\,\mathrm{d}x=\int (1-x^2)^{\frac{1}{2}}\left[-\frac{1}{2}(1-x^2)\right]'\mathrm{d}x$

$$=-\frac{1}{2}\int (1-x^2)^{\frac{1}{2}}\,\mathrm{d}(1-x^2)$$

$$=-\frac{1}{3}(1-x^2)^{\frac{3}{2}}+C.$$

注　对变量代换比较熟练后，可省去书写中间变量的换元和回代过程.

例 4.2.5　求 $\displaystyle\int\frac{\mathrm{d}x}{x(1+3\ln x)}.$

解　首先要注意到基本积分表中有 $\displaystyle\int\frac{\mathrm{d}x}{x}=\ln|x|+C$，又由于 $\dfrac{\mathrm{d}x}{x}=\mathrm{d}\ln|x|$，所以

$$\int\frac{\mathrm{d}x}{x(1+3\ln x)}=\int\frac{\mathrm{d}\ln x}{1+3\ln x}=\frac{1}{3}\int\frac{\mathrm{d}(1+3\ln x)}{1+3\ln x}=\frac{1}{3}\ln|1+3\ln x|+C.$$

注　一般情形：$\displaystyle\int f(\ln x)\frac{1}{x}\,\mathrm{d}x=\int f(\ln x)\,\mathrm{d}(\ln x).$

例 4.2.6　求 $\displaystyle\int\frac{\mathrm{e}^{2\sqrt{x}}\,\mathrm{d}x}{\sqrt{x}}.$

解　由于 $\dfrac{\mathrm{d}x}{\sqrt{x}}=2\sqrt{x}\,\mathrm{d}x$，因此 $\dfrac{\mathrm{d}x}{\sqrt{x}}=\mathrm{d}(2\sqrt{x})$，故

$$\int\frac{\mathrm{e}^{2\sqrt{x}}\,\mathrm{d}x}{\sqrt{x}}=\int \mathrm{e}^{2\sqrt{x}}\,\mathrm{d}(2\sqrt{x})=\mathrm{e}^{2\sqrt{x}}+C.$$

例 4.2.7　求 $\displaystyle\int\frac{\mathrm{d}x}{\sqrt{x-x^2}}.$

解　$\displaystyle\int\frac{\mathrm{d}x}{\sqrt{x-x^2}}=\int\frac{\mathrm{d}x}{\sqrt{x}\cdot\sqrt{1-x}}=\int\frac{\mathrm{d}(2\sqrt{x})}{\sqrt{1-x}}=2\int\frac{\mathrm{d}\sqrt{x}}{\sqrt{1-(\sqrt{x})^2}}.$

由基本积分公式 $\int \dfrac{\mathrm{d}x}{\sqrt{1-x^2}} = \arcsin x + C$，原式 $= 2\arcsin\sqrt{x} + C$.

注　一般情形：$\int f(\sqrt{x}) \dfrac{1}{\sqrt{x}} \mathrm{d}x = 2\int f(\sqrt{x}) \mathrm{d}(\sqrt{x})$.

例 4.2.8　求下列不定积分.

$(1) \int \dfrac{1}{1+\mathrm{e}^x} \mathrm{d}x$；　　　　$(2) \int \dfrac{\sin\dfrac{1}{x}}{x^2} \mathrm{d}x$.

解　(1) 原式 $= \int \dfrac{1+\mathrm{e}^x-\mathrm{e}^x}{1+\mathrm{e}^x} \mathrm{d}x = \int \left(1-\dfrac{\mathrm{e}^x}{1+\mathrm{e}^x}\right) \mathrm{d}x$

$\qquad = \int \mathrm{d}x - \int \dfrac{\mathrm{e}^x}{1+\mathrm{e}^x} \mathrm{d}x = \int \mathrm{d}x - \int \dfrac{1}{1+\mathrm{e}^x} \mathrm{d}(1+\mathrm{e}^x)$

$\qquad = x - \ln(1+\mathrm{e}^x) + C$；

$(2) \int \dfrac{\sin\dfrac{1}{x}}{x^2} \mathrm{d}x = \int \sin\left(\dfrac{1}{x}\right) \cdot \left(-\dfrac{1}{x}\right)' \mathrm{d}x = -\int \sin\left(\dfrac{1}{x}\right) \cdot \mathrm{d}\left(\dfrac{1}{x}\right) = \cos\left(\dfrac{1}{x}\right) + C$.

注　一般情形：

$$\int f(\mathrm{e}^x) \mathrm{e}^x \mathrm{d}x = \int f(\mathrm{e}^x) \mathrm{d}(\mathrm{e}^x)；$$

$$\int f\left(\dfrac{1}{x}\right) \dfrac{1}{x^2} \mathrm{d}x = -\int f\left(\dfrac{1}{x}\right) \mathrm{d}\left(\dfrac{1}{x}\right).$$

例 4.2.9　求 $\int \sin 2x \, \mathrm{d}x$.

解法 1　$\int \sin 2x \, \mathrm{d}x = \dfrac{1}{2} \int \sin 2x \, \mathrm{d}(2x) = -\dfrac{1}{2}\cos 2x + C$；

解法 2　$\int \sin 2x \, \mathrm{d}x = 2\int \sin x \cos x \, \mathrm{d}x = 2\int \sin x \, \mathrm{d}(\sin x) = \sin^2 x + C$；

解法 3　$\int \sin 2x \, \mathrm{d}x = 2\int \sin x \cos x \, \mathrm{d}x = -2\int \cos x \, \mathrm{d}(\cos x) = -(\cos x)^2 + C$.

注　一般情形：

$$\int f(\sin x) \cos x \, \mathrm{d}x = \int f(\sin x) \mathrm{d}(\sin x)；$$

$$\int f(\cos x) \sin x \, \mathrm{d}x = -\int f(\cos x) \mathrm{d}(\cos x).$$

由例 4.2.9 可以看出，对于同一个不定积分，用不同的方法来计算，所得到的结果在形式上可能有差异,但实际都没有错,它们之间最多只相差一个常数. 那么要检验不定积分的结果是否正确,只要将其结果求导数,看是否等于被积函数即可.

从以上例子看到用第一类换元法计算不定积分,需要反复练习,掌握一些常见的凑微分技巧,加深理解,才能举一反三.

下面继续用凑微分法推出 7 个常用的不定积分公式.

例 4.2.10　求 $\int \tan x \, dx$.

解　$\int \tan x \, dx = \int \dfrac{\sin x}{\cos x} dx$. 将被积函数中的 $\cos x$ 看成一个整体,根据基本微分运算知 $\sin x \, dx = d(-\cos x) = -d\cos x$,则

$$原式 = -\int \frac{d\cos x}{\cos x} = -\ln |\cos x| + C.$$

类似地,$\int \cot x \, dx = \ln |\sin x| + C$.

例 4.2.11　求 $\int \dfrac{dx}{a^2 + x^2} \ (a \neq 0)$.

解　积分形似基本积分表中的 $\int \dfrac{dx}{1+x^2} = \arctan x + C$,所以凑微分得

$$\int \frac{dx}{a^2 + x^2} = \int \frac{1}{a^2} \cdot \frac{1}{1+\left(\dfrac{x}{a}\right)^2} \, dx = \frac{1}{a^2}\int \frac{1}{1+\left(\dfrac{x}{a}\right)^2} \cdot a \cdot d\frac{x}{a}$$

$$= \frac{1}{a}\arctan \frac{x}{a} + C.$$

例 4.2.12　求 $\int \dfrac{dx}{\sqrt{a^2 - x^2}} \ (a > 0)$.

解　比较 $\int \dfrac{dx}{\sqrt{1-x^2}} = \arcsin x + C$,有

$$原式 = \int \frac{1}{a} \cdot \frac{dx}{\sqrt{1-\left(\dfrac{x}{a}\right)^2}} = \int \frac{d\dfrac{x}{a}}{\sqrt{1-\left(\dfrac{x}{a}\right)^2}} = \arcsin \frac{x}{a} + C.$$

例 4.2.13　求 $\int \dfrac{dx}{x^2 - a^2}$.

解　注意区分此例与例 4.2.11 中被积函数的变化.

因为

$$\frac{1}{x^2-a^2}=\frac{1}{2a}\left(\frac{1}{x-a}-\frac{1}{x+a}\right),$$

所以

$$原式=\frac{1}{2a}\int\left(\frac{1}{x-a}-\frac{1}{x+a}\right)\mathrm{d}x=\frac{1}{2a}\left(\int\frac{1}{x-a}\mathrm{d}x-\int\frac{1}{x+a}\mathrm{d}x\right)$$

$$=\frac{1}{2a}\left[\int\frac{1}{x-a}\mathrm{d}(x-a)-\int\frac{1}{x+a}\mathrm{d}(x+a)\right]$$

$$=\frac{1}{2a}(\ln\mid x-a\mid-\ln\mid x+a\mid)+C$$

$$=\frac{1}{2a}\ln\left|\frac{x-a}{x+a}\right|+C.$$

类似地,$\displaystyle\int\frac{\mathrm{d}x}{a^2-x^2}=\frac{1}{2a}\ln\left|\frac{a+x}{a-x}\right|+C.$

例 4.2.14　求 $\displaystyle\int\csc x\,\mathrm{d}x.$

解　$\displaystyle\int\csc x\,\mathrm{d}x=\int\frac{\mathrm{d}x}{\sin x}=\int\frac{\mathrm{d}x}{2\sin\dfrac{x}{2}\cos\dfrac{x}{2}}$

$$=\int\frac{\mathrm{d}\dfrac{x}{2}}{\tan\dfrac{x}{2}\cos^2\dfrac{x}{2}}=\int\frac{\sec^2\dfrac{x}{2}\mathrm{d}\dfrac{x}{2}}{\tan\dfrac{x}{2}}=\int\frac{\mathrm{d}\left(\tan\dfrac{x}{2}\right)}{\tan\dfrac{x}{2}}$$

$$=\ln\left|\tan\dfrac{x}{2}\right|+C.$$

此外

$$\tan\frac{x}{2}=\frac{\sin\dfrac{x}{2}}{\cos\dfrac{x}{2}}=\frac{2\sin^2\dfrac{x}{2}}{\sin x}=\frac{1-\cos x}{\sin x}=\csc x-\cot x,$$

所以上述不定积分也可表示为

$$\int\csc x\,\mathrm{d}x=\ln\mid\csc x-\cot x\mid+C.$$

例 4.2.15　求 $\displaystyle\int\sec x\,\mathrm{d}x.$

解　利用上例结果,可以得到

$$\int \sec x \, dx = \ln |\sec x + \tan x| + C.$$

以下将介绍另外两种解法,读者可从中对比.

解法 1　原式 $= \int \dfrac{1}{\cos x} dx = \int \dfrac{\cos x}{\cos^2 x} dx = \int \dfrac{d\sin x}{1 - \sin^2 x}$

$$= \frac{1}{2} \ln \left| \frac{1 + \sin x}{1 - \sin x} \right| + C \quad (\text{这里利用例 4.2.13 的结果}).$$

解法 2　原式 $= \int \dfrac{\sec x (\sec x + \tan x)}{\sec x + \tan x} dx = \int \dfrac{\sec x \tan x + \sec^2 x}{\sec x + \tan x} dx$

$$= \int \frac{d(\sec x + \tan x)}{\sec x + \tan x} = \ln |\sec x + \tan x| + C.$$

由例 4.2.10~例 4.2.15 我们又得到了 7 个基本的积分公式.

(14) $\displaystyle\int \tan x \, dx = -\ln |\cos x| + C;$

(15) $\displaystyle\int \cot x \, dx = \ln |\sin x| + C;$

(16) $\displaystyle\int \dfrac{dx}{a^2 + x^2} = \dfrac{1}{a} \arctan \dfrac{x}{a} + C \ (a \neq 0);$

(17) $\displaystyle\int \dfrac{dx}{x^2 - a^2} = \dfrac{1}{2a} \ln \left| \dfrac{x - a}{x + a} \right| + C;$

(18) $\displaystyle\int \dfrac{dx}{\sqrt{a^2 - x^2}} = \arcsin \dfrac{x}{a} + C \ (a > 0);$

(19) $\displaystyle\int \sec x \, dx = \ln |\sec x + \tan x| + C;$

(20) $\displaystyle\int \csc x \, dx = \ln |\csc x - \cot x| + C.$

下面再介绍几个用第一类换元法求一些特殊的三角函数积分的例子.

例 4.2.16　求 $\displaystyle\int \cos 3x \cos 2x \, dx.$

解　当被积函数出现两项三角函数乘积时,可以考虑先利用积化和差公式化简被积函数,再进一步计算.

$$原式 = \frac{1}{2} \int (\cos x + \cos 5x) dx$$

$$= \frac{1}{2} \int \cos x \, dx + \frac{1}{10} \int \cos 5x \, d(5x)$$

$$= \frac{1}{2} \sin x + \frac{1}{10} \sin 5x + C.$$

例 4.2.17 求下列不定积分.

(1) $\displaystyle\int \sin^3 x \, \mathrm{d}x$; (2) $\displaystyle\int \sin^2 x \cdot \cos^5 x \, \mathrm{d}x$.

解 (1) $\displaystyle\int \sin^3 x \, \mathrm{d}x = \int \sin^2 x \sin x \, \mathrm{d}x = -\int (1 - \cos^2 x) \mathrm{d}(\cos x)$

$$= -\int \mathrm{d}(\cos x) + \int \cos^2 x \, \mathrm{d}(\cos x)$$

$$= -\cos x + \frac{1}{3}\cos^3 x + C ;$$

(2) 原式 $\displaystyle= \int \sin^2 x \cdot \cos^4 x \, \mathrm{d}(\sin x) = \int \sin^2 x \cdot (1 - \sin^2 x)^2 \, \mathrm{d}(\sin x)$

$$= \frac{1}{3}\sin^3 x - \frac{2}{5}\sin^5 x + \frac{1}{7}\sin^7 x + C.$$

注 当被积函数是三角函数的乘积时,拆开奇次项去凑微分.

例 4.2.18 求下列不定积分.

(1) $\displaystyle\int \cos^2 x \, \mathrm{d}x$; (2) $\displaystyle\int \cos^4 x \, \mathrm{d}x$.

解 (1) $\displaystyle\int \cos^2 x \, \mathrm{d}x = \int \frac{1 + \cos 2x}{2} \, \mathrm{d}x = \frac{1}{2}\left(\int \mathrm{d}x + \int \cos 2x \, \mathrm{d}x\right)$

$$= \frac{1}{2}\int \mathrm{d}x + \frac{1}{4}\int \cos 2x \, \mathrm{d}(2x) = \frac{x}{2} + \frac{\sin 2x}{4} + C ;$$

(2) 因为

$$\cos^4 x = (\cos^2 x)^2 = \left(\frac{1 + \cos 2x}{2}\right)^2 = \frac{1}{4}(1 + 2\cos 2x + \cos^2 2x)$$

$$= \frac{1}{4}\left(1 + 2\cos 2x + \frac{1 + \cos 4x}{2}\right) = \frac{1}{8}(3 + 4\cos 2x + \cos 4x),$$

所以

$$\int \cos^4 x \, \mathrm{d}x = \frac{1}{8}\int (3 + 4\cos 2x + \cos 4x) \, \mathrm{d}x$$

$$= \frac{1}{8}\left(\int 3\mathrm{d}x + \int 4\cos 2x \, \mathrm{d}x + \int \cos 4x \, \mathrm{d}x\right)$$

$$= \frac{1}{8}\left[3x + 2\int \cos 2x \, \mathrm{d}(2x) + \frac{1}{4}\int \cos 4x \, \mathrm{d}(4x)\right]$$

$$= \frac{3}{8}x + \frac{1}{4}\sin 2x + \frac{1}{32}\sin 4x + C.$$

例 4.2.19 求 $\int \sec^6 x \, \mathrm{d}x$.

解
$$\int \sec^6 x \, \mathrm{d}x = \int (\sec^2 x)^2 \sec^2 x \, \mathrm{d}x$$

$$= \int (1 + \tan^2 x)^2 \, \mathrm{d}\tan x$$

$$= \int (1 + 2\tan^2 x + \tan^4 x) \, \mathrm{d}\tan x$$

$$= \tan x + \frac{2}{3} \tan^3 x + \frac{1}{5} \tan^5 x + C.$$

4.2.2 第二类换元法

上面介绍的第一类换元法是计算不定积分最常用的方法，这是通过用变量代换将积分表中没有的积分化成基本积分公式的形式来积出的，即

$$\int f[\varphi(x)]\varphi'(x)\mathrm{d}x = \left[\int f(u)\mathrm{d}u\right]\Bigg|_{u=\varphi(x)} = F[\varphi(x)] + C.$$

但是有一些积分却不能用这种方法求出，即被积表达式不能凑成 $f[\varphi(x)] \cdot \varphi'(x)\mathrm{d}x$ 的形式，此时不妨换一种思维，直接令积分变量 $x = \varphi(t)$，则

$$\int f(x)\mathrm{d}x = \int f[\varphi(t)]\mathrm{d}[\varphi(t)] = \int f[\varphi(t)]\varphi'(t)\mathrm{d}t.$$

将积分化为基本积分公式中的形式，对新的积分变量 t 积分，最后将 t 还原为 $x = \varphi(t)$ 的反函数 $t = \varphi^{-1}(x)$ 即可. 这就是**第二类换元法**.

定理 4.3 设

(1) $x = \varphi(t)$ 有连续导数，且 $\varphi'(t) \neq 0$；

(2) $F(t)$ 是 $f[\varphi(t)]\varphi'(t)$ 的原函数，则

$$\int f(x)\mathrm{d}x = F[\varphi^{-1}(x)] + C,$$

其中 $t = \varphi^{-1}(x)$ 是 $x = \varphi(t)$ 的反函数.

证 由不定积分定义，只要证明 $\{F[\varphi^{-1}(x)]\}'_x = f(x)$ 即可. 由 (1) 知 $x = \varphi(t)$ 的反函数 $t = \varphi^{-1}(x)$ 存在且可导，$\dfrac{\mathrm{d}t}{\mathrm{d}x} = [\varphi^{-1}(x)]'_x = \dfrac{1}{\varphi'(t)}$，因此

$$\{F[\varphi^{-1}(x)]\}'_x = F'(t)\frac{\mathrm{d}t}{\mathrm{d}x} = f[\varphi(t)]\varphi'(t)\frac{1}{\varphi'(t)} = f(x),$$

即结论成立.

第一、二类换元法的主要区别：第一类换元法从 $u = \varphi(x)$ 出发且以 $u = \varphi(x)$ 结束，$\varphi(x)$ 可以没有反函数；而第二类换元法由 $x = \varphi(t)$ 出发到 $t = \varphi^{-1}(x)$ 结束，$x = \varphi(t)$ 与 $t = \varphi^{-1}(x)$ 互为反函数. 在第一类换元法中，u 是中间变量，x 是自变

量,而在第二类换元法中,x 与 t 的中间变量与自变量的地位是变化的.

第二类换元法常用的代换有三种,即**三角代换**、**根式代换**和**倒代换**. 对于一些技巧性很强的特殊代换,这里就不过多介绍.

例 4.2.20 求 $\int \sqrt{a^2-x^2}\,\mathrm{d}x$,其中 $a>0$.

解 设 $x=a\sin t\left(-\dfrac{\pi}{2}\leqslant t\leqslant\dfrac{\pi}{2}\right)$,则 $\mathrm{d}x=a\cos t\,\mathrm{d}t$.

由于 $a^2-x^2\geqslant0$,所以 $-a\leqslant x\leqslant a$,$-\dfrac{\pi}{2}\leqslant t\leqslant\dfrac{\pi}{2}\left(\text{为保证 } x'_t=a\cos t\neq0,\text{限制}\right.$

$\left.-\dfrac{\pi}{2}\leqslant t\leqslant\dfrac{\pi}{2}\right)$,于是 $\sqrt{a^2-x^2}=\sqrt{a^2-a^2\sin^2 t}=|a\cos t|=a\cos t$,故

$$\int\sqrt{a^2-x^2}\,\mathrm{d}x=\int\sqrt{a^2-a^2\sin^2 t}\cdot a\cos t\,\mathrm{d}t$$

$$=\int a\cos t\cdot a\cos t\,\mathrm{d}t=a^2\int\cos^2 t\,\mathrm{d}t$$

$$=\frac{a^2}{2}\int(1+\cos 2t)\,\mathrm{d}t=\frac{a^2}{2}\left(t+\frac{1}{2}\sin 2t\right)+C$$

$$=\frac{a^2}{2}t+\frac{a^2}{2}\sin t\cos t+C.$$

最后需要将变量 t 还原为 x 的函数. 由 $x=a\sin t$ 作出如图 4.3 所示的直角三角形,

$$\text{原式}=\frac{a^2}{2}\arcsin\frac{x}{a}+\frac{x}{2}\sqrt{a^2-x^2}+C.$$

例 4.2.21 求 $\int\dfrac{\mathrm{d}x}{\sqrt{a^2+x^2}}$(其中 $a>0$).

解 利用三角公式 $\tan^2 t+1=\sec^2 t$,设 $x=a\tan t\left(-\dfrac{\pi}{2}<t<\dfrac{\pi}{2}\right)$,则

$$\mathrm{d}x=a\sec^2 t\,\mathrm{d}t,\quad\sqrt{a^2+x^2}=a\sec t,$$

从而有

$$\int\frac{\mathrm{d}x}{\sqrt{a^2+x^2}}=\int\frac{a\sec^2 t\,\mathrm{d}t}{a\sec t}=\int\sec t\,\mathrm{d}t=\ln|\sec t+\tan t|+C_1.$$

为了将最终结果表示为 x 的函数,由 $x=a\tan t$ 作出如图 4.4 所示的直角三角形,由图示可知 $\tan t=\dfrac{x}{a}$,$\sec t=\dfrac{\sqrt{x^2+a^2}}{a}$,所以

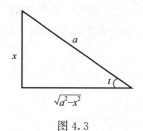

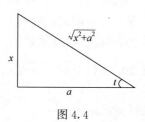

图 4.3　　　　　　　　　　　　　图 4.4

$$\int \frac{\mathrm{d}x}{\sqrt{a^2+x^2}} = \ln\left| \frac{x}{a} + \frac{\sqrt{x^2+a^2}}{a} \right| + C_1 = \ln\left| x + \sqrt{x^2+a^2} \right| + C,$$

其中 $C = C_1 - \ln a$.

例 4.2.22　求 $\displaystyle\int \frac{\mathrm{d}x}{\sqrt{x^2-a^2}}$（其中 $a > 0$）.

解　利用三角公式 $\sec^2 t - 1 = \tan^2 t$，消去被积函数中的根号.

当 $x > a$ 时，设 $x = a\sec t\left(0 < t < \dfrac{\pi}{2}\right)$，则 $\mathrm{d}x = a\sec t\tan t\,\mathrm{d}t$，$\sqrt{x^2-a^2} = a\tan t$，从而有

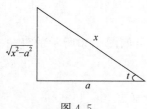

$$\int \frac{\mathrm{d}x}{\sqrt{x^2-a^2}} = \int \frac{a\sec t\tan t\,\mathrm{d}t}{a\tan t} = \int \sec t\,\mathrm{d}t$$
$$= \ln(\sec t + \tan t) + C_1.$$

由 $x = a\sec t$ 作出如图 4.5 所示的直角三角形，由

图 4.5

图示可知

$$\sec t = \frac{x}{a}, \quad \tan t = \frac{\sqrt{x^2-a^2}}{a},$$

所以

$$\int \frac{\mathrm{d}x}{\sqrt{x^2-a^2}} = \ln\left(\frac{x}{a} + \frac{\sqrt{x^2-a^2}}{a} \right) + C_1 = \ln(x + \sqrt{x^2-a^2}) + C,$$

其中 $C = C_1 - \ln a$.

当 $x < -a$ 时，令 $x = -u$，则 $u > a$，即为上述情形，得

$$\int \frac{\mathrm{d}x}{\sqrt{x^2-a^2}} = -\int \frac{\mathrm{d}u}{\sqrt{u^2-a^2}} = -\ln(u + \sqrt{u^2-a^2}) + C$$

$$= -\ln(-x + \sqrt{x^2-a^2}) + C = \ln\frac{-x - \sqrt{x^2-a^2}}{a^2} + C$$

$$= \ln(-x - \sqrt{x^2-a^2}) + C_1.$$

其中 $C_1 = C - 2\ln a$.

综合以上结果,得 $\displaystyle\int \frac{\mathrm{d}x}{\sqrt{x^2 - a^2}} = \ln\left| x + \sqrt{x^2 - a^2} \right| + C$.

从上面三个例子可以看出,当被积函数含有 $\sqrt{a^2 - x^2}$,$\sqrt{x^2 + a^2}$,$\sqrt{x^2 - a^2}$ 时,可分别令 $x = a\sin t$(或 $x = a\cos t$),$x = a\tan t$(或 $x = a\cot t$),$x = a\sec t$(或 $x = a\csc t$). 这类代换称为三角代换,主要的作用是消去被积函数中的二次根式. 不过,有时也用于被积函数中不含根式的积分.

下面介绍一种很有用的代换——倒代换,利用它常可消去被积函数的分母中的变量因子 x.

例 4.2.23 求 $\displaystyle\int \frac{1}{x(x^{10} + 2)}\mathrm{d}x$.

解 令 $x = \dfrac{1}{t}$,则 $\mathrm{d}x = -\dfrac{1}{t^2}\mathrm{d}t$,于是

$$\int \frac{1}{x(x^{10} + 2)}\mathrm{d}x = \int \frac{t}{\left(\dfrac{1}{t}\right)^{10} + 2} \cdot \left(-\frac{1}{t^2}\right)\mathrm{d}t = -\int \frac{t^9}{1 + 2t^{10}}\mathrm{d}t$$

$$= -\frac{1}{20}\ln|1 + 2t^{10}| + C$$

$$= -\frac{1}{20}\ln|2 + x^{10}| + \frac{1}{2}\ln|x| + C.$$

例 4.2.24 求 $\displaystyle\int \frac{1}{x^2\sqrt{1 + x^2}}\mathrm{d}x\,(x > 0)$.

解 令 $x = \dfrac{1}{t}$,则 $\mathrm{d}x = -\dfrac{1}{t^2}\mathrm{d}t$,于是

$$\int \frac{1}{x^2\sqrt{1 + x^2}}\mathrm{d}x = -\int \frac{t}{\sqrt{1 + t^2}}\mathrm{d}t = -\frac{1}{2}\int \frac{\mathrm{d}(1 + t^2)}{\sqrt{1 + t^2}}$$

$$= -\sqrt{1 + t^2} + C = -\frac{\sqrt{1 + x^2}}{x} + C.$$

例 4.2.25 求 $\displaystyle\int \frac{\mathrm{d}x}{1 + \sqrt{x}}$.

解 分母中有无理根式,先应考虑用变量替换将根式去除. 设 $\sqrt{x} = t$,于是 $x = t^2$,$\mathrm{d}x = 2t\,\mathrm{d}t$,则

$$\int \frac{\mathrm{d}x}{1 + \sqrt{x}} = \int \frac{2t}{1 + t}\mathrm{d}t$$

$$= 2\int\left(1 - \frac{1}{1+t}\right)\mathrm{d}t = 2(t - \ln|1+t|) + C$$

$$= 2\left[\sqrt{x} - \ln|1 + \sqrt{x}|\right] + C.$$

例 4.2.26　求 $\displaystyle\int \frac{\mathrm{d}x}{\sqrt{x}\,(1 + \sqrt[3]{x}\,)}$.

解　当被积函数中含有两个或两个以上的根式,根式内函数形式相同,而根指数又不相同时,要想消去所有根式,通常取这两个根指数的分母的最小公倍数作为新变量的幂指数.

设 $x = t^6$,则 $\mathrm{d}x = 6t^5\mathrm{d}t$.

$$\int \frac{\mathrm{d}x}{\sqrt{x}\,(1 + \sqrt[3]{x}\,)} = \int \frac{6t^5\mathrm{d}t}{t^3(1 + t^2)} = 6\int \frac{t^2}{(1 + t^2)}\mathrm{d}t$$

$$= 6(t - \operatorname{arctan}t) + C$$

$$= 6(\sqrt[6]{x} - \operatorname{arctan}\sqrt[6]{x}\,) + C.$$

例 4.2.27　求 $\displaystyle\int \frac{\sqrt{x-1}}{x}\mathrm{d}x$.

解　要想消除被积函数中的根式,本题用三角代换并不是理想的方法,可以根据上例的基本思路,整体作根式代换.

令 $t = \sqrt{x-1}$,则 $x = t^2 + 1$,$\mathrm{d}x = 2t\,\mathrm{d}t$.

$$\int \frac{\sqrt{x-1}}{x}\mathrm{d}x = \int \frac{t}{t^2 + 1}\cdot 2t\,\mathrm{d}t = 2\int \frac{t^2}{t^2 + 1}\mathrm{d}t$$

$$= 2\int\left(1 - \frac{1}{t^2 + 1}\right)\mathrm{d}t$$

$$= 2t - 2\operatorname{arctan}t + C$$

$$= 2\sqrt{x-1} - 2\operatorname{arctan}\sqrt{x-1} + C.$$

需要注意的是,根式有理化是化简不定积分计算的常用方法之一,去掉被积函数根号并不一定要采用三角代换,应根据被积函数的情况来确定采用何种根式有理化代换.

例 4.2.28　求 $\displaystyle\int \frac{x^5}{\sqrt{1 + x^2}}\mathrm{d}x$.

解　本例如果采取三角代换将相当繁琐. 现在我们采用整体代换,令 $t = \sqrt{1+x^2}$,则 $x^2 = t^2 - 1$,$x\,\mathrm{d}x = t\,\mathrm{d}t$,于是

$$\int \frac{x^5}{\sqrt{1 + x^2}}\mathrm{d}x = \int \frac{(t^2 - 1)^2}{t}t\,\mathrm{d}t = \int (t^4 - 2t^2 + 1)\mathrm{d}t$$

$$=\frac{1}{5}t^5-\frac{2}{3}t^3+t+C$$

$$=\frac{1}{15}(8-4x^2+3x^4)\sqrt{1+x^2}+C.$$

由第二类换元法，我们又得到三个常用的积分公式(其中常数 $a>0$)，这就是

(21) $\displaystyle\int\sqrt{a^2-x^2}\,\mathrm{d}x=\frac{a^2}{2}\arcsin\frac{x}{a}+\frac{x}{2}\sqrt{a^2-x^2}+C$;

(22) $\displaystyle\int\frac{\mathrm{d}x}{\sqrt{x^2+a^2}}=\ln\left|x+\sqrt{x^2+a^2}\right|+C$;

(23) $\displaystyle\int\frac{\mathrm{d}x}{\sqrt{x^2-a^2}}=\ln\left|x+\sqrt{x^2-a^2}\right|+C.$

习 题 4. 2

1. 在下列横线上填入适当的系数,使等式成立.

(1) $\mathrm{d}x=$ _____ $\mathrm{d}(ax)$;　　　　(2) $\mathrm{d}x=$ _____ $\mathrm{d}(6x+2)$;

(3) $x\,\mathrm{d}x=$ _____ $\mathrm{d}(1-3x^2)$;　　(4) $\mathrm{e}^{3x}\,\mathrm{d}x=$ _____ $\mathrm{d}(\mathrm{e}^{3x})$;

(5) $\mathrm{e}^{-\frac{x}{2}}\,\mathrm{d}x=$ _____ $\mathrm{d}(2+\mathrm{e}^{-\frac{x}{2}})$;　　(6) $\dfrac{\mathrm{d}x}{x}=$ _____ $\mathrm{d}(5\ln|x|)$;

(7) $\dfrac{\mathrm{d}x}{\sqrt{x}}=$ _____ $\mathrm{d}(1-\sqrt{3x})$;

(8) $\sin\dfrac{3x}{2}\,\mathrm{d}x=$ _____ $\mathrm{d}\left(\cos\dfrac{3x}{2}\right)$;

(9) $\dfrac{\mathrm{d}x}{1+16x^2}=$ _____ $\mathrm{d}(\arctan 4x)$;

(10) $\dfrac{\mathrm{d}x}{x\ln x}=$ _____ $\mathrm{d}(2-3\ln\ln x)$;

(11) $\dfrac{\mathrm{d}x}{\sqrt{1-x^2}}=$ _____ $\mathrm{d}(1-\arcsin x)$;

(12) $\dfrac{x\,\mathrm{d}x}{\sqrt{1-x^2}}=$ _____ $\mathrm{d}(\sqrt{1-x^2})$.

2. 若 $f(x)$ 为连续函数,且 $\displaystyle\int f(x)\,\mathrm{d}x=F(x)+C$,则

(1) $\displaystyle\int f(2+x^3)x^2\,\mathrm{d}x=$ _____;　　(2) $\displaystyle\int \mathrm{e}^{-x}f(\mathrm{e}^{-x})\,\mathrm{d}x=$ _____;

(3) $\displaystyle\int \frac{1}{x} f(\ln 2x)\mathrm{d}x = \underline{\qquad}$;

(4) $\displaystyle\int f(\cos^2 x)\sin x\cos x\,\mathrm{d}x = \underline{\qquad}$.

3. 求下列不定积分.

(1) $\displaystyle\int \mathrm{e}^{6s}\,\mathrm{d}s$;

(2) $\displaystyle\int (3-2x)^5\,\mathrm{d}x$;

(3) $\displaystyle\int \frac{\mathrm{d}x}{1-3x}$;

(4) $\displaystyle\int \frac{\mathrm{d}x}{\sqrt[3]{2-3x}}$;

(5) $\displaystyle\int x\,\mathrm{e}^{-x^2}\,\mathrm{d}x$;

(6) $\displaystyle\int 6x^2(x^3+2)^{18}\,\mathrm{d}x$;

(7) $\displaystyle\int \frac{\tan\sqrt{x}}{\sqrt{x}}\,\mathrm{d}x$;

(8) $\displaystyle\int \frac{\mathrm{e}^{\sqrt{x}}}{3\sqrt{x}}\,\mathrm{d}x$;

(9) $\displaystyle\int \frac{\mathrm{e}^x\,\mathrm{d}x}{\sqrt{1-\mathrm{e}^{2x}}}$;

(10) $\displaystyle\int \frac{\sin x\,\mathrm{d}x}{1+\cos^2 x}$;

(11) $\displaystyle\int \frac{\mathrm{d}x}{\mathrm{e}^x+\mathrm{e}^{-x}}$;

(12) $\displaystyle\int \frac{\sin x\cos x}{\sqrt{1+\sin^2 x}}\,\mathrm{d}x$;

(13) $\displaystyle\int \frac{\mathrm{d}x}{x\ln x\ln\ln x}$;

(14) $\displaystyle\int \frac{\mathrm{d}x}{2\arcsin x\,\sqrt{1-x^2}}$;

(15) $\displaystyle\int \frac{10^{2\arccos x}}{\sqrt{1-x^2}}\,\mathrm{d}x$;

(16) $\displaystyle\int \frac{\arctan\sqrt{x}}{\sqrt{x}\,(1+x)}\,\mathrm{d}x$;

(17) $\displaystyle\int \frac{x^2}{4+x^6}\,\mathrm{d}x$;

(18) $\displaystyle\int \frac{\mathrm{d}x}{\sin x\cos x}$;

(19) $\displaystyle\int \cos^3 x\,\mathrm{d}x$;

(20) $\displaystyle\int \cos 3x\cos 5x\,\mathrm{d}x$;

(21) $\displaystyle\int \sin 4x\sin 8x\,\mathrm{d}x$;

(22) $\displaystyle\int \sin^2(\omega t+\varphi)\,\mathrm{d}t$;

(23) $\displaystyle\int \frac{2x-3}{x^2-3x+8}\,\mathrm{d}x$;

(24) $\displaystyle\int \frac{1}{1-4x^2}\,\mathrm{d}x$;

(25) $\displaystyle\int \frac{\mathrm{d}x}{(x+1)(x+2)}$;

(26) $\displaystyle\int \frac{\mathrm{d}x}{x\sqrt{x^2-1}}\ (x>1)$;

(27) $\displaystyle\int \frac{x^2}{\sqrt{a^2-x^2}}\,\mathrm{d}x$;

(28) $\displaystyle\int \frac{1}{\sqrt{(1-x^2)^3}}\,\mathrm{d}x$;

(29) $\displaystyle\int \frac{\sqrt{x^2-4}}{x}\,\mathrm{d}x$;

(30) $\displaystyle\int \frac{1}{1+\sqrt{1+x}}\,\mathrm{d}x$;

(31) $\displaystyle\int \frac{\mathrm{d}x}{1+\sqrt{2x}}$;

(32) $\displaystyle\int \frac{\sqrt{x}}{\sqrt{x}-\sqrt[3]{x}}\mathrm{d}x$;

(33) $\displaystyle\int \frac{(1+\ln x)\mathrm{d}x}{(x\ln x)^2}$;

(34) $\displaystyle\int \frac{\mathrm{d}x}{\sqrt{5-2x+x^2}}$.

4. 设 $f(x^2-1)=\ln \dfrac{x^2}{x^2-2}$,且 $f[\varphi(x)]=\ln x$,求 $\displaystyle\int \varphi(x)\mathrm{d}x$.

4.3　分部积分法

4.2 节介绍的换元积分法,是在复合函数求导法则的基础上得到的,是不定积分计算中的一种重要方法. 但是,有些看起来很简单的积分,如 $\displaystyle\int x\cos x\,\mathrm{d}x$, $\displaystyle\int \ln x\,\mathrm{d}x$,却不能用换元积分法求出. 因此还要介绍另一种基本的求不定积分的方法,这就是分部积分法.

定理 4.4　设函数 $u(x)$ 及 $v(x)$ 都具有连续导数,则 $\displaystyle\int u\,\mathrm{d}v=uv-\int v\,\mathrm{d}u$.

证　由两个函数乘积的微分公式

$$\mathrm{d}(uv)=v\,\mathrm{d}u+u\,\mathrm{d}v,$$

移项得

$$u\,\mathrm{d}v=\mathrm{d}(uv)-v\,\mathrm{d}u. \tag{4.1}$$

由于 $u(x),v(x)$ 具有连续导数,可知式(4.1)中三项均连续,所以它们的原函数都存在. 对上述等式两端积分,得

$$\int u\,\mathrm{d}v=uv-\int v\,\mathrm{d}u, \quad \text{或} \int uv'\,\mathrm{d}x=uv-\int vu'\,\mathrm{d}x. \tag{4.2}$$

式(4.2)称为**分部积分公式**. 用此公式求不定积分的方法称为**分部积分法**.

利用分部积分公式求不定积分的关键在于如何将所给积分 $\displaystyle\int f(x)\mathrm{d}x$ 化为 $\displaystyle\int u\,\mathrm{d}v$ 的形式,使它更容易计算. 所采用的主要方法就是凑微分法,例如,

$$\int x\,\mathrm{e}^x\,\mathrm{d}x=\int x\,\mathrm{d}(\mathrm{e}^x)=x\,\mathrm{e}^x-\int \mathrm{e}^x\,\mathrm{d}x=x\,\mathrm{e}^x-\mathrm{e}^x+C.$$

当被积函数是两个不同类型函数的乘积的不定积分,且 $\displaystyle\int u\,\mathrm{d}v$ 的积分有困难时,利用分部积分公式可将其转化为 $\displaystyle\int v\,\mathrm{d}u$ 的积分,转化后的不定积分要容易计算,因此选择好 u,v 非常关键,选择不当将会使积分的计算变得更加复杂,例如,

$$\int x\,\mathrm{e}^x\,\mathrm{d}x = \int \mathrm{e}^x\,\mathrm{d}\left(\frac{x^2}{2}\right) = \frac{x^2}{2}\mathrm{e}^x - \int \frac{x^2}{2}\mathrm{d}(\mathrm{e}^x) = \frac{x^2}{2}\mathrm{e}^x - \int \frac{x^2}{2}\mathrm{e}^x\,\mathrm{d}x.$$

下面我们通过例子来讨论如何恰当地选取函数 u,v.

例 4.3.1　求 $\int x\cos x\,\mathrm{d}x$.

解　设 $u=x$,则 $\mathrm{d}u=\mathrm{d}x$,$\mathrm{d}v=\cos x\,\mathrm{d}x=\mathrm{d}(\sin x)$,那么 $v=\sin x$,代入公式,则

$$\int x\cos x\,\mathrm{d}x = \int x\,\mathrm{d}(\sin x) = x\sin x - \int \sin x\,\mathrm{d}x = x\sin x + \cos x + C.$$

例 4.3.2　求 $\int x\,\mathrm{e}^{2x}\,\mathrm{d}x$.

解　此被积函数为幂函数与指数函数的乘积,设 $u=x$,则 $\mathrm{d}u=\mathrm{d}x$,$\mathrm{d}v=\mathrm{e}^{2x}\,\mathrm{d}x=\mathrm{d}\left(\frac{1}{2}\mathrm{e}^{2x}\right)$,$v=\frac{1}{2}\mathrm{e}^{2x}$,利用分部积分公式有

$$\int x\,\mathrm{e}^{2x}\,\mathrm{d}x = \int x\,\mathrm{d}\left(\frac{1}{2}\mathrm{e}^{2x}\right) = \frac{1}{2}x\,\mathrm{e}^{2x} - \frac{1}{2}\int \mathrm{e}^{2x}\,\mathrm{d}x = \frac{1}{2}x\,\mathrm{e}^{2x} - \frac{1}{4}\mathrm{e}^{2x} + C.$$

例 4.3.3　求 $\int x^2\sin x\,\mathrm{d}x$.

解　设 $u=x^2$,则 $\mathrm{d}u=2x\,\mathrm{d}x$,$\mathrm{d}v=\sin x\,\mathrm{d}x=\mathrm{d}(-\cos x)$,即 $v=-\cos x$,利用分部积分公式有

$$\int x^2\sin x\,\mathrm{d}x = \int x^2\,\mathrm{d}(-\cos x) = -x^2\cos x + \int 2x\cos x\,\mathrm{d}x,$$

在使用了一次分部积分法后,转化出的积分 $\int 2x\cos x\,\mathrm{d}x$ 仍然不能通过基本积分表或者换元积分法求出,但是被积函数中 x 的幂已经较原积分中 x 的幂降低了一次,因此对该积分再用一次分部积分法,由例 4.3.1 知

$$\int 2x\cos x\,\mathrm{d}x = 2x\sin x + 2\cos x + C,$$

故

$$\int x^2\sin x\,\mathrm{d}x = -x^2\cos x + 2x\sin x + 2\cos x + C.$$

类似地,读者不妨练习求 $\int x^2\mathrm{e}^x\,\mathrm{d}x$,或者 $\int x^2\mathrm{e}^{2x}\,\mathrm{d}x$ 等.

总结上面三个例子可以知道,如果被积函数形如

$$\int x^k\sin bx\,\mathrm{d}x,\quad \int x^k\cos bx\,\mathrm{d}x,\quad \int x^k\mathrm{e}^{ax}\,\mathrm{d}x,\quad k\ \text{为自然数},$$

则设幂函数为 u,剩下部分作为 $\mathrm{d}v$,这样用一次分部积分法就可以使幂函数的幂次降低一次,连续使用有限次可最终求出积分. 值得注意的是,在第二次甚至第三次使用分部积分法时,一定要选同一类函数为 u,剩下部分为 $\mathrm{d}v$,否则积不出.

例 4.3.4 求 $\int x\ln x\,\mathrm{d}x$.

解 设 $u=\ln x,\mathrm{d}v=x\,\mathrm{d}x=\mathrm{d}\left(\dfrac{1}{2}x^2\right)$,即 $v=\dfrac{1}{2}x^2$,则

$$\int x\ln x\,\mathrm{d}x=\int \ln x\,\mathrm{d}\left(\dfrac{1}{2}x^2\right)$$

$$=\dfrac{1}{2}x^2\ln x-\int \dfrac{1}{2}x^2\,\mathrm{d}(\ln x)$$

$$=\dfrac{1}{2}x^2\ln x-\dfrac{1}{2}\int x\,\mathrm{d}x$$

$$=\dfrac{1}{2}x^2\ln x-\dfrac{x^2}{4}+C.$$

例 4.3.5 求 $\int x\arctan x\,\mathrm{d}x$.

解 选反三角函数为 u,则

$$\int x\arctan x\,\mathrm{d}x=\int \arctan x\,\mathrm{d}\left(\dfrac{1}{2}x^2\right)$$

$$=\dfrac{x^2}{2}\arctan x-\dfrac{1}{2}\int \dfrac{x^2}{1+x^2}\,\mathrm{d}x$$

$$=\dfrac{x^2}{2}\arctan x-\dfrac{1}{2}\int \dfrac{1+x^2-1}{1+x^2}\,\mathrm{d}x$$

$$=\dfrac{x^2}{2}\arctan x-\dfrac{1}{2}\int \left(1-\dfrac{1}{1+x^2}\right)\mathrm{d}x$$

$$=\dfrac{(x^2+1)}{2}\arctan x-\dfrac{1}{2}x+C.$$

例 4.3.6 求 $\int \ln x\,\mathrm{d}x$.

解 此被积函数可以看成 $\ln x$ 与 1 的乘积,直接选 $u=\ln x,\mathrm{d}v=\mathrm{d}x$,则将 $v=x$ 代入式(4.2)得

$$\int \ln x\,\mathrm{d}x=x\ln x-\int x\cdot\dfrac{1}{x}\,\mathrm{d}x=x\ln x-x+C.$$

例 4.3.7 求 $\int \arcsin x\,\mathrm{d}x$.

解 令 $u=\arcsin x,\mathrm{d}u=\dfrac{\mathrm{d}x}{\sqrt{1-x^2}},\mathrm{d}v=\mathrm{d}x,v=x$,则

$$\int \arcsin x\,\mathrm{d}x=x\arcsin x-\int x\,\mathrm{d}\arcsin x$$

$$= x \arcsin x - \int \frac{x}{\sqrt{1-x^2}} \mathrm{d}x$$

$$= x \arcsin x + \frac{1}{2} \int \frac{\mathrm{d}(1-x^2)}{\sqrt{1-x^2}}$$

$$= x \arcsin x + \sqrt{1-x^2} + C.$$

通过以上四例,可以看出,如果不定积分形如

$$\int x^k \ln^m x \, \mathrm{d}x, \quad \int x^k \arcsin x \, \mathrm{d}x, \quad \int x^k \arctan x \, \mathrm{d}x, \quad m, k \text{ 为自然数,}$$

则用分部积分法计算,通常选取对数函数或反三角函数作为 u,剩下部分为 $\mathrm{d}v$.

使用分部积分法积分时,有一种情形很有意思,那就是重复使用分部积分法后,转化出的积分与原积分形式完全相同,这样通过移项解方程即可求出原不定积分.

例 4. 3. 8 求 $\int \mathrm{e}^x \sin x \, \mathrm{d}x$.

解 选三角函数为 u,转化出的新的积分跟原积分是同一类型,因此再使用一次分部积分法,选择 u 的函数类型需要与上一次使用时选择的类型保持一致.

$$\int \mathrm{e}^x \sin x \, \mathrm{d}x = \mathrm{e}^x \sin x - \int \mathrm{e}^x \cos x \, \mathrm{d}x$$

$$= \mathrm{e}^x \sin x - \int \cos x \, \mathrm{d}\mathrm{e}^x$$

$$= \mathrm{e}^x \sin x - \left(\mathrm{e}^x \cos x - \int \mathrm{e}^x \, \mathrm{d}\cos x \right)$$

$$= \mathrm{e}^x \sin x - \mathrm{e}^x \cos x - \int \mathrm{e}^x \sin x \, \mathrm{d}x.$$

以上恒等式中两端都出现了所要求的积分,将该积分移项合并,得

$$\int \mathrm{e}^x \sin x \, \mathrm{d}x = \frac{1}{2} \mathrm{e}^x (\sin x - \cos x) + C.$$

如果选择指数函数为 u,使用两次分部积分法,依然可以计算出原不定积分.

一般地,当被积函数为反三角函数、对数函数、幂函数(指数为自然数)、三角函数、指数函数中的任意两种函数的乘积时,按照由左到右的优先顺序,选择靠左的函数作为 u 函数,这也是我们常常所说的"**反对幂三指**"原则(被积函数为指数函数与三角函数的乘积,可以任意选择函数 u).该原则仅仅是帮助大家记忆的口诀,实际做题过程中仍然需要具体情况具体分析.

此外还有一些抽象函数的导数的不定积分也要用分部积分法积出.

例 4. 3. 9 设 $f(x)$ 的一个原函数为 $\dfrac{\ln x}{x}$,求 $\int x f'(x) \mathrm{d}x$.

解 由题意 $f(x)=\left(\dfrac{\ln x}{x}\right)'=\dfrac{1-\ln x}{x^2}$,所以

$$\int xf'(x)\,\mathrm{d}x=\int x\,\mathrm{d}f(x)=xf(x)-\int f(x)\,\mathrm{d}x$$

$$=\frac{1-\ln x}{x}-\frac{\ln x}{x}+C$$

$$=\frac{1}{x}-\frac{2\ln x}{x}+C.$$

在一些积分问题中,往往需要将分部积分法和换元积分法结合起来使用.

例 4.3.10 求 $\displaystyle\int\cos\sqrt{x}\,\mathrm{d}x$.

解 将换元法与分部积分法综合使用,令 $\sqrt{x}=t$,则 $x=t^2$, $\mathrm{d}x=2t\,\mathrm{d}t$,于是有

$$\int\cos\sqrt{x}\,\mathrm{d}x=\int\cos t\cdot 2t\,\mathrm{d}t=2\int t\,\mathrm{d}\sin t$$

$$=2t\sin t-2\int\sin t\,\mathrm{d}t$$

$$=2t\sin t+2\cos t+C,$$

最后将变量还原,得

$$\int\cos\sqrt{x}\,\mathrm{d}x=2\sqrt{x}\sin\sqrt{x}+2\cos\sqrt{x}+C.$$

习 题 4.3

1. 求下列不定积分.

(1) $\displaystyle\int x\sin x\,\mathrm{d}x$;

(2) $\displaystyle\int x\cos\frac{x}{2}\,\mathrm{d}x$;

(3) $\displaystyle\int x\,\mathrm{e}^{-2x}\,\mathrm{d}x$;

(4) $\displaystyle\int x\ln(x-3)\,\mathrm{d}x$;

(5) $\displaystyle\int x\arcsin x\,\mathrm{d}x$;

(6) $\displaystyle\int\arccos x\,\mathrm{d}x$;

(7) $\displaystyle\int\mathrm{e}^x\cos x\,\mathrm{d}x$;

(8) $\displaystyle\int x^2\ln x\,\mathrm{d}x$;

(9) $\displaystyle\int\frac{x}{\cos^2 x}\,\mathrm{d}x$;

(10) $\displaystyle\int x\tan^2 x\,\mathrm{d}x$;

(11) $\displaystyle\int x\cos^2\frac{x}{2}\,\mathrm{d}x$;

(12) $\displaystyle\int x^2\cos x\,\mathrm{d}x$;

(13) $\displaystyle\int(\arcsin x)^2\,\mathrm{d}x$;

(14) $\displaystyle\int\frac{\ln^3 x}{x^2}\,\mathrm{d}x$;

(15) $\int e^{\sqrt[3]{x}} dx$;　　　　　　　　(16) $\int \arctan \sqrt{x}\, dx$;

(17) $\int \cos(\ln x) dx$;　　　　　　　(18) $\int \dfrac{x \arcsin x}{\sqrt{1-x^2}} dx$;

(19) $\int \ln(x^2+1) dx$;　　　　　　(20) $\int x^3 e^{x^2} dx$;

(21) $\int \arctan x\, dx$;　　　　　　　(22) $\int e^{\sqrt{x+1}} dx$.

4.4　有理函数的积分

有理函数是指由两个多项式的商所表示的函数.

$$\frac{P(x)}{Q(x)}=\frac{a_n x^n+a_{n-1}x^{n-1}+\cdots+a_1 x+a_0}{b_m x^m+b_{m-1}x^{m-1}+\cdots+b_1 x+b_0},$$

其中 m,n 为正整数，$a_n,b_m\neq 0$. 另外，假设 $P(x),Q(x)$ 没有公因子，当 $n<m$ 时，称为**真分式**；反之，当 $n\geq m$ 时，称为**假分式**. 对于假分式，可以利用多项式除法，将其化为一个多项式与一个真分式之和的形式，如

$$\frac{x^4+x^2+2x+1}{x^2+1}=x^2+\frac{2x+1}{x^2+1},$$

$$\frac{x^4+x^3-x-3}{x^3+x+5}=x+1-\frac{x^2+7x+8}{x^3+x+5}.$$

4.4.1　有理真分式的积分

设 $\dfrac{P(x)}{Q(x)}$ 是真分式，如果分母可以分解为两个多项式乘积 $Q(x)=Q_1(x)Q_2(x)$，且 $Q_1(x)$ 与 $Q_2(x)$ 没有公因式，那么它可拆分成两个真分式之和

$$\frac{P(x)}{Q(x)}=\frac{P_1(x)}{Q_1(x)}+\frac{P_2(x)}{Q_2(x)}.$$

如果 $Q_1(x)$ 或者 $Q_2(x)$ 还能再分解成两个没有公因式的多项式的乘积，那么就可再拆成更简单的部分分式，最后有理函数的分解式中只出现多项式、$\dfrac{A}{(x-a)^k}$ 和 $\dfrac{Bx+C}{(x^2+px+q)^l}$ 等三类函数（注意 $p^2-4q<0$，A，B 和 C 为常数）.

例如

$$\frac{x^3+1}{x^4-3x^3+3x^2-x}=\frac{x^3+1}{x(x-1)^3}=\frac{A_1}{x}+\frac{B_1}{x-1}+\frac{C_1}{(x-1)^2}+\frac{D_1}{(x-1)^3},$$

$$\frac{x^3+3x+1}{(x+2)^2(x^2+x+1)^2}=\frac{A_2}{x+2}+\frac{B_2}{(x+2)^2}+\frac{C_2x+D_2}{x^2+x+1}+\frac{Ex+F}{(x^2+x+1)^2},$$

其中的 $A_1,A_2,B_1,B_2,C_1,C_2,D_1,D_2,E,F$ 是待定系数. 确定待定系数的方法通常有两种.

（1）比较法：将分解式两端消去分母，得到一个关于 x 的恒等式，比较恒等式两端同次幂的系数，得线性方程组，解方程组，求出待定系数.

（2）赋值法：将两端消去分母后，给 x 以适当的值代入恒等式，从而可得一组线性方程组，解此方程组，求出待定系数.

例 4.4.1　将 $\dfrac{x+3}{x^2-5x+6}$ 化为最简分式之和，并求 $\displaystyle\int\frac{x+3}{x^2-5x+6}\mathrm{d}x$.

解法 1（待定系数法）　由于分母 $x^2-5x+6=(x-2)(x-3)$，故可设

$$\frac{x+3}{x^2-5x+6}=\frac{A}{x-2}+\frac{B}{x-3},$$

其中 A,B 为待定系数. 利用比较系数法确定，将等式右端通分，得

$$\frac{x+3}{x^2-5x+6}=\frac{A(x-3)+B(x-2)}{(x-2)(x-3)},$$

两个相等分式的分母相同，分子必相等，即

$$x+3=A(x-3)+B(x-2),$$

则

$$x+3=(A+B)x-(3A+2B).$$

比较两端同次幂的系数，即有

$$\begin{cases}A+B=1,\\-3A-2B=3,\end{cases}$$

解得 $A=-5,B=6$，所以

$$\frac{x+3}{x^2-5x+6}=\frac{-5}{x-2}+\frac{6}{x-3}.$$

解法 2（赋值法）　由于 $\dfrac{x+3}{x^2-5x+6}=\dfrac{A}{x-2}+\dfrac{B}{x-3}=\dfrac{A(x-3)+B(x-2)}{(x-2)(x-3)}$，所以

$$x+3=A(x-3)+B(x-2),$$

令 $x=3$，得 $B=6$，令 $x=2$，得 $A=-5$，所以

$$\frac{x+3}{x^2-5x+6}=\frac{-5}{x-2}+\frac{6}{x-3}.$$

因此

$$\int\frac{x+3}{x^2-5x+6}\mathrm{d}x=\int\left(\frac{-5}{x-2}+\frac{6}{x-3}\right)\mathrm{d}x=-5\ln|x-2|+6\ln|x-3|+C.$$

例 4.4.2 将 $\dfrac{x-3}{(x-1)(x^2-1)}$ 化为最简分式之和,并求 $\displaystyle\int\dfrac{x-3}{(x-1)(x^2-1)}\mathrm{d}x.$

解 分母的两个因式 $x-1$ 与 x^2-1 有公因式,故需再分解成 $(x-1)^2(x+1).$ 设

$$\frac{x-3}{(x-1)(x^2-1)}=\frac{x-3}{(x-1)^2(x+1)}=\frac{A}{x-1}+\frac{B}{(x-1)^2}+\frac{C}{x+1},$$

等式右端通分后,两端分式的分子相等,有

$$x-3=(A+C)x^2+(B-2C)x+B+C-A,$$

则

$$\begin{cases}A+C=0,\\ B-2C=1,\\ B+C-A=-3,\end{cases}$$

解得

$$\begin{cases}A=1,\\ B=-1,\\ C=-1,\end{cases}$$

于是

$$\frac{x-3}{(x-1)(x^2-1)}=\frac{1}{x-1}-\frac{1}{(x-1)^2}-\frac{1}{x+1}.$$

因此

$$\int\frac{x-3}{(x-1)(x^2-1)}\mathrm{d}x=\int\left(\frac{1}{x-1}-\frac{1}{(x-1)^2}-\frac{1}{x+1}\right)\mathrm{d}x$$

$$=\ln|x-1|+\frac{1}{x-1}-\ln|x+1|+C.$$

例 4.4.3 求 $\displaystyle\int\frac{2x^2-x-1}{x^3+1}\mathrm{d}x.$

解 将分式的分母分解因式,得 $x^3+1=(x+1)(x^2-x+1)$,所以分解时必包含 $\dfrac{A}{x+1}$,$\dfrac{Bx+C}{x^2-x+1}$,故

$$\frac{2x^2-x-1}{x^3+1}=\frac{2x^2-x-1}{(x+1)(x^2-x+1)}=\frac{A}{x+1}+\frac{Bx+C}{x^2-x+1},$$

将上式右端通分,然后比较两边的分子,得

$$2x^2-x-1=A(x^2-x+1)+(Bx+C)(x+1)$$

$$=(A+B)x^2+(B+C-A)x+(A+C).$$

因为这是恒等式,两端 x 的同次幂的系数应相等,故有

$$\begin{cases} A+B=2, \\ B+C-A=-1, \\ A+C=-1, \end{cases}$$

解之,得 $A=\dfrac{2}{3}, B=\dfrac{4}{3}, C=-\dfrac{5}{3}$,从而有

$$\frac{2x^2-x-1}{x^3+1}=\frac{2}{3(x+1)}+\frac{4x-5}{3(x^2-x+1)}.$$

于是所求积分

$$\begin{aligned}
\int \frac{2x^2-x-1}{x^3+1}\mathrm{d}x &=\int \frac{2}{3(x+1)}\mathrm{d}x+\int \frac{4x-5}{3(x^2-x+1)}\mathrm{d}x \\
&=\frac{2}{3}\int \frac{\mathrm{d}(x+1)}{x+1}+\int \frac{2(2x-1)-3}{3(x^2-x+1)}\mathrm{d}x \\
&=\frac{2}{3}\ln|x+1|+\frac{2}{3}\int \frac{\mathrm{d}(x^2-x+1)}{x^2-x+1}-\int \frac{\mathrm{d}x}{x^2-x+1} \\
&=\frac{2}{3}\ln|x+1|+\frac{2}{3}\ln(x^2-x+1) \\
&\quad -\int \frac{\mathrm{d}(x-1/2)}{(\sqrt{3}/2)^2+(x-1/2)^2} \\
&=\frac{2}{3}\ln|x^3+1|-\frac{2}{\sqrt{3}}\arctan\frac{2x-1}{\sqrt{3}}+C.
\end{aligned}$$

4.4.2 三角函数有理式积分

由基本三角函数及常数经过有限次四则运算而构成的函数称为三角有理函数,三角有理函数的积分一般记为 $\int R(\sin x,\cos x)\mathrm{d}x$. 对三角有理函数的积分,有所谓"万能代换" 的方法,即令 $u=\tan\dfrac{x}{2}(-\pi<x<\pi), x=2\arctan u$,

$\mathrm{d}x=\dfrac{2}{1+u^2}\mathrm{d}u$,由三角函数公式可得

$$\sin x=\frac{2\tan\dfrac{x}{2}}{1+\tan^2\dfrac{x}{2}}=\frac{2u}{1+u^2}, \quad \cos x=\frac{1-\tan^2\dfrac{x}{2}}{1+\tan^2\dfrac{x}{2}}=\frac{1-u^2}{1+u^2},$$

于是

$$\int R(\sin x, \cos x)\,\mathrm{d}x = \int R\left(\frac{2u}{1+u^2}, \frac{1-u^2}{1+u^2}\right)\frac{2}{1+u^2}\,\mathrm{d}u.$$

从理论上讲,"万能代换"可以将任何一个三角函数有理式的积分化为有理函数的积分,而有理函数的积分都可以积出,所以三角函数有理式也都可以积出,但是,在大多数情况下,施行这种变换后将导致积分运算比较复杂,故不应把这种变换作为首选方法.下面举例说明.

例 4.4.4　求 $\displaystyle\int \frac{\mathrm{d}x}{\sin x + \cos x}$.

解　作变换 $u = \tan\dfrac{x}{2}$,则 $\sin x = \dfrac{2u}{1+u^2}$,$\cos x = \dfrac{1-u^2}{1+u^2}$,$\mathrm{d}x = \dfrac{2}{1+u^2}\,\mathrm{d}u$,于是得

$$\begin{aligned}
\int \frac{\mathrm{d}x}{\sin x + \cos x} &= \int \frac{2}{1+2u-u^2}\,\mathrm{d}u = 2\int \frac{\mathrm{d}u}{2-(u-1)^2}\\
&= \frac{\sqrt{2}}{2}\int \left[\frac{1}{u-(1-\sqrt{2})} - \frac{1}{u-(1+\sqrt{2})}\right]\mathrm{d}u\\
&= \frac{\sqrt{2}}{2}\ln\left|\frac{u-(1-\sqrt{2})}{u-(1+\sqrt{2})}\right| + C\\
&= \frac{\sqrt{2}}{2}\ln\left|\frac{\tan\dfrac{x}{2}-1+\sqrt{2}}{\tan\dfrac{x}{2}-1-\sqrt{2}}\right| + C.
\end{aligned}$$

这一不定积分可以采用下面比较简单的方法来求.

$$\begin{aligned}
\int \frac{\mathrm{d}x}{\sin x + \cos x} &= \frac{\sqrt{2}}{2}\int \frac{\mathrm{d}x}{\dfrac{\sqrt{2}}{2}\sin x + \dfrac{\sqrt{2}}{2}\cos x} = \frac{\sqrt{2}}{2}\int \frac{\mathrm{d}x}{\cos\left(x-\dfrac{\pi}{4}\right)}\\
&= \frac{\sqrt{2}}{2}\int \sec\left(x-\frac{\pi}{4}\right)\mathrm{d}\left(x-\frac{\pi}{4}\right)\\
&= \frac{\sqrt{2}}{2}\ln\left|\sec\left(x-\frac{\pi}{4}\right) + \tan\left(x-\frac{\pi}{4}\right)\right| + C.
\end{aligned}$$

从 4.1 节开始,我们介绍了多种积分方法,其中分部积分法和换元积分法是两种最基本的积分方法.各种积分方法的作用,本质上都是通过变换被积表达式,逐步简化积分,使之最终能套用积分表中的已知公式.总之,求不定积分比较灵活,必须通过一定的训练,领会方法的精神,才能收到举一反三、触类旁通的效果.

最后,需要指出,在区间 I 上连续的函数必有原函数,由于初等函数在其定义区间上都是连续的,因而初等函数在其定义区间上必有原函数,也就是说不定积分

存在. 但是初等函数的原函数不一定都是初等函数,如

$$\int e^{-x^2}dx , \quad \int \frac{\sin x}{x}dx , \quad \int \frac{1}{\ln x}dx , \quad \int \sin x^2 dx , \quad \int \cos x^2 dx , \quad \int \frac{dx}{\sqrt{1+x^4}} ,$$

等等,这些不定积分虽然存在,但是它们的原函数都不能用初等函数表示,我们称它们在不定积分意义下不可积.

习 题 4.4

1. 求下列不定积分.

(1) $\displaystyle\int \frac{x^3}{9+x^2}dx$;

(2) $\displaystyle\int \frac{dx}{x(x^2+1)}$;

(3) $\displaystyle\int \frac{x}{x^2+2x+2}dx$;

(4) $\displaystyle\int \frac{x^2+1}{(x+1)^2(x-1)}dx$;

(5) $\displaystyle\int \frac{1-x-x^2}{(x^2+1)^2}dx$;

(6) $\displaystyle\int \frac{x\,dx}{(x+1)(x+2)(x+3)}$.

2. 求下列不定积分.

(1) $\displaystyle\int \frac{dx}{2+\sin x}$;

(2) $\displaystyle\int \frac{dx}{3+\cos x}$;

(3) $\displaystyle\int \frac{dx}{1+\tan x}$;

(4) $\displaystyle\int \frac{dx}{1+\sin x+\cos x}$.

4.5 不定积分模型应用举例

由于不定积分是微分的逆运算,即知道了函数的导函数,反过来求原函数,因此凡是涉及已知某个量的导函数求原函数的问题都可以采用不定积分的数学模型加以解决. 下面分别对不定积分在几何、物理、经济学中的应用举一些实例.

4.5.1 在几何中的应用

例 4.5.1 设 $f(x)$ 的导函数 $f'(x)$ 为如图 4.6 所示的二次抛物线,且 $f(x)$ 的极小值为 2,极大值为 6,试求 $f(x)$.

解 由题意可设 $f'(x)=ax(x-2)(a<0)$,则

$$f(x)=\int ax(x-2)dx=a\left(\frac{x^3}{3}-x^2\right)+C.$$

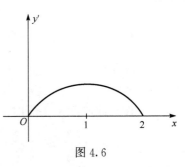

图 4.6

由 $f'(x)=ax^2-2ax$,得 $f''(x)=2ax-2a$.

因为 $f'(0)=0,f'(2)=0$,且 $f''(0)>0,f''(2)<0$,故极小值为 $f(0)=2$,极大值为 $f(2)=6$,又 $f(0)=C,f(2)=6$,故 $C=2,a=-3$.于是

$$f(x)=-3\left(\frac{x^3}{3}-x^2\right)+2=-x^3+3x^2+2.$$

例 4.5.2　设 $F(x)$ 是 $f(x)$ 的一个原函数,$F(1)=\dfrac{\sqrt{2}}{4}\pi$,当 $x>0$ 时,

$f(x)F(x)=\dfrac{\arctan\sqrt{x}}{\sqrt{x}(1+x)}$,试求 $f(x)$.

解　由题意知 $F'(x)F(x)=\dfrac{\arctan\sqrt{x}}{\sqrt{x}(1+x)}$,则

$$\int F(x)\mathrm{d}F(x)=\int\frac{\arctan\sqrt{x}}{\sqrt{x}(1+x)}\mathrm{d}x=2\int\frac{\arctan\sqrt{x}}{1+x}\mathrm{d}\sqrt{x}$$

$$=2\int\arctan\sqrt{x}\,\mathrm{d}\arctan\sqrt{x}=(\arctan\sqrt{x})^2+C,$$

即

$$\frac{1}{2}F^2(x)=(\arctan\sqrt{x})^2+C,$$

由 $F(1)=\dfrac{\sqrt{2}}{4}\pi$,解得 $C=0$,所以 $F(x)=\sqrt{2}\arctan\sqrt{x}$,则

$$f(x)=F'(x)=(\sqrt{2}\arctan\sqrt{x})'=\frac{\sqrt{2}}{2}\cdot\frac{1}{(1+x)\sqrt{x}}.$$

以上两个例子,主要用到不定积分和原函数的概念,读者在学习过程中要认真领会.

4.5.2　在物理中的应用

例 4.5.3　某北方城市常年积雪,滑冰场完全靠自然结冰,结冰的速度由 $\dfrac{\mathrm{d}y}{\mathrm{d}t}=k\sqrt{t}$ $(k>0$ 为常数)确定,其中 y 是从结冰起到时刻 t 时冰的厚度,求结冰厚度 y 关于时间 t 的函数.

解　设结冰厚度 y 关于时间 t 的函数为 $y=y(t)$,则

$$y=\int kt^{\frac{1}{2}}\mathrm{d}t=\frac{2}{3}kt^{\frac{3}{2}}+C,$$

其中常数 C 由结冰的时间确定.如果 $t=0$ 时开始结冰的厚度为 0,即 $y(0)=0$,代

入上式得 $C=0$，即 $y=\dfrac{2}{3}kt^{\frac{3}{2}}$ 为结冰厚度关于时间的函数.

例 4.5.4 一电路中电流关于时间的变化率为 $\dfrac{\mathrm{d}i}{\mathrm{d}t}=4t-0.06t^2$，若 $t=0$ 时，$i=2\mathrm{A}$，求电流 i 关于时间 t 的函数.

解 由 $\dfrac{\mathrm{d}i}{\mathrm{d}t}=4t-0.06t^2$，求不定积分得

$$i(t)=\int(4t-0.06t^2)\mathrm{d}t=2t^2-0.02t^3+C.$$

将 $i(0)=2$ 代入上式，得 $C=2$，则

$$i(t)=2t^2-0.02t^3+2.$$

例 4.5.5（充放电问题） 如图 4.7 所示的 R-C 电路（R：电阻，C：电容），开始时，电容 C 上没有电荷，电容两端的电压为零. 将开关 K 合上"1"后，电池 E 就对电容 C 充电，电容 C 两端的电压 U_C 逐渐升高. 经过相当时间后，电容充电

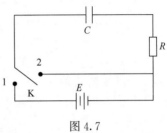

图 4.7

完毕. 再把开关合上"2"，这时电容开始放电过程. 现在求充放电过程中，电容两端的电压 U_C 随时间 t 的变化规律.

解 （1）充电过程. 由电工学中闭合回路的基尔霍夫第二定律，有

$$U_C+RI=E,$$

其中，I 为电流强度.

对电容 C 充电时，电容上的电量 Q 逐渐增多，根据 $Q=CU_C$，得到

$$I=\frac{\mathrm{d}Q}{\mathrm{d}t}=C\frac{\mathrm{d}U_C}{\mathrm{d}t} \quad \text{（电流强度等于电量对时间的变化率），}$$

由上面两式得到 U_C 满足的微分方程（含有未知函数的导数的方程式）

$$RC\frac{\mathrm{d}U_C}{\mathrm{d}t}+U_C=E,$$

其中，R，C 和 E 均为常数，整理、变形可得

$$\frac{\mathrm{d}U_C}{U_C-E}=-\frac{1}{RC}\mathrm{d}t,$$

$$\int\frac{\mathrm{d}U_C}{U_C-E}=\int-\frac{\mathrm{d}t}{RC},$$

$$\ln|U_C-E|=-\frac{t}{RC}+\ln|C_1|,$$

于是 $|U_C-E|=\mathrm{e}^{\ln|C_1|-\frac{t}{RC}}$，记 $C_2=\pm\mathrm{e}^{\ln|C_1|}$，所以

$$U_C = E + C_2 e^{-\frac{t}{RC}},$$

根据初始条件，$U_C|_{t=0}=0$，代入上式得 $C_2=-E$，所以

$$U_C = E(1 - e^{-\frac{t}{RC}}).$$

这就是 R-C 电路充电过程中电容 C 两端电压的变化规律. 由此可知，电压 U_C 从零开始逐渐增大，且当 $t \to +\infty$ 时，$U_C \to E$. 在电工学中，通常称 $t=RC$ 为时间常数，当 $t=3I$ 时，$U_C=0.95E$. 这就是说，经过 $3I$ 的时间后，电容 C 上的电压已达到外加电压的 95%. 在实际应用中，通常认为这时电容 C 的充电过程已经基本结束，而充电结果 $U_C=E$（图 4.8）.

（2）放电过程. 对于放电过程，由于开关 K 合上"2"，故

$$RC \frac{dU_C}{dt} + U_C = 0,$$

并且 U_C 满足初始条件 $U_C|_{t=0}=E$，故

$$\frac{dU_C}{U_C} = -\frac{dt}{RC},$$

$$\int \frac{dU_C}{U_C} = -\int \frac{dt}{RC},$$

$$\ln|U_C| = -\frac{t}{RC} + \ln|C_1|,$$

$$U_C = C_2 e^{-\frac{t}{RC}} \quad (C_2 = \pm e^{\ln|C_1|}).$$

将 $U_C|_{t=0}=E$ 代入 $E=C_1$，得 $U_C=E e^{-\frac{t}{RC}}$.

这就是 R-C 电路放电过程中电容 C 两端电压的变化规律，它是以指数规律减少的（图 4.9）.

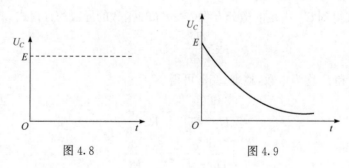

图 4.8　　　　　　　　　　　图 4.9

4.5.3　在经济中的应用

例 4.5.6　已知某公司的边际成本函数为 $C'(x)=3x\sqrt{x^2+1}$（单位：万元），

边际效益函数为 $R'(x)=\dfrac{7}{2}x(x^2+1)^{\frac{3}{4}}$,设固定成本是 10000 万元,试求此公司的

成本函数和收益函数.

解　因为边际成本函数为 $C'(x)=3x\sqrt{x^2+1}$,所以成本函数为

$$C(x)=\int C'(x)\mathrm{d}x=\int 3x\sqrt{x^2+1}\,\mathrm{d}x$$

$$=\frac{3}{2}\int (x^2+1)^{\frac{1}{2}}\mathrm{d}(x^2+1)$$

$$=\frac{3}{2}\cdot\frac{1}{\dfrac{1}{2}+1}(x^2+1)^{\frac{1}{2}+1}+C$$

$$=(x^2+1)^{\frac{3}{2}}+C.$$

又因固定成本为初始条件下产量为零时的成本,即 $C(0)=10000$,代入上式得

$C=9999$. 故所求成本函数为 $C(x)=(x^2+1)^{\frac{3}{2}}+9999$.

类似地,收益与产品产量的关系为

$$R(x)=\int R'(x)\mathrm{d}x=\int \frac{7}{2}x(x^2+1)^{\frac{3}{4}}\mathrm{d}x$$

$$=\frac{7}{2}\cdot\frac{1}{2}\int (x^2+1)^{\frac{3}{4}}\mathrm{d}(x^2+1)$$

$$=(x^2+1)^{\frac{7}{4}}+C.$$

又当 $x=0$ 时,$R(0)=0$,可得 $C=-1$,故所求收益函数为

$$R(x)=(x^2+1)^{\frac{7}{4}}-1.$$

例 4.5.7（投资流量与资本总额问题）　已知某企业净投资流量（单位:万元）

$I(t)=6\sqrt{t}$（t 的单位是年）,初始资本为 500 万元. 试求:

（1）前 9 年的资本累积;

（2）第 9 年年末的资本总额.

解　净投资流量函数 $I(t)$ 是资本存量函数 $K(t)$ 对时间的导数,即 $I(t)=$

$\dfrac{\mathrm{d}K(t)}{\mathrm{d}t}$,所以资本存量函数 $K(t)$ 为 $I(t)$ 的一个原函数,因此

$$K(t)=\int I(t)\mathrm{d}t=6\int \sqrt{t}\,\mathrm{d}t=4t^{\frac{3}{2}}+C.$$

因为初始资本为 500 万元,即 $t=0$ 时,$K=500$,故 $500=4\cdot 0+C$,解得 $C=$

500,从而

$$K(t) = 4t^{\frac{3}{2}} + 500.$$

前 9 年的基本累积为

$$K(9) - K(0) = (4 \times 9^{\frac{3}{2}} + 500) - 500 = 108(万元).$$

第 9 年年末的资本总额为

$$K(9) = 4 \times 9^{\frac{3}{2}} + 500 = 608(万元).$$

复习题 4

A

1. 填空题.

(1) 设函数 $f(t)$ 连续, 则 $\dfrac{\mathrm{d}}{\mathrm{d}t}\displaystyle\int f(t)\,\mathrm{d}\sin t =$ _____.

(2) 如果函数 $f(x)$ 是 $\sin x$ 的导函数, 那么 $f(x)$ 的不定积分是 _____.

(3) 已知 $F'(u) = f(u)$, 则 $\displaystyle\int f(ax + b)\,\mathrm{d}x =$ _____.

(4) 函数 e^{2x} 是函数 _____ 的导函数, 是函数 _____ 的原函数.

(5) $\dfrac{\mathrm{d}}{\mathrm{d}x}\left(\displaystyle\int_0^1 \arcsin t\,\mathrm{d}t\right) =$ _____.

(6) 设 $f(x)$ 是连续函数, 则 $\displaystyle\lim_{x \to a} \dfrac{x^2}{x - a}\displaystyle\int_a^x f(t)\,\mathrm{d}t =$ _____.

2. 选择题.

(1) 若 $f(x)$ 是 $g(x)$ 的原函数, 则 ( ).

A. $\displaystyle\int f(x)\,\mathrm{d}x = g(x) + C$ 　　　　　 B. $\displaystyle\int g(x)\,\mathrm{d}x = f(x) + C$

C. $\displaystyle\int g'(x)\,\mathrm{d}x = f(x) + C$ 　　　　　 D. $\displaystyle\int f'(x)\,\mathrm{d}x = g(x) + C$

(2) 如果 $\arccos x$ 是 $f(x)$ 的一个原函数, 则 $\displaystyle\int x f'(x)\,\mathrm{d}x = ($).

A. $\dfrac{x}{\sqrt{1 - x^2}} - \arcsin x + C$ 　　　　　 B. $\dfrac{-x}{\sqrt{1 - x^2}} + \arcsin x + C$

C. $\dfrac{-x}{\sqrt{1 - x^2}} - \arccos x + C$ 　　　　　 D. $\dfrac{-x}{\sqrt{1 - x^2}} + \arccos x + C$

(3) 若 $\displaystyle\int f(x)\,\mathrm{d}x = F(x) + C$, 则 $\displaystyle\int \mathrm{e}^{-x} f(\mathrm{e}^{-x})\,\mathrm{d}x = ($).

A. $F(\mathrm{e}^x) + C$ 　　 B. $-F(\mathrm{e}^{-x}) + C$ 　　 C. $F(\mathrm{e}^{-x}) + C$ 　　 D. $F(\mathrm{e}^x) + C$

(4) 设 $f(x)=e^{-x}$,则 $\int \dfrac{f'(\ln x)}{x}dx=($).

A. $-\dfrac{1}{x}+C$ B. $-\ln x+C$ C. $\dfrac{1}{x}+C$ D. $\ln x+C$

(5) 若 $\int f(x)dx=x^2+C$,则 $\int xf(1-x^2)dx=($).

A. $2(1-x^2)^2+C$ B. $-2(1-x^2)^2+C$

C. $\dfrac{1}{2}(1-x^2)^2+C$ D. $-\dfrac{1}{2}(1-x^2)^2+C$

3. 求下列不定积分.

(1) $\displaystyle\int \dfrac{x}{(1-x)^3}dx$;   (2) $\displaystyle\int \dfrac{dx}{e^x+e^{-x}}$;

(3) $\displaystyle\int \dfrac{e^x(1+e^x)}{\sqrt{1-e^{2x}}}dx$;   (4) $\displaystyle\int \dfrac{x^2}{1-x^6}dx$;

(5) $\displaystyle\int \dfrac{1+\cos x}{x+\sin x}dx$;   (6) $\displaystyle\int \dfrac{1+\ln x}{(x\ln x)^2}dx$;

(7) $\displaystyle\int \dfrac{\sin x\cos x}{1+\sin^4 x}dx$;   (8) $\displaystyle\int \dfrac{\ln\ln x}{x}dx$;

(9) $\displaystyle\int x\sin^2 x\,dx$;   (10) $\displaystyle\int \sqrt{\dfrac{3+x}{3-x}}\,dx$;

(11) $\displaystyle\int \dfrac{dx}{\sqrt{1+e^x}}$;   (12) $\displaystyle\int \arctan\sqrt{x}\,dx$;

(13) $\displaystyle\int \dfrac{\sqrt[3]{x}}{x(\sqrt{x}+\sqrt[3]{x})}dx$;   (14) $\displaystyle\int \dfrac{x\arccos x}{\sqrt{1-x^2}}dx$;

(15) $\displaystyle\int \sqrt{1-x^2}\arcsin x\,dx$;   (16) $\displaystyle\int \dfrac{dx}{1+\tan x}$;

(17) $\displaystyle\int x\ln\dfrac{1+x}{1-x}dx$;   (18) $\displaystyle\int xf''(x)dx$.

4. 设 $f'(\sin x)=\cos x$,求 $f(x)$.

5. 设 $f(x)$ 的一个原函数为 $\ln(x+\sqrt{1+x^2})$,求 $\int xf'(x)dx$.

B

1. 一物体由静止开始做直线运动,经 t s 后的速度为 $3t^2$(m/s),问:经 3s 后物体离开出发点的距离是多少?

2. 设平面上有一运动着的质点,它在 x 轴方向和 y 轴方向的分速度分别为 $v_x = 5\sin t$,$v_y = 2\cos t$,又 $x\big|_{t=0} = 5$,$y\big|_{t=0} = 0$,求质点的运动方程.

3. 某产品的边际收益函数(单位:万元/吨)与边际成本函数(单位:万元/吨)分别为 $R'(Q) = 18$,$C'(Q) = 3Q^2 - 18Q + 33$,其中 Q 为产量(单位:吨),$0 \leqslant Q \leqslant 10$,且固定成本为 10 万元,求当产量 Q 为多少时,利润最大.

第 5 章 定积分及其应用

定积分问题是积分学的另一个基本问题. 本章我们通过对曲边梯形的面积问题、变速直线运动的路程问题和非均匀细杆的质量问题的研究, 引出定积分的定义, 然后讨论它的性质与计算方法, 导出微积分基本公式, 最后介绍定积分模型在几何和物理等方面的应用.

5.1 定积分的概念与性质

5.1.1 引例

1. 曲边梯形的面积

在初等数学中, 一些常见几何图形的面积我们都可以用公式进行计算, 如矩形、三角形、圆、扇形等. 但是对于由一般曲线所围成图形的面积, 就没有公式可以计算了, 所以需要寻求新的解决方法. 为此, 我们先来研究曲边梯形面积的计算, 因为任何平面图形面积的计算都可以归结为曲边梯形面积的计算.

设曲线 $y=f(x)$ 是定义在区间 $[a,b]$ 上的非负连续函数. 由曲线 $y=f(x)$, 直线 $x=a$, $x=b$ 以及 x 轴所围成的平面图形(图 5.1)称为曲边梯形, 求曲边梯形的面积 A.

由图 5.1 可以看出, 曲边梯形的面积取决于区间 $[a,b]$ 以及定义在该区间上的函数 $y=f(x)$ 这两个因素.

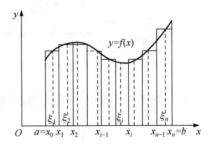

图 5.1

首先在 $[a,b]$ 上任意插入 $n-1$ 个分点, 使 $a=x_0<x_1<x_2<\cdots<x_{n-1}<x_n=b$, 将 $[a,b]$ 分成 n 个小区间, 再过各分点作平行于 y 轴的线段, 将整个曲边梯形分成 n 个小曲边梯形. 在每个小区间 $[x_{i-1},x_i]$ 上任取一点 ξ_i, 以 $f(\xi_i)$ 为高、$[x_{i-1},x_i]$ 为底作一个小矩形, 用这个小矩形的面积 $f(\xi_i)(x_i-x_{i-1})$ 近似代替第 i 个小曲边梯形的面积, 然后就用所有这些小矩形面积之和作为整个曲边梯形面积的近似值. 显然 $[a,b]$ 划分越细, 近似程度越好. 如果把区间 $[a,b]$ 无限细分下去, 即让最大的小区间的长度都趋于零, 那么所有小矩形面积之和的极限就是整个大的曲边梯形的面积.

以上分析过程可归纳为下述四个步骤.

(1) **分割**　将$[a,b]$任意划分为n个小区间,即插入$n-1$个分点,使
$$a=x_0<x_1<x_2<\cdots<x_{n-1}<x_n=b,$$
记第i个小区间的长度为$\Delta x_i=x_i-x_{i-1}(i=1,2,\cdots,n)$.

(2) **近似**　在每个小区间$[x_{i-1},x_i]$上任取一点ξ_i,$x_{i-1}\leqslant\xi_i\leqslant x_i$,以$[x_{i-1},x_i]$为底、$f(\xi_i)$为高的小矩形面积近似地代替第$i$个小曲边梯形的面积$\Delta A_i$,则
$$\Delta A_i\approx f(\xi_i)\Delta x_i.$$

(3) **求和**　将所有小矩形面积之和作为整个曲边梯形面积的近似值,即
$$A\approx\sum_{i=1}^{n}f(\xi_i)\Delta x_i.$$

(4) **取极限**　记$\lambda=\max_{1\leqslant i\leqslant n}\{\Delta x_i\}$,如果无论$[a,b]$怎样分,点$\xi_i$怎样取,都有
$$\lim_{\lambda\to0}\sum_{i=1}^{n}f(\xi_i)\Delta x_i=A,$$
则称此极限值A就是曲边梯形面积的准确值.

2. 变速直线运动的路程

设质点M做变速直线运动,速度$v=v(t)$是时间t的连续函数,$t\in[T_1,T_2]$,且$v(t)\geqslant0$,试计算在时间间隔$[T_1,T_2]$内质点M所经过的路程s(图5.2).

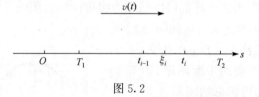

图5.2

我们仍然可以采用与上面类似的方法,分四个步骤求路程.

(1) **分割**　将$[T_1,T_2]$任意分成n个小区间,分点为
$$T_1=t_0<t_1<t_2<\cdots<t_{n-1}<t_n=T_2,$$
记第i个小区间的长度为$\Delta t_i=t_i-t_{i-1}(i=1,2,\cdots,n)$.

(2) **近似**　在每个小段时间区间$[t_{i-1},t_i]$上任取一时刻ξ_i,将ξ_i时刻的速度$v(\xi_i)$看成$[t_{i-1},t_i]$上每一时刻的速度,从而得到部分路程Δs_i的近似值
$$\Delta s_i\approx v(\xi_i)\Delta t_i.$$

(3) **求和**　将所有小段部分路程之和近似代替整段路程,即
$$s\approx\sum_{i=1}^{n}v(\xi_i)\Delta t_i.$$

(4) **取极限**　记$\lambda=\max_{1\leqslant i\leqslant n}\{\Delta t_i\}$,如果无论$[T_1,T_2]$怎样分,点$\xi_i$怎样取,都有
$$\lim_{\lambda\to0}\sum_{i=1}^{n}v(\xi_i)\Delta t_i=s,$$

则称此极限值 s 为质点从 T_1 时刻到 T_2 时刻所经过的路程.

3. 非均匀细杆的质量

设有一质量非均匀分布的直线形细杆位于 x 轴上的区间 $[a,b]$ 中,细杆的线密度 $\mu=\mu(x)$,试计算细杆的质量 m.

可以采用与上面类似的方法,分四个步骤求质量.

(1) **分割**　将 $[a,b]$ 任意分成 n 个小区间,分点为
$$a=x_0<x_1<\cdots<x_{n-1}<x_n=b,$$
记第 i 个小区间的长度为 $\Delta x_i=x_i-x_{i-1}(i=1,2,\cdots,n)$

(2) **近似**　在每个小区间 $[x_{i-1},x_i]$ 上的细杆质量近似看成均匀分布的,在每个小区间 $[x_{i-1},x_i]$ 上任取一点 ξ_i,将其密度 $\mu(\xi_i)$ 作为 $[x_{i-1},x_i]$ 对应的小段细杆每点处的密度,以 $\mu(\xi_i)\Delta x_i$ 近似代替第 i 段细杆的质量
$$\Delta m_i\approx\mu(\xi_i)\Delta x_i.$$

(3) **求和**　将所有小段部分质量之和近似代替整根细杆的质量,即
$$m\approx\sum_{i=1}^{n}\mu(\xi_i)\Delta x_i.$$

(4) **取极限**　记 $\lambda=\max\limits_{1\leqslant i\leqslant n}\{\Delta x_i\}$,如果无论 $[a,b]$ 怎样分,点 ξ_i 怎样取,都有
$$\lim_{\lambda\to 0}\sum_{i=1}^{n}\mu(\xi_i)\Delta x_i=m,$$
则称此极限值 m 为整个细杆质量的准确值.

从以上三个例子可以看出,虽然问题不同,但解决问题的方法和步骤都相同,且都可以归结为一种具有相同数学结构的特定和式的极限形式,即
$$\lim_{\lambda\to 0}\sum_{i=1}^{n}f(\xi_i)\Delta x_i.$$

这就是定积分的数学模型.事实上,在其他众多学科领域,还有许多重要的量的计算也可以归结为这种特定和式的极限.抛开这些具体含义,仅保留其数学的形式,我们可以抽象出定积分的概念.

5.1.2　定积分的定义

定义 5.1　设函数 $f(x)$ 在区间 $[a,b]$ 上有界,将 $[a,b]$ 任意划分为 n 个小区间,分点为
$$a=x_0<x_1<x_2<\cdots<x_{n-1}<x_n=b.$$
在每个小区间 $[x_{i-1},x_i]$ 上任取一点 ξ_i,记 $\Delta x_i=x_i-x_{i-1}$,$\lambda=\max\limits_{1\leqslant i\leqslant n}\{\Delta x_i\}$,作和式 $\sum\limits_{i=1}^{n}f(\xi_i)\Delta x_i$,如果无论区间 $[a,b]$ 如何划分以及 $[x_{i-1},x_i]$ 上的点 ξ_i 怎样选取,

$\lim\limits_{\lambda \to 0} \sum\limits_{i=1}^{n} f(\xi_i) \Delta x_i$ 都存在,则称函数 $f(x)$ 在区间 $[a,b]$ 上**可积**,并称此极限值为函数 $f(x)$ 在 $[a,b]$ 上的**定积分**,记为

$$\int_a^b f(x)\mathrm{d}x = \lim_{\lambda \to 0} \sum_{i=1}^{n} f(\xi_i) \Delta x_i,$$

其中 $f(x)$ 称为**被积函数**,$f(x)\mathrm{d}x$ 称为**被积表达式**,x 称为积分变量,a 和 b 分别称为**积分下限**和**上限**,$[a,b]$ 称为**积分区间**.

按照定积分的定义,由曲线 $y=f(x)(f(x)\geqslant 0)$ 及直线 $x=a,x=b(a<b)$,$y=0$ 所围成的曲边梯形的面积为

$$A = \int_a^b f(x)\mathrm{d}x,$$

以速度 $v(t)$ 做变速直线运动的质点在 $[T_1,T_2]$ 内所走过的路程为

$$s = \int_{T_1}^{T_2} v(t)\mathrm{d}t,$$

非均匀分布的直线形细杆,细杆的线密度为 $\mu = \mu(x)$,则细杆位于 x 轴上的区间 $[a,b]$ 的质量为

$$m = \int_a^b \mu(x)\mathrm{d}x.$$

关于定积分的定义需要注意如下几点.

(1) 从定积分的定义可以看出,当 $\lim\limits_{\lambda \to 0} \sum\limits_{i=1}^{n} f(\xi_i) \Delta x_i$ 存在时,其极限值仅与被积函数 $f(x)$ 和积分区间 $[a,b]$ 有关,与积分变量用什么字母无关,即

$$\int_a^b f(x)\mathrm{d}x = \int_a^b f(t)\mathrm{d}t = \int_a^b f(u)\mathrm{d}u;$$

(2) $f(x)$ 在区间 $[a,b]$ 上可积是无论区间 $[a,b]$ 怎样划分,点 ξ_i 怎样选取,$\lim\limits_{\lambda \to 0} \sum\limits_{i=1}^{n} f(\xi_i) \Delta x_i$ 都存在并且等于同一常数;

(3) 当 $\lambda = \max\limits_{1 \leqslant i \leqslant n} \{\Delta x_i\}$ 趋于零时,分点无限增多,小区间的个数 $n \to \infty$,但反之,当 $n \to \infty$ 时,不能保证 $\lambda \to 0$,这是因为分割任意,当小区间的个数趋于 ∞ 时,不能保证每个小区间的长度都趋于 0.

5.1.3 可积的充分条件

对于定积分,我们还有必要搞清楚一个重要的问题:函数 $f(x)$ 在区间 $[a,b]$ 上满足怎样的条件时,$f(x)$ 在区间 $[a,b]$ 上一定可积? 针对这个问题,下面给出两个充分条件.

定理 5.1 设 $f(x)$ 在区间 $[a,b]$ 上连续,则 $f(x)$ 在区间 $[a,b]$ 上可积.

定理 5.2 设 $f(x)$ 在区间 $[a,b]$ 上有界,且只有有限个第一类间断点,则

$f(x)$ 在区间 $[a,b]$ 上可积.

　　下面,我们介绍一个用定义计算定积分的例子.

　　例 5.1.1　求 $\int_0^1 x^2 \mathrm{d}x$.

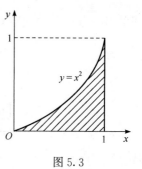

图 5.3

　　解　如图 5.3,由于被积函数 $f(x)=x^2$ 在积分区间 $[0,1]$ 上连续,故定积分存在,且积分值与区间的分法及点 ξ_i 的取法无关. 为了方便计算,不妨把区间 $[0,1]$ 分成 n 等份,分点为 $x_i=\dfrac{i}{n}$,这时每个小区间的长度相同,均为 $\Delta x_i=\dfrac{1}{n}$,取 $\xi_i=x_i$,上述式中均有 $i=1,2,\cdots,n$,从而得和式

$$\sum_{i=1}^n f(\xi_i)\Delta x_i = \sum_{i=1}^n \xi_i^2 \Delta x_i = \sum_{i=1}^n \left(\frac{i}{n}\right)^2 \cdot \frac{1}{n} = \frac{1}{n^3}\sum_{i=1}^n i^2$$

$$= \frac{1}{n^3} \cdot \frac{1}{6}n(n+1)(2n+1)$$

$$= \frac{1}{6}\left(1+\frac{1}{n}\right)\left(2+\frac{1}{n}\right).$$

显然 $\lambda=\dfrac{1}{n}$,因而 $\lambda \to 0$ 等价于 $n \to \infty$,所以

$$\lim_{\lambda \to 0}\sum_{i=1}^n f(\xi_i)\Delta x_i = \lim_{n \to \infty}\frac{1}{6}\left(1+\frac{1}{n}\right)\left(2+\frac{1}{n}\right)=\frac{1}{3}.$$

所以

$$\int_0^1 x^2 \mathrm{d}x = \frac{1}{3}.$$

　　由此例可见,用定积分定义计算定积分是比较麻烦的.

5.1.4　定积分的几何意义

　　当 $f(x) \geqslant 0\,(a \leqslant x \leqslant b)$ 时,定积分 $\int_a^b f(x)\mathrm{d}x$ 在几何上表示由曲线 $y=f(x)$,直线 $x=a$,$x=b$ 以及 x 轴所围成的曲边梯形的面积;

　　当 $f(x) < 0\,(a \leqslant x \leqslant b)$ 时,由曲线 $y=f(x)$,直线 $x=a$,$x=b$ 以及 x 轴所围成的曲边梯形位于 x 轴的下方,定积分 $\int_a^b f(x)\mathrm{d}x$ 在几何上表示上述曲边梯形面积的负值;

　　当 $f(x)$ 在区间 $[a,b]$ 上既可取得正值又可取得负值时(图 5.4),我们对曲边梯形的面积赋予正负号,规定在 x 轴上方的面积取正号,在 x 轴下方的面积取负号,则定积分 $\int_a^b f(x)\mathrm{d}x$ 的值等于由 x 轴,曲线 $y=f(x)$ 及直线 $x=a$,$x=b$ 所围成的各部分面积的代数和,即

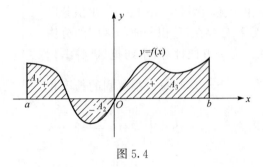

图 5.4

$$\int_a^b f(x)\mathrm{d}x = A_1 - A_2 + A_3.$$

例 5.1.2　利用定积分的几何意义,求下列定积分.

(1) $\int_0^3 (x-1)\mathrm{d}x$；　　　　　　　(2) $\int_0^R \sqrt{R^2-x^2}\,\mathrm{d}x$.

解　(1) 如图 5.5,则 $\triangle POQ$ 的面积 $A_1=\dfrac{1}{2}$,$\triangle NQR$ 的面积 $A_2=2$,从而

$$\int_0^3 (x-1)\mathrm{d}x = \left(-\frac{1}{2}\right) + 2 = \frac{3}{2}.$$

(2) 如图 5.6,$y=\sqrt{R^2-x^2}$ $(0\leqslant x\leqslant R)$ 是四分之一圆周,由定积分的几何意义知该定积分表示四分之一圆的面积,从而

$$\int_0^R \sqrt{R^2-x^2}\,\mathrm{d}x = \frac{1}{4}\pi R^2.$$

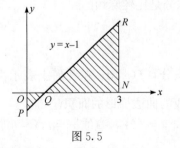

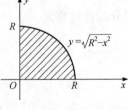

图 5.5　　　　　　　　　　　　　　　图 5.6

5.1.5　定积分的性质

有了定积分的概念以后,我们来介绍定积分的性质,并假定在下面介绍的性质中所涉及的函数都是可积的. 首先,对定积分作如下规定.

(1) 当 $a = b$ 时,$\int_a^b f(x)\mathrm{d}x = 0$;

(2) $\int_a^b f(x)\mathrm{d}x = -\int_b^a f(x)\mathrm{d}x$,即交换定积分的上下限时,定积分的值互为相反数.

性质 5.1（线性性质）　$\int_a^b [k_1 f_1(x) \pm k_2 f_2(x)]\mathrm{d}x = k_1 \int_a^b f_1(x)\mathrm{d}x \pm k_2 \int_a^b f_2(x)\mathrm{d}x$(其中 k_1, k_2 为常数).

证　由定积分定义与极限的性质有

$$\int_a^b [k_1 f_1(x) \pm k_2 f_2(x)]\mathrm{d}x = \lim_{\lambda \to 0} \sum_{i=1}^n [k_1 f_1(\xi_i) \pm k_2 f_2(\xi_i)]\Delta x_i$$

$$= k_1 \lim_{\lambda \to 0} \sum_{i=1}^n f_1(\xi_i)\Delta x_i \pm k_2 \lim_{\lambda \to 0} \sum_{i=1}^n f_2(\xi_i)\Delta x_i$$

$$= k_1 \int_a^b f_1(x)\mathrm{d}x \pm k_2 \int_a^b f_2(x)\mathrm{d}x,$$

即两个可积函数的线性组合的定积分等于这两个函数的定积分的线性组合.

该性质可以推广到有限多个函数的线性组合情形.

性质 5.2　被积函数为 1 的定积分在数值上等于积分区间的长度,或者说等于以 $[a,b]$ 为底、1 为高的矩形的面积,即

$$\int_a^b \mathrm{d}x = b - a.$$

性质 5.3（积分区间可加性）　不论 a,b,c 三点的相对位置如何,恒有 $a < c < b$ 时,$\int_a^b f(x)\mathrm{d}x = \int_a^c f(x)\mathrm{d}x + \int_c^b f(x)\mathrm{d}x$.

证　(1) 当 $a < c < b$ 时,因为函数 $f(x)$ 在区间 $[a,b]$ 上可积,所以 $f(x)$ 在 $[a,c]$,$[c,b]$ 上也可积,因此,在划分区间时,永远把 c 取作一个分点,那么

$$\sum_{[a,b]} f(\xi_i)\Delta x_i = \sum_{[a,c]} f(\xi_i)\Delta x_i + \sum_{[c,b]} f(\xi_i)\Delta x_i.$$

当 $\lambda \to 0$ 时,上式两端同时取极限得

$$\int_a^b f(x)\mathrm{d}x = \int_a^c f(x)\mathrm{d}x + \int_c^b f(x)\mathrm{d}x.$$

(2) 当 $a < b < c$ 时,由于(1)的证明

$$\int_a^c f(x)\mathrm{d}x = \int_a^b f(x)\mathrm{d}x + \int_b^c f(x)\mathrm{d}x,$$

于是移项得

$$\int_a^b f(x)\mathrm{d}x = \int_a^c f(x)\mathrm{d}x - \int_b^c f(x)\mathrm{d}x = \int_a^c f(x)\mathrm{d}x + \int_c^b f(x)\mathrm{d}x.$$

其余情形类似可证,性质 5.3 说明定积分对积分区间具有可加性.

例 5.1.3　设 $f(x)=\begin{cases} x^2, & 0\leqslant x\leqslant 1, \\ 1, & 1\leqslant x\leqslant 3, \end{cases}$ 计算定积分 $\int_0^3 f(x)\mathrm{d}x$.

解　利用区间的可加性可得

$$\int_0^3 f(x)\mathrm{d}x = \int_0^1 x^2\mathrm{d}x + \int_1^3 1\mathrm{d}x.$$

由例 5.1.1 知 $\int_0^1 x^2\mathrm{d}x = \dfrac{1}{3}$,由性质 5.2 知 $\int_1^3 1\mathrm{d}x = 2$,所以

$$\int_0^3 f(x)\mathrm{d}x = \frac{7}{3}.$$

性质 5.4（保号性）　如果在区间 $[a,b]$ 上,$f(x)\geqslant 0$,则

$$\int_a^b f(x)\mathrm{d}x \geqslant 0 \quad (a<b).$$

证　因为 $f(x)\geqslant 0$,所以 $f(\xi_i)\geqslant 0(i=1,2,\cdots,n)$,又 $\Delta x_i\geqslant 0(i=1,2,\cdots,n)$,因此 $\sum\limits_{i=1}^n f(\xi_i)\Delta x_i\geqslant 0$. 由极限的性质得 $\lim\limits_{\lambda\to 0}\sum\limits_{i=1}^n f(\xi_i)\Delta x_i = \int_a^b f(x)\mathrm{d}x\geqslant 0$.

推论 5.1　如果在区间 $[a,b]$ 上,$f(x)\leqslant g(x)$,则

$$\int_a^b f(x)\mathrm{d}x \leqslant \int_a^b g(x)\mathrm{d}x \quad (a<b).$$

证　因为 $g(x)-f(x)\geqslant 0$,由性质 5.1 和性质 5.4 得

$$\int_a^b [g(x)-f(x)]\mathrm{d}x = \int_a^b g(x)\mathrm{d}x - \int_a^b f(x)\mathrm{d}x\geqslant 0,$$

所以

$$\int_a^b f(x)\mathrm{d}x \leqslant \int_a^b g(x)\mathrm{d}x.$$

推论 5.2　$\left|\int_a^b f(x)\mathrm{d}x\right| \leqslant \int_a^b |f(x)|\mathrm{d}x \ (a<b).$

证　因为

$$-|f(x)|\leqslant f(x)\leqslant |f(x)|,$$

所以,由推论 5.1 可得

$$-\int_a^b |f(x)|\mathrm{d}x \leqslant \int_a^b f(x)\mathrm{d}x \leqslant \int_a^b |f(x)|\mathrm{d}x,$$

即原不等式成立.

该推论的含义为定积分的绝对值不超过绝对值的定积分.

例 5.1.4　比较定积分 $\int_0^\pi \sin x \, \mathrm{d}x$ 与 $\int_0^\pi \sin^3 x \, \mathrm{d}x$ 的大小.

解　两个定积分的积分区间相同,因此,只需要比较两个被积函数的大小. 因为

$$\sin x \geqslant \sin^3 x, \quad \text{且等号不恒成立}(0 \leqslant x \leqslant \pi),$$

由推论 5.1 可知

$$\int_0^\pi \sin x \, \mathrm{d}x > \int_0^\pi \sin^3 x \, \mathrm{d}x.$$

例 5.1.5　比较定积分 $\int_0^1 x \, \mathrm{d}x$ 与 $\int_0^1 \ln(1+x) \, \mathrm{d}x$ 的大小.

解　两个定积分的积分区间相同,因此,只需要比较两个被积函数的大小. 令 函数 $f(x) = x - \ln(1+x)$,则

$$f'(x) = 1 - \frac{1}{1+x} = \frac{x}{1+x}.$$

当 $0 < x < 1$ 时,$f'(x) > 0$,所以 $f(x)$ 在 $[0,1]$ 单调递增,则 $f(x) \geqslant f(0) = 0$,即

$$x \geqslant \ln(1+x), \quad \text{且等号不恒成立}(0 \leqslant x \leqslant 1),$$

由推论 5.1 可知

$$\int_0^1 x \, \mathrm{d}x > \int_0^1 \ln(1+x) \, \mathrm{d}x.$$

性质 5.5（估值定理）　设 M 及 m 分别是函数 $f(x)$ 在区间 $[a,b]$ 上的最大值 和最小值,则

$$m(b-a) \leqslant \int_a^b f(x) \, \mathrm{d}x \leqslant M(b-a) \quad (a < b).$$

证　因为 $m \leqslant f(x) \leqslant M$,由推论 5.1,得

$$\int_a^b m \, \mathrm{d}x \leqslant \int_a^b f(x) \, \mathrm{d}x \leqslant \int_a^b M \, \mathrm{d}x,$$

再由性质 5.1 和性质 5.2,得

$$m(b-a) \leqslant \int_a^b f(x) \, \mathrm{d}x \leqslant M(b-a).$$

这个性质可以用来估计定积分的大小. 估值定理的几何意义表示以 $y = f(x)$($f(x) \geqslant 0$)为曲顶、$[a,b]$ 为底的曲边梯形面积介于 分别以 m,M 为高的同底的两个矩形面积之 间(图 5.7).

例 5.1.6　估计定积分 $\int_{\frac{\pi}{4}}^{\frac{\pi}{2}} \frac{\sin x}{x} \mathrm{d}x$ 的

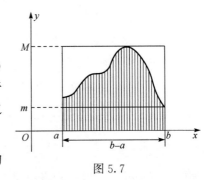

图 5.7

范围.

解　令 $f(x) = \dfrac{\sin x}{x}, x \in \left[\dfrac{\pi}{4}, \dfrac{\pi}{2}\right]$, 则

$$f'(x) = \frac{x\cos x - \sin x}{x^2} = \frac{\cos x(x - \tan x)}{x^2} < 0,$$

易知 $f(x)$ 在区间 $\left[\dfrac{\pi}{4}, \dfrac{\pi}{2}\right]$ 上单调递减, 求得最大值 M 和最小值 m 分别为

$$M = f\left(\frac{\pi}{4}\right) = \frac{2\sqrt{2}}{\pi}, \quad m = f\left(\frac{\pi}{2}\right) = \frac{2}{\pi}.$$

因为 $b - a = \dfrac{\pi}{2} - \dfrac{\pi}{4} = \dfrac{\pi}{4}$, 由估值定理有

$$\frac{1}{2} \leqslant \int_{\frac{\pi}{4}}^{\frac{\pi}{2}} \frac{\sin x}{x} \mathrm{d}x \leqslant \frac{\sqrt{2}}{2}.$$

例 5.1.7　求 $\lim\limits_{n \to \infty} \int_0^{\frac{\pi}{4}} \sin^n x \, \mathrm{d}x$, 其中 n 为正整数.

解　设 $f(x) = \sin^n x, f'(x) = n\sin^{n-1} x \cdot \cos x$, 当 $x \in \left[0, \dfrac{\pi}{4}\right]$ 时, $f'(x) \geqslant 0$,

$f(x)$ 在 $\left[0, \dfrac{\pi}{4}\right]$ 单调增加, 所以 $0 \leqslant \sin^n x \leqslant \left(\dfrac{\sqrt{2}}{2}\right)^n$, 由估值定理,

$$0 \leqslant \int_0^{\frac{\pi}{4}} \sin^n x \, \mathrm{d}x \leqslant \left(\frac{\sqrt{2}}{2}\right)^n \int_0^{\frac{\pi}{4}} \mathrm{d}x = \left(\frac{\sqrt{2}}{2}\right)^n \frac{\pi}{4},$$

而 $\lim\limits_{n \to \infty} \left(\dfrac{\sqrt{2}}{2}\right)^n \dfrac{\pi}{4} = 0$, 由夹逼定理, $\lim\limits_{n \to \infty} \int_0^{\frac{\pi}{4}} \sin^n x \, \mathrm{d}x = 0$.

性质 5.6（积分中值定理）　设 $f(x) \in C[a, b]$, 则在 $[a, b]$ 上至少存在一点 ξ, 使得

$$\int_a^b f(x) \mathrm{d}x = f(\xi)(b - a) \quad (a \leqslant \xi \leqslant b),$$

这个公式称为**定积分中值公式**.

证　$f(x) \in C[a, b]$, 所以根据最值定理, 函数在该区间上必存在最大值 M 与最小值 m, 由性质 5.5 有

$$m(b - a) \leqslant \int_a^b f(x) \mathrm{d}x \leqslant M(b - a).$$

又因为 $b - a > 0$, 于是

$$m \leqslant \frac{1}{(b - a)} \int_a^b f(x) \mathrm{d}x \leqslant M.$$

根据闭区间上连续函数的介值定理, 在 $[a, b]$ 上至少存在一点 ξ, 使

$$\frac{1}{(b-a)}\int_a^b f(x)\mathrm{d}x = f(\xi) \quad (a \leqslant \xi \leqslant b),$$

所以

$$\int_a^b f(x)\mathrm{d}x = f(\xi)(b-a).$$

定积分中值定理的几何意义是,对于区间 $[a,b]$ 上的连续函数 $f(x) \geqslant 0$,在 $[a,b]$ 上必至少存在一点 ξ,使得以该点的函数值为高、以区间 $[a,b]$ 为底的矩形面积,恰好等于同底的以 $y=f(x)$ 为曲边的曲边梯形的面积(图 5.8).

定积分中值定理中函数 $f(x)$ 在闭区间 $[a,b]$ 上连续的条件很重要,若条件不满足,定理的结论可能不真.

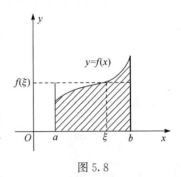

图 5.8

例 5.1.8　设 $f(x) \in C[a,b], f(x) \geqslant 0$ 且 $f(x)$ 不恒等于 0,证明: $\int_a^b f(x)\mathrm{d}x > 0$.

证　因为 $f(x) \geqslant 0$ 且不恒等于 0,所以至少存在一点 $x_0 \in [a,b]$,使 $f(x_0) > 0$. 由 $f(x)$ 在 x_0 连续,根据保号性,$\exists \delta > 0$,$\forall x \in (x_0-\delta, x_0+\delta)$,$f(x) > 0$. 取小区间 $[x_1, x_2] \subset (x_0-\delta, x_0+\delta)$,由性质 5.3,得

$$\int_a^b f(x)\mathrm{d}x = \int_a^{x_1} f(x)\mathrm{d}x + \int_{x_1}^{x_2} f(x)\mathrm{d}x + \int_{x_2}^b f(x)\mathrm{d}x.$$

由性质 5.4,$\int_a^{x_1} f(x)\mathrm{d}x \geqslant 0$,$\int_{x_2}^b f(x)\mathrm{d}x \geqslant 0$,又根据性质 5.6,

$$\int_{x_1}^{x_2} f(x)\mathrm{d}x = f(\xi)(x_2 - x_1), \quad \xi \in [x_1, x_2],$$

所以 $\int_a^b f(x)\mathrm{d}x > 0$.

定积分的性质在定积分的计算中运用非常广泛,希望读者熟练掌握.

习题 5.1

1. 利用定积分定义计算下列积分.

(1) $\int_a^b x\,\mathrm{d}x\,(a<b)$;　　　　　　　　(2) $\int_0^1 \mathrm{e}^x\,\mathrm{d}x$.

2. 将下列极限表示为定积分.

(1) $\lim\limits_{n\to\infty} \dfrac{1}{n}\sum\limits_{i=1}^n \sqrt{1+\dfrac{i}{n}}$;

(2) $\lim\limits_{n\to\infty}\dfrac{1^p+2^p+\cdots+n^p}{n^{p+1}}$;

(3) $\lim\limits_{n\to\infty}\ln\dfrac{\sqrt[n]{n!}}{n}$.

3. 利用定积分的几何意义,计算下列定积分.

(1) $\displaystyle\int_0^1 2x\,\mathrm{d}x$;　　　　　　　　　　　(2) $\displaystyle\int_0^R \sqrt{R^2-x^2}\,\mathrm{d}x$;

(3) $\displaystyle\int_{-\pi}^{\pi} \sin x\,\mathrm{d}x$;　　　　　　　　　　(4) $\displaystyle\int_{-1}^2 |x|\,\mathrm{d}x$.

4. 设 $\displaystyle\int_{-1}^1 3f(x)\mathrm{d}x=18,\int_{-1}^3 f(x)\mathrm{d}x=4,\int_{-1}^3 g(x)\mathrm{d}x=3$,求

(1) $\displaystyle\int_{-1}^1 f(x)\mathrm{d}x$;　　　　　　　　　　(2) $\displaystyle\int_1^3 f(x)\mathrm{d}x$;

(3) $\displaystyle\int_3^{-1} g(x)\mathrm{d}x$;　　　　　　　　　　(4) $\displaystyle\int_{-1}^3 \dfrac{1}{5}\big[4f(x)+3g(x)\big]\mathrm{d}x$.

5. 比较下列定积分的大小.

(1) $\displaystyle\int_0^1 x^2\,\mathrm{d}x$ 与 $\displaystyle\int_0^1 x^3\,\mathrm{d}x$;　　　　　(2) $\displaystyle\int_3^4 (\ln x)^2\,\mathrm{d}x$ 与 $\displaystyle\int_3^4 (\ln x)^3\,\mathrm{d}x$;

(3) $\displaystyle\int_0^{\frac{\pi}{2}} x\,\mathrm{d}x$ 与 $\displaystyle\int_0^{\frac{\pi}{2}} \sin x\,\mathrm{d}x$;　　　　　(4) $\displaystyle\int_0^1 \mathrm{e}^{-x}\,\mathrm{d}x$ 与 $\displaystyle\int_0^1 \mathrm{e}^{-x^2}\,\mathrm{d}x$.

6. 利用估值定理证明.

(1) $\sqrt{2}\,\mathrm{e}^{-\frac{1}{2}}\leqslant\displaystyle\int_{-\frac{\sqrt{2}}{2}}^{\frac{\sqrt{2}}{2}} \mathrm{e}^{-x^2}\,\mathrm{d}x\leqslant\sqrt{2}$;　　　(2) $-2\mathrm{e}^2\leqslant\displaystyle\int_2^0 \mathrm{e}^{x^2-x}\,\mathrm{d}x\leqslant-2\mathrm{e}^{-\frac{1}{4}}$.

7. 利用定积分中值定理,求下列极限.

(1) $\lim\limits_{n\to\infty}\displaystyle\int_0^{\frac{1}{2}} \dfrac{x^n}{1+x}\,\mathrm{d}x$;　　　　　　　(2) $\lim\limits_{n\to\infty}\displaystyle\int_n^{n+p} \dfrac{\sin x}{x}\,\mathrm{d}x$(其中 $p>0$).

8. 设 $f(x)$ 为连续正函数,且 $f(x)=x^2+2\displaystyle\int_0^1 f(x)\mathrm{d}x$,求 $f(x)$.

5.2　微积分基本公式

连续函数 $f(x)$ 在 $[a,b]$ 上的定积分是用和的极限来定义的,直接求这个和的极限往往非常困难,有时甚至求不出,如何寻找计算定积分简便而有效的方法就成为解决有关实际问题的关键.

5.2.1　变速直线运动的位置函数与速度函数之间的联系

有一物体在一直线上运动,在直线上取定原点、正方向及长度单位,使它成为

一个数轴,设时刻 t 时,物体所在位置为 $s(t)$,速度为 $v(t)$.

由定积分定义我们知道,在 $[T_1,T_2]$ 时间间隔内走过的路程为

$$s = \int_{T_1}^{T_2} v(t)\mathrm{d}t.$$

另一方面,这段路程又可以通过位置函数在区间上的增量

$$s(T_2) - s(T_1)$$

来表达,所以有

$$s = \int_{T_1}^{T_2} v(t)\mathrm{d}t = s(T_2) - s(T_1).$$

由于 $s'(t) = v(t)$,我们发现速度函数 $v(t)$ 在 $[T_1,T_2]$ 上的定积分等于 $v(t)$ 的原函数 $s(t)$ 在区间 $[T_1,T_2]$ 上函数值的增量. 事实上我们会在 5.2.3 节证明,这个结论具有普遍意义.

5.2.2　积分上限函数及其导数

设函数 $f(x)$ 在 $[a,b]$ 上连续,并且设 x 为区间 $[a,b]$ 上的一点,$f(x)$ 在 $[a,x]$ 上显然连续,则积分 $\int_a^x f(x)\mathrm{d}x$ 一定存在,这是一个上限为变量的积分. 由于定积分与积分变量的记法无关,为了区别积分上限和积分变量,不妨把积分变量改用其他符号,如可以写成 $\int_a^x f(t)\mathrm{d}t$.

作为上限的 x 在区间 $[a,b]$ 上任意变动时,积分值也随之变动,当 x 取定一个值时,就有一个确定的积分值与之对应,所以该积分在区间 $[a,b]$ 上定义了一个新的函数,称为积分上限的函数,当 $f(x) \geqslant 0$ 时,也称其为面积函数,如图 5.9 所示,记为

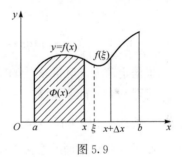

图 5.9

$$\Phi(x) = \int_a^x f(t)\mathrm{d}t, \quad a \leqslant x \leqslant b.$$

对函数 $\Phi(x)$ 有下面的重要性质.

定理 5.3　设函数 $f(x)$ 在 $[a,b]$ 上连续,则积分上限的函数 $\Phi(x) = \int_a^x f(t)\mathrm{d}t$ 在 $[a,b]$ 上可导,且 $\Phi'(x) = \dfrac{\mathrm{d}}{\mathrm{d}x}\int_a^x f(t)\mathrm{d}t = f(x), a \leqslant x \leqslant b.$

证　$\Delta\Phi(x) = \Phi(x+\Delta x) - \Phi(x) = \int_a^{x+\Delta x} f(t)\mathrm{d}t - \int_a^x f(t)\mathrm{d}t$

$$= \int_a^x f(t)\mathrm{d}t + \int_x^{x+\Delta x} f(t)\mathrm{d}t - \int_a^x f(t)\mathrm{d}t = \int_x^{x+\Delta x} f(t)\mathrm{d}t.$$

由积分中值定理,在$[x,x+\Delta x]$上至少存在一点ξ,使得

$$\int_x^{x+\Delta x} f(t)\mathrm{d}t = f(\xi)[(x+\Delta x)-x] = f(\xi)\Delta x,$$

即$\dfrac{\Delta\Phi(x)}{\Delta x} = f(\xi)$.

又当$\Delta x \to 0$时,$\xi \to x$,由于$f(x)$在$[a,b]$上连续,所以有

$$\lim_{\Delta x \to 0} \frac{\Delta\Phi(x)}{\Delta x} = \lim_{\xi \to x} f(\xi) = f(x),$$

也即$\Phi'(x) = \dfrac{\mathrm{d}}{\mathrm{d}x}\displaystyle\int_a^x f(t)\mathrm{d}t = f(x)$.

例如,$\left(\displaystyle\int_0^x \sin t^2 \mathrm{d}t\right)' = \sin x^2$,$\left(\displaystyle\int_0^x \dfrac{\mathrm{d}t}{\sqrt{1+t^4}}\right)' = \dfrac{1}{\sqrt{1+x^4}}$,积分下限是变量的函数可以通过定积分的性质转化为积分上限的函数.

若积分上限是x的函数$\varphi(x)$,则可记为$F(x) = \displaystyle\int_a^{\varphi(x)} f(t)\mathrm{d}t$. 当$\varphi(x)$可导时,令$u = \varphi(x)$,利用复合函数求导法则有

$$F'(x) = \frac{\mathrm{d}F}{\mathrm{d}u} \cdot \frac{\mathrm{d}u}{\mathrm{d}x} = \frac{\mathrm{d}}{\mathrm{d}u}\left[\int_0^u f(t)\mathrm{d}t\right]\frac{\mathrm{d}u}{\mathrm{d}x} = f(u) \cdot \varphi'(x) = f[\varphi(x)] \cdot \varphi'(x).$$

例如,$\dfrac{\mathrm{d}}{\mathrm{d}x}\displaystyle\int_0^{x^2} \arcsin(t^2+1)\mathrm{d}t = \arcsin(x^4+1) \cdot (x^2)' = 2x\arcsin(x^4+1)$.

根据定理 5.1 和原函数的定义,有以下的原函数存在定理.

定理 5.4　　如果函数$f(x)$在$[a,b]$上连续,则积分上限的函数$\Phi(x) = \displaystyle\int_a^x f(t)\mathrm{d}t$就是$f(x)$在$[a,b]$上的一个原函数.

原函数存在定理的意义:一方面肯定了连续函数必有原函数,另一方面揭示了定积分与原函数之间的联系.

例 5.2.1　求$\dfrac{\mathrm{d}}{\mathrm{d}x}\displaystyle\int_0^x (1+\sin t^2)\mathrm{d}t$.

解　$\dfrac{\mathrm{d}}{\mathrm{d}x}\displaystyle\int_0^x (1+\sin t^2)\mathrm{d}t = 1+\sin x^2$.

例 5.2.2　求$\dfrac{\mathrm{d}}{\mathrm{d}x}\displaystyle\int_2^{x^2} \ln t\,\mathrm{d}t$.

解　设$\Phi(x) = \displaystyle\int_2^{x^2} \ln t\,\mathrm{d}t$,令$u = x^2$,则$\Phi(u) = \displaystyle\int_2^u \ln t\,\mathrm{d}t$,根据复合函数求导法则及变上限积分定理可知

$$\frac{\mathrm{d}}{\mathrm{d}x}\int_2^{x^2} \ln t\,\mathrm{d}t = \frac{\mathrm{d}}{\mathrm{d}u}\int_2^u \ln t\,\mathrm{d}t\,\frac{\mathrm{d}u}{\mathrm{d}x} = \Phi'(u) \cdot (2x)$$

$$= \ln x^2 \cdot (2x) = 4x \ln x.$$

例 5.2.3　求极限 $\lim\limits_{x \to 0} \dfrac{\int_0^x (e^{t^2} - 1) \mathrm{d}t}{x^3}$.

解　在 $x \to 0$ 时,分式中分子和分母都趋于 0,属于 $\dfrac{0}{0}$ 型的未定式,用洛必达法则

$$\lim_{x \to 0} \frac{\int_0^x (e^{t^2} - 1) \mathrm{d}t}{x^3} = \lim_{x \to 0} \frac{e^{x^2} - 1}{3x^2} = \lim_{x \to 0} \frac{e^{x^2} \cdot 2x}{6x} = \frac{1}{3}.$$

例 5.2.4　设 $f(x) \in C(-\infty, +\infty)$, $F(x) = \int_0^x (x - 2t) f(t) \mathrm{d}t$, 证明:若 $f(x)$ 是单调减函数,则 $F(x)$ 是单调增函数.

证　要判断 $F(x)$ 的单调性,需要对 $F(x)$ 进行求导,由于被积函数中的变量 x 与积分变量 t 无关,所以 $F(x) = x \int_0^x f(t) \mathrm{d}t - 2 \int_0^x t f(t) \mathrm{d}t$, 则

$$F'(x) = \int_0^x f(t) \mathrm{d}t + x f(x) - 2x f(x) = \int_0^x f(t) \mathrm{d}t - x f(x),$$

由于 $f(x) \in C(-\infty, +\infty)$,根据定积分中值定理,

$$F'(x) = f(\xi) x - x f(x) = x[f(\xi) - f(x)] \quad (\xi \text{ 介于 } 0 \text{ 和 } x \text{ 之间}).$$

(1) 当 $-\infty < x < 0$ 时, $x < \xi < 0$, 由 $f(x)$ 单调减少,可知 $f(\xi) - f(x) < 0$;

(2) 当 $0 < x < +\infty$ 时, $0 < \xi < x$, 由 $f(x)$ 单调减少,可知 $f(\xi) - f(x) > 0$.

故当 $x \neq 0$ 时, $F'(x) > 0$, 且当 $x = 0$ 时, $F'(x) = 0$. 所以 $F(x)$ 在 $(-\infty, +\infty)$ 是单调增加函数.

5.2.3　牛顿-莱布尼茨公式

定理 5.5　如果函数 $F(x)$ 是连续函数 $f(x)$ 在 $[a, b]$ 上的原函数,则

$$\int_a^b f(x) \mathrm{d}x = F(b) - F(a).$$

证　由定理 5.4 知,积分上限的函数 $\Phi(x) = \int_a^x f(t) \mathrm{d}t$ 也是 $f(x)$ 的一个原函数,所以

$$F(x) - \Phi(x) = C \quad (a \leqslant x \leqslant b),$$
$$F(x) = \int_a^x f(t) \mathrm{d}t + C.$$

式中,令 $x = a$,因为 $\int_a^a f(t) \mathrm{d}t = 0$, 故 $C = F(a)$. 因此

$$F(x) = \int_a^x f(t)\mathrm{d}t + F(a).$$

再令 $x = b$，代入得

$$F(b) = \int_a^b f(t)\mathrm{d}t + F(a),$$

移项，把积分变量换成 x，得

$$\int_a^b f(x)\mathrm{d}x = F(b) - F(a). \tag{5.1}$$

式(5.1)称为**牛顿-莱布尼茨公式**，它是微积分学中的基本公式，为方便起见，把 $F(b) - F(a)$ 记为 $[F(x)]_a^b$ 或 $F(x)\big|_a^b$，于是

$$\int_a^b f(x)\mathrm{d}x = F(x)\Big|_a^b. \tag{5.2}$$

式(5.2)说明：计算定积分 $\int_a^b f(x)\mathrm{d}x$ 的值，只需要求出被积函数 $f(x)$ 的一个原函数，然后计算这个原函数在积分上限的函数值与积分下限的函数值之差. 这样，就把求定积分的问题转化为了求被积函数 $f(x)$ 的原函数问题.

例 5.2.5 计算 $\int_0^5 x^2\,\mathrm{d}x$.

解 由于 $\dfrac{1}{3}x^3$ 是 x^2 的一个原函数，则由牛顿-莱布尼茨公式可得

$$\int_0^5 x^2\,\mathrm{d}x = \frac{x^3}{3}\bigg|_0^5 = \frac{5^3}{3} - \frac{0^3}{3} = \frac{125}{3}.$$

例 5.2.6 计算正弦曲线 $y = \sin x$ 在 $[0, \pi]$ 上与 x 轴所围成的平面图形(图 5.10)的面积.

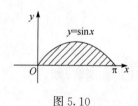

图 5.10

解 由定积分的几何意义知，该图形的面积可表示为 $A = \int_0^\pi \sin x\,\mathrm{d}x$，由于 $-\cos x$ 是 $\sin x$ 的一个原函数，所以 $A = \int_0^\pi \sin x\,\mathrm{d}x = (-\cos x)\Big|_0^\pi = 2.$

例 5.2.7 计算 $\int_{-1}^{\sqrt{3}} \dfrac{\mathrm{d}x}{1 + x^2}$.

解 由于 $\arctan x$ 是 $\dfrac{1}{1 + x^2}$ 的一个原函数，所以

$$\int_{-1}^{\sqrt{3}} \frac{\mathrm{d}x}{1 + x^2} = (\arctan x)\bigg|_{-1}^{\sqrt{3}} = \arctan\sqrt{3} - \arctan(-1)$$

$$= \frac{\pi}{3} - \left(-\frac{\pi}{4}\right) = \frac{7}{12}\pi.$$

例 5.2.8 计算 $\int_{-2}^{-1} \dfrac{\mathrm{d}x}{x}$.

解 当 $x<0$ 时，$\dfrac{1}{x}$ 的一个原函数是 $\ln|x|$，由牛顿-莱布尼茨公式可得

$$\int_{-2}^{-1} \frac{\mathrm{d}x}{x} = (\ln|x|)\Big|_{-2}^{-1} = \ln1 - \ln2 = -\ln2.$$

在计算定积分时，当被积函数中出现绝对值符号时，首先要考虑去掉绝对值符号，然后在相应的区间上对相应的被积函数进行积分.

例 5.2.9 计算 $\int_{0}^{1} |2x-1|\,\mathrm{d}x$.

解 因为

$$|2x-1| = \begin{cases} 1-2x, & x \leqslant \dfrac{1}{2}, \\[2mm] 2x-1, & x > \dfrac{1}{2}, \end{cases}$$

所以

$$\int_{0}^{1} |2x-1|\,\mathrm{d}x = \int_{0}^{\frac{1}{2}} (1-2x)\,\mathrm{d}x + \int_{\frac{1}{2}}^{1} (2x-1)\,\mathrm{d}x$$

$$= (x-x^2)\Big|_{0}^{\frac{1}{2}} + (x^2-x)\Big|_{\frac{1}{2}}^{1} = \frac{1}{2}.$$

例 5.2.10 求定积分 $\int_{-\frac{\pi}{2}}^{\frac{\pi}{3}} \sqrt{1-\cos^2 x}\,\mathrm{d}x$.

解
$$\int_{-\frac{\pi}{2}}^{\frac{\pi}{3}} \sqrt{1-\cos^2 x}\,\mathrm{d}x = \int_{-\frac{\pi}{2}}^{\frac{\pi}{3}} \sqrt{\sin^2 x}\,\mathrm{d}x = \int_{-\frac{\pi}{2}}^{\frac{\pi}{3}} |\sin x|\,\mathrm{d}x$$

$$= -\int_{-\frac{\pi}{2}}^{0} \sin x\,\mathrm{d}x + \int_{0}^{\frac{\pi}{3}} \sin x\,\mathrm{d}x$$

$$= \cos x\Big|_{-\frac{\pi}{2}}^{0} - \cos x\Big|_{0}^{\frac{\pi}{3}} = \frac{3}{2}.$$

例 5.2.11 汽车以每小时 36km 的速度行驶，到某处需要减速停车. 设汽车以等加速度 $a=-5\mathrm{m/s}^2$ 刹车. 问从开始刹车到停车，汽车驶过的距离是多少.

解 首先要算出从开始刹车到停车经过的时间. 设开始刹车的时刻为 $t=0$，此时汽车速度

$$v_0 = 36\mathrm{km/h} = \frac{36 \times 1000}{3600}\mathrm{m/s} = 10\mathrm{m/s}.$$

刹车后汽车减速行驶，其速度为

$$v(t) = v_0 + at = 10 - 5t.$$

当汽车停住时,速度 $v(t) = 0$,故由 $v(t) = 10 - 5t = 0$,解得 $t = 2$. 在这段时间内,汽车所驶过的距离为

$$s = \int_0^2 v(t)\,dt = \int_0^2 (10 - 5t)\,dt = \left(10t - \frac{5}{2}t^2\right)\Big|_0^2 = 10(\text{m}),$$

即在刹车后,汽车需要驶过 10m 才能停住.

习 题 5.2

1. 求下列导数值.

(1) 设函数 $F(x) = \int_0^x \cos t\,dt$,求 $F'(0)$,$F'\left(\dfrac{\pi}{4}\right)$;

(2) 设函数 $F(x) = \int_0^x \dfrac{t+4}{t^2+t+1}\,dt$,求 $F'(1)$;

(3) 设函数 $F(x) = \int_0^x \sin\sqrt{t}\,dt$,求 $F'\left(\dfrac{\pi^2}{4}\right)$;

(4) 设函数 $F(x) = \int_0^{x^2} \dfrac{1}{1+t^3}\,dt$,求 $F'(\sqrt{2})$.

2. 求由 $\int_0^y e^t\,dt + \int_0^x \cos t\,dt$ 所确定的隐函数对 x 的导数 $\dfrac{dy}{dx}$.

3. 当 x 为何值时,函数 $F(x) = \int_0^x t\,e^{-t^2}\,dt$ 有极值?

4. 计算下列函数的导数.

(1) $y = \int_0^{x^2} \sqrt{1+t^2}\,dt$;

(2) $y = \int_x^0 e^{t^2}\,dt$;

(3) $y = \int_{x^2}^{x^4} \dfrac{dt}{\sqrt{1+t^2}}$;

(4) $y = \int_{\sin x}^{\cos x} \cos(\pi t^2)\,dt$;

(5) $y = x \int_x^0 \cos t^3\,dt$;

(6) $y = \int_x^1 \ln(1+t)\,dt$.

5. 求下列极限.

(1) $\displaystyle\lim_{x \to 0} \dfrac{\displaystyle\int_0^x \cos t^2\,dt}{x}$;

(2) $\displaystyle\lim_{x \to 0} \dfrac{\displaystyle\int_{\cos x}^1 e^{-t^2}\,dt}{x^2}$;

(3) $\displaystyle\lim_{x \to 0} \dfrac{\displaystyle\int_0^x \ln\cos t\,dt}{x^4 + 2x^3}$;

(4) $\displaystyle\lim_{x \to 0} \dfrac{\left(\displaystyle\int_0^x \sin t^2\,dt\right)^2}{\displaystyle\int_0^x t^2 \sin t^3\,dt}$;

(5) $\lim\limits_{x\to\infty}\dfrac{\left(\int_0^x \mathrm{e}^{t^2}\,\mathrm{d}t\right)^2}{\int_0^x t\,\mathrm{e}^{2t^2}\,\mathrm{d}t}$;

(6) $\lim\limits_{x\to1}\dfrac{\int_1^x \tan(t^2-1)\,\mathrm{d}t}{(x-1)^2}$.

6. 计算下列定积分.

(1) $\int_1^2 \left(x^2+\dfrac{1}{x^4}\right)\mathrm{d}x$;

(2) $\int_0^1 \mathrm{e}^{-3x}\,\mathrm{d}x$;

(3) $\int_0^1 \dfrac{1}{\sqrt{4-x^2}}\,\mathrm{d}x$;

(4) $\int_0^1 \sqrt{4x+3}\,\mathrm{d}x$;

(5) $\int_{-2}^0 \dfrac{\mathrm{d}x}{x^2+2x+2}$;

(6) $\int_0^{\frac{\pi}{6}} \sec^2 2x\,\mathrm{d}x$;

(7) $\int_0^{2\pi} |\sin x|\,\mathrm{d}x$;

(8) $\int_0^2 f(x)\,\mathrm{d}x$,其中 $f(x)=\begin{cases} x, & x<1, \\ x^2, & x\geqslant1; \end{cases}$

(9) $\int_{\frac{\pi}{6}}^{\frac{\pi}{3}} \dfrac{1}{\sin^2 x\cos^2 x}\,\mathrm{d}x$;

(10) $\int_1^3 |x-2|\,\mathrm{d}x$.

7. 设

$$f(x)=\begin{cases} \dfrac{1}{2}\sin x, & 0\leqslant x\leqslant\pi, \\ 0, & x<0 \text{ 或 } x>\pi. \end{cases}$$

求 $\varphi(x)=\int_0^x f(t)\,\mathrm{d}t$ 在 $(-\infty,+\infty)$ 内的表达式.

8. 设 $f(x)$ 在 $(-\infty,+\infty)$ 内连续,且满足

$$xf(x)=\dfrac{3}{2}x^4-3x^2+4+\int_2^x f(t)\,\mathrm{d}t,$$

求 $f(x)$.

9. 已知 $\int_a^{\sqrt{x}} f(t)\,\mathrm{d}t=\ln(1+x)-\ln2$,求 $f(x)$ 和常数 a .

10. 设 $f(x)$ 为连续可微函数,试求

$$\dfrac{\mathrm{d}}{\mathrm{d}x}\int_a^x (x-t)f'(t)\,\mathrm{d}t,$$

并用此结果求 $\dfrac{\mathrm{d}}{\mathrm{d}x}\int_0^x (x-t)\sin t\,\mathrm{d}t$.

11. 设 $f(x)\in C[a,b]$,试对积分上限的函数 $F(x)=\int_a^x f(t)\,\mathrm{d}t$ 用拉格朗日中

值定理,证明至少存在一点 $\xi \in (a,b)$,使得 $\int_a^b f(x)\mathrm{d}x = f(\xi)(b-a)$ 成立.

12. 若 $F(x)$ 在 $[a,b]$ 上连续,$F(x) = \int_a^x f(t)(x-t)\mathrm{d}t$,证明 $F''(x) = f(x)$.

5.3　定积分的换元法与分部积分法

在 5.2 节中,我们已经知道用牛顿-莱布尼茨公式计算定积分 $\int_a^b f(x)\mathrm{d}x$ 的关键在于找出被积函数 $f(x)$ 的一个原函数,而在不定积分中我们已经知道求原函数的主要方法就是换元积分法和分部积分法. 因此,本节我们来介绍定积分的换元积分法和分部积分法.

5.3.1　定积分的换元法

定理 5.6　设函数 $f(x)$ 在 $[a,b]$ 上连续,函数 $x = \varphi(t)$ 满足

(1) 在区间 $[\alpha,\beta]$ 上是单值的,且具有连续导数;

(2) 当 t 在 $[\alpha,\beta]$ 上变化时,$x = \varphi(t)$ 的值在 $[a,b]$ 上变化,且 $\varphi(\alpha) = a$,$\varphi(\beta) = b$,
则有定积分的换元公式

$$\int_a^b f(x)\mathrm{d}x = \int_\alpha^\beta f[\varphi(t)]\varphi'(t)\mathrm{d}t.$$

证　因为 $f(x)$ 在 $[a,b]$ 上连续,因此 $f(x)$ 在 $[a,b]$ 上的原函数一定存在,设 $F(x)$ 为 $f(x)$ 的一个原函数,则 $F[\varphi(t)]$ 为 $f[\varphi(t)]\varphi'(t)$ 的一个原函数. 由牛顿-莱布尼茨公式,有

$$\int_a^b f(x)\mathrm{d}x = F(b) - F(a).$$

$$\int_\alpha^\beta f[\varphi(t)]\varphi'(t)\mathrm{d}t = F[\varphi(t)]\Big|_\alpha^\beta = F[\varphi(\beta)] - F[\varphi(\alpha)] = F(b) - F(a),$$

从而 $\int_a^b f(x)\mathrm{d}x = \int_\alpha^\beta f[\varphi(t)]\varphi'(t)\mathrm{d}t$.

应用定积分换元公式要注意:

(1) 在 $x = \varphi(t)$ 的变换下,原积分变量 x 换成了新的积分变量 t,所以积分限 $x \in [a,b]$ 一定要相应地换成新变量 t 的积分限 $t \in [\alpha,\beta]$,求出 $f[\varphi(t)]\varphi'(t)$ 的原函数 $F(t)$ 后直接在 $t \in [\alpha,\beta]$ 上用牛顿-莱布尼茨公式即可.

(2) 定积分换元法对应的是不定积分中第二类换元法. 若求原函数时用的是不定积分的第一类换元法,则由于没有引入新变量,积分上下限 $x \in [a,b]$ 不变.

例 5.3.1　求定积分 $\displaystyle\int_0^{\frac{\pi}{2}} \cos^5 x \sin x \, dx$.

解　令 $t = \cos x$，则 $dt = -\sin x \, dx$，当 $x = \dfrac{\pi}{2}$ 时，$t = 0$，当 $x = 0$ 时，$t = 1$，于是

$$\int_0^{\frac{\pi}{2}} \cos^5 x \sin x \, dx = -\int_1^0 t^5 \, dt = \int_0^1 t^5 \, dt = \frac{t^6}{6} \bigg|_0^1 = \frac{1}{6}.$$

注　本例中，如果不明显写出新变量 t，则定积分的上、下限就不需要改变. 重新计算如下：

$$\int_0^{\frac{\pi}{2}} \cos^5 x \sin x \, dx = -\int_0^{\frac{\pi}{2}} \cos^5 x \, d(\cos x) = -\frac{\cos^6 x}{6} \bigg|_0^{\frac{\pi}{2}} = -\left(0 - \frac{1}{6}\right) = \frac{1}{6}.$$

例 5.3.2　求定积分 $\displaystyle\int_0^a \sqrt{a^2 - x^2} \, dx \, (a > 0)$.

解　令 $x = a \sin t$，则 $dx = a \cos t \, dt$，当 $x = 0$ 时，$t = 0$，当 $x = a$ 时，$t = \dfrac{\pi}{2}$，于是

$$\sqrt{a^2 - x^2} = a\sqrt{1 - \sin^2 t} = a|\cos t| = a \cos t,$$

由换元积分公式得

$$\int_0^a \sqrt{a^2 - x^2} \, dx = a^2 \int_0^{\frac{\pi}{2}} \cos^2 t \, dt = a^2 \int_0^{\frac{\pi}{2}} \frac{1 + \cos 2t}{2} \, dt = \frac{a^2}{2} \int_0^{\frac{\pi}{2}} (1 + \cos 2t) \, dt$$

$$= \frac{a^2}{2}\left(t + \frac{1}{2}\sin 2t\right) \bigg|_0^{\frac{\pi}{2}} = \frac{\pi a^2}{4}.$$

注　在 5.1 节中，我们曾利用定积分的几何意义解本题并得到相同的结果.

例 5.3.3　计算 $\displaystyle\int_0^{\pi} \sqrt{\sin x - \sin^3 x} \, dx$.

解

$$\int_0^{\pi} \sqrt{\sin x - \sin^3 x} \, dx = \int_0^{\pi} \sin^{\frac{1}{2}} x \, |\cos x| \, dx$$

$$= \int_0^{\frac{\pi}{2}} \sin^{\frac{1}{2}} x \cos x \, dx - \int_{\frac{\pi}{2}}^{\pi} \sin^{\frac{1}{2}} x \cos x \, dx$$

$$= \int_0^{\frac{\pi}{2}} \sin^{\frac{1}{2}} x \, d\sin x - \int_{\frac{\pi}{2}}^{\pi} \sin^{\frac{1}{2}} x \, d\sin x$$

$$= \frac{2}{3} \sin^{\frac{3}{2}} x \bigg|_0^{\frac{\pi}{2}} - \frac{2}{3} \sin^{\frac{3}{2}} x \bigg|_{\frac{\pi}{2}}^{\pi} = \frac{4}{3}.$$

例 5.3.4　求定积分 $\displaystyle\int_0^4 \frac{x+2}{\sqrt{2x+1}} \, dx$.

解　令 $t = \sqrt{2x+1}$，则 $x = \dfrac{t^2 - 1}{2}$，$dx = t \, dt$，当 $x = 0$ 时，$t = 1$，当 $x = 4$ 时，$t = 3$，

从而

$$\int_0^4 \frac{x+2}{\sqrt{2x+1}}\mathrm{d}x = \int_1^3 \frac{\frac{t^2-1}{2}+2}{t}t\,\mathrm{d}t = \frac{1}{2}\int_1^3 (t^2+3)\mathrm{d}t$$

$$= \frac{1}{2}\left(\frac{1}{3}t^3+3t\right)\Big|_1^3 = \frac{1}{2}\left[\left(\frac{27}{3}+9\right)-\left(\frac{1}{3}+3\right)\right]$$

$$= \frac{22}{3}.$$

例 5.3.5　设 $f(x)\in C[-a,a]$，证明：

(1) 若 $f(x)$ 为偶函数，则 $\int_{-a}^a f(x)\mathrm{d}x = 2\int_0^a f(x)\mathrm{d}x$；

(2) 若 $f(x)$ 为奇函数，则 $\int_{-a}^a f(x)\mathrm{d}x = 0$.

证　根据积分区间的可加性，有

$$\int_{-a}^a f(x)\mathrm{d}x = \int_{-a}^0 f(x)\mathrm{d}x + \int_0^a f(x)\mathrm{d}x,$$

对积分 $\int_{-a}^0 f(x)\mathrm{d}x$ 作变量代换 $x=-t$，由换元积分法，得

$$\int_{-a}^0 f(x)\mathrm{d}x = \int_a^0 f(-t)(-\mathrm{d}t) = \int_0^a f(-t)\mathrm{d}t = \int_0^a f(-x)\mathrm{d}x.$$

于是 $\int_{-a}^a f(x)\mathrm{d}x = \int_0^a f(-x)\mathrm{d}x + \int_0^a f(x)\mathrm{d}x = \int_0^a [f(x)+f(-x)]\mathrm{d}x.$

(1) 当 $f(x)$ 为偶函数时，$f(x)+f(-x)=2f(x)$，则

$$\int_{-a}^a f(x)\mathrm{d}x = 2\int_0^a f(x)\mathrm{d}x;$$

(2) 当 $f(x)$ 为奇函数时，$f(x)+f(-x)=0$，则

$$\int_{-a}^a f(x)\mathrm{d}x = 0.$$

以后在计算定积分时，只要积分区间是关于原点对称的，就要观察被积函数是不是奇函数、偶函数，以求简化计算.

例 5.3.6　计算定积分 $\int_{-1}^1 (|x|+\sin x)x^2\mathrm{d}x$.

解　因为积分区间对称于原点，且 $|x|x^2$ 为偶函数，$\sin x\cdot x^2$ 为奇函数，所以

$$\int_{-1}^1 (|x|+\sin x)x^2\mathrm{d}x = \int_{-1}^1 |x|x^2\mathrm{d}x = 2\int_0^1 x^3\mathrm{d}x = 2\cdot\frac{x^4}{4}\Big|_0^1 = \frac{1}{2}.$$

例 5.3.7　若函数 $f(x)$ 在 $[0,1]$ 上连续，证明：

(1) $\int_0^{\frac{\pi}{2}} f(\sin x)\mathrm{d}x = \int_0^{\frac{\pi}{2}} f(\cos x)\mathrm{d}x$；

(2) $\displaystyle\int_0^\pi x f(\sin x)\,\mathrm{d}x = \frac{\pi}{2}\int_0^\pi f(\sin x)\,\mathrm{d}x.$

证　(1) 令 $x=\dfrac{\pi}{2}-t$，则 $\mathrm{d}x=-\mathrm{d}t$，当 $x=0$ 时，$t=\dfrac{\pi}{2}$；当 $x=\dfrac{\pi}{2}$ 时，$t=0$.
于是

$$\int_0^{\frac{\pi}{2}} f(\sin x)\,\mathrm{d}x = -\int_{\frac{\pi}{2}}^0 f\left[\sin\left(\frac{\pi}{2}-t\right)\right]\mathrm{d}t = \int_0^{\frac{\pi}{2}} f(\cos t)\,\mathrm{d}t = \int_0^{\frac{\pi}{2}} f(\cos x)\,\mathrm{d}x.$$

(2) 令 $x=\pi-t$，$\mathrm{d}x=-\mathrm{d}t$；当 $x=0$ 时，$t=\pi$；当 $x=\pi$ 时，$t=0$. 于是

$$\int_0^\pi x f(\sin x)\,\mathrm{d}x = -\int_\pi^0 (\pi-t)f[\sin(\pi-t)]\mathrm{d}t = \int_0^\pi (\pi-t)f(\sin t)\,\mathrm{d}t$$
$$= \pi\int_0^\pi f(\sin x)\,\mathrm{d}x - \int_0^\pi x f(\sin x)\,\mathrm{d}x,$$

移项合并得

$$\int_0^\pi x f(\sin x)\,\mathrm{d}x = \frac{\pi}{2}\int_0^\pi f(\sin x)\,\mathrm{d}x.$$

我们经常用例 5.3.7 的两个结论简化定积分的计算. 如

$$\int_0^\pi \frac{x\sin x}{1+\cos^2 x}\,\mathrm{d}x = \frac{\pi}{2}\int_0^\pi \frac{\sin x}{1+\cos^2 x}\,\mathrm{d}x = -\frac{\pi}{2}\int_0^\pi \frac{\mathrm{d}\cos x}{1+\cos^2 x}$$
$$= -\frac{\pi}{2}\Big[\arctan(\cos x)\Big]\Big|_0^\pi$$
$$= \frac{\pi^2}{4}.$$

5.3.2　定积分的分部积分法

根据不定积分的分部积分公式，很容易得出定积分分部积分公式.

定理 5.7　设函数 $u(x),v(x)$ 在 $[a,b]$ 上有连续导数，则

$$\int_a^b u\,\mathrm{d}v = (uv)\Big|_a^b - \int_a^b v\,\mathrm{d}u$$

或

$$\int_a^b uv'\,\mathrm{d}x = (uv)\Big|_a^b - \int_a^b vu'\,\mathrm{d}x.$$

这就是**定积分的分部积分公式**，与不定积分的分部积分公式不同的是，这里可将原函数已经积出的部分 uv 先用上、下限代入.

例 5.3.8　计算定积分 $\displaystyle\int_0^{\frac{1}{2}} \arcsin x\,\mathrm{d}x.$

解　令 $u=\arcsin x$，$\mathrm{d}v=\mathrm{d}x$，则 $\mathrm{d}u=\dfrac{\mathrm{d}x}{\sqrt{1-x^2}}$，$v=x$，从而

$$\int_0^{\frac{1}{2}} \arcsin x \, dx = (x \arcsin x) \Big|_0^{\frac{1}{2}} - \int_0^{\frac{1}{2}} \frac{x \, dx}{\sqrt{1-x^2}}$$

$$= \frac{1}{2} \cdot \frac{\pi}{6} + \frac{1}{2} \int_0^{\frac{1}{2}} \frac{1}{\sqrt{1-x^2}} d(1-x^2)$$

$$= \frac{\pi}{12} + (\sqrt{1-x^2}) \Big|_0^{\frac{1}{2}} = \frac{\pi}{12} + \frac{\sqrt{3}}{2} - 1.$$

例 5.3.9　求定积分 $\int_0^{\frac{\pi}{2}} x^2 \sin x \, dx$.

解　由分部积分公式得

$$\int_0^{\frac{\pi}{2}} x^2 \sin x \, dx = \int_0^{\frac{\pi}{2}} x^2 d(-\cos x) = x^2 (-\cos x) \Big|_0^{\frac{\pi}{2}} + \int_0^{\frac{\pi}{2}} \cos x \, d(x^2) = 2 \int_0^{\frac{\pi}{2}} x \cos x \, dx,$$

再用一次分部积分公式得

$$\int_0^{\frac{\pi}{2}} x \cos x \, dx = \int_0^{\frac{\pi}{2}} x \, d(\sin x) = x \sin x \Big|_0^{\frac{\pi}{2}} - \int_0^{\frac{\pi}{2}} \sin x \, dx = \frac{\pi}{2} + \cos x \Big|_0^{\frac{\pi}{2}} = \frac{\pi}{2} - 1,$$

从而 $\int_0^{\frac{\pi}{2}} x^2 \sin x \, dx = 2 \int_0^{\frac{\pi}{2}} x \cos x \, dx = \pi - 2.$

例 5.3.10　计算定积分 $\int_{\frac{1}{2}}^1 e^{-\sqrt{2x-1}} \, dx$.

解　令 $t = \sqrt{2x-1}$，则 $t \, dt = dx$，当 $x = \dfrac{1}{2}$ 时，$t = 0$；当 $x = 1$ 时，$t = 1$. 于是有

$$\int_{\frac{1}{2}}^1 e^{-\sqrt{2x-1}} \, dx = \int_0^1 t e^{-t} \, dt,$$

再使用分部积分法，令 $u = t$，$dv = e^{-t} dt$，则 $du = dt$，$v = -e^{-t}$，从而

$$\int_0^1 t e^{-t} \, dt = -t e^{-t} \Big|_0^1 + \int_0^1 e^{-t} \, dt = -\frac{1}{e} - (e^{-t}) \Big|_0^1 = 1 - \frac{2}{e}.$$

例 5.3.11　导出 $I_n = \int_0^{\frac{\pi}{2}} \sin^n x \, dx$（$n$ 为非负整数）的递推公式.

解　易见 $I_0 = \int_0^{\frac{\pi}{2}} dx = \dfrac{\pi}{2}$，$I_1 = \int_0^{\frac{\pi}{2}} \sin x \, dx = 1$，当 $n \geqslant 2$ 时，

$$I_n = \int_0^{\frac{\pi}{2}} \sin^n x \, dx$$

$$= -\int_0^{\frac{\pi}{2}} \sin^{n-1} x \, d\cos x$$

$$= (-\sin^{n-1} x \cos x) \Big|_0^{\frac{\pi}{2}} + (n-1) \int_0^{\frac{\pi}{2}} \sin^{n-2} x \cos^2 x \, dx$$

$$= (n-1)\int_0^{\frac{\pi}{2}} \sin^{n-2} x \,(1-\sin^2 x)\,\mathrm{d}x$$

$$= (n-1)\int_0^{\frac{\pi}{2}} \sin^{n-2} x \,\mathrm{d}x - (n-1)\int_0^{\frac{\pi}{2}} \sin^n x \,\mathrm{d}x$$

$$= (n-1)I_{n-2} - (n-1)I_n,$$

从而得到递推公式 $I_n = \dfrac{n-1}{n} I_{n-2}$.

反复用此公式直到下标为 0 或 1,得

$$I_n = \begin{cases} \dfrac{2m-1}{2m} \cdot \dfrac{2m-3}{2m-2} \cdots\cdots \dfrac{5}{6} \cdot \dfrac{3}{4} \cdot \dfrac{1}{2} \cdot \dfrac{\pi}{2}, & n=2m, \\[3mm] \dfrac{2m}{2m+1} \cdot \dfrac{2m-2}{2m-1} \cdots\cdots \dfrac{6}{7} \cdot \dfrac{4}{5} \cdot \dfrac{2}{3}, & n=2m+1, \end{cases}$$

其中 m 为自然数.

注　根据例 5.3.7 的结果,有 $\displaystyle\int_0^{\frac{\pi}{2}} \sin^n x \,\mathrm{d}x = \int_0^{\frac{\pi}{2}} \cos^n x \,\mathrm{d}x$.

例 5.3.12　利用上题结论计算 $\displaystyle\int_0^{\pi} \sin^5 \frac{x}{2} \,\mathrm{d}x$.

解　令 $\dfrac{x}{2} = t$,则 $\mathrm{d}x = 2\mathrm{d}t$,当 $x=0$ 时,$t=0$;当 $x=\pi$ 时,$t=\dfrac{\pi}{2}$. 于是

$$\int_0^{\pi} \sin^5 \frac{x}{2} \,\mathrm{d}x = 2\int_0^{\frac{\pi}{2}} \sin^5 t \,\mathrm{d}t = 2 \cdot \frac{4}{5} \cdot \frac{2}{3} = \frac{16}{15}.$$

习 题 5.3

1. 利用换元法计算下列积分.

(1) $\displaystyle\int_0^{\frac{\pi}{2}} \sin x \cos^3 x \,\mathrm{d}x$;

(2) $\displaystyle\int_{\frac{\pi}{3}}^{\pi} \sin\left(x + \frac{\pi}{3}\right) \mathrm{d}x$;

(3) $\displaystyle\int_1^2 \frac{\mathrm{e}^{\frac{1}{x}}}{x^2} \,\mathrm{d}x$;

(4) $\displaystyle\int_1^{\mathrm{e}^2} \frac{1}{x\sqrt{1+\ln x}} \,\mathrm{d}x$;

(5) $\displaystyle\int_0^{\sqrt{2}} \sqrt{2-x^2} \,\mathrm{d}x$;

(6) $\displaystyle\int_0^3 \frac{x}{1+\sqrt{1+x}} \,\mathrm{d}x$;

(7) $\displaystyle\int_{-1}^1 \frac{x}{\sqrt{5-4x}} \,\mathrm{d}x$;

(8) $\displaystyle\int_1^{\sqrt{3}} \frac{1}{x^2\sqrt{1+x^2}} \,\mathrm{d}x$;

(9) $\displaystyle\int_{-\frac{\pi}{2}}^{\frac{\pi}{2}} \sqrt{\cos x - \cos^3 x} \,\mathrm{d}x$;

(10) $\displaystyle\int_0^{\pi} \sqrt{1+\cos 2x} \,\mathrm{d}x$.

2. 利用分部积分法计算下列积分.

(1) $\int_1^e x\ln x\,\mathrm{d}x$;　　　　　　　　(2) $\int_0^1 x\,\mathrm{e}^{-x}\,\mathrm{d}x$;

(3) $\int_1^4 \dfrac{\ln x}{\sqrt{x}}\,\mathrm{d}x$;　　　　　　　　(4) $\int_0^1 x\arctan x\,\mathrm{d}x$;

(5) $\int_0^{\frac{\pi}{2}} x\sin 2x\,\mathrm{d}x$;　　　　　　　　(6) $\int_1^e \sin(\ln x)\,\mathrm{d}x$.

3. 利用奇、偶函数的积分性质计算下列定积分.

(1) $\int_{-\pi}^{\pi} x^6\sin x\,\mathrm{d}x$;　　　　　　　　(2) $\int_{-1}^1 \cos x\ln\dfrac{2-x}{2+x}\,\mathrm{d}x$;

(3) $\int_{-\frac{1}{2}}^{\frac{1}{2}} \dfrac{(\arcsin x)^2}{\sqrt{1-x^2}}\,\mathrm{d}x$;　　　　　　　　(4) $\int_{-2}^2 \dfrac{x+|x|}{2+x^2}\,\mathrm{d}x$;

(5) $\int_{-\frac{\pi}{2}}^{\frac{\pi}{2}} \left(\dfrac{\sin x}{1+\cos x}+|x|\right)\mathrm{d}x$;　　　　(6) $\int_{-\frac{\pi}{2}}^{\frac{\pi}{2}} (x^3+\sin^2 x)\cos^2 x\,\mathrm{d}x$.

4. 若 $f(x)$ 在 $[-a,a]$ 上连续,则 $\int_{-a}^a [f(x)-f(-x)]\cos x\,\mathrm{d}x=($ 　　).

A. 0　　　　B. 1　　　　C. 2　　　　D. 3

5. 下列定积分为零的是(　　).

A. $\int_{-1}^1 x^2\cos x\,\mathrm{d}x$ 　　　　　　B. $\int_{-1}^1 x\sin x\,\mathrm{d}x$

C. $\int_{-1}^1 (x+\sin x)\,\mathrm{d}x$ 　　　　　　D. $\int_{-1}^1 (x+\cos x)\,\mathrm{d}x$

6. 设 $f(x)=\begin{cases}\dfrac{1}{1+x}, & x\geqslant 0, \\[2mm] \dfrac{1}{1+\mathrm{e}^x}, & x<0,\end{cases}$ 求定积分 $\int_{-1}^1 f(x)\,\mathrm{d}x$.

7. 已知 $f(x)$ 满足方程 $f(x)=3x-\sqrt{1-x^2}\int_0^1 f^2(x)\,\mathrm{d}x$,求 $f(x)$.

8. 求函数 $f(x)=\int_1^x t(1+2\ln t)\,\mathrm{d}t$ 在 $[1,\mathrm{e}]$ 上的最大值与最小值.

9. 设 $f(x)=\int_1^{x^2} \dfrac{\sin t}{t}\,\mathrm{d}t$,求 $\int_0^1 xf(x)\,\mathrm{d}x$.

10. 设 $f''(x)$ 在 $[0,1]$ 上连续,且 $f(0)=1$, $f(2)=3$, $f'(2)=5$,求 $\int_0^1 2xf''(2x)\,\mathrm{d}x$.

11. 若 $f(x)$ 在 $[a,b]$ 上连续,证明 $\int_a^b f(x)\,\mathrm{d}x=\int_a^b f(a+b-x)\,\mathrm{d}x$.

12. 证明 $\displaystyle\int_0^1 x^m(1-x)^n \mathrm{d}x = \int_0^1 x^n(1-x)^m \mathrm{d}x$.

13. 设 $f''(x)$ 在 $[0,\pi]$ 上连续, 且 $f(0)=2$, $f(\pi)=1$, 证明:

$$\int_0^\pi [f(x)+f''(2x)]\sin x \,\mathrm{d}x = 3.$$

5.4　广　义　积　分

前面几节所讨论的定积分是在积分区间有限且被积函数有界的前提下定义的, 但在一些实际应用中, 常会遇到积分区间无限或被积函数为无界函数的积分. 因此需要将定积分的概念加以推广, 从而形成了广义积分的概念.

5.4.1　无穷限的广义积分

定义 5.2　设函数 $f(x)$ 在区间 $[a,+\infty)$ 上连续, 取 $b>a$, 如果

$$\lim_{b\to +\infty}\int_a^b f(x)\mathrm{d}x \quad (b>a)$$

存在, 就称此极限为函数 $f(x)$ 在无穷区间 $[a,+\infty)$ 上的 **广义积分**, 记作 $\displaystyle\int_a^{+\infty} f(x)\mathrm{d}x$, 即

$$\int_a^{+\infty} f(x)\mathrm{d}x = \lim_{b\to +\infty}\int_a^b f(x)\mathrm{d}x,$$

这时也称广义积分 $\displaystyle\int_a^{+\infty} f(x)\mathrm{d}x$ 收敛. 如果上述极限不存在, 则称广义积分 $\displaystyle\int_a^{+\infty} f(x)\mathrm{d}x$ 发散.

类似地, 可以定义在区间 $(-\infty,b]$ 上的广义积分.

设函数 $f(x)$ 在区间 $(-\infty,b]$ 上连续, 取 $a<b$, 如果

$$\lim_{a\to -\infty}\int_a^b f(x)\mathrm{d}x \quad (b>a)$$

存在, 就称此极限为函数 $f(x)$ 在无穷区间 $(-\infty,b]$ 上的 **广义积分**, 记作 $\displaystyle\int_{-\infty}^b f(x)\mathrm{d}x$, 即

$$\int_{-\infty}^b f(x)\mathrm{d}x = \lim_{a\to -\infty}\int_a^b f(x)\mathrm{d}x,$$

这时也称广义积分 $\displaystyle\int_{-\infty}^b f(x)\mathrm{d}x$ 收敛. 如果上述极限不存在, 则称广义积分 $\displaystyle\int_{-\infty}^b f(x)\mathrm{d}x$ 发散.

设函数 $f(x)$ 在区间 $(-\infty, +\infty)$ 上连续,而且广义积分 $\int_{-\infty}^{0} f(x)\mathrm{d}x$ 和 $\int_{0}^{+\infty} f(x)\mathrm{d}x$ 都收敛,则上述两个广义积分之和为 $f(x)$ 在 $(-\infty, +\infty)$ 上的广义积分,记作 $\int_{-\infty}^{+\infty} f(x)\mathrm{d}x$,即

$$\int_{-\infty}^{+\infty} f(x)\mathrm{d}x = \int_{-\infty}^{0} f(x)\mathrm{d}x + \int_{0}^{+\infty} f(x)\mathrm{d}x = \lim_{a\to-\infty}\int_{a}^{0} f(x)\mathrm{d}x + \lim_{b\to+\infty}\int_{0}^{b} f(x)\mathrm{d}x,$$

这时也称广义积分 $\int_{-\infty}^{+\infty} f(x)\mathrm{d}x$ 收敛. 如果广义积分 $\int_{-\infty}^{0} f(x)\mathrm{d}x$ 和 $\int_{0}^{+\infty} f(x)\mathrm{d}x$ 中有一个是发散的,则 $\int_{-\infty}^{+\infty} f(x)\mathrm{d}x$ 发散.

上述定义的广义积分统称为无穷限的广义积分.

例 5.4.1　计算 $\int_{0}^{+\infty} \mathrm{e}^{-x}\mathrm{d}x$.

解　取 $0 < t$,得

$$\int_{0}^{+\infty} \mathrm{e}^{-x}\mathrm{d}x = \lim_{t\to+\infty}\int_{0}^{t} \mathrm{e}^{-x}\mathrm{d}x = \lim_{t\to+\infty}(-\mathrm{e}^{-x})\Big|_{0}^{t} = 1 - \lim_{t\to+\infty}\mathrm{e}^{-t} = 1.$$

另 $\int_{0}^{+\infty} \mathrm{e}^{-x}\mathrm{d}x = (-\mathrm{e}^{-x})\Big|_{0}^{+\infty} = 1 - \lim_{x\to+\infty}\mathrm{e}^{-x} = 1.$

例 5.4.2　计算 $\int_{-\infty}^{+\infty} \dfrac{\mathrm{d}x}{1+x^2}$.

解
$$\int_{-\infty}^{+\infty} \frac{\mathrm{d}x}{1+x^2} = \int_{-\infty}^{0} \frac{\mathrm{d}x}{1+x^2} + \int_{0}^{+\infty} \frac{\mathrm{d}x}{1+x^2}$$
$$= \lim_{a\to-\infty}\int_{a}^{0} \frac{\mathrm{d}x}{1+x^2} + \lim_{b\to+\infty}\int_{0}^{b} \frac{\mathrm{d}x}{1+x^2}$$
$$= \lim_{a\to-\infty}(\arctan x)\Big|_{a}^{0} + \lim_{b\to+\infty}(\arctan x)\Big|_{0}^{b}$$
$$= \lim_{a\to-\infty}(-\arctan a) + \lim_{b\to+\infty}\arctan b$$
$$= -\left(-\frac{\pi}{2}\right) + \frac{\pi}{2} = \pi.$$

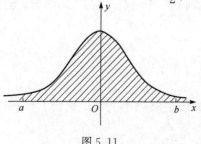

图 5.11

这个广义积分的几何意义如图 5.11 所示,当 $a\to-\infty, b\to+\infty$ 时,虽然图中阴影部分向左、向右无限延伸,但其面积是有极限的,它是位于曲线 $\dfrac{1}{1+x^2}$ 之下,x 轴之上部分图形的面积.

如果记 $F(+\infty) = \lim_{x\to+\infty}F(x)$,

$[F(x)]_a^{+\infty}=F(+\infty)-F(a)$，则当 $F(+\infty)$ 存在时，

$$\int_a^{+\infty}f(x)\mathrm{d}x=(F(x))\Big|_a^{+\infty}.$$

当 $F(+\infty)$ 不存在时，广义积分 $\int_a^{+\infty}f(x)\mathrm{d}x$ 发散．其他情形类似．

例 5.4.3　讨论广义积分 $\int_a^{+\infty}\dfrac{\mathrm{d}x}{x^p}(a>0)$ 的敛散性．

解　当 $p=1$ 时，

$$\int_a^{+\infty}\frac{\mathrm{d}x}{x^p}=\int_a^{+\infty}\frac{\mathrm{d}x}{x}=(\ln x)\Big|_a^{+\infty}=+\infty.$$

当 $p\neq1$ 时，

$$\int_a^{+\infty}\frac{\mathrm{d}x}{x^p}=\left(\frac{x^{1-p}}{1-p}\right)\Big|_a^{+\infty}=\begin{cases}+\infty,&p<1,\\\dfrac{a^{1-p}}{p-1},&p>1.\end{cases}$$

因此，当 $p>1$ 时，该广义积分收敛，其值为 $\dfrac{a^{1-p}}{p-1}$；当 $p\leqslant1$ 时，该广义积分发散．

5.4.2　无界函数的广义积分

如果函数 $f(x)$ 在点 a 的任一邻域内都无界，那么点 a 称为函数 $f(x)$ 的**瑕点**（也称为**无界间断点**）．无界函数的广义积分又称为**瑕积分**．

定义 5.3　设函数 $f(x)$ 在区间 $(a,b]$ 上连续，点 a 为 $f(x)$ 的瑕点．取 $\varepsilon>0$，如果极限

$$\lim_{\varepsilon\to0^+}\int_{a+\varepsilon}^b f(x)\mathrm{d}x$$

存在，则称此极限值为 $f(x)$ 在区间 $(a,b]$ 上的**广义积分**，记作 $\int_a^b f(x)\mathrm{d}x$，即

$$\int_a^b f(x)\mathrm{d}x=\lim_{\varepsilon\to0^+}\int_{a+\varepsilon}^b f(x)\mathrm{d}x,$$

这时称广义积分 $\int_a^b f(x)\mathrm{d}x$ 收敛．如果上述极限不存在，则称广义积分 $\int_a^b f(x)\mathrm{d}x$ 发散．

类似地，设函数 $f(x)$ 在区间 $[a,b)$ 上连续，点 b 为 $f(x)$ 的瑕点．取 $\varepsilon>0$，如果极限

$$\lim_{\varepsilon\to0^+}\int_a^{b-\varepsilon}f(x)\mathrm{d}x$$

存在，则称此极限值为 $f(x)$ 在区间 $[a,b)$ 上的广义积分，记作 $\int_a^b f(x)\mathrm{d}x$，即

$$\int_a^b f(x)\mathrm{d}x = \lim_{\varepsilon \to 0^+}\int_a^{b-\varepsilon} f(x)\mathrm{d}x,$$

这时称广义积分 $\int_a^b f(x)\mathrm{d}x$ 收敛. 如果上述极限不存在,则称广义积分 $\int_a^b f(x)\mathrm{d}x$ 发散.

设函数 $f(x)$ 在区间 $[a,b]$ 上除点 $c(a<c<b)$ 外连续,点 c 为 $f(x)$ 的瑕点. 如果两个广义积分 $\int_a^c f(x)\mathrm{d}x$ 和 $\int_c^b f(x)\mathrm{d}x$ 都收敛,则称上述积分之和为 $f(x)$ 在区间 $[a,b]$ 上的广义积分,即

$$\int_a^b f(x)\mathrm{d}x = \int_a^c f(x)\mathrm{d}x + \int_c^b f(x)\mathrm{d}x$$

$$= \lim_{\varepsilon \to 0^+}\int_a^{c-\varepsilon} f(x)\mathrm{d}x + \lim_{\varepsilon \to 0^+}\int_{c+\varepsilon}^b f(x)\mathrm{d}x,$$

这时称广义积分 $\int_a^b f(x)\mathrm{d}x$ 收敛. 如果 $\int_a^c f(x)\mathrm{d}x$ 和 $\int_c^b f(x)\mathrm{d}x$ 中有一个发散,则广义积分 $\int_a^b f(x)\mathrm{d}x$ 发散.

上述定义的广义积分统称为**无界函数的广义积分**.

例 5.4.4　计算 $\int_0^a \dfrac{\mathrm{d}x}{\sqrt{a^2-x^2}}(a>0)$.

解　因为 $\lim\limits_{x\to a^-}\dfrac{1}{\sqrt{a^2-x^2}}=+\infty$,因此点 a 是瑕点,于是

$$\int_0^a \frac{\mathrm{d}x}{\sqrt{a^2-x^2}} = \lim_{\varepsilon \to 0^+}\int_0^{a-\varepsilon}\frac{\mathrm{d}x}{\sqrt{a^2-x^2}} = \lim_{\varepsilon \to 0^+}\left(\arcsin\frac{x}{a}\right)\Big|_0^{a-\varepsilon}$$

$$= \lim_{\varepsilon \to 0^+}\left[\arcsin\frac{a-\varepsilon}{a}-\arcsin 0\right] = \frac{\pi}{2}.$$

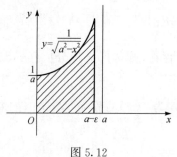

图 5.12

这个广义积分值在几何上表示位于曲线 $y=\dfrac{1}{\sqrt{a^2-x^2}}$ 之下,x 轴之上,直线 $x=0$ 与 $x=a$ 之间的平面图形的面积(图 5.12).

说明:若被积函数在积分区间上仅存在有限个第一类间断点,则本质上是常义积分,而不是广义积分. 例如,$\int_{-1}^1 \dfrac{x^2-1}{x-1}\mathrm{d}x = \int_{-1}^1(x+1)\mathrm{d}x$.

例 5.4.5 讨论广义积分 $\int_0^1 \dfrac{\mathrm{d}x}{x^q}(q > 0)$ 的敛散性.

解 当 $q=1$ 时,取 $\varepsilon > 0$,

$$\int_0^1 \frac{\mathrm{d}x}{x^q} = \lim_{\varepsilon \to 0^+} \int_\varepsilon^1 \frac{\mathrm{d}x}{x} = \lim_{\varepsilon \to 0^+} (\ln x)\Big|_\varepsilon^1 = \lim_{\varepsilon \to 0^+}(0 - \ln\varepsilon) = +\infty,$$

这时广义积分 $\int_0^1 \dfrac{\mathrm{d}x}{x^q}$ 发散.

当 $q \neq 1$ 时,

$$\int_0^1 \frac{\mathrm{d}x}{x^q} = \lim_{\varepsilon \to 0^+} \int_\varepsilon^1 \frac{\mathrm{d}x}{x^q} = \lim_{\varepsilon \to 0^+}\left(\frac{x^{1-q}}{1-q}\right)\Big|_\varepsilon^1$$

$$= \lim_{\varepsilon \to 0^+}\left(\frac{1}{1-q} - \frac{\varepsilon^{1-q}}{1-q}\right) = \begin{cases} \dfrac{1}{1-q}, & q < 1, \\ +\infty, & q > 1. \end{cases}$$

综上所述,这个广义积分当 $q < 1$ 时收敛,积分值为 $\dfrac{1}{1-q}$;当 $q \geqslant 1$ 时发散.

例 5.4.6 计算 $\int_0^{+\infty} \dfrac{\mathrm{d}x}{\sqrt{x(x+1)^3}}$.

解 这里积分上限为 $+\infty$,且下限 $x=0$ 为被积函数的瑕点.

令 $\sqrt{x} = t$,则 $x = t^2$,当 $x \to 0^+$ 时,$t \to 0$;当 $x \to +\infty$ 时,$t \to +\infty$. 于是,

$$\int_0^{+\infty} \frac{\mathrm{d}x}{\sqrt{x(x+1)^3}} = \int_0^{+\infty} \frac{2t\,\mathrm{d}t}{t(t^2+1)^{\frac{3}{2}}} = 2\int_0^{+\infty} \frac{\mathrm{d}t}{(t^2+1)^{\frac{3}{2}}}.$$

再令 $t = \tan u$,则 $u = \arctan t$,当 $t=0$ 时,$u=0$;当 $t \to +\infty$ 时,$t \to \dfrac{\pi}{2}$. 于是,

$$\int_0^{+\infty} \frac{\mathrm{d}x}{\sqrt{x(x+1)^3}} = 2\int_0^{\frac{\pi}{2}} \frac{\sec^2 u\,\mathrm{d}u}{\sec^3 u} = 2\int_0^{\frac{\pi}{2}} \cos u\,\mathrm{d}u = 2.$$

例 5.4.7 讨论广义积分 $\int_0^2 \dfrac{\mathrm{d}x}{x^2 - 4x + 3}$ 的敛散性.

解 这是无界函数的广义积分. $x=1$ 是瑕点,

$$\int_0^2 \frac{\mathrm{d}x}{x^2 - 4x + 3} = \int_0^1 \frac{\mathrm{d}x}{(x-3)(x-1)} + \int_1^2 \frac{\mathrm{d}x}{(x-3)(x-1)}$$

$$= \lim_{\varepsilon_1 \to 0^+} \int_0^{1-\varepsilon_1} \frac{\mathrm{d}x}{(x-3)(x-1)} + \lim_{\varepsilon_2 \to 0^+} \int_{1+\varepsilon_2}^2 \frac{\mathrm{d}x}{(x-3)(x-1)}.$$

上述两个广义积分中被积函数相同,是对积分区间来加,所以当且仅当两个广义积分都收敛时,原广义积分才收敛,否则原广义积分发散. 于是可以先判断其中

一个的敛散性.

$$\lim_{\varepsilon_1 \to 0^+} \int_0^{1-\varepsilon_1} \frac{dx}{(x-3)(x-1)} = \lim_{\varepsilon_1 \to 0^+} \frac{1}{2} \int_0^{1-\varepsilon_1} \left(\frac{1}{x-3} - \frac{1}{x-1} \right) dx$$

$$= \lim_{\varepsilon_1 \to 0^+} \frac{1}{2} (\ln|x-3| - \ln|x-1|) \Big|_0^{1-\varepsilon_1}$$

$$= \lim_{\varepsilon_1 \to 0^+} \frac{1}{2} \big[\ln(2+\varepsilon_1) - \ln\varepsilon_1 - \ln 3 \big]$$

$$= -\frac{1}{2} \ln 3 + \frac{1}{2} \lim_{\varepsilon_1 \to 0^+} \ln\left(1 + \frac{2}{\varepsilon_1} \right)$$

$$= +\infty.$$

故 $\displaystyle\int_0^1 \frac{dx}{(x-3)(x-1)}$ 发散,原广义积分也发散.

有兴趣的读者可以类似地讨论广义积分 $\displaystyle\int_1^2 \left[\frac{1}{x\ln^2 x} - \frac{1}{(x-1)^2} \right] dx$ 的敛散性.

最后必须指出:定积分的一些性质(如奇偶函数在对称区间上积分的性质)对于广义积分是不成立的.今后在计算积分 $\displaystyle\int_a^b f(x) dx$ 时,要特别注意考察被积函数在积分区间上有没有瑕点.

例如,$\displaystyle\int_{-1}^1 \frac{dx}{x^2} \neq \left(-\frac{1}{x} \right) \Big|_{-1}^1 = -2$,此种做法是错误的.

因为在区间 $[-1, 1]$ 上,$x = 0$ 是被积函数的不连续点,所以在 $[-1, 1]$ 上不能用牛顿-莱布尼茨公式.

正确的做法是 $\displaystyle\int_{-1}^1 \frac{dx}{x^2} = \int_{-1}^0 \frac{dx}{x^2} + \int_0^1 \frac{dx}{x^2}$,根据例 5.4.5 知 $\displaystyle\int_0^1 \frac{dx}{x^2} (q = 2 > 1)$ 是发散的,从而广义积分 $\displaystyle\int_{-1}^1 \frac{dx}{x^2}$ 也发散.

习 题 5.4

1. 判定下列各广义积分的敛散性,如果收敛,求出广义积分值.

(1) $\displaystyle\int_1^{+\infty} \frac{dx}{x^2}$;

(2) $\displaystyle\int_1^{+\infty} \frac{dx}{\sqrt[3]{x}}$;

(3) $\displaystyle\int_0^{+\infty} e^{-x} dx$;

(4) $\displaystyle\int_0^{+\infty} \frac{1}{(x+1)(x^2+1)} dx$;

(5) $\displaystyle\int_0^{+\infty} \mathrm{e}^{-t}\sin t\,\mathrm{d}t$；

(6) $\displaystyle\int_{-\infty}^{+\infty} \frac{\mathrm{d}x}{x^2+4x+5}$；

(7) $\displaystyle\int_{-\infty}^{+\infty} \frac{\mathrm{d}x}{x^2+2x+2}$；

(8) $\displaystyle\int_0^2 \frac{\mathrm{d}x}{(1-x)^2}$；

(9) $\displaystyle\int_0^1 \frac{x}{\sqrt{1-x^2}}\mathrm{d}x$；

(10) $\displaystyle\int_1^{\mathrm{e}} \frac{\mathrm{d}x}{x\sqrt{1-(\ln x)^2}}$．

2. 若广义积分 $\displaystyle\int_0^{+\infty} \frac{k\,\mathrm{d}x}{1+x^2}=1$，求常数 k．

3. 当 c 为何值时，广义积分 $\displaystyle\int_0^{+\infty} \left(\frac{cx}{1+x^2}-\frac{1}{1+2x}\right)\mathrm{d}x$ 收敛？

5.5　定积分的几何应用

　　定积分在几何和物理方面有许多应用. 本节先介绍定积分的微元法，再介绍运用微元法计算平面图形的面积、旋转体的体积和平面曲线的弧长.

5.5.1　微元法

　　微元法又称为元素法，它是微积分学中一种重要的方法. 也是数学建模中经常会用到的方法. 微元法的实质在于将定积分视为无穷多个无穷小量之和，如曲边梯形的面积是面积微元之和，变速直线运动的路程是路程微元之和，变力所做的功是功微元之和等. 可以用定积分来处理的量有两个特征：其一，这个量的大小取决于一个区间和定义在该区间上的一个函数 $f(x)$；其二，总量对区间具有可加性，即分布在 $[a,b]$ 上的总量等于分布在各小区间上的部分量之和. 下面以曲边梯形面积的计算为例，简化定积分概念的四个步骤，得出定积分的微元分析法.

　　设以 $[a,b]$ 为底、$y=f(x)$ 为曲边的曲边梯形的面积为 A. 5.1 节曾经通过"分割""近似""求和""取极限"四个步骤，将其面积用定积分表示为

$$A =\lim_{\lambda\to 0}\sum_{i=1}^{n} f(\xi_i)\Delta x_i =\int_a^b f(x)\,\mathrm{d}x.$$

以上过程可以简述为"化整为零"与"积零成整"两个步骤. 由此可以得出用微元法求一个量的总量的简化步骤.

　　设量 Q 分布在区间 $[a,b]$ 上，Q 的大小取决于 $[a,b]$ 和定义在 $[a,b]$ 上的函数 $f(x)$，总量 Q 对区间具有可加性，求在 $[a,b]$ 上量 Q 的值.

　　(1) 任取一个小区间 $[x,x+\mathrm{d}x]\subset[a,b]$，在 $[x,x+\mathrm{d}x]$ 上"以直代曲"或"以不变代变"，写出量 Q 的微元

$$\mathrm{d}Q=f(x)\,\mathrm{d}x,$$

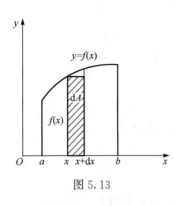

图 5.13

将 dQ 作为 $[x,x+\mathrm{d}x]$ 上量 Q 的增量 ΔQ 的近似值.

(2) 对量 Q 的微元在 $[a,b]$ 上无限累积,得

$$Q=\int_a^b f(x)\mathrm{d}x.$$

例如,求 $y=f(x)\geqslant 0,y=0,x=a,x=b$ 所围成的曲边梯形的面积 A(图 5.13)时,只要任取一个子区间 $[x,x+\mathrm{d}x]\subset[a,b]$,以区间左端点 x 所对应的函数值 $f(x)$ 为高、$\mathrm{d}x$ 为底的矩形面积近似代替小曲边梯形的面积,写出面积微元

$$\mathrm{d}A=f(x)\mathrm{d}x,$$

再在 $[a,b]$ 上积分,则

$$A=\int_a^b f(x)\mathrm{d}x.$$

值得注意的是,在应用微元法解决实际问题时,一定要注意用 $\mathrm{d}Q=f(x)\mathrm{d}x$ 代替 ΔQ 的合理性,要使 $\mathrm{d}Q=f(x)\mathrm{d}x$ 与 ΔQ 的差是关于 $\mathrm{d}x$ 的高阶无穷小.

5.5.2 定积分在几何上的应用

1. 平面图形的面积

下面利用微元法求平面图形的面积.

1) 直角坐标情形

这种情形主要包含两种类型的平面图形.

(1) 求由曲线 $y=f_1(x),y=f_2(x)(f_1(x)\leqslant f_2(x))$ 和直线 $x=a,x=b$ $(x\in[a,b])$ 所围平面图形的面积(图 5.14).

将图形竖分成小窄条,在 $[a,b]$ 上任取位于 $[x,x+\mathrm{d}x]$ 区间的部分图形,将这部分图形近似地看成矩形,得面积微元

$$\mathrm{d}A=[f_2(x)-f_1(x)]\mathrm{d}x.$$

在 $[a,b]$ 上积分,得

$$A=\int_a^b [f_2(x)-f_1(x)]\mathrm{d}x.$$

如果所围的平面图形如图 5.15 所示,则平面图形的面积为

$$A=\int_a^b |f_2(x)-f_1(x)|\,\mathrm{d}x.$$

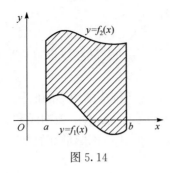
图 5.14

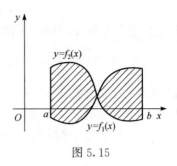
图 5.15

这就是平面图形的面积计算公式,运用公式时要打开绝对值,在相应的区间上用相应的被积函数积分. 只要保证面积微元 $\mathrm{d}A>0$ 就可以了.

(2) 求由曲线 $x=\varphi_1(y)$,$x=\varphi_2(y)$ 及直线 $y=c$,$y=d$ 所围平面图形的面积 (图 5.16).

仿照上面的讨论可得面积计算公式

$$A=\int_c^d \left[\varphi_2(y)-\varphi_1(y)\right]\mathrm{d}y.$$

若平面图形如图 5.17 所示,则面积公式为

$$A=\int_c^d \mid \varphi_2(y)-\varphi_1(y) \mid \mathrm{d}y.$$

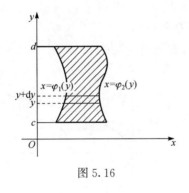
图 5.16

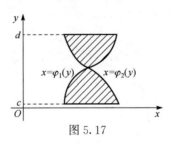
图 5.17

例 5.5.1　计算由抛物线 $y=x^2$ 与 $y^2=x$ 所围成的图形面积.

解　由方程组

$$\begin{cases} y^2=x, \\ y=x^2 \end{cases}$$

解得两抛物线的交点为 $(0,0)$ 和 $(1,1)$,所围成的图形如图 5.18 所示.

取 x 为积分变量,相应于 $[0,1]$ 上的任一小区间 $[x,x+\mathrm{d}x]$ 的部分面积近似于长为 $\sqrt{x}-x^2$、宽为 $\mathrm{d}x$ 的小矩形的面积,从而得到面积元素

$$dA = (\sqrt{x} - x^2)dx.$$

在区间$[0,1]$上作定积分,得所求面积为

$$A = \int_0^1 (\sqrt{x} - x^2)dx = \left(\frac{2}{3}x^{\frac{3}{2}} - \frac{1}{3}x^3\right)\Big|_0^1 = \frac{1}{3}.$$

例 5.5.2 计算抛物线 $y^2 = 2x$ 与直线 $y = x - 4$ 所围成的图形的面积.

解 作出图形如图 5.19,为了定出图形所在的范围,先求出抛物线和直线的交点. 解联立方程得交点坐标为$(2,-2)$和$(8,4)$. 从而知道该图形在直线 $y = -2$ 及 $y = 4$ 之间.

现在,选取纵坐标 y 为积分变量,它的变化区间为$[-2,4]$,相应于$[-2,4]$上任一小区间$[y, y+dy]$的窄条面积近似于高为 dy、底为$(y+4)-\frac{1}{2}y^2$ 的窄矩形的面积,从而得到面积元素

$$dA = \left(y+4-\frac{1}{2}y^2\right)dy.$$

以$\left(y+4-\frac{1}{2}y^2\right)dy$ 为被积表达式,在闭区间$[-2,4]$上作定积分,便得所求的面积为

$$A = \int_{-2}^4 \left(y+4-\frac{1}{2}y^2\right)dy = \left(\frac{y^2}{2} + 4y - \frac{y^3}{6}\right)\Big|_{-2}^4 = 18.$$

思考:取横坐标为积分变量,有什么不便之处?

由例 5.5.2 我们可以看到,积分变量选取适当,可使计算方便.

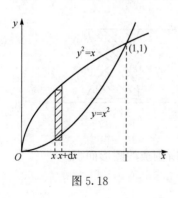

图 5.18

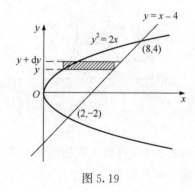

图 5.19

例 5.5.3 求椭圆$\frac{x^2}{a^2} + \frac{y^2}{b^2} = 1$ 的面积.

解 如图 5.20 所示,椭圆关于两坐标轴都对称,所以椭圆所围成的图形的面积为

$$A = 4A_1,$$

其中 A_1 为该椭圆在第一象限部分与两坐标轴
所围图形的面积,因此

$$A = 4A_1 = 4\int_0^a y \,\mathrm{d}x.$$

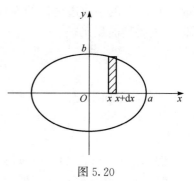

利用椭圆的参数方程

$$\begin{cases} x = a\cos t, \\ y = b\sin t, \end{cases} \quad 0 \leqslant t \leqslant \frac{\pi}{2},$$

适用换元法,则 $\mathrm{d}x = -a\sin t\,\mathrm{d}t$,当 $x = 0$ 时,t

图 5.20

$= \dfrac{\pi}{2}$;当 $x = a$ 时,$t = 0$. 则

$$A = 4\int_{\frac{\pi}{2}}^0 b\sin t\,(-a\sin t)\,\mathrm{d}t = -4ab\int_{\frac{\pi}{2}}^0 \sin^2 t\,\mathrm{d}t = 4ab\int_0^{\frac{\pi}{2}} \sin^2 t\,\mathrm{d}t$$

$$= 2ab\int_0^{\frac{\pi}{2}} (1 - \cos 2t)\,\mathrm{d}t = \pi ab.$$

当 $a = b$ 时,就是我们所熟悉的圆面积的计算公式:$A = \pi a^2$.

2) 极坐标情形

某些平面图形,用极坐标来计算面积比较方便.

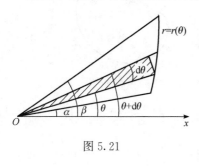

接下来介绍如何利用微元法计算由曲线
$r = r(\theta)$ 及矢径 $\theta = \alpha,\theta = \beta(\alpha < \beta)$ 所围成的曲
边扇形的面积(图 5.21).

按照微元法的步骤有:

(1) 求微元. 取极角 θ 为积分变量,$\theta \in [\alpha, \beta]$.
用一组射线将图形分为若干个小的曲边扇形,
相应于任一小区间 $[\theta, \theta + \mathrm{d}\theta]$ 的小曲边扇形的
面积可以用半径为 $r = r(\theta)$、中心角为 $\mathrm{d}\theta$ 的圆

图 5.21

扇形面积来近似代替,得曲边扇形的面积微元为

$$\mathrm{d}A = \frac{1}{2}(r(\theta))^2\,\mathrm{d}\theta.$$

(2) 作积分. 在区间 $[\alpha, \beta]$ 上作定积分,所求图形的面积为

$$A = \frac{1}{2}\int_\alpha^\beta [r(\theta)]^2\,\mathrm{d}\theta.$$

例 5.5.4　计算阿基米德螺线 $\rho = a\theta(a > 0)$ 上相应于 θ 从 0 变到 2π 的一段弧
与极轴所围成的图形的面积,如图 5.22 所示.

解　在指定的这段螺线上,θ 的变化区间为 $[0, 2\pi]$. 相应于 $[0, 2\pi]$ 上任一小区

间 $[\theta,\theta+\mathrm{d}\theta]$ 的小曲边扇形的面积近似于半径为 $a\theta$、中心角为 $\mathrm{d}\theta$ 的圆扇形的面积. 从而得到面积元素

$$\mathrm{d}A=\frac{1}{2}(a\theta)^2\mathrm{d}\theta.$$

于是所求面积为

$$A=\int_0^{2\pi}\frac{a^2}{2}\theta^2\mathrm{d}\theta=\frac{a^2}{2}\left(\frac{\theta^3}{3}\right)\bigg|_0^{2\pi}=\frac{4}{3}a^2\pi^3.$$

例 5.5.5　求心形线 $r=a(1+\cos\theta)(a>0)$ 所围成的图形面积.

解　心形线所围成的图形如图 5.23 所示,由于 $r(-\theta)=r(\theta)$,所以图形关于极轴对称.在极轴上方部分的图形 θ 的变化区间为 $[0,\pi]$.相应于 $[0,\pi]$ 上任一小区间 $[\theta,\theta+\mathrm{d}\theta]$ 的小曲边扇形的面积近似于半径为 $a(1+\cos\theta)$,中心角为 $\mathrm{d}\theta$ 的圆扇形的面积.从而得到面积元素

$$\mathrm{d}A=\frac{1}{2}a^2(1+\cos\theta)^2\mathrm{d}\theta,$$

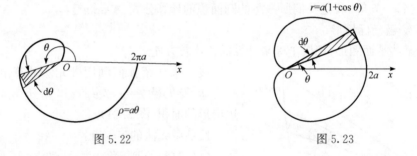

图 5.22　　　　　　　　　　　　图 5.23

于是

$$A=2A_1=2\cdot\frac{1}{2}\int_0^\pi a^2(1+\cos\theta)^2\mathrm{d}\theta=a^2\int_0^\pi\left(2\cos^2\frac{\theta}{2}\right)^2\mathrm{d}\theta=4a^2\int_0^\pi\cos^4\frac{\theta}{2}\mathrm{d}\theta,$$

令 $\frac{\theta}{2}=u,\mathrm{d}\theta=2\mathrm{d}u$,当 $\theta=0$ 时,$u=0$;当 $\theta=\pi$ 时,$u=\frac{\pi}{2}$.从而

$$A=8a^2\int_0^{\frac{\pi}{2}}\cos^4u\,\mathrm{d}u=8a^2\cdot\frac{3}{4}\cdot\frac{1}{2}\cdot\frac{\pi}{2}=\frac{3}{2}\pi a^2.$$

2. 体积

1) 旋转体的体积

一个平面图形绕该平面内一条定直线旋转一周所得的立体图形称为旋转体,这条定直线称为旋转轴.我们比较熟悉的圆柱、圆锥、圆台、球都可以看成旋转体.

求由连续曲线 $y=f(x)$，$x=a$，$x=b$ 以及 x 轴所围成的曲边梯形绕 x 轴旋转而成的旋转体的体积(图 5.24). 将旋转体分成一系列圆形薄片，任取其中相邻的两片，设其在 x 轴上所对应的区间为 $[x,x+\mathrm{d}x]$，则它的体积近似等于以 $y=f(x)$ 为半径的圆为底、$\mathrm{d}x$ 为高的圆柱体的体积，即体积微元为

$$\mathrm{d}V=\pi[f(x)]^2\mathrm{d}x,$$

在区间 $[a,b]$ 上作定积分，得所求旋转体的体积为

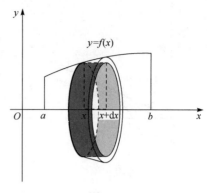

图 5.24

$$V=\pi\int_a^b[f(x)]^2\mathrm{d}x.$$

类似地，如果曲边梯形的底为 y 轴上的区间 $[c,d]$，曲边为 $x=\varphi(y)$，$\varphi(y)$ 在 $[c,d]$ 上连续，则该曲边梯形绕 y 轴旋转而得的旋转体的体积为

$$V=\pi\int_c^d[\varphi(y)]^2\mathrm{d}y.$$

例 5.5.6 求由曲线段 $y=\sin x(0\leqslant x\leqslant\pi)$ 与 x 轴所围成的曲边梯形绕 x 轴旋转一周所得的旋转体的体积.

解 $V=\int_0^\pi\pi[f(x)]^2\mathrm{d}x=\pi\int_0^\pi\sin^2x\,\mathrm{d}x=\pi\int_0^\pi\dfrac{1-\cos2x}{2}\mathrm{d}x=\dfrac{1}{2}\pi^2.$

例 5.5.7 求由椭圆 $\dfrac{x^2}{a^2}+\dfrac{y^2}{b^2}=1$ 所围成的平面图形分别绕 x 轴、绕 y 轴旋转而成的旋转体的体积.

解 由椭圆的对称性可知，绕 x 轴形成的旋转体是由 x 轴上方的上半椭圆旋转出来的，由于该椭圆关于 y 轴对称，所以只需计算其右半部分的体积. 于是

$$V_x=2\pi\int_0^a y^2\mathrm{d}x=2\pi\int_0^a\left(b^2-\frac{b^2}{a^2}x^2\right)\mathrm{d}x=2\pi b^2\left(x-\frac{x^3}{3a^2}\right)\Big|_0^a=\frac{4}{3}\pi ab^2.$$

类似可以计算绕 y 轴形成的旋转体的体积

$$V_y=2\pi\int_0^b x^2\mathrm{d}y=2\pi\int_0^b\left(a^2-\frac{a^2}{b^2}y^2\right)\mathrm{d}y=2\pi a^2\left(y-\frac{y^3}{3b^2}\right)\Big|_0^b=\frac{4}{3}\pi a^2 b.$$

当 $a=b$ 时，上述旋转体就成了半径为 a 的球体，其体积为 $\dfrac{4}{3}\pi a^3$.

计算旋转体的体积，特别要注意正确的写出旋转半径.

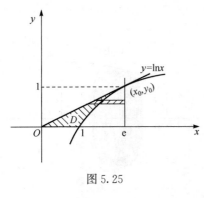

图 5.25

例 5.5.8 过坐标原点作 $y=\ln x$ 的切线,该切线与 $y=\ln x$ 及 x 轴围成平面图形 D(图 5.25).

(1) 求 D 的面积;

(2) 求 D 绕 $x=\mathrm{e}$ 旋转所得旋转体的体积.

解 首先求切线方程. 因为 $y=\ln x$, $y'=\dfrac{1}{x}$. 若切点坐标为(x_0,y_0),则切线方程为 $y=\dfrac{1}{x_0}x$. 又$(x_0,\ln x_0)$在切线上,故 $\ln x_0=\dfrac{x_0}{x_0}=1$,即 $x_0=\mathrm{e}$.

故切线方程为 $y=\dfrac{x}{\mathrm{e}}$.

(1) 选 y 为积分变量,面积

$$S=\int_0^1(\mathrm{e}^y-\mathrm{e}\cdot y)\mathrm{d}y=\frac{\mathrm{e}}{2}-1.$$

(2) 所求体积等于底面半径为 e,高为 1 的圆锥体体积减去以 $y=\ln x$ 为曲边,区间$[1,\mathrm{e}]$为底的曲边三角形绕直线 $x=\mathrm{e}$ 旋转所得的旋转体体积,即

$$V=\frac{1}{3}\pi\mathrm{e}^2-\pi\int_0^1(\mathrm{e}-\mathrm{e}^y)^2\mathrm{d}y$$

$$=\frac{1}{3}\pi\mathrm{e}^2-\pi\left(\mathrm{e}^2y-2\mathrm{e}\cdot\mathrm{e}^y+\frac{1}{2}\mathrm{e}^{2y}\right)\bigg|_0^1$$

$$=\frac{\pi}{6}(5\mathrm{e}^2-12\mathrm{e}+3).$$

2) 平行截面面积为已知的立体图形体积

从计算旋转体体积的过程中可以看出:如果一个立体图形不是旋转体,但却知道该立体上垂直于一定轴的各个截面的面积,那么,这个立体的体积也可以用定积分来计算.

图 5.26 是一个几何体,分布在对应于变量 x 的区间$[a,b]$上,且对任何 $x\in[a,b]$,作垂直于 x 轴的平行平面去截几何体,其截面积都是点 x 的函数 $A(x)$. 当 $A(x)$ 是连续函数时,我们可用微元法导出该几何体的体积公式.

分割$[a,b]$,取一小区间$[x,x+\mathrm{d}x]$,我们以 x 处的截面面积$A(x)$为底,高为 $\mathrm{d}x$ 的柱体近似代替区间$[x,x+\mathrm{d}x]$上的几何体体积,则体积微元

$$\mathrm{d}V=A(x)\mathrm{d}x,$$

所以该几何体体积为

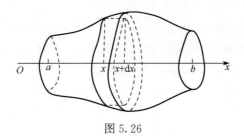

图 5.26

$$V = \int_a^b A(x) \, dx.$$

例 5.5.9　设用一半径为 R 的木质圆柱体,切出一个如图 5.27 所示的楔子,下底水平,尖缘为圆的直径,楔子的上表面与底面成 α 角,求其体积.

解　取坐标系如图 5.27,任取 $[x, x+dx] \subset [-R, R]$,过点 x 且垂直于 x 轴作截面,这个截面是一个直角三角形. 它的两条
直角边分别为 y 和 $y \tan\alpha$,由于底圆的方程为
$x^2 + y^2 = R^2$, $y = \sqrt{R^2 - x^2}$,因而截面面积为

$$A(x) = \frac{1}{2} y^2 \tan\alpha = \frac{1}{2}(R^2 - x^2)\tan\alpha,$$

于是体积微元

$$dV = A(x)dx = \frac{1}{2}(R^2 - x^2)\tan\alpha \, dx,$$

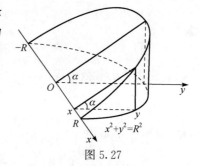

图 5.27

从而立体图形的体积

$$V = \frac{1}{2}\int_{-R}^{R}(R^2 - x^2)\tan\alpha \, dx = \frac{1}{2}\tan\alpha\left(R^2 x - \frac{x^3}{3}\right)\Big|_{-R}^{R}$$

$$= \frac{2}{3}R^3\tan\alpha.$$

读者可以考虑,如果所取的平行截面垂直于 y 轴,则截面图形不再是直角三角形,而是矩形,这时求解过程又应如何?

3. 平面曲线的弧长

函数 $y = f(x)$ 在区间 $[a, b]$ 上有定义,且有连续的一阶导数,则称它的图形为光滑的曲线弧,如图 5.28(a) 所示,下面用微元法计算光滑曲线弧的弧长.

将区间 $[a, b]$ 任意分为若干个小区间,过任一小区间 $[x, x+\Delta x]$ 的两端点分别作 y 轴的平行线,截得 $f(x)$ 的一小段曲线弧段,记此曲线弧段为 Δs(图 5.28). 可以证明,当 Δx 充分小时,Δs 的长度近似地等于其在点 $(x, f(x))$ 处的相应切线

段的长度 $\mathrm{d}s$,如图 5.28(b)所示有 $\Delta s \approx \mathrm{d}s$,而

$$\mathrm{d}s=\sqrt{(\mathrm{d}x)^2+(\mathrm{d}y)^2}=\sqrt{1+y'^2}\,\mathrm{d}x ,$$

$\mathrm{d}s$ **称为曲线弧微分元素**,简称**弧微分**.

在区间$[a ,b]$上作定积分,便得所求弧长为

$$s=\int_a^b\sqrt{1+y'^2}\,\mathrm{d}x .$$

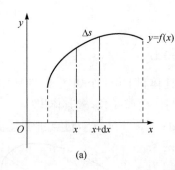 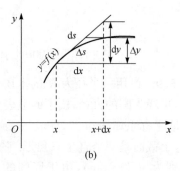

(a)　　　　　　　　(b)

图 5.28

若曲线弧由参数方程

$$\begin{cases} x=\varphi(t), \\ y=\psi(t), \end{cases} \quad a\leqslant t\leqslant\beta$$

给出,其中 $\varphi(t)$ 和 $\psi(t)$ 在区间$[\alpha ,\beta]$上具有连续导数,则弧长微元为

$$\mathrm{d}s=\sqrt{1+y'^2}\,\mathrm{d}x=\sqrt{(\mathrm{d}x)^2+(\mathrm{d}y)^2}=\sqrt{\varphi'^2(t)+\psi'^2(t)}\,\mathrm{d}t ,$$

从而所求弧长为

$$s=\int_\alpha^\beta\sqrt{\varphi'^2(t)+\psi'^2(t)}\,\mathrm{d}t .$$

若曲线弧由极坐标方程

$$r=r(\theta),\quad \alpha\leqslant\theta\leqslant\beta$$

给出,其中 $r(\theta)$ 在$[\alpha ,\beta]$上具有连续导数,则由直角坐标与极坐标的关系可得

$$\begin{cases} x=r\cos\theta, \\ y=r\sin\theta, \end{cases} \quad \alpha\leqslant\theta\leqslant\beta .$$

于是,弧长元素为

$$\mathrm{d}s=\sqrt{x'^2(\theta)+y'^2(\theta)}\,\mathrm{d}\theta=\sqrt{r^2(\theta)+r'^2(\theta)}\,\mathrm{d}\theta ,$$

从而所求弧长为

$$s=\int_\alpha^\beta\sqrt{r^2(\theta)+r'^2(\theta)}\,\mathrm{d}\theta .$$

例 5.5.10　计算摆线 $\begin{cases} x=a(\theta-\sin\theta), \\ y=a(1-\cos\theta) \end{cases}$ 的一拱($0\leqslant\theta\leqslant2\pi$)的长(图 5.29).

解　因为曲线方程用参数方程给出,所以应先算出

$$x'(\theta)=a(1-\cos\theta), \quad y'(\theta)=a\sin\theta,$$

代入弧微分公式有

$$\begin{aligned}
\mathrm{d}s &=\sqrt{x'^2(\theta)+y'^2(\theta)}\,\mathrm{d}\theta\\
&=\sqrt{a^2(1-\cos\theta)^2+a^2\sin^2\theta}\,\mathrm{d}\theta\\
&=a\sqrt{2(1-\cos\theta)}\,\mathrm{d}\theta\\
&=2a\left|\sin\frac{\theta}{2}\right|\mathrm{d}\theta,
\end{aligned}$$

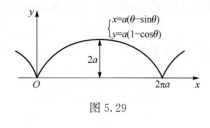

图 5.29

于是

$$s=\int_0^{2\pi}2a\left|\sin\frac{\theta}{2}\right|\mathrm{d}\theta=4a\int_0^\pi\sin\frac{\theta}{2}\mathrm{d}\theta=8a\int_0^\pi\sin\frac{\theta}{2}\mathrm{d}\frac{\theta}{2}=-8a\cos\frac{\theta}{2}\bigg|_0^\pi=8a.$$

例 5.5.11　求心形线 $r=a(1+\cos\theta)(a>0)$ 的全长.

解　因为曲线方程用极坐标形式给出,所以先求出 $r'(\theta)=-a\sin\theta$,再代入弧微分公式

$$\mathrm{d}s=\sqrt{r^2(\theta)+r'^2(\theta)}\,\mathrm{d}\theta=2a\left|\cos\frac{\theta}{2}\right|\mathrm{d}\theta.$$

由对称性,得心形线的全长为

$$s=2\int_0^\pi 2a\cos\frac{\theta}{2}\mathrm{d}\theta=8a\int_0^\pi\cos\frac{\theta}{2}\mathrm{d}\frac{\theta}{2}=8a\sin\frac{\theta}{2}\bigg|_0^\pi=8a.$$

习 题 5.5

1. 求由下列各曲线所围成的图形面积.

(1) 曲线 $y=x^2$ 与曲线 $y=\sqrt{x}$;

(2) 曲线 $y=3-x^2$ 与直线 $y=2x$;

(3) 曲线 $y=x^2,y=2x^2$ 与直线 $y=1$;

(4) 曲线 $y=\dfrac{1}{x}$ 与直线 $y=x$ 及 $x=2$;

(5) 曲线 $y=\ln x$ 与直线 $x=\mathrm{e}^2$ 及 $y=1$;

(6) $r=2a\cos\theta,a>0$;

(7) $\rho=\sqrt{2}\sin\theta$ 与 $\rho^2=\cos2\theta$;

(8) 在第一象限内由曲线 $y=a\sin^3 t,x=a\cos^3 t,a>0$ 与两坐标轴所围成的图形.

2. 求抛物线 $y=-x^2+4x-3$ 及其在点 $(0,-3)$ 和 $(3,0)$ 处的切线所围成的

图形面积.

3. 求曲线 $y=\ln x$ 在区间 $(2,6)$ 内某相应点处的切线，使此切线与曲线 $y=\ln x$ 及直线 $x=2,x=6$ 所围成的图形面积最大.

4. 求下列曲线所围成的图形绕指定的轴旋转所得的旋转体体积.

(1) 曲线 $x=y^2$ 与直线 $y=1$ 及 $x=0$ 所围成的曲边梯形绕 y 轴旋转；

(2) 曲线 $y^2=4ax$ 与直线 $x=x_0$ 所围成的图形绕 x 轴旋转；

(3) 曲线 $y=x^3$ 与直线 $y=0$ 及 $x=2$ 所围成的图形分别绕 x 轴和 y 轴旋转；

(4) 圆 $x^2+(y-5)^2=16$ 绕 x 轴旋转；

(5) 圆面 $x^2+y^2 \leqslant a^2$ 绕 $x=-b(b>a>0)$ 旋转；

(6) 摆线 $x=a(t-\sin t),y=a(1-\cos t)$ 的一拱与 x 轴所围成的图形绕 $y=2a$ 旋转.

5. 计算下列曲线段的长度.

(1) 曲线 $y=\ln x$ 在 $\sqrt{3} \leqslant x \leqslant \sqrt{8}$ 的弧长；

(2) 曲线 $y=\dfrac{2}{3}x^{\frac{3}{2}}$ 在 $0 \leqslant x \leqslant 3$ 的弧长；

(3) 曲线 $y=\dfrac{\sqrt{x}}{3}(3-x)$ 在 $1 \leqslant x \leqslant 3$ 的弧长.

6. 当 a 为何值时，抛物线 $y=x^2$ 与直线 $x=a,x=a+1$ 及 x 轴所围成的图形面积最小？求最小面积.

5.6　定积分模型应用举例

5.6.1　功

设有一大小和方向都不变的力 F 作用在物体上，且力的方向与物体运动的方向一致，当物体沿直线产生的位移为 S 时，力 F 对物体所做的功为

$$W=F \cdot S.$$

下面考虑变力所做的功.

如果物体所受力的大小随物体的位置变化而连续变化，这时变力对物体所做的功又应该如何计算呢？功对于区间具有可加性，因此可以应用微元法来处理这个问题.

选定直角坐标系，让坐标轴方向和变力方向一致，假设物体所受到的外力的大小是位移的连续函数 $F(x)$，在力的作用下，设物体从点 a 移至点 b，求变力所做的功.

用微元法. 在区间 $[a,b]$ 上任取一个小区间 $[x,x+\mathrm{d}x]$，将力 $F(x)$ 在这一小段

上所做的功记为 ΔW,并近似地将物体在点 x 处受到的力 $F(x)$ 看成其在$[x,x+\mathrm{d}x]$ 上各点所受到的力,则功的微元

$$\mathrm{d}W=F(x)\mathrm{d}x.$$

从而当物体从点 a 移动到点 b 时,变力对物体所做的功为

$$W=\int_a^b F(x)\mathrm{d}x.$$

例 5.6.1　把一个带电荷量为 $+q$ 的点电荷放置在坐标原点,它产生一个电场,此电场对周围的电荷有作用力. 现有一单位正电荷在电场中沿 x 轴由 x 轴上点 A 处移动到点 B,求电场力 F 所做的功.

解　建立坐标系如图 5.30 所示,设 A 点的坐标为 $x=a$,B 点的坐标为 $x=b$,由物理学可知,若在轴上一点 x 处放一单位正电荷,则此电荷所受电场力的大小为

$$F=k\frac{q}{x^2}\quad(k\text{ 为常数}),$$

任取$[x,x+\mathrm{d}x]\subset[a,b]$,近似地将单位点电荷在$[x,x+\mathrm{d}x]$上各点所受到的变力看成其在点 x 处所受到的常力 $F(x)$,因而功的微元为

$$\mathrm{d}W=k\frac{q}{x^2}\mathrm{d}x.$$

电场力所做的功为

$$W=kq\int_a^b \frac{1}{x^2}\mathrm{d}x=kq\left(\frac{1}{a}-\frac{1}{b}\right).$$

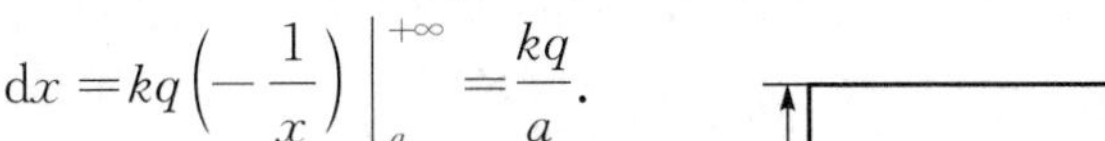

```
+q    A      F(x)              B
O     a      x   x+dx          b        x
```

图 5.30

在计算静电场中某点的电位时,要考虑将单位正电荷从点 $x=a$ 移到无穷远处时电场力所做的功 W,这时要用到前面所学的广义积分

$$W=kq\int_a^{+\infty}\frac{1}{x^2}\mathrm{d}x=kq\left(-\frac{1}{x}\right)\Big|_a^{+\infty}=\frac{kq}{a}.$$

例 5.6.2　一圆柱形蓄水池高为 6m,底圆半径为 4m,池内盛满了水,试问要把池内的水全部吸出需做多少功?

解　将蓄水池的上底面中心处选为坐标原点,x 轴垂直于底面,方向竖直向下建立坐标系(图 5.31).取深度 x 为积分变量,它的变

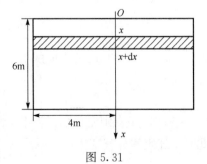

图 5.31

化区间为$[0,6]$.将水吸出需要克服水的重力做功,利用功对区间的可加性,看成将水分成许多薄层,所以任取$[x,x+\mathrm{d}x]\subset[0,6]$.相应于区间$[x,x+\mathrm{d}x]$上这一薄层水的厚度为$\mathrm{d}x$,这一薄层水的体积是一个底半径等于2,高为$\mathrm{d}x$的小圆柱体,所以这一薄层水的重力为$9.8\pi\cdot4^2\mathrm{d}x\,\mathrm{kN}$,将这薄层水吸出池外产生的位移为$x$,从而功微元为

$$\mathrm{d}W=9.8\pi\cdot4^2\cdot x\,\mathrm{d}x=156.8\pi x\,\mathrm{d}x.$$

在区间$[0,6]$上作定积分得将水吸干所需要做的功为

$$W=\int_0^6 156.8\pi x\,\mathrm{d}x=156.8\pi\left(\frac{x^2}{2}\right)\Big|_0^6=156.8\pi\cdot18\approx8867(\mathrm{KJ}).$$

例 5.6.3 从地面向空中垂直发射质量为m的物体.(1)求此物体上升至hm的高空时,地球引力所做的功;(2)若要物体脱离地球引力范围,物体的初速度至少应为多少?

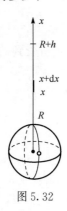

图 5.32

解 (1)如图5.32建立坐标系,取积分变量为x,方向向上,地心处为原点,将地球的质量看成集中在地心处,由万有引力定律

$$F=\frac{GMm}{x^2},$$

其中m为物体的质量,M为地球的质量,G为引力常量,在地面上物体受到的引力即重力$F=mg$(g为重力加速度),于是

$$mg=G\frac{Mm}{x^2},$$

解得$G=\dfrac{gx^2}{M}$,故$F=mg\left(\dfrac{R}{x}\right)^2$,此即质量为$m$的物体在离地心$x$处所受到的引力.

任取$[x,x+\mathrm{d}x]\subset[R,R+h]$,在这一小段上,将物体在上升过程中在小区间内每一点处所受到的引力当作常力$F(x)$,由于地球引力的方向与物体运动的方向相反,所以地球引力在这一小段上所做的功微元为

$$\mathrm{d}W=-mg\left(\frac{R}{x}\right)^2\mathrm{d}x.$$

在$[R,R+h]$上积分,求得地球引力所做的功

$$W=-mgR^2\int_R^{R+h}\frac{\mathrm{d}x}{x^2}=mgR^2\frac{1}{x}\Big|_R^{R+h}=mgR^2\left(\frac{1}{R+h}-\frac{1}{R}\right).$$

(2)又若要物体脱离地球引力范围,就需要计算克服地球引力做多少功,显然此时上述定积分就变为广义积分

$$W = mgR^2 \int_R^{+\infty} \frac{\mathrm{d}x}{x^2} = \lim_{b \to +\infty} \left(mgR^2 \int_R^b \frac{\mathrm{d}x}{x^2} \right) = \lim_{b \to +\infty} mgR^2 \left(\frac{1}{R} - \frac{1}{b} \right) = mgR,$$

所以在发射时,要使物体的动能 $W = \dfrac{1}{2} mv_0^2 \geqslant mgR$(其中 v_0 为初速度),即

$$v_0 \geqslant \sqrt{2gR}.$$

若 $g = 9.8 \mathrm{m/s^2}, R = 6.371 \times 10^6 \mathrm{m}$,则 $v_0 \geqslant 11.2 \mathrm{km/s}$,这就是第二宇宙速度.

5.6.2 引力

例 5.6.4 设有一长为 l,质量为 M 的匀质细杆,另有一质量为 m 的质点,在杆所在的延长线上,(1)求杆对质点 m 的引力;(2)当把质点沿杆所在的延长线从点 A 移动到点 B 时,克服引力需做功多少?(A, B 相距杆的近距离点分别为 a, b,且 $a < b$.)

解 如图 5.33 建立坐标系.

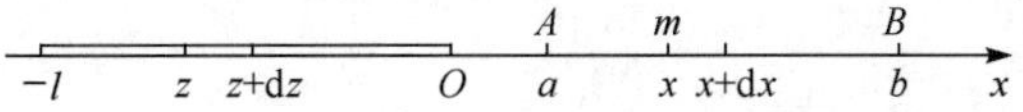

图 5.33

要求将质点 m 从点 A 移动到点 B 克服杆的引力所做的功,就要首先求出杆对质点 m 的引力. 引力公式 $F = \dfrac{km_1 m_2}{r^2}$ 适应于两个离散的质点,而且现在杆的质量是连续分布的,为了应用这个公式,先将杆分成 n 个小段,将每一小段上的质量看成集中在一点,再利用两点之间的引力公式求出杆上一点与 m 之间的引力微元,然后在 $[-l, 0]$ 上累积一次,得出整根杆对位于 OA 延长线上点 x 处的质点的引力表达式. 最后为求质点 m 从点 A 移动到点 B,克服杆的引力所需要做的功再累积一次.

第一步 任取 $[X, X + \mathrm{d}X] \subset [-l, 0]$,由于杆的总质量为 M,长度为 l,密度均匀,所以其线密度 $\mu = \dfrac{M}{l}$,小区间 $[X, X + \mathrm{d}X]$ 上所具有的质量 $\mathrm{d}M = \dfrac{M}{l} \mathrm{d}X$.

现设质量为 m 的质点位于 OA 的延长线点 x 处,所以杆对质点 m 的引力微元为

$$\mathrm{d}F = \frac{k \mathrm{d}M \cdot m}{(x - X)^2} = \frac{kmM}{l} \cdot \frac{\mathrm{d}X}{(x - X)^2},$$

因此得杆对质点的引力

$$F(x) = \frac{kMm}{l} \int_{-l}^0 \frac{\mathrm{d}X}{(x - X)^2} = \frac{kMm}{l} \left(\frac{1}{x} - \frac{1}{x + l} \right).$$

由此结果可以看出,杆对质点的引力,是质点 m 所处的位置的函数.

第二步 任取 $[x,x+\mathrm{d}x]\subset[a,b]$,在 $[x,x+\mathrm{d}x]$ 上用点 x 处的力代替小段区间上每点的变力,从而得到微元

$$\mathrm{d}W=F(x)\mathrm{d}x,$$

故克服杆的引力需做功

$$W=\int_a^b F(x)\mathrm{d}x=\frac{kMm}{l}\int_a^b\left(\frac{1}{x}-\frac{1}{x+l}\right)\mathrm{d}x$$

$$=\frac{kMm}{l}(\ln|x|-\ln|x+l|)\bigg|_a^b$$

$$=\frac{kMm}{l}\ln\frac{b(a+l)}{a(b+l)}.$$

例 5.6.5 长为 $2l$ 的直导线,均匀带电,电荷密度为 μ,在导线中垂线上点 A 处有一带电量为 q 的正点电荷,与导线相距为 a,求点 A 与直导线之间的作用力.

解 取导线所在直线为 x 轴,导线的中垂线为 y 轴,建立坐标系如图 5.34 所示.

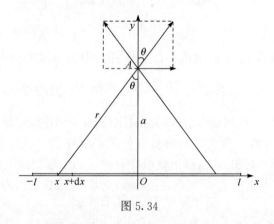

图 5.34

在导线上任取 $[x,x+\mathrm{d}x]\subset[-l,l]$,将这一小段导线近似看成点电荷,其电量为 $\mu\mathrm{d}x$,它与点 A 的距离是 $r=\sqrt{x^2+a^2}$,根据库仑定律,该小段导线与点电荷 A 之间的作用力微元为

$$|\mathrm{d}F|=k\cdot\frac{q\mu\mathrm{d}x}{r^2}=\frac{k\mu q}{x^2+a^2}\mathrm{d}x.$$

设导线带正电,则力的方向如图 5.34 所示,由于各小段导线对点 A 的作用力的方向不同,不能直接叠加,需要将 $\mathrm{d}F$ 分解到水平方向和竖直方向,而导线均匀带电,且放置的位置关于 y 轴对称,因此 $\mathrm{d}F$ 在 x 轴方向上的分力相互抵消,只需要计算 $\mathrm{d}F$ 在 y 轴方向上的分力 $\mathrm{d}F_y$. 由图 5.34 可见

$$dF_y = |\,dF\,|\cos\theta = |\,dF\,|\frac{a}{r} = \frac{k\mu q a}{(x^2+a^2)^{\frac{3}{2}}}dx,$$

$$F_y = \int_{-l}^{l} \frac{k\mu q a}{(x^2+a^2)^{\frac{3}{2}}}dx = 2\int_{0}^{l} \frac{k\mu q a}{(x^2+a^2)^{\frac{3}{2}}}dx$$

$$= \frac{2k\mu q a}{a^2} \frac{x}{\sqrt{x^2+a^2}}\bigg|_{0}^{l}$$

$$= \frac{2k\mu q}{a} \frac{l}{\sqrt{l^2+a^2}}$$

$$= \frac{2k\mu q}{a} \frac{1}{\sqrt{1+\left(\dfrac{a}{l}\right)^2}}.$$

若导线很长,或点电荷 A 与导线很靠近,$\dfrac{a}{l}\approx 0$,从而

$$F_y \approx \frac{2k\mu q}{a},$$

于是点电荷 A 与导线之间的作用力是 F_y,且当导线带正电时,作用力的方向与 y 轴正向一致.

5.6.3　质量

例 5.6.6　设有半径为 R、密度非均匀的圆盘,已知其面密度 $\rho = ar+b$,r 表示圆盘上的点到圆心的距离,a,b 为常数,求圆盘的质量.

解　如图 5.35 建立坐标系.

取 r 为积分变量,$r\in[0,R]$,在 $[0,R]$ 上任取一个小区间 $[r,r+dr]$,先求以 r 和 $r+dr$ 为半径的带状圆盘上的质量微元,然后在 $[0,R]$ 上积分.

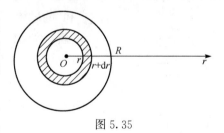

图 5.35

设这一带状圆盘的质量为 dm,由于 dr 充分小,所以可以将其面密度看成是均匀的,并且都为 $\rho = ar+b$,又这个带状圆盘面积近似等于 $2\pi r\,dr$,于是得质量微元

$$dm = (ar+b)\cdot 2\pi r\,dr,$$

故圆盘的总质量

$$m = 2\pi \int_0^R (ar+b) \cdot r \mathrm{d}r = \frac{1}{3}\pi R^2 (2aR+3b).$$

需要说明的是,对于空间或平面形体,体密度一般随空间点的位置而变化,面密度一般随平面点的位置而变化,所以一般都是多自变量函数的问题. 求它们的质量,要用重积分来解决(见《微积分与数学模型》下册). 但是由于例 5.6.6 中面密度 ρ 只随一个变量 r 变化,而圆盘的方程在极坐标系下为 $r=R$,所以可以用定积分来处理.

5.6.4　数值逼近

一般情形下,利用定积分计算平面图形的面积需要知道平面图形的边界曲线的方程. 而有些实际问题中这些边界曲线的方程很难求出,这时我们往往可以采用矩形法、梯形法或抛物线法对定积分作近似计算,分割越细,逼近程度越好.

例 5.6.7（钓鱼问题）　某游乐场新建一鱼塘,在钓鱼季节来临之前将鱼放入鱼塘,鱼塘的平均深度为 4m. 计划开始时每立方米放 1 条鱼,并且在钓鱼季节结束时所剩的鱼是开始时的 $\frac{1}{4}$. 如果一张钓鱼证平均可钓 20 条鱼,试问最多可卖出多少张钓鱼证? 鱼塘面积如图 5.36 所示,其中单位为 m,间距为 10m.

分析　设鱼塘面积为 $S(\mathrm{m}^2)$,则鱼塘体积为 $4S(\mathrm{m}^3)$,因为开始时每立方米有一条鱼,所以应有 $4S$ 条鱼. 由于结束时鱼剩 $\frac{1}{4}$,于是被钓的鱼就是 $4S \times \frac{3}{4} = 3S$;又因每张钓鱼证平均可钓 20 条鱼,所以最多可卖钓鱼证为 $\frac{3S}{20}$(张). 因此问题归结为求鱼塘的面积. 由题目已知条件及图 5.36 知,可利用定积分的"分割""近似""求和"的思想,求出鱼塘面积的近似值.

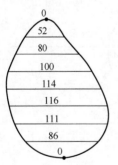

图 5.36

解　如图 5.36 所示,将图形分割为 8 等份,间距为 10m,即 $\Delta x_i = 10$m,设宽度为 $f(x)$,则有

$$f(x_0)=0\mathrm{m}, \quad f(x_1)=86\mathrm{m},$$
$$f(x_2)=111\mathrm{m}, \quad f(x_3)=116\mathrm{m},$$
$$f(x_4)=114\mathrm{m}, \quad f(x_5)=100\mathrm{m},$$
$$f(x_6)=80\mathrm{m}, \quad f(x_7)=52\mathrm{m},$$
$$f(x_8)=0\mathrm{m}.$$

现利用梯形近似曲边梯形,任一小梯形面积为

$$S_i = \frac{1}{2}[f(x_{i-1})+f(x_i)]\Delta x_i$$

$$=\frac{10}{2}[f(x_{i-1})+f(x_i)]\quad(i=1,2,\cdots,8),$$

故总面积为

$$
\begin{aligned}
S &=\sum_{i=1}^{8}S_i=5\sum_{i=1}^{8}[f(x_{i-1})+f(x_i)]\\
&=5[f(x_0)+2f(x_1)+2f(x_2)+\cdots+2f(x_7)+f(x_8)]\\
&=10[f(x_1)+f(x_2)+\cdots+f(x_7)]\\
&=10(86+111+116+114+100+80+52)\\
&=6590(\mathrm{m}^2).
\end{aligned}
$$

由于 $\dfrac{3S}{20}=\dfrac{3\times6590}{20}=988.5$，因此，最多可卖钓鱼证 988 张.

例 5.6.8　煤气厂生产煤气，煤气中的污染物质是通过涤气器去除的，而这种涤气器的有效作用随使用时间加长会变得越来越低，每月月初进行用以显示污染物质自动从涤气器逃回煤气中的速率的检测，其结果见表 5.1.

表 5.1　污染物从涤气器逃回煤气中的速率检测表

时间/月	0	1	2	3	4	5	6
速率/(t/月)	5	7	8	10	13	16	20

试给出这六个月内逃回的污染物质总量的一个范围.

解　由于煤气中的污染物质从涤气器逃回来的速率是非均匀的，所以设其速率为 $v=v(t)$，所求六个月内逃回煤气中的污染物质总量 Q 可用定积分计算

$$Q=\int_0^6 v(t)\mathrm{d}t.$$

由题意知，$v(t)$ 是一个单调增加的函数. 因此，当对时间 $t\in[0,6]$ 进行等分，每个子区间的长度为 $\Delta_i=1(i=1,\cdots,6)$，若取子区间 $[t_{i-1},t_i]$ 的左端点，则 $v(t)=v(t_{i-1})$ 的速度值较小，即从涤气器逃回煤气中的污染物质较少；反之，若取右端点，则 $v(t)=v(t_i)$ 的速度值较大，从涤气器逃回煤气中的污染物质较多. 根据定积分的定义及性质

$$\sum_{i=1}^{6}v(t_{i-1})\leqslant Q\int_0^6 v(t)\mathrm{d}t\leqslant\sum_{i=1}^{6}v(t_i),$$

代入表 5.1 中的值进行计算，则

$$59=5+7+8+10+13+16\leqslant\int_0^6 v(t)\mathrm{d}t\leqslant 7+8+10+13+16+20=74,$$

故六个月内从涤气器逃回的污染物质总量为 59～74t.

上述数值逼近的方法是定积分近似计算中的矩形法.

5.6.5　扫雪机清扫积雪模型

例 5.6.9　冬天大雪纷飞,在长 10km 的公路上,一台扫雪机负责清扫积雪,每当路面积雪平均厚度达到 0.5m 时,扫雪机开始工作. 但扫雪机开始工作后,大雪仍然下个不停,当积雪厚度达到 1.5m 时,扫雪机将无法工作. 如果大雪以恒速 $R=0.025(\mathrm{cm/s})$ 下了一个小时,问扫雪任务能否完成?

模型假设

(1) 扫雪机的工作速度 $v(\mathrm{m/s})$ 与积雪厚度 h 成正比;

(2) 扫雪机在没有雪的路上行驶速度为 10m/s;

(3) 扫雪机以工作速度前进的距离就是已经完成清扫的路段.

模型建立与求解

设 t 表示时间,从扫雪机开始工作起计时开始,$S(t)$ 表示 t 时刻扫雪机行驶的距离. 由模型假设(1)

$$v=k_1 h+k_2,$$

其中 k_1 为比例系数,k_2 为初始参数.

由 $h=0$ 时,$v=10$;$h=1.5$ 时,$v=0$,得扫雪机与积雪厚度的函数关系为

$$v=10\left(1-\frac{2}{3}h\right).$$

由于积雪厚度 h 随 t 的增加而增加,t 时刻增加厚度为 $Rt(\mathrm{cm})=\dfrac{Rt}{100}(\mathrm{m})$,所以

$$h(t)=0.5+\frac{Rt}{100},$$

代入上式得

$$v(t)=\frac{10}{3}\left(2-\frac{RT}{50}\right).$$

由速度与距离的关系可得扫雪距离的积分模型

$$S(t)=\int_0^t v(x)\mathrm{d}x=\frac{10}{3}\int_0^t\left(2-\frac{Rx}{50}\right)\mathrm{d}x=\frac{20}{3}t-\frac{R}{30}t^2.$$

当 $v(t)=0$ 时,扫雪机停止工作,记此时刻为 T,则

$$\frac{10}{3}\left(2-\frac{RT}{50}\right)=0,$$

解得 $T=\dfrac{100}{R}$,当 $R=0.025(\mathrm{cm/s})$ 时,$T=4000(\mathrm{s})\approx 66.67(\mathrm{min})$,此时

$$S(T)=S(4000)\approx 13.33(\mathrm{km}),$$

所以扫雪 10km 的任务可以完成.

5.6.6 经济问题

定积分在经济问题中的应用是多方面的,如已知某经济量的变化率(即边际函数)求另一经济量;关于平均值在经济中的应用等.

例 5.6.10(收益问题) 已知生产某产品 x 单位时,边际收益为 $R'(x)=20-\dfrac{x}{30}$(万元/单位),试求生产 x 单位产品时的总收益函数 $R(x)$ 及平均单位收益函数 $\overline{R}(x)$,并求生产这种产品 120 单位时的总收益与平均收益.

解 因为总收益是边际收益函数在 $[0,x]$ 上的定积分,所以生产 x 单位产品时的总收益函数为

$$R(x)=\int_0^x \left(20-\frac{t}{30}\right)\mathrm{d}t=\left(20t-\frac{t^2}{60}\right)\Big|_0^x=20x-\frac{x^2}{60},$$

单位收益函数为

$$\overline{R}(x)=20-\frac{x}{60}.$$

当生产这种产品 120 单位时,总收益为

$$R(120)=20\times120-\frac{120^2}{60}=2160(万元),$$

平均收益为

$$\overline{R}(120)=20-\frac{120}{60}=18(万元).$$

例 5.6.11(平均存货) 假设某货物去年各月的存货量函数为 $I(t)=10+30t-3t^2$,其中 t 表示月份,且 $t\in[0,12]$,$I(t)$ 表示 t 月份的存货量(吨),试求去年第二季度的平均存货量.

解 去年第二季度的平均存货量记为 $\overline{I_2}$,则

$$\overline{I_2}=\frac{1}{6-3}\int_3^6 (10+30t-3t^2)\mathrm{d}t=\frac{1}{3}(10t+15t^2-t^3)\Big|_3^6$$

$$=\frac{1}{3}\big[(10\times6+15\times6^2-6^3)-(10\times3+15\times3^2-3^3)\big]$$

$$=\frac{1}{3}(384-138)=82(吨).$$

故某货物去年第二季度的平均存货量为 82 吨.

习 题 5.6

1. 设上底半径为 R、高为 H 的正圆锥形容器内,充满某种液体,设液体的体

密度是液体高度 x 的函数 $\mu=\mu_0\left(1-\dfrac{1}{2}\cdot\dfrac{x}{H}\right)$,其中 $x\in[0,H]$, μ_0 为常数,计算容器内液体的总质量.

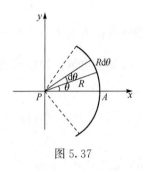

图 5.37

2. 现有一根平放的弹簧,已知将弹簧拉长 10cm 需 5N 的力,问若要将弹簧拉长 15cm,需克服弹性力做多少功?

3. 如图 5.37 所示,一半径为 R,中心角为 α 的圆弧形细棒,线密度为 μ(常数). 在圆心处有一质量为 m 的质点 P,求细棒对质点 P 的引力.

4. 直径为 20cm,高为 80cm 的圆筒内充满压强为 $10\text{N}/\text{cm}^2$ 的蒸汽. 设温度保持不变,要使蒸汽体积缩小一半,问需要做多少功?

5. 设一圆锥形水池,深 15m,口径 20m,池中盛满水,若要将水全部吸出池外,需做多少功?

6. 某高尔夫球场地为了修整,测出各点的球道长度和宽度(单位:m)见表 5.2,若 1kg 的肥料可覆盖的球场面积为 40m^2,试用梯形法公式计算对球道上所需肥料的总和约为多少.

表 5.2　各点球道的长度和宽度

球道长度	0	30	60	90	120	150	180	210	240	270	300
球道宽度	0	24	26	29	34	32	30	30	32	34	0

复习题 5

A

1. 试述定积分与不定积分概念的区别与联系.

2. 如何理解积分上限的函数中的上限变量与积分变量.

3. 对积分上限的函数求导要注意些什么?

4. 对于广义积分,当积分区间对称时,为什么不能用对称区间上奇偶函数积分的性质?

5. 函数 $F(x)=|x|$ 是函数 $f(x)=\begin{cases}-1, & x<0,\\ 1, & x>0\end{cases}$ 的原函数吗?

6. 若 $f(x)$ 在区间 $[0,+\infty]$ 上连续,且满足

$$\int_0^{x^2} f(t)\mathrm{d}t=x^2(1+\cos x),$$

求 $f\left(\dfrac{\pi^2}{4}\right)$.

7. 设 $f(x) = \displaystyle\int_x^{x^2} \dfrac{\sin xt}{t}\mathrm{d}t$，求 $f'(x)$.

8. 求下列极限.

(1) $\lim\limits_{x\to\infty}\dfrac{x}{x-a}\displaystyle\int_a^x f(t)\mathrm{d}t$（其中 $f(t)$ 连续）；

(2) $\lim\limits_{x\to\infty}\dfrac{\displaystyle\int_0^x (\arctan t)^2\,\mathrm{d}t}{\sqrt{x^2+1}}$.

9. 计算下列积分.

(1) $\displaystyle\int_{-1}^1 (x+|x|)^2\mathrm{d}x$；　　　　　　(2) $\displaystyle\int_0^2 \dfrac{\mathrm{d}x}{x^2-3x-4}$；

(3) $\displaystyle\int_0^{\frac{\pi}{2}} \sqrt{1-\sin 2x}\,\mathrm{d}x$；　　　　　(4) $\displaystyle\int_0^2 \dfrac{\mathrm{d}x}{2+\sqrt{4-x^2}}$.

10. 求 $\displaystyle\int_0^2 f(x-1)\mathrm{d}x$，其中

$$f(x)=\begin{cases}\dfrac{1}{1+x}, & x\geqslant 0,\\[3mm]\dfrac{1}{1+\mathrm{e}^x}, & x<0.\end{cases}$$

11. 求由曲线 $y=\sin x$ 与 $y=\sin 2x$ 在 $[0,\pi]$ 上所围成图形的面积.

12. 求由曲线 $y=3-|x^2-1|$ 与 x 轴围成图形的面积.

13. 计算由曲线 $y^2=2ax$，$x^2+y^2=2ax$ 和直线 $x=2a\,(a>0)$ 所围的图形面积.

14. 求 $(x-2)^2+y^2\leqslant 1$ 绕 y 轴旋转而成的旋转体的体积.

15. 用平行截面面积为已知的立体图形体积的计算方法求椭球体 $\dfrac{x^2}{a^2}+\dfrac{y^2}{b^2}+\dfrac{z^2}{c^2}\leqslant 1$ 的体积.

16. 计算曲线 $x=\arctan t$，$y=\dfrac{1}{2}\ln(1+t^2)$ 从 $t=0$ 到 $t=1$ 段的弧长.

17. 设 $f(x)\in C[0,1]\cap D[0,1]$，且 $\displaystyle\int_0^1 f(x)\mathrm{d}x=0$，证明：$\exists\,\xi\in(0,1)$，使得 $2f(\xi)+\xi f'(\xi)=0$.

18. 半径为 r 的球沉入水中,球的上部与水面相切,球的密度与水相同,现将球从水中取出,需做多少功?

19. 某产品的总成本 C(万元)的变化率(边际成本)$C'=1$,总收益 R(万元)的变化率(边际收益)为产量 x(百台)的函数,$R'=R'(x)=5-x$.

(1) 产量等于多少时,总利润 $L=R-C$ 最大?

(2) 达到利润最大的产量后又产生了 1 百台,总利润减少了多少?

B

1. 一名销售员每天从邮局购进报纸零售,当天卖不出的报纸则退回邮局,报纸每份售出价为 a,购进价为 b,退回价为 c,有 $c<b<a$,由于退回报纸份数过多会赔本,销售员应如何确定购进报纸的份数.

2. 一家新的诊所刚开张,对同类门诊的统计表明,总有一部分患者第一次来过之后还要来此治疗,如果现有 A 个患者第一次来这就诊,则 t 个月后,这些患者中还有 $A \cdot f(t)$ 个在此治疗,这里 $f(t)=e^{-\frac{t}{20}}$. 现设这个诊所最开始时接受了 300 人的治疗,并且计划从现在开始每月接收 10 名新患者.试估算从现在开始 15 个月后,在此诊所接受治疗的患者有多少.

3. 某城市某年的人口密度近似为 $P(r)=\dfrac{4}{r^2+20}$,$P(r)$ 表示距市中心 r cm 区域内的人口数,单位为每平方千米 10 万人.

(1) 试求距市中心 2km 区域内的人口数;

(2) 若人口密度近似为 $P(r)=1.2e^{-0.2r}$(单位不变),试求距市中心 2km 区域内的人口数.

部分习题参考答案

习 题 1.1

1. $f(1)=2,f(-1)=2,f(0)=1,f(k)=1+k^2,f(-k)=1+k^2.$

2. (1)相同；(2)不相同；(3)不相同；(4)不相同.

3. (1)$(-\infty,-3)\cup(1,+\infty)$；

    (2) $(-\infty,-2]\cup[2,+\infty)$；

    (3) $(1,2)\cup(2,+\infty)$；

    (4) $[-4,5]$.

4. (1)奇函数；(2)奇函数；(3)非奇非偶；(4)奇函数.

5. $\ln(1-x),(-\infty,0]$.

6. $y=\begin{cases} 0.5653x, & x\leqslant 2160, \\ 0.6153x-108, & 2160<x\leqslant 4200, \\ 0.8653x-1158, & x>4200. \end{cases}$

   该用户需要缴纳电费 1737.9 元.

习 题 1.2

1. $f(x)=x^2+x.$

2. (1) 由 $y=\sin u$ 和 $u=\log_2 x$ 复合而成；

    (2) 由 $y=\sqrt{u}$,$u=\tan v$ 和 $v=\dfrac{x}{2}$ 复合而成；

    (3) 由 $y=e^u$,$u=\cos v$ 和 $v=\dfrac{1}{x}$ 复合而成；

    (4) 由 $y=\arccos u$,$u=\sqrt{v}$,$v=\log_2 t$ 和 $t=x^2-1$ 复合而成.

3. (1)(2)(3)是初等函数,(4)不是初等函数.

4. $f(g(x))=\begin{cases} 1, & x<0, \\ 0, & x=0, \\ -1, & x>0, \end{cases}$ $g(f(x))=\begin{cases} e, & -1<x<1, \\ 1, & x=1, \\ e^{-1}, & x<-1 \text{ 或 } x>1. \end{cases}$

5. $s=R\cos\omega t+\sqrt{l^2-R^2}\,\sin^2\omega t\ ,t>0.$

习 题 1.3

3. 0;不存在;5.

4. $\lim\limits_{x\to 1}f(x)$ 不存在，$\lim\limits_{x\to 0}f(x)=0$.

5. (1) $\lim\limits_{x\to 0^-}f(x)=0$, $\lim\limits_{x\to 0^+}f(x)=1$, 在 $x=0$ 处极限不存在；

   (2) $\lim\limits_{x\to 0^-}f(x)=1$, $\lim\limits_{x\to 0^+}f(x)=1$, $\lim\limits_{x\to 0}f(x)=1$.

6. $\lim\limits_{x\to 0^-}f(x)=1$, $\lim\limits_{x\to 0^+}f(x)=1$, $\lim\limits_{x\to 0}f(x)=1$；

   $\lim\limits_{x\to 0^-}g(x)=-1$, $\lim\limits_{x\to 0^+}g(x)=1$, $\lim\limits_{x\to 0}g(x)$ 不存在.

习题 1.4

3. (1) ∞； (2) 0； (3) 0； (4) 3； (5) 不存在； (6) 0； (7) $\dfrac{3}{4}$；

  (8) $\dfrac{1}{2}$； (9) 2； (10) $\dfrac{1}{6}$； (11) -1； (12) ∞.

4. (1) 1； (2) 1； (3) π； (4) $\dfrac{1}{2}$； (5) 8； (6) e； (7) e^k；

  (8) e^2； (9) e； (10) 2.

5. (1) 1； (2) 1.

习题 1.5

1. 无穷小量:(2),(3),(6)； 无穷大量:(1).

3. (1) 等价无穷小； (2) 同阶无穷小.

4. 3 阶.

5. (1) 0； (2) $\dfrac{2}{3}$； (3) 6； (4) $\dfrac{3}{2}$； (5) $\dfrac{1}{9}$； (6) $\dfrac{1}{a}$； (7) 1； (8) -1.

6. $a=1, b=-1$.

7. $a=-1, b=\dfrac{1}{2}$.

习题 1.6

1. (1) $f(x)$ 在 **R** 内处处连续；(2) $f(x)$ 在 **R** 内处处连续.

2. $(-\infty,-3)\bigcup(-3,2)\bigcup(2,+\infty)$, $\lim\limits_{x\to 0}f(x)=\dfrac{1}{2}$, $\lim\limits_{x\to -3}f(x)=-\dfrac{8}{5}$,

   $\lim\limits_{x\to 2}f(x)=\infty$.

3. (1) $\sqrt{5}$； (2) e^2-1.

4. (1) $x=1$ 是第一类可去间断点；$x=2$ 是第二类无穷间断点.

(2) $x=-1$ 是第二类无穷间断点；$x=0$ 是第一类跳跃间断点；$x=1$ 是第一类可去间断点.

(3) $x=0$ 是第一类可去间断点；$x=1$ 是第二类无穷间断点.

(4) $x=0$ 是第一类可去间断点.

(5) $x=0$ 是第二类无穷间断点；$x=1$ 是第一类跳跃间断点.

5. $a=-\dfrac{3}{2}$，$b=2$.

7. y 是 r 的连续函数.

习题 1.7

4. 提示：取 $m=\min\{f(x_i)\}$，$M=\max\{f(x_i)\}$，$i=1,2,\cdots,n$，则

$$m\leqslant\frac{f(x_1)+f(x_2)+\cdots+f(x_n)}{n}\leqslant M.$$

习题 1.8

2. (1) 49g/cm；　(2) 27g/cm.

3. $1800,2400,1800$.

4. 10A，$\sqrt{19}$.

复习题 1

A

1. 无关，必要不充分.

2. 高或 4.

3. (1) $\dfrac{1}{2}$；　(2) $\sqrt{3}$；　(3) $\mathrm{e}^{-\frac{1}{2}}$；　(4) $\dfrac{\alpha}{m}-\dfrac{\beta}{n}$.

B

1. (1) 2；　(2) $-\dfrac{1}{2}$；　(3) $\dfrac{3}{2}$；　(4) -1.

2. 1；-4.

3. -2.

4. $a=-1$，$b=-\dfrac{1}{2}$，$k=-\dfrac{1}{3}$.

习题 2.1

1. $8x$，-16.

2. $(-1)^{n-1}(n-1)!$

3. (1) $5x^4$;　(2) $\dfrac{3}{2}x^{\frac{1}{2}}$;　(3) $-x^{-2}$;　(4) $-\dfrac{1}{2}x^{-\frac{3}{2}}$;　(5) $\dfrac{7}{8}x^{-\frac{1}{8}}$.

4. $4x-y-3=0, x+4y-5=0$.

5. 连续不可导.

6. $f(c+0)=c^2$; $a=2c, b=-c^2$.

7. $f'(0)$.

8. (1) $-f'(x_0)$;　(2) $(\alpha+\beta)f'(x_0)$;　(3) $f'(x_0)$.

9. 连续不可导.

10. 0.

11. $y=x-5$.

12. $\dfrac{1}{e}$.

习 题 2.2

2. (1) $4x^3-21x^{-4}+\dfrac{2}{x^2}$;　　(2) $10x-3^x\ln3+2e^x$;　　(3) $5x^4+5^x\ln5$;

(4) $3e^x(\sin x+\cos x)$;　　(5) $-\dfrac{x\sin x+2\cos x}{x^3}$;　　(6) $-\dfrac{1}{\sqrt{1-x^2}}$;

(7) $\dfrac{-2\cdot10^x\ln10}{(10^x-1)^2}$;　　(8) $\dfrac{3x^2-x^3\ln3}{3^x}$.

3. (1) $y'=3\cos x+4\sin x$, $y'\Big|_{x=\frac{\pi}{3}}=\dfrac{3+4\sqrt{3}}{2}$, $y'\Big|_{x=\frac{\pi}{4}}=\dfrac{7\sqrt{2}}{2}$;

(2) $\dfrac{dy}{dx}=\dfrac{1}{2}\sin x+x\cos x$, $\dfrac{dy}{dx}\Big|_{x=\frac{\pi}{4}}=\dfrac{\sqrt{2}(2+\pi)}{8}$;

(3) $f'(x)=\dfrac{2}{(x-3)^2}+\dfrac{2x}{5}$, $f'(0)=\dfrac{2}{9}$, $f'(1)=\dfrac{9}{10}$.

4. (1) $24(4x+3)^5$;　(2) $6e^{2x}$;　(3) $6\cos(3x+4)$;　(4) $3^{\sin x}\ln3\cos x$;

(5) $\dfrac{1}{3+x}$;　(6) $5\sin(4-5x)$;　(7) $\dfrac{1}{\sqrt{a^2+x^2}}$;　(8) $-e^{-\frac{x}{3}}\left(\dfrac{1}{3}\cos2x+2\sin2x\right)$;

(9) $\dfrac{1}{2\sqrt{x+\sqrt{x+\sqrt{x}}}}\left[1+\dfrac{1}{2\sqrt{x+\sqrt{x}}}\left(1+\dfrac{1}{2\sqrt{x}}\right)\right]$;　(10) $\dfrac{-2}{x(1+\ln x)^2}$;

(11) $e^{\arctan\sqrt{x}}\dfrac{1}{1+x}\dfrac{1}{2\sqrt{x}}$;　(12) $\dfrac{2}{a}\sec^2\dfrac{x}{a}\tan\dfrac{x}{a}-\dfrac{2}{a}\csc^2\dfrac{x}{a}\cot\dfrac{x}{a}$;

(13) $a^{a^x}\ln a \cdot a^x\ln a + a^a x^{a^a-1}$; (14) $\dfrac{1-\ln x}{x(\ln x)^2}$.

5. (1) $-\dfrac{1}{|x|}f'\left(\arcsin\dfrac{1}{x}\right)\dfrac{1}{\sqrt{x^2-1}}$;

(2) $f'(2^x)2^x\ln 2 \cdot 2^{f(x)} + f(2^x)2^{f(x)}\ln 2 f'(x)$;

(3) $f'(\sin^2 x)\sin 2x + f'(\cos^2 x)(-\sin 2x)$.

6. $-\dfrac{1}{(1+x)^2}$.

7. 1.

8. 若 $\varphi(a)=0$, 则 $f'(a)=0$; 若 $\varphi(a)\neq 0$, 则 $f(x)$ 在 $x=a$ 不可导.

9. $f'\{f[f(x)]\} \cdot f'[f(x)]f'(x)$.

习 题 2.3

1. (1) $\dfrac{2y^2-3x^2-12x^3y}{3x^4-4xy}$; (2) $\dfrac{x}{\cos\dfrac{y}{x}}+\dfrac{y}{x}$; (3) $\dfrac{2\cos 2x-\dfrac{y}{x}-ye^{xy}}{xe^{xy}+\ln x}$;

(4) $\dfrac{e^{x+y}-y}{x-e^{x+y}}$; (5) $\dfrac{e^y}{1-xe^y}$.

2. (1) $x^{\sin x}\left[\cos x\ln x+\dfrac{\sin x}{x}\right]$; (2) $\dfrac{\ln\sin y+y\tan x}{\ln\cos x-x\cot y}$;

(3) $\dfrac{2x\cos x^2+y^x\ln y-yx^{y-1}}{x^y\ln x-y^{x-1}x}$;

(4) $y\left[\dfrac{1}{2(x+2)}-\dfrac{4}{3-x}-\dfrac{5}{x+1}\right]$; (5) $y\left[\dfrac{1}{2x}+\dfrac{1}{4}\cot x+\dfrac{1}{8}\dfrac{e^x}{1-e^x}\right]$.

3. $x-y=0$.

4. (1) $\dfrac{2}{3}t+\dfrac{b}{a}$; (2) $\dfrac{\cos 2\theta-2\theta\sin 2\theta}{1-\sin\theta-\theta\cdot\cos\theta}$; (3) $-\dfrac{3}{2}e^{-2t}$.

5. $y=x+a\left(2-\dfrac{\pi}{2}\right), y=\dfrac{a\pi}{2}-x$.

6. 0.14rad/min.

7. $\dfrac{5}{\pi}\text{rad/min}$.

8. $-12\pi\text{cm}^3/\text{s}$.

习 题 2.4

1. (1) $y'' = -5\mathrm{e}^{2x}\sin 3x + 12\mathrm{e}^{2x}\cos 3x$；　(2) $y'' = -\dfrac{x}{\sqrt{(1+x^2)^3}}$；

　　(3) $y'' = 2\tan x\sec^2 x$；　(4) $y'' = \dfrac{-2}{(1+x^2)^2}$.

2. (1) $\dfrac{\mathrm{d}^2 y}{\mathrm{d}x^2} = \dfrac{1+t^2}{4t}$；　(2) $\dfrac{\mathrm{d}^2 y}{\mathrm{d}x^2} = \dfrac{1}{t^3}$；　(3) $\dfrac{\mathrm{d}^2 y}{\mathrm{d}x^2} = -4$.

3. (1) $y'' = -2\csc^2(x+y)\cot^3(x+y)$；　(2) $y'' = \dfrac{2}{(x+2y)^3}$；

　　(3) $y'' = \dfrac{\mathrm{e}^{2y}(3-y)}{(2-y)^3}$.

4. (1) $f^{(n)}(x) = \dfrac{(-1)^{n-1}(n-1)!}{(2+x)^n}$；　(2) $f^{(n)}(x) = (-1)^{n-1}(n-x)\mathrm{e}^{-x}$；

　　(3) $f^{(n)}(x) = \dfrac{(-1)^n \cdot 2 \cdot n!}{(1+x)^{n+1}}$；　(4) $f^{(n)}(x) = 2^n\sin\left(2x + \dfrac{n-1}{2}\pi\right)$.

5. $f^{(n)}(a) = n!\varphi(a)$.

6. $f^{(n)}(x) = \dfrac{(-1)^{n-1}n!}{n-2}$.

习 题 2.5

1. (1) $\mathrm{d}y = \mathrm{e}^x(\cos x - \sin x)\mathrm{d}x$；　(2) $\mathrm{d}y = \dfrac{2}{x-1}\ln(1-x)\mathrm{d}x$；

　　(3) $\mathrm{d}y = 2(\mathrm{e}^{2x} - \mathrm{e}^{-2x})\mathrm{d}x$；　(4) $\mathrm{d}y = \dfrac{1}{2\sqrt{x-x^2}}\mathrm{d}x$；

　　(5) $\mathrm{d}y = \dfrac{-2}{(1+x)^2}\mathrm{d}x$；　(6) $\mathrm{d}y = \left(-\dfrac{1}{x^2} + \dfrac{1}{2\sqrt{x}}\right)\mathrm{d}x$；

　　(7) $\mathrm{d}y = (2\cos 2x - 4x\sin 2x)\mathrm{d}x$；　(8) $\mathrm{d}y = x^2\mathrm{e}^{2x}(3+2x)\mathrm{d}x$.

2. (1) $\mathrm{d}y = \dfrac{1}{x(1+\ln y)}\mathrm{d}x$；　(2) $\mathrm{d}y = \dfrac{x+y}{x-y}\mathrm{d}x$.

3. (1) $\mathrm{d}y = \mathrm{e}^{f(x)}\left[\dfrac{1}{x}f'(\ln x) + f'(x)f(\ln x)\right]\mathrm{d}x$；

　　(2) $\mathrm{d}y = \left[\dfrac{1}{2\sqrt{x}}f'(\sqrt{x}) + \cos f(x)f'(x)\right]\mathrm{d}x$.

4. (1) $\arctan x + C$; (2) $3x^2 + C$; (3) $2\ln x + C$;

  (4) $\arcsin x + C$; (5) $\dfrac{1}{2}e^{2x} + C$; (6) $\dfrac{1}{4}(\ln x^2)^2 + C$.

5. (1) 0.99; (2) 0.01; (3) 1.05;

  (4) $\dfrac{\pi}{4} + 0.01$; (5) $\dfrac{1}{2} - \dfrac{\sqrt{3}\pi}{1080}$; (6) $\dfrac{1}{2} + \dfrac{\sqrt{3}\pi}{360}$.

6. $2.01\pi; 2\pi$.

习 题 2.6

1. 90 元;80 元.

2. (1) 25s; (2) 6250/9m.

3. $10^4; 0; -10^4$.

4. 20m/s.

5. (1) 10dm/min; (2) 800πdm^2/min.

复习题 2

A

1. $f'(a) = 0$.

2. A.

3. $f(x)$ 在 $x = 0$ 处连续但不可导.

4. $a = 3, b = -2, f'(x) = \begin{cases} -\dfrac{2}{1-2x}, & x \leqslant 0, \\ -2e^x, & x > 0. \end{cases}$

5. (1) $\cos x \cdot \ln x^2 + 2\dfrac{\sin x}{x}$; (2) $2^x \cdot (2x + \ln 2) \cdot e^{x^2}$;

  (3) $-\dfrac{2(x+x^2)\sin x^2 + \cos x^2}{(1+x)^2}$; (4) $\dfrac{-2x^4 + 3x^2 + 1}{(1-x^2)^{\frac{3}{2}}}$;

  (5) $\dfrac{6x^2}{(2x^3-1)} \cdot \dfrac{1}{1+[\ln(2x^3-1)]^2}$; (6) $3(9x^2 - 4x) \cdot (3x^3 - 2x^2 + 5)^2$.

6. $\dfrac{\mathrm{d}y}{\mathrm{d}x} = \dfrac{x+y}{x-y}$.

7. (1) $y'' = \dfrac{-x}{(1+x^2)^{\frac{3}{2}}}$; (2) $y^{(4)} = \dfrac{-2}{x^2}$; (3) $y^{(n)} = \dfrac{(-1)^n \cdot 2 \cdot n!}{(1+x)^{n+1}}$.

8. $y = -\dfrac{1}{2}x + 1$.

9. (1) $\mathrm{d}y = \dfrac{1}{2\sin\dfrac{x}{2}}\mathrm{d}x$；　(2) $\mathrm{d}y = \dfrac{2}{(1+x^2)^{\frac{3}{2}}}\mathrm{d}x$；　(3) $\mathrm{d}y = \dfrac{x+y}{x-y}\mathrm{d}x$.

10. $f'(x) = f(x)\dfrac{1}{x^2}$.

B

1. C.

2. C.

3. A.

4. $\dfrac{3\pi}{2} + 2$.

5. $-\sqrt{2}$.

6. (1) $f(x) = kx(x+2)(x+4), x \in [-2, 0)$；　(2) $k = -\dfrac{1}{2}$.

7. $\varphi(t) = t^3 + \dfrac{3}{2}t^2 \ (t > -1)$.

习 题 3.1

1. 不满足，$f(x)$ 在 $x = 0$ 处不可导.

2. $\xi = \mathrm{e} - 1$.

4. $f''(x) = 0$ 有三个根.

5. 提示：使用零点定理证明根存在，使用罗尔定理证明根的唯一性.

6. 提示：构造函数 $F(x) = f(x) - \sin x$，然后用罗尔定理证明.

7. 提示：拉格朗日中值定理.

9. 提示：对函数 $f(x), g(x) = \ln x$ 在 $[a, b]$ 上应用柯西中值定理.

10. 提示：构造函数 $F(x) = f(x)\sin 2x$，然后用罗尔定理证明.

11. 提示：用反证法.

12. 提示：对函数 $f(x) = \ln^2 x$ 在 $[a, b]$ 上应用拉格朗日中值定理.

习 题 3.2

1. (1) 0；　(2) 2；　(3) $\cos a$；　(4) $-\dfrac{7}{11}$；　(5) $\dfrac{m}{n}a^{m-n}$；　(6) $\ln 2$；　(7) 3；

(8) 0;　(9) ∞;　(10) 1;　(11) $-\dfrac{1}{2}$;　(12) $\dfrac{1}{e}$;　(13) 1;　(14) 1;

(15) 1;　(16) 2;　(17) $\dfrac{1}{2}$;　(18) 0;　(19) $\dfrac{1}{2}$;　(20) 0;　(21) $-\dfrac{2}{\pi}$;

(22) 0;　(23) $\dfrac{1}{e}$;　(24) $\sqrt{12}$;　(25) e;　(26) e;　(27) ∞;　(28) ∞;

(29) $\dfrac{3}{2}$;　(30) $\ln\dfrac{a}{b}$;　(31) $\dfrac{4}{e}$;　(32) 1;　(33) $\dfrac{1}{2}$;　(34) 1.

2. (1) 1;　(2) 0;　(3) 1;　(4) 1;　(5) 1.

3. $f''(0)$.

4. $\dfrac{f'(0)}{2}$.

习 题 3.3

1. $-56+21(x-4)+37(x-4)^2+11(x-4)^3+(x-4)^4$.

2. $-\dfrac{1}{2}\ln2-\left(x-\dfrac{\pi}{4}\right)-\left(x-\dfrac{\pi}{4}\right)^2-\dfrac{1}{3}(\sec^2\xi\tan\xi)\left(x-\dfrac{\pi}{4}\right)^3$,$\xi$ 介于 x 与 $\dfrac{\pi}{4}$ 之间.

3. (1) $\dfrac{1}{3}$;　(2) $\dfrac{1}{2}$.

4. $\sqrt{e}\approx1.6458$.

5. $\ln1.2\approx0.1823$.

8. $A=\dfrac{1}{3}$,$B=-\dfrac{2}{3}$,$C=\dfrac{1}{6}$.

习 题 3.4

1. 在$[0,2\pi]$单调增加.

2. (1) 单调增加区间$(-\infty,-1),(3,+\infty)$,单调减少区间$(-1,3)$;

(2) 单调增加区间$\left(\dfrac{1}{2},+\infty\right)$,单调减少区间$\left(-\infty,\dfrac{1}{2}\right)$;

(3) 单调增加区间$(-\infty,-1),(0,+\infty)$,单调减少区间$(-1,0)$;

(4) 单调增加区间$(0,+\infty)$,单调减少区间$(-\infty,0)$;

(5) 单调减少区间$(-\infty,+\infty)$;

(6) 单调增加区间$(-2,0)$,单调减少区间$(-\infty,-2),(0,+\infty)$.

4. 提示:在$(-\infty,+\infty)$上用零点定理,再结合单调性.

5. 提示:设 $\varphi(x)=\mathrm{e}^x f(x)$.

6. 是.

7. (1) 取得极大值 $f(-1)=17$,取得极小值 $f(3)=-47$;

   (2) 取得极大值 $f\left(\dfrac{3}{4}\right)=\dfrac{5}{4}$;

   (3) 取得极小值 $f(0)=0$;

   (4) 取得极大值 $f(0)=4$,取得极小值 $f(-2)=\dfrac{8}{3}$;

   (5) 取得极大值 $f\left(\pm\dfrac{1}{\sqrt{3}}\right)=\dfrac{2}{9}\sqrt{3}$,取得极小值 $f(0)=f(\pm1)=0$.

8. $a=2,f_{\max}=f\left(\dfrac{\pi}{3}\right)=\sqrt{3}$.

10. 提示:设 $f(x)=\mathrm{e}^{|x-3|}$,在 $[-5,5]$ 上求 $f(x)$ 的最小值和最大值.

11. (1) 最小值 $y(1)=5$,最大值 $y(-1)=13$;

   (2) 最小值 $y\left(-\dfrac{1}{\sqrt{2}}\right)=-\dfrac{1}{\sqrt{2\mathrm{e}}}$,最大值 $y\left(\dfrac{1}{\sqrt{2}}\right)=\dfrac{1}{\sqrt{2\mathrm{e}}}$;

   (3) 最小值 $y(-5)=\sqrt{6}-5$,最大值 $y\left(\dfrac{3}{4}\right)=\dfrac{5}{4}$.

12. 在 $x=-3$ 处,取得最小值 27.

13. 在 $x=1$ 处,取得最大值 $\dfrac{1}{2}$.

14. 两边 5m,一边 10m,面积最大,值为 $50\mathrm{m}^2$.

15. $h=\dfrac{4}{3}R$.

16. $AD=15\mathrm{km}$,总运费最省.

习题 3.5

1. (1) 无拐点,凸区间 $(-\infty,+\infty)$;

   (2) 拐点为 $(-1,8)$,凸区间 $(-\infty,-1]$,凹区间 $[-1,+\infty)$;

   (3) 拐点为 $(-1,\ln2)$,$(1,\ln2)$,凸区间 $(-\infty,-1]$,$[1,+\infty)$,凹区间 $[-1,1]$;

   (4) 拐点为 $(1,-7)$,凸区间 $(0,1]$,凹区间 $[1,+\infty)$;

   (5) 拐点为 $(-1,-6)$,凸区间 $(-\infty,-1]$,凹区间 $[-1,+\infty)$.

2. $a=-\dfrac{3}{2}$,$b=\dfrac{9}{2}$.

3. $a=1,b=3,c=0,d=2$.

4. 拐点有两个.

5. $(1,-4)$与$(1,4)$(提示:对参数方程求二阶导数,列表求拐点).

7. $k=\pm\dfrac{\sqrt{2}}{8}$.

习 题 3.6

1. $y=0$ 是渐近线,$x=0$ 不是渐近线.

2. $x=\pm1,y=1$.

3. $y=\dfrac{1}{2}x-\dfrac{1}{4}$.

4. D.

5. C.

6. (1) $x=-3,x=1,y=x-2$;　(2) $y=\dfrac{x}{2}+\dfrac{\pi}{2}$ 和 $y=\dfrac{x}{2}-\dfrac{\pi}{2}$;

　　(3) $x=-1,y=0$;　(4) $x=0,y=1$.

习 题 3.7

1. $v_{\min}=47.316\text{km/h}$.

2. $Q^*=1301$ 件,$T^*=1998$ 元.

3. $\theta_2=\arccos\left(\dfrac{\cos\theta_1}{a}\right)$.

复习题 3

A

1. B.

2. D.

3. C.

4. C.

5. $a=1,b=-3,c=-24,d=16$.

7. (1) -1;　(2) 0;　(3) 0;　(4) -1.

9. $0<k<1$.

10. $(-\infty,-2],[1,+\infty)$上单调递增,在$[-2,1]$上单调递减,极小值 $y(1)$
　　$=3$,极大值 $y(-2)=30,y_{\min}(1)=3,y_{\max}(3)=55$.

11. $f(x) = \sum_{k=0}^{n} \left(1 + \frac{1}{2^{k+1}}\right) x^k + o(x^n).$

B

1. C.

2. B.

3. C.

4. (1) $e^{-\frac{1}{2}}$;　(2) $\frac{1}{6}$.

5. 极小值为 $-\frac{1}{3}$，极大值为 1，凹区间 $\left[\frac{1}{3}, +\infty\right)$，凸区间 $\left(-\infty, \frac{1}{3}\right]$，拐点

为 $\left(\frac{1}{3}, \frac{1}{3}\right)$.

7. 1800 元.

习 题 4.1

1. (1) $\arctan x + C, \arctan x + C$;　(2) $\frac{4^x}{\ln 4} + C, \frac{4^x}{\ln 4} + C$;

(3) $2\sqrt{x} + C, 2\sqrt{x} + C$;　(4) $-e^{-x} + C, -e^{-x} + C$;

(5) $\frac{1}{3}\sin 3x + C, \frac{1}{3}\sin 3x + C$.

2. (1) $-\tan x$;　(2) $3x\cos x^2$;　(3) $\arcsin \sqrt{x} + C$;

(4) $x^2 e^{2x} dx$;　(5) $\frac{1}{\sqrt[3]{1-x}}$;　(6) $\sec x \tan x + C$.

3. (1) $x^3 + 2\cos x + 7x + C$;　(2) $5\ln|x| - \frac{3}{x} + C$;　(3) $2e^x + 2x^{-\frac{1}{2}} + C$;

(4) $\tan x - 3\sec x + C$;　(5) $\frac{4}{9}x^{\frac{9}{4}} + \frac{4}{5}x^{\frac{5}{4}} - 4x^{\frac{1}{4}} + C$;

(6) $\frac{3}{2}x^2 - 2\arctan x + C$;　(7) $x^3 - x + \arctan x + C$;

(8) $-\frac{1}{x} - \arctan x + C$;　(9) $-\cos\theta + \theta + C$;

(10) $x + \cos x + C$;　(11) $\frac{3^{x+1} e^x}{\ln 3 + 1} + C$;　(12) $\sqrt{\frac{2h}{g}} + C$;

(13) $\frac{3 \cdot 2^x}{5^x(\ln 2 - \ln 5)} - 2x + C$;　(14) $\frac{1}{2}\tan x + C$;　(15) $\frac{3}{2}(x + \sin x) + C$;

(16) $-\cot x - x + C$；　(17) $-4\cos x + \cot x + C$；　(18) $\sin x - \cos x + C$；

(19) $-\cot x - \tan x + C$；　(20) $\dfrac{1}{2}(\tan x + x) + C$.

4. $2x\mathrm{e}^{3x} + 3x^2\mathrm{e}^{3x} + C$.

5. $y = \ln x + 1$.

6. $F(x) = \begin{cases} x, & x \leqslant 0, \\ \mathrm{e}^x - 1, & x > 0. \end{cases}$

习 题 4.2

1. (1) $\dfrac{1}{a}$；　(2) $\dfrac{1}{6}$；　(3) $-\dfrac{1}{6}$；　(4) $\dfrac{1}{3}$；　(5) -2；　(6) $\dfrac{1}{5}$；

(7) $-\dfrac{2\sqrt{3}}{3}$；　(8) $-\dfrac{2}{3}$；　(9) $\dfrac{1}{4}$；　(10) $-\dfrac{1}{3}$；　(11) -1；　(12) -1.

3. (1) $\dfrac{1}{6}\mathrm{e}^{6s} + C$；　(2) $-\dfrac{1}{12}(3-2x)^6 + C$；　(3) $-\dfrac{1}{3}\ln|1-3x| + C$；

(4) $-\dfrac{1}{2}(2-3x)^{\frac{2}{3}} + C$；　(5) $-\dfrac{1}{2}\mathrm{e}^{-x^2} + C$；　(6) $\dfrac{2}{19}(x^3+2)^{19} + C$；

(7) $-2\ln\left|\cos\sqrt{x}\right| + C$；　(8) $\dfrac{2}{3}\mathrm{e}^{\sqrt{x}} + C$；　(9) $\arcsin\mathrm{e}^x + C$；

(10) $-\arctan\cos x + C$；　(11) $\arctan\mathrm{e}^x + C$；　(12) $\sqrt{1+\sin^2 x} + C$；

(13) $\ln|\ln\ln x| + C$；　(14) $\dfrac{1}{2}\ln|\arcsin x| + C$；　(15) $-\dfrac{10^{2\arccos x}}{2\ln 10} + C$；

(16) $(\arctan\sqrt{x})^2 + C$；　(17) $\dfrac{1}{6}\arctan\dfrac{x^3}{2} + C$；　(18) $\ln|\tan x| + C$；

(19) $\sin x - \dfrac{\sin^3 x}{3} + C$；　(20) $\dfrac{1}{4}\sin 2x + \dfrac{1}{16}\sin 8x + C$；

(21) $\dfrac{1}{8}\sin 4x - \dfrac{1}{24}\sin 12x + C$；　(22) $\dfrac{1}{2}t - \dfrac{1}{4\omega}\sin 2(\omega t + \varphi) + C$；

(23) $\ln|x^2 - 3x + 8| + C$；　(24) $\dfrac{1}{4}\ln\left|\dfrac{1+2x}{1-2x}\right| + C$；

(25) $-\ln\left|\dfrac{x+2}{x+1}\right| + C$；　(26) $\arccos\dfrac{1}{x} + C$；

(27) $\dfrac{a^2}{2}\arcsin\dfrac{x}{a} - \dfrac{x}{2}\sqrt{a^2 - x^2} + C$；　(28) $\dfrac{x}{\sqrt{1-x^2}} + C$；

(29) $\sqrt{x^2-4}-2\arccos\dfrac{2}{x}+C$;   (30) $2[\sqrt{1+x}-\ln(1+\sqrt{1+x})]+C$;

(31) $\sqrt{2x}-\ln(1+\sqrt{2x})+C$;

(32) $x+\dfrac{6}{5}x^{\frac{5}{6}}+\dfrac{3}{2}x^{\frac{2}{3}}+2x^{\frac{1}{2}}+3x^{\frac{1}{3}}+6x^{\frac{1}{6}}+6\ln\left|\sqrt[6]{x}-1\right|+C$;

(33) $-\dfrac{1}{x\ln x}+C$;   (34) $\ln\left|x-1+\sqrt{5-2x+x^2}\right|+C$.

4. $x+2\ln|x-1|+C$.

习 题 4.3

1. (1) $-x\cos x+\sin x+C$;   (2) $2x\sin\dfrac{x}{2}+4\cos\dfrac{x}{2}+C$;

(3) $-\dfrac{1}{2}e^{-2x}\left(x+\dfrac{1}{2}\right)+C$;   (4) $\dfrac{1}{2}(x^2-9)\ln(x-3)-\dfrac{x^2}{4}-\dfrac{3}{2}x+C$;

(5) $\left(\dfrac{x^2}{2}-\dfrac{1}{4}\right)\arcsin x+\dfrac{x}{4}\sqrt{1-x^2}+C$;   (6) $x\arccos x-\sqrt{1-x^2}+C$;

(7) $\dfrac{1}{2}e^x(\sin x+\cos x)+C$;   (8) $\dfrac{1}{3}x^3\left(\ln x-\dfrac{1}{3}\right)+C$;

(9) $x\tan x+\ln|\cos x|+C$;   (10) $x\tan x+\ln|\cos x|-\dfrac{1}{2}x^2+C$;

(11) $\dfrac{1}{4}x^2+\dfrac{1}{2}(x\sin x+\cos x)+C$;   (12) $x^2\sin x+2x\cos x-2\sin x+C$;

(13) $x(\arcsin x)^2+2\sqrt{1-x^2}\arcsin x-2x+C$;

(14) $-t^3e^{-t}-3t^2e^{-t}-6te^{-t}-6e^{-t}+C$;

(15) $3e^{\sqrt[3]{x}}(\sqrt[3]{x^2}-2\sqrt[3]{x}+2)+C$;   (16) $(1+t^4)\arctan(t^2)-t^2+C$;

(17) $\dfrac{x}{2}(\cos\ln x+\sin\ln x)+C$;   (18) $-\arcsin x\cdot\cos(\arcsin x)+x+C$;

(19) $x\ln(1+x^2)-2(x-\arctan x)+C$;   (20) $\dfrac{1}{2}(x^2e^{x^2}-e^{x^2})+C$;

(21) $x\arctan x-\dfrac{1}{2}\ln(1+x^2)+C$;   (22) $2(\sqrt{x+1}-1)e^{\sqrt{x+1}}+C$.

习 题 4.4

1. (1) $\dfrac{1}{2}x^2-\dfrac{9}{2}\ln(x^2+9)+C$;   (2) $\ln|x|-\dfrac{1}{2}\ln(x^2+1)+C$;

(3) $\dfrac{1}{2}\ln(x^2+2x+2)-\arctan(x+1)+C$;　(4) $\dfrac{1}{2}\ln|x^2-1|+\dfrac{1}{x+1}+C$;

(5) $\dfrac{2x+1}{2(x^2+1)}+C$;　(6) $2\ln|x+2|-\dfrac{1}{2}\ln|x+1|-\dfrac{3}{2}\ln|x+3|+C$.

2. (1)$\dfrac{2}{\sqrt{3}}\arctan\dfrac{2\tan\dfrac{x}{2}+1}{\sqrt{3}}+C$;　(2) $\dfrac{1}{\sqrt{2}}\arctan\dfrac{\tan\dfrac{x}{2}}{\sqrt{2}}+C$;

(3) $\dfrac{1}{2}\left[\ln|1+\tan x|+x-\dfrac{1}{2}\ln(1+\tan^2 x)\right]+C$;

(4) $\ln\left|1+\tan\dfrac{x}{2}\right|+C$.

复习题 4

A

1. (1) $f(t)\cos t$;　(2) $\sin x+C$;　(3)$\dfrac{1}{a}F(ax+b)+C$;

(4) $\dfrac{1}{2}\mathrm{e}^{2x}+C,2\mathrm{e}^{2x}$;　(5) 0;　(6) $a^2 f(a)$.

2. (1) B;　(2) C;　(3) B;　(4) C;　(5)D.

3. (1) $\dfrac{1}{2(1-x)^2}-\dfrac{1}{1-x}+C$;　(2) $\arctan\mathrm{e}^x+C$;　(3) $\arcsin\mathrm{e}^x-\sqrt{1-\mathrm{e}^{2x}}+C$;

(4) $\dfrac{1}{6}\ln\left|\dfrac{1+x^3}{1-x^3}\right|+C$;　(5) $\ln|x+\sin x|+C$;　(6) $-\dfrac{1}{x\ln x}+C$;

(7) $\dfrac{1}{2}\arctan\sin^2 x+C$;　(8) $\ln x(\ln\ln x-1)+C$;

(9) $\dfrac{1}{4}x^2-\dfrac{x}{4}\sin 2x-\dfrac{1}{8}\cos 2x+C$;　(10) $3\arcsin\dfrac{x}{3}-\sqrt{9-x^2}+C$;

(11) $\ln\dfrac{\sqrt{1+\mathrm{e}^x}-1}{\sqrt{1+\mathrm{e}^x}+1}+C$;　(12) $(x+1)\arctan\sqrt{x}-\sqrt{x}+C$;

(13) $\ln\dfrac{x}{(\sqrt[6]{x}+1)^6}+C$;　(14) $-\sqrt{1-x^2}\arccos x-x+C$;

(15) $\dfrac{1}{4}(\arcsin x)^2+\dfrac{x}{2}\sqrt{1-x^2}\arcsin x-\dfrac{x^2}{4}+C$;

(16) $\dfrac{1}{2}x+\dfrac{1}{2}\ln|\sin x+\cos x|+C$;

(17) $\dfrac{x^2}{2}\ln\left|\dfrac{1+x}{1-x}\right|+x-\dfrac{1}{2}\ln\left|\dfrac{1+x}{1-x}\right|+C$;

(18) $xf'(x)-f(x)+C$.

4. $\pm\left(\dfrac{1}{2}\arcsin x+\dfrac{x}{2}\sqrt{1-x^2}\right)+C$.

5. $\dfrac{x}{\sqrt{1+x^2}}-\ln(x+\sqrt{1+x^2})+C$.

B

1. 27m.

2. $s=2\sin t+s_0$.

3. $Q=5(万吨)$.

习 题 5.1

1. (1) $\dfrac{b^2-a^2}{2}$;　(2) e-1.

2. (1) $\int_0^1\sqrt{1+x}\,\mathrm{d}x$;　(2) $\int_0^1 x^p\,\mathrm{d}x$;　(3) $\int_0^1\ln x\,\mathrm{d}x$.

3. (1)1;　(2) $\dfrac{\pi}{4}R^2$;　(3) 0;　(4) $\dfrac{5}{2}$.

4. (1) 6;　(2) -2;　(3) -3;　(4) 5.

5. (1) $>$;　(2) $<$;　(3) $>$;　(4) $<$.

7. (1) 0;　(2) 0.

8. $f(x)=x^2-\dfrac{2}{3}$.

习 题 5.2

1. (1) $1,\dfrac{\sqrt{2}}{2}$;　(2)$\dfrac{5}{3}$;　(3) 1;　(4) $\dfrac{2\sqrt{2}}{9}$.

2. $\dfrac{\cos x}{\sin x-1}$.

3. $x=0$ 有极值.

4. (1) $2x\sqrt{1+x^4}$;　(2) $-\mathrm{e}^{x^2}$;

(3) $\dfrac{4x^3}{\sqrt{1+x^8}}-\dfrac{2x}{\sqrt{1+x^4}}$;   (4) $(\sin x-\cos x)\cdot\cos(\pi\sin^2 x)$;

(5) $\displaystyle\int_x^0\cos t^3\,\mathrm{d}t-x\cos x^3$;   (6) $-\ln(1+x)$.

5. (1) 1;   (2) $\dfrac{1}{2\mathrm{e}}$;   (3) $-\dfrac{1}{12}$;   (4) $\dfrac{2}{3}$;   (5) 2;   (6) 1.

6. (1) $\dfrac{21}{8}$;   (2) $\dfrac{1}{3}(1-\mathrm{e}^{-3})$;   (3) $\dfrac{\pi}{6}$;   (4) $\dfrac{1}{6}(7\sqrt{7}-3\sqrt{3})$;   (5) $\dfrac{\pi}{2}$;

(6) $\dfrac{\sqrt{3}}{2}$;   (7) 4;   (8) $\dfrac{17}{6}$;   (9) $\dfrac{4\sqrt{3}}{3}$;   (10) 1.

7. $\varphi(x)=\begin{cases}0, & x<0,\\[2mm] \dfrac{1}{2}(1-\cos x), & 0\leqslant x\leqslant\pi,\\[2mm] 1, & x>\pi.\end{cases}$

8. $f(x)=2x^3-6x+4$.

9. $f(x)=\dfrac{2x}{1+x^2}$, $a=\pm 1$.

10. $x(1-\cos x)$.

习题 5.3

1. (1) $\dfrac{1}{4}$;   (2) 0;   (3) $\mathrm{e}-\sqrt{\mathrm{e}}$;   (4) $2(\sqrt{3}-1)$;   (5) $\dfrac{\pi}{2}$;   (6) $\dfrac{5}{3}$;

(7) $\dfrac{1}{6}$;   (8) $\sqrt{2}-\dfrac{2\sqrt{3}}{3}$;   (9) $\dfrac{4}{3}$;   (10) $2\sqrt{2}$.

2. (1) $\dfrac{\mathrm{e}^2+1}{4}$;   (2) $1-\dfrac{2}{\mathrm{e}}$;   (3) $4(2\ln 2-1)$;   (4) $\dfrac{\pi}{4}-\dfrac{1}{2}$;   (5) $\dfrac{\pi}{4}$;

(6) $\dfrac{1}{2}(\mathrm{e}\sin 1-\mathrm{e}\cos 1+1)$.

3. (1) 0;   (2) 0;   (3) $\dfrac{\pi^3}{324}$;   (4) $\ln 3$;   (5) $\dfrac{\pi^2}{4}$;   (6) $\dfrac{\pi}{8}$.

4. A.

5. C.

6. $\ln(1+\mathrm{e})$.

7. $f(x)=3x-3\sqrt{1-x^2}$ 或 $f(x)=3x-\dfrac{3}{2}\sqrt{1-x^2}$.

8. 最大值 $f(\mathrm{e})=\mathrm{e}^2$，最小值 $f(1)=0$.

9. $\dfrac{1}{2}(\cos 1-1)$.

10. 2.

习 题 5.4

1. (1) 1； (2) 发散； (3) 1； (4) $\dfrac{1}{4}$； (5) $\dfrac{1}{2}$；

   (6) π； (7) π； (8) 发散； (9) 1； (10) $\dfrac{\pi}{2}$.

2. $k=\dfrac{2}{\pi}$.

3. $c=\dfrac{1}{2}$.

习 题 5.5

1. (1) $\dfrac{1}{3}$； (2) $\dfrac{32}{3}$； (3) $\dfrac{4}{3}\left(1-\dfrac{\sqrt{2}}{2}\right)$； (4) $\dfrac{3}{2}-\ln 2$； (5) e； (6) πa^2；

   (7) $\dfrac{\pi}{6}+\dfrac{1-\sqrt{3}}{2}$； (8) $\dfrac{3\pi a^2}{32}$.

2. $\dfrac{9}{4}$.

3. 切点 $(4,\ln 4)$，切线方程 $4y-x+4-8\ln 2=0$.

4. (1) $\dfrac{\pi}{5}$； (2) $2\pi a x_0^2$； (3) $\dfrac{128\pi}{7},\dfrac{64\pi}{5}$； (4) $160\pi^2$；

   (5) $2\pi^2 a^2 b$； (6) $7\pi^2 a^3$.

5. (1) $1+\dfrac{1}{2}\ln\dfrac{3}{2}$； (2) $\dfrac{14}{3}$； (3) $2\sqrt{3}-\dfrac{4}{3}$.

6. $a=-\dfrac{1}{2},S_{\min}=\dfrac{1}{12}$.

习 题 5.6

1. $M=\dfrac{5}{24}\pi R^2\mu_0 H$.

2. $W=56.25\mathrm{J}$.

3. $F_x = \dfrac{2km\mu}{R}\sin\dfrac{\alpha}{2}$.

4. $800\pi\ln 2 \mathrm{J}$.

5. $57697.5\mathrm{kJ}$.

6. $203.25\mathrm{kg}$.

复习题 5

A

6. $\dfrac{4-\pi}{4}$.

7. (提示：设 $u=xt$，作定积分换元后再求导) $\dfrac{3\sin x^3 - 2\sin x^2}{x}$.

8. (1) $af(a)$; 　(2) $\dfrac{\pi^2}{4}$.

9. (1) $\dfrac{4}{3}$; 　(2) $-\dfrac{1}{5}\ln 6$; 　(3) $2(\sqrt{2}-1)$; 　(4) $\dfrac{\pi}{2}-1$.

10. $1+\ln\left(1+\dfrac{1}{e}\right)$.

11. $\dfrac{5}{2}$.

12. 8.

13. $\left(\dfrac{8}{3}-\dfrac{\pi}{2}\right)a^2$.

14. $4\pi^2$.

15. $\dfrac{4}{3}\pi abc$.

16. $\ln(1+\sqrt{2})$.

18. $\dfrac{4}{3}\pi r^4 g$.

19. (1) 4 百台； 　(2) 减少 0.5 万元.

B

1. 购进的份数应使卖不完的概率与卖完的概率之比恰好等于卖出一份赚的钱与退回一份赔的钱之比.

2. 247 名.

3. (1) 229100； 　(2) 1160200.

参 考 文 献

傅英定,彭年斌. 2005. 微积分学习指导教程. 北京:高等教育出版社.

傅英定,谢芸苏. 2009. 微积分. 2 版. 北京:高等教育出版社.

贾晓峰,魏毅强. 2008. 微积分与数学模型. 2 版. 北京:高等教育出版社.

姜启源,谢金星,叶俊. 2011. 数学建模. 4 版. 北京:高等教育出版社.

刘春凤. 2010. 应用微积分. 北京:科学出版社.

清华大学数学科学系《微积分》编写组. 2010. 微积分(Ⅰ). 2 版. 北京:清华大学出版社.

同济大学数学系. 2014. 高等数学(上册). 7 版. 北京:高等教育出版社.

王宪杰,侯仁民,赵旭强. 2005. 高等数学典型应用实例与模型. 北京:科学出版社.

王雪标,王拉娣,聂高辉. 2006. 微积分(下册). 北京:高等教育出版社.

吴赣昌. 2011. 高等数学(上册)(理工类). 4 版. 北京:中国人民大学出版社.

颜文勇. 2021. 数学建模. 2 版. 北京:高等教育出版社.

杨启帆,康旭升,赵雅囡. 2005. 数学建模. 北京:高等教育出版社.

赵家国,彭年斌. 2010. 微积分(上册). 北京:高等教育出版社.

Barnett R A, Ziegler M R, Byleen K E. 2005. Calculus for Business, Economics, Life Sciences, and Social Sciences(影印版). 北京:高等教育出版社.

Varberg D, Purcell E J, Rigdon S E. 2013. 微积分. 9 版. 刘深泉等,译. 北京:机械工业出版社.

附录Ⅰ 初等数学常用公式

一、初等代数

1. 乘法公式与二项式定理

(1) $a^2 - b^2 = (a-b)(a+b)$.

(2) $a^3 - b^3 = (a-b)(a^2 + ab + b^2)$.

(3) $a^n - b^n = (a-b)(a^{n-1} + a^{n-2}b + \cdots + ab^{n-2} + b^{n-1})$.

(4) 二项式定理 $(a+b)^n = \sum_{k=0}^{n} C_n^k a^k b^{n-k}$.

2. 绝对值与不等式

(1) $|a| = \sqrt{a^2}$.

(2) $|x| \leqslant a (a > 0) \Leftrightarrow -a \leqslant x \leqslant a$.

(3) $|x| \geqslant a (a > 0) \Leftrightarrow x \leqslant -a$ 或 $x \geqslant a$.

(4) $|a| - |b| \leqslant |a \pm b| \leqslant |a| + |b|$.

(5) $\sqrt{ab} \leqslant \dfrac{a+b}{2} (a > 0, b > 0)$.

(6) $\sqrt[n]{a \cdot b \cdots l} \leqslant \dfrac{a + b + \cdots + l}{n} (a > 0, b > 0, \cdots, l > 0$ 共 n 个数$)$.

3. 二次方程 $ax^2 + bx + c = 0$

(1) 判别式 $\Delta = b^2 - 4ac \begin{cases} > 0, & \text{两个互异实根}, \\ = 0, & \text{两个相等实根}, \\ < 0, & \text{两个共轭复根}. \end{cases}$

(2) 求根公式 $x_{1,2} = \dfrac{-b \pm \sqrt{b^2 - 4ac}}{2a}$.

4. 数列

(1) 等差数列 $a, a+d, \cdots, a+(n-1)d, \cdots$;

前 n 项和 $S_n = \dfrac{2a + (n-1)d}{2} n$.

特别地，$1 + 2 + \cdots + n = \dfrac{n(n+1)}{2}$.

(2) 等比数列 $a, aq, \cdots, aq^{n-1}, \cdots$;

前 n 项和 $S_n = \dfrac{a(1-q^n)}{1-q}(q \neq 1)$;

无穷递减等比数列所有项的和 $S = \dfrac{a}{1-q}(|q| < 1)$.

(3) 求数列前 n 项和举例

$$1^2 + 2^2 + \cdots + n^2 = \frac{n(n+1)(2n+1)}{6};$$

$$\frac{1}{1 \cdot 2} + \frac{1}{2 \cdot 3} + \cdots + \frac{1}{n \cdot (n+1)} = 1 - \frac{1}{n+1}.$$

5. 指数运算

(1) $a^m \cdot a^n = a^{m+n}$.

(2) $\dfrac{a^m}{a^n} = a^{m-n}$.

(3) $(a^m)^n = a^{m \cdot n}$.

(4) $(a \cdot b)^n = a^n \cdot b^n$.

(5) $\left(\dfrac{a}{b}\right)^n = \dfrac{a^n}{b^n}$.

(6) $a^{\frac{n}{m}} = \sqrt[m]{a^n} = (\sqrt[m]{a})^n$.

(7) $a^0 = 1$.

(8) $a^{-n} = \dfrac{1}{a^n}$.

6. 对数运算 $(a > 0, a \neq 1)$

(1) $a^x = M \Leftrightarrow \log_a M = x$.

(2) 对数恒等式 $a^{\log_a M} = M$.

(3) $\log_a (M \cdot N) = \log_a M + \log_a N$.

(4) $\log_a \dfrac{M}{N} = \log_a M - \log_a N$.

(5) $\log_a \sqrt[m]{M^n} = \dfrac{n}{m} \log_a M$.

(6) 换底公式 $\log_a M = \dfrac{\log_b M}{\log_b a}$.

(7) $\log_a 1 = 0$.

(8) $\log_a a = 1$.

7. 排列组合

(1) 选排组合 $A_n^k = n(n-1)\cdots(n-k+1)$.

(2) 全排列数 $P_n = A_n^n = n \cdot (n-1) \cdot \cdots \cdot 3 \cdot 2 \cdot 1 = n!$ (称为 n 的阶乘).

(3) 组合数 $C_n^k = \dfrac{n \cdot (n-1) \cdot \cdots \cdot (n-k+1)}{k!} = \dfrac{n!}{k!(n-k)!}$.

二、几何形体的面积与体积

1. 平面图形面积 A

(1) 正方形 $A = a^2$ (边长 a).

(2) 三角形 $A = \dfrac{1}{2}ah$ (底边长 a、高 h).

（3）矩形 $A=ab$（长 a、宽 b）.

（4）梯形 $A=\dfrac{a+b}{2}h$（上底 a、下底 b、高 h）.

（5）圆 $A=\pi R^2$（半径 R）.

（6）圆扇形 $A=\dfrac{1}{2}Rl=\dfrac{1}{2}R^2\theta$（半径 R、圆弧长 l、圆心角 θ 弧度）.

$$\left(\text{同角的度数 } D \text{ 与弧度数 } \theta \text{ 关系：} \theta=\frac{\pi}{180}D.\right)$$

2. 几何体体积 V

（1）正方体 $V=a^3$（边长 a）.

（2）长方体 $V=abh$（长 a、宽 b、高 h）.

（3）棱柱 $V=S\cdot h$（底面积 S、高 h）.

（4）棱锥 $V=\dfrac{1}{3}S\cdot h$（底面积 S、高 h）.

（5）棱台 $V=\dfrac{1}{3}(S_1+S_2+\sqrt{S_1 S_2})h$（上底面积 S_1、下底面积 S_2、高 h）.

（6）圆柱 $V=\pi R^2\cdot h$（底半径 R、高 h）.

（7）圆锥 $V=\dfrac{1}{3}\pi R^2\cdot h$（底半径 R、高 h）.

（8）圆台 $V=\dfrac{1}{3}(R_1^2+R_2^2+R_1 R_2)h$（上底半径 R_1、下底半径 R_2、高 h）.

（9）球 $V=\dfrac{4}{3}\pi R^3$（球半径 R）.

三、平面三角

1. 锐角三角函数（如图 1）

$$\sin\alpha=\frac{\text{对边}}{\text{斜边}}, \quad \cos\alpha=\frac{\text{邻边}}{\text{斜边}}, \quad \tan\alpha=\frac{\text{对边}}{\text{邻边}},$$

$$\cot\alpha=\frac{\text{邻边}}{\text{对边}}, \quad \sec\alpha=\frac{\text{斜边}}{\text{邻边}}, \quad \csc\alpha=\frac{\text{斜边}}{\text{对边}}.$$

2. 诱导公式

设 $\beta=k\dfrac{\pi}{2}\pm\alpha$，则角 β 的三角函数 $=\pm$ 角 α 的三角函数，其中

（1）若 k 为偶数时，两边函数同名；若 k 为奇数时，两边函

图 1

数互余.

(2) "±"由角 β 所在象限的三角函数确定.

3. 同角三角函数关系

(1) 倒数关系:$\sin\alpha \cdot \csc\alpha = 1, \cos\alpha \cdot \sec\alpha = 1, \tan\alpha \cdot \cot\alpha = 1$.

(2) 平方关系:$\sin^2\alpha + \cos^2\alpha = 1, \sec^2\alpha - \tan^2\alpha = 1, \csc^2\alpha - \cot^2\alpha = 1$.

4. 和角公式

(1) $\sin(\alpha \pm \beta) = \sin\alpha\cos\beta \pm \cos\alpha\sin\beta$.

(2) $\cos(\alpha \pm \beta) = \cos\alpha\cos\beta \mp \sin\alpha\sin\beta$.

(3) $\tan(\alpha \pm \beta) = \dfrac{\tan\alpha \pm \tan\beta}{1 \mp \tan\alpha\tan\beta}$.

5. 倍角公式

(1) $\sin 2\alpha = 2\sin\alpha \cdot \cos\alpha$.

(2) $\cos 2\alpha = \cos^2\alpha - \sin^2\alpha = 1 - 2\sin^2\alpha = 2\cos^2\alpha - 1$.

(3) $\tan 2\alpha = \dfrac{2\tan\alpha}{1 - \tan^2\alpha}$.

6. 半角公式

(1) $\sin^2\dfrac{\alpha}{2} = \dfrac{1 - \cos\alpha}{2}$.

(2) $\cos^2\dfrac{\alpha}{2} = \dfrac{1 + \cos\alpha}{2}$.

(3) $\tan\dfrac{\alpha}{2} = \dfrac{1 - \cos\alpha}{\sin\alpha} = \dfrac{\sin\alpha}{1 + \cos\alpha}$.

7. 和差化积公式

(1) $\sin\alpha + \sin\beta = 2\sin\dfrac{\alpha + \beta}{2}\cos\dfrac{\alpha - \beta}{2}$.

(2) $\sin\alpha - \sin\beta = 2\cos\dfrac{\alpha + \beta}{2}\sin\dfrac{\alpha - \beta}{2}$.

(3) $\cos\alpha + \cos\beta = 2\cos\dfrac{\alpha + \beta}{2}\cos\dfrac{\alpha - \beta}{2}$.

(4) $\cos\alpha - \cos\beta = -2\sin\dfrac{\alpha + \beta}{2}\sin\dfrac{\alpha - \beta}{2}$.

8. 积化和差公式

(1) $2\sin\alpha\cos\beta = \sin(\alpha + \beta) + \sin(\alpha - \beta)$.

(2) $2\cos\alpha\cos\beta = \cos(\alpha + \beta) + \cos(\alpha - \beta)$.

(3) $-2\sin\alpha\sin\beta = \cos(\alpha + \beta) - \cos(\alpha - \beta)$.

四、平面解析几何

1. 直线方程

（1）点斜式 $y-y_0=k(x-x_0)$（点 (x_0,y_0)，斜率 k）.

（2）两点式 $y-y_0=\dfrac{y_1-y_0}{x_1-x_0}(x-x_0)$（两点 (x_0,y_0)，(x_1,y_1)）.

2. 二次曲线

（1）椭圆 $\dfrac{x^2}{a^2}+\dfrac{y^2}{b^2}=1$（长半轴 a、短半轴 b、焦点 $(\pm\sqrt{a^2-b^2},0)$）. 特别地，圆 $x^2+y^2=R^2$（半径 R）.

（2）抛物线 $y^2=2px\left(\text{焦点}\left(\dfrac{1}{2}p,0\right)\right)$；$x^2=2py\left(\text{焦点}\left(0,\dfrac{1}{2}p\right)\right)$.

（3）双曲线 $\dfrac{x^2}{a^2}-\dfrac{y^2}{b^2}=1$（实半轴 a、虚半轴 b、焦点 $(\pm\sqrt{a^2+b^2},0)$）. 特别地，反比例曲线 $xy=1$.

3. 极坐标

平面上给定极点 O 和极轴 Ox，就能确定平面上点的位置（如图 2）.

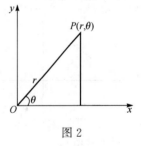

图 2

平面上点 P 到极点 O 的距离记为 r，极轴到 OP 的夹角（逆时针方向为正方向）记为 θ，则确定平面上点 P 位置的极坐标为 (r,θ)（$0\leqslant\theta<2\pi,0\leqslant r<+\infty$）. 如图 2 建立平面直角坐标系，则极坐标与直角坐标的关系为

$$\begin{cases}x=r\cos\theta,\\ y=r\sin\theta.\end{cases}$$

附录Ⅱ 常用平面曲线及其方程

（1）三次抛物线

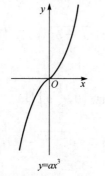

$$y=ax^3$$

（2）半立方抛物线

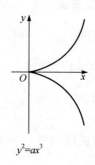

$$y^2=ax^3$$

（3）概率曲线

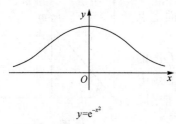

$$y=e^{-x^2}$$

（4）箕舌线

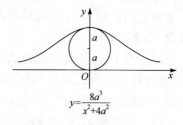

$$y=\frac{8a^3}{x^2+4a^2}$$

（5）蔓叶线

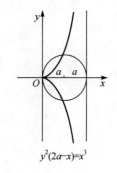

$$y^2(2a-x)=x^3$$

（6）抛物线

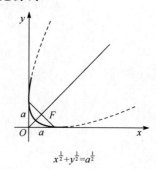

$$x^{\frac{1}{2}}+y^{\frac{1}{2}}=a^{\frac{1}{2}}$$

（7）笛卡儿叶形线

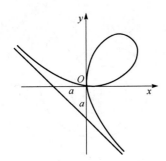

$$x^3+y^3-3axy=0$$

$$x=\frac{3at}{1+t^3},y=\frac{3at^2}{1+t^3}$$

（8）星形线（内摆线的一种）

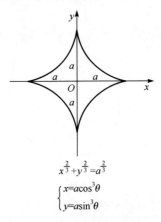

$$x^{\frac{2}{3}}+y^{\frac{2}{3}}=a^{\frac{2}{3}}$$

$$\begin{cases} x=a\cos^3\theta \\ y=a\sin^3\theta \end{cases}$$

（9）摆线

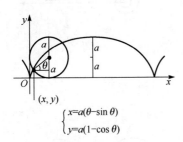

$$\begin{cases} x=a(\theta-\sin\theta) \\ y=a(1-\cos\theta) \end{cases}$$

（10）心形线（外摆线的一种）

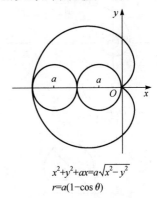

$$x^2+y^2+ax=a\sqrt{x^2-y^2}$$

$$r=a(1-\cos\theta)$$

（11）逻辑斯谛曲线

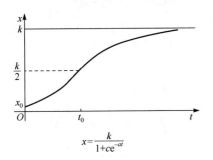

$$x=\frac{k}{1+ce^{-at}}$$

（12）悬链线

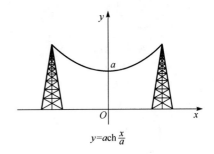

$$y=a\operatorname{ch}\frac{x}{a}$$

(13) 阿基米德螺线

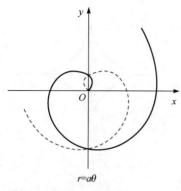

$$r=a\theta$$

(14) 对数螺线

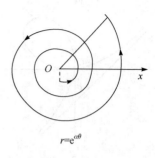

$$r=e^{a\theta}$$

(15) 双曲螺线

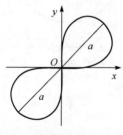

$$r\theta=a$$

(16) 连锁螺线

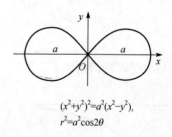

$$r^2\theta=a^2$$

(17) 伯努利双纽线

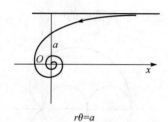

$$(x^2+y^2)^2=2a^2xy,$$
$$r^2=a^2\sin2\theta$$

(18) 伯努利双纽线

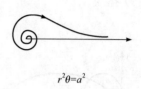

$$(x^2+y^2)^2=a^2(x^2-y^2),$$
$$r^2=a^2\cos2\theta$$

(19) 三叶玫瑰线

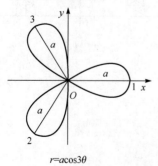

$$r=a\cos3\theta$$

(20) 三叶玫瑰线

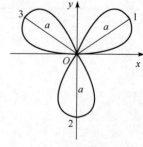

$$r=a\sin3\theta$$

（21）四叶玫瑰线　　　　　　　　　　　（22）四叶玫瑰线

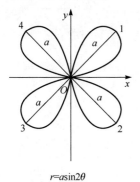

$$r=a\sin2\theta$$

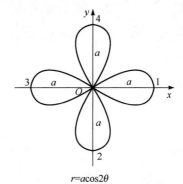

$$r=a\cos2\theta$$

科学出版社"十三五"普通高等教育本科规划教材

微积分与数学模型（下册）

（第三版）

电子科技大学成都学院文理学院 编

科学出版社

北京

内 容 简 介

　　本教材是由电子科技大学成都学院文理学院应用数学系的教师，依据教育部关于高等院校微积分课程的教学基本要求，以培养应用型科技人才为目标而编写的．全书分上、下两册，本书为下册，共五章，内容包括多元函数微分学及其应用，重积分及其应用，曲线积分、曲面积分及其应用，常微分方程及其应用，无穷级数及其应用等，其中，每章最后一节分别介绍了多元函数微分学模型、重积分模型、线面积分模型、常微分方程模型、无穷级数模型．每节后面配备有适当的习题，每章配备有复习题，文后附部分习题参考答案．本书注重应用，在介绍微积分基本内容的基础上，融入了很多模型及应用实例．

　　本书可作为普通高校及成人高等教育、高等教育自学考试等各类本科微积分课程的教材或参考书．

图书在版编目（CIP）数据

　微积分与数学模型：全 2 册／电子科技大学成都学院文理学院编．
3 版．——北京：科学出版社，2024.8.——（科学出版社"十三五"普通高等教育本科规划教材）．—— ISBN 978-7-03-079021-7

　Ⅰ．O172；O141.4

　中国国家版本馆 CIP 数据核字第 20244FY041 号

责任编辑：胡海霞　李　萍／责任校对：杨聪敏
责任印制：师艳茹／封面设计：无极书装

科学出版社 出版
北京东黄城根北街 16 号
邮政编码：100717
http://www.sciencep.com
三河市骏杰印刷有限公司印刷
科学出版社发行　各地新华书店经销
＊

2014 年 9 月第　一　版　　开本：720×1000　1/16
2017 年 8 月第　二　版　　印张：34 1/2
2024 年 8 月第　三　版　　字数：690 000
2024 年 8 月第十八次印刷
定价：99.00 元（全 2 册）
（如有印装质量问题，我社负责调换）

目　　录

第 6 章 多元函数微分学及其应用

上册中我们讨论的是只有一个自变量的一元函数,但在现实世界的问题中往往涉及多方面的因素,这在数学上就表现为一个变量依赖于多个变量的情形. 本章将在一元函数微积分的基础上,讨论多元函数微积分及其应用,其中以二元函数为主.

6.1 多元函数的基本概念

6.1.1 区域

为了将一元函数微分学推广到多元函数,我们首先将一元函数中的邻域和区间的概念加以推广.

1. 邻域

设 $P_0(x_0,y_0) \in \mathbf{R}^2$,$\delta$ 为某一正数,与点 $P_0(x_0,y_0)$ 的距离小于 δ 的点 $P(x,y)$ 的全体,称为点 $P_0(x_0,y_0)$ 的 **δ 邻域**,记作 $U(P_0,\delta)$,即

$$U(P_0,\delta) = \{P \in \mathbf{R}^2 \mid |P_0P| < \delta\}$$
$$= \{(x,y) \mid \sqrt{(x-x_0)^2+(y-y_0)^2} < \delta\}.$$

在几何上,$U(P_0,\delta)$ 就是在 xOy 平面上,以 $P_0(x_0,y_0)$ 为中心,δ 为半径的圆内部的点的全体. $U(P_0,\delta)$ 中除去点 $P_0(x_0,y_0)$ 后剩下的部分,称为点 $P_0(x_0,y_0)$ 的**去心 δ 邻域**,记作 $\mathring{U}(P_0,\delta)$.

如果不强调邻域的半径 δ,则用 $U(P_0)$ 表示点 P_0 的某个邻域,点 P_0 的去心邻域记作 $\mathring{U}(P_0)$.

2. 区域

对于任意一点 $P \in \mathbf{R}^2$ 与任意一个点集 $E \subset \mathbf{R}^2$:

若存在点 P 的某邻域 $U(P) \subset E$,则称 P 为 E 的**内点**;

若存在点 P 的某邻域 $U(P) \cap E = \varnothing$,则称 P 为 E 的**外点**;

若点 P 的任一邻域 $U(P)$ 内既含有属于 E 的点,又含有不属于 E 的点,则称 P 为 E 的**边界点**. E 的边界点的全体称为 E 的**边界**,记作 ∂E.

如图 6.1 所示,P_1 是 E 的内点,P_2 是 E 的外点,P_3 是 E 的边界点.

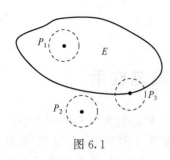

图 6.1

根据定义可知,E 的内点必属于 E;E 的外点必不属于 E;而 E 的边界点可能属于 E,也可能不属于 E.

如果对于任意给定的 $\delta > 0$,点 P 的去心邻域 $\mathring{U}(P,\delta)$ 内总有 E 中的点,则称 P 是 E 的**聚点**. 由定义可知,点集 E 的聚点 P 本身,可以属于 E,也可以不属于 E.

如果点集 E 的点都是 E 的内点,则称 E 为**开集**. 如果点集 E 的余集 E^C 为开集,则称 E 为**闭集**.

例如,集合 $\{(x,y)\,|\,0 < x^2 + y^2 < 3\}$ 是开集;集合 $\{(x,y)\,|\,0 \leqslant x^2 + y^2 \leqslant 3\}$ 是闭集;而集合 $\{(x,y)\,|\,0 < x^2 + y^2 \leqslant 3\}$ 既非开集,也非闭集.

如果点集 E 内任何两点,都可用折线连接起来,且该折线上的点都属于 E,则称 E 为**连通集**.

对于平面点集 E,如果存在某一正数 r,使得 $E \subset U(O,r)$,其中 O 是坐标原点,则称 E 为**有界集**,否则称为**无界集**.

连通的开集称为**开区域**. 开区域连同它的边界一起所构成的点集称为**闭区域**.

例如,集合 $\{(x,y)\,|\,0 < x^2 + y^2 < 3\}$ 是开区域;而集合 $\{(x,y)\,|\,0 \leqslant x^2 + y^2 \leqslant 3\}$ 是闭区域.

上述概念可逐一推广到 n 维空间 $\mathbf{R}^n$ 中去. 例如,设 $P_0 \in \mathbf{R}^n$,δ 为一正数,则 P_0 的 δ 邻域为 $U(P_0,\delta) = \{P \in \mathbf{R}^n\,|\,|P_0 P| < \delta\}$.

6.1.2　多元函数的定义

客观事物往往由多种因素确定. 例如,圆柱体的体积 V 与底面半径 r 和高度 h 有关,故 V 是两个变量 r 和 h 的函数. 长方体的体积 V 与长 x、宽 y、高 z 有关,故 V 是三个变量 x,y 和 z 的函数. 这种依赖于两个或更多个变量的函数,就是多元函数.

定义 6.1　设 D 是 $\mathbf{R}^n$ 的一个非空子集,从 D 到实数集 $\mathbf{R}$ 的一个映射 f 称为定义在 D 上的一个 n **元实值函数**,记作 $f: D \subset \mathbf{R}^n \rightarrow \mathbf{R}$,或 $y = f(x) = f(x_1, x_2, \cdots, x_n)$,$x \in D$,其中 $x_1, x_2, \cdots, x_n$ 称为**自变量**,y 称为**因变量**,D 称为函数 f 的**定义域**,$f(D) = \{f(x)\,|\,x \in D\}$ 称为函数 f 的**值域**,并且称 $\mathbf{R}^{n+1}$ 中的子集 $\{(x_1, x_2, \cdots, x_n, y)\,|\,y = f(x_1, x_2, \cdots, x_n),(x_1, x_2, \cdots, x_n) \in D\}$ 为函数 $y = f(x_1, x_2, \cdots, x_n)$ 在 D 上的图像.

特别地,设 D 为 $\mathbf{R}^2$ 的非空子集,$\mathbf{R}$ 为实数集,若 f 为从 D 到 $\mathbf{R}$ 的一个映射,

即对于 D 中的每一点 (x,y),通过 f 在 $\mathbf{R}$ 中存在唯一的实数 z 与之对应,则称 f 为定义在 D 上的**二元函数**,记为 $f:D\subset\mathbf{R}^2\rightarrow\mathbf{R}$ 或 $z=f(x,y)$,$(x,y)\in D$,其中 x,y 称为自变量,z 称为因变量,D 称为函数 f 的定义域,记为 D_f,$z_f=\{z|z=f(x,y)$,$(x,y)\in D_f\}$ 称为函数 f 的值域.

与一元函数类似,凡是使算式有意义的自变量所组成的点集称为多元函数的定义域. 例如,二元函数 $z=\log_3(x+y)$ 的定义域为 $\{(x,y)|x+y>0\}$,二元函数 $z=\arcsin(x+y)$ 的定义域为 $\{(x,y)|-1\leqslant x+y\leqslant 1\}$.

一个二元函数 $z=f(x,y)(x,y\in D)$ 的图像 $\{(x,y,f(x,y))|(x,y)\in D\}$ 在几何上通常表示空间的一张曲面. 在空间直角坐标系下,这张曲面在 xOy 坐标面上的投影就是函数 $f(x,y)$ 的定义域 D_f,如图 6.2 所示. 例如,二元函数 $z=\sqrt{1-x^2-y^2}\,(x^2+y^2\leqslant 1)$ 的图像是上半球面,它的定义域是闭单位圆域
$$\{(x,y)|x^2+y^2\leqslant 1\}.$$

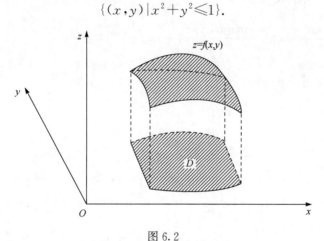

图 6.2

一元函数的单调性、奇偶性、周期性等性质的定义在多元函数中不再适用,但有界性的定义仍然适用.

设有 n 元函数 $y=f(x)$,其定义域 $D_f\in\mathbf{R}^n$,集合 $X\subseteq D_f$. 如果存在正数 M,对任一元素 $x\in X$,有 $|f(x)|\leqslant M$,则称 $f(x)$ 在 X 上**有界**,M 称为 $f(x)$ 在 X 上的一个界.

6.1.3　多元函数的极限

下面用"ε-δ"语言描述二元函数的极限.

定义 6.2　设二元函数 $z=f(x,y)$ 的定义域为 D,$P_0(x_0,y_0)$ 是 D 的聚点,如果存在常数 A,使得对于任意给定的正数 ε,总存在正数 δ,当 $0<\sqrt{(x-x_0)^2+(y-y_0)^2}<\delta$ 时,有 $|f(x,y)-A|<\varepsilon$,则称 A 为函数 $f(x,y)$ 当

$P(x,y)$趋于 $P_0(x_0,y_0)$ 时的**极限**,记作 $\lim\limits_{P \to P_0} f(P) = A$,$\lim\limits_{\substack{x \to x_0 \\ y \to y_0}} f(x,y) = A$ 或

$$\lim\limits_{(x,y) \to (x_0,y_0)} f(x,y) = A.$$

为了区别一元函数的极限,我们把二元函数的极限称为二重极限. 类似可以定义 n 元函数的极限.

必须注意,所谓 $\lim\limits_{P \to P_0} f(P) = A$,是指在 D 上动点 $P(x,y)$ 以任何方式、任意路径趋于 $P_0(x_0,y_0)$ 时,函数 $f(x,y)$ 的极限都存在并且等于 A;反之,若动点 $P(x,y)$ 沿着某个路径无限趋近于 $P_0(x_0,y_0)$,函数 $f(x,y)$ 不存在极限或者沿着某两个不同的路径无限趋近于 $P_0(x_0,y_0)$ 时,$f(x,y)$ 趋于不同的值,则函数 $f(x,y)$ 在点 $P_0(x_0,y_0)$ 就不存在极限.

例 6.1.1　求 $\lim\limits_{\substack{x \to 0 \\ y \to 1}} \dfrac{\sin xy}{x}$.

解　$\lim\limits_{\substack{x \to 0 \\ y \to 1}} \dfrac{\sin xy}{x} = \lim\limits_{\substack{x \to 0 \\ y \to 1}} \dfrac{\sin xy}{xy} \cdot y = 1 \cdot 1 = 1.$

例 6.1.2　求 $\lim\limits_{\substack{x \to 0 \\ y \to 2}} xy \sin \dfrac{1}{x^2 + y^2}$.

解　由于

$$\lim\limits_{\substack{x \to 0 \\ y \to 2}} xy = 0 \cdot 2 = 0,$$

$$\left| \sin \dfrac{1}{x^2 + y^2} \right| \leqslant 1,$$

所以

$$\lim\limits_{\substack{x \to 0 \\ y \to 2}} xy \sin \dfrac{1}{x^2 + y^2} = 0.$$

例 6.1.3　求 $\lim\limits_{\substack{x \to 0 \\ y \to 0}} \dfrac{x^2 + y^2}{\sqrt{1 + x^2 + y^2} - 1}$.

解　$\lim\limits_{\substack{x \to 0 \\ y \to 0}} \dfrac{x^2 + y^2}{\sqrt{1 + x^2 + y^2} - 1} = \lim\limits_{\substack{x \to 0 \\ y \to 0}} \dfrac{(x^2 + y^2)(\sqrt{1 + x^2 + y^2} + 1)}{(\sqrt{1 + x^2 + y^2} - 1)(\sqrt{1 + x^2 + y^2} + 1)}$

$$= \lim\limits_{\substack{x \to 0 \\ y \to 0}} (\sqrt{1 + x^2 + y^2} + 1)$$

$$= 2.$$

例 6.1.4　求 $\lim\limits_{\substack{x \to 0 \\ y \to 3}} (1 + xy)^{\frac{1}{x}}$.

解　$\lim\limits_{\substack{x \to 0 \\ y \to 3}} (1 + xy)^{\frac{1}{x}} = \lim\limits_{\substack{x \to 0 \\ y \to 3}} \left[(1 + xy)^{\frac{1}{xy}} \right]^y = e^3.$

例 6.1.5 讨论 $\lim\limits_{\substack{x \to 0 \\ y \to 0}} \dfrac{xy}{x^2+y^2}$ 是否存在.

解 当点 $P(x,y)$ 沿着直线 $y=kx$ 趋于点 $(0,0)$ 时,有

$$\lim\limits_{\substack{x \to 0 \\ y \to 0}} \frac{xy}{x^2+y^2} = \lim\limits_{x \to 0} \frac{x \cdot kx}{x^2+k^2x^2} = \frac{k}{1+k^2},$$

显然,等式右边的值随着斜率 k 的不同而不同. 因此,该极限不存在.

例 6.1.6 设函数

$$f(x,y) = \begin{cases} \dfrac{xy^2}{x^2+y^4}, & (x,y) \neq (0,0), \\ 0, & (x,y) = (0,0), \end{cases}$$

试讨论 $\lim\limits_{\substack{x \to 0 \\ y \to 0}} f(x,y)$ 是否存在.

解 当点 $P(x,y)$ 沿直线 $x=ky$(k 为任意实常数)趋于 $(0,0)$ 时,有

$$\lim\limits_{\substack{y \to 0 \\ x=ky}} f(x,y) = \lim\limits_{y \to 0} \frac{ky^3}{k^2y^2+y^4} = \lim\limits_{y \to 0} \frac{ky}{k^2+y^2} = 0;$$

当点 $P(x,y)$ 沿抛物线 $x=y^2$ 趋于 $(0,0)$ 时,有

$$\lim\limits_{\substack{y \to 0 \\ x=y^2}} f(x,y) = \lim\limits_{y \to 0} \frac{y^4}{y^4+y^4} = \frac{1}{2}.$$

所以 $\lim\limits_{\substack{x \to 0 \\ y \to 0}} f(x,y)$ 不存在.

6.1.4 多元函数的连续性

有了二元函数极限的概念,就不难说明二元函数的连续性.

定义 6.3 设二元函数 $z=f(x,y)$ 的定义域为 D,$P_0(x_0,y_0)$ 是 D 的聚点,且 $P_0(x_0,y_0) \in D$,若 $\lim\limits_{\substack{x \to x_0 \\ y \to y_0}} f(x,y) = f(x_0,y_0)$,则称函数 $f(x,y)$ 在点 $P_0(x_0,y_0)$ 处**连续**,若 $f(x,y)$ 在 D 的每一点处都连续,则称函数 $f(x,y)$ 是 D 上的**连续函数**.

如果函数 $f(x,y)$ 在点 $P_0(x_0,y_0)$ 不连续,则称 P_0 为函数 $f(x,y)$ 的**间断点**,二元函数的间断点可以是孤立点,可以是一条或几条曲线,甚至是一个区域. 例如,函数 $f(x,y) = \dfrac{1}{x^2+y^2-1}$ 的间断点是曲线 $x^2+y^2=1$,函数 $f(x,y) = \ln(1+x+y)$ 的间断点是平面区域 $x+y \leqslant -1$.

类似可定义 n 元函数的连续性和间断点.

与一元函数一样,利用多元函数的极限运算法则可以证明,多元连续函数的和、

差、积、商(分母不为零)仍是连续函数,多元连续函数的复合函数也是连续函数.

和一元初等函数类似,多元初等函数是指能用一个解析表达式表示的多元函数,这个解析表达式由常量及具有不同自变量的一元基本初等函数经过有限次的四则运算或复合运算而得到.例如,$z=\dfrac{3x+2y}{1+x^2}$,$u=\sin(x+2y^2+3z)$等都是多元初等函数.一切多元初等函数在定义区域内是连续的.

在求多元初等函数 $f(P)$ 在点 P_0 处的极限时,若点 P_0 在函数的定义域内,根据函数的连续性,该极限值就等于函数在点 P_0 处的函数值,即

$$\lim_{P\to P_0} f(P)=f(P_0).$$

例如,求 $\lim\limits_{\substack{x\to 0 \\ y\to 0}}=\dfrac{\sqrt{xy+1}-1}{xy}$,因为 $f(x,y)=\dfrac{\sqrt{xy+1}-1}{xy}$ 是初等函数,所以

$$\lim_{\substack{x\to 0 \\ y\to 0}}\frac{\sqrt{xy+1}-1}{xy}=\lim_{\substack{x\to 0 \\ y\to 0}}\frac{xy+1-1}{xy(\sqrt{xy+1}+1)}=\lim_{\substack{x\to 0 \\ y\to 0}}\frac{1}{\sqrt{xy+1}+1}=\frac{1}{2}.$$

与闭区间上一元连续函数的性质相类似,在有界闭区域上连续的多元函数具有如下性质.

性质 6.1　有界闭区域 D 上的多元连续函数是 D 上的有界函数.

性质 6.2　有界闭区域 D 上的多元连续函数在 D 上存在最大值和最小值.

性质 6.3　有界闭区域 D 上的多元连续函数必取得介于最大值和最小值之间的任何值.

习 题 6.1

1. 求下列函数的定义域.

(1) $z=\dfrac{1}{\sqrt{x+y}}+\dfrac{1}{\sqrt{x-y}}$;　(2) $z=\ln(y^2-2x+1)$;

(3) $z=\sqrt{16-x^2-y^2}+\ln(x^2+y^2-4)$;

(4) $z=\arcsin x+\arccos\dfrac{y}{4}$.

2. 已知函数 $f(x,y)=x^2+y^2-xy\tan\dfrac{x}{y}$,求 $f(tx,ty)$.

3. 求下列各极限.

(1) $\lim\limits_{(x,y)\to(1,0)}\dfrac{\ln(x+\mathrm{e}^y)}{\sqrt{x^2+y^2}}$;

(2) $\lim\limits_{(x,y)\to(0,0)}(x+y)\sin\dfrac{1}{x^2+y^2}$;

(3) $\lim\limits_{(x,y)\to(0,2)}\left[\dfrac{\sin xy}{x}+(x+y)^2\right]$;

4. 证明 $\lim\limits_{(x,y)\to(0,0)}\dfrac{x+y}{x-y}$ 不存在.

6.2　偏　导　数

在研究一元函数时,我们由函数的变化率引入导数的概念. 对于多元函数,同样需要讨论它的变化率. 本节将以二元函数 $z=f(x,y)$ 为例,如果只有自变量 x 变化,而自变量 y 固定(即看成常量),这时它就是 x 的一元函数,该函数对 x 的导数,就称为二元函数 $z=f(x,y)$ 对 x 的偏导数,从而引入如下定义.

6.2.1　偏导数的概念

定义 6.4　设函数 $z=f(x,y)$ 在点 (x_0,y_0) 及其某个邻域内有定义,当 y 固定为 y_0,而 x 在 x_0 处取得增量 Δx 时,函数相应地取得增量 $\Delta z=f(x_0+\Delta x,y_0)-f(x_0,y_0)$,如果 $\lim\limits_{\Delta x\to0}\dfrac{f(x_0+\Delta x,y_0)-f(x_0,y_0)}{\Delta x}$ 存在,则称此极限值为函数 $z=f(x,y)$ 在点 (x_0,y_0) **对 x 的一阶偏导数**,记作 $\dfrac{\partial z}{\partial x}\Big|_{(x_0,y_0)}$,$z_x(x_0,y_0)$,$\dfrac{\partial f}{\partial x}\Big|_{(x_0,y_0)}$ 或 $f_x(x_0,y_0)$.

类似地,如果

$$\lim\limits_{\Delta y\to0}\dfrac{f(x_0,y_0+\Delta y)-f(x_0,y_0)}{\Delta y}$$

存在,则称此极限值为函数 $z=f(x,y)$ 在点 (x_0,y_0) **对 y 的一阶偏导数**,记作 $\dfrac{\partial z}{\partial y}\Big|_{(x_0,y_0)}$,$z_y(x_0,y_0)$,$\dfrac{\partial f}{\partial y}\Big|_{(x_0,y_0)}$ 或 $f_y(x_0,y_0)$.

如果函数 $z=f(x,y)$ 在某平面区域 D 内的每一点 (x,y) 处都存在对 x 及对 y 的偏导数,且这些偏导数仍然是 x,y 的函数,则称它们为 $f(x,y)$ 的偏导函数,记作 $\dfrac{\partial z}{\partial x}$,$\dfrac{\partial z}{\partial y}$,$f_x(x,y)$,$f_y(x,y)$,$z_x,z_y$ 等. 与一元函数的导函数一样,在不至于混淆时偏导函数也称为偏导数.

6.2.2　偏导数的计算

计算 $z=f(x,y)$ 的偏导数不需要新的方法,因为只有一个自变量的变动,另一个自变量是看成固定的,所以仍旧是一元函数的导数问题. 求 $\dfrac{\partial f}{\partial x}$ 时,只要把 y 暂时看成常量而对 x 求导数;求 $\dfrac{\partial f}{\partial y}$ 时,只要把 x 暂时看成常量而对 y 求导数.

例 6.2.1　求 $z = x^2 + 3xy + y^2$ 在点 $(0,1)$ 处的偏导数.

解　把 y 看成常量,得

$$\frac{\partial z}{\partial x} = 2x + 3y,$$

把 x 看成常量,得

$$\frac{\partial z}{\partial y} = 3x + 2y,$$

将 $(0,1)$ 代入上面的结果,则有

$$\frac{\partial z}{\partial x}\bigg|_{\substack{x=0 \\ y=1}} = 2 \cdot 0 + 3 \cdot 1 = 3, \quad \frac{\partial z}{\partial y}\bigg|_{\substack{x=0 \\ y=1}} = 3 \cdot 0 + 2 \cdot 1 = 2.$$

例 6.2.2　求 $z = x^3 \sin 3y$ 的偏导数.

解　$\dfrac{\partial z}{\partial x} = 3x^2 \sin 3y$,　$\dfrac{\partial z}{\partial y} = 3x^3 \cos 3y$.

例 6.2.3　已知 $z = x^y (x > 0, x \neq 1)$,证明: $\dfrac{x}{y}\dfrac{\partial z}{\partial x} + \dfrac{1}{\ln x}\dfrac{\partial z}{\partial y} = 2z$.

证　因为

$$\frac{\partial z}{\partial x} = yx^{y-1}, \quad \frac{\partial z}{\partial y} = x^y \ln x,$$

所以

$$\frac{x}{y}\frac{\partial z}{\partial x} + \frac{1}{\ln x}\frac{\partial z}{\partial y} = \frac{x}{y}yx^{y-1} + \frac{1}{\ln x}x^y \ln x = x^y + x^y = 2z.$$

例 6.2.4　求 $r = \sqrt{x^2 + y^2 + z^2}$ 的偏导数.

解　把 y 和 z 都看作常量,得 $\dfrac{\partial r}{\partial x} = \dfrac{2x}{2\sqrt{x^2+y^2+z^2}} = \dfrac{x}{r}$;

把 x 和 z 都看作常量,得 $\dfrac{\partial r}{\partial y} = \dfrac{2y}{2\sqrt{x^2+y^2+z^2}} = \dfrac{y}{r}$;

把 x 和 y 都看作常量,得 $\dfrac{\partial r}{\partial z} = \dfrac{2z}{2\sqrt{x^2+y^2+z^2}} = \dfrac{z}{r}$.

例 6.2.5　设 $f(x,y) = \begin{cases} x\sin\dfrac{1}{x^2+y^2}, & x^2+y^2 \neq 0, \\ 0, & x^2+y^2 = 0, \end{cases}$ 求 $f_x(0,0), f_y(0,0)$.

解　由偏导数的定义

$$f_x(0,0)=\lim_{\Delta x\to 0}\frac{f(0+\Delta x,0)-f(0,0)}{\Delta x}$$

$$=\lim_{\Delta x\to 0}\frac{\Delta x\sin\dfrac{1}{(\Delta x)^2}-0}{\Delta x}=\lim_{\Delta x\to 0}\sin\frac{1}{(\Delta x)^2},$$

所以 $f_x(0,0)$ 不存在.

$$f_y(0,0)=\lim_{\Delta y\to 0}\frac{f(0,0+\Delta y)-f(0,0)}{\Delta y}$$

$$=\lim_{\Delta y\to 0}\frac{0-0}{\Delta y}=0.$$

6.2.3　偏导数的几何意义

设二元函数 $z=f(x,y)$ 在点 (x_0,y_0) 有偏导数,如图 6.3 所示,设 $M_0(x_0,y_0,f(x_0,y_0))$ 为曲面 $z=f(x,y)$ 上的一点,过点 M_0 作平面 $y=y_0$,此平面与曲面相交得一曲线,曲线的方程为 $\begin{cases}z=f(x,y),\\y=y_0,\end{cases}$ 由于偏导数 $f_x(x_0,y_0)$ 等于一元函数 $f(x,y_0)$ 的导数 $f'(x,y_0)|_{x=x_0}$,故由导数的几何意义可知: $f_x(x_0,y_0)$ 表示曲线 $\begin{cases}z=f(x,y),\\y=y_0\end{cases}$ 在点 M_0 处的切线对 x 轴的斜率;同样 $f_y(x_0,y_0)$ 表示曲线 $\begin{cases}z=f(x,y),\\y=y_0\end{cases}$ 在点 M_0 处的切线对 y 轴的斜率.

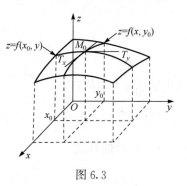

图 6.3

6.2.4　函数的偏导数与函数连续的关系

一元函数如果在某一点可导,那么函数在该点一定连续,但对多元函数来说,它在某一点偏导数存在,并不能保证它在该点连续. 这是因为,偏导数的存在只能保证点 $P(x,y)$ 沿着平行于相应坐标轴的方向趋于点 $P_0(x_0,y_0)$ 时,函数 $f(x,y)$ 趋于 $f(x_0,y_0)$,但不能保证点 P 以任意方式趋于点 $P_0(x_0,y_0)$ 时,函数 $f(x,y)$ 都趋于 $f(x_0,y_0)$.

例 6.2.6　设 $f(x,y)=\begin{cases}\dfrac{xy}{x^2+y^2},&x^2+y^2\neq 0,\\0,&x^2+y^2=0,\end{cases}$ 求 $f(x,y)$ 的偏导数并讨论 $f(x,y)$ 在点 $(0,0)$ 处的连续性.

解　当 $x^2+y^2\neq 0$ 时，

$$f_x(x,y)=\frac{y(x^2+y^2)-xy\cdot 2x}{(x^2+y^2)^2}=\frac{y(y^2-x^2)}{(x^2+y^2)^2},$$

类似地，

$$f_y(x,y)=\frac{x(x^2-y^2)}{(x^2+y^2)^2}.$$

当 $x^2+y^2=0$ 时，

$$f_x(0,0)=\lim_{\Delta x\to 0}\frac{f(\Delta x,0)-f(0,0)}{\Delta x}=\lim_{\Delta x\to 0}\frac{0-0}{\Delta x}=0,$$

类似地

$$f_y(0,0)=0,$$

所以

$$f_x(x,y)=\begin{cases}\dfrac{y(y^2-x^2)}{(x^2+y^2)^2}, & x^2+y^2\neq 0,\\[3mm] 0, & x^2+y^2=0,\end{cases}$$

$$f_y(x,y)=\begin{cases}\dfrac{x(x^2-y^2)}{(x^2+y^2)^2}, & x^2+y^2\neq 0,\\[3mm] 0, & x^2+y^2=0.\end{cases}$$

另由例 6.1.5 可知 $\lim\limits_{\substack{x\to 0\\y\to 0}}\dfrac{xy}{x^2+y^2}$ 不存在，故 $f(x,y)$ 在点 $(0,0)$ 处不连续.

此例说明，函数在一点的偏导数存在时，函数在该点不一定连续.

6.2.5　高阶偏导数

设函数 $z=f(x,y)$ 在区域 D 内具有偏导数

$$\frac{\partial z}{\partial x}=f_x(x,y),\qquad \frac{\partial z}{\partial y}=f_y(x,y),$$

那么在 D 内 $f_x(x,y),f_y(x,y)$ 都是 x,y 的函数. 如果这两个函数的偏导数也存在，则称它们是函数 $z=f(x,y)$ 的**二阶偏导数**. 按照对变量求导次序的不同有下列四个二阶偏导数：

$$\frac{\partial}{\partial x}\left(\frac{\partial z}{\partial x}\right)=\frac{\partial^2 z}{\partial x^2}=f_{xx}(x,y),\qquad \frac{\partial}{\partial y}\left(\frac{\partial z}{\partial x}\right)=\frac{\partial^2 z}{\partial x\partial y}=f_{xy}(x,y),$$

$$\frac{\partial}{\partial x}\left(\frac{\partial z}{\partial y}\right)=\frac{\partial^2 z}{\partial y\partial x}=f_{yx}(x,y),\qquad \frac{\partial}{\partial y}\left(\frac{\partial z}{\partial y}\right)=\frac{\partial^2 z}{\partial y^2}=f_{yy}(x,y),$$

其中，第二、三个偏导数称为混合偏导数. 同样可得三阶、四阶直至 n 阶偏导数. 一个二元函数的 n 阶偏导数一共有 2^n 个，二阶及二阶以上的偏导数统称为高阶偏导数.

例 6.2.7　设(1)$u(x,y)=xy$,(2)$u(x,y)=xe^x\sin y$,求二阶偏导数.

解　(1)　　　　　　$u_x=y,\quad u_{xx}=0,\quad u_{xy}=1;$

　　　　　　　　　　$u_y=x,\quad u_{yx}=1,\quad u_{yy}=0.$

(2)　　　　　　$u_x=e^x\sin y+xe^x\sin y=(x+1)e^x\sin y,$

$u_{xx}=(x+1+1)e^x\sin y=(x+2)e^x\sin y,\quad u_{xy}=(x+1)e^x\cos y;$

$u_y=xe^x\cos y,\quad u_{yx}=(x+1)e^x\cos y,\quad u_{yy}=-xe^x\sin y.$

例 6.2.8　设 $z=x^3y^2-3xy^3+xy+6$,求$\dfrac{\partial^2 z}{\partial x^2},\dfrac{\partial^2 z}{\partial y\partial x},\dfrac{\partial^2 z}{\partial x\partial y},\dfrac{\partial^2 z}{\partial y^2}$及$\dfrac{\partial^3 z}{\partial x^3}$.

解　　　　$\dfrac{\partial z}{\partial x}=3x^2y^2-3y^3+y,\quad \dfrac{\partial z}{\partial y}=2x^3y-9xy^2+x,$

$\dfrac{\partial^2 z}{\partial x^2}=6xy^2,\quad \dfrac{\partial^2 z}{\partial y\partial x}=6x^2y-9y^2+1,\quad \dfrac{\partial^2 z}{\partial x\partial y}=6x^2y-9y^2+1,$

$$\dfrac{\partial^2 z}{\partial y^2}=2x^3-18xy,\quad \dfrac{\partial^3 z}{\partial x^3}=6y^2.$$

注意到:以上两例中都有 $f_{xy}(x,y)=f_{yx}(x,y)$,这两个混合偏导数与求偏导数的次序无关. 那么,这样的结论是否有普遍意义呢? 我们有如下定理.

定理 6.1　如果函数 $z=f(x,y)$ 的两个二阶混合偏导数 $f_{xy}(x,y)$ 与 $f_{yx}(x,y)$ 在区域 D 内连续,那么在该区域内 $f_{xy}(x,y)=f_{yx}(x,y)$.

此定理说明,二阶混合偏导数在连续的条件下与求偏导数的次序无关. 这个定理还可以进一步推广,高阶混合偏导数在连续的条件下也与求偏导数的次序无关,如 $f_{xyx}(x,y)=f_{xxy}(x,y)$.

例 6.2.9　验证函数 $z=\ln\sqrt{x^2+y^2}$ 满足拉普拉斯(Laplace)方程

$$\dfrac{\partial^2 z}{\partial x^2}+\dfrac{\partial^2 z}{\partial y^2}=0.$$

证　由于

$$z=\ln\sqrt{x^2+y^2}=\dfrac{1}{2}\ln(x^2+y^2),$$

因此

$$\dfrac{\partial z}{\partial x}=\dfrac{x}{x^2+y^2},\quad \dfrac{\partial z}{\partial y}=\dfrac{y}{x^2+y^2},$$

$$\dfrac{\partial^2 z}{\partial x^2}=\dfrac{(x^2+y^2)-x\cdot 2x}{(x^2+y^2)^2}=\dfrac{y^2-x^2}{(x^2+y^2)^2},$$

$$\dfrac{\partial^2 z}{\partial y^2}=\dfrac{(x^2+y^2)-y\cdot 2y}{(x^2+y^2)^2}=\dfrac{x^2-y^2}{(x^2+y^2)^2},$$

所以

$$\frac{\partial^2 z}{\partial x^2} + \frac{\partial^2 z}{\partial y^2} = \frac{y^2 - x^2}{(x^2 + y^2)^2} + \frac{x^2 - y^2}{(x^2 + y^2)^2} = 0.$$

拉普拉斯方程是数学物理方程中一种很重要的方程.

习 题 6.2

1. 求下列函数的偏导数.

(1) $z = \ln\tan\dfrac{x}{y}$;　　　　　(2) $z = (1 + xy)^y$;

(3) $u = \left(\dfrac{x}{y}\right)^z$;　　　　　　(4) $u = \dfrac{z}{x^2 + y^2}$.

2. 设 $z = \mathrm{e}^{-\left(\frac{1}{x} + \frac{1}{y}\right)}$, 证明: $x^2 \dfrac{\partial z}{\partial x} + y^2 \dfrac{\partial z}{\partial y} = 2z$.

3. 求下列函数的二阶偏导数.

(1) $z = x^4 + y^4 - 4x^2 y^2$;

(2) $z = y^x$.

4. 求曲线函数 $\begin{cases} z = \dfrac{1}{4}(x^2 + y^2), \\ y = 4 \end{cases}$ 在点 $(2, 4, 5)$ 处的切线相对 x 轴的倾斜角.

6.3　全　微　分

与一元函数微分的定义一样, 我们希望用自变量的增量 Δx, Δy 的线性函数来近似代替二元函数的全增量 $\Delta z = f(x + \Delta x, y + \Delta y) - f(x, y)$, 从而引进二元函数的全微分定义.

6.3.1　全微分的定义

定义 6.5　设函数 $z = f(x, y)$ 在点 (x, y) 的某邻域内有定义, 如果函数 $z = f(x, y)$ 在点 (x, y) 的全增量 $\Delta z = f(x + \Delta x, y + \Delta y) - f(x, y)$ 可以表示为 $\Delta z = A\Delta x + B\Delta y + o(\rho)$, 其中 A, B 不依赖于 Δx, Δy, 仅与 x, y 有关, $\rho = \sqrt{(\Delta x)^2 + (\Delta y)^2}$, 则称函数 $z = f(x, y)$ 在点 (x, y)**可微**, $A\Delta x + B\Delta y$ 称为函数 $z = f(x, y)$ 在点 (x, y) 的**全微分**, 记作 $\mathrm{d}z$, 即

$$\mathrm{d}z = A\Delta x + B\Delta y.$$

习惯上, 自变量的增量 Δx 与 Δy 常写成 $\mathrm{d}x$ 与 $\mathrm{d}y$, 并分别称为自变量 x, y 的

微分,这样函数 $z=f(x,y)$ 的全微分可以写为

$$dz = A\,dx + B\,dy.$$

当函数 $z=f(x,y)$ 在区域 D 内各点处都可微时,称 $z=f(x,y)$ **在 D 内可微**.

6.3.2 可微的必要条件

下面讨论函数 $z=f(x,y)$ 在点 (x,y) 可微的必要条件.

定理 6.2 若函数 $z=f(x,y)$ 在点 (x,y) 可微,则

(1) $f(x,y)$ 在点 (x,y) 连续;

(2) $f(x,y)$ 在点 (x,y) 偏导数存在,且有 $A=\dfrac{\partial z}{\partial x}$,$B=\dfrac{\partial z}{\partial y}$,即 $z=f(x,y)$ 在点 (x,y) 的全微分为

$$dz = \frac{\partial z}{\partial x}dx + \frac{\partial z}{\partial y}dy.$$

证 (1) 因为 $z=f(x,y)$ 在点 (x,y) 可微,所以

$$\Delta z = A\Delta x + B\Delta y + o(\rho),$$

故 $\lim\limits_{\substack{\Delta x\to 0 \\ \Delta y\to 0}}\Delta z=0$,即 $\lim\limits_{\substack{\Delta x\to 0 \\ \Delta y\to 0}}f(x+\Delta x,y+\Delta y)=f(x,y)$,可得 $f(x,y)$ 在点 (x,y) 连续.

(2) 在 $\Delta z = A\Delta x + B\Delta y + o(\rho)$ 中,令 $\Delta y=0$,有 $\rho=|\Delta x|$,则

$$f(x+\Delta x,y)-f(x,y)=A\Delta x+o(|\Delta x|).$$

等式两边同时除以 Δx,并令 $\Delta x\to 0$,得

$$\lim_{\Delta x\to 0}\frac{f(x+\Delta x,y)-f(x,y)}{\Delta x}=A,$$

从而偏导数 $\dfrac{\partial z}{\partial x}$ 存在,且等于 A.同样可证 $\dfrac{\partial z}{\partial y}=B$.故

$$dz = \frac{\partial z}{\partial x}dx + \frac{\partial z}{\partial y}dy.$$

一元函数在某点的导数存在是微分存在的充要条件.但对于多元函数,情形就不同了.若函数的偏导数存在,虽然能形式地写出 $\dfrac{\partial z}{\partial x}\Delta x+\dfrac{\partial z}{\partial y}\Delta y$,但它与 Δz 之差并不一定是 ρ 的高阶无穷小,因此它不一定是函数的全微分.也就是说,各偏导数的存在只是全微分存在的必要条件而不是充分条件.例如,函数

$$f(x,y)=\begin{cases} \dfrac{xy}{\sqrt{x^2+y^2}}, & x^2+y^2\neq 0, \\ 0, & x^2+y^2=0 \end{cases}$$

在点 $(0,0)$ 处有 $f_x(0,0)=0$ 及 $f_y(0,0)=0$,所以

$$\Delta z - [f_x(0,0) \cdot \Delta x + f_y(0,0) \cdot \Delta y] = \frac{\Delta x \cdot \Delta y}{\sqrt{(\Delta x)^2 + (\Delta y)^2}} \ .$$

考虑点 $M(\Delta x, \Delta y)$ 沿着直线 $y = x$ 趋于 $(0,0)$,则

$$\frac{\dfrac{\Delta x \cdot \Delta y}{\sqrt{(\Delta x)^2 + (\Delta y)^2}}}{\rho} = \frac{\Delta x \cdot \Delta y}{(\Delta x)^2 + (\Delta y)^2} = \frac{\Delta x \cdot \Delta x}{2(\Delta x)^2} = \frac{1}{2},$$

它不能随 $\rho \to 0$ 而趋于 0,这表示 $\rho \to 0$ 时,$\Delta z - [f_x(0,0) \cdot \Delta x + f_y(0,0) \cdot \Delta y]$ 并不是 ρ 的高阶无穷小,因此函数在点 $(0,0)$ 处的全微分不存在,即函数在点 $(0,0)$ 处是不可微的.

6.3.3　可微的充分条件

下面讨论函数 $z = f(x,y)$ 在点 (x,y) 可微的充分条件.

定理 6.3　若函数 $z = f(x,y)$ 的偏导数 $\dfrac{\partial z}{\partial x}, \dfrac{\partial z}{\partial y}$ 在点 (x,y) 连续,则函数在该点可微.

证　由已知条件可知,$z = f(x,y)$ 的偏导数 $\dfrac{\partial z}{\partial x}, \dfrac{\partial z}{\partial y}$ 在点 (x,y) 的某一邻域内必然存在,设点 $(x + \Delta x, y + \Delta y)$ 为此邻域内任意一点,考虑函数的全增量

$$\Delta z = f(x + \Delta x, y + \Delta y) - f(x,y)$$
$$= [f(x + \Delta x, y + \Delta y) - f(x, y + \Delta y)] + [f(x, y + \Delta y) - f(x,y)],$$

第一个方括号的表达式,因 $y + \Delta y$ 不变,故可以看成 x 的一元函数 $f(x, y + \Delta y)$ 的增量. 于是应用拉格朗日中值定理,得

$$f(x + \Delta x, y + \Delta y) - f(x, y + \Delta y) = f_x(x + \theta \Delta x, y + \Delta y) \Delta x \quad (0 < \theta < 1),$$

由已知,$f_x(x,y)$ 在点 (x,y) 连续,所以上式可写成

$$f(x + \Delta x, y + \Delta y) - f(x, y + \Delta y) = f_x(x,y) \Delta x + \varepsilon_1 \Delta x, \qquad (6.1)$$

其中 ε_1 为 $\Delta x, \Delta y$ 的函数,且当 $\Delta x \to 0, \Delta y \to 0$ 时,$\varepsilon_1 \to 0$.

同理可证第二个方括号内的表达式,可写成

$$f(x, y + \Delta y) - f(x,y) = f_y(x,y) \Delta y + \varepsilon_2 \Delta y, \qquad (6.2)$$

其中 ε_2 为 Δy 的函数,且当 $\Delta y \to 0$ 时,$\varepsilon_2 \to 0$.

由(6.1)和(6.2)两式可见,在偏导数连续的条件下,全增量可以表示为

$$\Delta z = f_x(x,y) \Delta x + f_y(x,y) \Delta y + \varepsilon_1 \Delta x + \varepsilon_2 \Delta y.$$

容易看出

$$\left| \frac{\varepsilon_1 \Delta x + \varepsilon_2 \Delta y}{\rho} \right| \leqslant |\varepsilon_1| + |\varepsilon_2|,$$

它是随着 $\Delta x \to 0, \Delta y \to 0$，即 $\rho \to 0$ 而趋于 0 的.

这就证明了 $z = f(x,y)$ 在点 (x,y) 是可微的.

以上关于二元函数全微分的定义及可微的必要条件和充分条件，可以完全类似地推广到三元和三元以上的多元函数.

由于二元函数的全微分等于它的两个偏微分之和，所以我们称二元函数的全微分符合叠加原理.

对于二元以上的函数，叠加原理同样适用，例如，若三元函数 $u = f(x,y,z)$ 可微，则它的全微分就等于它的三个偏微分之和，即 $\mathrm{d}u = \dfrac{\partial u}{\partial x}\mathrm{d}x + \dfrac{\partial u}{\partial y}\mathrm{d}y + \dfrac{\partial u}{\partial z}\mathrm{d}z$.

对 n 元函数 $u = f(x_1, x_2, \cdots, x_n)$ 来说，相应的公式是

$$\mathrm{d}u = \frac{\partial u}{\partial x_1}\mathrm{d}x_1 + \frac{\partial u}{\partial x_2}\mathrm{d}x_2 + \cdots + \frac{\partial u}{\partial x_n}\mathrm{d}x_n.$$

以上说明若函数在一点可微，则在该点也一定存在偏导数. 对一元函数而言，我们知道反过来也是正确的，即可导必可微. 但对二元函数就不尽然，即对多元函数来说，偏导数存在不一定可微. 但是，我们如果求得一个函数的偏导数，且它们连续（对于一般初等函数，这是较易知道的），那么此函数就可微，并且可写出其微分.

例 6.3.1 求函数 $z = x^2 y + y^2$ 的全微分.

解 因为

$$\frac{\partial z}{\partial x} = 2xy, \quad \frac{\partial z}{\partial y} = x^2 + 2y,$$

所以

$$\mathrm{d}z = 2xy\,\mathrm{d}x + (x^2 + 2y)\mathrm{d}y.$$

例 6.3.2 求函数 $z = \mathrm{e}^{xy}$ 在点 $(1,2)$ 处的全微分.

解 因为

$$\frac{\partial z}{\partial x} = y\mathrm{e}^{xy}, \quad \frac{\partial z}{\partial y} = x\mathrm{e}^{xy},$$

$$\frac{\partial z}{\partial x}\bigg|_{\substack{x=1\\y=2}} = 2\mathrm{e}^2, \quad \frac{\partial z}{\partial y}\bigg|_{\substack{x=1\\y=2}} = \mathrm{e}^2,$$

所以

$$\mathrm{d}z = 2\mathrm{e}^2\,\mathrm{d}x + \mathrm{e}^2\,\mathrm{d}y.$$

例 6.3.3 求函数 $u = \left(\dfrac{y}{x}\right)^{\frac{1}{z}}$ 的全微分.

解 因为

$$\frac{\partial u}{\partial x} = \frac{1}{z}\left(\frac{y}{x}\right)^{\frac{1}{z}-1} \cdot \left(-\frac{y}{x^2}\right) = -\frac{y}{x^2 z}\left(\frac{y}{x}\right)^{\frac{1}{z}-1},$$

$$\frac{\partial u}{\partial y} = \frac{1}{z}\left(\frac{y}{x}\right)^{\frac{1}{z}-1} \cdot \frac{1}{x} = \frac{1}{xz}\left(\frac{y}{x}\right)^{\frac{1}{z}-1},$$

$$\frac{\partial u}{\partial z} = \left(\frac{y}{x}\right)^{\frac{1}{z}} \cdot \left(-\frac{1}{z^2}\right)\ln\frac{y}{x} = -\frac{1}{z^2}\left(\frac{y}{x}\right)^{\frac{1}{z}}\ln\frac{y}{x},$$

所以

$$du = \left(\frac{y}{x}\right)^{\frac{1}{z}}\left(-\frac{dx}{xz} + \frac{dy}{yz} - \frac{1}{z^2}\ln\frac{y}{x}dz\right).$$

6.3.4　利用全微分作近似计算

与一元函数的情形类似,我们也可以利用全微分对二元函数作近似计算.由全微分定义及全微分存在的充分条件可知,当函数 $z=f(x,y)$ 在点 $P(x,y)$ 的偏导数 $f_x(x,y)$,$f_y(x,y)$ 连续,并且 $|\Delta x|$,$|\Delta y|$ 都较小时,就有近似等式

$$\Delta z \approx dz = f_x(x,y)\Delta x + f_y(x,y)\Delta y,$$

即

$$f(x+\Delta x, y+\Delta y) \approx f(x,y) + f_x(x,y)\Delta x + f_y(x,y)\Delta y.$$

例 6.3.4　计算 $1.04^{2.02}$ 的近似值.

解　设函数 $f(x,y)=x^y$,则 $1.04^{2.02}=f(1.04,2.02)$.

取 $x=1,y=2,\Delta x=0.04,\Delta y=0.02$,由于 $f(1,2)=1$,

$$f_x(1,2) = yx^{y-1}\big|_{(1,2)} = 2, \quad f_y(1,2) = x^y\ln x\big|_{(1,2)} = 0,$$

代入上面的近似计算公式,得

$$1.04^{2.02} = f(1.04,2.02) \approx 1 + 2 \times 0.04 + 0 \times 0.02 = 1.08.$$

习 题 6.3

1. 求下列函数的全微分.

(1) $z=xy+\dfrac{x}{y}$;　(2) $u=e^x(x^2+y^2+z^2)$;　(3) $z=\arcsin\dfrac{x}{y}$.

2. 求 $z=\ln(1+x^2+y^2)$ 当 $x=1,y=2$ 时的全微分.

3. 求 $z=\dfrac{y}{x}$ 当 $x=2,y=1,\Delta x=0.1,\Delta y=-0.2$ 时的全增量及全微分.

4. 计算 $(1.97)^{1.05}$ 的近似值. $(\ln2=0.693)$

5. 已知边长为 $x=6\text{m}$ 与 $y=8\text{m}$ 的矩形,如果 x 增加 5cm,而 y 减少 10cm,问这个矩形的对角线的近似变化怎样?

6.4　多元复合函数的求导法则

本节我们把一元函数微分学中复合函数的求导法则推广到多元复合函数的情形.

6.4.1　多元复合函数求导的链式法则

定理 6.4　设 $z=f(u,v)$ 在点 (u,v) 处具有连续偏导数,函数 $u=u(x,y)$, $v=v(x,y)$ 在点 (x,y) 的偏导数都存在,则复合函数 $z=f(u(x,y),v(x,y))$ 在点 (x,y) 的两个偏导数都存在,且有如下链式法则:

$$\frac{\partial z}{\partial x}=\frac{\partial z}{\partial u}\frac{\partial u}{\partial x}+\frac{\partial z}{\partial v}\frac{\partial v}{\partial x},\quad \frac{\partial z}{\partial y}=\frac{\partial z}{\partial u}\frac{\partial u}{\partial y}+\frac{\partial z}{\partial v}\frac{\partial v}{\partial y}.$$

证明略.

对于中间变量或自变量多于两个的情形此定理可以加以推广. 例如,当中间变量是三个、自变量是两个,即 $z=f(u,v,w),u=u(x,y),v=v(x,y),w=w(x,y)$ 时,有如下链式法则:

$$\frac{\partial z}{\partial x}=\frac{\partial z}{\partial u}\frac{\partial u}{\partial x}+\frac{\partial z}{\partial v}\frac{\partial v}{\partial x}+\frac{\partial z}{\partial w}\frac{\partial w}{\partial x},\quad \frac{\partial z}{\partial y}=\frac{\partial z}{\partial u}\frac{\partial u}{\partial y}+\frac{\partial z}{\partial v}\frac{\partial v}{\partial y}+\frac{\partial z}{\partial w}\frac{\partial w}{\partial y}.$$

当中间变量是两个、自变量是三个,即 $w=f(u,v),u=u(x,y,z),v=v(x,y,z)$ 时,有如下链式法则:

$$\frac{\partial w}{\partial x}=\frac{\partial w}{\partial u}\frac{\partial u}{\partial x}+\frac{\partial w}{\partial v}\frac{\partial v}{\partial x},$$

$$\frac{\partial w}{\partial y}=\frac{\partial w}{\partial u}\frac{\partial u}{\partial y}+\frac{\partial w}{\partial v}\frac{\partial v}{\partial y},$$

$$\frac{\partial w}{\partial z}=\frac{\partial w}{\partial u}\frac{\partial u}{\partial z}+\frac{\partial w}{\partial v}\frac{\partial v}{\partial z}.$$

对于多元复合函数求偏导数,常常还有以下特殊情形.

(1) 当 $z=f(u),u=\phi(x,y)$ 时,有链式法则:

$$\frac{\partial z}{\partial x}=f'(u)\frac{\partial u}{\partial x},\quad \frac{\partial z}{\partial y}=f'(u)\frac{\partial u}{\partial y};$$

(2) 当 $z=f(u,x,y),u=\phi(x,y)$ 时,有链式法则:

$$\frac{\partial z}{\partial x}=\frac{\partial f}{\partial u}\frac{\partial u}{\partial x}+\frac{\partial f}{\partial x},\quad \frac{\partial z}{\partial y}=\frac{\partial f}{\partial u}\frac{\partial u}{\partial y}+\frac{\partial f}{\partial y};$$

(3) 当 $z=f(u,v),u=u(t),v=v(t)$ 时,有链式法则:

$$\frac{\mathrm{d}z}{\mathrm{d}t}=\frac{\partial f}{\partial u}\frac{\mathrm{d}u}{\mathrm{d}t}+\frac{\partial f}{\partial v}\frac{\mathrm{d}v}{\mathrm{d}t},$$

其中$\dfrac{\mathrm{d}z}{\mathrm{d}t}$称为**全导数**;

(4) 当$z=f(u,v,t),u=u(s,t),v=v(s,t)$时,有链式法则:

$$\frac{\partial z}{\partial s}=\frac{\partial f}{\partial u}\frac{\partial u}{\partial s}+\frac{\partial f}{\partial v}\frac{\partial v}{\partial s},\quad \frac{\partial z}{\partial t}=\frac{\partial f}{\partial u}\frac{\partial u}{\partial t}+\frac{\partial f}{\partial v}\frac{\partial v}{\partial t}+\left(\frac{\partial z}{\partial t}\right).$$

其中,等式右边的最后一项,我们有意识地把它写成$\left(\dfrac{\partial z}{\partial t}\right)$,目的是避免它与等式左边的$\dfrac{\partial z}{\partial t}$混淆. 因为右端的$\left(\dfrac{\partial z}{\partial t}\right)$是表示在函数$z=f(u,v,t)$中把$u,v$看作常数,对$t$求偏导数,而左端的$\dfrac{\partial z}{\partial t}$是表示在$z=f(u(s,t),v(s,t),t)$中把$s$视为常数,对$t$求偏导数,二者切不可混淆.

例 6.4.1 设$z=u^2\ln v,u=\dfrac{x}{y},v=3x-2y$,求$\dfrac{\partial z}{\partial x}$及$\dfrac{\partial z}{\partial y}$.

解
$$\frac{\partial z}{\partial x}=\frac{\partial z}{\partial u}\frac{\partial u}{\partial x}+\frac{\partial z}{\partial v}\frac{\partial v}{\partial x}=2u\ln v\cdot\frac{1}{y}+\frac{u^2}{v}\cdot 3$$
$$=\frac{2x}{y^2}\ln(3x-2y)+\frac{3x^2}{(3x-2y)y^2},$$
$$\frac{\partial z}{\partial y}=\frac{\partial z}{\partial u}\frac{\partial u}{\partial y}+\frac{\partial z}{\partial v}\frac{\partial v}{\partial y}=2u\ln v\cdot\left(-\frac{x}{y^2}\right)+\frac{u^2}{v}\cdot(-2)$$
$$=-\frac{2x^2}{y^3}\ln(3x-2y)-\frac{2x^2}{(3x-2y)y^2}.$$

例 6.4.2 设$z=\mathrm{e}^{2u-3v}$,其中$u=x^2,v=\cos x$,求全导数$\dfrac{\mathrm{d}z}{\mathrm{d}x}$.

解　因为$\dfrac{\partial z}{\partial u}=2\mathrm{e}^{2u-3v},\dfrac{\partial z}{\partial v}=-3\mathrm{e}^{2u-3v},\dfrac{\mathrm{d}u}{\mathrm{d}x}=2x,\dfrac{\mathrm{d}v}{\mathrm{d}x}=-\sin x$,所以

$$\frac{\mathrm{d}z}{\mathrm{d}x}=\frac{\partial z}{\partial u}\frac{\mathrm{d}u}{\mathrm{d}x}+\frac{\partial z}{\partial v}\frac{\mathrm{d}v}{\mathrm{d}x}$$
$$=\mathrm{e}^{2u-3v}(4x+3\sin x)=\mathrm{e}^{2x^2-3\cos x}(4x+3\sin x).$$

例 6.4.3 设$z=u^2v^3\cos t,u=\sin t,v=\mathrm{e}^t$,求全导数$\dfrac{\mathrm{d}z}{\mathrm{d}t}$.

解　$\dfrac{\mathrm{d}z}{\mathrm{d}t}=\dfrac{\partial z}{\partial u}\dfrac{\mathrm{d}u}{\mathrm{d}t}+\dfrac{\partial z}{\partial v}\dfrac{\mathrm{d}v}{\mathrm{d}t}+\dfrac{\partial z}{\partial t}$

$$= 2uv^3\cos t \cdot \cos t + 3u^2v^2\cos t \cdot e^t + u^2v^3 \cdot (-\sin t)$$

$$= e^{3t}\sin t(2\cos^2 t + 3\sin t\cos t - \sin^2 t).$$

例 6.4.4　设 $w = f(x+y+z, xyz)$，f 具有二阶连续偏导数，求 $\dfrac{\partial w}{\partial x}$ 及 $\dfrac{\partial^2 w}{\partial x\partial z}$.

解　令 $u = x+y+z, v = xyz$，则 $w = f(u,v)$. 为简便起见，引入记号：$f_1 = \dfrac{\partial f(u,v)}{\partial u}$，$f_{12} = \dfrac{\partial^2 f(u,v)}{\partial u\partial v}$. 这里下标 1 表示对第一个变量 u 求偏导数，下标 2 表示对第二个变量 v 求偏导数，同理有 $f_2, f_{11}, f_{21}, f_{22}$ 等，所以

$$\frac{\partial w}{\partial x} = \frac{\partial f}{\partial u}\frac{\partial u}{\partial x} + \frac{\partial f}{\partial v}\frac{\partial v}{\partial x} = f_1 + yzf_2,$$

$$\frac{\partial^2 w}{\partial x\partial z} = \frac{\partial}{\partial z}(f_1 + yzf_2) = \frac{\partial f_1}{\partial z} + yf_2 + yz\frac{\partial f_2}{\partial z}.$$

求 $\dfrac{\partial f_1}{\partial z}$ 及 $\dfrac{\partial f_2}{\partial z}$ 时，注意 f_1 及 f_2 仍是以 u, v 为中间变量，x, y, z 为自变量的复合函数，根据复合函数求导法则，有

$$\frac{\partial f_1}{\partial z} = \frac{\partial f_1}{\partial u}\frac{\partial u}{\partial z} + \frac{\partial f_1}{\partial v}\frac{\partial v}{\partial z} = f_{11} + xyf_{12},$$

$$\frac{\partial f_2}{\partial z} = \frac{\partial f_2}{\partial u}\frac{\partial u}{\partial z} + \frac{\partial f_2}{\partial v}\frac{\partial v}{\partial z} = f_{21} + xyf_{22},$$

于是

$$\frac{\partial^2 w}{\partial x\partial z} = f_{11} + xyf_{12} + yf_2 + yzf_{21} + xy^2zf_{22}$$

$$= f_{11} + y(x+z)f_{12} + xy^2zf_{22} + yf_2.$$

6.4.2　多元函数一阶全微分形式不变性

设函数 $z = f(u,v)$ 具有连续偏导数，则有全微分

$$dz = \frac{\partial z}{\partial u}du + \frac{\partial z}{\partial v}dv,$$

若 u, v 是关于 x, y 的函数 $u = u(x,y), v = v(x,y)$，且这两个函数具有连续偏导数，则复合函数 $z = f(u(x,y), v(x,y))$ 的全微分为

$$dz = \frac{\partial z}{\partial x}dx + \frac{\partial z}{\partial y}dy,$$

其中 $\dfrac{\partial z}{\partial x} = \dfrac{\partial z}{\partial u}\dfrac{\partial u}{\partial x} + \dfrac{\partial z}{\partial v}\dfrac{\partial v}{\partial x}$，$\dfrac{\partial z}{\partial y} = \dfrac{\partial z}{\partial u}\dfrac{\partial u}{\partial y} + \dfrac{\partial z}{\partial v}\dfrac{\partial v}{\partial y}$，代入上式，有

$$dz = \left(\frac{\partial z}{\partial u}\frac{\partial u}{\partial x} + \frac{\partial z}{\partial v}\frac{\partial v}{\partial x}\right)dx + \left(\frac{\partial z}{\partial u}\frac{\partial u}{\partial y} + \frac{\partial z}{\partial v}\frac{\partial v}{\partial y}\right)dy$$

$$= \frac{\partial z}{\partial u}\left(\frac{\partial u}{\partial x}dx + \frac{\partial u}{\partial y}dy\right) + \frac{\partial z}{\partial v}\left(\frac{\partial v}{\partial x}dx + \frac{\partial v}{\partial y}dy\right)$$

$$= \frac{\partial z}{\partial u}du + \frac{\partial z}{\partial v}dv.$$

由此可见,无论 z 是自变量 u,v 的函数还是中间变量 u,v 的函数,它的全微分形式都是一样的,这个性质称为多元函数一阶全微分形式不变性.

例 6.4.5　设 $z = e^{xy}\sin(x+y)$,利用全微分形式不变性求 $\dfrac{\partial z}{\partial x}, \dfrac{\partial z}{\partial y}$.

解　令 $u = xy, v = x+y$,由全微分形式不变性得
$$dz = d(e^u\sin v) = e^u\sin v\,du + e^u\cos v\,dv,$$
又因为
$$du = d(xy) = y\,dx + x\,dy, \quad dv = d(x+y) = dx + dy,$$
代入后合并,得
$$dz = (e^u\sin v \cdot y + e^u\cos v)dx + (e^u\sin v \cdot x + e^u\cos v)dy$$
$$= e^{xy}[y\sin(x+y) + \cos(x+y)]dx$$
$$+ e^{xy}[x\sin(x+y) + \cos(x+y)]dy,$$
故
$$\frac{\partial z}{\partial x} = e^{xy}[y\sin(x+y) + \cos(x+y)],$$
$$\frac{\partial z}{\partial y} = e^{xy}[x\sin(x+y) + \cos(x+y)].$$

习 题 6.4

1. 设 $z = u^2\ln v$,而 $u = \dfrac{x}{y}, v = 3x - 2y$,求 $\dfrac{\partial z}{\partial x}, \dfrac{\partial z}{\partial y}$.

2. 设 $z = e^{x-2y}$,而 $x = \sin t, y = t^3$,求 $\dfrac{dz}{dt}$.

3. 设 $z = \arctan xy$,而 $y = e^x$,求 $\dfrac{dz}{dx}$.

4. 设 $z = \arctan\dfrac{x}{y}$,而 $x = u+v, y = u-v$,验证 $\dfrac{\partial z}{\partial u} + \dfrac{\partial z}{\partial v} = \dfrac{u-v}{u^2+v^2}$.

5. 求下列函数的一阶偏导数(其中 f 具有一阶连续偏导数).

(1) $z = ue^{\frac{u}{v}}$,而 $u = x^2 + y^2, v = xy$;

(2) $z = x^2 \ln y$，而 $x = \dfrac{u}{v}$，$y = 3u - 2v$；

(3) $u = f(x^2 - y^2, \mathrm{e}^{xy})$.

6. 设 $z = xy + xf(u)$，而 $u = \dfrac{y}{x}$，$f(u)$ 为可导函数，证明

$$x \frac{\partial z}{\partial x} + y \frac{\partial z}{\partial y} = z + xy.$$

7. 求下列函数的二阶偏导数（其中 f 具有二阶连续偏导数）.

(1) $z = \sin^2(ax + by)$；　(2) $z = f\left(2x, \dfrac{x}{y}\right)$.

6.5　隐函数的偏导数

一元函数微分学介绍了求由方程 $F(x, y) = 0$ 所确定的隐函数导数的方法，本节我们给出隐函数存在定理，并根据多元复合函数的求导法则导出隐函数的求导公式.

6.5.1　由一个方程所确定的隐函数的偏导数

定理 6.5　设函数 $F(x, y)$ 在点 (x_0, y_0) 的某一邻域内具有连续偏导数，且 $F(x_0, y_0) = 0$，$F_y(x_0, y_0) \neq 0$，则方程 $F(x, y) = 0$ 在点 (x_0, y_0) 的某一邻域内唯一确定一个具有连续导数的函数 $y = f(x)$，使得 $F(x, f(x)) \equiv 0$，且 $y_0 = f(x_0)$，并有

$$\frac{\mathrm{d}y}{\mathrm{d}x} = -\frac{F_x}{F_y}. \tag{6.3}$$

式(6.3)就是隐函数的求导公式，定理证明从略，现仅就公式(6.3)作如下推导.

设由方程 $F(x, y) = 0$ 确定了函数 $y = f(x)$，由定理 6.5 知，$F(x, f(x)) \equiv 0$，其左端可以看成 x 的一个复合函数，求这个函数的全导数，由恒等式两端关于 x 求导后仍然相等，得

$$\frac{\partial F}{\partial x} + \frac{\partial F}{\partial y} \frac{\mathrm{d}y}{\mathrm{d}x} = 0.$$

由于已知 F_y 连续，$F_y(x_0, y_0) \neq 0$，所以存在 (x_0, y_0) 的一个邻域，在这个邻域内 $F_y \neq 0$，于是

$$\frac{\mathrm{d}y}{\mathrm{d}x} = -\frac{F_x}{F_y}.$$

例 6.5.1　求由方程 $x + 2 = y - \sin xy$ 所确定的隐函数 $y = f(x)$ 的导数 $\dfrac{\mathrm{d}y}{\mathrm{d}x}$.

解　设 $F(x,y)=y-\sin xy-x-2$，则

$$F_x=-y\cos xy-1,\quad F_y=1-x\cos xy,$$

利用公式（6.3）可知

$$\frac{\mathrm{d}y}{\mathrm{d}x}=-\frac{F_x}{F_y}=-\frac{-y\cos xy-1}{1-x\cos xy}=\frac{y\cos xy+1}{1-\cos xy}.$$

隐函数存在定理可以推广到多元函数的情形.

定理 6.6　设方程 $F(x,y,z)=0$ 的左端函数 $F(x,y,z)$ 在点 (x_0,y_0,z_0) 的某邻域内具有连续偏导数，且 $F(x_0,y_0,z_0)=0$，$F_z(x_0,y_0,z_0)\neq 0$，则方程 $F(x,y,z)=0$ 在点 (x_0,y_0,z_0) 的某一邻域内唯一确定一个具有连续偏导数的函数 $z=f(x,y)$，使得 $F(x,y,f(x,y))\equiv 0$，且 $z_0=f(x_0,y_0)$，并有

$$\frac{\partial z}{\partial x}=-\frac{F_x}{F_z},\quad \frac{\partial z}{\partial y}=-\frac{F_y}{F_z}. \tag{6.4}$$

定理证明从略，与定理 6.5 类似，仅就公式（6.4）作如下推导：由于 $F(x,y,f(x,y))\equiv 0$，将其两端分别对 x 和 y 求导，应用复合函数求导法则，得

$$F_x+F_z\frac{\partial z}{\partial x}=0,\quad F_y+F_z\frac{\partial z}{\partial y}=0.$$

因为 F_z 连续，$F_z(x_0,y_0,z_0)\neq 0$，所以存在 (x_0,y_0,z_0) 的一个邻域，在这个邻域内 $F_z\neq 0$，于是

$$\frac{\partial z}{\partial x}=-\frac{F_x}{F_z},\quad \frac{\partial z}{\partial y}=-\frac{F_y}{F_z}.$$

例 6.5.2　设 $\mathrm{e}^z-z+xy=8$，求 $\dfrac{\partial z}{\partial x}$，$\dfrac{\partial^2 z}{\partial x^2}$.

解　设 $F(x,y,z)=\mathrm{e}^z-z+xy-8$，则

$$F_x=y,\quad F_z=\mathrm{e}^z-1,$$

于是

$$\frac{\partial z}{\partial x}=-\frac{F_x}{F_z}=-\frac{y}{\mathrm{e}^z-1}=\frac{y}{1-\mathrm{e}^z},$$

$$\frac{\partial^2 z}{\partial x^2}=\frac{-y\left(-\mathrm{e}^z\dfrac{\partial z}{\partial x}\right)}{(1-\mathrm{e}^z)^2}=\frac{y^2\mathrm{e}^z}{(1-\mathrm{e}^z)^3}.$$

6.5.2　由方程组所确定的隐函数的偏导数

下面将隐函数存在定理作进一步的推广. 我们不仅增加方程中变量的个数，而且增加方程的个数. 例如，考虑方程组

$$\begin{cases} F(x,y,u,v)=0, \\ G(x,y,u,v)=0. \end{cases}$$

这时,在四个变量中,一般只能有两个变量独立变化,因此上述方程组就有可能确定两个二元函数. 在这种情况下,可以由函数 F,G 的性质来断定由方程组所确定的两个二元函数的存在性以及它们的性质.

定理 6.7　设函数 $F(x,y,u,v),G(x,y,u,v)$ 在点 $P(x_0,y_0,u_0,v_0)$ 的某一邻域内具有对各个变量的连续偏导数,又 $F(x_0,y_0,u_0,v_0)=0,G(x_0,y_0,u_0,v_0)=0$,且偏导数所组成的函数行列式(或称雅可比(Jacobi)行列式)在点 P 处

$$J=\frac{\partial(F,G)}{\partial(u,v)}=\begin{vmatrix} \dfrac{\partial F}{\partial u} & \dfrac{\partial F}{\partial v} \\ \dfrac{\partial G}{\partial u} & \dfrac{\partial G}{\partial v} \end{vmatrix}\neq 0,$$

则方程组 $F(x,y,u,v)=0,G(x,y,u,v)=0$ 在点 $P(x_0,y_0,u_0,v_0)$ 的某一邻域内恒能唯一确定一组连续且具有连续偏导数的函数 $u=u(x,y),v=v(x,y)$,它们满足条件 $u_0=u(x_0,y_0),v_0=v(x_0,y_0)$,并有

$$\frac{\partial u}{\partial x}=-\frac{1}{J}\frac{\partial(F,G)}{\partial(x,v)}=-\frac{\begin{vmatrix} F_x & F_v \\ G_x & G_v \end{vmatrix}}{\begin{vmatrix} F_u & F_v \\ G_u & G_v \end{vmatrix}}, \qquad \frac{\partial v}{\partial x}=-\frac{1}{J}\frac{\partial(F,G)}{\partial(u,x)}=-\frac{\begin{vmatrix} F_u & F_x \\ G_u & G_x \end{vmatrix}}{\begin{vmatrix} F_u & F_v \\ G_u & G_v \end{vmatrix}},$$

$$\frac{\partial u}{\partial y}=-\frac{1}{J}\frac{\partial(F,G)}{\partial(y,v)}=-\frac{\begin{vmatrix} F_y & F_v \\ G_y & G_v \end{vmatrix}}{\begin{vmatrix} F_u & F_v \\ G_u & G_v \end{vmatrix}}, \qquad \frac{\partial v}{\partial y}=-\frac{1}{J}\frac{\partial(F,G)}{\partial(u,y)}=-\frac{\begin{vmatrix} F_u & F_y \\ G_u & G_y \end{vmatrix}}{\begin{vmatrix} F_u & F_v \\ G_u & G_v \end{vmatrix}}.$$

$$(6.5)$$

与前两个定理类似,我们仅就公式(6.5)作如下推导.

由于

$$F[x,y,u(x,y),v(x,y)]\equiv 0,$$
$$G[x,y,u(x,y),v(x,y)]\equiv 0,$$

将恒等式两边分别对 x 求导,应用复合函数求导法则得

$$\begin{cases} F_x+F_u\dfrac{\partial u}{\partial x}+F_v\dfrac{\partial v}{\partial x}=0, \\ G_x+G_u\dfrac{\partial u}{\partial x}+G_v\dfrac{\partial v}{\partial x}=0. \end{cases}$$

这是关于 $\dfrac{\partial u}{\partial x},\dfrac{\partial v}{\partial x}$ 的线性方程组,由假设可知在点 $P(x_0,y_0,u_0,v_0)$ 的一个邻域内,

系数行列式

$$J = \begin{vmatrix} F_u & F_v \\ G_u & G_v \end{vmatrix} \neq 0,$$

从而可解出 $\dfrac{\partial u}{\partial x}, \dfrac{\partial v}{\partial x}$,得

$$\frac{\partial u}{\partial x} = -\frac{1}{J}\frac{\partial(F,G)}{\partial(x,v)}, \quad \frac{\partial v}{\partial x} = -\frac{1}{J}\frac{\partial(F,G)}{\partial(u,x)}.$$

同理,可得

$$\frac{\partial u}{\partial y} = -\frac{1}{J}\frac{\partial(F,G)}{\partial(y,v)}, \quad \frac{\partial v}{\partial y} = -\frac{1}{J}\frac{\partial(F,G)}{\partial(u,y)}.$$

例 6.5.3 设 $xu - yv = 0, yu + xv = 1$,求 $\dfrac{\partial u}{\partial x}, \dfrac{\partial u}{\partial y}, \dfrac{\partial v}{\partial x}$ 和 $\dfrac{\partial v}{\partial y}$.

解 此题可直接用公式(6.5),也可按照推导公式(6.5)的方法来求解.
下面用推导公式法来求.

将所给方程的两边对 x 求导并移项,得

$$\begin{cases} x\,\dfrac{\partial u}{\partial x} - y\,\dfrac{\partial v}{\partial x} = -u, \\[2mm] y\,\dfrac{\partial u}{\partial x} + x\,\dfrac{\partial v}{\partial x} = -v. \end{cases}$$

在 $J = \begin{vmatrix} x & -y \\ y & x \end{vmatrix} = x^2 + y^2 \neq 0$ 的条件下,

$$\frac{\partial u}{\partial x} = \frac{\begin{vmatrix} -u & -y \\ -v & x \end{vmatrix}}{\begin{vmatrix} x & -y \\ y & x \end{vmatrix}} = -\frac{xu+yv}{x^2+y^2},$$

$$\frac{\partial v}{\partial x} = \frac{\begin{vmatrix} x & -u \\ y & -v \end{vmatrix}}{\begin{vmatrix} x & -y \\ y & x \end{vmatrix}} = \frac{yu-xv}{x^2+y^2}.$$

将所给方程的两边对 y 求导,用同样的方法在 $J = x^2 + y^2 \neq 0$ 的条件下可得

$$\frac{\partial u}{\partial y} = \frac{xv-yu}{x^2+y^2}, \quad \frac{\partial v}{\partial y} = -\frac{xu+yv}{x^2+y^2}.$$

习 题 6.5

1. 设 $xy + \ln x + \ln y = 0$,求 $\dfrac{\mathrm{d}y}{\mathrm{d}x}$.

2. 设 $x+2y+z-2\sqrt{xyz}=0$，求 $\dfrac{\partial z}{\partial x},\dfrac{\partial z}{\partial y}$.

3. 设 $z^3-3xyz=a^3$，求 $\dfrac{\partial z}{\partial x},\dfrac{\partial z}{\partial y}$.

4. 设 $z^3-2xz+y=0$ 确定隐函数 $z=z(x,y)$，求 $\dfrac{\partial^2 z}{\partial x^2}$.

5. 设 $2\sin(x+2y-3z)=x+2y-3z$，证明 $\dfrac{\partial z}{\partial x}+\dfrac{\partial z}{\partial y}=1$.

6. 求由方程组 $\begin{cases} x+y+z=0, \\ x^2+y^2+z^2=1 \end{cases}$ 确定的函数的导数 $\dfrac{\mathrm{d}x}{\mathrm{d}z},\dfrac{\mathrm{d}y}{\mathrm{d}z}$.

7. 求由方程组 $\begin{cases} x=\mathrm{e}^u+u\sin v, \\ y=\mathrm{e}^u-u\cos v \end{cases}$ 确定的函数的偏导数 $\dfrac{\partial u}{\partial x},\dfrac{\partial u}{\partial y},\dfrac{\partial v}{\partial x},\dfrac{\partial v}{\partial y}$.

6.6　多元函数的极值

在管理科学、经济学和许多工程技术问题中，常常需要求一个多元函数的最大值或最小值，统称为最值. 与一元函数类似，多元函数的最值与其极值也有着密切联系. 本节以二元函数为例，先来讨论极值问题.

6.6.1　无条件极值

定义 6.6　设函数 $z=f(x,y)$ 的定义域为 D，$P_0(x_0,y_0)$ 为 D 的内点，若存在 P_0 的某个邻域 $U(P_0)\subset D$，使得对于该邻域内异于 P_0 的任何点 (x,y)，都有
$$f(x,y)<f(x_0,y_0),$$
则称函数 $f(x,y)$ 在点 (x_0,y_0) 有**极大值** $f(x_0,y_0)$，点 (x_0,y_0) 称为函数 $f(x,y)$ 的**极大值点**；若对于该邻域内异于 P_0 的任何点 (x,y)，都有
$$f(x,y)>f(x_0,y_0),$$
则称函数 $f(x,y)$ 在点 (x_0,y_0) 有**极小值** $f(x_0,y_0)$，点 (x_0,y_0) 称为函数 $f(x,y)$ 的**极小值点**. 极大值、极小值统称为**极值**，使函数取得极值的点统称为**极值点**.

函数 $z=2-\sqrt{x^2+y^2}$ 在点 $(0,0)$ 处有极大值. 因为在点 $(0,0)$ 处函数值为 2，而对于点 $(0,0)$ 的任一邻域内异于 $(0,0)$ 的点，函数值都小于 2. $(0,0,2)$ 点是位于平面 $z=2$ 下方的圆锥面 $z=2-\sqrt{x^2+y^2}$ 的顶点.

例 6.6.1　函数 $z=2x^2+3y^2$ 在点 $(0,0)$ 处有极小值，因为对于点 $(0,0)$ 的任一邻域内异于 $(0,0)$ 的点，函数值都为正，而在点 $(0,0)$ 的函数值为零，从几何上看这是显然的，因为点 $(0,0,0)$ 是开口朝上的椭圆抛物面 $z=2x^2+3y^2$ 的顶点.

可导的一元函数 $y=f(x)$ 在点 x_0 处有极值的必要条件是 $f'(x_0)=0$,对于多元函数也有类似的结论.

定理 6.8（极值存在的必要条件）　设函数 $z=f(x,y)$ 在点 (x_0,y_0) 具有偏导数,且在点 (x_0,y_0) 处有极值,则有

$$f_x(x_0,y_0)=0, \quad f_y(x_0,y_0)=0.$$

证　不妨设 $z=f(x,y)$ 在点 (x_0,y_0) 处有极大值,根据极大值的定义,在点 (x_0,y_0) 的某邻域内异于 (x_0,y_0) 的点 (x,y),都有 $f(x,y)<f(x_0,y_0)$,特别地,在该邻域内取 $y=y_0$ 而 $x\neq x_0$ 的点,也满足不等式 $f(x,y_0)<f(x_0,y_0)$,这表明一元函数 $f(x,y_0)$ 在 $x=x_0$ 处取得极大值,因而必有

$$f_x(x_0,y_0)=0.$$

类似可证 $f_y(x_0,y_0)=0$.

若三元函数 $u=f(x,y,z)$ 在点 (x_0,y_0,z_0) 有偏导数,则类似可得它在点 (x_0,y_0,z_0) 具有极值的必要条件为

$$f_x(x_0,y_0,z_0)=0, \quad f_y(x_0,y_0,z_0)=0, \quad f_z(x_0,y_0,z_0)=0.$$

与一元函数类似,凡是使 $f_x(x,y)=0,f_y(x,y)=0$ 同时成立的点 (x_0,y_0) 称为函数 $z=f(x,y)$ 的**驻点**,由定理 6.8 知,具有偏导数的函数其极值点必定是驻点,但函数的驻点不一定是极值点,例如,点 $(0,0)$ 是函数 $z=xy$ 的驻点,但函数在该点并不取得极值.

定理 6.9（极值存在的充分条件）　设函数 $z=f(x,y)$ 在点 (x_0,y_0) 的某邻域内连续且有一阶及二阶连续偏导数,又 $f_x(x_0,y_0)=0,f_y(x_0,y_0)=0$,令

$$f_{xx}(x_0,y_0)=A, \quad f_{xy}(x_0,y_0)=B, \quad f_{yy}(x_0,y_0)=C,$$

则

(1) 当 $AC-B^2>0$ 时,$f(x,y)$ 在点 (x_0,y_0) 处具有极值,且当 $A<0$ 时有极大值,当 $A>0$ 时有极小值;

(2) 当 $AC-B^2<0$ 时,$f(x,y)$ 在点 (x_0,y_0) 处没有极值;

(3) 当 $AC-B^2=0$ 时,$f(x,y)$ 在点 (x_0,y_0) 处可能有极值,也可能没有极值,还需另作讨论.

定理证明从略.

利用定理 6.8 及定理 6.9,对于具有二阶连续偏导数的函数 $z=f(x,y)$,有如下求极值的步骤.

第一步　解方程组 $\begin{cases} f_x(x,y)=0, \\ f_y(x,y)=0, \end{cases}$ 求得一切实数解,即求得一切驻点.

第二步　求 f_{xx},f_{xy},f_{yy},对于每一个驻点 (x_0,y_0),求出二阶偏导数的值 A,B,C.

第三步　定出 $AC-B^2$ 的符号,按定理 6.9 的结论判断 $f(x_0,y_0)$ 是否是极

值,是极大值还是极小值.

例 6.6.2　求函数 $f(x,y)=x^3-y^3+3x^2+3y^2-9x$ 的极值.

解　先解方程组

$$\begin{cases} f_x(x,y)=3x^2+6x-9=0, \\ f_y(x,y)=-3y^2+6y=0, \end{cases}$$

求得驻点为 $(1,0),(1,2),(-3,0),(-3,2)$,再求出二阶偏导数

$$f_{xx}(x,y)=6x+6, \quad f_{xy}(x,y)=0, \quad f_{yy}(x,y)=-6y+6.$$

在点 $(1,0)$ 处,$AC-B^2=12\times6>0$,又 $A>0$,所以函数在 $(1,0)$ 处有极小值 $f(1,0)=-5$;

在点 $(1,2)$ 处,$AC-B^2=12\times(-6)<0$,所以 $f(1,2)$ 不是极值;

在点 $(-3,0)$ 处,$AC-B^2=-12\times6<0$,所以 $f(-3,0)$ 不是极值;

在点 $(-3,2)$ 处,$AC-B^2=-12\times(-6)>0$,又 $A<0$,所以函数在 $(-3,2)$ 处有极大值 $f(-3,2)=31$.

由定理 6.8 可知,若函数在所考虑的区域内具有偏导数,极值只可能在驻点处取得;然而,若函数在个别点的偏导数不存在,这些点当然不是驻点,但也可能是极值点,例如,函数 $z=2-\sqrt{x^2+y^2}$ 在点 $(0,0)$ 处的偏导数不存在,但该函数在点 $(0,0)$ 处却具有极大值.因为对于 $(0,0)$ 的任一邻域内异于 $(0,0)$ 的点,函数值都小于 2,点 $(0,0,2)$ 是位于平面 $z=2$ 下方的圆锥面 $z=2-\sqrt{x^2+y^2}$ 的顶点.所以在研究函数的极值问题时,除了考虑函数的驻点外,还要考虑使函数偏导数不存在的点.

6.6.2　最值

与一元函数类似,我们可以利用函数的极值来求函数的最大值和最小值,若函数 $f(x,y)$ 在有界闭区域 D 上连续,则 $f(x,y)$ 在 D 上必能取得最大值和最小值.这种使函数取得最大值或最小值的点既可能在 D 的内部,也可能在 D 的边界上,求函数的最大值和最小值的一般方法是:将函数 $f(x,y)$ 在 D 内所有驻点处的函数值及在 D 的边界上的最大值和最小值相互比较,其中最大的就是最大值,最小的就是最小值.在实际问题中,若根据问题的性质,知道函数 $f(x,y)$ 的最大值(最小值)一定在 D 的内部取得,而函数在 D 内只有一个驻点,那么该驻点的函数值就是函数 $f(x,y)$ 在 D 上的最大值(最小值).

例 6.6.3　某工厂生产甲、乙两种型号的产品,甲型产品的售价为 1000 元/件,乙型产品的售价为 900 元/件,生产 x 件甲型产品和 y 件乙型产品的总成本为 $40000+200x+300y+3x^2+xy+3y^2$ 元,求甲、乙两种型号的产品各生产多少时利润最大.

解　设 $L(x,y)$ 为生产 x 件甲型产品和 y 件乙型产品时获得的总利润,则

$$L(x,y)=1000x+900y-(40000+200x+300y+3x^2+xy+3y^2)$$
$$=-3x^2-xy-3y^2+800x+600y-40000,$$

令

$$\begin{cases} L_x(x,y)=-6x-y+800=0, \\ L_y(x,y)=-x-6y+600=0, \end{cases}$$

解方程组得

$$x=120, \quad y=80.$$

又因为

$$L_{xx}=-6<0, \quad L_{xy}=-1, \quad L_{yy}=-6,$$

可知

$$AC-B^2=35>0,$$

故 $L(x,y)$ 在驻点 $(120,80)$ 处取得极大值,又驻点唯一,因而可以断定,当甲、乙两种型号的产品分别生产 120 件和 80 件时,利润会最大,且最大利润为 $L(120,80)=32000$ 元.

例 6.6.4 平面直角坐标系内已知三点 $O(0,0),A(1,0),B(0,1)$,试在 $\triangle OAB$ 所围成的闭区域 D 上求点 $P(x,y)$,使它到三个顶点的距离的平方和最大或最小.

解 已知

$$f(x,y)=|OP|^2+|AP|^2+|BP|^2$$
$$=x^2+y^2+(x-1)^2+y^2+x^2+(y-1)^2$$
$$=3x^2+3y^2-2x-2y+2,$$

$$(x,y)\in D, \quad D=\{(x,y)\,|\,x\geqslant 0,y\geqslant 0,x+y\leqslant 1\},$$

函数 $f(x,y)$ 在有界闭区域 D 上连续,所以存在最大值和最小值.

(1) 先求 f 在有界闭区域 D 内的驻点及其函数值. 由

$$\begin{cases} f_x=6x-2=0, \\ f_y=6y-2=0 \end{cases}$$

得闭区域 D 内的驻点 $\left(\dfrac{1}{3},\dfrac{1}{3}\right)$,且 $f\left(\dfrac{1}{3},\dfrac{1}{3}\right)=\dfrac{4}{3}$.

(2) 再求边界 OA,OB,AB 上的驻点及其函数值.

在边界 OA 上,$y=0,0\leqslant x\leqslant 1$,代入得 $f(x,0)=3x^2-2x+2,x\in[0,1]$,

$$f'(x,0)=6x-2=0,$$

得 $x=\dfrac{1}{3}$,且 $f\left(\dfrac{1}{3},0\right)=\dfrac{5}{3}$.

同理在边界 OB 上,驻点为 $\left(0,\dfrac{1}{3}\right)$,且 $f\left(0,\dfrac{1}{3}\right)=\dfrac{5}{3}$.

在边界 AB 上,$x+y=1$,即 $y=1-x,f(x,y(x))=6x^2-6x+3,x\in[0,1]$.

$$f'(x,y(x))=12x-6=0,$$

得 $x=\dfrac{1}{2}$，$y=\dfrac{1}{2}$，且 $f\left(\dfrac{1}{2},\dfrac{1}{2}\right)=\dfrac{3}{2}$.

（3）$f(0,0)=2$，$f(1,0)=3$，$f(0,1)=3$.

（4）比较上述各个点的函数值，可知

$$f_{\max}=f(1,0)=f(0,1)=3, \quad f_{\min}=f\left(\dfrac{1}{3},\dfrac{1}{3}\right)=\dfrac{4}{3}.$$

6.6.3　条件极值、拉格朗日乘数法

上面研究的极值问题，函数的自变量仅受函数定义域的限制，没有其他附加条件，称为**无条件极值问题**. 在实际问题中，经常会遇到对函数的自变量还有附加约束条件的极值问题，这种对自变量有附加约束条件的极值称为**条件极值**. 对于有些实际问题，可以把条件极值化为无条件极值，但在很多情形下，将条件极值化为无条件极值并不简单. 我们另有一种直接寻求条件极值的方法，可以不必先将问题转化为无条件极值问题，这就是下面要介绍的拉格朗日乘数法.

现在来寻找目标函数 $z=f(x,y)$ 在附加条件 $\varphi(x,y)=0$ 下取得极值的必要条件.

若函数 $z=f(x,y)$ 在 (x_0,y_0) 取得极值，那么首先有

$$\varphi(x_0,y_0)=0.$$

假定在 (x_0,y_0) 的某一邻域内 $f(x,y)$ 与 $\varphi(x,y)$ 均有连续的一阶偏导数，且 $\varphi_y(x_0,y_0)\neq0$. 由隐函数存在定理可知，方程 $\varphi(x,y)=0$ 确定一个具有连续导数的函数 $y=y(x)$，将其代入目标函数，得到一个变量为 x 的函数

$$z=f(x,y(x)),$$

于是函数 $z=f(x,y)$ 在 (x_0,y_0) 取得极值，也就相当于函数 $z=f(x,y(x))$ 在 $x=x_0$ 取得极值，由一元可导函数取得极值的必要条件知

$$\left.\frac{\mathrm{d}z}{\mathrm{d}x}\right|_{x=x_0}=f_x(x_0,y_0)+f_y(x_0,y_0)\left.\frac{\mathrm{d}y}{\mathrm{d}x}\right|_{x=x_0}=0,$$

对方程 $\varphi(x,y)=0$ 用隐函数求导公式，有

$$\left.\frac{\mathrm{d}y}{\mathrm{d}x}\right|_{x=x_0}=-\frac{\varphi_x(x_0,y_0)}{\varphi_y(x_0,y_0)},$$

于是得

$$f_x(x_0,y_0)-f_y(x_0,y_0)\frac{\varphi_x(x_0,y_0)}{\varphi_y(x_0,y_0)}=0.$$

令 $\dfrac{f_y(x_0,y_0)}{\varphi_y(x_0,y_0)}=-\lambda$，则函数 $z=f(x,y)$ 在条件 $\varphi(x,y)=0$ 下取得极值的必要条

件就变为

$$\begin{cases} f_x(x_0,y_0)+\lambda\varphi_x(x_0,y_0)=0, \\ f_y(x_0,y_0)+\lambda\varphi_y(x_0,y_0)=0, \\ \varphi(x_0,y_0)=0. \end{cases}$$

容易看出,上式中前两式的左端正是函数

$$L(x,y,\lambda)=f(x,y)+\lambda\varphi(x,y)$$

的两个一阶偏导数在(x_0,y_0)的值.

由以上讨论,归纳出拉格朗日乘数法:

(1) 构造辅助函数(称为拉格朗日函数)

$$L(x,y,\lambda)=f(x,y)+\lambda\varphi(x,y), \quad 其中\lambda 称为拉格朗日乘数;$$

(2) 点(x_0,y_0)为条件极值点的必要条件是x_0,y_0与λ满足方程组

$$\begin{cases} L_x=f_x(x,y)+\lambda\varphi_x(x,y)=0, \\ L_y=f_y(x,y)+\lambda\varphi_y(x,y)=0, \\ L_\lambda=\varphi(x,y)=0, \end{cases}$$

由此解出 x_0,y_0 与 λ;

(3) 判断(x_0,y_0)是否为极值点,一般可由问题的实际意义作出判断.

上述方法可以推广到自变量多于两个而条件多于一个的情形.例如,要求目标函数

$$u=f(x,y,z)$$

在附加条件

$$\phi(x,y,z)=0, \quad \varphi(x,y,z)=0$$

下的极值,可以先作拉格朗日函数

$$L(x,y,z,\lambda,\mu)=f(x,y,z)+\lambda\phi(x,y,z)+\mu\varphi(x,y,z),$$

再对 L 分别求关于 x,y,z,λ,μ 的偏导数,令

$$\begin{cases} L_x=f_x(x,y,z)+\lambda\phi_x(x,y,z)+\mu\varphi_x(x,y,z)=0, \\ L_y=f_y(x,y,z)+\lambda\phi_y(x,y,z)+\mu\varphi_y(x,y,z)=0, \\ L_z=f_z(x,y,z)+\lambda\phi_z(x,y,z)+\mu\varphi_z(x,y,z)=0, \\ L_\lambda=\phi(x,y,z)=0, \\ L_\mu=\varphi(x,y,z)=0, \end{cases}$$

其中,λ,μ 均为参数.解以上方程组得出的(x,y,z)就是函数$u=f(x,y,z)$在上述两个条件下的可能极值点.

例 6.6.5 求表面积为 a^2 而体积最大的长方体的体积.

解 设长方体的三棱长分别为 x,y,z,则长方体的体积即问题的目标函数为

$$V=f(x,y,z)=xyz \quad (x>0,y>0,z>0),$$

表面积为 a^2,即问题的附加条件是

$$2xy + 2yz + 2xz = a^2.$$

接下来构造拉格朗日函数

$$L(x,y,z,\lambda) = xyz + \lambda(2xy + 2yz + 2xz - a^2),$$

由

$$\begin{cases} L_x = yz + 2\lambda(y+z) = 0, \\ L_y = xz + 2\lambda(x+z) = 0, \\ L_z = xy + 2\lambda(y+x) = 0, \\ L_\lambda = 2xy + 2yz + 2xz - a^2 = 0 \end{cases}$$

解得

$$x = y = z,$$

将此等式代入附加条件得

$$x = y = z = \frac{\sqrt{6}}{6}a.$$

这是唯一可能的极值点,由问题本身可知最大值一定存在,所以最大值就在这个可能的极值点处取得,也就是说,表面积为 a^2 的长方体中,棱长为 $\frac{\sqrt{6}}{6}a$ 的正方体的体积最大,最大体积 $V = \frac{\sqrt{6}}{36}a^3$.

习 题 6.6

1. 求函数 $f(x,y) = x^3 + 4x^2 + 2xy - y^2$ 的极值.

2. 求函数 $f(x,y) = xy + \frac{50}{x} + \frac{20}{y}$ $(x>0, y>0)$ 的极值.

3. 求函数 $f(x,y) = e^{2x}(x + y^2 + 2y)$ 的极值.

4. 求函数 $z = x^2 + y^2$ 在条件 $\frac{x}{a} + \frac{y}{b} = 1$ 下的极值.

5. 要造一个容积等于定数 k 的长方体无盖水池,应如何选择水池的尺寸,才能使它的表面积最小?

6.7　多元函数微分学模型应用举例

6.7.1　交叉弹性

定义 6.7　设函数 $z = f(x,y)$ 在点 (x,y) 处偏导数存在,函数对 x 的相对改

变量

$$\frac{\Delta_x z}{z} = \frac{f(x+\Delta x, y) - f(x, y)}{f(x, y)}$$

与自变量 x 的相对改变量 $\dfrac{\Delta x}{x}$ 之比

$$\frac{\dfrac{\Delta_x z}{z}}{\dfrac{\Delta x}{x}}$$

称为函数 $f(x, y)$ 对 x 从 x 到 $x+\Delta x$ 两点间的弹性. 当 $\Delta x \to 0$ 时,

$$\frac{\dfrac{\Delta_x z}{z}}{\dfrac{\Delta x}{x}}$$

的极限称为 $f(x, y)$ 在点 (x, y) 处对 x 的弹性, 记为 η_x 或 $\dfrac{Ez}{Ex}$, 即

$$\eta_x = \frac{Ez}{Ex} = \lim_{\Delta x \to 0} \frac{\dfrac{\Delta_x z}{z}}{\dfrac{\Delta x}{x}} = \frac{\partial z}{\partial x} \cdot \frac{x}{z}.$$

类似可定义 $f(x, y)$ 在点 (x, y) 处对 y 的弹性

$$\xi_y = \frac{Ez}{Ey} = \lim_{\Delta y \to 0} \frac{\dfrac{\Delta_y z}{z}}{\dfrac{\Delta y}{y}} = \frac{\partial z}{\partial y} \cdot \frac{y}{z}.$$

特别地, 如果 $z = f(x, y)$ 中 z 表示需求量, x 表示价格, y 表示消费者收入, 则 η_x 表示需求对价格的弹性, ξ_y 表示需求对收入的弹性.

弹性表示经济函数在一点的相对变化率, 边际表示经济函数在一点的变化率.

一种品牌电视机的营销人员在开拓市场时, 除了关心本品牌电视机的价格取向外, 更关心其他品牌同类电视机的价格情况, 以决定自己的营销策略. 即该品牌电视机的销售量 Q_A 是它的价格 P_A 及其他品牌电视机价格 P_B 的函数:

$$Q_A = f(P_A, P_B).$$

通过分析其边际 $\dfrac{\partial Q_A}{\partial P_A}$ 及 $\dfrac{\partial Q_A}{\partial P_B}$ 可知 Q_A 随着 P_A 及 P_B 变化而变化的规律, 进一步分析其弹性

$$\frac{\dfrac{\partial Q_A}{\partial P_A}}{\dfrac{Q_A}{P_A}} \text{ 及 } \frac{\dfrac{\partial Q_A}{\partial P_B}}{\dfrac{Q_A}{P_B}},$$

可知这种变化的灵敏度. 前者称为 Q_A 对 P_A 的弹性；后者称为 Q_A 对 P_B 的弹性，也称为交叉弹性. 这里，我们主要研究交叉弹性 $\dfrac{\partial Q_A}{\partial P_B} \cdot \dfrac{P_B}{Q_A}$ 及其经济意义.

例 6.7.1 随着养鸡工业化的提高，鸡肉价格 P_B 会不断下降. 现估计明年鸡肉价格将下降 5%，且猪肉需求量 Q_A 对鸡肉价格的交叉弹性为 0.85，问明年猪肉的需求量如何变化？

解 由于鸡肉与猪肉互为替代品，故鸡肉价格的下降将导致猪肉需求量的下降. 猪肉需求量对鸡肉价格的交叉弹性为

$$\eta_{P_B} = \frac{\partial Q_A}{\partial P_B} \cdot \frac{P_B}{Q_A} = 0.85,$$

而鸡肉价格下降 $\dfrac{\partial P_B}{P_B} = 5\%$，于是猪肉的需求量将下降

$$\frac{\partial Q_A}{Q_A} = \eta_{P_B} \cdot \frac{\partial P_B}{P_B} = 4.25\%.$$

例 6.7.2 某种数码相机的销售量 Q_A 除与它自身的价格 P_A 有关外，还与彩色喷墨打印机的价格 P_B 有关，Q_A 与 P_A, P_B 的函数关系为

$$Q_A = 120 + \frac{250}{P_A} - 10P_B - P_B^2.$$

当 $P_A = 50, P_B = 5$ 时，求：(1) Q_A 对 P_A 的弹性；(2) Q_A 对 P_B 的交叉弹性.

解 (1) Q_A 对 P_A 的弹性为

$$\frac{EQ_A}{EP_A} = \frac{\partial Q_A}{\partial P_A} \cdot \frac{P_A}{Q_A} = -\frac{250}{P_A^2} \cdot \frac{P_A}{120 + \dfrac{250}{P_A} - 10P_B - P_B^2}$$

$$= -\frac{250}{120P_A + 250 - P_A(10P_B + P_B^2)},$$

当 $P_A = 50, P_B = 5$ 时，

$$\frac{EQ_A}{EP_A} = -\frac{1}{10} \cdot \frac{50}{120 + 5 - 50 - 25} = -\frac{1}{10}.$$

(2) Q_A 对 P_B 的交叉弹性为

$$\frac{EQ_A}{EP_B} = \frac{\partial Q_A}{\partial P_B} \cdot \frac{P_B}{Q_A} = -(10 + 2P_B) \cdot \frac{P_B}{120 + \dfrac{250}{P_A} - 10P_B - P_B^2},$$

当 $P_A = 50, P_B = 5$ 时,

$$\frac{EQ_A}{EP_B} = -20 \cdot \frac{5}{120+5-50-25} = -2.$$

从以上例题可以看出,不同交叉弹性的值能反映两种商品间的相关性,具体就是:当交叉弹性大于零时,两商品互为替代品;当交叉弹性小于零时,两商品互为补品;当交叉弹性等于零时,两商品相互独立.

6.7.2　最优价格模型

在生产和销售商品的过程中,显然,销售价格上涨将使厂家在单位商品上获得的利润增加,但同时也使消费者的购买欲望下降,造成销售量下降,导致厂家消减产量.但在规模生产中,单位商品的生产成本随产量的增加而降低,因此销售量、成本与销售价格是相互影响的.厂家要选择合理的销售价格才能获得最大的利润,称此价格为最优价格.

例 6.7.3　一家电视机厂在进行某种型号电视机的销售价格决策时,有如下数据:

(1) 根据市场调查,当地对该种型号电视机的年需求量为 100 万台;

(2) 去年该厂家售出 10 万台,每台售价为 4000 元;

(3) 仅生产一台电视机的成本为 4000 元,但在批量生产后,生产 1 万台时成本降低为每台 3000 元.

问:在生产方式不变的情况下,今年的最优销售价格是多少?

解　建立数学模型　设该厂家这种型号电视机的总销售量为 x,每台生产成本为 c,销售价格为 P,那么厂家的利润为

$$u(c,P,x) = (P-c)x.$$

根据市场预测,销售量与销售价格之间有下面的关系:

$$x = Me^{-aP}, \quad M>0, \quad \alpha>0,$$

这里 M 为市场的最大需求量,α 是价格系数(该公式也反映出销售价格越高,销售量越少). 同时,生产部门对每台电视机的成本有如下测算:

$$c = c_0 - k\ln x, \quad c_0, k, x > 0,$$

这里 c_0 是只生产 1 台电视机时的成本,k 是规模系数(这也反映出产量越大即销售量越大,成本越低).

于是,问题转化为求利润函数

$$u(c,P,x) = (P-c)x$$

在约束条件

$$\begin{cases} x = Me^{-aP}, \\ c = c_0 - k\ln x \end{cases}$$

下的极值问题.

模型求解 作拉格朗日函数

$$L(c,P,x,\lambda,\mu)=(P-c)x-\lambda(x-Me^{-aP})-\mu(c-c_0+k\ln x),$$

由于

$$
\begin{cases}
L_c=-x-\mu=0, \\
L_P=x-\lambda a Me^{-aP}=0, \\
L_x=P-c-\lambda-\mu\dfrac{k}{x}=0, \\
L_\lambda=-x+Me^{-aP}=0, \\
L_\mu=-c+c_0-\ln x=0,
\end{cases}
$$

由第 2 个方程和第 4 个方程得 $\lambda a=1$,即 $\lambda=\dfrac{1}{a}$.将第 4 个方程代入第 5 个方程得

$c=c_0-k(\ln M-aP)$,再由第 1 个方程知 $\mu=-x$.将所得的这三个式子代入 $L_x=$

0,得 $P-[c_0-k(\ln M-aP)]-\dfrac{1}{a}+k=0$,由此解得最优价格为

$$P^*=\frac{c_0-k\ln M+\dfrac{1}{a}-k}{1-ak}.$$

只要确定了规模系数 k 与价格系数 a,问题就解决了.

现在利用这个模型解决开始的问题.此时 $M=1000000,c_0=4000$,去年该厂
家共售出 10 万台,每台销售价格为 4000 元,因此得

$$a=\frac{\ln M-\ln x}{P}=\frac{\ln 1000000-\ln 100000}{4000}\approx0.00058;$$

又生产 1 万台时成本就降低为每台 3000 元,因此得

$$k=\frac{c_0-c}{\ln x}=\frac{4000-3000}{\ln 10000}\approx108.57.$$

将这些数据代入 P^*,得到今年的最优价格应为

$$P^*\approx4392(元/台).$$

习 题 6.7

1. 设 Q_1,Q_2 分别为商品 A,B 的需求量,它们的需求函数为 $Q_1=8-P_1+2P_2,Q_2=10+2P_1-5P_2$,成本函数为 $C=3Q_1+2Q_2$,其中 P_1,P_2(单位:万元)为商品 A,B 的价格,试问价格 P_1,P_2 取何值时可使利润最大?

2. 一个公司可通过电台和报纸两种方式针对销售某商品投放广告.根据统计资料,销售收入 R(万元)与电台广告费用 x_1(万元)及报纸广告费用 x_2(万元)之

间的关系有如下的经验公式：

$$R=15+14+32x_2-8x_1x_2-2x_1^2-10x_2^2.$$

（1）在广告费用不限的情况下，求最优广告策略；

（2）若提供的广告费用为 1.5 万元，求相应的最优广告策略.

复习题 6

A

1. $\lim\limits_{(x,y)\to(0,0)}\dfrac{xy}{\sqrt{xy+1}-1}=$ _____.

2. 设 $z=x\ln(x+y)$，则 $\dfrac{\partial^2 z}{\partial x\partial y}=$ _____.

3. 设 $f(x,y,z)=\ln(x+yz)$，则 $f_z(2,1,1)=$ _____.

4. 设 $z=\arctan\dfrac{x+y}{x-y}$，则 $\mathrm{d}z=$ _____.

5. 设 $f(x,y)=2x+6y-x^2-y^2$ 的驻点为 _____.

6. 求二元函数 $f(x,y)=x^3-4x^2+2xy-y^2+1$ 的极值.

7. 设 $z=f(x,y)$ 由方程 $x+z=\mathrm{e}^{z-y}$ 所确定，求 $\dfrac{\partial z}{\partial x}$.

8. 证明 $\lim\limits_{(x,y)\to(0,0)}\dfrac{xy^2}{x^2+y^4}$ 不存在.

9. 求函数 $f(x,y)=\dfrac{\sqrt{4x-y^2}}{\ln(1-x^2-y^2)}$ 的定义域，并求 $\lim\limits_{(x,y)\to\left(\frac{1}{2},0\right)}f(x,y)$.

10. 求函数 $z=x\sin(x+y)$ 的二阶偏导数.

11. 试求椭圆 $5x^2+4xy+2y^2=1$ 的面积.

12. 求函数 $z=\dfrac{xy}{x^2-y^2}$ 当 $x=2,y=1,\Delta x=0.01,\Delta y=0.03$ 时的全增量和全微分.

13. 设 $x=\mathrm{e}^u\cos v,y=\mathrm{e}^u\sin v,z=uv$，试求 $\dfrac{\partial z}{\partial x},\dfrac{\partial z}{\partial y}$.

B

1. 某厂家生产的一种产品同时在两个市场销售,售价分别为 p_1 和 p_2,销售量分别为 q_1 和 q_2,需求函数分别为 $q_1=24-0.2p_1$,$q_2=10-0.05p_2$,总成本函数为 $C=35+40(q_1+q_2)$,试问:厂家如何确定两个市场的售价,能使其获得的总利润最大? 最大总利润为多少?

第 7 章　重积分及其应用

我们知道,在一元函数积分学的学习中,定积分是一种以固定模式构造的和式的极限,它解决了一类依赖于某区间的量的计算问题,我们把建立定积分的思想方法推广到定义在区域、曲线及曲面上多元函数的情形,便得到重积分、曲线积分及曲面积分的概念.本章将介绍重积分(包括二重积分和三重积分)的概念、性质、计算方法以及它们的一些应用.

7.1　二　重　积　分

7.1.1　二重积分模型

在一元函数中,我们曾以几何问题——求曲边梯形的面积为引例引入了定积分的概念,完全类似地,我们仍以几何问题为引例来引入二重积分的概念.

引例 1(曲顶柱体体积)　若有一立体,它的底是 xOy 面上的有界闭区域 D,其侧面是以 D 的边界曲线为准线,母线平行于 z 轴的柱面,其顶是曲面 $z=f(x,y)$,$(x,y)\in D$,其中二元函数 $f(x,y)\geqslant 0$ 且在 D 上连续,则称此柱体为**曲顶柱体**(图 7.1).

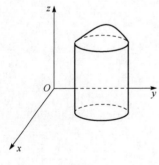

图 7.1

下面讨论如何计算曲顶柱体的体积 V.

若柱体的高不变,其体积可用公式体积=底面积×高来计算.对于曲顶柱体,当点 (x,y) 在 D 上变动时,其相应的高度 $f(x,y)$ 是个变量,因此它的体积不能直接用上面的公式计算.在 5.1 节中,采用了"分割、近似、求和、取极限"的步骤来求平面曲边梯形面积的思想方法,这里再次应用这个思想方法解决曲顶柱体的体积问题.

分割　用任意曲线网将区域 D 分成 n 个小闭区域 $\Delta\sigma_1,\Delta\sigma_2,\cdots,\Delta\sigma_n$,并且用 $\Delta\sigma_i$ 记各小闭区域 $\Delta\sigma_i(i=1,2,\cdots,n)$ 的面积,分别以这些小区域的边界曲线为准线,作准线平行于 z 轴的柱面.这些柱面将原曲顶柱体分割为 n 个小的曲顶柱体(图 7.2).设以 $\Delta\sigma_i$ 为底的小曲顶柱体的体积为 $\Delta V_i(i=1,2,\cdots,n)$,则

$$V=\sum_{i=1}^{n}\Delta V_i.$$

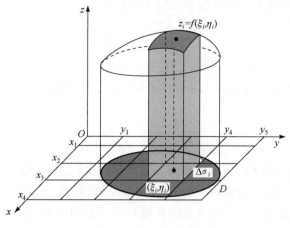

图 7.2

近似　当小闭区域 $\Delta\sigma_i(i=1,2,\cdots,n)$ 的直径很小时,由于 $f(x,y)$ 连续,所以在同一个 $\Delta\sigma_i$ 上 $f(x,y)$ 的变化很小,这时曲顶柱体可近似看成平顶柱体. 在每个 $\Delta\sigma_i$ 上任取一点 (ξ_i,η_i),以 $f(\xi_i,\eta_i)$ 为高的小平顶柱体的体积 $f(\xi_i,\eta_i)\Delta\sigma_i$ 近似替代小曲顶柱体的体积 ΔV_i,即

$$\Delta V_i\approx f(\xi_i,\eta_i)\Delta\sigma_i\quad(i=1,2,\cdots,n).$$

求和　曲顶柱体体积近似地等于这 n 个小平顶柱体体积之和,即

$$V=\sum_{i=1}^{n}\Delta V_i\approx\sum_{i=1}^{n}f(\xi_i,\eta_i)\Delta\sigma_i.$$

取极限　将区域 D 无限细分,并使每个小区域的直径都趋于零. 记 $\lambda=\max\{\Delta\sigma_i$ 的直径 $|i=1,2,\cdots,n\}$,则 λ 趋于零的过程就是将 D 无限细分的过程. 若当 $\lambda\to0$ 时上式右端和式的极限存在,则定义此极限为曲顶柱体的体积 V,即

$$V=\lim_{\lambda\to0}\sum_{i=1}^{n}f(\xi_i,\eta_i)\Delta\sigma_i.$$

引例 2（平面薄片的质量）　设有一平面薄片占有 xOy 面上的区域 D,它在 (x,y) 处的面密度为 $\rho(x,y)(\rho(x,y)>0)$,现计算该平面薄片的质量 M.

（1）**分割**　如图 7.3 所示,将 D 任意分成 n 个小区域 $\Delta\sigma_1,\Delta\sigma_2,\cdots,\Delta\sigma_n$,其中 $\Delta\sigma_i$ 既表示第 i 个小区域又表示它的面积.

（2）**近似**　在每个 $\Delta\sigma_i$ 上任取一点 (ξ_i,η_i),$\rho(\xi_i,\eta_i)$ 近似代替 $\Delta\sigma_i$ 上各点的密度,则第 i 个小平面薄片的质量可近似为

$$\Delta M_i\approx\rho(\xi_i,\eta_i)\Delta\sigma_i,\quad(\xi_i,\eta_i)\in\Delta\sigma_i.$$

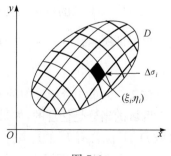

图 7.3

(3) **求和**　整个平面薄片的质量的近似值为

$$M \approx \sum_{i=1}^{n} \rho(\xi_i, \eta_i) \Delta\sigma_i.$$

(4) **取极限**　记 $\lambda = \max\{\Delta\sigma_i$ 的直径 $|i = 1, 2, \cdots, n\}$,当 $\lambda \to 0$ 时,如果上述和式的极限存在,就将此极限值定义为整个平面薄片的质量

$$M = \lim_{\lambda \to 0} \sum_{i=1}^{n} \rho(\xi_i, \eta_i) \Delta\sigma_i.$$

综上,两种实际意义完全不同的问题,都归结为同一形式的极限.其实还有许多物理、几何、经济学上的量都可归结为这种形式和的极限,因此,有必要撇开这类极限问题的实际背景,给出一个更广泛、更抽象的数学概念,即二重积分.

定义 7.1　设 $f(x, y)$ 是有界闭区域 D 上的有界函数,将闭区域 D 任意划分成 n 个小闭区域 $\Delta\sigma_1, \Delta\sigma_2, \cdots, \Delta\sigma_n$,记小闭区域 $\Delta\sigma_i$ 的面积为 $\Delta\sigma_i(i = 1, 2, \cdots, n)$.在每个 $\Delta\sigma_i$ 上任取一点 (ξ_i, η_i),作乘积 $f(\xi_i, \eta_i)\Delta\sigma_i(i = 1, 2, \cdots, n)$,再作和 $\sum_{i=1}^{n} f(\xi_i, \eta_i)\Delta\sigma_i$.记 $\lambda = \max\{\Delta\sigma_i$ 的直径 $| i = 1, 2, \cdots, n\}$.如果不论对区域 D 怎样分,也不论在每个小区域 $\Delta\sigma_i$ 上怎样取点 (ξ_i, η_i),当 $\lambda \to 0$ 时,$\lim\limits_{\lambda \to 0} \sum_{i=1}^{n} f(\xi_i, \eta_i)\Delta\sigma_i$ 总存在并且相等,则称此极限值为函数 $f(x, y)$ 在闭区域 D 上的**二重积分**,记作 $\iint\limits_D f(x, y)\mathrm{d}\sigma$,即

$$\iint\limits_D f(x, y)\mathrm{d}\sigma = \lim_{\lambda \to 0} \sum_{i=1}^{n} f(\xi_i, \eta_i)\Delta\sigma_i, \tag{7.1}$$

其中 $f(x, y)$ 称为**被积函数**,$f(x, y)\mathrm{d}\sigma$ 称为**积分表达式**,$\mathrm{d}\sigma$ 称为**面积元素**,x, y 称为**积分变量**,D 称为**积分区域**,$\sum_{i=1}^{n} f(\xi_i, \eta_i)\Delta\sigma_i$ 称为**积分和**.

注 1　二重积分的存在性:若式(7.1)右端的极限存在,则称函数 $f(x, y)$ 在闭区域 D 上的二重积分存在,或称 $f(x, y)$**在 D 上可积**.对一般的函数 $f(x, y)$ 和区域 D,式(7.1)右端的极限未必存在.

可以证明,若 $f(x, y)$ 在有界闭区域 D 上连续,则二重积分 $\iint\limits_D f(x, y)\mathrm{d}\sigma$ 就必存在.

注 2　二重积分记号中的面积元素 $\mathrm{d}\sigma$ 象征和式中的 $\Delta\sigma_i$.因为二重积分定义中对区域的划分是任意的,如果在直角坐标系中用平行于坐标轴的直线网来划分区域 D 时,除含有 D 的边界点的一些小区域外,绝大多数小区域都是矩形,如图7.4所示,设矩形小区域 $\Delta\sigma_i$ 的长、宽分别为 Δx_i 和 Δy_i,则 $\Delta\sigma_i = \Delta x_i \Delta y_i$,因此也

把在直角坐标系中的面积元素 $d\sigma$ 记作 $dx\,dy$，即直角坐标系中二重积分可记作

$$\iint\limits_{D} f(x,y)dx\,dy.$$

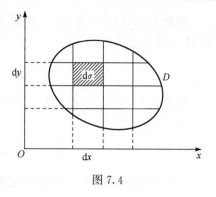

图 7.4

注 3　几何意义：由二重积分定义可知，当 $f(x,y)\geqslant0$ 时，二重积分 $\iint\limits_{D} f(x,y)d\sigma$ 等于以 D 为底，以 $z=f(x,y)$ 为曲顶的曲顶柱体的体积；当 $f(x,y)<0$ 时，柱体在 xOy 面的下方，二重积分等于柱体体积的负值.

7.1.2　二重积分的性质

设 D 是 xOy 平面上的有界闭区域，σ 为 D 的面积.

性质 7.1（线性性质）　如果函数 $f(x,y),g(x,y)$ 都在 D 上可积，则对任意的常数 α,β，函数 $\alpha f(x,y)+\beta g(x,y)$ 也在 D 上可积，且

$$\iint\limits_{D}[\alpha f(x,y)+\beta g(x,y)]d\sigma=\alpha\iint\limits_{D}f(x,y)d\sigma+\beta\iint\limits_{D}g(x,y)d\sigma.$$

性质 7.2（区域可加性）　如果函数 $f(x,y)$ 在 D 上可积，用曲线将 D 分割成两个闭区域 D_1 与 D_2，则在 D_1 或 D_2 上 $f(x,y)$ 也可积，且

$$\iint\limits_{D}f(x,y)d\sigma=\iint\limits_{D_1}f(x,y)d\sigma+\iint\limits_{D_2}f(x,y)d\sigma.$$

性质 7.3（常数 1 的积分）　如果在 D 上，$f(x,y)\equiv1$，则

$$\iint\limits_{D}1d\sigma=\iint\limits_{D}d\sigma=\sigma.$$

性质 7.4（保号性）　如果函数 $f(x,y)$ 在 D 上可积，且在 D 上 $f(x,y)\geqslant0$，则

$$\iint\limits_{D}f(x,y)d\sigma\geqslant0.$$

推论 7.1（保序性）　如果函数 $f(x,y),g(x,y)$ 都在 D 上可积，且在 D 上 $f(x,y)\leqslant g(x,y)$，则

$$\iint\limits_{D}f(x,y)d\sigma\leqslant\iint\limits_{D}g(x,y)d\sigma.$$

推论 7.2（绝对值性质）　如果函数 $f(x,y)$ 在 D 上可积，则函数 $|f(x,y)|$ 也在 D 上可积，且

$$\left|\iint\limits_{D}f(x,y)d\sigma\right|\leqslant\iint\limits_{D}|f(x,y)|d\sigma.$$

性质 7.5（估值不等式）　如果函数 $f(x,y)$ 在 D 上可积,且在 D 上取得最大值 M 和最小值 m,则

$$m\sigma \leqslant \iint\limits_{D} f(x,y)\mathrm{d}\sigma \leqslant M\sigma.$$

性质 7.6（积分中值定理）　如果函数 $f(x,y)$ 在 D 上连续,则在 D 上至少存在一点 (ξ,η),使得

$$\iint\limits_{D} f(x,y)\mathrm{d}x\,\mathrm{d}y = f(\xi,\eta)\sigma.$$

积分中值定理的几何意义:任意曲顶柱体的体积必等于某同底、高为 $f(\xi,\eta)$ 的平顶柱体的体积.

证　由于 $f(x,y)$ 在闭区域 D 上连续,故 $f(x,y)$ 在闭区域 D 上取得其最大值 M 和最小值 m. 由性质 7.5,得

$$m\sigma \leqslant \iint\limits_{D} f(x,y)\mathrm{d}\sigma \leqslant M\sigma,$$

显然 $\sigma \neq 0$,因此有

$$m \leqslant \frac{1}{\sigma}\iint\limits_{D} f(x,y)\mathrm{d}\sigma \leqslant M.$$

再由二元函数的介值定理知道,至少存在一点 $(\xi,\eta) \in D$,使得

$$\frac{1}{\sigma}\iint\limits_{D} f(x,y)\mathrm{d}\sigma = f(\xi,\eta),$$

即

$$\iint\limits_{D} f(x,y)\mathrm{d}\sigma = f(\xi,\eta)\sigma.$$

例 7.1.1　比较积分 $\iint\limits_{D}(x+y)^2\mathrm{d}\sigma$ 与 $\iint\limits_{D}(x+y)^3\mathrm{d}\sigma$ 的大小,其中积分区域 D 是由圆周 $(x-2)^2+(y-1)^2=2$ 所围成的闭区域.

解　由 $(x-2)^2+(y-1)^2 \leqslant 2$ 可得

$$x+y \geqslant \frac{1}{2}(x^2+y^2-2x+3) = \frac{1}{2}[(x-1)^2+y^2]+1 \geqslant 1,$$

于是,当 $(x,y) \in D$ 时,$(x+y)^3 \geqslant (x+y)^2$. 所以,根据推论 7.1 可得

$$\iint\limits_{D}(x+y)^2\mathrm{d}\sigma \leqslant \iint\limits_{D}(x+y)^3\mathrm{d}\sigma.$$

习 题 7.1

1. 填空题.

(1) 设 $D = \{(x,y) \mid 0 \leqslant x \leqslant 1, 0 \leqslant y \leqslant 1\}$,试利用二重积分的性质估计 $I =$

$\iint\limits_{D} xy(x+y)\mathrm{d}\sigma$ 的值为_____.

(2) 设区域 D 是由 x 轴、y 轴与直线 $x+y=1$ 所围成的,根据二重积分的性质,试比较积分 $I_1=\iint\limits_{D}(x+y)^2\mathrm{d}\sigma$ 与 $I_2=\iint\limits_{D}(x+y)^3\mathrm{d}\sigma$ 的大小:_____.

2. 根据二重积分的性质,比较下列积分的大小.

(1) $\iint\limits_{D}\ln(x+y)\mathrm{d}\sigma$ 与 $\iint\limits_{D}[\ln(x+y)]^2\mathrm{d}\sigma$,其中 $D=\{(x,y)\,|\,3\leqslant x\leqslant 5,0\leqslant y\leqslant 1\}$;

(2) $\iint\limits_{D}\ln(x+y)\mathrm{d}\sigma$ 与 $\iint\limits_{D}[\ln(x+y)]^2\mathrm{d}\sigma$,其中 D 是三角形闭区域,三顶点分别为 $(1,0),(1,1),(2,0)$.

3. 利用二重积分的性质,估计积分 $I=\iint\limits_{D}(x+y+10)\mathrm{d}\sigma$,其中 D 是由圆周 $x^2+y^2=4$ 所围成的.

7.2　二重积分的计算

按照二重积分的定义来计算二重积分,对于部分特殊的被积函数和积分区域是可行的,但对于一般的函数和区域,这不是一种切实可行的方法. 本节介绍一种二重积分的计算方法,即将二重积分化为两次定积分来计算.

7.2.1　在直角坐标系下计算二重积分

任一平面曲边图形都是由两种基本图形——上下曲边、左右直边,或左右曲边、上下直边构成的.

注　区域 D 满足条件:过 D 的内点且平行于 x 轴或 y 轴的直线与 D 的边界曲线相交不多于两点. 如果 D 不满足此条件,我们可将 D 分成若干部分,使其每一部分都符合这个条件,最后把各个积分加起来,即可得到在整个区域上的积分.

下面按积分区域的两种不同类型,借助几何直观来说明将二重积分 $\iint\limits_{D}f(x,y)\mathrm{d}\sigma$ 转化为二次积分进行计算的方法.

(Ⅰ) X 型区域:上下曲边、左右直边. 首先假定 $f(x,y)\geqslant 0$. 积分区域 D 可用不等式

$$y_1(x)\leqslant y\leqslant y_2(x),\quad a\leqslant x\leqslant b$$

表示,如图 7.5 所示,其中 $y_1(x),y_2(x)$ 在 $[a,b]$ 上连续.

由二重积分几何意义知,$\iint\limits_{D} f(x,y)\mathrm{d}\sigma$ 的值等于以 D 为底,以 $z=f(x,y)$ 为顶的曲顶柱体(图 7.6) 的体积. 我们应用计算"已知平行截面面积函数的立体体积"的方法来计算这个曲顶柱体的体积.

为此先计算截面面积:任取 $[a,b]$ 上一点 x_0,用平面 $x=x_0$ 去截曲顶柱体,得到一个以 y 轴上区间 $[y_1(x_0),y_2(x_0)]$ 为底,以 $z=f(x_0,y)$ 为曲边的曲边梯形(图 7.6 中阴影部分),故截面面积为

$$S(x_0)=\int_{y_1(x_0)}^{y_2(x_0)} f(x_0,y)\mathrm{d}y.$$

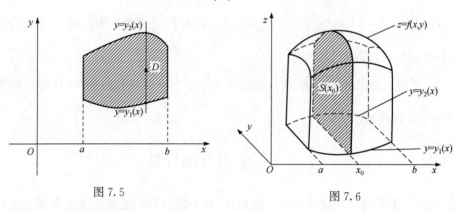

图 7.5　　　　　　　　　　　　图 7.6

一般地,用过区间 $[a,b]$ 上任一点 x 且平行于 yOz 面的平面截曲顶柱体,所得截面的面积为 $S(x)=\int_{y_1(x)}^{y_2(x)} f(x,y)\mathrm{d}y.$

于是曲顶柱体的体积为

$$V=\int_a^b S(x)\mathrm{d}x=\int_a^b\left[\int_{y_1(x)}^{y_2(x)} f(x,y)\mathrm{d}y\right]\mathrm{d}x.$$

上式右端是一个先对 y、后对 x 的二次积分,即先将 x 看成常数,对 y 计算定积分,再将所得结果对 x 计算定积分,这个二次积分通常也记作

$$\int_a^b\mathrm{d}x\int_{y_1(x)}^{y_2(x)} f(x,y)\mathrm{d}y,$$

即

$$\iint\limits_{D} f(x,y)\mathrm{d}x\mathrm{d}y=\int_a^b\mathrm{d}x\int_{y_1(x)}^{y_2(x)} f(x,y)\mathrm{d}y. \tag{7.2}$$

注　虽然在上面讨论中假定 $f(x,y)\geqslant 0$,但实际上公式(7.2)的成立并不受此限制.

(Ⅱ) Y 型区域:左右曲边、上下直边. 积分区域可以用不等式

$$x_1(y)\leqslant x\leqslant x_2(y),\quad c\leqslant y\leqslant d$$

表示，如图 7.7 所示，其中 $x_1(y),x_2(y)$ 在闭区间 $[c,d]$ 上连续. 二重积分 $\iint\limits_D f(x,y)\mathrm{d}x\mathrm{d}y$ 可以化成先对 x、后对 y 的二次积分

$$\iint\limits_D f(x,y)\mathrm{d}x\mathrm{d}y = \int_c^d \mathrm{d}y \int_{x_1(y)}^{x_2(y)} f(x,y)\mathrm{d}x. \tag{7.3}$$

例 7.2.1　计算 $I=\iint\limits_D (1-x^2)\mathrm{d}\sigma$，其中 $D=\{(x,y)\mid 0\leqslant x\leqslant 1,0\leqslant y\leqslant x\}$ （图 7.8）.

解　由二重积分的计算方法，得

$$I=\iint\limits_D (1-x^2)\mathrm{d}\sigma = \int_0^1 \mathrm{d}x \int_0^x (1-x^2)\mathrm{d}y$$

$$= \int_0^1 \left[(1-x^2)y\right]\Big|_0^x \mathrm{d}x$$

$$= \int_0^1 (1-x^2)x\,\mathrm{d}x = \left(\frac{x^2}{2}-\frac{x^4}{4}\right)\Big|_0^1 = \frac{1}{4}.$$

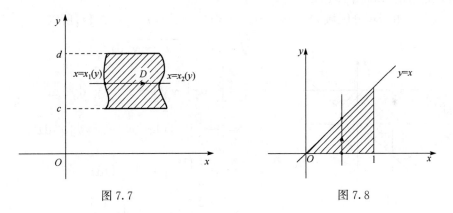

图 7.7　　　　　　　　　　　　　　　图 7.8

例 7.2.2　计算二重积分 $I=\iint\limits_D xy\mathrm{d}x\mathrm{d}y$，其中积分区域 D 分别如下（图 7.9）.

（1）矩形区域：$0\leqslant x\leqslant 1,0\leqslant y\leqslant 1$.

（2）三角形区域：$x\geqslant 0,y\geqslant 0,x+y\leqslant 1$.

（3）单位圆在第一象限内围成的区域：$x\geqslant 0,y\geqslant 0,x^2+y^2\leqslant 1$.

解　（1）$I=\int_0^1 \mathrm{d}x \int_0^1 xy\mathrm{d}y = \int_0^1 \left(\frac{xy^2}{2}\right)\Big|_0^1 \mathrm{d}x = \frac{1}{2}\int_0^1 x\,\mathrm{d}x = \frac{1}{4}.$

（2）$D:0\leqslant x\leqslant 1,0\leqslant y\leqslant 1-x$，因此

$$I=\int_0^1 \mathrm{d}x \int_0^{1-x} xy\mathrm{d}y = \int_0^1 \left(\frac{xy^2}{2}\right)\Big|_0^{1-x} \mathrm{d}x = \int_0^1 \frac{x(1-x)^2}{2}\mathrm{d}x = \frac{1}{24}.$$

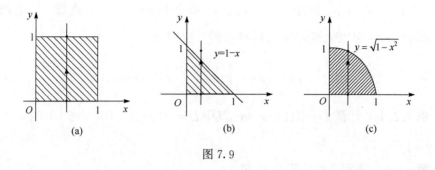

图 7.9

(3) $D: 0 \leqslant x \leqslant 1, 0 \leqslant y \leqslant \sqrt{1-x^2}$,因此

$$I = \int_0^1 \mathrm{d}x \int_0^{\sqrt{1-x^2}} xy \,\mathrm{d}y = \int_0^1 \left(\frac{xy^2}{2}\right) \Big|_0^{\sqrt{1-x^2}} \mathrm{d}x = \int_0^1 \frac{x(1-x^2)}{2} \mathrm{d}x = \frac{1}{8}.$$

例 7.2.3 $I = \iint\limits_D y \sqrt{1+x^2-y^2} \,\mathrm{d}\sigma$,其中 D 是由直线 $y=x, x=-1$ 和 $y=1$ 所围成的闭区域(图 7.10).

解 由于积分区域 $D = \{(x,y) \mid -1 \leqslant x \leqslant 1, x \leqslant y \leqslant 1\}$,所以

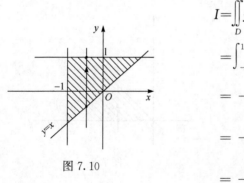

图 7.10

$$I = \iint\limits_D y \sqrt{1+x^2-y^2} \,\mathrm{d}\sigma$$

$$= \int_{-1}^1 \mathrm{d}x \int_x^1 y \sqrt{1+x^2-y^2} \,\mathrm{d}y$$

$$= -\frac{1}{3} \int_{-1}^1 \left[(1+x^2-y^2)^{\frac{3}{2}}\right] \Big|_x^1 \mathrm{d}x$$

$$= -\frac{1}{3} \int_{-1}^1 (|x|^3 - 1) \mathrm{d}x$$

$$= -\frac{2}{3} \int_0^1 (x^3 - 1) \mathrm{d}x = \frac{1}{2}.$$

例 7.2.4 计算 $I = \iint\limits_D xy \,\mathrm{d}\sigma$,其中 D 是由抛物线 $y^2 = x, y = x - 2$ 所围成的闭区域(图 7.11).

解 由于积分区域可表示为 $D = \{(x,y) \mid -1 \leqslant y \leqslant 2, y^2 \leqslant x \leqslant y+2\}$,故用先对 x 后对 y 的积分顺序,得

$$I = \iint\limits_D xy \,\mathrm{d}\sigma = \int_{-1}^2 \mathrm{d}y \int_{y^2}^{y+2} xy \,\mathrm{d}x$$

$$= \int_{-1}^2 \left(\frac{x^2}{2} y\right) \Big|_{y^2}^{y+2} \mathrm{d}y$$

$$=\frac{1}{2}\int_{-1}^{2}\left[y(y+2)^{2}-y^{5}\right]\mathrm{d}y$$

$$=\frac{1}{2}\left(\frac{y^{4}}{4}+\frac{4}{3}y^{3}+2y^{2}-\frac{y^{6}}{6}\right)\Big|_{-1}^{2}$$

$$=\frac{45}{8}.$$

注　若利用公式(7.2)来计算,则由于在区间[0,1]及[1,4]上表示 $y_{2}(x)$ 的式子不同,所以要用经过交点 $(1,-1)$ 且平行于 y 轴的直线 $x=1$ 把区域 D 分成 D_{1} 和 D_{2} 两部分,其中

$$D_{1}=\{(x,y)\,|-\sqrt{x}\leqslant y\leqslant\sqrt{x}\,,0\leqslant x\leqslant 1\}\,,\quad D_{2}=\{(x,y)\,|\,x-2\leqslant y\leqslant\sqrt{x}\,,1\leqslant x\leqslant 4\}\,,$$

分别计算二重积分.

例 7.2.5　计算二重积分 $I=\iint\limits_{D}\dfrac{x\sin y}{y}\mathrm{d}x\mathrm{d}y$,其中 D 是由曲线 $y=\sqrt{x}$ 及直线 $y=x$ 所围成的区域(图 7.12).

解　积分区域 D 可表示为 $y^{2}\leqslant x\leqslant y,0\leqslant y\leqslant 1$,则根据公式(7.3)可得

$$I=\int_{0}^{1}\mathrm{d}y\int_{y^{2}}^{y}x\,\frac{\sin y}{y}\mathrm{d}x=\frac{1}{2}\int_{0}^{1}(y\sin y-y^{3}\sin y)\mathrm{d}y=2\sin 1-3\cos 1.$$

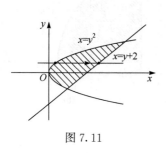

图 7.11

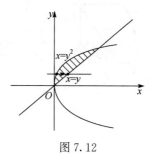

图 7.12

注　若根据公式(7.2)计算,由于 $\dfrac{\sin y}{y}$ 的积分不能用初等函数来表示,因而无法计算.因此根据积分区域和被积函数的特点适当地选取积分顺序是十分重要的,选取时应兼顾以下两个方面:

(1) 使第一次积分容易计算,并且不会给第二次积分造成麻烦;

(2) 尽量不分或少分块进行积分.

例 7.2.6　改变二次积分 $\displaystyle\int_{1}^{e}\mathrm{d}x\int_{0}^{\ln x}f(x,y)\mathrm{d}y$ 的积分顺序(图 7.13).

解　根据积分的上下限可作出积分区域 D. D 还可表示为 $e^{y}\leqslant x\leqslant e$,

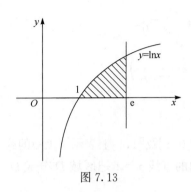

图 7.13

$0 \leqslant y \leqslant 1$,所以

$$\int_1^e \mathrm{d}x \int_0^{\ln x} f(x,y)\mathrm{d}y = \iint\limits_D f(x,y)\mathrm{d}x\mathrm{d}y$$
$$= \int_0^1 \mathrm{d}y \int_{e^y}^e f(x,y)\mathrm{d}x.$$

注　一般地,改变积分顺序的题都可按以下步骤进行:

(1) 根据已知二次积分的积分限画出积分区域 D;

(2) 按新顺序的要求将 D 表示为 x, y 的不等式;

(3) 根据以上不等式,写出新顺序下的二次积分.

例 7.2.7　求两个底半径都等于 R 的直交圆柱面所围成的立体的体积,如图 7.14(a)所示.

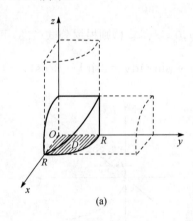

(a)

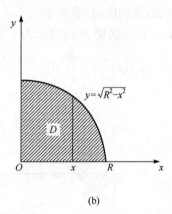

(b)

图 7.14

解　两个直交圆柱面可分别写为

$$x^2 + y^2 = R^2, \quad x^2 + z^2 = R^2.$$

由对称性,先求出在第一卦限的部分.这部分可看成以区域

$$D = \{(x,y) \mid 0 \leqslant x \leqslant R, 0 \leqslant y \leqslant \sqrt{R^2 - x^2}\}$$

为底,如图 7.14(b)所示,以曲面 $z = \sqrt{R^2 - x^2}$ 为顶的曲顶柱体,其体积为

$$V_1 = \iint\limits_D \sqrt{R^2 - x^2}\,\mathrm{d}\sigma = \int_0^R \left[\int_0^{\sqrt{R^2 - x^2}} \sqrt{R^2 - x^2}\,\mathrm{d}y \right]\mathrm{d}x$$

$$= \int_0^R \left(\sqrt{R^2 - x^2}\,y \right) \Big|_0^{\sqrt{R^2 - x^2}} \mathrm{d}x$$

$$= \int_0^R (R^2 - x^2) \mathrm{d}x = \frac{2}{3} R^3.$$

因此,所求体积为

$$V = 8V_1 = \frac{16}{3} R^3.$$

7.2.2　在极坐标系下计算二重积分

对于某些被积函数和某些积分区域,利用直角坐标计算二重积分不方便,下面我们介绍在极坐标中计算二重积分的方法.

设 $f(x,y)$ 是区域 D 上的连续函数,引入极坐标变换:

$$\begin{cases} x = r\cos\theta, \\ y = r\sin\theta, \end{cases} \quad 0 \leqslant r < +\infty, \quad 0 \leqslant \theta \leqslant 2\pi,$$

则被积函数可表示为

$$f(x,y) = f(r\cos\theta, r\sin\theta).$$

关键是找被积表达式中面积元素 $\mathrm{d}\sigma$ 的表达式.

假如从极点 O 出发且穿过闭区域 D 内部的射线与 D 的边界曲线相交不多于两点. 我们用两族曲线 $r = $ 常数与 $\theta = $ 常数将 D 分成 n 个小的闭区域(图 7.15),则每个小闭区域的面积 $\Delta\sigma_i \approx (r_i + \Delta r_i)\Delta\theta_i$.

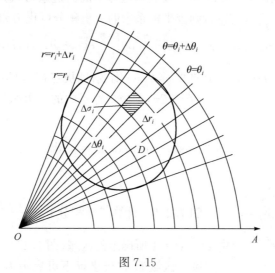

图 7.15

可以证明在将 D 无限细分的过程中,$\Delta\sigma_i$ 与 $(r_i + \Delta r_i)\Delta\theta_i$ 仅相差一个比

$\Delta r_i \Delta \theta_i$ 高阶的无穷小,由此进行抽象,即可得平面区域 D 在极坐标系下面积元素的表达式为

$$d\sigma = r\,dr\,d\theta,$$

从而可得极坐标系下二重积分的表达式

$$\iint_D f(x,y)\,dx\,dy = \iint_D f(r\cos\theta, r\sin\theta)\,r\,dr\,d\theta. \tag{7.4}$$

极坐标系中的二重积分,同样可以化为二次积分来计算.

如果积分区域 D 可以用不等式 $r_1(\theta) \leqslant r \leqslant r_2(\theta), \alpha \leqslant \theta \leqslant \beta$ 来表示(图 7.16),其中函数 $r_1(\theta), r_2(\theta)$ 在 $[\alpha, \beta]$ 上连续,则极坐标系中的二重积分可化为如下的二次积分:

$$\iint_D f(r\cos\theta, r\sin\theta)\,r\,dr\,d\theta = \int_\alpha^\beta d\theta \int_{r_1(\theta)}^{r_2(\theta)} f(r\cos\theta, r\sin\theta)\,r\,dr. \tag{7.5}$$

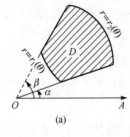 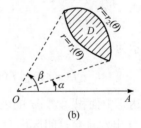

(a)   (b)

图 7.16

特别地,如果积分区域 D 是一极点在边界上的曲边扇形,这时 D 可用不等式 $0 \leqslant r \leqslant r(\theta), \alpha \leqslant \theta \leqslant \beta$ 来表示,则极坐标系中的二重积分可化为如下二次积分:

$$\iint_D f(r\cos\theta, r\sin\theta)\,r\,dr\,d\theta = \int_\alpha^\beta d\theta \int_0^{r(\theta)} f(r\cos\theta, r\sin\theta)\,r\,dr. \tag{7.6}$$

另外,如果积分区域 D 由曲线 $r = r(\theta)$ 围成,即极点在 D 的内部,则 D 可用不等式表示为 $0 \leqslant r \leqslant r(\theta), 0 \leqslant \theta \leqslant 2\pi$,则极坐标系中的二重积分可化为如下二次积分:

$$\iint_D f(r\cos\theta, r\sin\theta)\,r\,dr\,d\theta = \int_0^{2\pi} d\theta \int_0^{r(\theta)} f(r\cos\theta, r\sin\theta)\,r\,dr. \tag{7.7}$$

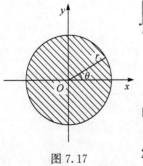

图 7.17

例 7.2.8 计算二重积分 $\displaystyle\iint_D \frac{dx\,dy}{1+x^2+y^2}$,其中 D 是由 $x^2 + y^2 = 1$ 所确定的区域(图 7.17).

解 区域 D 在极坐标下可表示为 $0 \leqslant r \leqslant 1, 0 \leqslant \theta \leqslant 2\pi$,故

$$\iint\limits_{D} \frac{\mathrm{d}x\,\mathrm{d}y}{1+x^2+y^2} = \iint\limits_{D} \frac{r\,\mathrm{d}r\,\mathrm{d}\theta}{1+r^2} = \int_0^{2\pi}\mathrm{d}\theta \int_0^1 \frac{r\,\mathrm{d}r}{1+r^2}$$

$$= \int_0^{2\pi} \frac{1}{2}\big[\ln(1+r^2)\big]\,\big|_0^1\,\mathrm{d}\theta$$

$$= \frac{1}{2}\ln 2 \int_0^{2\pi}\mathrm{d}\theta$$

$$= \pi\ln 2.$$

例 7.2.9　计算 $\iint\limits_{D}\mathrm{e}^{-x^2-y^2}\,\mathrm{d}x\,\mathrm{d}y$，其中 D 是中心在原点、半径为 a 的圆周所围成的区域.

解　在极坐标下，D 可表示为 $0\leqslant r\leqslant a$，$0\leqslant\theta\leqslant 2\pi$，因此

$$\iint\limits_{D}\mathrm{e}^{-x^2-y^2}\,\mathrm{d}x\,\mathrm{d}y = \iint\limits_{D}\mathrm{e}^{-r^2}r\,\mathrm{d}r\,\mathrm{d}\theta = \int_0^{2\pi}\left(\int_0^a r\mathrm{e}^{-r^2}\,\mathrm{d}r\right)\mathrm{d}\theta$$

$$= \int_0^{2\pi}\left(-\frac{1}{2}\mathrm{e}^{-r^2}\right)\Big|_0^a\,\mathrm{d}\theta$$

$$= \int_0^{2\pi}\frac{1}{2}(1-\mathrm{e}^{-a^2})\,\mathrm{d}\theta = \pi(1-\mathrm{e}^{-a^2}).$$

注 1　若采用直角坐标来计算，则会遇到积分 $\int\mathrm{e}^{-x^2}\,\mathrm{d}x$，它不能用初等函数来表示，因而无法计算.

注 2　一般地，当二重积分的被积函数含有 x^2+y^2，积分区域为圆域或其一部分时，利用极坐标计算往往比较简单.

注 3　利用例 7.2.9 的结果可以计算一个在概率论中有重要应用的广义积分 $\int_0^{+\infty}\mathrm{e}^{-x^2}\,\mathrm{d}x$.

例 7.2.10　计算反常积分 $\int_0^{+\infty}\mathrm{e}^{-x^2}\,\mathrm{d}x$（图 7.18）.

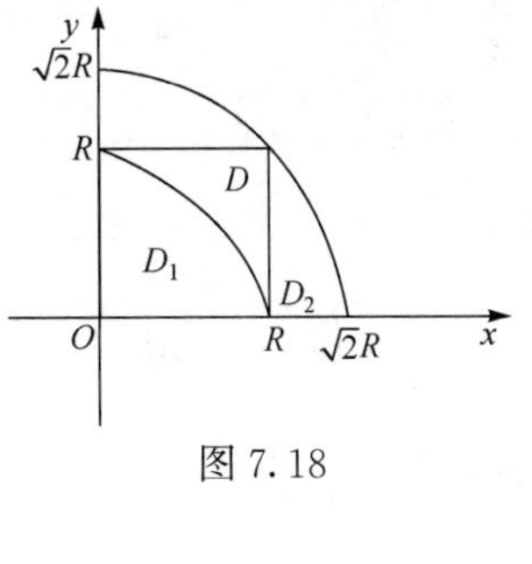

解　由于 $\int_0^{+\infty}\mathrm{e}^{-x^2}\,\mathrm{d}x = \lim\limits_{R\to+\infty}\int_0^R\mathrm{e}^{-x^2}\,\mathrm{d}x$，又由于

图 7.18

$$\left(\int_0^R\mathrm{e}^{-x^2}\,\mathrm{d}x\right)^2 = \int_0^R\mathrm{e}^{-x^2}\,\mathrm{d}x \cdot \int_0^R\mathrm{e}^{-x^2}\,\mathrm{d}x$$

$$= \int_0^R\mathrm{e}^{-x^2}\,\mathrm{d}x \cdot \int_0^R\mathrm{e}^{-y^2}\,\mathrm{d}y$$

$$= \int_0^R\int_0^R\mathrm{e}^{-x^2-y^2}\,\mathrm{d}x\,\mathrm{d}y$$

$$= \iint\limits_{D} e^{-x^2-y^2} \, dx \, dy,$$

其中 $D=\{(x,y)\,|\,0{\leqslant}x{\leqslant}R,0{\leqslant}y{\leqslant}R\}$. 设

$$D_1=\{(x,y)\,|\,x^2+y^2{\leqslant}R^2,x{\geqslant}0,y{\geqslant}0\},$$

$$D_2=\{(x,y)\,|\,x^2+y^2{\leqslant}2R^2,x{\geqslant}0,y{\geqslant}0\},$$

则有 $D_1{\subset}D{\subset}D_2$,因此在这些闭区域上的二重积分有以下不等式成立.

$$\iint\limits_{D_1} e^{-x^2-y^2} \, dx \, dy \leqslant \iint\limits_{D} e^{-x^2-y^2} \, dx \, dy \leqslant \iint\limits_{D_2} e^{-x^2-y^2} \, dx \, dy,$$

由例 7.2.9,有

$$\iint\limits_{D_1} e^{-x^2-y^2} \, dx \, dy = \frac{\pi}{4}(1-e^{-R^2}),$$

$$\iint\limits_{D_2} e^{-x^2-y^2} \, dx \, dy = \frac{\pi}{4}(1-e^{-2R^2}).$$

因此有

$$\frac{\pi}{4}(1-e^{-R^2}) \leqslant \iint\limits_{D} e^{-x^2-y^2} \, dx \, dy \leqslant \frac{\pi}{4}(1-e^{-2R^2}).$$

由夹逼准则,可得

$$\lim_{R\to+\infty} \iint\limits_{D} e^{-x^2-y^2} \, dx \, dy = \frac{\pi}{4},$$

则

$$\left(\int_0^{+\infty} e^{-x^2} \, dx\right)^2 = \lim_{R\to+\infty} \left(\int_0^R e^{-x^2} \, dx\right)^2 = \lim_{R\to+\infty} \iint\limits_{D} e^{-x^2-y^2} \, dx \, dy = \frac{\pi}{4},$$

所以

$$\int_0^{+\infty} e^{-x^2} \, dx = \frac{\sqrt{\pi}}{2}.$$

例 7.2.11　求球体 $x^2+y^2+z^2{\leqslant}4a^2$ 被圆柱面 $x^2+y^2=2ax$ 所截得的(含在圆柱面内的部分)立体的体积.

解　球体被圆柱面所截得的立体在第一卦限的部分如图 7.19 所示. 由对称性

$$V = 4\iint\limits_{D} \sqrt{4a^2-x^2-y^2} \, dx \, dy,$$

其中 D 为半圆周 $y=\sqrt{2ax-x^2}$ 与 x 轴所围成的区域，即

$$D=\{(x,y)\,|\,0\leqslant x\leqslant 2a,0\leqslant y\leqslant\sqrt{2ax-x^2}\,\},$$

利用极坐标计算，得

$$V=4\iint\limits_{D}\sqrt{4a^2-x^2-y^2}\,\mathrm{d}x\,\mathrm{d}y=4\iint\limits_{D}\sqrt{4a^2-r^2}\,r\,\mathrm{d}r\,\mathrm{d}\theta$$

$$=4\int_0^{\frac{\pi}{2}}\mathrm{d}\theta\int_0^{2a\cos\theta}\sqrt{4a^2-r^2}\,r\,\mathrm{d}r$$

$$=\frac{32}{3}a^3\int_0^{\frac{\pi}{2}}(1-\sin^3\theta)\,\mathrm{d}\theta=\frac{32}{3}a^3\left(\frac{\pi}{2}-\frac{2}{3}\right).$$

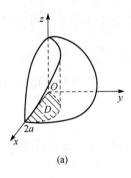

(a)

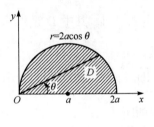

(b)

图 7.19

习 题 7.2

1. 填空题.

(1) 交换下列二次积分的积分次序.

① $\displaystyle\int_0^1\mathrm{d}y\int_{\sqrt{y}}^{\sqrt{2-y}}f(x,y)\,\mathrm{d}x=$ ＿＿＿＿＿＿＿.

② $\displaystyle\int_0^2\mathrm{d}y\int_{y^2}^{2y}f(x,y)\,\mathrm{d}x=$ ＿＿＿＿＿＿＿.

③ $\displaystyle\int_0^1\mathrm{d}y\int_0^{y}f(x,y)\,\mathrm{d}x=$ ＿＿＿＿＿＿＿.

④ $\displaystyle\int_0^1\mathrm{d}y\int_{-\sqrt{1-y^2}}^{\sqrt{1-y^2}}f(x,y)\,\mathrm{d}x=$ ＿＿＿＿＿＿＿.

⑤ $\displaystyle\int_1^{\mathrm{e}}\mathrm{d}x\int_0^{\ln x}f(x,y)\,\mathrm{d}y=$ ＿＿＿＿＿＿＿.

⑥ $\int_0^4 \mathrm{d}y \int_{-\sqrt{4-y}}^{\frac{1}{2}(y-4)} f(x,y)\mathrm{d}x = $ _____.

(2) 积分 $\int_0^2 \mathrm{d}x \int_x^2 \mathrm{e}^{-y^2}\mathrm{d}y$ 的值等于 _____.

(3) 设 $D = \left\{(x,y) \,\middle|\, 0 \leqslant x \leqslant \dfrac{\pi}{2}, 0 \leqslant y \leqslant \dfrac{\pi}{2}\right\}$, 则积分

$$I = \iint\limits_D \sqrt{1 - \sin^2(x+y)}\,\mathrm{d}x\mathrm{d}y = \underline{\qquad\qquad}.$$

2. 把下列积分化为极坐标形式,并计算积分值.

(1) $\int_0^{2a} \mathrm{d}x \int_0^{\sqrt{2ax-x^2}} (x^2+y^2)\mathrm{d}y$;　　　　　　(2) $\iint\limits_D y\,\mathrm{d}x\mathrm{d}y, D: x^2+y^2 \leqslant x$.

3. 利用极坐标计算下列各题.

(1) $\iint\limits_D \mathrm{e}^{x^2+y^2}\mathrm{d}\sigma$, 其中 D 是由圆周 $x^2+y^2=1$ 及坐标轴所围成的在第一象限内的闭区域;

(2) $\iint\limits_D \ln(1+x^2+y^2)\mathrm{d}\sigma$, 其中 D 是由圆周 $x^2+y^2=1$ 及坐标轴所围成的在第一象限内的闭区域;

(3) $\iint\limits_D \arctan\dfrac{y}{x}\mathrm{d}\sigma$, 其中 D 是由圆周 $x^2+y^2=4, x^2+y^2=1$ 及直线 $y=0, y=x$ 所围成的在第一象限内的闭区域.

4. 选用适当的坐标计算下列各题.

(1) $\iint\limits_D \dfrac{x^2}{y^2}\mathrm{d}\sigma$, 其中 D 是直线 $x=2, y=x$ 及曲线 $xy=1$ 所围成的闭区域;

(2) $\iint\limits_D (1+x)\sin y\,\mathrm{d}\sigma$, 其中 D 是顶点分别为 $(0,0), (1,0), (1,2)$ 和 $(0,1)$ 的梯形闭区域;

(3) $\iint\limits_D \sqrt{R^2-x^2-y^2}\,\mathrm{d}\sigma$, 其中 D 是圆周 $x^2+y^2=Rx$ 所围成的闭区域;

(4) $\iint\limits_D \sqrt{x^2+y^2}\,\mathrm{d}\sigma$, 其中 D 是圆环形闭区域 $\{(x,y) \mid a^2 \leqslant x^2+y^2 \leqslant b^2\}$.

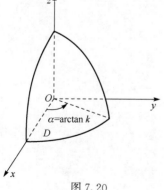

图 7.20

5. 求平面 $y=0, y=kx\,(k>0), z=0$, 以及球心在原点、半径为 R 的上半球面所围成的在第一卦限内的立体(图 7.20)的体积.

6. 计算由四个平面 $x=0, y=0, x=1, y=1$ 所围成的柱体被平面 $z=0$ 及 $2x+3y+z=6$ 截得的立体的体积.

7. 求由平面 $x=0, y=0, x+y=1$ 所围成的柱体被平面 $z=0$ 及抛物面 $x^2+y^2=6-z$ 截得的立体的体积.

8. 计算以 xOy 面上的圆周 $x^2+y^2=ax$ 围成的闭区域为底, 以曲面 $z=x^2+y^2$ 为顶的曲顶柱体的体积.

7.3 三重积分

7.3.1 三重积分的定义

将定积分与二重积分分别表示为特定和式的极限的定义, 可以很自然地推广到三重积分.

定义 7.2 设 $f(x, y, z)$ 是空间闭区域 Ω 上的有界函数.

将 Ω 任意地划分成 n 个小区域 $\Delta v_1, \Delta v_2, \cdots, \Delta v_n$, 其中 Δv_i 既表示第 i 个小区域, 也表示它的体积. 在每个小区域 Δv_i 上任取一点 (ξ_i, η_i, ζ_i), 作乘积 $f(\xi_i, \eta_i, \zeta_i)\Delta v_i, i=1, 2, \cdots, n$, 作和式

$$\sum_{i=1}^{n} f(\xi_i, \eta_i, \zeta_i)\Delta v_i.$$

记 λ 为这 n 个小区域直径的最大者, 若极限

$$\lim_{\lambda \to 0} \sum_{i=1}^{n} f(\xi_i, \eta_i, \zeta_i)\Delta v_i$$

存在, 则称此极限值为函数 $f(x, y, z)$ 在区域 Ω 上的三重积分, 记作 $\iiint\limits_{\Omega} f(x, y, z)\mathrm{d}v$, 即

$$\iiint\limits_{\Omega} f(x, y, z)\mathrm{d}v = \lim_{\lambda \to 0} \sum_{i=1}^{n} f(\xi_i, \eta_i, \zeta_i)\Delta v_i.$$

注 1 若函数 $f(x, y, z)$ 在区域 Ω 上连续, 则三重积分存在.

注 2 三重积分的物理意义: 如果 $f(x, y, z)=\rho(x, y, z)$ 表示某物体空间在 (x, y, z) 处的体密度, Ω 是该物体所占有的空间区域, 则三重积分

$$\iiint\limits_{\Omega} f(x, y, z)\mathrm{d}v = \iiint\limits_{\Omega} \rho(x, y, z)\mathrm{d}v$$

就是物体 Ω 的质量 M.

注 3 如果在区域 Ω 上被积函数 $f(x, y, z) \equiv 1$, 则

$$\iiint\limits_{\Omega} f(x, y, z)\mathrm{d}v = \iiint\limits_{\Omega} 1 \cdot \mathrm{d}v = \iiint\limits_{\Omega} \mathrm{d}v = V,$$

其中 V 为区域 Ω 的体积.

注 4　体积元素在直角坐标系下也可记作成 $\mathrm{d}x\,\mathrm{d}y\,\mathrm{d}z$,即

$$\iiint\limits_{\Omega} f(x,y,z)\mathrm{d}v = \iiint\limits_{\Omega} f(x,y,z)\mathrm{d}x\,\mathrm{d}y\,\mathrm{d}z.$$

7.3.2　三重积分的计算

1. 利用直角坐标计算三重积分

如图 7.21 所示,设区域 Ω 的底面为 $S_1:z=z_1(x,y)$,顶面为 $S_2:z=z_2(x,y)$;侧面平行于 z 轴,Ω 在 xOy 面上的投影区域为 D_{xy}, 即 $\Omega=\{(x,y,z)\,|\,z_1(x,y)\leqslant z\leqslant z_2(x,y),(x,y)\in D_{xy}\}$,则三重积分 $\iiint\limits_{\Omega} f(x,y,z)\mathrm{d}v$ 可化为三次积分,即

$$\iiint\limits_{\Omega} f(x,y,z)\mathrm{d}v = \int_a^b \mathrm{d}x \int_{y_1(x)}^{y_2(x)} \mathrm{d}y \int_{z_1(x,y)}^{z_2(x,y)} f(x,y,z)\mathrm{d}z,$$

其中 $D_{xy}=\{(x,y)\,|\,y_1(x)\leqslant y\leqslant y_2(x),a\leqslant x\leqslant b\}$.

计算过程为

$$\iiint\limits_{\Omega} f(x,y,z)\mathrm{d}v = \int_a^b \left\{ \int_{y_1(x)}^{y_2(x)} \left[\int_{z_1(x,y)}^{z_2(x,y)} f(x,y,z)\mathrm{d}z \right] \mathrm{d}y \right\} \mathrm{d}x.$$

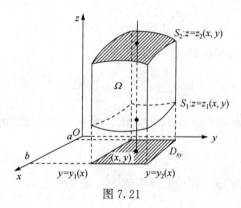

图 7.21

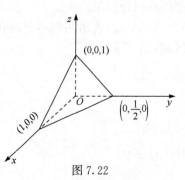

图 7.22

例 7.3.1　计算三重积分 $\iiint\limits_{\Omega} x\mathrm{d}x\mathrm{d}y\mathrm{d}z$,其中 Ω 为三坐标面及平面 $x+2y+z=1$ 所围成的闭区域.

解　将 $x+2y+z=1$ 改写为 $x+\dfrac{y}{1/2}+z=1$,可很快画出区域 Ω 的简图(图 7.22),区域 Ω 在 xOy 面上的投影区域为

$$D_{xy} = \left\{ (x,y) \,\middle|\, 0 \leqslant y \leqslant \frac{1-x}{2}, 0 \leqslant x \leqslant 1 \right\},$$

而积分区域 Ω 可表示为

$$\Omega = \{ (x,y,z) \mid 0 \leqslant z \leqslant 1-x-2y, (x,y) \in D_{xy} \}.$$

因此

$$\iiint\limits_{\Omega} x \, dx \, dy \, dz = \int_0^1 dx \int_0^{\frac{1-x}{2}} dy \int_0^{1-x-2y} x \, dz = \int_0^1 dx \int_0^{\frac{1-x}{2}} xz \,\Big|_0^{1-x-2y} dy$$

$$= \int_0^1 dx \int_0^{\frac{1-x}{2}} x(1-x-2y) \, dy = \int_0^1 (xy - x^2 y - xy^2) \,\Big|_0^{\frac{1-x}{2}} dx$$

$$= \frac{1}{4} \int_0^1 (x - 2x^2 + x^3) \, dx = \frac{1}{48}.$$

例 7.3.2　计算三重积分 $\iiint\limits_{\Omega} z \, dx \, dy \, dz$，其中 Ω 是

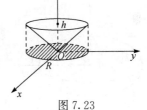

由锥面 $z = \dfrac{h}{R}\sqrt{x^2+y^2}$ 与平面 $z = h\,(R>0, h>0)$ 所围

成的闭区域.

图 7.23

解　由积分区域 Ω（图 7.23）在 xOy 面上的投影

区域为 $D_{xy} : x^2 + y^2 \leqslant R^2$，因此

$$\iiint\limits_{\Omega} z \, dx \, dy \, dz = \int_{-R}^{R} dx \int_{-\sqrt{R^2-x^2}}^{\sqrt{R^2-x^2}} dy \int_{\frac{h}{R}\sqrt{x^2+y^2}}^{h} z \, dz$$

$$= \int_{-R}^{R} dx \int_{-\sqrt{R^2-x^2}}^{\sqrt{R^2-x^2}} \left(\frac{z^2}{2}\right) \Big|_{\frac{h}{R}\sqrt{x^2+y^2}}^{h} dy$$

$$= \frac{h^2}{2R^2} \int_{-R}^{R} dx \int_{-\sqrt{R^2-x^2}}^{\sqrt{R^2-x^2}} [R^2 - (x^2 + y^2)] \, dy$$

$$= \frac{h^2}{2R^2} \int_0^{2\pi} d\theta \int_0^R (R^2 - r^2) r \, dr$$

$$= \frac{h^2}{2R^2} \cdot 2\pi \cdot \left(\frac{R^2}{2} r^2 - \frac{r^4}{4}\right) \Big|_0^R = \frac{1}{4} \pi h^2 R^2.$$

如果空间区域 Ω 可表示为

$$\Omega = \{ (x,y,z) \mid (x,y) \in D_z, c_1 \leqslant z \leqslant c_2 \},$$

其中 D_z 为过点 $(0,0,z)$ 垂直于 z 轴的 Ω 的平面截区域. 这样，有计算公式

$$\iiint\limits_{\Omega} f(x,y,z) \, dx \, dy \, dz = \int_{c_1}^{c_2} dz \iint\limits_{D_z} f(x,y,z) \, dx \, dy.$$

对于上例，$D_z : x^2 + y^2 \leqslant \dfrac{R^2}{h^2} z^2, 0 \leqslant z \leqslant h$，从而

$$\iiint\limits_{\Omega} z\,\mathrm{d}x\,\mathrm{d}y\,\mathrm{d}z = \int_0^h \mathrm{d}z \iint\limits_{D_z} z\,\mathrm{d}x\,\mathrm{d}y$$

$$= \int_0^h z\,\mathrm{d}z \iint\limits_{D_z} \mathrm{d}x\,\mathrm{d}y$$

$$= \int_0^h z\pi \frac{R^2}{h^2} z^2\,\mathrm{d}z$$

$$= \frac{R^2}{h^2}\pi \left(\frac{z^4}{4}\right)\bigg|_0^h = \frac{1}{4}\pi R^2 h^2.$$

例 7.3.3 计算三重积分 $\iiint\limits_{\Omega} z^2\,\mathrm{d}x\,\mathrm{d}y\,\mathrm{d}z$，其中 Ω 是由椭球面 $\dfrac{x^2}{a^2}+\dfrac{y^2}{b^2}+\dfrac{z^2}{c^2}=1$ 所围成的空间闭区域.

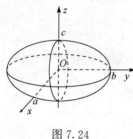

图 7.24

解　如图 7.24 所示，由于积分区域 Ω 可表示为

$$\Omega = \left\{ (x,y,z) \,\bigg|\, \frac{x^2}{a^2}+\frac{y^2}{b^2} \leqslant 1-\frac{z^2}{c^2}, -c \leqslant z \leqslant c \right\},$$

故积分可化为

$$\iiint\limits_{\Omega} z^2\,\mathrm{d}x\,\mathrm{d}y\,\mathrm{d}z = \int_{-c}^c \mathrm{d}z \iint\limits_{D_z} z^2\,\mathrm{d}x\,\mathrm{d}y = \int_{-c}^c z^2\,\mathrm{d}z \iint\limits_{D_z} \mathrm{d}x\,\mathrm{d}y$$

$$= \int_{-c}^c z^2 \pi ab\left(1-\frac{z^2}{c^2}\right)\mathrm{d}z$$

$$= \pi ab\left(\frac{z^3}{3}-\frac{z^5}{5c^2}\right)\bigg|_{-c}^c = \frac{4}{15}\pi abc^3.$$

例 7.3.4 计算三重积分 $\iiint\limits_{\Omega}(x+z)\,\mathrm{d}v$，其中 Ω 是由锥面 $z=\sqrt{x^2+y^2}$ 与球面 $z=\sqrt{1-x^2-y^2}$ 所围成的空间闭区域.

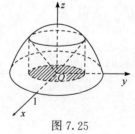

图 7.25

解　积分区域 Ω(图 7.25)在 xOy 面上的投影区域为 $D_{xy}:x^2+y^2\leqslant\dfrac{1}{2}$，积分可化为

$$\iiint\limits_{\Omega}(x+z)\,\mathrm{d}v = \iint\limits_{D_{xy}} \mathrm{d}x\,\mathrm{d}y \int_{\sqrt{x^2+y^2}}^{\sqrt{1-x^2-y^2}} (x+z)\,\mathrm{d}z$$

$$= \iint\limits_{D_{xy}} \left(xz+\frac{z^2}{2}\right)\bigg|_{\sqrt{x^2+y^2}}^{\sqrt{1-x^2-y^2}} \mathrm{d}x\,\mathrm{d}y$$

$$= \iint\limits_{D_{xy}} \left[x(\sqrt{1-x^2-y^2}-\sqrt{x^2+y^2}) + \frac{1}{2}(1-2x^2-2y^2) \right]\mathrm{d}x\,\mathrm{d}y$$

$$=\int_0^{2\pi}d\theta\int_0^{\frac{1}{\sqrt{2}}}\left[r\cos\theta(\sqrt{1-r^2}-r)+\frac{1}{2}(1-2r^2)\right]r\,dr$$

$$=\int_0^{2\pi}\cos\theta\,d\theta\int_0^{\frac{1}{\sqrt{2}}}r^2(\sqrt{1-r^2}-r)\,dr+\int_0^{2\pi}d\theta\int_0^{\frac{1}{\sqrt{2}}}\frac{1}{2}(1-2r^2)r\,dr$$

$$=0+2\pi\left(\frac{1}{4}r^2-\frac{1}{4}r^4\right)\Big|_0^{\frac{1}{\sqrt{2}}}$$

$$=\frac{1}{8}\pi.$$

2. 利用柱面坐标计算三重积分

设 $M(x,y,z)$ 为空间内一点，M 在 xOy 面上的投影为 $P(x,y,0)$，P 点的平面极坐标为 (r,θ)，则点 M 可由三个数 r,θ,z 确定，其变换关系为

$$\begin{cases}x=r\cos\theta,\\ y=r\sin\theta,\\ z=z,\end{cases}$$

$0\leqslant r<+\infty,0\leqslant\theta\leqslant2\pi,-\infty<z<+\infty$，称 (r,θ,z) 为点 M 的柱面坐标(图 7.26).

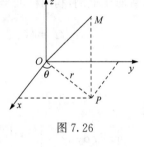

图 7.26

现在要把三重积分 $\iiint\limits_\Omega f(x,y,z)\,dx\,dy\,dz$ 的变量变换为柱面坐标. 为此，用三组坐标面：$r=$ 常数，$\theta=$ 常数，$z=$ 常数把 Ω 分成许多小闭区域，除了含 Ω 的边界点的一些不规则的小闭区域外，这种小闭区域都是柱体. 现考虑由 r,θ,z 各取得微小增量 $dr,d\theta,dz$ 所成的柱体的体积，这个体积等于高与底面积的乘积. 现在高为 dz，底面积在不计高阶无穷小时为 $r\,dr\,d\theta$. 于是得 $dv=r\,dr\,d\theta\,dz$. 因此，三重积分化为

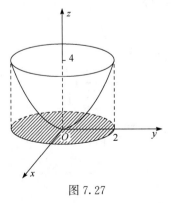

图 7.27

$$\iiint\limits_\Omega f(x,y,z)\,dx\,dy\,dz$$

$$=\iiint\limits_\Omega f(r\cos\theta,r\sin\theta,z)r\,dr\,d\theta\,dz$$

$$=\int_\alpha^\beta d\theta\int_{\varphi_1(\theta)}^{\varphi_2(\theta)}r\,dr\int_{z_1(r,\theta)}^{z_2(r,\theta)}f(r\cos\theta,r\sin\theta,z)\,dz.$$

例 7.3.5　计算 $\iiint\limits_\Omega z\,dx\,dy\,dz$，其中 Ω 是由曲面 $z=x^2+y^2$ 与平面 $z=4$ 所围成的闭区域.

解　积分区域 Ω(图 7.27)在 xOy 面上的投影区域为

$$D_{xy} = \{(x,y) \mid x^2 + y^2 \leqslant 4\}$$
$$= \{(r,\theta) \mid 0 \leqslant r \leqslant 2, 0 \leqslant \theta \leqslant 2\pi\},$$

积分区域 Ω 可表示为

$$\Omega = \{(x,y,z) \mid x^2 + y^2 \leqslant 4, x^2 + y^2 \leqslant z \leqslant 4\}$$
$$= \{(r,\theta,z) \mid 0 \leqslant r \leqslant 2, 0 \leqslant \theta \leqslant 2\pi, r^2 \leqslant z \leqslant 4\},$$

从而

$$\iiint_{\Omega} z \,\mathrm{d}x \,\mathrm{d}y \,\mathrm{d}z = \int_0^{2\pi} \mathrm{d}\theta \int_0^2 r \,\mathrm{d}r \int_{r^2}^4 z \,\mathrm{d}z$$

$$= \frac{1}{2} \int_0^{2\pi} \mathrm{d}\theta \int_0^2 r(16 - r^4) \,\mathrm{d}r$$

$$= \frac{1}{2} \cdot 2\pi \left(8r^2 - \frac{1}{6}r^6 \right) \Big|_0^2 = \frac{64}{3}\pi.$$

对于上例,利用柱面坐标,积分区域 Ω 可表示为

$$\Omega = \left\{ (x,y,z) \,\Big|\, x^2 + y^2 \leqslant R^2, \frac{h}{R}\sqrt{x^2 + y^2} \leqslant z \leqslant h \right\}$$

$$= \left\{ (r,\theta,z) \,\Big|\, 0 \leqslant r \leqslant R, 0 \leqslant \theta \leqslant 2\pi, \frac{h}{R}r \leqslant z \leqslant h \right\},$$

则

$$\iiint_{\Omega} z \,\mathrm{d}x \,\mathrm{d}y \,\mathrm{d}z = \int_0^{2\pi} \mathrm{d}\theta \int_0^R r \,\mathrm{d}r \int_{\frac{h}{R}r}^h z \,\mathrm{d}z$$

$$= \frac{1}{2} \int_0^{2\pi} \mathrm{d}\theta \int_0^R r \left(h^2 - \frac{h^2}{R^2}r^2 \right) \mathrm{d}r$$

$$= \frac{1}{2} \cdot \frac{h^2}{R^2} \cdot 2\pi \int_0^R r(R^2 - r^2) \,\mathrm{d}r$$

$$= \frac{h^2}{R^2}\pi \left(\frac{R^2}{2}r^2 - \frac{1}{4}r^4 \right) \Big|_0^R = \frac{1}{4}\pi R^2 h^2.$$

对于例 7.3.4,利用柱面坐标,积分区域 Ω 可表示为

$$\Omega = \left\{ (x,y,z) \,\Big|\, x^2 + y^2 \leqslant \frac{1}{2}, \sqrt{x^2 + y^2} \leqslant z \leqslant \sqrt{1 - x^2 - y^2} \right\}$$

$$= \left\{ (r,\theta,z) \,\Big|\, 0 \leqslant r \leqslant \frac{1}{\sqrt{2}}, 0 \leqslant \theta \leqslant 2\pi, r \leqslant z \leqslant \sqrt{1 - r^2} \right\},$$

则

$$\iiint_{\Omega} (x + z) \,\mathrm{d}x \,\mathrm{d}y \,\mathrm{d}z = \int_0^{2\pi} \mathrm{d}\theta \int_0^{\frac{1}{\sqrt{2}}} r \,\mathrm{d}r \int_r^{\sqrt{1 - r^2}} (r\cos\theta + z) \,\mathrm{d}z$$

$$= \int_0^{2\pi} d\theta \int_0^{\frac{1}{\sqrt{2}}} r\left(r\cos\theta \cdot z + \frac{1}{2}z^2\right)\Big|_r^{\sqrt{1-r^2}} dr$$

$$= \int_0^{2\pi} d\theta \int_0^{\frac{1}{\sqrt{2}}} \left[r^2\cos\theta(\sqrt{1-r^2}-r) + \frac{1}{2}r(1-2r^2)\right] dr$$

$$= 0 + \frac{1}{2}\int_0^{2\pi} d\theta \int_0^{\frac{1}{\sqrt{2}}} r(1-2r^2) dr$$

$$= \frac{1}{2} \cdot 2\pi\left(\frac{1}{2}r^2 - \frac{1}{2}r^4\right)\Big|_0^{\frac{1}{\sqrt{2}}}$$

$$= \frac{1}{8}\pi.$$

例 7.3.6　计算 $I = \iiint\limits_{\Omega} (x^2+y^2+z) dv$，其中 Ω 是由曲线 $\begin{cases} y^2=2z, \\ x=0 \end{cases}$ 绕 z 轴旋转一周而成的旋转面与平面 $z=4$ 所围成的立体.

解　由题意可知，积分区域 Ω 是由曲面 $(x^2+y^2)=2z$ 与平面 $z=4$ 所围成的立体. 利用柱面坐标，得

$$I = \iiint\limits_{\Omega} (x^2+y^2+z) dv = \int_0^{2\pi} d\theta \int_0^{\sqrt{8}} r dr \int_{\frac{r^2}{2}}^4 (r^2+z) dz$$

$$= 2\pi \cdot \int_0^{\sqrt{8}} r\left(r^2 z + \frac{1}{2}z^2\right)\Big|_{\frac{r^2}{2}}^4 dr$$

$$= 2\pi \int_0^{\sqrt{8}} r\left[r^2\left(4 - \frac{r^2}{2}\right) + \frac{1}{2}\left(16 - \frac{r^4}{4}\right)\right] dr$$

$$= 2\pi \int_0^{\sqrt{8}} \left(8r + 4r^3 - \frac{5}{8}r^5\right) dr$$

$$= 2\pi\left(4r^2 + r^4 - \frac{5}{48}r^6\right)\Big|_0^{\sqrt{8}} = \frac{256}{3}\pi.$$

3. 利用球面坐标计算三重积分

设 $M(x,y,z)$ 为空间内一点，则 M 可用三个参数 r,θ,φ 来确定，其中 $0 \leqslant r < +\infty$，$0 \leqslant \theta \leqslant 2\pi$，$0 \leqslant \varphi \leqslant \pi$，这种坐标称为点 M 的球面坐标（图 7.28），其变换关系为

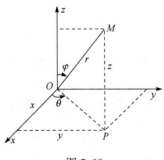

$$x = OP\cos\theta = r\sin\varphi\cos\theta,$$
$$y = OP\sin\theta = r\sin\varphi\sin\theta,$$
$$z = r\cos\varphi,$$

图 7.28

在球坐标下,体积元素为 $\mathrm{d}v = r^2 \sin\varphi \,\mathrm{d}r\,\mathrm{d}\theta\,\mathrm{d}\varphi$. 因此,三重积分可化为

$$\iiint\limits_{\Omega} f(x,y,z)\mathrm{d}v$$

$$= \iiint\limits_{\Omega} f(r\sin\varphi\cos\theta, r\sin\varphi\sin\theta, r\cos\varphi) r^2 \sin\varphi \,\mathrm{d}r\,\mathrm{d}\theta\,\mathrm{d}\varphi.$$

如果积分区域 Ω 的边界曲面是一个包含原点的封闭曲面,其球面坐标方程为 $r=r(\theta,\varphi)$,则三重积分可化为

$$\iiint\limits_{\Omega} f(x,y,z)\mathrm{d}v$$

$$= \iiint\limits_{\Omega} f(r\sin\varphi\cos\theta, r\sin\varphi\sin\theta, r\cos\varphi) r^2 \sin\varphi \,\mathrm{d}r\,\mathrm{d}\theta\,\mathrm{d}\varphi$$

$$= \int_0^{2\pi}\mathrm{d}\theta \int_0^{\pi}\mathrm{d}\varphi \int_0^{r(\theta,\varphi)} f(r\sin\varphi\cos\theta, r\sin\varphi\sin\theta, r\cos\varphi) r^2 \sin\varphi \,\mathrm{d}r.$$

例 7.3.7　利用球面坐标计算例 7.3.4 中的三重积分.

解　积分区域 Ω 可表示为

$$\Omega = \left\{(r,\theta,\varphi) \,\middle|\, 0 \leqslant \theta \leqslant 2\pi, 0 \leqslant \varphi \leqslant \frac{\pi}{4}, 0 \leqslant r \leqslant 1\right\},$$

则

$$\iiint\limits_{\Omega}(x+z)\mathrm{d}v = \int_0^{2\pi}\mathrm{d}\theta \int_0^{\frac{\pi}{4}}\mathrm{d}\varphi \int_0^1 (r\sin\varphi\cos\theta + r\cos\varphi) r^2 \sin\varphi \,\mathrm{d}r$$

$$= \int_0^{2\pi}\mathrm{d}\theta \int_0^{\frac{\pi}{4}} (\sin^2\varphi\cos\theta + \sin\varphi\cos\varphi)\left(\frac{1}{4}r^4\right)\Bigg|_0^1 \mathrm{d}\varphi$$

$$= \frac{1}{4}\int_0^{2\pi}\mathrm{d}\theta \int_0^{\frac{\pi}{4}} (\sin^2\varphi\cos\theta + \sin\varphi\cos\varphi)\mathrm{d}\varphi$$

$$= \frac{1}{4}\int_0^{2\pi}\cos\theta\,\mathrm{d}\theta \int_0^{\frac{\pi}{4}}\sin^2\varphi\,\mathrm{d}\varphi + \frac{1}{4}\int_0^{2\pi}\mathrm{d}\theta \int_0^{\frac{\pi}{4}}\sin\varphi\cos\varphi\,\mathrm{d}\varphi$$

$$= \frac{1}{4}\cdot 2\pi \cdot \left(\frac{1}{2}\sin^2\varphi\right)\Bigg|_0^{\frac{\pi}{4}} = \frac{1}{8}\pi.$$

例 7.3.8　求半径为 a 的球面与半顶角为 α 的内接圆锥面所围成的立体的体积.

解　选取坐标系,立体如图 7.29 所示. 由三重积分的几何意义,得

$$V = \iiint\limits_{\Omega}\mathrm{d}v.$$

由于区域 Ω 在球面坐标下的表示为

$$\Omega = \{(r,\theta,\varphi) \mid 0 \leqslant \theta \leqslant 2\pi, 0 \leqslant \varphi \leqslant \alpha, 0 \leqslant r \leqslant 2a\cos\varphi\}.$$

所以,体积为

$$V = \iiint\limits_{\Omega} dv = \int_0^{2\pi} d\theta \int_0^{\alpha} d\varphi \int_0^{2a\cos\varphi} r^2 \sin\varphi dr$$

$$= \int_0^{2\pi} d\theta \int_0^{\alpha} \sin\varphi \left(\frac{1}{3} r^3\right) \Big|_0^{2a\cos\varphi} d\varphi$$

$$= 2\pi \cdot \frac{8}{3} a^3 \int_0^{\alpha} \cos^3\varphi \sin\varphi d\varphi$$

$$= \frac{16}{3} \pi a^3 \left(-\frac{1}{4} \cos^4\varphi\right) \Big|_0^{\alpha}$$

$$= \frac{4}{3} \pi a^3 (1 - \cos^4\alpha).$$

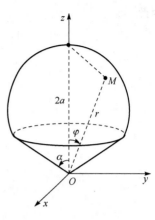

图 7.29

例 7.3.9　计算 $\iiint\limits_{\Omega} z dv$,其中 Ω 是由不等式 $x^2 + y^2 + (z-a)^2 \leqslant a^2$, $x^2 + y^2 \leqslant z^2$ 所确定的闭区域.

解　利用球面坐标,Ω 可表示为

$$\Omega = \left\{ (r,\theta,\varphi) \mid 0 \leqslant r \leqslant 2a\cos\varphi, 0 \leqslant \varphi \leqslant \frac{\pi}{4}, 0 \leqslant \theta \leqslant 2\pi \right\},$$

因此,积分可化为

$$\iiint\limits_{\Omega} z dv = \int_0^{2\pi} d\theta \int_0^{\frac{\pi}{4}} d\varphi \int_0^{2a\cos\varphi} r\cos\varphi r^2 \sin\varphi dr$$

$$= \int_0^{2\pi} d\theta \int_0^{\frac{\pi}{4}} \cos\varphi \sin\varphi \left(\frac{1}{4} r^4\right) \Big|_0^{2a\cos\varphi} d\varphi$$

$$= 4a^4 \int_0^{2\pi} d\theta \int_0^{\frac{\pi}{4}} \cos^5\varphi \sin\varphi d\varphi$$

$$= 4a^4 \cdot 2\pi \cdot \left(-\frac{1}{6} \cos^6\varphi\right) \Big|_0^{\frac{\pi}{4}}$$

$$= \frac{4}{3} a^4 \pi \left(1 - \frac{1}{8}\right) = \frac{7}{6} a^4 \pi.$$

例 7.3.10　计算 $\iiint\limits_{\Omega} (x^2 + my^2 + nz^2) dv$,其中积分区域 Ω 是球体 $x^2 + y^2 + z^2 \leqslant a^2$, m, n 是常数.

解　由于积分区域 Ω 关于 x, y, z 是对称的,故

$$\iiint\limits_{\Omega} x^2 dv = \iiint\limits_{\Omega} y^2 dv = \iiint\limits_{\Omega} z^2 dv,$$

因此,有

$$\iiint_{\Omega} x^2 \mathrm{d}v = \frac{1}{3}\iiint_{\Omega}(x^2+y^2+z^2)\mathrm{d}v$$

$$= \frac{1}{3}\int_0^{2\pi}\mathrm{d}\theta\int_0^{\pi}\mathrm{d}\varphi\int_0^a r^2 r^2 \sin\varphi\,\mathrm{d}r$$

$$= \frac{1}{3}\int_0^{2\pi}\mathrm{d}\theta\int_0^{\pi}\sin\varphi\left(\frac{1}{5}r^5\right)\Big|_0^a\mathrm{d}\varphi$$

$$= \frac{1}{3}\cdot 2\pi\cdot\frac{1}{5}a^5\int_0^{\pi}\sin\varphi\,\mathrm{d}\varphi$$

$$= \frac{2}{15}\pi a^5(1-\cos\pi)$$

$$= \frac{4}{15}\pi a^5.$$

同理

$$\iiint_{\Omega} my^2\mathrm{d}v = \frac{4}{15}m\pi a^5, \quad \iiint_{\Omega} nz^2\mathrm{d}v = \frac{4}{15}n\pi a^5.$$

因此,原式 $= \frac{4}{15}\pi a^5(1+m+n)$.

习 题 7.3

1. 填空题.

(1) 已知 Ω 由 $x=0,y=0,z=0,x+2y+z=1$ 围成,按先 z 后 y 再 x 的积分次序将 $I=\iiint_{\Omega} x\,\mathrm{d}x\mathrm{d}y\mathrm{d}z$ 化为累次积分,则 $I=$ _____.

(2) 设 Ω 是球面 $z=\sqrt{2-x^2-y^2}$ 与锥面 $z=\sqrt{x^2+y^2}$ 的围面,则三重积分 $I=\iiint_{\Omega} f(x^2+y^2+z^2)\mathrm{d}x\mathrm{d}y\mathrm{d}z$ 在球面坐标系下的三次积分表达式为_____.

2. 化三重积分 $I=\iiint_{\Omega} f(x,y,z)\mathrm{d}x\mathrm{d}y\mathrm{d}z$ 为三次积分,其中积分区域 Ω 分别是以下区域.

(1) 由双曲抛物面 $z=xy$ 及平面 $x+y-1=0,z=0$ 所围成的闭区域;

(2) 由曲面 $z=x^2+2y^2$ 及 $z=2-x^2$ 所围成的闭区域.

3. 计算 $\iiint_{\Omega} xy^2z^3\mathrm{d}x\mathrm{d}y\mathrm{d}z$,其中 Ω 是由曲面 $z=xy$ 与平面 $y=x,x=1$ 和 $z=0$ 所围成的闭区域.

4. 计算 $\iiint\limits_{\Omega} xyz\,\mathrm{d}x\,\mathrm{d}y\,\mathrm{d}z$，其中 Ω 为球面 $x^2+y^2+z^2=1$ 及三个坐标面所围成的在第一卦限内的闭区域.

5. 计算 $\iiint\limits_{\Omega} z\,\mathrm{d}x\,\mathrm{d}y\,\mathrm{d}z$，其中 Ω 是由 $1=x^2+y^2$，$z=\sqrt{x^2+y^2}$ 及 $z=0$ 所围成的区域.

6. 利用柱面坐标计算三重积分 $\iiint\limits_{\Omega} z\,\mathrm{d}v$，其中 Ω 是由曲面 $z=\sqrt{2-x^2-y^2}$ 及 $z=x^2+y^2$ 所围成的闭区域.

7. 利用球面坐标计算三重积分 $\iiint\limits_{\Omega}(x^2+y^2+z^2)\,\mathrm{d}v$，其中 Ω 是由球面 $x^2+y^2+z^2=1$ 所围成的闭区域.

8. 选用适当的坐标计算下列三重积分.

(1) $\iiint\limits_{\Omega} xy\,\mathrm{d}v$，其中 Ω 为柱面 $x^2+y^2=1$ 及平面 $z=1,z=0,x=0,y=0$ 所围成的在第一卦限内的闭区域;

(2) $\iiint\limits_{\Omega} z^2\,\mathrm{d}x\,\mathrm{d}y\,\mathrm{d}z$，其中 Ω 是两个球 $x^2+y^2+z^2\leqslant R^2$ 和 $x^2+y^2+z^2\leqslant 2Rz$ $(R>0)$ 的公共部分;

(3) $\iiint\limits_{\Omega}(x^2+y^2)\,\mathrm{d}v$，其中 Ω 是由曲面 $4z^2=25(x^2+y^2)$ 及平面 $z=5$ 所围成的闭区域;

(4) $\iiint\limits_{\Omega}(x^2+y^2)\,\mathrm{d}v$，其中闭区域 Ω 由不等式 $0<a\leqslant\sqrt{x^2+y^2+z^2}\leqslant A,z\geqslant 0$ 所确定.

9. 利用三重积分计算下列由曲面所围成的立体的体积.

(1) $z=6-x^2-y^2$ 及 $z=\sqrt{x^2+y^2}$;

(2) $x^2+y^2+z^2=2az(a>0)$ 及 $x^2+y^2=z^2$（含有 z 轴的部分）.

7.4　重积分模型应用举例

利用定积分的元素法可以解决许多几何和物理问题，将这种思想方法推广到重积分的情形，也可以计算一些几何、物理以及其他的量值.

7.4.1 几何应用

1. 空间立体的体积

由二重积分的几何意义可知,利用二重积分可以计算空间立体的体积 V.

若空间立体为一曲顶柱体,设曲顶曲面的方程为 $z=f(x,y)$,且曲顶柱体的底在 xOy 平面上的投影为有界闭区域 D,则 $V=\iint\limits_{D}|f(x,y)|\,d\sigma$.

例 7.4.1　计算在矩形 $D:\{(x,y)\mid 1\leqslant x\leqslant 2,3\leqslant y\leqslant 5\}$ 上方,平面 $z=x+2y$ 以下部分空间的立体体积.

解　因在区域 D 上,$z=f(x,y)=x+2y>0$,故有

$$V=\iint\limits_{D}f(x,y)\,dx\,dy=\int_{1}^{2}dx\int_{3}^{5}(x+2y)\,dy$$

$$=\int_{1}^{2}(xy+y^{2})\Big|_{y=3}^{y=5}dx=\int_{1}^{2}\big[(5x+25)-(3x+9)\big]\,dx$$

$$=\int_{1}^{2}(2x+16)\,dx=(x^{2}+16x)\Big|_{1}^{2}=19.$$

若空间立体为一上下顶均是曲面的立体,如何计算这个立体的体积 V? 设立体上下曲顶的曲面方程分别为 $z=f(x,y)$ 和 $z=g(x,y)$,且曲顶柱体在 xOy 平面上的投影为有界闭区域 D,则 $V=\iint\limits_{D}\big[f(x,y)-g(x,y)\big]\,d\sigma$.

2. 平面区域的面积

利用二重积分的性质(性质 7.3)可求平面区域 D 的面积. 设平面区域 D 位于 xOy 面上,则 D 的面积 $\sigma=\iint\limits_{D}dx\,dy$. 另外,利用定积分也可求平面区域的面积. 那么,两种方法得到的结果一样吗?

实际上,在定积分中,

$$\sigma_{D}=\int_{a}^{b}\big[y_{2}(x)-y_{1}(x)\big]\,dx,$$

在二重积分中,

$$\sigma_{D}=\iint\limits_{D}d\sigma=\int_{a}^{b}dx\int_{y_{1}(x)}^{y_{2}(x)}dy=\int_{a}^{b}\big[y_{2}(x)-y_{1}(x)\big]\,dx,$$

所以,得到的结果是一样的.

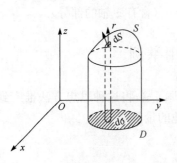

图 7.30

3. 曲面的面积

设曲面 S(图 7.30)的方程为

$$z = f(x, y),$$

曲面 S 在 xOy 面上的投影区域为 D,求曲面 S 的面积.

用网格线将曲面 S 任意分成若干小块,第 i 块记为 dS,dS 在 xOy 面上的投影记为 $d\sigma$,有

$$\cos\gamma \cdot dS \approx d\sigma \quad 或 \quad dS \approx \frac{d\sigma}{\cos\gamma},$$

其中 γ 为第 i 块 dA 上一点的法向量与 z 轴的夹角,因为

$$\cos\gamma = \frac{1}{\sqrt{1 + f_x^2(x,y) + f_y^2(x,y)}},$$

从而

$$dS \approx \frac{d\sigma}{\cos\gamma} = \sqrt{1 + f_x^2(x,y) + f_y^2(x,y)}\, d\sigma.$$

记

$$dA = \sqrt{1 + f_x^2(x,y) + f_y^2(x,y)}\, d\sigma,$$

dA 称为曲面 S 的面积元素. 曲面 S 的面积为

$$A = \iint\limits_{D} dA = \iint\limits_{D} \sqrt{1 + f_x^2(x,y) + f_y^2(x,y)}\, d\sigma$$

或

$$A = \iint\limits_{D} \sqrt{1 + \left(\frac{\partial z}{\partial x}\right)^2 + \left(\frac{\partial z}{\partial y}\right)^2}\, dx\, dy.$$

如果曲面 S 由方程 $y = y(x,z)$ 确定,在 xOz 面上的投影区域为 D,则面积为

$$A = \iint\limits_{D} \sqrt{1 + \left(\frac{\partial y}{\partial x}\right)^2 + \left(\frac{\partial y}{\partial z}\right)^2}\, dx\, dz.$$

同理,如果曲面 S 由方程 $x = x(y,z)$ 确定,在 yOz 面上的投影区域为 D,则面积为

$$A = \iint\limits_{D} \sqrt{1 + \left(\frac{\partial x}{\partial y}\right)^2 + \left(\frac{\partial x}{\partial z}\right)^2}\, dy\, dz.$$

例 7.4.2　求半径为 a 的球的表面积.

解　取上半球面,方程为 $z = \sqrt{a^2 - x^2 - y^2}$,其在 xOy 面上的投影区域为

$$D = \{(x,y) \mid x^2 + y^2 \leqslant a^2\},$$

又由于

$$\frac{\partial z}{\partial x} = \frac{-x}{\sqrt{a^2 - x^2 - y^2}}, \quad \frac{\partial z}{\partial y} = \frac{-y}{\sqrt{a^2 - x^2 - y^2}},$$

得

$$\sqrt{1+\left(\frac{\partial z}{\partial x}\right)^2+\left(\frac{\partial z}{\partial y}\right)^2}=\frac{a}{\sqrt{a^2-x^2-y^2}}.$$

从而,上半球面的面积为

$$A_1=\iint\limits_{D}\frac{a}{\sqrt{a^2-x^2-y^2}}\mathrm{d}x\,\mathrm{d}y.$$

选用极坐标,得

$$A_1=\iint\limits_{D}\frac{a}{\sqrt{a^2-x^2-y^2}}\mathrm{d}x\,\mathrm{d}y=\iint\limits_{D}\frac{a}{\sqrt{a^2-r^2}}r\mathrm{d}x\,\mathrm{d}y$$

$$=a\int_0^{2\pi}\mathrm{d}\theta\int_0^a\frac{r}{\sqrt{a^2-r^2}}\mathrm{d}r$$

$$=2\pi a\cdot\lim_{b\to a^-}\int_0^b\frac{r}{\sqrt{a^2-r^2}}\mathrm{d}r$$

$$=\lim_{b\to a^-}2\pi a(a-\sqrt{a^2-b^2})=2\pi a^2.$$

故球面的面积为

$$A=2A_1=4\pi a^2.$$

例 7.4.3　如图 7.31 所示,求圆柱面 $x^2+y^2=R^2$ 将球面 $x^2+y^2+z^2=4R^2$ $(x^2+y^2\leqslant R^2)$割下部分的面积.

解　由对称性只需考虑:

$$z=\sqrt{4R^2-x^2-y^2},\quad D:x^2+y^2\leqslant R^2;$$

$$z_x=\frac{-x}{\sqrt{4R^2-x^2-y^2}},\quad z_y=\frac{-y}{\sqrt{4R^2-x^2-y^2}};$$

$$\sqrt{1+z_x^2+z_y^2}=\sqrt{1+\frac{x^2}{4R^2-x^2-y^2}+\frac{y^2}{4R^2-x^2-y^2}}=\frac{2R}{\sqrt{4R^2-x^2-y^2}};$$

$$S=2\iint\limits_{D}\sqrt{1+z_x^2+z_y^2}\,\mathrm{d}\sigma=4R\iint\limits_{D}\frac{1}{\sqrt{4R^2-x^2-y^2}}\mathrm{d}\sigma$$

$$=4R\iint\limits_{D}\frac{1}{\sqrt{4R^2-r^2}}r\mathrm{d}r\,\mathrm{d}\theta$$

$$=4R\int_0^{2\pi}\mathrm{d}\theta\int_0^R\frac{1}{\sqrt{4R^2-r^2}}r\mathrm{d}r$$

$$=4R \cdot 2\pi \cdot \left(-\frac{1}{2} \cdot 2\sqrt{4R^2-r^2}\right)\Big|_0^R$$

$$=8\pi R^2(2-\sqrt{3}).$$

例 7.4.4　如图 7.32 所示，求圆柱面 $x^2+y^2=R^2$ 与 $x^2+z^2=R^2$ 所围成的立体的表面积.

解　由对称性，只考虑

$$z=\sqrt{R^2-x^2}, \quad D:x^2+y^2\leqslant R^2;$$

$$\sqrt{1+z_x^2+z_y^2}=\sqrt{1+\frac{x^2}{R^2-x^2}+0}=\frac{R}{\sqrt{R^2-x^2}};$$

$$S=16\iint_D \sqrt{1+z_x^2+z_y^2}\,\mathrm{d}\sigma=16\iint_D \frac{R}{\sqrt{R^2-x^2}}\,\mathrm{d}\sigma$$

$$=16R\int_0^R \mathrm{d}x\int_0^{\sqrt{R^2-x^2}} \frac{1}{\sqrt{R^2-x^2}}\,\mathrm{d}y$$

$$=16R\int_0^R \mathrm{d}x=16R^2.$$

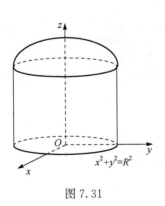

图 7.31

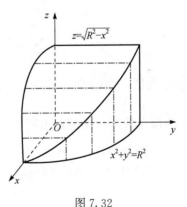

图 7.32

例 7.4.5　已知 A 球的半径为 R，B 球的半径为 h 且球心在 A 球的表面上. 求夹在 A 球内部的 B 球的部分面积（$0\leqslant h\leqslant 2R$）.

解　建立坐标系 $A:x^2+y^2+z^2=R^2$，$B:x^2+y^2+(z-R)^2=h^2$，则两球面的交线在 xOy 面的投影区域为 $D:x^2+y^2=\dfrac{h^2}{4R^2}(4R^2-h^2)$，在 A 球内部的 B 球面为 $z=R-\sqrt{h^2-x^2-y^2}$，则 A 球内部的 B 球的表面积

$$S(h)=\iint_D \sqrt{1+z_x^2+z_y^2}\,\mathrm{d}\sigma=\iint_D \frac{h}{\sqrt{h^2-x^2-y^2}}\,\mathrm{d}\sigma=\iint_D \frac{h}{\sqrt{h^2-r^2}}r\,\mathrm{d}r\,\mathrm{d}\theta$$

$$=h\int_0^{2\pi}\mathrm{d}\theta\int_0^{\frac{h}{2R}\sqrt{4R^2-h^2}}\frac{r}{\sqrt{h^2-r^2}}\mathrm{d}r=2\pi h^2-\frac{\pi h^3}{R}.$$

7.4.2　物理应用

利用重积分可以求平面薄片和空间物体的质量、质心、转动惯量、引力等.

1. 质量

例 7.4.6　设一物体占有的空间区域 Ω 由曲面 $z=x^2+y^2$, $x^2+y^2=1$, $z=0$ 围成,密度为 $\rho=x^2+y^2$,求此物体的质量.

解　$M=\iiint\limits_{\Omega}(x^2+y^2)\mathrm{d}v=\iiint\limits_{\Omega}r^3\mathrm{d}r\mathrm{d}\theta\mathrm{d}z=\int_0^{2\pi}\mathrm{d}\theta\int_0^1\mathrm{d}r\int_0^{r^2}r^3\mathrm{d}z=\frac{\pi}{3}.$

2. 质心

设 xOy 平面上有 n 个质点,分别位于点 $(x_1,y_1),(x_2,y_2),\cdots,(x_n,y_n)$ 处,质量分别为 $m_1,m_2,\cdots,m_n$,由力学理论知道,该质点系的质心坐标为 $(\bar{x},\bar{y})$,其中

$$\bar{x}=\frac{M_y}{M}=\frac{\sum\limits_{i=1}^n m_i x_i}{\sum\limits_{i=1}^n m_i},\quad \bar{y}=\frac{M_x}{M}=\frac{\sum\limits_{i=1}^n m_i y_i}{\sum\limits_{i=1}^n m_i}, \tag{7.8}$$

$M=\sum\limits_{i=1}^n m_i$ 为质点系的总质量,$M_y=\sum\limits_{i=1}^n m_i x_i$ 为质点系对 y 轴的静力矩,$M_x=\sum\limits_{i=1}^n m_i y_i$ 为质点系对 x 轴的静力矩.

设有一平面薄片,占有 xOy 平面上的有界闭区域 D,在点 (x,y) 处的面密度为 $\mu(x,y)$,则薄片对 x 轴、y 轴的静力矩元素分别为

$$\mathrm{d}M_x=y\mu(x,y)\mathrm{d}\sigma,\quad \mathrm{d}M_y=x\mu(x,y)\mathrm{d}\sigma,$$

对 x 轴、y 轴的静力矩分别为

$$M_x=\iint\limits_D y\mu(x,y)\mathrm{d}\sigma,\quad M_y=\iint\limits_D x\mu(x,y)\mathrm{d}\sigma,$$

而薄片的质量为

$$M=\iint\limits_D \mu(x,y)\mathrm{d}\sigma,$$

因此,薄片的质心的坐标为

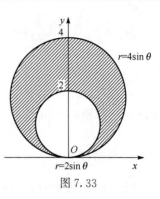

图 7.33

$$\bar{x}=\frac{M_y}{M}=\frac{\iint\limits_{D}x\mu(x,y)\mathrm{d}\sigma}{\iint\limits_{D}\mu(x,y)\mathrm{d}\sigma},\quad \bar{y}=\frac{M_x}{M}=\frac{\iint\limits_{D}y\mu(x,y)\mathrm{d}\sigma}{\iint\limits_{D}\mu(x,y)\mathrm{d}\sigma}.$$

例 7.4.7　求位于两圆周 $r=2\sin\theta$ 和 $r=4\sin\theta$ 之间的均匀薄片(图 7.33) 的质心.

解　薄片占有 xOy 平面上的区域为 D. 由于薄片关于 y 轴对称,故其质心一定在 y 轴上,即 $\bar{x}=0$. 由公式(7.8) 有

$$\bar{y}=\frac{M_x}{M}=\frac{\iint\limits_{D}y\mu(x,y)\mathrm{d}\sigma}{\iint\limits_{D}\mu(x,y)\mathrm{d}\sigma}=\frac{\iint\limits_{D}y\mathrm{d}\sigma}{\iint\limits_{D}\mathrm{d}\sigma}=\frac{1}{A}\iint\limits_{D}y\mathrm{d}\sigma,$$

这里,$A=\iint\limits_{D}\mathrm{d}\sigma$ 为薄片的面积. 对于此题,易得 $A=3\pi$,由于

$$\iint\limits_{D}y\mathrm{d}\sigma=\iint\limits_{D}r^2\sin\theta\mathrm{d}r\mathrm{d}\theta=\int_0^\pi\sin\theta\mathrm{d}\theta\int_{2\sin\theta}^{4\sin\theta}r^2\mathrm{d}r$$

$$=\frac{56}{3}\int_0^\pi\sin^4\theta\mathrm{d}\theta=7\pi,$$

因此,薄片的质心坐标为 $C\left(0,\dfrac{7}{3}\right)$.

类似地,如果物体占有空间有界闭区域为 Ω,在点 (x,y,z) 处的体密度为 $\rho(x,y,z)$,则物体的质心坐标是

$$\bar{x}=\frac{1}{M}\iiint\limits_{\Omega}x\rho(x,y,z)\mathrm{d}v,\quad \bar{y}=\frac{1}{M}\iiint\limits_{\Omega}y\rho(x,y,z)\mathrm{d}v,\quad \bar{z}=\frac{1}{M}\iiint\limits_{\Omega}z\rho(x,y,z)\mathrm{d}v,$$

其中,$M=\iiint\limits_{\Omega}\rho(x,y,z)\mathrm{d}v$ 为物体的质量.

例 7.4.8　求均匀半球体的质心.

解　取半球体的对称轴为 z 轴,原点取在球心上,并设球的半径为 a,则半球体占空间区域为

$$\Omega=\{(x,y,z)\mid x^2+y^2+z^2\leqslant a^2,z\geqslant 0\}.$$

由对称性可知,$\bar{x}=\bar{y}=0$,而且

$$\bar{z}=\frac{1}{M}\iiint\limits_{\Omega}z\rho(x,y,z)\mathrm{d}v=\frac{1}{V}\iiint\limits_{\Omega}z\mathrm{d}v,$$

其中 $V=\dfrac{2}{3}\pi a^3$ 为半球体的体积. 因此

$$\iiint\limits_{\Omega} z \, \mathrm{d}v = \iiint\limits_{\Omega} r\cos\varphi \cdot r^2 \sin\varphi \, \mathrm{d}r \, \mathrm{d}\theta \, \mathrm{d}\varphi$$

$$= \int_0^{2\pi} \mathrm{d}\theta \int_0^{\frac{\pi}{2}} \sin\varphi\cos\varphi \, \mathrm{d}\varphi \int_0^a r^3 \, \mathrm{d}r = \frac{\pi}{4} a^4.$$

故，$\bar{z} = \dfrac{3}{8}a$，质心为 $\left(0, 0, \dfrac{3}{8}a\right)$.

3. 转动惯量

设 xOy 平面上有 n 个质点，分别位于点 $(x_1, y_1), (x_2, y_2), \cdots, (x_n, y_n)$ 处，质量分别为 $m_1, m_2, \cdots, m_n$，由力学理论知道，该质点系对于 x 轴和 y 轴的转动惯量为

$$I_x = \sum_{i=1}^n y_i^2 m_i, \quad I_y = \sum_{i=1}^n x_i^2 m_i.$$

设有一平面薄片，占有 xOy 平面上的有界闭区域 D，在点 (x, y) 处的面密度为 $\mu(x, y)$，则薄片对 x 轴、y 轴的转动惯量元素分别为

$$\mathrm{d}I_x = y^2 \mu(x, y) \mathrm{d}\sigma, \quad \mathrm{d}I_y = x^2 \mu(x, y) \mathrm{d}\sigma,$$

于是，对 x 轴、y 轴的转动惯量分别为

$$I_x = \iint\limits_{D} y^2 \mu(x, y) \mathrm{d}\sigma, \quad I_y = \iint\limits_{D} x^2 \mu(x, y) \mathrm{d}\sigma.$$

类似地，如果物体占有空间有界闭区域为 Ω，在点 (x, y, z) 处的体密度为 $\rho(x, y, z)$，则物体对 x 轴、y 轴、z 轴的转动惯量分别为

$$I_x = \iiint\limits_{\Omega} (y^2 + z^2) \rho(x, y, z) \mathrm{d}v,$$

$$I_y = \iiint\limits_{\Omega} (x^2 + z^2) \rho(x, y, z) \mathrm{d}v,$$

$$I_z = \iiint\limits_{\Omega} (x^2 + y^2) \rho(x, y, z) \mathrm{d}v.$$

例 7.4.9　求密度为 ρ 的均匀球体对于过球心的一条轴 l 的转动惯量.

解　取球心为原点，z 轴与 l 轴重合，又设球的半径为 a，则球体所占空间区域为

$$\Omega = \{(x, y, z) \mid x^2 + y^2 + z^2 \leqslant a^2\},$$

所求转动惯量即为球体对 z 轴的转动惯量，即

$$I_z = \iiint\limits_{\Omega} (x^2 + y^2) \rho \mathrm{d}v = \rho \iiint\limits_{\Omega} (x^2 + y^2) \mathrm{d}v$$

$$= \rho \iiint\limits_{\Omega} r^2 \sin^2\varphi \cdot r^2 \sin\varphi \, \mathrm{d}r \, \mathrm{d}\theta \, \mathrm{d}\varphi$$

$$=\rho\int_0^{2\pi}\mathrm{d}\theta\int_0^{\pi}\sin^3\varphi\,\mathrm{d}\varphi\int_0^a r^4\,\mathrm{d}r$$

$$=\frac{2}{5}\pi a^5\rho\cdot\frac{4}{3}$$

$$=\frac{8}{15}\pi a^5\rho.$$

4. 引力问题

例 7.4.10　求密度为 ρ_0 的均匀半球体对于在其中心的一单位质量的质点的引力.

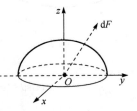

图 7.34

解　设球半径为 R, 建立坐标系如图 7.34 所示, 设引力大小为 F, 由对称性, $F_x=F_y=0$,

$$\mathrm{d}F=k\frac{m\,\mathrm{d}M}{r^2}=k\frac{\rho_0\,\mathrm{d}v}{x^2+y^2+z^2},$$

$$\mathrm{d}F_z=\mathrm{d}F\cos\gamma,\quad \boldsymbol{n}=\{x,y,z\},$$

$$\boldsymbol{n}^0=\frac{1}{|\boldsymbol{n}|}\boldsymbol{n}=\frac{1}{\sqrt{x^2+y^2+z^2}}\{x,y,z\},$$

故

$$\cos\gamma=\frac{z}{\sqrt{x^2+y^2+z^2}},\quad \mathrm{d}F_z=\mathrm{d}F\cos\gamma=\frac{zk\rho_0\,\mathrm{d}v}{(x^2+y^2+z^2)^{\frac{3}{2}}},$$

从而

$$F_z=k\rho_0\iiint\limits_{\Omega}\frac{z\,\mathrm{d}v}{(x^2+y^2+z^2)^{\frac{3}{2}}}$$

$$=k\rho_0\iiint\limits_{\Omega}\frac{r\cos\varphi}{r^3}r^2\sin\varphi\,\mathrm{d}r\,\mathrm{d}\theta\,\mathrm{d}\varphi$$

$$=k\rho_0\iiint\limits_{\Omega}\cos\varphi\sin\varphi\,\mathrm{d}r\,\mathrm{d}\theta\,\mathrm{d}\varphi$$

$$=k\rho_0\int_0^{2\pi}\mathrm{d}\theta\int_0^{\frac{\pi}{2}}\mathrm{d}\varphi\int_0^R\cos\varphi\sin\varphi\,\mathrm{d}r$$

$$=k\rho_0\left(2\pi\cdot\frac{1}{2}\cdot R\right)=k\rho_0\pi R.$$

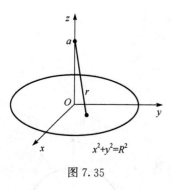

图 7.35

例 7.4.11　半径为 R 的圆板(设密度 $\rho=1$),过板的中心且垂直于板面的直线上距中心 a 处,有一单位质量的质点,求圆板对质点的引力.

解　建立坐标系,如图 7.35 所示,设引力为 $\boldsymbol{F} = F_x\boldsymbol{i} + F_y\boldsymbol{j} + F_z\boldsymbol{k}$,由对称性及均匀性可知

$$F_x = 0, \quad F_y = 0,$$

$$\mathrm{d}F_z = -K\frac{1\cdot(1\mathrm{d}\sigma)}{r^2}\cos\theta = -K\frac{\cos\theta}{r^2}\mathrm{d}\sigma,$$

$$\boldsymbol{r} = \{x, y, -a\},$$

$$\cos\theta = \cos(\pi-\gamma) = -\cos\gamma = \frac{a}{r} = \frac{a}{\sqrt{x^2+y^2+a^2}};$$

$$F_z = \iint\limits_D \mathrm{d}F_z = -K\iint\limits_D \frac{\cos\theta}{r^2}\mathrm{d}\sigma$$

$$= -K\iint\limits_D \frac{a}{r^3}\mathrm{d}\sigma = -Ka\iint\limits_D \frac{1}{(x^2+y^2+a^2)^{\frac{3}{2}}}\mathrm{d}\sigma$$

$$= -Ka\iint\limits_D \frac{r}{(r^2+a^2)^{\frac{3}{2}}}\mathrm{d}r\mathrm{d}\theta = -Ka\int_0^{2\pi}\mathrm{d}\theta\int_0^R \frac{r}{(r^2+a^2)^{\frac{3}{2}}}\mathrm{d}r$$

$$= -Ka\cdot2\pi\cdot\left[\frac{1}{2}\cdot\left(-\frac{2}{\sqrt{r^2+a^2}}\right)\right]\Bigg|_0^R$$

$$= -2Ka\pi\cdot\left[\frac{1}{a} - \frac{1}{\sqrt{R^2+a^2}}\right] \quad (F_z < 0 \text{ 表明引力方向与 } z \text{ 轴正方向相反}).$$

7.4.3　重积分在生活中的应用

例 7.4.12(飓风的能量有多大)　在一个简化的飓风模型中,假定速度只取单纯的圆周方向,其大小为 $v(r,z) = \Omega r\mathrm{e}^{-\frac{z}{h}-\frac{r}{a}}$,其中 r,z 是柱坐标的两个坐标变量,Ω, h, a 为常量.以海平面飓风中心处作为坐标原点,如果大气密度 $\rho(z) = \rho_0\mathrm{e}^{-\frac{z}{h}}$,求运动的全部动能,并问在哪一位置速度具有最大值?

解　先求动能 E.

因为 $E = \frac{1}{2}mv^2$,$\mathrm{d}E = \frac{1}{2}v^2\cdot\Delta m = \frac{1}{2}v^2\cdot\rho\cdot\mathrm{d}V$,所以

$$E = \frac{1}{2} \iiint\limits_V v^2 \cdot \rho \cdot dV.$$

因为飓风活动空间很大,所以在选用柱坐标计算中,z 由零趋于无穷大,所以

$$E = \frac{1}{2} \rho_0 \Omega^2 \int_0^{2\pi} d\theta \int_0^{+\infty} r^3 e^{-\frac{2r}{a}} dr \int_0^{+\infty} e^{-\frac{3z}{h}} dz,$$

其中 $\int_0^{+\infty} r^3 e^{-\frac{2r}{a}} dr$ 用分部积分法算得 $\frac{3}{8} a^4$,$\int_0^{+\infty} e^{-\frac{3z}{h}} dz = -\frac{h}{3} \cdot e^{-\frac{3z}{h}} \Big|_0^{+\infty} = \frac{h}{3}$,最后有

$$E = \frac{h\rho_0 \pi}{8} \Omega^2 a^4.$$

下面计算何处速度最大.

由于 $v(r,z) = \Omega r e^{-\frac{z}{h} - \frac{r}{a}}$,所以

$$\frac{\partial v}{\partial z} = \Omega r \left(-\frac{1}{h}\right) e^{-\frac{z}{h} - \frac{r}{a}} = 0, \qquad \frac{\partial v}{\partial r} = \Omega \left(e^{-\frac{z}{h} - \frac{r}{a}} + r \cdot \left(-\frac{1}{a}\right) \cdot e^{-\frac{z}{h} - \frac{r}{a}}\right) = 0.$$

由第一式得 $r = 0$. 显然,当 $r = 0$ 时,$v = 0$,不是最大值(实际上是最小值),舍去. 由第二式解得 $r = a$,此时 $v(a,z) = \Omega a e^{-1} e^{-\frac{z}{h}}$,它是 z 的单调下降函数,故 $r = a$,$z = 0$ 处速度最大,也即海平面上风眼边缘处速度最大.

习 题 7.4

1. 设平面薄片所占的闭区域 D 由螺线 $\rho = 2\theta$ 上一段弧 $\left(0 \leqslant \theta \leqslant \frac{\pi}{2}\right)$ 与直线 $\theta = \frac{\pi}{2}$ 所围成,它的面密度为 $\mu(x,y) = x^2 + y^2$,求这薄片的质量(图 7.36).

2. 设平面薄片所占的闭区域 D 由直线 $x + y = 2$,$y = x$ 和 x 轴所围成,它的面密度 $\mu(x,y) = x^2 + y^2$,求该薄片的质量.

3. 设有一物体,占有空间闭区域 $\Omega = \{(x,y,z) \mid 0 \leqslant x \leqslant 1, 0 \leqslant y \leqslant 1, 0 \leqslant z \leqslant 1\}$,在点 (x,y,z) 处的密度为 $\rho(x,y,z) = x + y + z$,计算该物体的质量.

4. 球心在原点、半径为 R 的球体,在其上任意一点的密度大小与这点到球心的距离成正比,求该球体的质量.

5. 求球面 $x^2 + y^2 + z^2 = a^2$ 含在圆柱面 $x^2 + y^2 = ax$ 内部的那部分面积.

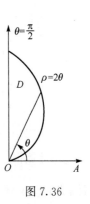

图 7.36

6. 求锥面 $z = \sqrt{x^2 + y^2}$ 被柱面 $z^2 = 2x$ 所割下部分的曲面面积.

7. 求由抛物线 $y = x^2$ 及直线 $y = 1$ 所围成的均匀薄片(面密度为常数 μ)对于

直线 $y=-1$ 的转动惯量.

8. 设平面薄片所占的闭区域 D 如下,求均匀薄片的质心. D 是半椭圆形闭区域 $\left\{(x,y)\left|\dfrac{x^2}{a^2}+\dfrac{y^2}{b^2}\leqslant 1,y\geqslant 0\right.\right\}$.

9. 设平面薄片所占的闭区域 D 由抛物线 $y=x^2$ 及直线 $y=x$ 所围成,它在点 (x,y) 处的面密度 $\mu(x,y)=x^2y$,求该薄片的质心.

10. 利用三重积分计算由下列曲面所围立体的质心(设密度 $\rho=1$).

(1) $z^2=x^2+y^2,z=1$;

(2) $z=\sqrt{A^2-x^2-y^2},z=\sqrt{a^2-x^2-y^2}\ (A>a>0),z=0$.

11. 求半径为 a、高为 h 的均匀圆柱体对于过中心而平行于母线的轴的转动惯量(设密度 $\rho=1$).

复 习 题 7

A

1. 求由曲面 $z=\sqrt{5-x^2-y^2}$ 及 $x^2+y^2=4z$ 所围成的立体的体积.

2. 计算下列二重积分.

(1) $\iint\limits_{D}\mathrm{e}^{x+y}\mathrm{d}\sigma$,其中 $D=\{(x,y)\mid|x|+|y|\leqslant 1\}$;

(2) $\iint\limits_{D}(x^2+y^2-x)\mathrm{d}\sigma$,其中 D 是由直线 $y=2,y=x$ 及 $y=2x$ 所围成的闭区域;

(3) $\iint\limits_{D}(y^2+3x-6y+9)\mathrm{d}\sigma$,其中 $D=\{(x,y)\mid x^2+y^2\leqslant R^2\}$.

3. 化二重积分 $I=\iint\limits_{D}f(x,y)\mathrm{d}\sigma$ 为二次积分,其中积分区域 D 是

(1) 由 x 轴及半圆周 $x^2+y^2=r^2(y\geqslant 0)$ 所围成的闭区域;

(2) 环形闭区域 $\{(x,y)\mid 1\leqslant x^2+y^2\leqslant 4\}$.

4. 求由曲面 $z=x^2+2y^2$ 及 $z=6-2x^2-y^2$ 所围成的立体的体积.

5. 计算 $\iiint\limits_{\Omega}\dfrac{\mathrm{d}x\mathrm{d}y\mathrm{d}z}{(1+x+y+z)^3}$,其中 Ω 为平面 $x=0,y=0,z=0,x+y+z=1$ 所围成的四面体.

6. 计算下列三重积分.

(1) $\iiint\limits_{\Omega}z^2\mathrm{d}x\mathrm{d}y\mathrm{d}z$,其中 Ω 是球 $x^2+y^2+z^2\leqslant R^2$ 和 $x^2+y^2+z^2\leqslant$

$2Rz(R>0)$ 的公共部分；

(2) $\displaystyle\iiint\limits_{\Omega}\frac{z\ln(x^2+y^2+z^2+1)}{x^2+y^2+z^2+1}\mathrm{d}v$，其中 Ω 是由球面 $x^2+y^2+z^2=1$ 所围成的闭区域；

(3) $\displaystyle\iiint\limits_{\Omega}(y^2+z^2)\mathrm{d}v$，其中 Ω 是由 xOy 平面上曲线 $y^2=2x$ 绕 x 轴旋转而成的曲面与平面 $x=5$ 所围成的闭区域.

7. 计算二重积分 $\displaystyle\iint\limits_{D}y\mathrm{d}x\mathrm{d}y$，其中 D 是由直线 $x=-2,y=0$ 以及曲线 $x=-\sqrt{2y-y^2}$ 所围成的平面区域.

8. 设 $f(x,y)$ 在积分域上连续，更换二次积分 $I=\displaystyle\int_{0}^{1}\mathrm{d}y\int_{1-\sqrt{1-y^2}}^{3-y}f(x,y)\mathrm{d}x$ 的积分次序.

9. 计算二重积分 $I=\displaystyle\iint\limits_{D}\sqrt{|y-x^2|}\mathrm{d}x\mathrm{d}y$，其中积分区域 D 由 $0\leqslant y\leqslant 2$ 和 $|x|\leqslant 1$ 围成.

10. 计算二重积分 $\displaystyle\iint\limits_{D}y\left[1+x\mathrm{e}^{\frac{1}{2}(x^2+y^2)}\right]\mathrm{d}x\mathrm{d}y$，其中 D 是由直线 $y=x,y=-1$ 及 $x=1$ 围成的平面区域.

11. 计算 $\displaystyle\iiint\limits_{\Omega}z^2\mathrm{d}v$，其中 Ω 是由曲面 $x^2+y^2+z^2=R^2$ 及 $x^2+y^2+(z-r)^2=R^2$ 围成的闭区域.

12. 计算 $I=\displaystyle\iiint\limits_{\Omega}xy^2z^3\mathrm{d}x\mathrm{d}y\mathrm{d}z$，其中 Ω 是由曲面 $z=xy$ 与平面 $y=1$ 及 $z=0$ 所围成的闭区域.

B

1. 设球体占有闭区域 $\Omega=\{(x,y,z)\mid x^2+y^2+z^2\leqslant 2Rz\}$，它在内部各点处的密度的大小等于该点到坐标原点的距离的平方，试求这个球体的质心.

2. 一均匀物体（密度 ρ 为常量）占有的闭区域 Ω 由曲面 $z=x^2+y^2$ 和平面 $z=0$，$|x|=a,|y|=a$ 所围成.
(1) 求物体的体积；
(2) 求物体的质心；
(3) 求物体关于 z 轴的转动惯量.

3. 设有一半径为 R 的球体，P_0 是此球表面上的一个定点，球体上任一点的密

度与该点到 P_0 的距离的平方成正比(比例常数 $k > 0$),求球体的重心的位置.

4. 设有一高度为 $h(t)$(t 为时间)的雪堆在融化过程中,其侧面满足方程

$$z = h(t) - \frac{z(x^2 + y^2)}{h(t)},$$

设长度单位为 cm,时间单位为 h. 已知体积减小的速率与侧面积成正比(比例系数为 0.9),问高度为 130cm 的雪堆全部融化需多少时间?

第8章 曲线积分、曲面积分及其应用

曲线积分与曲面积分是将积分概念分别推广到积分范围为一段曲线弧和一片曲面时的情形.本章介绍曲线积分与曲面积分的概念、性质、计算方法,以及几类积分内在联系的几个重要公式(格林公式、高斯公式和斯托克斯公式).

8.1 第一型曲线积分

8.1.1 金属曲线的质量

设有金属曲线 L,如图 8.1 所示.由于在实际应用中,金属曲线 L 的各部分受力不一样,故在做构件设计时,金属曲线各点处的粗细程度就不一样.因此,可以认为此金属曲线的线密度(单位长度的质量)是变量.设 L 上任一点 (x,y) 的线密度为二元连续函数 $\rho = \rho(x,y)$,求金属曲线 L 的质量 M.

若金属曲线 L 的线密度是常量,则 L 的质量 M 就等于它的线密度与长度的乘积.而现在金属曲线各点处的线密度是变化的,就不能直接用这种方法计算.为此,我们可将 L 分成 n 个小弧段:$\Delta s_1, \Delta s_2, \cdots, \Delta s_n$,其中 $\Delta s_i (i=1, 2, \cdots, n)$ 也表示这些小弧段的长度.在 Δs_i 上任取一点 (ξ_i, η_i),由于线密度函数是连续的,所以当 Δs_i 很小时,Δs_i 的质量 Δm_i 便可近似地表示为:$\Delta m_i \approx \rho(\xi_i, \eta_i) \Delta s_i$,于是整个金属曲线的质量近似于

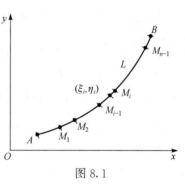

图 8.1

$$M \approx \sum_{i=1}^{n} \rho(\xi_i, \eta_i) \Delta s_i,$$

记 $\lambda = \max_{1 \leqslant i \leqslant n}\{\Delta s_i\}$,令 $\lambda \to 0$,取上式和式的极限,可得 $M = \lim_{\lambda \to 0} \sum_{i=1}^{n} \rho(\xi_i, \eta_i) \Delta s_i.$

这种和式的极限在研究其他问题时也会遇到.接下来,我们引进第一型曲线积分的定义.

8.1.2 第一型曲线积分的定义

定义 8.1 设 L 为 xOy 平面内的一条光滑曲线弧,$f(x,y)$ 是 L 上的有界函数,把 L 分成 n 个小弧段:$\Delta s_1, \Delta s_2, \cdots, \Delta s_n$,其中 $\Delta s_i (i=1,2,\cdots,n)$ 也表示第 i 个

小弧段的弧长. 记 $\lambda = \max\limits_{1\leqslant i\leqslant n}\{\Delta s_i\}$,在每个小弧段 Δs_i 上任取一点 (ξ_i,η_i),作和式 $\sum\limits_{i=1}^{n} f(\xi_i,\eta_i)\Delta s_i$,若和式极限 $\lim\limits_{\lambda\to 0}\sum\limits_{i=1}^{n} f(\xi_i,\eta_i)\Delta s_i$ 存在,且极限值与 L 的分法和点 (ξ_i,η_i) 在 Δs_i 上的取法无关,则称此极限值为函数 $f(x,y)$ 在曲线 L 上的**第一型曲线积分**或**对弧长的曲线积分**,记作

$$\int_L f(x,y)\mathrm{d}s,$$

即 $\int_L f(x,y)\mathrm{d}s = \lim\limits_{\lambda\to 0}\sum\limits_{i=1}^{n} f(\xi_i,\eta_i)\Delta s_i$,其中函数 $f(x,y)$ 称为**被积函数**,曲线 L 称为**积分曲线弧**.

同定积分、重积分一样,并非任一个函数 $f(x,y)$ 在 L 上的第一型曲线积分都是存在的. 但若 $f(x,y)$ 在 L 上连续,则其积分是存在的. 故以后在不作特别说明的情况下,总假定 $f(x,y)$ 在 L 上连续.

根据定义 8.1,前面叙述中的金属曲线的质量 $M = \int_L \rho(x,y)\mathrm{d}s$.

若 L 为闭曲线,则 $f(x,y)$ 在 L 上的第一型曲线积分记为 $\oint_L f(x,y)\mathrm{d}s$.

类似地,模仿定义 8.1,我们还可定义 $f(x,y,z)$ 对于空间曲线弧 Γ 的第一型曲线积分

$$\int_\Gamma f(x,y,z)\mathrm{d}s = \lim\limits_{\lambda\to 0}\sum\limits_{i=1}^{n} f(\xi_i,\eta_i,\zeta_i)\Delta s_i.$$

下面给出第一型曲线积分的性质.

性质 8.1　若 $\int_L f_i(x,y)\mathrm{d}s(i=1,2,\cdots,n)$ 存在,$c_i(i=1,2,\cdots,n)$ 为常数,则

$$\int_L \sum_{i=1}^{n} c_i f_i(x,y)\mathrm{d}s = \sum_{i=1}^{n} c_i \int_L f_i(x,y)\mathrm{d}s.$$

性质 8.2　若按段光滑曲线 L 由曲线段 $L_1,L_2,\cdots,L_n$ 首尾相接而成,如图 8.2 所示,且 $\int_{L_i} f(x,y)\mathrm{d}s(i=1,2,\cdots,n)$ 都存在,则

$$\int_L f(x,y)\mathrm{d}s = \sum_{i=1}^{n}\int_{L_i} f(x,y)\mathrm{d}s.$$

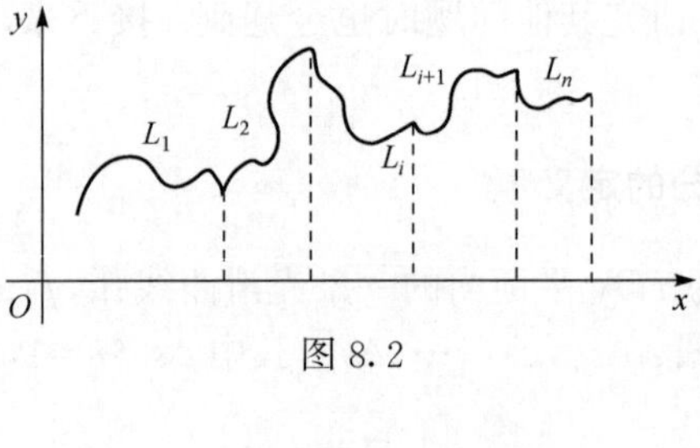

图 8.2

性质8.3　若 $\int_L f(x,y)\mathrm{d}s, \int_L g(x,y)\mathrm{d}s$ 都存在,且在 L 上 $f(x,y)\leqslant g(x,y)$,则

$$\int_L f(x,y)\mathrm{d}s \leqslant \int_L g(x,y)\mathrm{d}s.$$

特别地,若 $\int_L f(x,y)\mathrm{d}s$ 存在,则 $\int_L |f(x,y)|\mathrm{d}s$ 也存在,且有

$$\left|\int_L f(x,y)\mathrm{d}s\right| \leqslant \int_L |f(x,y)|\mathrm{d}s.$$

8.1.3　第一型曲线积分的计算

定理 8.1　设 $f(x,y)$ 在曲线弧 L 上有定义且连续,L 的参数方程为

$$\begin{cases} x=\varphi(t), \\ y=\phi(t), \end{cases} \alpha\leqslant t\leqslant\beta,$$

其中 $\varphi(t),\phi(t)$ 在 $[\alpha,\beta]$ 上具有一阶连续的导数,且 $\varphi'^2(t)+\phi'^2(t)\neq0$,则曲线积分 $\int_L f(x,y)\mathrm{d}s$ 存在,且

$$\int_L f(x,y)\mathrm{d}s = \int_\alpha^\beta f[\varphi(x,y),\phi(x,y)]\sqrt{\varphi'^2(t)+\phi'^2(t)}\,\mathrm{d}t.$$

证　设当 t 从 α 变到 β 时,L 上的点 $M(x,y)$ 从点 A 变动到点 B. 在 L 上取点 $A=M_0,M_1,M_2,\cdots,M_{n-1},M_n=B$,设其分别对应于一列单调增加的值 $\alpha=t_0,t_1,t_2,\cdots,t_{n-1},t_n=\beta$,根据定义 8.1 有

$$\int_L f(x,y)\mathrm{d}s = \lim_{\lambda\to0}\sum_{i=1}^n f(\xi_i,\eta_i)\Delta s_i.$$

设点 (ξ_i,η_i) 对应参数 τ_i,即 $\xi_i=\varphi(\tau_i),\eta_i=\phi(\tau_i),t_{i-1}\leqslant\tau_i\leqslant t_i$,而且

$$\Delta s_i = \int_{t_{i-1}}^{t_i}\sqrt{[\varphi'(t)]^2+[\phi'(t)]^2}\,\mathrm{d}t.$$

再利用积分中值定理,可得

$$\Delta s_i = \sqrt{[\varphi'(\tau_i')]^2+[\phi'(\tau_i')]^2}\,\Delta t_i, \quad \text{其中 } \Delta t_i=t_i-t_{i-1}, t_{i-1}\leqslant\tau_i'\leqslant t_i,$$

所以

$$\int_L f(x,y)\mathrm{d}s = \lim_{\lambda\to0}\sum_{i=1}^n f(\varphi(\tau_i),\phi(\tau_i))\sqrt{[\varphi'(\tau_i')]^2+[\phi'(\tau_i')]^2}\,\Delta t_i.$$

因为函数 $\sqrt{[\varphi'(t)]^2+[\phi'(t)]^2}$ 在闭区间 $[\alpha,\beta]$ 连续,我们可以把上式中的 τ_i' 换成 τ_i(其证明要用到函数 $\sqrt{[\varphi'(t)]^2+[\phi'(t)]^2}$ 在闭区间 $[\alpha,\beta]$ 上的一致连续,此处省略). 所以

$$\int_L f(x,y)\mathrm{d}s = \lim_{\lambda\to0}\sum_{i=1}^n f(\varphi(\tau_i),\phi(\tau_i))\sqrt{[\varphi'(\tau_i)]^2+[\phi'(\tau_i)]^2}\,\Delta t_i,$$

上式右端和式的极限就是函数 $f[\varphi(t),\phi(t)]\sqrt{[\varphi'(t)]^2+[\phi'(t)]^2}$ 在区间 $[\alpha,\beta]$

上的定积分,即

$$\lim_{\lambda \to 0} \sum_{i=1}^{n} f(\varphi(\tau_i), \phi(\tau_i)) \sqrt{[\varphi'(\tau_i)]^2 + [\phi'(\tau_i)]^2} \Delta t_i$$

$$= \int_{\alpha}^{\beta} f[\varphi(t), \phi(t)] \sqrt{\varphi'^2(t) + \phi'^2(t)} \, dt.$$

由于函数 $f[\varphi(t), \phi(t)] \sqrt{\varphi'^2(t) + \phi'^2(t)}$ 在$[\alpha, \beta]$连续,所以上式的定积分存在,且

$$\int_L f(x, y) ds = \int_{\alpha}^{\beta} f[\varphi(t), \phi(t)] \sqrt{\varphi'^2(t) + \phi'^2(t)} \, dt. \tag{8.1}$$

公式(8.1)表明,计算对弧长的积分曲线时,只要把 x, y, ds 依次换为$\varphi(t), \phi(t)$, $\sqrt{[\varphi'(t)]^2 + [\phi'(t)]^2} \, dt$,然后从 α 到 β 作定积分即可.

注1 若 L 的方程为$y = \varphi(x), x \in [\alpha, \beta]$,则

$$\int_L f(x, y) ds = \int_{\alpha}^{\beta} f(x, \varphi(x)) \sqrt{1 + [\varphi'(x)]^2} \, dx.$$

若 L 的方程为$x = \phi(y), y \in [c, d]$,则

$$\int_L f(x, y) ds = \int_c^d f(\phi(y), y) \sqrt{1 + [\phi'(y)]^2} \, dy.$$

注2 若空间曲线 Γ 的方程为$x = \varphi(t), y = \phi(t), z = \omega(t), t \in [\alpha, \beta]$,则有

$$\int_L f(x, y, z) ds = \int_{\alpha}^{\beta} f(\varphi(t), \phi(t), \omega(t)) \sqrt{[\varphi'(t)]^2 + [\phi'(t)]^2 + [\omega'(t)]^2} \, dt.$$

注3 定理 8.1 中定积分的下限 α 一定要小于上限β. 这是因为,在上面的证明过程中 Δs_i 总是正的,从而 $\Delta t_i > 0$. 所以,定积分的下限一定要小于上限.

例8.1.1 求$\int_L (x^2 + y^2) ds$,其中 L 为下半圆周$y = -\sqrt{1 - x^2}$.

解 由于下半圆周的参数方程为$\begin{cases} x = \cos t, \\ y = \sin t, \end{cases}$　$\pi \leqslant t \leqslant 2\pi$,所以

$$\int_L (x^2 + y^2) ds = \int_{\pi}^{2\pi} [(\cos t)^2 + (\sin t)^2] \cdot \sqrt{(-\sin t)^2 + (\cos t)^2} \, dt = \int_{\pi}^{2\pi} dt = \pi.$$

例8.1.2 设 Γ 为球面$x^2 + y^2 + z^2 = a^2$ 被平面 $x + y + z = 0$ 所截的圆周,计算$\oint_{\Gamma} x^2 ds$.

解 根据对称性知$\oint_{\Gamma} x^2 ds = \oint_{\Gamma} y^2 ds = \oint_{\Gamma} z^2 ds$,所以,有

$$\oint_{\Gamma} x^2 ds = \frac{1}{3} \oint_{\Gamma} (x^2 + y^2 + z^2) ds = \frac{1}{3} \oint_{\Gamma} a^2 ds = \frac{2}{3} \pi a^3.$$

例8.1.3 如图 8.3 所示,圆柱螺线$\Gamma: x = a \cos t, y = a \sin t, z = bt (0 \leqslant t \leqslant 2\pi)$,求其质量,其中线密度$\rho = x^2 + y^2 + z^2$.

解　根据第一型曲线积分的物理意义,圆柱螺线 Γ 的质量为

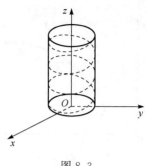

$$M = \int_{\Gamma} \rho(x,y,z)\mathrm{d}s = \int_{\Gamma}(x^2+y^2+z^2)\mathrm{d}s$$

$$= \int_0^{2\pi}\left[(a\cos t)^2+(a\sin t)^2+(bt)^2\right]$$

$$\cdot\sqrt{(-a\sin t)^2+(a\cos t)^2+b^2}\,\mathrm{d}t$$

$$= \int_0^{2\pi}(a^2+b^2t^2)\sqrt{a^2+b^2}\,\mathrm{d}t$$

$$= \sqrt{a^2+b^2}\left(2\pi a^2+\frac{8}{3}\pi^3b^2\right).$$

图 8.3

习 题 8.1

1. 一条金属线被弯成半圆形状 $\begin{cases} x=a\cos t, \\ y=a\sin t, \end{cases} 0\leqslant t\leqslant\pi, a>0$,如果金属线在某一点的线密度跟它到 x 轴的距离成比例,计算金属线的质量和质心.

2. 计算下列第一型曲线积分.

(1) $\displaystyle\int_L\sqrt{y}\,\mathrm{d}s$,其中 L 是抛物线 $y=x^2$ 上点 $(0,0)$ 与点 $(1,1)$ 之间的一段弧;

(2) $\displaystyle\int_L(x+y)\mathrm{d}s$,其中 L 是连接点 $(1,0)$ 与点 $(0,1)$ 的直线段;

(3) $\displaystyle\oint_L(x^2+y^2)^n\mathrm{d}s$,其中 L 为圆周 $x=a\cos t,y=a\sin t(0\leqslant t\leqslant 2\pi)$;

(4) $\displaystyle\int_\tau x^2yz\mathrm{d}s$,其中 τ 为折线 $ABCD$,这里 A,B,C,D 依次为 $(0,0,0)$,$(0,0,2)$,$(1,0,2)$,$(1,3,2)$.

8.2　第二型曲线积分

8.2.1　变力沿曲线所做的功

设一质点在 xOy 平面内受到力 $\boldsymbol{F}(x,y)=P(x,y)\boldsymbol{i}+Q(x,y)\boldsymbol{j}$ 的作用沿光滑的曲线弧 L 运动,如图 8.4 所示,其中 $P(x,y),Q(x,y)$ 在 L 上连续. 求当质点从 L 的一个端点 A 移动到另一个端点 B 时,变力 $\boldsymbol{F}(x,y)$ 所做的功 W.

我们知道,如果 $\boldsymbol{F}$ 是常力,且质点从 A 点沿直线移动到 B 点,则常力所做的功 W 等于两个向量 $\boldsymbol{F}$ 与 $\overrightarrow{AB}$ 的数量积,即

$$W=\boldsymbol{F}\cdot\overrightarrow{AB},$$

而 $\boldsymbol{F}(x,y)$ 是变力且沿曲线 L 移动,功 W 不能直接用上述公式计算,但是 8.1 节

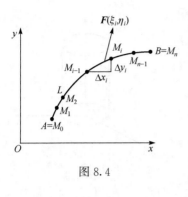

图 8.4

中处理金属质量问题的方法,同样也适用于目前的问题.

　　首先,在有向曲线弧 L 上取点 $M_0 = A$,M_1,$M_2,\cdots,M_{n-1}$ 与 $M_n = B$,将 L 分成 n 个小段 $\overparen{M_{i-1}M_i}(i=1,2,\cdots,n)$,以 Δs_i 表示其弧长.记该分割的细度为 $\lambda = \max\limits_{1 \leqslant i \leqslant n}\{\Delta s_i\}$,当 Δs_i 很小时,有向的小弧段 $\overparen{M_{i-1}M_i}$ 可用有向的直线段 $\overrightarrow{M_{i-1}M_i}$ 来代替:$\overparen{M_{i-1}M_i} \approx \overrightarrow{M_{i-1}M_i} = \Delta x_i \boldsymbol{i} + \Delta y_i \boldsymbol{j}$,其中 $\Delta x_i = x_i - x_{i-1}$,$\Delta y_i = y_i - y_{i-1}$.而 (x_{i-1},y_{i-1}),(x_i,y_i) 分别为 M_{i-1} 点与 M_i 点的坐标.在 $\overparen{M_{i-1}M_i}$ 上任取一点 $(\xi_i,\eta_i) \in \overparen{M_{i-1}M_i}$,当 Δs_i 很小时,由于 $P(x,y)$,$Q(x,y)$ 在 L 上连续,故可用在 (ξ_i,η_i) 点处的力 $\boldsymbol{F}(\xi_i,\eta_i) = P(\xi_i,\eta_i)\boldsymbol{i} + Q(\xi_i,\eta_i)\boldsymbol{j}$ 来近似代替 $\overparen{M_{i-1}M_i}$ 上其他各点的力,因此变力 $\boldsymbol{F}(x,y)$ 在小弧段 $\overparen{M_{i-1}M_i}$ 上所做的功 ΔW_i,就近似地等于常力 $\boldsymbol{F}(\xi_i,\eta_i)$ 沿 $\overrightarrow{M_{i-1}M_i}$ 所做的功.故有 $\Delta W_i \approx \boldsymbol{F}(\xi_i,\eta_i) \cdot \overrightarrow{M_{i-1}M_i} = P(\xi_i,\eta_i)\Delta x_i + Q(\xi_i,\eta_i)\Delta y_i$.进一步,$\sum\limits_{i=1}^{n} \Delta W_i \approx \sum\limits_{i=1}^{n}[P(\xi_i,\eta_i)\Delta x_i + Q(\xi_i,\eta_i)\Delta y_i]$,且当 $\lambda \to 0$ 时,有

$$W = \lim_{\lambda \to 0}\sum_{i=1}^{n}[P(\xi_i,\eta_i)\Delta x_i + Q(\xi_i,\eta_i)\Delta y_i].$$

　　这种和式的极限在研究其他问题时也会遇到.接下来,我们引进第二型曲线积分的定义.

8.2.2　第二型曲线积分的定义

　　定义 8.2　设 L 是 xOy 平面内从点 A 到点 B 的有向光滑曲线弧,函数 $P(x,y)$,$Q(x,y)$ 在 L 上有界.将 L 分成 n 个小弧段 $\Delta s_1,\Delta s_2,\cdots,\Delta s_n$,其中 $\Delta s_i(i=1,2,\cdots,n)$ 也表示第 i 个小弧段的弧长,记 $\lambda = \max\limits_{1 \leqslant i \leqslant n}\{\Delta s_i\}$.在 $\Delta s_i(i=1,2,\cdots,n)$ 上任取一点 (ξ_i,η_i),设 Δx_i 和 Δy_i 是 Δs_i 分别在 x 轴和 y 轴上的投影.若极限 $\lim\limits_{\lambda \to 0}\sum\limits_{i=1}^{n} P(\xi_i,\eta_i)\Delta x_i$ 存在,且极限值与 L 的分法及点 (ξ_i,η_i) 在 Δs_i 上的取法无关,则称此极限值为函数 $P(x,y)$ 在有向曲线弧 L 上对坐标 x 的曲线积分,记作 $\int_L P(x,y)\mathrm{d}x$.若极限 $\lim\limits_{\lambda \to 0}\sum\limits_{i=1}^{n} Q(\xi_i,\eta_i)\Delta y_i$ 存在,且极限值与 L 的分法及点 (ξ_i,η_i) 在 Δs_i 上的取法无关,则称此极限值为函数 $Q(x,y)$ 在有向曲线弧 L 上的对坐标 y 的曲线积分,记作 $\int_L Q(x,y)\mathrm{d}y$.即

$$\int_L P(x,y)\mathrm{d}x = \lim_{\lambda \to 0} \sum_{i=1}^{n} P(\xi_i, \eta_i)\Delta x_i,$$

$$\int_L Q(x,y)\mathrm{d}y = \lim_{\lambda \to 0} \sum_{i=1}^{n} Q(\xi_i, \eta_i)\Delta y_i,$$

其中 $P(x,y),Q(x,y)$ 称为**被积函数**, L 称为**积分曲线弧**. 以上两个积分也称为**第二型曲线积分**. 而且, 当 $P(x,y),Q(x,y)$ 都在 L 上连续时, 上述积分都存在. 以后总假定 $P(x,y),Q(x,y)$ 在 L 上连续.

注 1　定义 8.2 可以类似地推广到空间曲线 Γ 上, 有

$$\int_\Gamma P(x,y,z)\mathrm{d}x = \lim_{\lambda \to 0} \sum_{i=1}^{n} P(\xi_i, \eta_i, \zeta_i)\Delta x_i,$$

$$\int_\Gamma P(x,y,z)\mathrm{d}y = \lim_{\lambda \to 0} \sum_{i=1}^{n} P(\xi_i, \eta_i, \zeta_i)\Delta y_i,$$

$$\int_\Gamma P(x,y,z)\mathrm{d}z = \lim_{\lambda \to 0} \sum_{i=1}^{n} P(\xi_i, \eta_i, \zeta_i)\Delta z_i.$$

注 2　当 L 为封闭曲线时, 常记作 $\oint_L P(x,y)\mathrm{d}x + Q(x,y)\mathrm{d}y$.

注 3　有时, $\int_L P(x,y)\mathrm{d}x + \int_L Q(x,y)\mathrm{d}y$ 也可以写成向量的形式 $\int_L \boldsymbol{F}(x,y) \cdot \mathrm{d}\boldsymbol{r}$, 其中 $\boldsymbol{F}(x,y) = P(x,y)\boldsymbol{i} + Q(x,y)\boldsymbol{j}$ 为向量值函数, $\mathrm{d}\boldsymbol{r} = \mathrm{d}x\,\boldsymbol{i} + \mathrm{d}y\,\boldsymbol{j}$.

下面给出第二型曲线积分的性质.

性质 8.4　若 $\int_L \boldsymbol{F}_i(x,y) \cdot \mathrm{d}\boldsymbol{r}(i=1,2,\cdots,n)$ 存在, $C_i(i=1,2,\cdots,n)$ 为常数, 则

$$\int_L \sum_{i=1}^{n} C_i \boldsymbol{F}_i(x,y) \cdot \mathrm{d}\boldsymbol{r} = \sum_{i=1}^{n} C_i \int_L \boldsymbol{F}_i(x,y) \cdot \mathrm{d}\boldsymbol{r}.$$

性质 8.5　若 L 由有限段有向曲线弧组成, 如 $L = L_1 + L_2$, 则

$$\int_L \boldsymbol{F}(x,y) \cdot \mathrm{d}\boldsymbol{r} = \int_{L_1} \boldsymbol{F}(x,y) \cdot \mathrm{d}\boldsymbol{r} + \int_{L_2} \boldsymbol{F}(x,y) \cdot \mathrm{d}\boldsymbol{r}.$$

性质 8.6　设 L^- 是 L 的反向曲线弧, 则

$$\int_{L^-} \boldsymbol{F}(x,y) \cdot \mathrm{d}\boldsymbol{r} = -\int_L \boldsymbol{F}(x,y) \cdot \mathrm{d}\boldsymbol{r}.$$

性质 8.6 表示, 当积分曲线弧的方向改变时, 第二型曲线积分要改变符号. 这一性质是第二型曲线积分所特有的, 第一型曲线积分不具有这一性质.

8.2.3　第二型曲线积分的计算

同第一型曲线积分一样, 我们可以将第二型曲线积分转化为定积分来计算. 应注意的是对坐标的曲线积分与曲线的方向有关, 因此这个定积分的下限应是起点

的坐标,上限应是终点的坐标.

定理 8.2 $P(x,y),Q(x,y)$ 在有向曲线弧 L 上有定义且连续,设 L 的参数方程为

$$\begin{cases} x=\varphi(t), \\ y=\phi(t), \end{cases}$$

当 t 单调地由 α 变动到 β 时,对应 L 上的动点 $M(x,y)$ 从 L 的起点 A 变到终点 B, $\varphi'(t),\phi'(t)$ 在 $[\alpha,\beta]$ 上连续且不全为零,则 $\int_L P(x,y)\mathrm{d}x+Q(x,y)\mathrm{d}y$ 存在,且

$$\int_L P(x,y)\mathrm{d}x+Q(x,y)\mathrm{d}y=\int_\alpha^\beta \{P(\varphi(t),\phi(t))\varphi'(t)+Q(\varphi(t),\phi(t))\phi'(t)\}\mathrm{d}t.$$

证明略.

注1　若 L 的方程为 $y=\varphi(x)$,x 在 a,b 之间,且 $x=a,x=b$ 分别为 L 的起点和终点,则有

$$\int_L P(x,y)\mathrm{d}x+Q(x,y)\mathrm{d}y=\int_a^b [P(x,\varphi(x))+Q(x,\varphi(x))\varphi'(x)]\mathrm{d}x.$$

同理,若 L 的方程为 $x=\varphi(y)$,也有类似的结果.

注2　设空间曲线 Γ 的方程为 $x=\varphi(t),y=\phi(t),z=\omega(t),t\in[\alpha,\beta]$,且 $t=\alpha$, $t=\beta$ 分别对应于 Γ 的起点和终点,则有

$$\int_\Gamma P(x,y,z)\mathrm{d}x+Q(x,y,z)\mathrm{d}y+R(x,y,z)\mathrm{d}z$$

$$=\int_\alpha^\beta \{P(\varphi(t),\phi(t),\omega(t))\varphi'(t)+Q(\varphi(t),\phi(t),\omega(t))\phi'(t)$$

$$+R(\varphi(t),\phi(t),\omega(t))\omega'(t)\}\mathrm{d}t.$$

注3　定理 8.2 中的定积分下限 α 对应于 L 的起点,β 对应于 L 的终点. α 不一定小于 β.

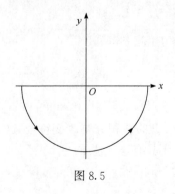

图 8.5

例 8.2.1　计算 $\int_L y^2\mathrm{d}x$,其中 L 如图 8.5 所示.

(1) 半径为 a,圆心为原点,按逆时针方向绕行的下半圆周;

(2) 从点 $A(-a,0)$ 沿 x 轴到点 $B(a,0)$ 的直线段.

解　(1) 因为 L 的参数方程为

$$\begin{cases} x=a\cos t, \\ y=a\sin t, \end{cases} \qquad \pi\leqslant t\leqslant 2\pi,$$

所以

$$\int_L y^2 \mathrm{d}x = \int_\pi^{2\pi} (a\sin t)^2 \mathrm{d}(a\cos t)$$

$$= a^3 \int_\pi^{2\pi} (1 - \cos^2 t)\mathrm{d}(\cos t)$$

$$= a^3 \left(\cos t - \frac{1}{3}\cos^3 t \right) \Big|_\pi^{2\pi}$$

$$= \frac{4a^3}{3}.$$

（2）现在 L 的方程为 $y=0$，x 从 $-a$ 变到 a，则

$$\int_L y^2 \mathrm{d}x = \int_{-a}^a 0\mathrm{d}x = 0.$$

从例 8.2.1 可以看出，两个积分曲线的被积函数相同，起点和终点也相同，但沿不同路径得出的值并不相等.

例 8.2.2　计算 $\int_L 2xy\mathrm{d}x + x^2\mathrm{d}y$，其中 L 如图 8.6 所示.

（1）抛物线 $y=x^2$ 上从 $O(0,0)$ 到 $B(-1,1)$ 的一段弧；

（2）有向折线 OAB，这里 $O(0,0)$，$A(-1,0)$，$B(-1,1)$.

解　（1）化为对 x 的定积分，$L: y=x^2$，x 从 0 到 -1，所以

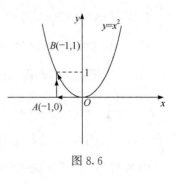

图 8.6

$$\int_L 2xy\mathrm{d}x + x^2\mathrm{d}y = \int_0^{-1} 2x \cdot x^2 \mathrm{d}x + x^2\mathrm{d}(x^2)$$

$$= \int_0^{-1} 4x^3 \mathrm{d}x$$

$$= 1.$$

（2）$\int_L 2xy\mathrm{d}x + x^2\mathrm{d}y = \int_{OA} 2xy\mathrm{d}x + x^2\mathrm{d}y + \int_{AB} 2xy\mathrm{d}x + x^2\mathrm{d}y.$

因为在 OA 上 $y=0$，x 从 0 变到 -1，所以

$$\int_{OA} 2xy\mathrm{d}x + x^2\mathrm{d}y = \int_0^{-1} (2x \cdot 0 + x^2 \cdot 0)\mathrm{d}x = 0.$$

又因为在 AB 上 $x=-1$，y 从 0 变到 1，所以

$$\int_{AB} 2xy\mathrm{d}x + x^2\mathrm{d}y = \int_0^1 [2 \cdot (-1) \cdot y \cdot 0 + 1]\mathrm{d}y = 1.$$

从例 8.2.2 可见，虽然路径不同，曲线积分的值可以相等.

8.2.4　两类曲线积分之间的关系

直到现在为止，我们已学过两种曲线积分：

$$\int_L f(x,y)\mathrm{d}s \quad 和 \quad \int_L P(x,y)\mathrm{d}x + Q(x,y)\mathrm{d}y,$$

两者都是转化为定积分计算. 那么两者有何联系呢? 这两种曲线积分来源于不同的物理原型, 有着不同的特性, 但实际上, 在一定的条件下, 我们可建立它们之间的联系.

设有向曲线弧 L 表示成以弧长 s 为参数的参数方程: $x = x(s)$, $y = y(s)$, $0 \leqslant s \leqslant l$, 这里 L 由点 A 到点 B 的方向就是 s 增大的方向. 又设 α, β 依次为从 x 轴正向、y 轴正向到曲线 L 的切线的正向的夹角, 则

$$\frac{\mathrm{d}x}{\mathrm{d}s} = \cos\alpha, \quad \frac{\mathrm{d}y}{\mathrm{d}s} = \sin\alpha = \cos\beta,$$

$\cos\alpha, \cos\beta$ 也称为有向曲线 L 上点 (x,y) 处的切向量的方向余弦, 切向量的指向与曲线 L 的方向一致. 因此, 得

$$\int_L P(x,y)\mathrm{d}x + Q(x,y)\mathrm{d}y = \int_0^l [P(x(s),y(s))\cos\alpha + Q(x(s),y(s))\cos\beta]\mathrm{d}s$$

$$\Rightarrow \int_L P(x,y)\mathrm{d}x + Q(x,y)\mathrm{d}y = \int_L [P(x,y)\cos\alpha + Q(x,y)\cos\beta]\mathrm{d}s.$$

注　上式可推广到空间曲线的曲线积分上去, 有

$$\int_L P(x,y,z)\mathrm{d}x + Q(x,y,z)\mathrm{d}y + R(x,y,z)\mathrm{d}z$$

$$= \int_L [P(x,y,z)\cos\alpha + Q(x,y,z)\cos\beta + R(x,y,z)\cos\gamma]\mathrm{d}s,$$

其中 $\cos\alpha, \cos\beta, \cos\gamma$ 是 L 上点 (x,y,z) 处的切向量的方向余弦.

例 8.2.3　把第二型曲线积分 $\int_L P(x,y)\mathrm{d}x + Q(x,y)\mathrm{d}y$ 化为第一型曲线积分, 其中 L 为 $y = \sqrt{x}$ 上从 $(0,0)$ 到 $(1,1)$ 的一段弧.

解　$y' = \dfrac{1}{2\sqrt{x}}$, L 的切向量 $\boldsymbol{T} = \left(1, \dfrac{1}{2\sqrt{x}}\right)$.

$$\cos\alpha = \frac{1}{\sqrt{1 + \left(\dfrac{1}{2\sqrt{x}}\right)^2}} = \frac{2\sqrt{x}}{\sqrt{1 + 4x}},$$

$$\cos\beta = \frac{\dfrac{1}{2\sqrt{x}}}{\sqrt{1 + \left(\dfrac{1}{2\sqrt{x}}\right)^2}} = \frac{1}{\sqrt{1 + 4x}}.$$

于是

$$\int_L P(x,y)\mathrm{d}x + Q(x,y)\mathrm{d}y = \int_L \left[P(x,y)\frac{2\sqrt{x}}{\sqrt{1+4x}} + Q(x,y)\frac{1}{\sqrt{1+4x}} \right]\mathrm{d}s$$

$$= \int_L \frac{P(x,y)2\sqrt{x} + Q(x,y)}{\sqrt{1+4x}}\mathrm{d}s.$$

习 题 8.2

1. 计算 $\int_L y^2 \mathrm{d}x$，其中 L 为

(1) 半径为 a，圆心在原点，按逆时针方向绕行的上半圆周，如图 8.7 所示；

(2) 从点 $A(a,0)$ 沿 x 轴到点 $B(-a,0)$ 的直线段，如图 8.7 所示.

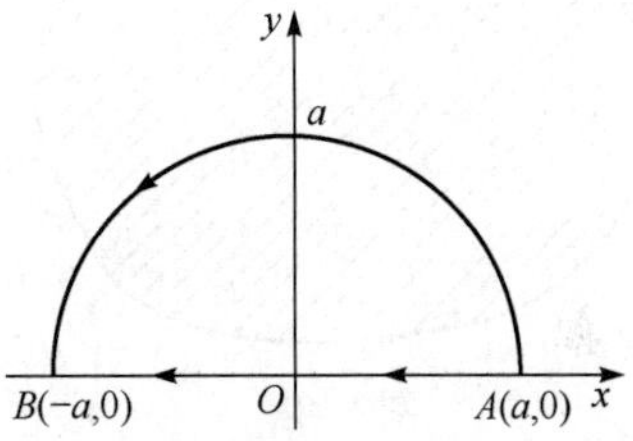

2. 计算 $\int_L 2xy\mathrm{d}x + (x^2+y^2)\mathrm{d}y$，其中 $L: x = \cos t$，$y = \sin t (0 \leqslant t \leqslant \pi/2)$.

图 8.7

3. 设 L 为曲线 $x = t, y = t^2, z = t^3$ 上相应于 t 从 0 变到 1 的曲线弧. 把第二型曲线积分 $\int_L P\mathrm{d}x + Q\mathrm{d}y + R\mathrm{d}z$ 化为第一型曲线积分.

4. 设 z 轴与重力方向一致，求质量为 m 的质点从位置 (x_1, y_1, z_1) 沿直线移到 (x_2, y_2, z_2)，求重力所做的功.

5. 设 L 为 xOy 面内 x 轴上从 $(a,0)$ 到 $(b,0)$ 的直线段，证明 $\int_L P(x,y)\mathrm{d}x = \int_a^b P(x,0)\mathrm{d}x$.

8.3 格林公式、平面曲线积分与路径无关的条件

在定积分的计算中，牛顿-莱布尼茨公式

$$\int_a^b F'(x)\mathrm{d}x = F(b) - F(a)$$

给出了被积函数 $F'(x)$ 在闭区间 $[a,b]$ 上的定积分可以用其原函数 $F(x)$ 在这个区间端点上的值来表达. 本节介绍的格林 (Green) 公式将揭示平面区域 D 上的二重积分可以通过沿闭区域 D 的边界 L 上的曲线积分来表达.

首先介绍平面区域连通性的概念.

8.3.1 单连通区域与复连通区域

设 D 为平面区域，如果 D 内任一闭曲线所围的部分都属于 D，则称 D 为平面

单连通区域,否则称为复连通区域. 例如,平面上的圆形区域$\{(x,y)\,|\,x^2+y^2<1\}$、
右半平面$\{(x,y)\,|\,x>0\}$都是单连通区域,而圆环形区域$\{(x,y)\,|\,0<x^2+y^2<2\}$、
区域$\{(x,y)\,|\,x>0,(x,y)\neq(1,1)\}$都是复连通区域.通俗地说,单连通区域就是
不含有"洞"(包括"点洞")的区域,如图 8.8 所示.复连通区域是含有"洞"(包括"点
洞")的区域,如图 8.9 所示.

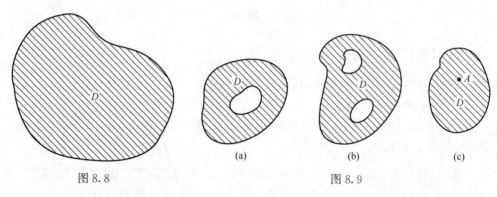

图 8.8   图 8.9

接着,对平面区域 D 的边界曲线 L,我们规定 L 的正向:当人沿着 L 行走时,
区域 D 总在他的左边. 因此,单连通区域边界曲线 L 的正方向为逆时针方向,如
图 8.10 所示;复连通区域的外边界线 L_1 的正方向为逆时针方向,而内边界线 L_2
的正方向为顺时针方向,如图 8.11 所示.

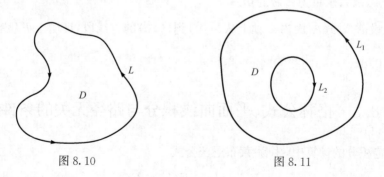

图 8.10   图 8.11

8.3.2　格林公式

定理 8.3（格林公式）　设闭区域 D 由分段光滑的闭曲线 L 围成,函数 $P(x,y)$,
$Q(x,y)$在 D 上具有一阶连续偏导数,则

$$\iint\limits_{D}\left(\frac{\partial Q}{\partial x}-\frac{\partial P}{\partial y}\right)\mathrm{d}x\,\mathrm{d}y=\oint_{L}P\,\mathrm{d}x+Q\,\mathrm{d}y,$$

其中 L 是 D 的取正向的边界曲线,并取正向.

证 根据区域 D 的不同形状，分三种情形证明.

(i) 首先证明第一种情况，即平行于坐标轴的直线和 L 至多有两个交点. D 既可表示为 X 型区域，也可表示为 Y 型区域. 若表示为 X 型区域，如图 8.12 所示，则可设

$$D = \{(x,y) \mid a \leqslant x \leqslant b,$$
$$\varphi_1(x) \leqslant y \leqslant \varphi_2(x)\},$$

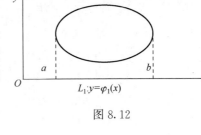

图 8.12

则由二重积分的计算法有

$$\iint_D \frac{\partial P}{\partial y} dx dy = \int_a^b dx \int_{\varphi_1(x)}^{\varphi_2(x)} \frac{\partial P(x,y)}{\partial y} dy$$
$$= \int_a^b \{P(x,\varphi_2(x)) - P(x,\varphi_1(x))\} dx.$$

另一方面，由对坐标的曲线积分的性质及计算法有

$$\oint_L P dx = \int_{L_1} P dx + \int_{L_2} P dx$$
$$= \int_a^b P(x,\varphi_1(x)) dx - \int_a^b P(x,\varphi_2(x)) dx$$
$$= -\int_a^b \{P(x,\varphi_2(x)) - P(x,\varphi_1(x))\} dx.$$

因此有

$$-\iint_D \frac{\partial P}{\partial y} dx dy = \oint_L P dx.$$

同理，D 可表示为 Y 型区域，类似可证明 $\iint_D \dfrac{\partial Q}{\partial x} dx dy = \oint_L Q dy.$

将上面两式相加可得 $\iint_D \left(\dfrac{\partial Q}{\partial x} - \dfrac{\partial P}{\partial y}\right) dx dy = \oint_L P dx + Q dy.$

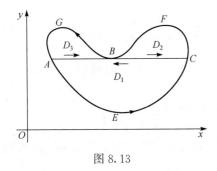

图 8.13

(ii) 对于一般的单连通区域 D，即如果闭区域 D 不满足上述条件（既可表示为 X 型区域，也可表示为 Y 型区域），则可以在 D 内引进若干条辅助线把 D 分成有限个部分闭区域，使每个部分满足上述条件. 在每块小区域上分别运用格林公式，然后相加即成. 例如，对于如图 8.13 所示的区域 D，它的边界曲线 L 为 $AEFGA$，我们可引进一条辅助

线 ABC 将 D 划分为三个子区域 D_1, D_2, D_3. 在三个子区域上,分别有

$$\iint\limits_{D_1}\left(\frac{\partial Q}{\partial x}-\frac{\partial P}{\partial y}\right)\mathrm{d}x\mathrm{d}y=\oint_{AECBA}P\mathrm{d}x+Q\mathrm{d}y,$$

$$\iint\limits_{D_2}\left(\frac{\partial Q}{\partial x}-\frac{\partial P}{\partial y}\right)\mathrm{d}x\mathrm{d}y=\oint_{CFBC}P\mathrm{d}x+Q\mathrm{d}y,$$

$$\iint\limits_{D_3}\left(\frac{\partial Q}{\partial x}-\frac{\partial P}{\partial y}\right)\mathrm{d}x\mathrm{d}y=\oint_{BGAB}P\mathrm{d}x+Q\mathrm{d}y.$$

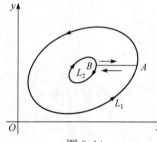

图 8.14

将上述三式相加,并注意到在各子区域的公共边界(及辅助线)上,沿相反方向各积分一次,其值抵消,因而有

$$\iint\limits_{D}\left(\frac{\partial Q}{\partial x}-\frac{\partial P}{\partial y}\right)\mathrm{d}x\mathrm{d}y=\oint_{L}P\mathrm{d}x+Q\mathrm{d}y.$$

(iii) 对于复连通区域 D,不妨设如图 8.14 所示. 作辅助线 AB,于是以 L_1+AB+L_2+BA 为边界的区域 D 就是一个平面单连通区域. 由(ii) 的结论知

$$\iint\limits_{D}\left(\frac{\partial Q}{\partial x}-\frac{\partial P}{\partial y}\right)\mathrm{d}x\mathrm{d}y=\oint_{L_1}P\mathrm{d}x+Q\mathrm{d}y+\int_{AB}P\mathrm{d}x+Q\mathrm{d}y$$

$$+\oint_{L_2}P\mathrm{d}x+Q\mathrm{d}y+\int_{BA}P\mathrm{d}x+Q\mathrm{d}y$$

$$=\oint_{L_1}P\mathrm{d}x+Q\mathrm{d}y+\oint_{L_2}P\mathrm{d}x+Q\mathrm{d}y$$

$$=\oint_{L}P\mathrm{d}x+Q\mathrm{d}y.$$

注 1　格林公式建立了沿闭曲线的积分与二重积分之间的联系,从而可运用它来化简某些曲线积分或二重积分的计算.

注 2　在格林公式中,当 $Q=x$, $P=-y$ 时,有 $\dfrac{\partial Q}{\partial x}-\dfrac{\partial P}{\partial y}=1-(-1)=2$, 代入公式,得 $\oint_{L}-y\mathrm{d}x+x\mathrm{d}y=2\iint\limits_{D}\mathrm{d}x\mathrm{d}y=2A$(其中 A 为 D 的面积),于是 $A=\dfrac{1}{2}\oint_{L}x\mathrm{d}y-y\mathrm{d}x$,即可用此公式计算由 L 围成平面面积.

例 8.3.1　求 $\oint_{L}4x^2y\mathrm{d}x+2y\mathrm{d}y$,其中 L 为以 $O(0,0)$, $B(1,2)$, $C(0,2)$ 为顶点的三角形区域的正向边界,如图 8.15 所示.

解 $\oint_L 4x^2 y\,\mathrm{d}x + 2y\,\mathrm{d}y = \iint\limits_D (0 - 4x^2)\,\mathrm{d}x\,\mathrm{d}y$

$$= \int_0^1 \int_{2x}^2 (0 - 4x^2)\,\mathrm{d}y\,\mathrm{d}x$$

$$= \int_0^1 (-8x^2 + 8x^3)\,\mathrm{d}x$$

$$= -\frac{2}{3}.$$

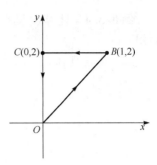

图 8.15

例 8.3.2 求 $I = \oint_L \dfrac{x\,\mathrm{d}y - y\,\mathrm{d}x}{x^2 + y^2}$,其中 L 为任一

不含原点的闭区域 D 的边界.

解 $P = -\dfrac{y}{x^2 + y^2}$,$Q = \dfrac{x}{x^2 + y^2}$. 而且,$\dfrac{\partial Q}{\partial x} = \dfrac{\partial P}{\partial y} = \dfrac{y^2 - x^2}{(x^2 + y^2)^2}$,且 P,Q 在 D

上连续,故由格林公式,得

$$I = \iint\limits_D \left(\frac{\partial Q}{\partial x} - \frac{\partial P}{\partial y} \right)\mathrm{d}x\,\mathrm{d}y = \iint\limits_D 0\,\mathrm{d}x\,\mathrm{d}y = 0.$$

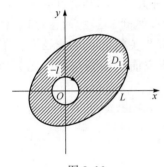

图 8.16

例 8.3.3 计算 $I = \oint_L \dfrac{x\,\mathrm{d}y - y\,\mathrm{d}x}{x^2 + y^2}$,其中 L 是

包括原点在内的区域 D 的正向边界曲线,如图 8.16

所示.

解 $P = -\dfrac{y}{x^2 + y^2}$,$Q = \dfrac{x}{x^2 + y^2}$. 因为 P,Q 在

原点 $(0,0)$ 处不连续,故不能直接利用格林公式. 选

取充分小的半径 $r > 0$,在 D 内部作圆周 $l: x^2 + y^2$

$= r^2$,l 为逆时针方向. 记 L 与 l 之间的区域为 D_1,

D_1 的边界曲线为 $L_1 = L + (-l)$,这时 D_1 内不含

原点,P,Q 在 D_1 上连续,应用格林公式,可得

$$\oint_{L_1} \frac{x\,\mathrm{d}y - y\,\mathrm{d}x}{x^2 + y^2} = \oint_L \frac{x\,\mathrm{d}y - y\,\mathrm{d}x}{x^2 + y^2} - \oint_l \frac{x\,\mathrm{d}y - y\,\mathrm{d}x}{x^2 + y^2} = \iint\limits_{D_1} 0\,\mathrm{d}x\,\mathrm{d}y = 0.$$

因此,$I = \oint_L \dfrac{x\,\mathrm{d}y - y\,\mathrm{d}x}{x^2 + y^2} = \oint_l \dfrac{x\,\mathrm{d}y - y\,\mathrm{d}x}{x^2 + y^2}$. 又 l 的参数方程为:$x = r\cos t$,$y = $

$r\sin t$,$0 \leqslant t \leqslant 2\pi$,所以

$$I = \int_0^{2\pi} \frac{r^2 \cos^2 t + r^2 \sin^2 t}{r^2}\,\mathrm{d}t = \int_0^{2\pi} \mathrm{d}t = 2\pi.$$

例 8.3.4　计算由星形线 $x = a\cos^3 t$，$y = a\sin^3 t$ $(0 \leqslant t \leqslant 2\pi)$ 所围成图形的面积.

解　由定理 8.3 的注 2 得

$$A = \frac{1}{2}\oint_L x\,\mathrm{d}y - y\,\mathrm{d}x$$

$$= \frac{3a^2}{2}\int_0^{2\pi}(\sin^2 t\cos^4 t + \cos^2 t\sin^4 t)\,\mathrm{d}t$$

$$= \frac{3a^2}{2}\int_0^{2\pi}\sin^2 t\cos^2 t\,\mathrm{d}t$$

$$= \frac{3a^2}{16}\int_0^{2\pi}(1 - \cos 4t)\,\mathrm{d}t$$

$$= \frac{3\pi a^2}{8}.$$

8.3.3　平面曲线积分与路径无关的充要条件

对于第二型曲线积分,当积分路径起点、终点固定时,它的数值一般与积分曲线有关,如例 8.2.1. 这说明积分值与所取的积分路径有关. 然而,也存在着另一种情况,即积分值与积分路径无关,只与起点和终点有关,如例 8.2.2. 而在物理、力学中要研究所谓势场,就是要研究场力所做的功与路径无关的情形. 在什么条件下场力所做的功与路径无关? 这个问题就可归结为研究曲线积分与路径无关的条件.

定理 8.4　设 G 是一个单连通区域,函数 $P(x,y)$，$Q(x,y)$ 在 G 内具有一阶连续偏导数,则下述命题是等价的:

(1) $\dfrac{\partial Q}{\partial x} = \dfrac{\partial P}{\partial y}$ 在 G 内恒成立;

(2) $\oint_L P\,\mathrm{d}x + Q\,\mathrm{d}y = 0$ 对 G 内任意闭曲线 L 成立;

(3) $\int_L P\,\mathrm{d}x + Q\,\mathrm{d}y$ 在 G 内与积分路径无关;

(4) 存在可微函数 $u = u(x,y)$,使得 $\mathrm{d}u = P\,\mathrm{d}x + Q\,\mathrm{d}y$ 在 G 内恒成立.

证　$(1)\Rightarrow(2)$.

已知 $\dfrac{\partial Q}{\partial x} = \dfrac{\partial P}{\partial y}$ 在 G 内恒成立,对 G 内任意闭曲线 L,设其所包围的闭区域为 D,由格林公式

$$\oint_L P\,\mathrm{d}x + Q\,\mathrm{d}y = \iint_D\left(\frac{\partial Q}{\partial x} - \frac{\partial P}{\partial y}\right)\mathrm{d}x\,\mathrm{d}y = \iint_D 0\,\mathrm{d}x\,\mathrm{d}y = 0.$$

(2)⇒(3).

已知对 G 内任一条闭曲线 L，$\oint_L P\mathrm{d}x + Q\mathrm{d}y = 0$. 对 G 内任意两点 A 和 B，设 L_1 和 L_2 是 G 内从点 A 到点 B 的任意两条曲线(图 8.17)，则 $L = L_1 + L_2^-$ 是 G 内一条封闭曲线，从而有

$$0 = \oint_L P\mathrm{d}x + Q\mathrm{d}y = \int_{L_1} P\mathrm{d}x + Q\mathrm{d}y + \int_{L_2^-} P\mathrm{d}x + Q\mathrm{d}y.$$

于是

$$\int_{L_1} P\mathrm{d}x + Q\mathrm{d}y = -\int_{L_2^-} P\mathrm{d}x + Q\mathrm{d}y = \int_{L_2} P\mathrm{d}x + Q\mathrm{d}y,$$

即曲线积分 $\int_L P\mathrm{d}x + Q\mathrm{d}y$ 与路径无关，其中 L 位于 G 内.

(3)⇒(4).

已知起点为 $M_0(x_0, y_0)$，终点为 $M(x, y)$ 的曲线积分在区域 G 内与路径无关，故可记此积分为

$$\int_{(x_0, y_0)}^{(x, y)} P(x, y)\mathrm{d}x + Q(x, y)\mathrm{d}y.$$

当 $M_0(x_0, y_0)$ 固定时，积分值仅取决于动点 $M(x, y)$，因此上式是 x, y 的函数，记为 $u(x, y)$，即

$$u(x, y) = \int_{(x_0, y_0)}^{(x, y)} P(x, y)\mathrm{d}x + Q(x, y)\mathrm{d}y.$$

下面证明 $u(x, y)$ 在 G 内可微，且 $\mathrm{d}u = P(x, y)\mathrm{d}x + Q(x, y)\mathrm{d}y$.

由于 $P(x, y), Q(x, y)$ 都是连续函数，故只需证 $\dfrac{\partial u}{\partial x} = P(x, y)$，$\dfrac{\partial u}{\partial y} = Q(x, y)$. 事实上，

$$\frac{\partial u}{\partial x} = \lim_{\Delta x \to 0} \frac{u(x + \Delta x, y) - u(x, y)}{\Delta x} = P(x, y),$$

选择如图 8.18 所示的积分路径，则

$$u(x + \Delta x, y) = \int_{(x_0, y_0)}^{(x+\Delta x, y)} P\mathrm{d}x + Q\mathrm{d}y = u(x, y) + \int_{(x, y)}^{(x+\Delta x, y)} P\mathrm{d}x + Q\mathrm{d}y$$

$$= u(x, y) + \int_x^{x+\Delta x} P\mathrm{d}x.$$

因此

$$u(x + \Delta x, y) - u(x, y) = \int_x^{x+\Delta x} P\mathrm{d}x = P\Delta x,$$

$$P = P(x + \theta\Delta x, y), \quad 0 \leqslant \theta \leqslant 1,$$

即 $\dfrac{\partial u}{\partial x} = P(x, y)$. 同理可证 $\dfrac{\partial u}{\partial y} = Q(x, y)$. 故 $u(x, y)$ 的全微分存在，且 $\mathrm{d}u(x, y) =$

$P(x,y)\mathrm{d}x + Q(x,y)\mathrm{d}y.$

(4)$\Rightarrow$(1).

已知存在一个函数 $u = u(x,y)$，使得 $\mathrm{d}u = P(x,y)\mathrm{d}x + Q(x,y)\mathrm{d}y$. 从而 $\dfrac{\partial u}{\partial x} = P(x,y), \dfrac{\partial u}{\partial y} = Q(x,y)$，所以，有

$$\frac{\partial^2 u}{\partial x \partial y} = \frac{\partial P}{\partial y}, \quad \frac{\partial^2 u}{\partial y \partial x} = \frac{\partial Q}{\partial x}.$$

由于 $P(x,y), Q(x,y)$ 具有一阶连续偏导数，所以混合偏导数 $\dfrac{\partial^2 u}{\partial x \partial y}, \dfrac{\partial^2 u}{\partial y \partial x}$ 连续，故 $\dfrac{\partial^2 u}{\partial x \partial y} = \dfrac{\partial^2 u}{\partial y \partial x}$，即 $\dfrac{\partial Q}{\partial x} = \dfrac{\partial P}{\partial y}$.

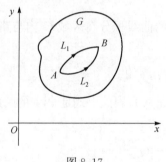

图 8.17

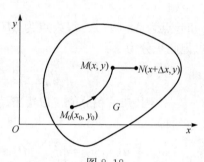

图 8.18

例 8.3.5 证明 $\displaystyle\int_{(1,1)}^{(2,3)}(x+y)\mathrm{d}x + (x-y)\mathrm{d}y$ 与路径无关并计算积分值.

证 令 $P = x+y, Q = x-y$，则 $\dfrac{\partial Q}{\partial x} = 1 = \dfrac{\partial P}{\partial y}$ 在整个平面上连续. 由定理 8.4 得 $\displaystyle\int_{(1,1)}^{(2,3)}(x+y)\mathrm{d}x + (x-y)\mathrm{d}y$ 与路径无关.

下面计算其积分值.

取 $A(1,1), B(2,1), C(2,3)$，则

$$\int_{(1,1)}^{(2,3)}(x+y)\mathrm{d}x + (x-y)\mathrm{d}y$$

$$= \int_{AB}(x+y)\mathrm{d}x + (x-y)\mathrm{d}y + \int_{BC}(x+y)\mathrm{d}x + (x-y)\mathrm{d}y$$

$$= \int_1^2 (x+1)\mathrm{d}x + \int_1^3 (2-y)\mathrm{d}y$$

$$= \frac{5}{2}.$$

例 8.3.6　讨论 $(2x+\sin y)\mathrm{d}x+(x\cos y)\mathrm{d}y$ 的原函数.

解　令 $P=2x+\sin y,Q=x\cos y,$ 则 $\dfrac{\partial P}{\partial y}=\cos y=\dfrac{\partial Q}{\partial x}$ 在整个平面上连续. 由

定理 8.4 可得, $(2x+\sin y)\mathrm{d}x+(x\cos y)\mathrm{d}y$ 为某

个函数 $u=u(x,y)$ 的全微分, 且 $u(x,y)=$

$\displaystyle\int_{(0,0)}^{(x,y)}(2x+\sin y)\mathrm{d}x+(x\cos y)\mathrm{d}y,$ 由于曲线积分

与路径无关, 可如图 8.19 所示, 取如下积分路径:

先从点 $O(0,0)$ 到点 $A(x,0)$ 的直线段 $OA:y=0$

$(\mathrm{d}y=0),$ 再从点 A 到点 $M(x,y)$ 的平行于 y 轴

的直线段 $AM(\mathrm{d}x=0),$ 所以有

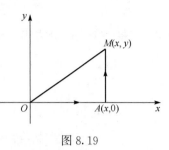

图 8.19

$$u(x,y)=\int_{OA}+\int_{AM}=\int_0^x P(x,0)\mathrm{d}x+\int_0^y Q(x,y)\mathrm{d}y$$

$$=\int_0^x 2x\,\mathrm{d}x+\int_0^y x\cos y\,\mathrm{d}y=x^2+x\sin y,$$

所以, 所求原函数为

$$x^2+x\sin y=C,\quad C\text{ 为任意常数}.$$

8.3.4　全微分方程

一阶微分方程写成

$$P(x,y)\mathrm{d}x+Q(x,y)\mathrm{d}y=0 \tag{8.2}$$

的形式后, 如果它的左端恰好是某一函数 $u=u(x,y)$ 的全微分, 即

$$\mathrm{d}u=P(x,y)\mathrm{d}x+Q(x,y)\mathrm{d}y,$$

则方程 (8.2) 就称为全微分方程.

由定理 8.4 可知, 若 $P(x,y),Q(x,y)$ 在单连通区域 G 内具有一阶连续偏导

数, 则方程 (8.2) 成为全微分方程的充要条件为

$$\frac{\partial P}{\partial y}=\frac{\partial Q}{\partial x}$$

在 G 内恒成立. 而且, 若 $\mathrm{d}u=P\mathrm{d}x+Q\mathrm{d}y,$ 则全微分方程 (8.2) 的通解为 $u(x,y)=$

$C,$ 可取

$$u(x,y)=\int_{(x_0,y_0)}^{(x,y)}P(x,y)\mathrm{d}x+Q(x,y)\mathrm{d}y,$$

其中 $M_0(x_0,y_0)$ 为 G 内的某个固定点.

例 8.3.7　求微分方程 $(5x^4+3xy^2-y^3)\mathrm{d}x+(3x^2y-3xy^2+y^2)\mathrm{d}y=0$ 的

通解.

解　令 $P = 5x^4 + 3xy^2 - y^3, Q = 3x^2y - 3xy^2 + y^2$,则

$$\frac{\partial P}{\partial y} = 6xy - 3y^2 = \frac{\partial Q}{\partial x},$$

所以,这是一个全微分方程,令

$$u(x,y) = \int_{(0,0)}^{(x,y)} (5x^4 + 3xy^2 - y^3)\mathrm{d}x + (3x^2y - 3xy^2 + y^2)\mathrm{d}y$$

$$= \int_0^x (5x^4 + 3xy^2 - y^3)\mathrm{d}x + \int_0^y y^2\mathrm{d}y$$

$$= x^5 + \frac{3}{2}x^2y^2 - xy^3 + \frac{1}{3}y^3.$$

于是,方程的通解为 $x^5 + \dfrac{3}{2}x^2y^2 - xy^3 + \dfrac{1}{3}y^3 = C$.

若 $\dfrac{\partial P}{\partial y} = \dfrac{\partial Q}{\partial x}$ 不能满足时,方程(8.2)就不是全微分方程. 此时,如果能找到一个函数 $\mu = \mu(x,y)$,使方程 $\mu P(x,y) + \mu Q(x,y) = 0$ 成为全微分方程,则称函数 $\mu(x,y)$ 为方程(8.2)的**积分因子**.

例如,方程 $y\mathrm{d}x - x\mathrm{d}y = 0$,有 $\dfrac{\partial P}{\partial y} = 1 \neq -1 = \dfrac{\partial Q}{\partial x}$,故该方程不是全微分方程. 但方程两端乘上因子 $\dfrac{1}{y^2}$ 以后,方程 $\dfrac{y\mathrm{d}x - x\mathrm{d}y}{y^2} = 0$ 成为全微分方程. 事实上, $\mathrm{d}\left(\dfrac{x}{y}\right) = \dfrac{y\mathrm{d}x - x\mathrm{d}y}{y^2}$,因此, $\dfrac{1}{y^2}$ 是方程 $y\mathrm{d}x - x\mathrm{d}y = 0$ 的一个积分因子.

一般地,积分因子的确定并不简单,而且积分因子往往不唯一. 不难验证 $\dfrac{1}{xy}$ 和 $\dfrac{1}{x^2}$ 也是方程 $y\mathrm{d}x - x\mathrm{d}y = 0$ 的积分因子.

在比较简单的情形下,往往可以通过观察得到积分因子.

例 8.3.8　用观察法求下列方程的积分因子,并求其通解.

(1) $y\mathrm{d}x - x\mathrm{d}y + y^2x\mathrm{d}x = 0$;

(2) $x\mathrm{d}x + y\mathrm{d}y = (x^2 + y^2)\mathrm{d}x$.

解　(1) $\dfrac{1}{y^2}$ 是一个积分因子,乘上该因子之后,方程化为 $\dfrac{y\mathrm{d}x - x\mathrm{d}y}{y^2} + x\mathrm{d}x = 0$,

而且, $\mathrm{d}\left(\dfrac{x}{y}\right) + \mathrm{d}\left(\dfrac{1}{2}x^2\right) = \dfrac{y\mathrm{d}x - x\mathrm{d}y}{y^2} + x\mathrm{d}x$,所以,通解为 $\dfrac{x}{y} + \dfrac{1}{2}x^2 = C$.

(2) $\dfrac{1}{x^2+y^2}$ 是一个积分因子,因为 $\mathrm{d}\left(\dfrac{1}{2}\ln(x^2+y^2)-x\right)=\dfrac{x\,\mathrm{d}x+y\,\mathrm{d}y}{x^2+y^2}-\mathrm{d}x$,

所以,通解为 $\dfrac{1}{2}\ln(x^2+y^2)-x=C$.

习题 8.3

1. 利用格林公式计算积分 $\iint_D \mathrm{e}^{-y^2}\,\mathrm{d}x\,\mathrm{d}y$,其中 D 是以 $O(0,0),A(1,1),B(0,1)$ 为顶点的三角形区域.

2. 计算 $\dfrac{x^2}{a^2}+\dfrac{y^2}{b^2}=1$ 所围成图形的面积.

3. 求曲线积分 $I=\displaystyle\int_L (\mathrm{e}^y+x)\,\mathrm{d}x+(x\mathrm{e}^y-2y)\,\mathrm{d}y$,$L$ 为过 $(0,0),(0,1)$ 和 $(1,2)$ 点的圆弧.

4. 证明曲线积分 $\displaystyle\int_L \left(1-\dfrac{y^2}{x^2}\cos\dfrac{y}{x}\right)\mathrm{d}x+\left(\sin\dfrac{y}{x}+\dfrac{y}{x}\cos\dfrac{y}{x}\right)\mathrm{d}y$ 与路径无关,

其中 L 不经过 y 轴,并求 $\displaystyle\int_{(1,\pi)}^{(2,\pi)} \left(1-\dfrac{y^2}{x^2}\cos\dfrac{y}{x}\right)\mathrm{d}x+\left(\sin\dfrac{y}{x}+\dfrac{y}{x}\cos\dfrac{y}{x}\right)\mathrm{d}y$ 的值.

5. 判断下列方程中哪些是全微分方程,并求出全微分方程的通解.

(1) $(x+2y)\,\mathrm{d}x+(2x+y)\,\mathrm{d}y=0$;

(2) $(3x^2+6xy^2)\,\mathrm{d}x+(6x^2y+4y^2)x\,\mathrm{d}y=0$;

(3) $\mathrm{e}^y\,\mathrm{d}x+(x\mathrm{e}^y-2y)\,\mathrm{d}y=0$;

(4) $(2x\cos y+y^2\cos x)\,\mathrm{d}x+(2y\sin x-x^2\sin y)\,\mathrm{d}y=0$;

(5) $y(x-2y)\,\mathrm{d}x-x^2\,\mathrm{d}y=0$.

6. 利用观察法给出方程 $y^2(x-3y)\,\mathrm{d}x+(1-3y^2x)\,\mathrm{d}y=0$ 的积分因子,并求其通解.

8.4　第一型曲面积分

8.4.1　空间曲面的质量

考虑一个实际问题:设某一物体占有空间曲面 Σ,其面密度函数为 $\rho(x,y,z)$,求该物体的质量 M.

我们仍用以前惯用的方法,先分割 Σ 为若干小块,再作和式:$\displaystyle\sum_{i=n}^{n}\rho(\xi_i,\eta_i,\zeta_i)\cdot$

ΔS_i,最后取极限,得 $M=\displaystyle\lim_{\lambda\to 0}\sum_{i=n}^{n}\rho(\xi_i,\eta_i,\zeta_i)\cdot\Delta S_i$,其中 λ 为各小块面直径的最大

值. 这就是第一型曲面积分的思想.

8.4.2　第一型曲面积分的定义

定义 8.3　设曲面 Σ 光滑(即曲面上各点处都具有切平面,且当点在曲面上连续移动时,切平面也连续移动),函数 $f(x,y,z)$ 在曲面 Σ 上有界,把 Σ 任意分成 n 个小曲面 $\Delta S_1,\Delta S_2,\cdots,\Delta S_n$, 其中 $\Delta S_i(i=1,2,\cdots,n)$ 也表示第 i 个小曲面的面积, 在 ΔS_i 上任取一点 (ξ_i,η_i,ζ_i), 作和式 $\sum_{i=n}^{n}f(\xi_i,\eta_i,\zeta_i)\cdot\Delta S_i$. 若当这 n 个小曲面的直径的最大值 $\lambda\to 0$ 时, 上述和式极限存在, 且此极限值与 Σ 的分法及点 (ξ_i,η_i,ζ_i) 在 ΔS_i 上的取法无关, 则称此极限值为函数 $f(x,y,z)$ 在曲面 Σ 上的第一型曲面积分或称为对面积的曲面积分, 记作 $\iint\limits_{\Sigma}f(x,y,z)\mathrm{d}S$, 即

$$\iint\limits_{\Sigma}f(x,y,z)\mathrm{d}S=\lim_{\lambda\to 0}\sum_{i=n}^{n}f(\xi_i,\eta_i,\zeta_i)\cdot\Delta S_i,$$

其中 $f(x,y,z)$ 称为被积函数, Σ 称为积分曲面.

注 1　同曲线积分一样, 当函数 $f(x,y,z)$ 在光滑曲面 Σ 上连续时, 第一型曲面积分是存在的. 今后如不特别说明, 总假定 $f(x,y,z)$ 在曲面 Σ 上连续.

注 2　由定义 8.3 知, 前面提到的空间曲面的质量 $M=\iint\limits_{\Sigma}\rho(x,y,z)\mathrm{d}S$, 其中 $\rho(x,y,z)$ 为面密度函数.

注 3　当 $f(x,y,z)=1$ 时, $S=\iint\limits_{\Sigma}\mathrm{d}S$ 为曲面面积.

注 4　第一型曲面积分同样具有被积函数的可加性与积分曲面的可加性, 即

(1) $\iint\limits_{\Sigma}[af(x,y,z)+bg(x,y,z)]\mathrm{d}S=a\iint\limits_{\Sigma}f(x,y,z)\mathrm{d}S+b\iint\limits_{\Sigma}g(x,y,z)\mathrm{d}S,$

其中 a,b 为常数;

(2) $\iint\limits_{\Sigma_1+\Sigma_2}f(x,y,z)\mathrm{d}S=\iint\limits_{\Sigma_1}f(x,y,z)\mathrm{d}S+\iint\limits_{\Sigma_2}f(x,y,z)\mathrm{d}S$, 其中 Σ_1 与 Σ_2 均为光滑曲面.

8.4.3　第一型曲面积分的计算

设曲面 Σ 的方程为 $z=z(x,y)$, Σ 在 xOy 平面上的投影区域为 D_{xy}, 如图 8.20 所示, $z=z(x,y)$ 在 D_{xy} 上具有连续的偏导数, $f(x,y,z)$ 在 Σ 上连续. 下面求 $\iint\limits_{\Sigma}f(x,y,z)\mathrm{d}S.$

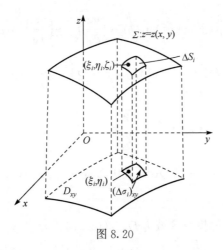

图 8.20

由定义 8.3，$\displaystyle\iint\limits_{\Sigma} f(x,y,z)\mathrm{d}S = \lim_{\lambda \to 0}\sum_{i=1}^{n} f(\xi_i,\eta_i,\zeta_i) \cdot \Delta S_i$，设 ΔS_i 在 xOy 平面上的

投影区域为 $(\Delta \sigma_i)_{xy}$，则 $\Delta S_i = \displaystyle\iint\limits_{(\Delta\sigma_i)_{xy}} \sqrt{1+z_x^2(x,y)+z_y^2(x,y)}\,\mathrm{d}x\mathrm{d}y$. 由二重积分的

中值定理，存在 $(\xi_i',\eta_i') \in (\Delta\sigma_i)_{xy}$，使得 $\Delta S_i = \sqrt{1+z_x^2(\xi_i',\eta_i')+z_y^2(\xi_i',\eta_i')}$ ·

$(\Delta\sigma_i)_{xy}$. 又 (ξ_i,η_i,ζ_i) 为 ΔS_i 上任一点，故不妨令 $\xi_i = \xi_i'$，$\eta_i = \eta_i'$，$\zeta_i = \zeta_i' = z(\xi_i,\eta_i)$，

所以

$$\iint\limits_{\Sigma} f(x,y,z)\mathrm{d}S = \lim_{\lambda\to 0}\sum_{i=1}^{n} f[\xi_i',\eta_i',z(\xi_i',\eta_i')]\sqrt{1+z_x^2(\xi_i',\eta_i')+z_y^2(\xi_i',\eta_i')} \cdot (\Delta\sigma_i)_{xy}$$

$$= \iint\limits_{D_{xy}} f[x,y,z(x,y)]\sqrt{1+z_x^2(x,y)+z_y^2(x,y)}\,\mathrm{d}x\mathrm{d}y.$$

这就是把第一型曲面积分化为二重积分的公式. 事实上，这个公式就是将变

量 z 换为 $z(x,y)$，将 $\mathrm{d}S$ 换为曲面的面积元素 $\sqrt{1+z_x^2(x,y)+z_y^2(x,y)}\,\mathrm{d}x\mathrm{d}y$，再

确定 Σ 在 xOy 平面上的投影区域 D_{xy}.

例 8.4.1　设 Σ 为圆锥面 $z^2 = x^2 + y^2$ 介于 $z = 0$ 与 $z = 1$ 之间的部分，求

$I = \displaystyle\iint\limits_{\Sigma} (x^2 + y^2)\mathrm{d}S$.

解　由于 Σ 为圆锥面 $z^2 = x^2 + y^2$ 介于 $z = 0$ 与 $z = 1$ 之间的部分，所以，

$z = \sqrt{x^2 + y^2}$，则 $\dfrac{\partial z}{\partial x} = \dfrac{x}{\sqrt{x^2 + y^2}}$，$\dfrac{\partial z}{\partial y} = \dfrac{y}{\sqrt{x^2 + y^2}}$.

又 Σ 在 xOy 平面上的投影区域为 $D = \{(x,y) \mid x^2 + y^2 \leqslant 1\}$，因此

$$I = \iint\limits_{D} (x^2 + y^2) \cdot \sqrt{1 + \left(\frac{\partial z}{\partial x}\right)^2 + \left(\frac{\partial z}{\partial y}\right)^2}\, dx\, dy$$

$$= \sqrt{2} \iint\limits_{D} (x^2 + y^2)\, dx\, dy = \sqrt{2} \int_0^{2\pi} d\theta \int_0^1 r^3\, dr$$

$$= \sqrt{2} \cdot 2\pi \cdot \frac{1}{4} = \frac{\sqrt{2}}{2}\pi.$$

例 8.4.2　计算 $\oiint\limits_{\Sigma} (x^2 + y^2)\, dS$,其中 Σ 是 $z = \sqrt{x^2 + y^2}$ 与 $z = 1$ 围成的闭曲面,如图 8.21 所示.

解　Σ 在 xOy 面的投影区域为 $D_{xy}:\{(x,y) \mid x^2 + y^2 \leqslant 1\}$,因此

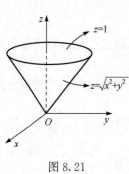

图 8.21

$$\oiint\limits_{\Sigma} (x^2 + y^2)\, dS = \iint\limits_{\Sigma_1} (x^2 + y^2)\, dS + \iint\limits_{\Sigma_2} (x^2 + y^2)\, dS$$

$$= \iint\limits_{D_{xy}} (x^2 + y^2)\sqrt{1 + z_x^2 + z_y^2}\, dx\, dy$$

$$+ \iint\limits_{D_{xy}} (x^2 + y^2)\sqrt{1 + 0^2 + 0^2}\, dx\, dy$$

$$= \sqrt{2} \iint\limits_{D_{xy}} (x^2 + y^2)\, dx\, dy$$

$$+ \iint\limits_{D_{xy}} (x^2 + y^2)\, dx\, dy$$

$$= (\sqrt{2} + 1) \int_0^{2\pi} d\theta \int_0^1 r^3\, dr = \frac{\pi}{2}(\sqrt{2} + 1).$$

例 8.4.3　计算曲面积分 $\iint\limits_{\Sigma} \frac{dS}{z}$,其中 Σ 是球面 $x^2 + y^2 + z^2 = a^2$ 被平面 $z = h\,(0 < h < a)$ 截出的顶部曲面,如图 8.22 所示.

解　Σ 的方程为

$$z = \sqrt{a^2 - x^2 - y^2}.$$

Σ 在 xOy 平面上的投影区域 D_{xy} 为圆形闭区域:$x^2 + y^2 \leqslant a^2 - h^2$. 又因为

$$\sqrt{1 + z_x^2 + z_y^2} = \frac{a}{\sqrt{a^2 - x^2 - y^2}},$$

所以

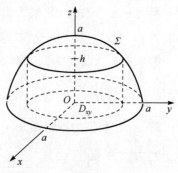

图 8.22

$$\iint\limits_{\Sigma} \frac{\mathrm{d}S}{z} = \iint\limits_{D_{xy}} \frac{1}{\sqrt{a^2 - x^2 - y^2}} \cdot \frac{a}{\sqrt{a^2 - x^2 - y^2}} \mathrm{d}x\,\mathrm{d}y$$

$$= \iint\limits_{D_{xy}} \frac{a}{a^2 - x^2 - y^2} \mathrm{d}x\,\mathrm{d}y.$$

利用极坐标,得

$$\iint\limits_{D_{xy}} \frac{a}{a^2 - x^2 - y^2} \mathrm{d}x\,\mathrm{d}y = \iint\limits_{D_{xy}} \frac{a}{a^2 - r^2} r\,\mathrm{d}r\,\mathrm{d}\theta$$

$$= a\int_0^{2\pi} \mathrm{d}\theta \int_0^{\sqrt{a^2 - h^2}} \frac{r}{a^2 - r^2} \mathrm{d}r$$

$$= 2\pi a \left[-\frac{1}{2}\ln(a^2 - r^2) \right] \Bigg|_0^{\sqrt{a^2 - h^2}}$$

$$= 2\pi a \ln\frac{a}{h}.$$

习 题 8.4

1. 计算 $\iint\limits_{\Sigma} z\,\mathrm{d}s$,其中 Σ 为锥面 $z = \sqrt{x^2 + y^2}$ 的柱体 $x^2 + y^2 \leqslant 2x$ 内的部分.

2. 计算 $\iint\limits_{\Sigma} (xy + yz + zx)\mathrm{d}S$,其中 Σ 是 $z = \sqrt{x^2 + y^2}$ 被 $x^2 + y^2 = 2x$ 所截下的一块曲面.

3. 计算 $\iint\limits_{\Sigma} (x + y + z)\mathrm{d}S$,其中 Σ 为球面 $x^2 + y^2 + z^2 = a^2$ 上 $z \geqslant h (0 < h < a)$ 的部分.

4. 求抛物面壳 $z = \frac{1}{2}(x^2 + y^2)$,$0 \leqslant z \leqslant 1$ 的质量,此面壳的面密度为 $\rho = z$.

8.5 第二型曲面积分

8.5.1 流量问题

设稳定流动的不可压缩的流体的速度场为
$$\boldsymbol{v}(x,y,z) = P(x,y,z)\boldsymbol{i} + Q(x,y,z)\boldsymbol{j} + R(x,y,z)\boldsymbol{k},$$
Σ 为其中的一片光滑有向曲面,函数 $P(x,y,z)$,$Q(x,y,z)$,$R(x,y,z)$ 在 Σ 上连续.求在单位时间内,穿过曲面 Σ 流向指定一侧的流体质量,即流量 Φ.

稳定流动是指流速与时间 t 无关,流体不可压缩是指流体密度 ρ 为常数. 通常状态下,液体在管道或水在明渠中的流动均可视为不可压缩流体的稳定流动. 为简单起见,不妨设 $\rho=1$. 流动是有方向的,因此计算流量需要先确定流向曲面的哪一侧.

假定曲面是光滑的. 下面介绍双侧曲面和有向曲面的概念. 我们通常遇到的曲面都是双侧的,如果规定某侧为正侧,则另一侧为负侧. 对简单闭曲面如球面有内侧和外侧之分;对曲面 $z=z(x,y)$ 有上、下侧之分;曲面 $y=y(x,z)$ 有左、右之分;曲面 $x=x(y,z)$ 有前、后侧之分. 在讨论第二型曲面积分时,我们需要选定曲面的侧. 所谓侧的选定,就是曲面上每点的法线方向的选定. 具体地,对于简单闭曲面,如果它的法向量 n 指向朝外,我们认定曲面为外侧;对曲面 $z=z(x,y)$,如果它的法向量指向朝上,我们就认定曲面为上侧. 因此称规定了侧的曲面为有向曲面. 习惯上对简单闭曲面,规定外侧为正侧,内侧为负侧,对 $z=z(x,y)$ 规定上侧为正侧,即法向量与 z 轴正向夹角小于 $\dfrac{\pi}{2}$ 的一侧为正侧. 类似地,对 $y=y(x,z)$ 规定右侧为正侧;对 $x=x(y,z)$ 规定前侧为正侧.

设 Σ 为一有向曲面,在 Σ 上取一小块曲面 ΔS,将 ΔS 投影到 xOy 平面上,得一投影区域. 记投影区域的面积为 $(\Delta\sigma)_{xy}$. 假设 ΔS 上各点的法向量与 x 轴的夹角 γ 的余弦 $\cos\gamma$ 具有相同的符号. 规定 ΔS 在 xOy 平面上的投影 $(\Delta S)_{xy}$ 为

$$(\Delta S)_{xy}=\begin{cases}(\Delta\sigma)_{xy}, & \cos\gamma>0,\\ -(\Delta\sigma)_{xy}, & \cos\gamma<0,\\ 0, & \cos\gamma=0.\end{cases}$$

可见,$(\Delta\sigma)_{xy}$ 总为正,$(\Delta S)_{xy}$ 可正可负. 事实上,$(\Delta S)_{xy}$ 就是 ΔS 在 xOy 平面上的投影区域的面积赋以一定的正负号.

接下来,我们讨论前面的流量问题.

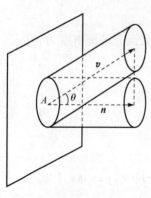

若流体穿过平面上面积为 A 的闭区域,且流体在此闭域上各点处流速为常向量 v. 设 n 为该平面指定一侧的单位法向量,则在单位时间内流过这闭区域的流体组成一底面积为 A,斜高为 $|v|$ 的斜柱体,如图 8.23 所示. 斜柱体体积为

$$A|v|\cos\theta=Av\cdot n, \qquad (8.3)$$

其中 θ 为向量 v 和 n 所成的夹角.

当 $0<\theta<\dfrac{\pi}{2}$ 时,式(8.3)就是穿过平面区域 A 流向 n 所指一侧的流量,即有 $\Phi=Av\cdot n$.

图 8.23

当 $\theta = \dfrac{\pi}{2}$ 时,没有流体穿过平面区域 A,因此穿过平面区域 A 流向 $\boldsymbol{n}$ 所指一侧的流量为零,此时仍然有 $\varPhi = A\boldsymbol{v} \cdot \boldsymbol{n}$.

当 $\theta > \dfrac{\pi}{2}$ 时,$A\boldsymbol{v} \cdot \boldsymbol{n} < 0$. 此时,流体实际上穿过平面区域 A 流向 $-\boldsymbol{n}$ 所指的一侧. 由于此时有 $\cos\theta < 0$,因此仍将穿过平面区域 A 流向 $\boldsymbol{n}$ 所指一侧的流量记为 $\varPhi = A\boldsymbol{v} \cdot \boldsymbol{n}$ 是合理的.

也就是说,无论 θ 为何值,流体穿过平面区域 A 流向 $\boldsymbol{n}$ 所指一侧的流量均可表示为 $\varPhi = A\boldsymbol{v} \cdot \boldsymbol{n}$.

由于所考虑的不是平面闭区域而是一片曲面,且流速 $\boldsymbol{v}$ 也不是常向量,故和引入其他各类积分概念时一样,采用微元法把 $\varSigma$ 分成小块 $\Delta S_i (i = 1, 2, \cdots, n)$,同时也表示这一小块曲面的面积. 设 $\varSigma$ 光滑,且函数 $P(x, y, z), Q(x, y, z), R(x, y, z)$ 在 $\varSigma$ 上连续,当 ΔS_i 的直径充分小时,可近似地将 ΔS_i 看成平面,且 ΔS_i 上各点的流速也可视为常向量. 任选 ΔS_i 上一点 (ξ_i, η_i, ζ_i) 的流速代替 ΔS_i 上各点处的流速,以该点处的单位法向量

$$\boldsymbol{n}_i = \cos\alpha_i \boldsymbol{i} + \cos\beta_i \boldsymbol{j} + \cos\gamma_i \boldsymbol{k}$$

代替 ΔS_i 上各点处的单位法向量. 因此,流体穿过曲面 $\varSigma$ 流向指定一侧的流量为

$$\begin{aligned}
\varPhi &= \sum_{i=1}^{n} \Delta \varPhi_i = \sum_{i=1}^{n} \boldsymbol{v}_i \cdot \boldsymbol{n}_i \Delta S_i \\
&= \lim_{\lambda \to 0} \sum_{i=1}^{n} [P(\xi_i, \eta_i, \zeta_i)\cos\alpha_i + Q(\xi_i, \eta_i, \zeta_i)\cos\beta_i \\
&\quad + R(\xi_i, \eta_i, \zeta_i)\cos\gamma_i]\Delta S_i.
\end{aligned}$$

又 $\Delta S_i \cos\alpha_i \approx (\Delta S_i)_{yz}, \Delta S_i \cos\beta_i \approx (\Delta S_i)_{zx}, \Delta S_i \cos\gamma_i \approx (\Delta S_i)_{xy}$,所以,有

$$\begin{aligned}
\varPhi &= \lim_{\lambda \to 0} \sum_{i=1}^{n} [P(\xi_i, \eta_i, \zeta_i)(\Delta S_i)_{yz} + Q(\xi_i, \eta_i, \zeta_i)(\Delta S_i)_{zx} + R(\xi_i, \eta_i, \zeta_i)(\Delta S_i)_{xy}] \\
&= \lim_{\lambda \to 0} \sum_{i=1}^{n} P(\xi_i, \eta_i, \zeta_i)(\Delta S_i)_{yz} + \lim_{\lambda \to 0} \sum_{i=1}^{n} Q(\xi_i, \eta_i, \zeta_i)(\Delta S_i)_{zx} \\
&\quad + \lim_{\lambda \to 0} \sum_{i=1}^{n} R(\xi_i, \eta_i, \zeta_i)(\Delta S_i)_{xy}.
\end{aligned}$$

这样的极限还会在其他问题中遇到,由此我们抽象出第二型曲面积分的定义.

8.5.2　第二型曲面积分的定义

定义8.4　设 $\varSigma$ 为光滑的有向曲面,函数 $R(x, y, z)$ 在 $\varSigma$ 上有界. 将 $\varSigma$ 任意分成若干个小块 ΔS_i(ΔS_i 也表示其面积),$i = 1, 2, \cdots, n$. ΔS_i 在 xOy 平面的投影为 $(\Delta S_i)_{xy}$,又在 ΔS_i 上任取一点 (ξ_i, η_i, ζ_i),如果当小曲面的直径的最大值 $\lambda \to 0$

时,极限 $\lim\limits_{\lambda\to0}\sum\limits_{i=1}^{n}R(\xi_i,\eta_i,\zeta_i)(\Delta S_i)_{xy}$ 存在,则称该极限值为函数 $R(x,y,z)$ 在有向

曲面 Σ 上对坐标 x,y 的曲面积分,记作 $\iint\limits_{\Sigma}R(x,y,z)\mathrm{d}x\mathrm{d}y$,即

$$\iint\limits_{\Sigma}R(x,y,z)\mathrm{d}x\mathrm{d}y=\lim_{\lambda\to0}\sum_{i=1}^{n}R(\xi_i,\eta_i,\zeta_i)(\Delta S_i)_{xy},$$

其中 $R(x,y,z)$ 称为被积函数,Σ 称为积分曲面.

类似地,可定义 $P(x,y,z)$ 在有向曲面 Σ 上对 y,z 的曲面积分:$\iint\limits_{\Sigma}P(x,y,$

$z)\mathrm{d}y\mathrm{d}z$;$Q(x,y,z)$ 在有向曲面 Σ 上对 z,x 的曲面积分:$\iint\limits_{\Sigma}Q(x,y,z)\mathrm{d}z\mathrm{d}x$,即

$$\iint\limits_{\Sigma}P(x,y,z)\mathrm{d}y\mathrm{d}z=\lim_{\lambda\to0}\sum_{i=1}^{n}P(\xi_i,\eta_i,\zeta_i)(\Delta S_i)_{yz},$$

$$\iint\limits_{\Sigma}Q(x,y,z)\mathrm{d}z\mathrm{d}x=\lim_{\lambda\to0}\sum_{i=1}^{n}Q(\xi_i,\eta_i,\zeta_i)(\Delta S_i)_{zx}.$$

上述三个曲面积分统称为第二型曲面积分.

注1 $\iint\limits_{\Sigma}R(x,y,z)\mathrm{d}x\mathrm{d}y$ 中的 $\mathrm{d}x\mathrm{d}y$ 与 $\iint\limits_{D}f(x,y)\mathrm{d}x\mathrm{d}y$ 中的 $\mathrm{d}x\mathrm{d}y$ 不同. 前者可

正可负,是 $(\Delta S_i)_{xy}$ 的象征,后者恒正,是 $\Delta\sigma_i$ 的象征.

注2 一般地,假定 $P(x,y,z),Q(x,y,z),R(x,y,z)$ 在 Σ 上均连续,使得
积分存在,这时可定义

$$\iint\limits_{\Sigma}P\mathrm{d}y\mathrm{d}z+Q\mathrm{d}z\mathrm{d}x+R\mathrm{d}x\mathrm{d}y=\iint\limits_{\Sigma}P\mathrm{d}y\mathrm{d}z+\iint\limits_{\Sigma}Q\mathrm{d}z\mathrm{d}x+\iint\limits_{\Sigma}R\mathrm{d}x\mathrm{d}y$$

为一般的第二型曲面积分或对坐标的曲面积分. 其中左边的 Σ 为指定的一侧,而右
边的三个 Σ 的正向视情况不同而依各自的规定设定,此条须特别注意.

第二型曲面积分具有与第二型曲线积分相类似的性质.

性质8.7 若曲面 $\Sigma=\Sigma_1+\Sigma_2$,则

$$\iint\limits_{\Sigma}P\mathrm{d}y\mathrm{d}z+Q\mathrm{d}z\mathrm{d}x+R\mathrm{d}x\mathrm{d}y$$

$$=\iint\limits_{\Sigma_1}P\mathrm{d}y\mathrm{d}z+Q\mathrm{d}z\mathrm{d}x+R\mathrm{d}x\mathrm{d}y+\iint\limits_{\Sigma_2}P\mathrm{d}y\mathrm{d}z+Q\mathrm{d}z\mathrm{d}x+R\mathrm{d}x\mathrm{d}y.$$

性质8.8 若 Σ^- 表示与 Σ 取相反侧的有向曲面,则

$$\iint\limits_{\Sigma^-}P(x,y,z)\mathrm{d}y\mathrm{d}z=-\iint\limits_{\Sigma}P(x,y,z)\mathrm{d}y\mathrm{d}z,$$

$$\iint\limits_{\Sigma^-}Q(x,y,z)\mathrm{d}z\mathrm{d}x=-\iint\limits_{\Sigma}Q(x,y,z)\mathrm{d}z\mathrm{d}x,$$

$$\iint_{\Sigma^-} R(x,y,z)\mathrm{d}x\mathrm{d}y = -\iint_{\Sigma} R(x,y,z)\mathrm{d}x\mathrm{d}y.$$

8.5.3 第二型曲面积分的计算

设积分曲面 Σ 是由 $z=z(x,y)$ 所决定的曲面的上侧，Σ 在 xOy 平面上的投影区域为 D_{xy}. $z=z(x,y)$ 在 D_{xy} 上具有连续的一阶偏导数，被积函数 $R(x,y,z)$ 在 Σ 上连续. 下面来求 $\iint_{\Sigma} R(x,y,z)\mathrm{d}x\mathrm{d}y$.

由定义知：$\iint_{\Sigma} R(x,y,z)\mathrm{d}x\mathrm{d}y = \lim_{\lambda\to0}\sum_{i=1}^{n} R(\xi_i,\eta_i,\zeta_i)(\Delta S_i)_{xy}$，又此处 Σ 取上侧，故 $\cos\gamma>0$，进而 $(\Delta S_i)_{xy}=(\Delta\sigma_i)_{xy}$，所以有

$$\iint_{\Sigma} R(x,y,z)\mathrm{d}x\mathrm{d}y = \lim_{\lambda\to0}\sum_{i=1}^{n} R[\xi_i,\eta_i,z(\xi_i,\eta_i)]\cdot(\Delta\sigma_i)_{xy} = \iint_{D_{xy}} R[x,y,z(x,y)]\mathrm{d}x\mathrm{d}y.$$

这就是把对坐标的曲面积分化为二重积分的公式，上式也表明，计算曲面积分 $\iint_{\Sigma} R(x,y,z)\mathrm{d}x\mathrm{d}y$ 时，只要把其中变量 z 换为表示 Σ 的函数 $z(x,y)$，然后在 Σ 的投影区域 D_{xy} 上计算二重积分即可.

若 Σ 取下侧，则有 $\cos\gamma<0$，故有 $(\Delta S_i)_{xy}=-(\Delta\sigma_i)_{xy}$，于是有

$$\iint_{\Sigma} R(x,y,z)\mathrm{d}x\mathrm{d}y = -\iint_{D_{xy}} R[x,y,z(x,y)]\mathrm{d}x\mathrm{d}y.$$

同理，若 Σ 的方程为 $x=x(y,z)$，则有

$$\iint_{\Sigma} P(x,y,z)\mathrm{d}y\mathrm{d}z = \pm\iint_{D_{yz}} P[x(y,z),y,z]\mathrm{d}y\mathrm{d}z.$$

当 Σ 取前侧时，右边取"＋"，当 Σ 取后侧时，右边取"－"，其中 D_{yz} 为 Σ 在 yOz 平面上的投影区域.

若 Σ 为 $y=y(x,z)$，则有

$$\iint_{\Sigma} Q(x,y,z)\mathrm{d}x\mathrm{d}z = \pm\iint_{D_{xz}} Q[x,y(x,z),z]\mathrm{d}x\mathrm{d}z,$$

其中 D_{xz} 为 Σ 在 xOz 平面上的投影区域. 当 Σ 取右侧时，上式右边取"＋"，当 Σ 取左侧时，上式右边取"－".

例 8.5.1 计算 $\iint_{\Sigma} xyz\mathrm{d}x\mathrm{d}y$，其中 Σ 是球面 $x^2+y^2+z^2=1$ 在 $x\geqslant0,y\geqslant0$ 部分的外侧.

解 Σ 在 xOy 面的投影为 $D_{xy}:\{(x,y)\,|\,x^2+y^2\leqslant1,x\geqslant0,y\geqslant0\}$，又曲面 Σ 为 $z=\sqrt{1-(x^2+y^2)}$，因此，

$$\iint\limits_{\Sigma} xyz \,\mathrm{d}x\mathrm{d}y = 2\iint\limits_{D_{xy}} xy\sqrt{1-(x^2+y^2)}\,\mathrm{d}x\mathrm{d}y$$

$$= 2\int_0^{\frac{\pi}{2}} \mathrm{d}\theta \int_0^1 r\cos\theta \cdot r\sin\theta\sqrt{1-r^2}\cdot r\mathrm{d}r = \frac{2}{15}.$$

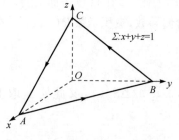

图 8.24

例 8.5.2　求 $I = \iint\limits_{\Sigma} xy\mathrm{d}y\mathrm{d}z + yz\mathrm{d}z\mathrm{d}x + zx\mathrm{d}x\mathrm{d}y$,其中 Σ 由平面 $x+y+z=1$ 与三个坐标面所围成的四面体表面,取其外侧,如图 8.24 所示.

解　Σ 可分为 $\Sigma_1,\Sigma_2,\Sigma_3$ 和 Σ_4 四个小块,
$$\Sigma_1 : z=0, \quad \Sigma_2 : x=0,$$
$$\Sigma_3 : y=0, \quad \Sigma_4 : x+y+z=1.$$

当 Σ 取外侧时,Σ_1 取下侧,Σ_2 取后侧,Σ_3 取左侧,Σ_4 取正侧. 根据对称性

$$\iint\limits_{\Sigma_1} xy\mathrm{d}y\mathrm{d}z + yz\mathrm{d}z\mathrm{d}x + zx\mathrm{d}x\mathrm{d}y = 0.$$

同理,$\iint\limits_{\Sigma_2} xy\mathrm{d}y\mathrm{d}z + yz\mathrm{d}z\mathrm{d}x + zx\mathrm{d}x\mathrm{d}y = \iint\limits_{\Sigma_3} xy\mathrm{d}y\mathrm{d}z + yz\mathrm{d}z\mathrm{d}x + zx\mathrm{d}x\mathrm{d}y = 0$,

下面求 Σ_4 上的积分.

$$I = \iint\limits_{\Sigma_4} xy\mathrm{d}y\mathrm{d}z + yz\mathrm{d}z\mathrm{d}x + zx\mathrm{d}x\mathrm{d}y = \iint\limits_{\Sigma_4} xy\mathrm{d}y\mathrm{d}z + \iint\limits_{\Sigma_4} yz\mathrm{d}z\mathrm{d}x + \iint\limits_{\Sigma_4} zx\mathrm{d}x\mathrm{d}y$$

$$= \iint\limits_{D_{yz}} (1-y-z)y\mathrm{d}y\mathrm{d}z + \iint\limits_{D_{zx}} (1-z-x)z\mathrm{d}z\mathrm{d}x + \iint\limits_{D_{xy}} (1-y-x)x\mathrm{d}x\mathrm{d}y$$

$$= \int_0^1 \mathrm{d}y \int_0^{1-y} (1-y-z)y\mathrm{d}z + \int_0^1 \mathrm{d}z \int_0^{1-z} (1-z-x)z\mathrm{d}x$$

$$\quad + \int_0^1 \mathrm{d}x \int_0^{1-x} (1-y-x)x\mathrm{d}y$$

$$= \frac{1}{24} + \frac{1}{24} + \frac{1}{24} = \frac{1}{8}.$$

例 8.5.3　计算曲面积分

$$\iint\limits_{\Sigma} x^2\mathrm{d}y\mathrm{d}z + y^2\mathrm{d}z\mathrm{d}x + z^2\mathrm{d}x\mathrm{d}y,$$

其中 Σ 是长方体 Ω 整个表面的外侧,$\Omega = \{(x,y,z) \mid 0 \leqslant x \leqslant a, 0 \leqslant y \leqslant b, 0 \leqslant z \leqslant c\}$.

解　把有向曲面 Σ 分成以下六部分:
$$\Sigma_1 : z=c (0 \leqslant x \leqslant a, 0 \leqslant y \leqslant b) \text{的上侧;}$$
$$\Sigma_2 : z=0 (0 \leqslant x \leqslant a, 0 \leqslant y \leqslant b) \text{的下侧;}$$

$\Sigma_3 : x = a\,(0 \leqslant y \leqslant b, 0 \leqslant z \leqslant c)$ 的前侧；

$\Sigma_4 : x = 0\,(0 \leqslant y \leqslant b, 0 \leqslant z \leqslant c)$ 的后侧；

$\Sigma_5 : y = b\,(0 \leqslant x \leqslant a, 0 \leqslant z \leqslant c)$ 的右侧；

$\Sigma_6 : y = 0\,(0 \leqslant x \leqslant a, 0 \leqslant z \leqslant c)$ 的左侧.

除 Σ_3, Σ_4 外，其余四片曲面在 yOz 面上的投影为零，因此

$$\iint\limits_{\Sigma} x^2 \mathrm{d}y\mathrm{d}z = \iint\limits_{\Sigma_3} x^2 \mathrm{d}y\mathrm{d}z + \iint\limits_{\Sigma_4} x^2 \mathrm{d}y\mathrm{d}z$$

$$= \iint\limits_{D_{yz}} a^2 \mathrm{d}y\mathrm{d}z - \iint\limits_{D_{yz}} 0^2 \mathrm{d}y\mathrm{d}z = a^2 bc,$$

类似地，可得到

$$\iint\limits_{\Sigma} y^2 \mathrm{d}z\mathrm{d}x = b^2 ac,$$

$$\iint\limits_{\Sigma} z^2 \mathrm{d}x\mathrm{d}y = c^2 ab.$$

于是得到曲面积分为 $abc(a+b+c)$.

8.5.4　两类曲面积分之间的联系

设 Σ 为有向曲面，方程为 $z = z(x,y)$. Σ 在 xOy 平面上的投影区域为 D_{xy}, $z = z(x,y)$ 在 D_{xy} 上具有连续的一阶偏导数. $R(x,y,z)$ 在 Σ 上连续. 若 Σ 取上侧，则 $\iint\limits_{\Sigma} R(x,y,z)\mathrm{d}x\mathrm{d}y = \iint\limits_{D_{xy}} R[x,y,z(x,y)]\mathrm{d}x\mathrm{d}y$. 又当 Σ 取上侧时，Σ 上任一点处的法线向量的方向余弦为

$$\cos\alpha = -\frac{z_x}{\sqrt{1+z_x^2+z_y^2}}, \quad \cos\beta = -\frac{z_y}{\sqrt{1+z_x^2+z_y^2}}, \quad \cos\gamma = \frac{1}{\sqrt{1+z_x^2+z_y^2}}.$$

因此，

$$\iint\limits_{\Sigma} R(x,y,z)\cos\gamma\,\mathrm{d}S = \iint\limits_{D_{xy}} R[x,y,z(x,y)]\cos\gamma \cdot \sqrt{1+z_x^2+z_y^2}\,\mathrm{d}x\mathrm{d}y$$

$$= \iint\limits_{D_{xy}} R[x,y,z(x,y)]\mathrm{d}x\mathrm{d}y = \iint\limits_{\Sigma} R(x,y,z)\mathrm{d}x\mathrm{d}y,$$

即

$$\iint\limits_{\Sigma} R(x,y,z)\mathrm{d}x\mathrm{d}y = \iint\limits_{\Sigma} R(x,y,z)\cos\gamma\,\mathrm{d}S.$$

若 Σ 取下侧，右端的 $\cos\gamma$ 也要改变符号，故此时上式仍然成立. 因此，不管 Σ 取哪一侧，上式均成立. 又由积分曲面的可加性，对任一有向曲面上式均成立. 同理，对于 Σ 为任一有向曲面，下列等式也成立：

$$\iint\limits_{\Sigma} P(x,y,z)\mathrm{d}y\,\mathrm{d}z = \iint\limits_{\Sigma} P(x,y,z)\cos\alpha\,\mathrm{d}S,$$

$$\iint\limits_{\Sigma} Q(x,y,z)\mathrm{d}z\,\mathrm{d}x = \iint\limits_{\Sigma} Q(x,y,z)\cos\beta\,\mathrm{d}S,$$

合起来,即得

$$\iint\limits_{\Sigma} P\mathrm{d}y\,\mathrm{d}z + Q\mathrm{d}z\,\mathrm{d}x + R\mathrm{d}x\,\mathrm{d}y = \iint\limits_{\Sigma} (P\cos\alpha + Q\cos\beta + R\cos\gamma)\mathrm{d}S.$$

　　这就是两类曲面积分的联系,其中 $\cos\alpha,\cos\beta,\cos\gamma$ 为有向曲面 Σ 在点(x,y,z) 处的法向量的方向余弦.

　　例 8.5.4　计算$\iint\limits_{\Sigma} (z^2+x)\mathrm{d}y\,\mathrm{d}z - z\mathrm{d}x\,\mathrm{d}y$,其中 Σ 是 $z = \dfrac{1}{2}(x^2+y^2)$ 介于 $z=0$ 和 $z=2$ 之间的部分的下侧.

　　解　因为

$$\iint\limits_{\Sigma} (z^2+x)\mathrm{d}y\,\mathrm{d}z = \iint\limits_{\Sigma} (z^2+x)\cos\alpha\,\mathrm{d}S, \quad \mathrm{d}S = \sqrt{1+x^2+y^2}\,\mathrm{d}x\,\mathrm{d}y,$$

$$\cos\alpha = \frac{x}{\sqrt{1+x^2+y^2}},$$

所以

$$\iint\limits_{\Sigma} (z^2+x)\mathrm{d}y\,\mathrm{d}z = \iint\limits_{\Sigma} (z^2+x)\frac{x}{\sqrt{1+x^2+y^2}}\sqrt{1+x^2+y^2}\,\mathrm{d}x\,\mathrm{d}y$$

$$= \iint\limits_{D_{xy}} x(z^2+x)\mathrm{d}x\,\mathrm{d}y = \iint\limits_{D_{xy}} \left[\frac{x(x^2+y^2)^2}{4} + x^2\right]\mathrm{d}x\,\mathrm{d}y$$

$$= \iint\limits_{D_{xy}} x^2\mathrm{d}x\,\mathrm{d}y,$$

$$\iint\limits_{\Sigma} -z\mathrm{d}x\,\mathrm{d}y = \iint\limits_{\Sigma} -z\cos\gamma\,\mathrm{d}S = \iint\limits_{-} z\frac{-1}{\sqrt{1+z^2+y^2}}\sqrt{1+z^2+y^2}\,\mathrm{d}S\,\mathrm{d}y = \iint\limits_{D_{xy}} z\mathrm{d}x\,\mathrm{d}y,$$

故

$$原式 = \iint\limits_{D_{xy}} \left[x^2 + \frac{1}{2}(x^2+y^2)\right]\mathrm{d}x\,\mathrm{d}y$$

$$= \int_0^{2\pi} \mathrm{d}\theta \int_0^2 \left[r^2\cos^2\theta + \frac{r^2(\cos^2\theta + \sin^2\theta)}{2}\right] r\,\mathrm{d}r$$

$$= \int_0^{2\pi} \mathrm{d}\theta \int_0^2 \left(r^3\cos^2\theta + \frac{1}{2}r^3\right)\mathrm{d}r = 8\pi.$$

习 题 8.5

1. 计算 $\iint\limits_{\Sigma} x\,\mathrm{d}y\mathrm{d}z + y\,\mathrm{d}x\mathrm{d}z + z\,\mathrm{d}x\mathrm{d}y$，其中 Σ 为 $x^2 + y^2 + z^2 = a^2$ 的外侧.

2. 把对坐标的曲面积分 $\iint\limits_{\Sigma} P(x,y,z)\,\mathrm{d}y\mathrm{d}z + Q(x,y,z)\,\mathrm{d}z\mathrm{d}x + R(x,y,z)\,\mathrm{d}x\mathrm{d}y$ 化为对面积的曲面积分，其中 Σ 是平面 $3x + 2y + 2\sqrt{3}z = 6$ 在第一卦限的部分的上侧.

3. 计算 $\iint\limits_{\Sigma} \dfrac{\mathrm{e}^x}{\sqrt{x^2 + y^2}}\,\mathrm{d}x\mathrm{d}y$，其中 Σ 为圆锥面 $z = \sqrt{x^2 + y^2}$ $(1 \leqslant z \leqslant 2)$ 的下侧.

4. 计算 $\iint\limits_{\Sigma} y^2\,\mathrm{d}z\mathrm{d}x + z\,\mathrm{d}x\mathrm{d}y$，其中 Σ 为圆柱面 $x^2 + y^2 = 2y$ 被平面 $z = 0, z = 1$ 所截部分的外侧.

5. 计算 $\iint\limits_{\Sigma} x^2 y^2 z\,\mathrm{d}x\mathrm{d}y$，其中 Σ 是球面 $x^2 + y^2 + z^2 = R^2$ 的下半部分的下侧.

8.6　高斯公式、斯托克斯公式

8.6.1　高斯公式

格林公式建立了平面区域上的二重积分与沿该区域边界的曲线积分之间的联系. 高斯(Gauss)公式揭示了空间闭区域上的三重积分与其边界曲面上的曲面积分之间的关系. 所以，可以说，高斯公式是格林公式的推广.

定理 8.5（高斯公式）　设空间有界闭曲域 Ω 是由分片光滑的闭曲面 Σ 所围成的，函数 $P(x,y,z), Q(x,y,z), R(x,y,z)$ 在 Ω 上具有一阶连续偏导数，则有

$$\iiint\limits_{\Omega}\left(\frac{\partial P}{\partial x} + \frac{\partial Q}{\partial y} + \frac{\partial R}{\partial z}\right)\mathrm{d}V = \oiint\limits_{\Sigma} P\,\mathrm{d}y\mathrm{d}z + Q\,\mathrm{d}z\mathrm{d}x + R\,\mathrm{d}x\mathrm{d}y \tag{8.4}$$

或

$$\iiint\limits_{\Omega}\left(\frac{\partial P}{\partial x} + \frac{\partial Q}{\partial y} + \frac{\partial R}{\partial z}\right)\mathrm{d}V$$
$$= \oiint\limits_{\Sigma} (P\cos\alpha + Q\cos\beta + R\cos\gamma)\,\mathrm{d}S,$$

$$(8.4)'$$

其中 Σ 是 Ω 的整个边界曲面的外侧，$\cos\alpha$, $\cos\beta$, $\cos\gamma$ 是 Σ 在点 (x,y,z) 处的法向量的方向余弦.

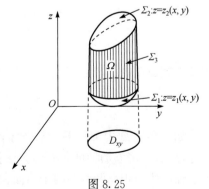

图 8.25

证　8.5 节给出了两类曲面积分的关系,因此在这里只需证明式(8.4). 设闭区域 Ω 在 xOy 平面上的投影区域为 D_{xy}. 假定穿过 Ω 内部且平行于 z 轴的直线与 Σ 有两个交点. 因此,可设 Σ 由 Σ_1,Σ_2 和 Σ_3 组成,如图 8.25 所示,其中 Σ_1 和 Σ_2 的方程分别为 $z=z_1(x,y)$ 和 $z=z_2(x,y)$,此处 $z_1(x,y)\leqslant z_2(x,y)$,$\Sigma_1$ 取下侧,Σ_2 取上侧,Σ_3 是以 D_{xy} 的边界曲线为准线而母线平行于 z 轴的柱面上的一部分,取外侧. 因此,可得

$$\oiint_{\Sigma} R(x,y,z)\mathrm{d}x\mathrm{d}y$$

$$=\oiint_{\Sigma_1} R(x,y,z)\mathrm{d}x\mathrm{d}y+\oiint_{\Sigma_2} R(x,y,z)\mathrm{d}x\mathrm{d}y+\oiint_{\Sigma_3} R(x,y,z)\mathrm{d}x\mathrm{d}y$$

$$=-\iint_{D_{xy}} R(x,y,z_1(x,y))\mathrm{d}x\mathrm{d}y+\iint_{D_{xy}} R(x,y,z_2(x,y))\mathrm{d}x\mathrm{d}y+0$$

$$=\iint_{D_{xy}} \{R(x,y,z_2(x,y))-R(x,y,z_1(x,y))\}\mathrm{d}x\mathrm{d}y.$$

另外

$$\iiint_{\Omega} \frac{\partial R}{\partial z}\mathrm{d}v=\iint_{D_{xy}} \left\{\int_{z_1(x,y)}^{z_2(x,y)} \frac{\partial R}{\partial z}\right\}\mathrm{d}x\mathrm{d}y$$

$$=\iint_{D_{xy}} \{R(x,y,z_2(x,y))-R(x,y,z_1(x,y))\}\mathrm{d}x\mathrm{d}y,$$

从而得 $\oiint_{\Sigma} R(x,y,z)\mathrm{d}x\mathrm{d}y=\iiint_{V} \frac{\partial R}{\partial z}\mathrm{d}v.$ 类似可证

$$\oiint_{\Sigma} P(x,y,z)\mathrm{d}y\mathrm{d}z=\iiint_{V} \frac{\partial P}{\partial x}\mathrm{d}v,\quad \oiint_{\Sigma} Q(x,y,z)\mathrm{d}z\mathrm{d}x=\iiint_{V} \frac{\partial Q}{\partial y}\mathrm{d}v,$$

将以上三式相加,即得高斯公式

$$\oiint_{\Sigma} P\mathrm{d}y\mathrm{d}z+Q\mathrm{d}z\mathrm{d}x+R\mathrm{d}x\mathrm{d}y=\iiint_{V} \left(\frac{\partial P}{\partial x}+\frac{\partial Q}{\partial y}+\frac{\partial R}{\partial z}\right)\mathrm{d}V.$$

注　若上式的高斯公式中 $P=x$,$Q=y$,$R=z$,则有

$$\oiint_{\Sigma} x\mathrm{d}y\mathrm{d}z+y\mathrm{d}z\mathrm{d}x+z\mathrm{d}x\mathrm{d}y=\iiint_{V}(1+1+1)\mathrm{d}x\mathrm{d}y\mathrm{d}z.$$

于是得到应用第二型曲面积分计算空间区域 V 的体积公式

$$V=\frac{1}{3}\oiint_{\Sigma} x\mathrm{d}y\mathrm{d}z+y\mathrm{d}z\mathrm{d}x+z\mathrm{d}x\mathrm{d}y.$$

如果穿过 Ω 内部且平行于坐标轴的直线与边界曲面的交点为两个这一条不满足,那么可用添加辅助曲面的方法把 Ω 分成若干个满足这样条件的闭区域. 由于沿辅助曲面相反两侧的两个曲面积分绝对值相等而符号相反,相加时正好抵消,

因此对一般闭曲面 Ω 高斯公式也成立.

例 8.6.1　计算 $\oiint\limits_{\Sigma} y(x-z)\mathrm{d}y\mathrm{d}z + x^2\mathrm{d}z\mathrm{d}x + (y^2+xz)\mathrm{d}x\mathrm{d}y$,其中 Σ 是边长为 a 的正立方体表面并取外侧,如图 8.26 所示.

解　应用高斯公式,

$$\text{原式} = \iiint\limits_{V}\left[\frac{\partial}{\partial x}(y(x-z)) + \frac{\partial}{\partial y}(x^2) + \frac{\partial}{\partial z}(y^2+xz)\right]\mathrm{d}x\mathrm{d}y\mathrm{d}z$$

$$= \iiint\limits_{V}(y+x)\mathrm{d}x\mathrm{d}y\mathrm{d}z$$

$$= \int_0^a \mathrm{d}z \int_0^a \mathrm{d}y \int_0^a (y+x)\mathrm{d}x$$

$$= a\int_0^a \left(ay + \frac{1}{2}a^2\right)\mathrm{d}y$$

$$= a^4.$$

例 8.6.2　计算 $I = \iint\limits_{\Sigma}(x^2\cos\alpha + y^2\cos\beta + z^2\cos\gamma)\mathrm{d}S$,其中 Σ 是 $\dfrac{x^2}{a^2} + \dfrac{y^2}{a^2} = \dfrac{z^2}{b^2}$,介于 $z=0$ 与 $z=b$ 之间的曲面,$a>0,b>0$,取其外侧,如图 8.27 所示.

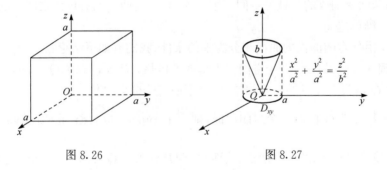

图 8.26　　　　　　　　　　　　图 8.27

解　由于 Σ 不是封闭的曲面,故不能直接利用高斯公式. 添加一个曲面 Σ_1: $z=b$,取其上侧. 这样,就构成了一个封闭的曲面,设其围成的区域为 V,在 xOy 面的投影区域为 D_{xy}. 由图像中可以观察到 V 关于 xOz,yOz 面对称. 由两类曲面积分之间的关系及高斯公式,得

$$I = \iint\limits_{\Sigma}(x^2\cos\alpha + y^2\cos\beta + z^2\cos\gamma)\mathrm{d}S = \iint\limits_{\Sigma}x^2\mathrm{d}y\mathrm{d}z + y^2\mathrm{d}z\mathrm{d}x + z^2\mathrm{d}x\mathrm{d}y$$

$$= \oiint\limits_{\Sigma+\Sigma_1} - \iint\limits_{\Sigma_1} = \iiint\limits_{V}(2x+2y+2z)\mathrm{d}v - \iint\limits_{\Sigma_1}b^2\mathrm{d}x\mathrm{d}y$$

$$= 2\iiint\limits_{V}(x+y+z)\mathrm{d}v - \iint\limits_{D_{xy}}b^2\mathrm{d}x\mathrm{d}y$$

$$= 2\iiint\limits_{V} x\,\mathrm{d}v + 2\iiint\limits_{V} y\,\mathrm{d}v + 2\iiint\limits_{V} z\,\mathrm{d}v - \iint\limits_{D_{xy}} b^2\,\mathrm{d}x\,\mathrm{d}y.$$

由于 V 关于 xOz, yOz 面对称，故 $\iiint\limits_{V} x\,\mathrm{d}v = \iiint\limits_{V} y\,\mathrm{d}v = 0$，从而

$$I = 2\iiint\limits_{V} z\,\mathrm{d}v - b^2 \iint\limits_{D_{xy}} \mathrm{d}x\,\mathrm{d}y = 2\int_0^b z \cdot \pi\left(\frac{a}{b}z\right)^2\,\mathrm{d}z - b^2 a^2 \pi$$

$$= \frac{1}{2}a^2 b^2 \pi - a^2 b^2 \pi = -\frac{1}{2}a^2 b^2 \pi.$$

8.6.2　沿任意闭曲面的曲面积分为零的条件

现在提出与 8.3.3 节所讨论的相似的问题，这就是：在怎样的条件下，曲面积分 $\iint\limits_{\Sigma} P\,\mathrm{d}y\,\mathrm{d}z + Q\,\mathrm{d}z\,\mathrm{d}x + R\,\mathrm{d}x\,\mathrm{d}y$ 与曲面 Σ 无关而只取决于 Σ 的边界曲线？该问题相当于在怎样条件下，沿任意闭曲面的曲面积分为零？可用高斯公式来解决.

为此先介绍空间二维单连通区域的概念.

空间区域 G 称为二维单连通区域，如果 G 内任意封闭曲面所围成的区域全属于 G，如球面所围成的区域是空间二维单连通，但是两个同心球面之间的区域就不是空间二维单连通.

对于沿任意闭曲面的曲面积分为零的条件，我们有如下结论：

定理 8.6　设 G 是一个空间二维单连通区域，$P(x,y,z)$, $Q(x,y,z)$, $R(x,y,z)$ 在 G 内具有连续的一阶偏导数，则下面三个命题等价.

(1) 若 Σ 为 G 内的一个封闭曲面，则 $\oiint\limits_{\Sigma} P\,\mathrm{d}y\,\mathrm{d}z + Q\,\mathrm{d}z\,\mathrm{d}x + R\,\mathrm{d}x\,\mathrm{d}y = 0$.

(2) 若 Σ 为 G 内的一个曲面，曲面积分 $\iint\limits_{\Sigma} P\,\mathrm{d}y\,\mathrm{d}z + Q\,\mathrm{d}z\,\mathrm{d}x + R\,\mathrm{d}x\,\mathrm{d}y$ 与 Σ 无关，只与 Σ 的边界曲线有关.

(3) 在 G 内恒有：$\dfrac{\partial P}{\partial x} + \dfrac{\partial Q}{\partial y} + \dfrac{\partial R}{\partial z} = 0$.

证明略.

8.6.3　斯托克斯公式

斯托克斯(Stokes)公式揭示了曲面 Σ 上的曲面积分与沿着 Σ 的边界曲线 L 的曲线积分之间的联系.

定理 8.7（斯托克斯公式）　设 L 为分段光滑的空间有向闭曲线，Σ 是以 L 为边界的分片光滑的有向曲面. L 的正向与 Σ 的侧符合右手规则，$P(x,y,z)$, $Q(x,$

$y,z),R(x,y,z)$ 在包含 L 的曲面 Σ 上具有一阶连续的偏导数,则有

$$\iint\limits_{\Sigma}\left(\frac{\partial R}{\partial y}-\frac{\partial Q}{\partial z}\right)\mathrm{d}y\mathrm{d}z+\left(\frac{\partial P}{\partial z}-\frac{\partial R}{\partial x}\right)\mathrm{d}z\mathrm{d}x+\left(\frac{\partial Q}{\partial x}-\frac{\partial P}{\partial y}\right)\mathrm{d}x\mathrm{d}y$$

$$=\oint_{L}P\mathrm{d}x+Q\mathrm{d}y+R\mathrm{d}z.$$

证　先假定 Σ 与平行于 z 轴的直线相交不多于一点,并设 Σ 为曲面 $z=z(x,y)$ 的上侧,Σ 的正向边界曲线 L 在 xOy 面上的投影为平面有向曲线 C,C 所围成的闭区域为 D_{xy},如图 8.28 所示. 因为 $P(x,y,z(x,y))$ 在曲线 C 上点 (x,y) 的值 $P(x,y,z)$ 与其在曲线 L 上对应于点 (x,y,z) 处的值一样,并且两曲线上对应小弧段在 x 轴上的投影也一样,因此有

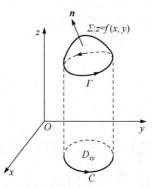

图 8.28

$$\oint_{L}P(x,y,z)\mathrm{d}x=\oint_{C}P(x,y,z(x,y))\mathrm{d}x,$$

再利用格林公式,并注意到 $\dfrac{\partial}{\partial y}P(x,y,z(x,y))=\dfrac{\partial P}{\partial y}+$ $\dfrac{\partial P}{\partial z}\cdot z_{y}$,因此有

$$\oint_{C}P(x,y,z(x,y))\mathrm{d}x=-\iint\limits_{D_{xy}}\left(\frac{\partial P}{\partial y}+\frac{\partial P}{\partial z}\cdot z_{y}\right)\mathrm{d}x\mathrm{d}y.$$

因为有向曲面 $\Sigma:z=z(x,y)$ 的法向量的方向余弦为

$$\cos\alpha=\frac{-z_{x}}{\sqrt{1+z_{x}^{2}+z_{y}^{2}}},\quad\cos\beta=\frac{-z_{y}}{\sqrt{1+z_{x}^{2}+z_{y}^{2}}},\quad\cos\gamma=\frac{1}{\sqrt{1+z_{x}^{2}+z_{y}^{2}}},$$

故 $z_{y}=-\dfrac{\cos\beta}{\cos\gamma}$. 将 z_{y} 的表达式代入上面等式右端的二重积分,则得

$$-\iint\limits_{D_{xy}}\left(\frac{\partial P}{\partial y}+\frac{\partial P}{\partial z}\cdot z_{y}\right)\mathrm{d}x\mathrm{d}y=-\iint\limits_{\Sigma}\left(\frac{\partial P}{\partial y}+\frac{\partial P}{\partial z}\cdot z_{y}\right)\cos\gamma\mathrm{d}S$$

$$=\iint\limits_{\Sigma}\left(\frac{\partial P}{\partial z}\frac{\cos\beta}{\cos\gamma}-\frac{\partial P}{\partial y}\right)\cos\gamma\mathrm{d}S$$

$$=\iint\limits_{\Sigma}\left(\frac{\partial P}{\partial z}\cos\beta\mathrm{d}S-\frac{\partial P}{\partial y}\cos\gamma\mathrm{d}S\right)$$

$$=\iint\limits_{\Sigma}\left(\frac{\partial P}{\partial z}\mathrm{d}z\mathrm{d}x-\frac{\partial P}{\partial y}\mathrm{d}x\mathrm{d}y\right),$$

从而得

$$\oint_L P(x,y,z)\mathrm{d}x = \iint\limits_{\Sigma}\left(\frac{\partial P}{\partial z}\mathrm{d}z\mathrm{d}x - \frac{\partial P}{\partial y}\mathrm{d}x\mathrm{d}y\right).$$

如果 Σ 取下侧，L 也相应地改变方向，则上式两端同时改变符号，上式仍然成立. 如果 Σ 与平行于 z 轴的直线的交点多于一个，那么可作辅助曲线把曲面分成几部分，使之满足条件，在各部分曲面上应用上述公式并相加，由于沿辅助曲线而方向相反的两个曲线积分相加时正好抵消，所以对这样的曲面，上述公式也成立.

同理可证

$$\oint_L Q\mathrm{d}y = \iint\limits_{\Sigma}\left(\frac{\partial Q}{\partial x}\mathrm{d}x\mathrm{d}y - \frac{\partial Q}{\partial z}\mathrm{d}y\mathrm{d}z\right),$$

$$\oint_L R\mathrm{d}z = \iint\limits_{\Sigma}\left(\frac{\partial R}{\partial y}\mathrm{d}y\mathrm{d}z - \frac{\partial R}{\partial x}\mathrm{d}z\mathrm{d}x\right),$$

把上述三式相加即得斯托克斯公式：

$$\iint\limits_{\Sigma}\left(\frac{\partial R}{\partial y} - \frac{\partial Q}{\partial z}\right)\mathrm{d}y\mathrm{d}z + \left(\frac{\partial P}{\partial z} - \frac{\partial R}{\partial x}\right)\mathrm{d}z\mathrm{d}x + \left(\frac{\partial Q}{\partial x} - \frac{\partial P}{\partial y}\right)\mathrm{d}x\mathrm{d}y = \oint_L P\mathrm{d}x + Q\mathrm{d}y + R\mathrm{d}z.$$

注 为便于记忆，常把斯托克斯公式写成

$$\iint\limits_{\Sigma}\begin{vmatrix} \mathrm{d}y\mathrm{d}z & \mathrm{d}z\mathrm{d}x & \mathrm{d}x\mathrm{d}y \\ \dfrac{\partial}{\partial x} & \dfrac{\partial}{\partial y} & \dfrac{\partial}{\partial z} \\ P & Q & R \end{vmatrix} = \oint_L P\mathrm{d}x + Q\mathrm{d}y + R\mathrm{d}z,$$

其中把 $\dfrac{\partial}{\partial y}$ 与 R 的"积"理解为 $\dfrac{\partial R}{\partial y}$，$\dfrac{\partial}{\partial z}$ 与 Q 的"积"理解为 $\dfrac{\partial Q}{\partial z}$ 等.

例 8.6.3 计算 $\oint_L (2y+z)\mathrm{d}x + (x-z)\mathrm{d}y + (y-z)\mathrm{d}z$，其中 L 为平面 $x+y+z=1$ 与各坐标面的交线，取逆时针方向为正向，如图 8.29 所示.

解 应用斯托克斯公式推得

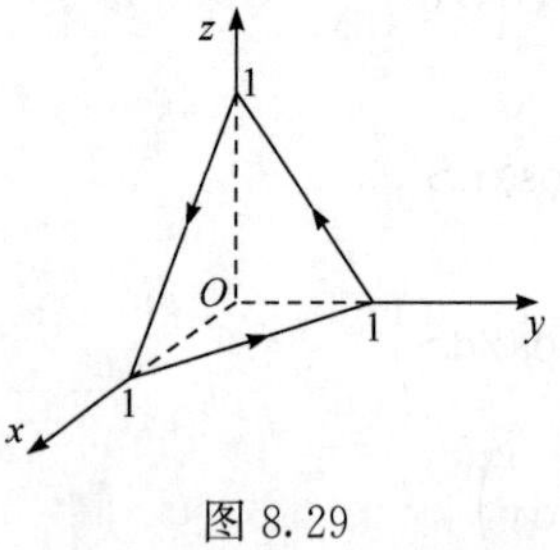

图 8.29

$$\oint_L (2y+z)\mathrm{d}x + (x-z)\mathrm{d}y + (y-z)\mathrm{d}z$$
$$= \iint\limits_{\Sigma}(1+1)\mathrm{d}y\mathrm{d}z + (1+1)\mathrm{d}z\mathrm{d}x + (1-2)\mathrm{d}x\mathrm{d}y$$
$$= \iint\limits_{\Sigma}2\mathrm{d}y\mathrm{d}z + 2\mathrm{d}z\mathrm{d}x - \mathrm{d}x\mathrm{d}y$$
$$= 1+1-\frac{1}{2} = \frac{3}{2}.$$

由斯托克斯公式，可以得到空间曲线积分与路径无关的条件，为此先介绍空间为单连通区域的概念.

区域 G 称为空间一维单连通区域,如果 G 内任意闭曲线皆可以不经过 G 以外的点而收缩于属于 G 的一点,如两个同心球面之间的区域是空间一维单连通,但是环面(类似于甜甜圈)所围成区域不是空间一维单连通的.

与平面曲线积分类似,空间曲线积分与路线的无关性也有以下结论.

定理 8.8　设 G 是一个空间单连通区域,函数 $P(x,y,z),Q(x,y,z),R(x,y,z)$ 在 G 内具有一阶连续偏导数,则下列各命题是等价的.

(1) $\dfrac{\partial P}{\partial y}=\dfrac{\partial Q}{\partial x},\dfrac{\partial Q}{\partial z}=\dfrac{\partial R}{\partial y},\dfrac{\partial R}{\partial x}=\dfrac{\partial P}{\partial z}$ 在 G 内恒成立;

(2) $\oint_L P\mathrm{d}x+Q\mathrm{d}y+R\mathrm{d}z=0$ 对 G 内任意闭曲线 L 成立;

(3) $\displaystyle\int_L P\mathrm{d}x+Q\mathrm{d}y+R\mathrm{d}z$ 在 G 内与路径无关;

(4) 在 G 内存在可微函数 $u=u(x,y,z)$,使 $\mathrm{d}u=P\mathrm{d}x+Q\mathrm{d}y+R\mathrm{d}z$.

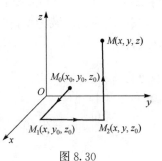

图 8.30

注　不计常数之差,可用下式求出 $u(x,y,z)$,如图 8.30 所示.

$$u(x,y,z)=\int_{(x_0,y_0,z_0)}^{(x,y,z)}P\mathrm{d}x+Q\mathrm{d}y+R\mathrm{d}z$$

$$=\int_{x_0}^{x}P(x,y_0,z_0)\mathrm{d}x+\int_{y_0}^{y}Q(x,y,z_0)\mathrm{d}y$$

$$+\int_{z_0}^{z}R(x,y,z)\mathrm{d}z.$$

例 8.6.4　计算 $I=\oint\limits_{ABCA} y^2\mathrm{d}x+z^2\mathrm{d}y+x^2\mathrm{d}z$,其中 $A(a,0,0),B(0,a,0),C(0,0,a)$.

解　取 $\Sigma:x+y+z=a$ 的上侧,则由斯托克斯公式,得

$$I=\iint\limits_{\Sigma}(0-2z)\mathrm{d}y\mathrm{d}z+(0-2x)\mathrm{d}z\mathrm{d}x+(0-2y)\mathrm{d}x\mathrm{d}y$$

$$=-2\iint\limits_{\Sigma}z\mathrm{d}y\mathrm{d}z+x\mathrm{d}z\mathrm{d}x+y\mathrm{d}x\mathrm{d}y.$$

方法一　由 $F(x,y,z)=x+y+z-a=0$ 可得

$$\cos\alpha=\cos\beta=\cos\gamma=\frac{-F_x}{\sqrt{1+F_x^2+F_y^2}}=\frac{1}{\sqrt{3}},$$

则

上式 $= -\dfrac{2}{\sqrt{3}} \iint\limits_{\Sigma}(x+y+x)\mathrm{d}S = -\dfrac{2}{\sqrt{3}} \iint\limits_{\Sigma} a\,\mathrm{d}S$

$= -\dfrac{2a}{\sqrt{3}} \iint\limits_{D_{xy}} \sqrt{1+z_x^2+z_y^2}\,\mathrm{d}x\,\mathrm{d}y = -\dfrac{2a}{\sqrt{3}} \iint\limits_{D_{xy}} \sqrt{3}\,\mathrm{d}x\,\mathrm{d}y$

$= -2a \iint\limits_{D_{xy}} \mathrm{d}x\,\mathrm{d}y = -2a \cdot \dfrac{1}{2}a^2 = -a^3.$

方法二 Σ 不是封闭曲面,所以为了利用高斯公式,需补充 $\Sigma_1 : z = 0$,取其下侧;$\Sigma_2 : x = 0$,取其后侧;$\Sigma_3 : y = 0$,取其左侧. 三个曲面与 Σ 一起构成一个封闭的曲面,其所围成的区域为 V,在 xOy 面投影为 $D_{xy} : \{(x,y) \,|\, x+y \leqslant a\}$,则由高斯公式得

上式 $= -2\left(\oiint\limits_{\Sigma+\Sigma_1+\Sigma_2+\Sigma_3} - \iint\limits_{\Sigma_1} - \iint\limits_{\Sigma_2} - \iint\limits_{\Sigma_3} \right)$

$= -2\iiint\limits_{V} 0\,\mathrm{d}v + 2\iint\limits_{\Sigma_1}(0+0+y)\mathrm{d}x\,\mathrm{d}y + 2\iint\limits_{\Sigma_2}(0+0+z)\mathrm{d}z\,\mathrm{d}y + 2\iint\limits_{\Sigma_3}(0+0+x)\mathrm{d}z\,\mathrm{d}x$

$= 3\iint\limits_{\Sigma_1} 2y\,\mathrm{d}x\,\mathrm{d}y = -3\iint\limits_{D_{xy}} 2y\,\mathrm{d}x\,\mathrm{d}y = -3\int_0^a \mathrm{d}x \int_0^{a-x} 2y\,\mathrm{d}y = -a^3.$

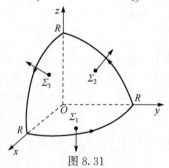

图 8.31

例 8.6.5 求 $I = \oint_L (y^2 - z^2)\mathrm{d}x + (z^2 - x^2)\mathrm{d}y + (x^2 - y^2)\mathrm{d}z$,其中 L 为球 $x^2 + y^2 + z^2 = R^2$ 在第一象限内的边界曲线,如图 8.31 所示.

解 取 $\Sigma : x^2 + y^2 + z^2 = R^2$ 的上侧,补充 $\Sigma_1 : z = 0$,取其下侧;$\Sigma_2 : x = 0$,取其后侧;$\Sigma_3 : y = 0$,取其左侧,则由斯托克斯公式,得

$I = \iint\limits_{\Sigma}(-2y - 2z)\mathrm{d}y\,\mathrm{d}z + (-2z - 2x)\mathrm{d}z\,\mathrm{d}x + (-2x - 2y)\mathrm{d}x\,\mathrm{d}y$

$= \oiint\limits_{\Sigma+\Sigma_1+\Sigma_2+\Sigma_3} - \iint\limits_{\Sigma_1+\Sigma_2+\Sigma_3}$

$= \iiint\limits_{V} 0\,\mathrm{d}v + \iint\limits_{\Sigma_1}(2x + 2y)\mathrm{d}x\,\mathrm{d}y + \iint\limits_{\Sigma_2}(2y + 2z)\mathrm{d}y\,\mathrm{d}z + \iint\limits_{\Sigma_3}(2z + 2x)\mathrm{d}x\,\mathrm{d}z$

$= -3\iint\limits_{D_{xy}}(2x + 2y)\mathrm{d}x\,\mathrm{d}y = -4R^3.$

习 题 8.6

1. 计算 $\iint\limits_{\Sigma} \cos(1-z^2)\mathrm{d}x\mathrm{d}y$,其中 Σ 为球 $x^2+y^2+z^2=R^2$ 的外侧.

2. 计算 $\oiint\limits_{\Sigma}(x-y)\,\mathrm{d}x\mathrm{d}y+(y-z)x\mathrm{d}y\mathrm{d}z$,其中 Σ 是柱面 $x^2+y^2=1$ 及平面 $z=0,z=3$ 所围成的空间闭区域的整个边界曲面的外侧,如图 8.32 所示.

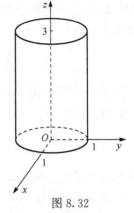

图 8.32

3. 计算 $\oint\limits_{L}y\mathrm{d}x+z\mathrm{d}y+x\mathrm{d}z$,其中 L 是圆周 $x^2+y^2+z^2=a^2,x+y+z=0$,若从 x 轴的正向看去,该圆周 L 取逆时针方向.

4. 计算 $\oint\limits_{L}3y\mathrm{d}x-xz\mathrm{d}y+yz^2\mathrm{d}z$,其中 L 是圆周 $x^2+y^2=2z,z=2$,若从 z 轴的正向看去,该圆周 L 取逆时针方向.

8.7　线面积分模型应用举例

8.7.1　通量与散度

由 8.5 节对流量问题的讨论可知,若稳定流动的不可压缩的流体的速度场为
$$v(x,y,z)=P(x,y,z)i+Q(x,y,z)j+R(x,y,z)k,$$
Σ 为其中的一片光滑有向曲面,函数 $P(x,y,z),Q(x,y,z),R(x,y,z)$ 在 Σ 上连续,设 $n=\cos\alpha i+\cos\beta j+\cos\gamma k$ 为 Σ 在点 (x,y,z) 处的单位法向量,则单位时间内穿过 Σ 流向指定一侧的流体质量 Φ 可用第二型曲面积分表示为
$$\Phi=\oiint\limits_{\Sigma}v\cdot\mathrm{d}S=\oiint\limits_{\Sigma}v\cdot n\mathrm{d}S=\oiint\limits_{\Sigma}v_n\mathrm{d}S,$$
其中 $v_n=v\cdot n=P\cos\alpha+Q\cos\beta+R\cos\gamma$ 表示速度向量 v 在有向曲面 Σ 的法向量 n 上的投影.

类似地,若某磁场的磁场强度由
$$B(x,y,z)=P(x,y,z)i+Q(x,y,z)j+R(x,y,z)k$$
确定,Σ 为该磁场中的一片光滑有向曲面,函数 $P(x,y,z),Q(x,y,z),R(x,y,z)$ 在 Σ 上连续,设 $n=\cos\alpha i+\cos\beta j+\cos\gamma k$ 为 Σ 在点(x,y,z)处的单位法向量,则单位时间内通过 Σ 指定一侧的磁通量 Φ 可表示为
$$\Phi=\oiint\limits_{\Sigma}B\cdot\mathrm{d}S=\oiint\limits_{\Sigma}B\cdot n\mathrm{d}S=\oiint\limits_{\Sigma}B_n\mathrm{d}S.$$
又如,若 $E(x,y,z)$ 是一个静电场的场强,Σ 为静电场中的一片光滑有向曲面,设

n 为 Σ 在点 (x,y,z) 处的单位法向量,则单位时间内穿过 Σ 指定一侧的电通量 Φ 也可表示为

$$\Phi = \oiint_{\Sigma} \boldsymbol{E} \cdot \mathrm{d}\boldsymbol{S} = \oiint_{\Sigma} \boldsymbol{E} \cdot \boldsymbol{n}\, \mathrm{d}S = \oiint_{\Sigma} E_n\, \mathrm{d}S.$$

一般地,若某物理量由向量场 $\boldsymbol{A}(x,y,z) = P(x,y,z)\boldsymbol{i} + Q(x,y,z)\boldsymbol{j} + R(x,y,z)\boldsymbol{k}$ 给出,Σ 为场内一片光滑有向曲面,则称曲面积分

$$\Phi = \oiint_{\Sigma} \boldsymbol{E} \cdot \mathrm{d}\boldsymbol{S} = \oiint_{\Sigma} \boldsymbol{E} \cdot \boldsymbol{n}\, \mathrm{d}S = \oiint_{\Sigma} E_n\, \mathrm{d}S$$

为该物理量穿过曲面 Σ 向着指定侧的通量.

设流速场 $\boldsymbol{v}(x,y,z)$ 中有一点 M,包含点 M 的任一闭曲面为 ΔS,所占空间区域为 $\Delta\Omega$,其体积为 ΔV,则称极限

$$\lim_{\Delta\Omega \to M} \frac{\oiint_{\Delta S} v \cdot \mathrm{d}S}{\Delta V}$$

为流速场在点 M 的散度,记为 $\mathrm{div}\boldsymbol{v}$.

由定义可知,散度 $\mathrm{div}\boldsymbol{v}$ 为一数量,表示在场中一点处通量对体积的变化率,即该点处源的强度;当 $\mathrm{div}\boldsymbol{v} > 0$ 时,表示在该点处有散发通量的正源,当 $\mathrm{div}\boldsymbol{v} < 0$ 时,表示在该点处有散发通量的负源,当 $\mathrm{div}\boldsymbol{v} = 0$ 时,表示在该点处无源.

由高斯公式,可得散度的数学表达式为

$$\mathrm{div}\boldsymbol{v} = \frac{\partial P}{\partial x} + \frac{\partial Q}{\partial y} + \frac{\partial R}{\partial z}.$$

例如,在点电荷 q 所产生的电场中,已知任意点 M 处的电位移向量为 $\boldsymbol{D} = \dfrac{q}{4\pi r^2}\boldsymbol{r}$,其中 r 是点电荷 q 到点 M 的距离,$\boldsymbol{r}$ 是从点电荷 q 指向 M 的单位向量. 以点电荷 q 为中心,以 R 为半径的球面为 S,求在球面 S 内产生的电通量以及电位移在任一点 M 的散度.

解 根据第二型曲面积分的定义,球面 S 内产生的电通量为

$$\Phi = \oiint_{S} \boldsymbol{D} \cdot \mathrm{d}\boldsymbol{S} = \frac{q}{4\pi r^2} \oiint_{S} \boldsymbol{r} \cdot \mathrm{d}\boldsymbol{S} = \frac{q}{4\pi r^2} \oiint_{S} \mathrm{d}S = q.$$

取点电荷所在点为坐标原点,此时 $\boldsymbol{D} = \dfrac{q}{4\pi r^2}\boldsymbol{r}$,其中 $\boldsymbol{r} = x\boldsymbol{i} + y\boldsymbol{j} + z\boldsymbol{k}$. 因此

$$D_x = \frac{qx}{4\pi r^2}, \quad D_y = \frac{qy}{4\pi r^2}, \quad D_z = \frac{qz}{4\pi r^2},$$

所以,

$$\mathrm{div}\,\boldsymbol{v}=\frac{\partial D_x}{\partial x}+\frac{\partial D_y}{\partial y}+\frac{\partial D_z}{\partial z}=\frac{q}{4\pi r^5}[3r^2-3(x^2+y^2+z^2)]=0.$$

8.7.2　环量与旋度

设有场力
$$\boldsymbol{F}(x,y,z)=P(x,y,z)\boldsymbol{i}+Q(x,y,z)\boldsymbol{j}+R(x,y,z)\boldsymbol{k},$$
$P(x,y,z),Q(x,y,z),R(x,y,z)$ 具有连续的一阶偏导数, l 为力场中一条封闭的有向曲线, 那么一质点 M 在场力 $\boldsymbol{F}$ 的作用下, 沿 l 正向旋转一周所做的功是多少?

在 l 上取一弧元素 $\mathrm{d}\boldsymbol{l}$, 同时又以 $\mathrm{d}l$ 表示其长度, 则当质点运动经过 $\mathrm{d}\boldsymbol{l}$ 时, 在场力 $\boldsymbol{F}$ 的作用下所做的功近似等于
$$\mathrm{d}W=F_t\mathrm{d}l.$$
若以 $\boldsymbol{\tau}$ 表示 l 的单位切向量, 则 $F_t\mathrm{d}l=(\boldsymbol{F}\cdot\boldsymbol{\tau})\mathrm{d}l=\boldsymbol{F}\cdot(\boldsymbol{\tau}\mathrm{d}l)=\boldsymbol{F}\cdot\mathrm{d}\boldsymbol{l}$, 所以所做的功又可写为
$$\mathrm{d}W=\boldsymbol{F}\cdot\mathrm{d}\boldsymbol{l}.$$
因此, 当质点沿封闭曲线 l 按正向运转一周时, 场力 $\boldsymbol{F}$ 所做的功为
$$W=\oint_l\boldsymbol{F}\cdot\mathrm{d}\boldsymbol{l}.$$
由此给出环量的定义: 设有向量场 $\boldsymbol{A}$, 沿场内某一封闭有向曲线的曲线积分
$$\Gamma=\oint_l\boldsymbol{A}\cdot\mathrm{d}\boldsymbol{l},$$
称为向量场 $\boldsymbol{A}$ 沿曲线 l 的环量.

当向量场为流速场 $\boldsymbol{V}$ 时, 环量 $\Phi=\oint_l\boldsymbol{V}\cdot\mathrm{d}\boldsymbol{l}$ 表示单位时间内沿闭路 l 正向流动液体的环流量.

设 Σ 是以有向曲线 Γ 为边界的有向曲面, Γ 与 Σ 的方向符合右手规则. 由斯托克斯公式可知, 向量 $\boldsymbol{V}$ 沿有向闭曲线 Γ 的环流量还可用 Σ 上的曲面积分来表示, 即
$$\oint_\Gamma\boldsymbol{V}\cdot\mathrm{d}\boldsymbol{s}=\oint_\Gamma P\mathrm{d}x+Q\mathrm{d}y+R\mathrm{d}z$$
$$=\iint_\Sigma\left(\frac{\partial R}{\partial y}-\frac{\partial Q}{\partial z}\right)\mathrm{d}y\,\mathrm{d}z+\left(\frac{\partial P}{\partial z}-\frac{\partial R}{\partial x}\right)\mathrm{d}z\,\mathrm{d}x+\left(\frac{\partial Q}{\partial x}-\frac{\partial P}{\partial y}\right)\mathrm{d}x\,\mathrm{d}y,$$
其中等式右端的曲面积分可解释为向量
$$\left(\frac{\partial R}{\partial y}-\frac{\partial Q}{\partial z}\right)\boldsymbol{i}+\left(\frac{\partial P}{\partial z}-\frac{\partial R}{\partial x}\right)\boldsymbol{j}+\left(\frac{\partial Q}{\partial x}-\frac{\partial P}{\partial y}\right)\boldsymbol{k}$$
穿过有向曲面的通量.

设有向量场
$$\boldsymbol{V}(x,y,z) = P(x,y,z)\boldsymbol{i} + Q(x,y,z)\boldsymbol{j} + R(x,y,z)\boldsymbol{k},$$
称向量
$$\left(\frac{\partial R}{\partial y} - \frac{\partial Q}{\partial z}\right)\boldsymbol{i} + \left(\frac{\partial P}{\partial z} - \frac{\partial R}{\partial x}\right)\boldsymbol{j} + \left(\frac{\partial Q}{\partial x} - \frac{\partial P}{\partial y}\right)\boldsymbol{k}$$
为向量场 $\boldsymbol{V}$ 的旋度,记作 $\mathrm{rot}\boldsymbol{V}$,即
$$\mathrm{rot}\boldsymbol{V} = \left(\frac{\partial R}{\partial y} - \frac{\partial Q}{\partial z}\right)\boldsymbol{i} + \left(\frac{\partial P}{\partial z} - \frac{\partial R}{\partial x}\right)\boldsymbol{j} + \left(\frac{\partial Q}{\partial x} - \frac{\partial P}{\partial y}\right)\boldsymbol{k}.$$
为便于记忆,旋度 $\mathrm{rot}\boldsymbol{V}$ 常用行列式表示为
$$\mathrm{rot}\boldsymbol{V} = \begin{vmatrix} \boldsymbol{i} & \boldsymbol{j} & \boldsymbol{k} \\ \dfrac{\partial}{\partial x} & \dfrac{\partial}{\partial y} & \dfrac{\partial}{\partial z} \\ P & Q & R \end{vmatrix}.$$
在引入旋度概念之后,斯托克斯公式可简单地表示为如下的向量形式
$$\iint\limits_{\Sigma} \mathrm{rot}\boldsymbol{V} \cdot \mathrm{d}\boldsymbol{S} = \oint_{\Gamma} \boldsymbol{A} \cdot \mathrm{d}\boldsymbol{s}.$$
从而斯托克斯公式又可叙述为:向量场 $\boldsymbol{V}$ 沿有向闭曲线 Γ 的环流量,等于向量场 $\boldsymbol{V}$ 的旋度 $\mathrm{rot}\boldsymbol{V}$ 穿过 Γ 所张成的有向曲面的通量.

下面,我们从力学角度对旋度 $\mathrm{rot}\boldsymbol{V}$ 的含义作一解释.

设有刚体绕定轴转动,角速度为 ω,M 为钢体上任一点. 以定轴作 z 轴,定轴上任一点 O 作为坐标原点建立直角坐标系. 于是
$$\boldsymbol{w} = \omega\boldsymbol{k} = \{0,0,\omega\},$$
而点 M 可用向量 $\boldsymbol{r} = \overrightarrow{OM} = (x,y,z)$ 来确定. 由力学知识可知,点 M 的线速度 $\boldsymbol{v}$ 可表示为
$$\boldsymbol{v} = \boldsymbol{w} \times \boldsymbol{r} = \begin{vmatrix} \boldsymbol{i} & \boldsymbol{j} & \boldsymbol{k} \\ 0 & 0 & \omega \\ x & y & z \end{vmatrix} = (-\omega y, \omega x, 0),$$
所以
$$\mathrm{rot}\boldsymbol{V} = \begin{vmatrix} \boldsymbol{i} & \boldsymbol{j} & \boldsymbol{k} \\ \dfrac{\partial}{\partial x} & \dfrac{\partial}{\partial y} & \dfrac{\partial}{\partial z} \\ -\omega y & \omega x & 0 \end{vmatrix} = (0,0,2\omega) = 2\boldsymbol{w}.$$
即速度场的旋度恰好等于钢体旋转角速度 $\boldsymbol{w}$ 的两倍. 这就是把向量 $\mathrm{rot}\boldsymbol{V}$ 称为"旋度"的原因. 但对一般的向量场,旋度并无如此明显的物理意义. 实际上,在研究许多物理问题时,旋度的引入只是为了使斯托克斯公式更便于表述,便于使用.

习 题 8.7

1. 设 $\mathbf{A}=(2x+3z)\mathbf{i}-(xz+y)\mathbf{j}+(y^2+2z)\mathbf{k}$，$\Sigma$ 是球面

$$(x-3)^2+(y-1)^2+(z-2)^2=1$$

的外侧，求向量 $\mathbf{A}$ 穿过 Σ 流向指定侧的通量.

2. 求下列向量场 $\mathbf{A}$ 沿闭曲线 Γ 的环流量：

(1) $\mathbf{A}=-y\mathbf{i}+x\mathbf{j}+c\mathbf{k}$（$c$ 为常量），Γ 为圆周 $x^2+y^2=1$，$z=0$；

(2) $\mathbf{A}=(x-z)\mathbf{i}+(x^3+yz)\mathbf{j}-3xy^2\mathbf{k}$，$\Gamma$ 为圆周 $z=2-\sqrt{x^2+y^2}$，$z=0$.

复 习 题 8

A

1. 设 L 为正向圆周 $x^2+y^2=2$ 在第一象限中的部分，则曲线积分 $\int_L x\,\mathrm{d}y-2y\,\mathrm{d}x$ 的值为_____.

2. 设 Σ 是球面 $x^2+y^2+z^2=R^2$ 的外侧，则曲线积分 $\oiint\limits_{\Sigma}(x+y^2+z^3)\mathrm{d}z\mathrm{d}y=$ _____.

3. 已知 $I=\oiint\limits_{\Sigma}z\,\mathrm{d}x\mathrm{d}y$，其中 Σ 是锥面 $z=\sqrt{x^2+y^2}$ 和 $z=10$ 围成的整个立体的表面内侧，则 $I=$ _____.

4. 设 L 是星形线 $x^{\frac{2}{3}}+y^{\frac{2}{3}}=R^{\frac{2}{3}}$（$R>0$），则曲面积分 $\oint_L (x^{\frac{4}{3}}+y^{\frac{4}{3}})\mathrm{d}s$ = (   ).

A. $2R^{\frac{7}{3}}$ B. $3R^{\frac{7}{3}}$ C. $4R^{\frac{7}{3}}$ D. $5R^{\frac{7}{3}}$

5. 设函数 $f(x)$ 在 $(0,+\infty)$ 上有连续的导数，L 是由点 $A(1,2)$ 到 $B(2,8)$ 的直线段，则曲线积分 $\oint_L \left[2xy-\dfrac{2y}{x^3}f\left(\dfrac{y}{x^2}\right)\right]\mathrm{d}x+\left[\dfrac{1}{x^2}f\left(\dfrac{y}{x^2}\right)+x^2\right]\mathrm{d}y=$ (   ).

A. 28   B. 26   C. 32   D. 30

6. 设 L 是上半圆 $y=\sqrt{Rx-x^2}$ 上从点 $A(R,0)$ 到点 $O(0,0)$ 的弧段（$R>0$），则曲线积分 $\int_L (\mathrm{e}^x\sin y-ky)\mathrm{d}x+(\mathrm{e}^x\cos y-k)\mathrm{d}y=$ (   ).

A. $\dfrac{k\pi}{4}R^2$ B. $\dfrac{k\pi}{6}R^2$ C. $\dfrac{k\pi}{8}R^2$ D. $\dfrac{k\pi}{10}R^2$

7. 设 $\varphi(y)$ 有连续导数,在围绕原点的任意分段光滑简单闭曲线 L 上,曲线积分 $\oint_L \dfrac{\varphi(y)\mathrm{d}x + 2xy\mathrm{d}y}{2x^2 + y^4}$ 的值恒为一常数.

(1) 证明:对右半平面 $x > 0$ 内任意分段光滑简单闭曲线 C,有

$$\oint_C \frac{\varphi(y)\mathrm{d}x + 2xy\mathrm{d}y}{2x^2 + y^4} = 0;$$

(2) 求 $\varphi(y)$.

8. 计算曲面积分

$$I = \iint_{\Sigma} 2x^3\mathrm{d}y\mathrm{d}z + 2y^3\mathrm{d}z\mathrm{d}x + 3(z^2 - 1)\mathrm{d}x\mathrm{d}y,$$

其中 Σ 是曲面 $z = 1 - x^2 - y^2 (z \geqslant 0)$ 的上侧.

9. 计算 $\oint_L \sqrt{x^2 + y^2}\,\mathrm{d}s$,其中 L 为圆周 $x^2 + y^2 = ax$.

10. 计算空间曲线积分 $\oint_L y^2\mathrm{d}s$,其中 L 为球面 $x^2 + y^2 + z^2 = a^2$ 与平面 $x + y + z = 0$ 的交线.

11. 计算 $\iint_{\Sigma}(y^2 - z)\mathrm{d}y\mathrm{d}z + (z^2 - x)\mathrm{d}z\mathrm{d}x + (x^2 - y)\mathrm{d}x\mathrm{d}y$,其中 Σ 为锥面 $z = \sqrt{x^2 + y^2}\,(0 \leqslant z \leqslant h)$ 的外侧.

12. 计算 $\iint_{\Sigma} x\mathrm{d}y\mathrm{d}z + y\mathrm{d}z\mathrm{d}x + z\mathrm{d}x\mathrm{d}y$,其中 Σ 为半球面 $z = \sqrt{R^2 - x^2 - y^2}$ 的上侧.

13. 计算 $\oiint_{\Sigma} \sqrt{x^2 + y^2 + z^2}\,(x\mathrm{d}y\mathrm{d}z + y\mathrm{d}z\mathrm{d}x + z\mathrm{d}x\mathrm{d}y)$,其中 Σ 为曲面 $x^2 + y^2 + z^2 = R^2$ 的外侧.

14. 计算 $I = \oiint_{\Sigma} \dfrac{x}{r^3}\mathrm{d}y\mathrm{d}z + \dfrac{y}{r^3}\mathrm{d}z\mathrm{d}x + \dfrac{z}{r^3}\mathrm{d}x\mathrm{d}y$,其中 $r = \sqrt{x^2 + y^2 + z^2}$,$\Sigma$ 为球面 $x^2 + y^2 + z^2 = a^2$ 的外侧.

B

1. 质点 P 沿着以 AB 为直径的下半圆周,从点 $A(1,2)$ 运动到点 $B(1,2)$ 的过程中受变力 $\boldsymbol{F}$ 的作用,$\boldsymbol{F}$ 的大小等于点 P 与原点 O 之间的距离,其方向垂直于线段 OP 且与 y 轴正向的夹角小于 $\dfrac{\pi}{2}$,求变力 $\boldsymbol{F}$ 对质点 P 所做的功.

第9章 常微分方程及其应用

由牛顿和莱布尼茨所创立的微积分,是人类科学史上划时代的重大发现.而微积分的产生和发展,与人们求解微分方程的需要有密切关系.所谓微分方程,就是联系着自变量、未知函数以及未知函数的导数的方程.物理学、化学、生物学、工程技术和某些社会科学中的大量问题一旦加以精确的数学描述,往往会出现微分方程.一个实际问题只要转化为微分方程,那么问题的解决就有赖于对微分方程的研究,在数学本身的一些分支中,微分方程也是经常用到的重要工具之一.本章将主要介绍微分方程的基本概念解法及其应用.

9.1 微分方程的基本概念

9.1.1 案例引入

利用数学手段研究自然现象、社会现象或解决工程技术问题,一般先要建立数学模型,再对数学模型进行简化和求解,最后结合实际问题对结果进行分析和讨论.数学模型最常见的表达方式是包含自变量和未知函数的方程.在很多情形下,未知函数的导数也会在方程中出现.下面我们给出四个具体的例子.

引例 1(几何问题) 设一曲线通过点 $(1,2)$,且在该曲线上任一点 $M(x,y)$ 处的切线的斜率为 $2x$,求曲线方程.

我们设所求曲线的方程为 $y=f(x)$,根据导数的几何意义,可知未知函数 $y=f(x)$ 应满足关系式

$$\frac{\mathrm{d}y}{\mathrm{d}x}=2x, \tag{9.1}$$

并应满足条件 $f(1)=2$.

引例 2(物理问题) 设质量为 m 的物体,在时刻 $t=0$ 时自由下落,在空气中阻力与物体下落的速度成正比,试分析此物体的运动规律.

将质量为 m 的物体视为一个质点 M,设 $s(t)$ 为 t 时刻质点 M 下落的距离,则质点下落的规律为 $s=s(t)$,而质点 M 下落的速度为

$$v=\frac{\mathrm{d}s}{\mathrm{d}t},$$

加速度为

$$a = \frac{\mathrm{d}v}{\mathrm{d}t} = \frac{\mathrm{d}^2 s}{\mathrm{d}t^2},$$

质点的运动规律应服从牛顿第二定律:质点的质量乘以加速度等于所受力的总和,即 $F = ma$,其中 F 表示外力总和. 由于质点 M 所受力 mg(g 表示重力加速度)以及空气阻力 $-k\dfrac{\mathrm{d}s}{\mathrm{d}t}$(其中 k 为一正的比例系数,负号表示阻力的方向与速度的方向相反),于是有

$$m\frac{\mathrm{d}^2 s}{\mathrm{d}t^2} = -k\frac{\mathrm{d}s}{\mathrm{d}t} + mg. \tag{9.2}$$

引例 3(化学问题) 考虑一物质 A 经化学反应,全部生成另一种物质 B,设 A 的初始质量为 10kg,在 1h 内生成 B 物质 3kg,试求物质 B 的质量所满足的方程及初始条件.

这是一化学问题,它遵循质量作用定律:化学反应的速度跟参与反应的物质的有效质量或浓度成正比.

设 m 表示在 t 时刻所生成 B 物质的质量,则 $M_A = 10 - m$ 是 t 时刻 A 物质参与反应的有效质量. 按上述定律有

$$\frac{\mathrm{d}M_A}{\mathrm{d}t} = -kM_A \quad \left(k > 0, \frac{\mathrm{d}M_A}{\mathrm{d}t} < 0, \text{因 } M_A \text{ 减少}\right),$$

所以物质 B 的质量 $m(t)$ 应满足的方程及初始条件为

$$\begin{cases} \dfrac{\mathrm{d}m}{\mathrm{d}t} = k(10 - m), \\ m(0) = 0, \quad m(1) = 3. \end{cases} \tag{9.3}$$

引例 4(经济问题) 某种商品的需求量 Q 对价格 P 的弹性为 $-2P$,已知该商品的最大需求量为 600(即 $P = 0$ 时,$Q = 600$),求需求量 Q 与价格 P 之间的函数关系.

设所求函数关系为 $Q = Q(P)$,根据题意知,它满足关系式 $\dfrac{P}{Q} \cdot \dfrac{\mathrm{d}Q}{\mathrm{d}P} = -2P$,即

$$\frac{\mathrm{d}Q}{Q} = -2\mathrm{d}P, \tag{9.4}$$

并应满足条件 $Q(0) = 600$.

在上面四个引例中,尽管问题的背景不同,但抽象出的方程却具有共同的特点,即都是无法直接找到变量之间的函数关系,而是利用几何、物理和化学等知识,建立了含有未知函数的导数的方程,这样的方程称为微分方程.

9.1.2　微分方程的定义

在引例中所建立的方程

$$\frac{\mathrm{d}y}{\mathrm{d}x}=2x, \quad m\frac{\mathrm{d}^2s}{\mathrm{d}t^2}=-k\frac{\mathrm{d}s}{\mathrm{d}t}+mg, \quad \frac{\mathrm{d}m}{\mathrm{d}t}=k(10-m), \quad \frac{\mathrm{d}Q}{Q}=-2\mathrm{d}P$$

都含有未知函数的导数,称它们为微分方程. 一般地,含有未知函数的导数或微分的方程,称为**微分方程**. 未知函数是一元函数的,称为**常微分方程**;未知函数是多元函数的,称为**偏微分方程**. 本章仅讨论常微分方程,以后简称为**微分方程**或者**方程**.

在微分方程中,导数实际出现的最高阶数,称为该**微分方程的阶**. 引例 1 建立的是一阶微分方程,引例 2 建立的是二阶微分方程. 一般地,n 阶微分方程的一般形式为 $F(x,y,y',\cdots,y^{(n)})=0$,其中 x 是自变量,y 是未知函数,$y',y'',\cdots,y^{(n)}$ 是未知函数的导数,n 阶微分方程中一定含有 $y^{(n)}$,而 $x,y,y',y'',\cdots,y^{(n-1)}$ 等可以不出现.

如果 n 阶微分方程可以表示为

$$y^{(n)}+a_1(x)y^{(n-1)}+\cdots+a_{n-1}(x)y'+a_n(x)y=f(x),$$

则称方程为 n 阶线性微分方程,其中系数 $a_1(x),a_2(x),\cdots,a_n(x)$ 都是自变量 x 的已知函数,如果系数为常数,则称为 n 阶常系数线性微分方程. 应注意到 n 阶线性微分方程中的 $y,y',\cdots,y^{(n)}$ 都是一次的,否则,称为 n 阶非线性微分方程.

例如,$y'+xy=2$ 是一阶线性微分方程,$y''+5y'+6y=\mathrm{e}^x$ 是二阶常系数线性微分方程,$\frac{\mathrm{d}^2s}{\mathrm{d}t^2}+2\left(\frac{\mathrm{d}s}{\mathrm{d}t}\right)^2+1=0$ 和 $y''+2y'+y^3=3x$ 都是二阶非线性微分方程.

9.1.3　微分方程的解

由前面的引例可以看到,在研究某些实际问题时,首先要建立微分方程,然后找出满足微分方程的函数,这个函数就称为该微分方程的解. 确切地说,如果将一个函数 $y=y(x)$ 及其导数代入微分方程后,能使微分方程两端成为恒等式,则称这个函数 $y=y(x)$ 为该微分方程的解.

例如,函数 $y=\mathrm{e}^x$ 是微分方程

$$y'=y$$

的解. 这是因为 $y=\mathrm{e}^x$,$y'=\mathrm{e}^x$,代入上式就得到恒等式 $\mathrm{e}^x\equiv\mathrm{e}^x$.

同样可以验证 $y=-\mathrm{e}^x$ 及 $y=C\mathrm{e}^x$(C 是任意常数)也是这个微分方程的解.

又如函数 $y=\sin x$ 是微分方程

$$y''+y=0$$

的解. 这是因为 $y=\sin x$,$y'=\cos x$,$y''=-\sin x$,代入上式也可得到恒等式.

同样可以验证 $y=\cos x$ 及 $y=C_1\sin x+C_2\cos x$(C_1 与 C_2 是任意常数)也是

这个微分方程的解.

如果微分方程的解中含有任意常数,且其中独立的任意常数的个数与微分方程的阶数相同,这样的解称为微分方程的**通解**.这里所说的任意常数是独立的,是指它们不能合并而使得任意常数的个数减少.例如,$y=C_1\sin x+C_2\cos x$ 是二阶微分方程 $y''+y=0$ 的通解.不难验证,$y=C\sin x$,$y=(C_1+2C_2)\sin x$ 虽然是二阶方程 $y''+y=0$ 的解,但不是通解.这是因为前者只含有一个任意常数,后者的两个任意常数 C_1 与 C_2 可以合并成为一个任意常数,即可令 $C=C_1+2C_2$.

如果微分方程的解不包含任意常数,则称它为特解.例如,$y=e^x$,$y=-e^x$ 都是微分方程 $y'=y$ 的特解;$y=\sin x$,$y=\cos x$ 都是微分方程 $y''+y=0$ 的特解.显然,当任意常数一旦确定之后,通解也就变成了特解.

通解中含有任意常数,反映了该方程所描述的某一运动过程的一般变化规律,要完全确定地反映客观事物的规律性,必须确定这些常数值.为此,要根据问题的实际情况,找出确定这些常数的条件.例如,引例 3 中的 $m(0)=0$,$m(1)=3$ 和引例 4 中的 $Q(0)=600$,便是这样的条件.这种附加条件称为**定解条件**,最常见的反映初始状态的定解条件,称为**初始条件**.

求微分方程满足初始条件的特解问题称为**初值问题**.

微分方程的特解 $y=\varphi(x)$ 在 xOy 平面的图形是一条光滑的曲线,它称为**微分方程的积分曲线**.微分方程含有任意常数的通解 $y=\varphi(x,c_1,c_2,\cdots,c_n)$ 在 xOy 平面上的图形是一簇光滑曲线,它称为**积分曲线簇**.

一阶微分方程的初值问题,记作

$$\begin{cases} y'=f(x,y), \\ y(x_0)=y_0, \end{cases}$$

几何意义就是求微分方程的通过点 (x_0,y_0) 的那条积分曲线.

二阶微分方程的初值问题,记作

$$\begin{cases} y''=f(x,y,y'), \\ y(x_0)=y_0,y'(x_0)=y_1, \end{cases}$$

几何意义就是求微分方程的通过点 (x_0,y_0) 且在该点处的切线斜率为 y_1 的那条积分曲线.

例 9.1.1 验证:函数 $y=xe^x$ 是二阶微分方程 $y''-2y'+y=0$ 的解.

证 求出所给函数的一阶和二阶导数

$$y'=(1+x)e^x,$$
$$y''=(2+x)e^x.$$

代入原方程的左端,得

$$(2+x)e^x-2(1+x)e^x+xe^x\equiv 0,$$

所以,函数 $y=xe^x$ 是二阶微分方程 $y''-2y'+y=0$ 的解.

例 9.1.2　验证 $y = C_1\cos x + C_2\sin x + x$ 是微分方程 $\dfrac{d^2 y}{dx^2} + y = x$ 的通解.

证　因为 $y = C_1\cos x + C_2\sin x + x$, 所以,

$$\frac{dy}{dx} = -C_1\sin x + C_2\cos x + 1, \qquad \frac{d^2 y}{dx^2} = -C_1\cos x - C_2\sin x,$$

于是,

$$\frac{d^2 y}{dx^2} + y = -C_1\cos x - C_2\sin x + C_1\cos x + C_2\sin x + x = x,$$

已给函数及其导数满足微分方程, 且已给函数含有两个相互独立的任意常数, 因此

它是微分方程 $\dfrac{d^2 y}{dx^2} + y = x$ 的通解.

例 9.1.3　微分方程 $\dfrac{d^2 y}{dx^2} + y = x$ 的通解是 $y = C_1\cos x + C_2\sin x + x$, 求其满

足初始条件 $y(0) = 1, y'(0) = 3$ 的特解.

解　将初始条件 $x = 0$ 时, $y = 1, y' = 3$ 代入 y, y', 得

$$\begin{cases} C_1\cos 0 + C_2\sin 0 + 0 = 1, \\ -C_1\sin 0 + C_2\cos 0 + 1 = 3, \end{cases} \quad 即 \begin{cases} C_1 = 1, \\ C_2 + 1 = 3, \end{cases}$$

解得 $C_1 = 1, C_2 = 2$, 故所求特解为 $y = \cos x + 2\sin x + x$.

习 题 9.1

1. 指出下列方程中哪些是微分方程, 若是微分方程, 则指出该微分方程的

阶数.

(1) $y^3 - 2xy = 7$;　　　　　　(2) $y''' - 6x = 3x^2 y^4$;　　(3) $\dfrac{dy}{dx} = y^2 + x^3$;

(4) $\dfrac{d^2 y}{dx^2} = x + \dfrac{d^3\arcsin x}{dx^3}$;　　(5) $\left(\dfrac{dx}{dy}\right)^2 = 4$;　　　　(6) $y^3 \cdot \dfrac{d^2 y}{dx^2} + 1 = 0$.

2. 验证下列各题中的函数是所给微分方程的解.

(1) $xy' = 2y, y = 5x^2$;

(2) $y'' + y = 0, y = 3\sin x - 4\cos x$;

(3) $y'' - (r_1 + r_2)y' + r_1 r_2 y = 0, y = C_1 e^{r_1 x} + C_2 e^{r_2 x}$;

(4) $\dfrac{dy}{dx} = P(x) \cdot y, y = C e^{\int P(x)dx}$;

(5) $(x + y)dx + xdy = 0, y = \dfrac{C^2 - x^2}{2x}$.

3. 求初值问题

$$\begin{cases} y''+y=x, \\ y(0)=1, \\ y'(0)=3 \end{cases}$$

的解,已知其通解为 $y=C_1\cos x+C_2\sin x+x$.

4. 用微分方程表示下列问题.

(1) 曲线在点 (x,y) 处的切线的斜率等于该点横坐标的平方;

(2) 一个质量为 m 的质点在水中由静止开始下沉,设下沉时水的阻力与速度成正比,试求质点运动规律所满足的微分方程及初始条件.

9.2　一阶微分方程

一阶微分方程的一般形式为

$$F(x,y,y')=0,$$

如果由上式可以解出 y',即 $y'=f(x,y)$,则称为一阶微分方程的典则形式.

一阶微分方程有时候也可写成如下的对称形式

$$P(x,y)\mathrm{d}x+Q(x,y)\mathrm{d}y=0.$$

本节将介绍初等积分法,即把微分方程的解通过初等函数或它们的积分来表达的方法. 在微分方程发展的早期,由牛顿、莱布尼茨、欧拉(Euler,1707~1783)和伯努利兄弟(Jacob Bernoulli,1654~1705;Johann Bernoulli,1667~1748)等发现的这些方法与技巧,构成了本节的中心内容. 虽然刘维尔(Liouville,1809~1882)在 1841 年证明了大多数微分方程不能用初等积分法求解,但这些方法至今仍不失其重要性. 这是因为,一方面,能用初等积分法求解的方程虽属特殊类型,然而它们在实际应用中却显得很常见和重要;另一方面,掌握这些技巧和方法,也是学好本课程的基本训练之一.

9.2.1　可分离变量的微分方程、齐次方程

1. 可分离变量的微分方程

形如

$$\frac{\mathrm{d}y}{\mathrm{d}x}=f(x)g(y) \tag{9.5}$$

的方程称为**可分离变量的微分方程**,其中 $f(x),g(y)$ 分别是 x,y 的连续函数.

如果 $g(y)\neq0$,可将方程改写为

$$\frac{\mathrm{d}y}{g(y)}=f(x)\mathrm{d}x.$$

这样,方程两端分别都只包含了一个变量及其微分,即分离了变量.两端积分,得到

$$\int \frac{\mathrm{d}y}{g(y)} = \int f(x)\mathrm{d}x,$$

记 $G(y)$ 表示 $\dfrac{1}{g(y)}$ 的一个原函数, $F(x)$ 表示 $f(x)$ 的一个原函数, C 为任意常数,则

$$G(y) = F(x) + C$$

就是微分方程的隐式通解.

实际上, $g(y) = 0$ 的根 $y = y_0$ 也是方程的解.

例 9.2.1　求微分方程 $\dfrac{\mathrm{d}y}{\mathrm{d}x} = 2xy$ 的通解.

解　该方程是可分离变量的方程,分离变量后得

$$\frac{\mathrm{d}y}{y} = 2x\,\mathrm{d}x.$$

两端积分 $\displaystyle\int \frac{\mathrm{d}y}{y} = \int 2x\,\mathrm{d}x$,得

$$\ln|y| = x^2 + C_1, \quad |y| = \mathrm{e}^{x^2 + C_1},$$

从而

$$y = \pm\mathrm{e}^{x^2 + C_1} = \pm\mathrm{e}^{C_1}\mathrm{e}^{x^2}.$$

因为 $\pm\mathrm{e}^{C_1}$ 是任意非零常数,又 $y = 0$ 也是该方程的解,故得该方程的通解为

$$y = C\mathrm{e}^{x^2}.$$

例 9.2.2　求方程 $\dfrac{\mathrm{d}y}{\mathrm{d}x} - x(1 + y^2) = 0$ 满足初始条件 $y(0) = 1$ 的特解.

解　该方程是可分离变量的方程,分离变量后得

$$\frac{\mathrm{d}y}{1 + y^2} = x\,\mathrm{d}x,$$

两端积分 $\displaystyle\int \frac{\mathrm{d}y}{1 + y^2} = \int x\,\mathrm{d}x$,得

$$\arctan y = \frac{1}{2}x^2 + C,$$

故原方程的通解为

$$y = \tan\left(\frac{1}{2}x^2 + C\right) \quad (C \text{ 为任意常数}),$$

将 $y(0) = 1$ 代入通解得

$$C = \frac{\pi}{4},$$

所求原方程的特解为

$$y = \tan\left(\frac{1}{2}x^2 + \frac{\pi}{4}\right).$$

通过以上两道例题,我们给出以下注释.

注 1　可分离变量的微分方程意味着能把微分方程写成一端只含 y 的函数和 $\mathrm{d}y$,另一端只含 x 的函数和 $\mathrm{d}x$.

注 2　可分离变量的微分方程的求解方法是:先分离变量,使得方程的一端只含 y 及 $\mathrm{d}y$,另一端只含 x 及 $\mathrm{d}x$,然后对方程两端积分,即可得到方程的通解.

例 9.2.3　求微分方程 $\dfrac{\mathrm{d}y}{\mathrm{d}x} = 1 + x + y^2 + xy^2$ 的通解.

解　方程可化为

$$\frac{\mathrm{d}y}{\mathrm{d}x} = (1+x)(1+y^2),$$

分离变量后得到

$$\frac{1}{1+y^2}\mathrm{d}y = (1+x)\mathrm{d}x,$$

两边积分得到

$$\int \frac{1}{1+y^2}\mathrm{d}y = \int (1+x)\mathrm{d}x, \quad 即 \arctan y = \frac{1}{2}x^2 + x + C,$$

于是原方程的通解为

$$y = \tan\left(\frac{1}{2}x^2 + x + C\right).$$

例 9.2.4　由某种商品的需求量 Q 对价格 P 的弹性为 $-3P^3$,已知该商品的最大需求量为 1 万件,求需求量 Q 与价格 P 之间的函数关系.

解　由需求价格的弹性的定义知

$$\frac{P}{Q} \cdot \frac{\mathrm{d}Q}{\mathrm{d}P} = -3P^3,$$

分离变量,得

$$\frac{\mathrm{d}Q}{Q} = -3P^2\mathrm{d}P,$$

两边积分得到

$$\int \frac{\mathrm{d}Q}{Q} = \int -3P^2\mathrm{d}P, \quad 即 \ln Q = -P^3 + C_1,$$

得

$$Q = Ce^{-P^3} \quad (C = e^{C_1}),$$

由题设知，$P=0$ 时，$Q=1$，从而 $C=1$. 因此所求的需求函数为 $Q=e^{-P^3}$.

例 9.2.5　镭的衰变速度与它的现存量成正比，经过 1600 年以后，只余下原始量 R_0 的一半. 试求镭的量 R 与时间 t 的函数关系.

解　镭的现存量为 $R=R(t)$，依题意得

$$\frac{\mathrm{d}R}{\mathrm{d}t} = kR \quad (k \text{ 为比例常数}),$$

分离变量，两端积分得

$$\frac{\mathrm{d}R}{R} = k\,\mathrm{d}t, \quad \ln R = kt + C,$$

代入初始条件 $R(0)=R_0$ 得 $C=\ln R_0$，又因为 $R(1600)=\dfrac{R_0}{2}$，故

$$\ln R_0 - \ln 2 = 1600k + \ln R_0,$$

求得

$$k = -\frac{\ln 2}{1600}.$$

故镭的量 R 与时间 t 的函数关系为

$$\ln R = -\frac{\ln 2}{1600}t + \ln R_0 \quad \text{或} \quad R = R_0 e^{-\frac{\ln 2}{1200}t}.$$

2. 齐次方程

如果一阶微分方程 $\dfrac{\mathrm{d}y}{\mathrm{d}x}=\varphi(x,y)$，$\varphi(x,y)$ 可以写成 $\dfrac{\mathrm{d}y}{\mathrm{d}x}=f\left(\dfrac{y}{x}\right)$，那么方程

$$\frac{\mathrm{d}y}{\mathrm{d}x} = f\left(\frac{y}{x}\right) \tag{9.6}$$

称为齐次微分方程，简称齐次方程.

例如，微分方程

$$(x^2 + 4y^2)\mathrm{d}x - 3xy\,\mathrm{d}y = 0$$

是齐次方程，因为原方程可以化为

$$\frac{\mathrm{d}y}{\mathrm{d}x} = \frac{x^2 + 4y^2}{3xy} = \frac{1 + 4\left(\dfrac{y}{x}\right)^2}{3\left(\dfrac{y}{x}\right)} = f\left(\frac{y}{x}\right).$$

齐次方程可通过变量代换化为可分离变量的方程. 事实上，引入新的未知函

数，令 $u = \dfrac{y}{x}$，即 $y = xu$，有 $\dfrac{\mathrm{d}y}{\mathrm{d}x} = u + x\,\dfrac{\mathrm{d}u}{\mathrm{d}x}$，代入方程 $\dfrac{\mathrm{d}y}{\mathrm{d}x} = f\left(\dfrac{y}{x}\right)$ 得

$$u + x\,\frac{\mathrm{d}u}{\mathrm{d}x} = f(u),$$

此方程为可分离变量的方程.

若 $f(u) - u \neq 0$，分离变量，两端积分可得

$$\ln|x| = \int \frac{\mathrm{d}u}{f(u) - u},$$

若 $\phi(u)$ 是 $\dfrac{1}{f(u) - u}$ 的一个原函数，则有

$$\ln|x| = \phi(u) + \ln|C|,$$

即

$$x = Ce^{\phi(u)} = Ce^{\phi\left(\frac{y}{x}\right)}.$$

若 $f(u) - u = 0$ 有根 $u = u_0$，则 $y = u_0 x$ 也是原方程的解.

例 9.2.6 求微分方程 $y^2 + x^2\,\dfrac{\mathrm{d}y}{\mathrm{d}x} = xy\,\dfrac{\mathrm{d}y}{\mathrm{d}x}$ 的通解.

解 原方程可写成

$$\frac{\mathrm{d}y}{\mathrm{d}x} = \frac{y^2}{xy - x^2} = \frac{\left(\dfrac{y}{x}\right)^2}{\dfrac{y}{x} - 1},$$

令 $u = \dfrac{y}{x}$，则

$$y = ux, \quad \frac{\mathrm{d}y}{\mathrm{d}x} = u + x\,\frac{\mathrm{d}u}{\mathrm{d}x},$$

于是原方程化为

$$u + x\,\frac{\mathrm{d}u}{\mathrm{d}x} = \frac{u^2}{u - 1}, \quad 即\ x\,\frac{\mathrm{d}u}{\mathrm{d}x} = \frac{u}{u - 1},$$

分离变量，得

$$\frac{u - 1}{u}\mathrm{d}u = \frac{1}{x}\mathrm{d}x,$$

两边积分 $\displaystyle\int \frac{u - 1}{u}\mathrm{d}u = \int \frac{1}{x}\mathrm{d}x$，得

$$u - \ln|u| + C = \ln|x|,$$

即

$$\ln|ux| = u + C,$$

以 $\dfrac{y}{x}$ 代替上式中的 u，便得所给方程的通解为 $\ln|y| = \dfrac{y}{x} + C$.

例 9.2.7 求微分方程

$$y\frac{\mathrm{d}x}{\mathrm{d}y} = x + y\mathrm{e}^{-\frac{x}{y}}$$

满足初始条件 $y(0) = 1$ 的特解.

解 将方程改为

$$\frac{\mathrm{d}x}{\mathrm{d}y} = \frac{x}{y} + \mathrm{e}^{-\frac{x}{y}},$$

这是齐次方程，作变换，令 $u = \dfrac{x}{y}$，即 $x = yu$，有 $\dfrac{\mathrm{d}x}{\mathrm{d}y} = u + y\dfrac{\mathrm{d}u}{\mathrm{d}y}$，代入上式得

$$u + y\frac{\mathrm{d}u}{\mathrm{d}y} = u + \mathrm{e}^{-u},$$

分离变量得

$$\mathrm{e}^{u}\mathrm{d}u = \frac{\mathrm{d}y}{y},$$

两端积分得

$$\mathrm{e}^{u} = \ln|y| + C.$$

代回原变量，得通解

$$\mathrm{e}^{\frac{x}{y}} = \ln|y| + C.$$

将初始条件 $y(0) = 1$ 代入得 $C = 1$，故所求方程的特解为

$$\mathrm{e}^{\frac{x}{y}} = \ln|y| + 1.$$

例 9.2.8 设有连接点 $O(0,0)$ 和 $A(1,1)$ 的一段向上凸的曲线弧 OA，对于 OA 上任一点 $P(x,y)$，曲线弧 OP 与直线段 OP 所围图形的面积为 x^2（图 9.1），求曲线弧 OA 的方程.

解 设曲线弧的方程为 $y = f(x)$. 依题意，有

$$\int_0^x f(x)\mathrm{d}x - \frac{1}{2}xf(x) = x^2,$$

上式两端对 x 求导

$$f(x) - \frac{1}{2}f(x) - \frac{1}{2}xf'(x) = 2x,$$

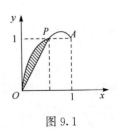

图 9.1

整理得微分方程

$$y' = \frac{y}{x} - 4.$$

令 $u = \dfrac{y}{x}$，即 $y = xu$，有 $\dfrac{\mathrm{d}y}{\mathrm{d}x} = u + x\,\dfrac{\mathrm{d}u}{\mathrm{d}x}$，代入上式得

$$\frac{\mathrm{d}u}{\mathrm{d}x} = -\frac{4}{x}.$$

积分得

$$u = -4\ln x + C,$$

代回原变量，得通解

$$y = x(-4\ln x + C).$$

又因曲线过点 $A(1,1)$，故 $C = 1$. 于是得曲线弧的方程为

$$y = x(1 - 4\ln x).$$

9.2.2　一阶线性微分方程、伯努利方程

1. 一阶线性微分方程

形如

$$\frac{\mathrm{d}y}{\mathrm{d}x} + P(x)y = Q(x) \tag{9.7}$$

的方程称为**一阶线性微分方程**. 它的特点是：在方程中未知函数及其一阶导数都是线性的(即一次的)，其中 $P(x)$，$Q(x)$ 为已知函数.

若 $Q(x) \equiv 0$，则称方程(9.7)为**一阶齐次线性微分方程**；若 $Q(x)$ 不恒等于零，则称方程(9.7)为**一阶非齐次线性微分方程**.

(1) 一阶齐次线性微分方程的解法.

一阶齐次线性微分方程 $\dfrac{\mathrm{d}y}{\mathrm{d}x} + P(x)y = 0$ 是可分离变量方程，分离变量，得

$$\frac{\mathrm{d}y}{y} = -P(x)\mathrm{d}x,$$

两边积分，得

$$\ln|y| = -\int P(x)\mathrm{d}x + C_1,$$

因此，一阶齐次线性微分方程的通解为

$$y = C\mathrm{e}^{-\int P(x)\mathrm{d}x} \quad (\text{令 } C = \pm\mathrm{e}^{C_1}). \tag{9.8}$$

由于 $y = 0$ 也是方程的解，因此式(9.8)中 C 可为任意常数.

(2) 一阶非齐次线性微分方程的解法.

一阶非齐次线性微分方程 $\dfrac{\mathrm{d}y}{\mathrm{d}x}+P(x)y=Q(x)$ 与对应的齐次方程之间仅等号右边不同,它们的通解之间存在某种必然联系.

如果将方程 $\dfrac{\mathrm{d}y}{\mathrm{d}x}+P(x)y=Q(x)$ 变形为

$$\frac{\mathrm{d}y}{y}=\left[\frac{Q(x)}{y}-P(x)\right]\mathrm{d}x,$$

两边求积分,得

$$\ln|y|=\int\frac{Q(x)}{y}\mathrm{d}x-\int P(x)\mathrm{d}x.$$

由于 y 是 x 的函数,故 $\displaystyle\int\frac{Q(x)}{y}\mathrm{d}x$ 为 x 的函数,记

$$\int\frac{Q(x)}{y}\mathrm{d}x=h(x),$$

则 $\ln|y|=h(x)-\displaystyle\int P(x)\mathrm{d}x$,即

$$y=\pm\mathrm{e}^{h(x)-\int P(x)\mathrm{d}x}=\pm\mathrm{e}^{h(x)}\cdot\mathrm{e}^{-\int P(x)\mathrm{d}x}.$$

将此解与对应的齐次线性微分方程的通解 $y=C\mathrm{e}^{-\int P(x)\mathrm{d}x}$ 进行比较,容易发现它们的表达形式都是两部分的乘积,都有一个相同的部分 $\mathrm{e}^{-\int P(x)\mathrm{d}x}$,不同的部分在齐次线性微分方程的通解中是一个任意常数,而在非齐次线性微分方程中是一个函数的形式. 那么,把齐次线性微分方程通解中的常数 C 变成待定函数 $u(x)$,就是非齐次线性微分方程通解的模型,由此引入常数变易法.

设一阶非齐次线性微分方程的通解为

$$y=u(x)\mathrm{e}^{-\int P(x)\mathrm{d}x},$$

求导,得

$$\frac{\mathrm{d}y}{\mathrm{d}x}=u'(x)\mathrm{e}^{-\int P(x)\mathrm{d}x}-P(x)\cdot u(x)\mathrm{e}^{-\int P(x)\mathrm{d}x},$$

代入原方程,得

$$u'(x)\mathrm{e}^{-\int P(x)\mathrm{d}x}=Q(x),\quad 即\ u'(x)=Q(x)\cdot\mathrm{e}^{\int P(x)\mathrm{d}x},$$

得

$$u(x)=\int Q(x)\cdot\mathrm{e}^{\int P(x)\mathrm{d}x}\mathrm{d}x+C\quad(C\ 为任意常数),$$

因此,一阶非齐次线性微分方程的通解为

$$y = \left[\int Q(x) e^{\int P(x)\mathrm{d}x} \mathrm{d}x + C \right] \cdot e^{-\int P(x)\mathrm{d}x} \quad （C \text{ 为任意常数}）. \qquad (9.9)$$

式(9.9)可以作为求一阶非齐次线性微分方程的通解公式,还可以写成

$$y = C e^{-\int P(x)\mathrm{d}x} + e^{-\int P(x)\mathrm{d}x} \int Q(x) e^{\int P(x)\mathrm{d}x} \mathrm{d}x \quad （C \text{ 为任意常数}）. \qquad (9.10)$$

式(9.10)表明,一阶非齐次线性微分方程的通解是所对应的齐次方程的通解与非齐次方程的一个特解之和.这个结论对高阶非齐次线性微分方程也成立.

对于求一阶非齐次线性微分方程的通解可以用常数变易法,也可以用通解公式.

式(9.10)右端第一项是对应的齐次线性微分方程 $\dfrac{\mathrm{d}y}{\mathrm{d}x} + P(x)y = 0$ 的通解,第二项是非齐次线性微分方程(9.7)的一个特解.由此可知,一阶非齐次线性微分方程的通解等于对应的齐次线性方程的通解与非齐次线性微分方程的特解之和.

例 9.2.9　求微分方程

$$\frac{\mathrm{d}y}{\mathrm{d}x} - \frac{2y}{x+1} = (x+1)^{\frac{5}{2}}$$

的通解.

解　方法一　常数变易法.

先求该方程所对应的齐次线性方程 $\dfrac{\mathrm{d}y}{\mathrm{d}x} - \dfrac{2y}{x+1} = 0$ 的通解,分离变量,

$\dfrac{\mathrm{d}y}{y} = \dfrac{2\mathrm{d}x}{x+1}$,两边积分,得

$$\ln|y| = 2\ln|x+1| + \ln C \quad （\text{任意常数 } C > 0）,$$

即齐次线性方程 $\dfrac{\mathrm{d}y}{\mathrm{d}x} - \dfrac{2y}{x+1} = 0$ 的通解为 $y = C(x+1)^2$.

作常数变易,令 $y = C(x)(x+1)^2$ 为原方程的解,代入原方程得

$$C'(x)(x+1)^2 + 2C(x)(x+1) - \frac{2}{x+1}C(x)(x+1)^2 = (x+1)^{\frac{5}{2}},$$

整理得 $C'(x) = (x+1)^{\frac{1}{2}}$,两边积分,得 $C(x) = \dfrac{2}{3}(x+1)^{\frac{3}{2}} + C$,于是该一阶非齐

次线性微分方程的通解为 $y = (x+1)^2 \left[\dfrac{2}{3}(x+1)^{\frac{3}{2}} + C \right]$.

方法二　公式法.

这是一阶非齐次线性微分方程.令

$$P(x) = -\frac{2}{x+1}, \quad Q(x) = (x+1)^{\frac{5}{2}},$$

代入一阶非齐次线性微分方程的通解公式

$$
\begin{aligned}
y &= \mathrm{e}^{-\int P(x)\mathrm{d}x}\left[\int Q(x)\mathrm{e}^{\int P(x)\mathrm{d}x}\,\mathrm{d}x + C\right] \\
&= \mathrm{e}^{\int \frac{2}{x+1}\mathrm{d}x}\left[\int (x+1)^{\frac{5}{2}}\mathrm{e}^{\int (-\frac{2}{x+1})\mathrm{d}x}\,\mathrm{d}x + C\right] \\
&= \mathrm{e}^{\ln(x+1)^2}\left[\int (x+1)^{\frac{5}{2}}\mathrm{e}^{-\ln(x+1)^2}\,\mathrm{d}x + C\right] \\
&= (x+1)^2\left[\int (x+1)^{\frac{1}{2}}\,\mathrm{d}x + C\right] \\
&= (x+1)^2\left[\frac{2}{3}(x+1)^{\frac{3}{2}} + C\right].
\end{aligned}
$$

注　也可根据常数变易法的步骤求一阶非齐次线性微分方程的通解.

例 9.2.10　有一个电路如图 9.2 所示,其中电源电动势为 $E = E_m\sin\omega t$(E_m,ω 都是常数),电阻 R 和电感 L 都是常量,求电流 $i(t)$.

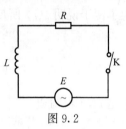

图 9.2

解　由物理电学知识知道,当电流变化时,L 上有感应电动势 $-L\dfrac{\mathrm{d}i}{\mathrm{d}t}$,由回路电压定律得出

$$
E - L\frac{\mathrm{d}i}{\mathrm{d}t} - iR = 0,
$$

即

$$
\frac{\mathrm{d}i}{\mathrm{d}t} + \frac{R}{L}i = \frac{E}{L}.
$$

把 $E = E_m\sin\omega t$ 代入上式,得

$$
\frac{\mathrm{d}i}{\mathrm{d}t} + \frac{R}{L}i = \frac{E_m}{L}\sin\omega t, \tag{9.11}
$$

这是一阶非齐次线性微分方程. 此外,还应满足初始条件 $i(0) = 0$.

应用一阶非齐次线性微分方程的通解公式求通解,这里

$$
P(t) = \frac{R}{L}, \quad Q(t) = \frac{E_m}{L}\sin\omega t,
$$

代入公式(9.9)得

$$
i(t) = \mathrm{e}^{-\frac{R}{L}t}\left[\int \frac{E_m}{L}\mathrm{e}^{\frac{R}{L}t}\sin\omega t\,\mathrm{d}t + C\right].
$$

应用分部积分法,得

$$\int e^{\frac{R}{L}t}\sin\omega t\,dt = \frac{e^{\frac{R}{L}t}}{R^2+\omega^2 L^2}(RL\sin\omega t - \omega L^2\cos\omega t),$$

将上式代入前式并化简,得方程(9.11)的通解

$$i(t) = \frac{E_m}{R^2+\omega^2 L^2}(R\sin\omega t - \omega L\cos\omega t) + Ce^{-\frac{R}{L}t}, \quad C\text{ 为任意常数}.$$

由初始条件 $i(0)=0$,得

$$C = \frac{\omega L E_m}{R^2+\omega^2 L^2},$$

因此,所求函数 $i(t)$ 为

$$i(t) = \frac{\omega L E_m}{R^2+\omega^2 L^2}e^{-\frac{R}{L}t} + \frac{E_m}{R^2+\omega^2 L^2}(R\sin\omega t - \omega L\cos\omega t).$$

为了便于说明 $i(t)$ 所反映的物理现象,下面把 $i(t)$ 中第二项的形式稍加改变.

令

$$\cos\varphi = \frac{R}{\sqrt{R^2+\omega^2 L^2}}, \quad \sin\varphi = \frac{\omega L}{\sqrt{R^2+\omega^2 L^2}},$$

于是 $i(t)$ 可写成

$$i(t) = \frac{\omega L E_m}{R^2+\omega^2 L^2}e^{-\frac{R}{L}t} + \frac{E_m}{R^2+\omega^2 L^2}\sin(\omega t - \varphi),$$

其中 $\varphi = \arctan\dfrac{\omega L}{R}$.

当 t 增大时,上式右端第一项(称为暂态电流)逐渐衰减而趋于零;第二项(称为稳态电流)是正弦函数,它的周期和电动势的周期相同,而相角落后 $\arctan\dfrac{\omega L}{R}$.

2. 伯努利方程

形如

$$\frac{dy}{dx} + P(x)y = Q(x)y^n \quad (n\neq 0,1) \tag{9.12}$$

的方程称为**伯努利方程**. 当 $n=0$ 时,该方程是一阶线性微分方程;当 $n=1$ 时,该方程是可分离变量的微分方程.

当 $n\neq 0,1$ 时,可通过变量代换 $z=y^{1-n}$ 化为一阶线性微分方程. 事实上,以 y^n 除方程(9.12)的两端,得

$$y^{-n}\frac{dy}{dx} + P(x)y^{1-n} = Q(x). \tag{9.13}$$

令 $z = y^{1-n}$,则

$$\frac{\mathrm{d}z}{\mathrm{d}x} = (1-n)y^{-n}\frac{\mathrm{d}y}{\mathrm{d}x},$$

从而

$$y^{-n}\frac{\mathrm{d}y}{\mathrm{d}x} = \frac{1}{1-n}\frac{\mathrm{d}z}{\mathrm{d}x},$$

代入方程(9.13),整理得

$$\frac{\mathrm{d}z}{\mathrm{d}x} + (1-n)P(x)z = (1-n)Q(x).$$

这是关于未知函数 z 的一阶线性微分方程,求出通解后,把 z 换回 y^{1-n} 即得到原方程的通解.

例 9.2.11　求微分方程 $\dfrac{\mathrm{d}y}{\mathrm{d}x} + \dfrac{1}{x}y = \dfrac{1}{x^2}y^2$ 的通解.

解　这是 $n=2$ 的伯努利方程,以 y^2 除方程的两端($y \neq 0$),得

$$y^{-2} \cdot y' + \frac{1}{x}y^{-1} = \frac{1}{x^2},$$

令 $z = \dfrac{1}{y} = y^{-1}$,则 $\dfrac{\mathrm{d}z}{\mathrm{d}x} = y^{-2}\dfrac{\mathrm{d}y}{\mathrm{d}x}$,代入方程得

$$\frac{\mathrm{d}z}{\mathrm{d}x} - \frac{1}{x}z = -\frac{1}{x^2},$$

这是一阶非齐次线性微分方程,利用通解公式

$$z = \mathrm{e}^{-\int P(x)\mathrm{d}x} \cdot \left[\int Q(x)\mathrm{e}^{\int P(x)\mathrm{d}x}\mathrm{d}x + C\right] = \mathrm{e}^{\int \frac{1}{x}\mathrm{d}x} \cdot \left[\int\left(-\frac{1}{x^2}\right)\mathrm{e}^{\int -\frac{1}{x}\mathrm{d}x}\mathrm{d}x + C\right]$$

$$= \mathrm{e}^{\ln x} \cdot \left[\int\left(-\frac{1}{x^2}\right)\mathrm{e}^{-\ln x}\mathrm{d}x + C\right] = x\left(\frac{1}{2x^2} + C\right) = \frac{1 + 2Cx^2}{2x},$$

把 z 换回 y^{-1} 得,$\dfrac{1}{y} = \dfrac{1 + 2Cx^2}{2x}$,即通解为 $y = \dfrac{2x}{1 + 2Cx^2}$.

9.2.3　利用变量代换求解一阶微分方程

对于齐次方程 $\dfrac{\mathrm{d}y}{\mathrm{d}x} = f\left(\dfrac{y}{x}\right)$,我们通过变量代换 $y = xu$,将它化为可分离变量的

微分方程;对于伯努利方程 $\dfrac{\mathrm{d}y}{\mathrm{d}x} + P(x)y = Q(x)y^n (n \neq 0,1)$,通过变量代换

$z = y^{1-n}$,将它化为一阶线性微分方程. 由此可见,利用变量代换,把一个微分方程

化为变量可分离的方程，或化为已经知其求解步骤的方程，这是解微分方程最常用的方法.

例 9.2.12　求微分方程

$$\frac{dy}{dx}=(x+y)^2$$

的通解.

解　令 $x+y=u$，则 $y=u-x,\dfrac{dy}{dx}=\dfrac{du}{dx}-1$，代入原方程得

$$\frac{du}{dx}=1+u^2,$$

这是可分离变量的方程，分离变量，两端积分得

$$\arctan u=x+C,$$

把 u 换回 $x+y$，整理得原方程的通解为

$$y=\tan(x+C)-x.$$

例 9.2.13　求微分方程

$$\frac{dy}{dx}=\frac{1}{x\sin^2(xy)}-\frac{y}{x}$$

的通解.

解　令 $z=xy$，则 $\dfrac{dz}{dx}=y+x\dfrac{dy}{dx}$，代入原方程，整理得

$$\frac{dz}{dx}=\frac{1}{\sin^2 z},$$

这是可分离变量的微分方程，分离变量，两端积分得

$$2z-\sin 2z=4x+C,$$

把 z 换回 xy，整理得原方程的隐式通解为

$$2xy-\sin(2xy)=4x+C.$$

习 题 9.2

1. 求下列可分离变量方程或齐次方程的通解.

(1) $y'-e^y\sin x=0$；

(2) $x\sqrt{1+y^2}+yy'\sqrt{1+x^2}=0$；

(3) $x\dfrac{dy}{dx}-y\ln y=0$；

(4) $\sec^2 x\tan y\,dx+\sec^2 y\tan x\,dy=0$；

(5) $xy'=y\ln\dfrac{y}{x}$；

(6) $(x^2+y^2)dx-xy\,dy=0$；

(7) $y' = \dfrac{x+y}{x-y}$；　　　　　　　　　　(8) $y' = \dfrac{y}{x+\sqrt{x^2+y^2}}$.

2. 求下列一阶线性微分方程或伯努利方程的解.

(1) $y' + y\cos x = \mathrm{e}^{-\sin x}$；　　　　　　(2) $y\ln y\,\mathrm{d}x + (x-\ln y)\,\mathrm{d}y = 0$；

(3) $xy' + y = \mathrm{e}^x, y(1) = \mathrm{e}$；　　　　(4) $y' + \dfrac{2-3x^2}{x^3}y = 1, y(1) = 0$；

(5) $\dfrac{\mathrm{d}y}{\mathrm{d}x} + y = y^2(\cos x - \sin x)$；　　(6) $x\,\mathrm{d}y - [y + xy^3(1+\ln x)]\,\mathrm{d}x = 0$；

(7) $3xy' - y = 3xy^4\ln x, y(1) = 1$；　(8) $\dfrac{\mathrm{d}y}{\mathrm{d}x} = 6\dfrac{y}{x} - xy^2, y(1) = 1$.

3. 用适当的变量代换求下列方程的解.

(1) $y' = \dfrac{1}{x-y} + 1$；　　　　　　　　(2) $xy' + y = y(\ln x + \ln y)$；

(3) $\dfrac{\mathrm{d}y}{\mathrm{d}x} = \dfrac{1}{x^2}(\mathrm{e}^y + 3x)$；　　　　　　(4) $xy'\ln x \sin y + \cos y(1 - x\cos y) = 0$.

4. 设 $g(x)$ 可微且满足关系式 $\displaystyle\int_0^x [2g(t) - 1]\,\mathrm{d}t = g(x) - 1$，求 $g(x)$.

5. 质量为 1g 的质点受外力作用做直线运动，这外力和时间成正比，和质点运动的速度成反比. 在 $t = 10\mathrm{s}$ 时，速度等于 $50\mathrm{cm/s}$，外力为 $4\mathrm{g} \cdot \mathrm{cm/s}^2$，问从运动开始经过了 1min 后的速度是多少？

6. 设有一个由电阻 $R = 10\Omega$、电感 $L = 2\mathrm{H}$ 和电源电压 $E = 20\sin 5t\,\mathrm{V}$ 串联组成的电路. 当开关 K 合上后，电路中有电流通过. 求电流 i 与时间 t 的函数关系.

7. 如图 9.3 所示，有一条宽为 550m 的直流河，河岸线记作 OA 和 BC. 小船从河岸 OA 出发划向对岸 BC，船头始终与河岸 BC 垂直. 已知船速为 5m/s，由于河床自 OA 岸向 BC 岸、自上游向下游均匀倾斜，河中任一点 $P(x, y)$ 处的水流速度与该点到河岸 OA 距离 x 及船顺流而下的距离 y 之和成正比（比例系数为 0.02）.

（1）求小船的航行路线；

（2）若 O 点是河岸 OA 的渡口，欲在河岸 BC 也建立一渡口，建在哪里最佳？

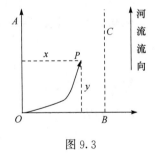

图 9.3

9.3　可降阶的高阶微分方程

二阶及二阶以上的微分方程，称为高阶微分方程. 对于这类微分方程，没有较为普遍的解法. 处理问题的基本原则是降阶, 利用变量代换将高阶微分方程化为较低阶的微分方程来求解. 下面介绍三类容易降阶的高阶微分方程的求解方法.

9.3.1　$y^{(n)} = f(x)$型

微分方程

$$y^{(n)} = f(x) \tag{9.14}$$

的右端仅含有自变量 x. 容易看出, 每积分一次, 方程降一阶, 因此, 两边积分, 就得到 $n-1$ 阶微分方程

$$y^{(n-1)} = \int f(x) \mathrm{d}x + C_1,$$

同理可得

$$y^{(n-2)} = \int \left[\int f(x) \mathrm{d}x + C_1 \right] \mathrm{d}x + C_2,$$

以此法继续进行, 连续作 n 次积分, 便得到方程(9.14)的含有 n 个任意常数的通解.

例 9.3.1　求微分方程 $y'' = \mathrm{e}^{3x} - \sin \dfrac{x}{3}$ 的通解.

解　对所给方程连续积分两次, 得

$$y' = \frac{1}{3} \mathrm{e}^{3x} + 3\cos \frac{x}{3} + C_1,$$

于是

$$y = \frac{1}{9} \mathrm{e}^{3x} + 9\sin \frac{x}{3} + C_1 x + C_2,$$

这是所求的通解.

例 9.3.2　试求 $y'' = x$ 的经过点 $M(0,1)$ 且在此点与直线 $y = \dfrac{x}{2} + 1$ 相切的积分曲线.

解　由于直线 $y = \dfrac{x}{2} + 1$ 在点 $M(0,1)$ 处的切线斜率为 $\dfrac{1}{2}$, 依题设知, 所求积分曲线是初值问题

$$\begin{cases} y'' = x, \\ y(0) = 1, y'(0) = \dfrac{1}{2} \end{cases}$$

的解. 由 $y'' = x$, 积分得

$$y' = \frac{x^2}{2} + C_1.$$

代入 $y'(0)=\dfrac{1}{2}$，得 $C_1=\dfrac{1}{2}$，即有

$$y'=\frac{x^2}{2}+\frac{1}{2}.$$

两端再积分，得

$$y=\frac{x^3}{6}+\frac{x}{2}+C_2,$$

再代入 $y(0)=1$，得 $C_2=1$，于是所求积分曲线的方程为

$$y=\frac{x^3}{6}+\frac{x}{2}+1.$$

9.3.2　$y''=f(x,y')$ 型

微分方程

$$y''=f(x,y') \tag{9.15}$$

的右端不显含未知函数 y．作变量代换，令 $y'=p$，则

$$y''=\frac{\mathrm{d}p}{\mathrm{d}x}=p',$$

代入方程（9.15），得

$$p'=f(x,p).$$

这是一个以 p 为未知函数，x 为自变量的一阶微分方程．设其通解为

$$p=\varphi(x,C_1),$$

由于 $y'=p$，则有

$$\frac{\mathrm{d}y}{\mathrm{d}x}=\varphi(x,C_1),$$

两端积分，得到方程（9.15）的通解为

$$y=\int\varphi(x,C_1)\mathrm{d}x+C_2.$$

例 9.3.3　求微分方程 $y''=\dfrac{1}{x}y'+x\mathrm{e}^x$ 的通解.

解　所给方程是 $y''=f(x,y')$ 型的，作变量代换，令 $y'=p$，则 $y''=p'$，代入原方程，得

$$p'-\frac{1}{x}p=x\mathrm{e}^x,$$

这是一个关于 p 的一阶线性非齐次微分方程．由通解公式得

$$y'=p=\mathrm{e}^{\int\frac{1}{x}\mathrm{d}x}\left(\int x\mathrm{e}^x\mathrm{e}^{-\int\frac{1}{x}\mathrm{d}x}\mathrm{d}x+C_1\right)=x\left(\int\mathrm{e}^x\mathrm{d}x+C_1\right)=x\mathrm{e}^x+C_1x,$$

上式两边再不定积分,得原方程的通解为

$$y = \int (x e^x + C_1 x) \mathrm{d}x = (x-1) e^x + \frac{1}{2} C_1 x^2 + C_2 \quad (C_1, C_2 \text{ 为任意常数}).$$

9.3.3 $y''=f(y,y')$ 型

微分方程

$$y'' = f(y, y') \tag{9.16}$$

中不明显地含自变量 x. 为了求出它的解,作变量代换,令 $y'=p$,利用复合函数求导法则把 y'' 化成对 y 的导数,即

$$y'' = \frac{\mathrm{d}p}{\mathrm{d}x} = \frac{\mathrm{d}p}{\mathrm{d}y} \frac{\mathrm{d}y}{\mathrm{d}x} = p \frac{\mathrm{d}p}{\mathrm{d}y},$$

代入方程(9.16),得

$$p \frac{\mathrm{d}p}{\mathrm{d}y} = f(y, p).$$

这是一个以 p 为未知函数, y 为自变量的一阶微分方程. 设其通解为

$$y' = p = \varphi(y, C_1),$$

分离变量,两端积分得方程(9.16)的通解为

$$\int \frac{\mathrm{d}y}{\varphi(y, C_1)} = x + C_2.$$

例 9.3.4 求微分方程 $yy'' - (y')^2 = 0$ 的通解.

解 该方程不明显地含自变量 x,设 $y'=p$,则 $y'' = p \dfrac{\mathrm{d}p}{\mathrm{d}y}$,代入方程,得

$$yp \frac{\mathrm{d}p}{\mathrm{d}y} - p^2 = 0,$$

分离变量得 $\dfrac{\mathrm{d}p}{p} = \dfrac{\mathrm{d}y}{y}$,两端积分,得

$$\ln|p| = \ln|y| + C,$$

即 $p = C_1 y (C_1 = \pm e^C)$,还原为原变量,得

$$y' = C_1 y.$$

分离变量再两端积分,便得方程的通解为 $y = C_2 e^{C_1 x}$.

习 题 9.3

1. 求下列微分方程的通解.

(1) $\dfrac{\mathrm{d}^2 y}{\mathrm{d}x^2} = x^2$;   (2) $y'' = x^2 + \cos 3x$;   (3) $y'' = y' + x$;

(4) $y''(e^x+1)+y'=0$;　　(5) $yy''-(y')^2-y'=0$;　　　　(6) $yy''-(y')^2=0$.

2. 求下列微分方程在给定初值条件下的通解.

(1) $(1+x^2)y''=2xy'$,$y(0)=1$,$y'(0)=3$;

(2) $x^2y''+xy'=1$,$y(1)=0$,$y'(1)=1$;

(3) $y''=3\sqrt{y}$,$y(0)=1$,$y'(0)=2$;

(4) $y''=e^{2y}$,$y(0)=0$,$y'(0)=1$.

9.4　二阶常系数齐次线性微分方程

在微分方程理论中,线性微分方程是非常值得重视的一部分内容. 这不仅因为线性微分方程的一般理论已被研究得十分清楚,而且线性微分方程是研究非线性微分方程的基础,它在物理、力学和工程技术中也有着广泛的应用.

一个 n 阶微分方程,如果其中的未知函数及各阶导数都是一次的,则称它为 n 阶线性微分方程,它的一般形式是

$$y^{(n)}+p_1(x)y^{(n-1)}+p_2(x)y^{(n-2)}+\cdots+p_{n-1}(x)y'+p_n(x)y=f(x),$$

$$(9.17)$$

其中 $p_i(x)(i=1,2,\cdots,n)$,$f(x)$ 都是自变量为 x 的已知函数,$f(x)$ 称为方程的自由项.

如果 $f(x)\equiv0$,则方程(9.17)称为 n 阶齐次线性微分方程;如果 $f(x)\neq0$,则方程(9.17)称为 n **阶非齐次线性微分方程**.

例如,$(2e^x+1)y'''+xy'=e^x$ 是三阶非齐次线性微分方程,而 $(2e^x+1)y'''+xy'=0$ 是三阶齐次线性微分方程.

在一个线性微分方程中,如果未知函数及其各阶导数的系数都是常数,则称为**常系数线性微分方程**,这类方程在实际中经常遇到.

为方便起见,本节仅就二阶线性方程解的性质与结构、解法进行讨论.

二阶齐次线性微分方程的一般形式为

$$\frac{d^2y}{dx^2}+P(x)\frac{dy}{dx}+Q(x)y=0. \qquad (9.18)$$

9.4.1　二阶齐次线性微分方程解的性质和结构

定理 9.1　如果函数 $y_1(x)$,$y_2(x)$ 是方程(9.18)的两个特解,那么

$$y=C_1y_1(x)+C_2y_2(x)$$

也是方程(9.18)的解,其中 C_1,C_2 是任意常数.

将 $y=C_1y_1(x)+C_2y_2(x)$ 代入方程(9.18)即可证明,读者可自己证明.

　　二阶齐次线性方程的这个性质表明它的解符合叠加原理. 这个性质可以推广到 n 阶齐次线性微分方程.

　　问题 1　根据定理 9.1,如果知道一个二阶齐次线性微分方程的两个特解 $y_1(x)$ 和 $y_2(x)$,就可以构造出无穷多个解

$$y = C_1 y_1(x) + C_2 y_2(x),$$

此式包含了两个任意常数,而方程又是二阶的,那么它是否为方程(9.18)的通解呢?

　　答案是不一定,如对 $y_1(x) = \sin 2x$,$y_2(x) = \sin x \cos x$,由于

$$y = C_1 y_1(x) + C_2 y_2(x) = C_1 \sin 2x + C_2 \sin x \cos x$$

$$= \left(C_1 + \frac{C_2}{2}\right) \sin 2x = C_3 \sin 2x,$$

其中 $C_3 = \left(C_1 + \dfrac{C_2}{2}\right)$,所以上式不能构成一个二阶方程的通解.

　　而对 $y_1(x) = \mathrm{e}^x$,$y_2(x) = \mathrm{e}^{-x}$,由于

$$y = C_1 y_1(x) + C_2 y_2(x) = C_1 \mathrm{e}^x + C_2 \mathrm{e}^{-x}$$

中的两个任意常数 C_1, C_2 相互独立,所以上式能构成一个二阶方程的通解.

　　问题 2　一个二阶齐次线性微分方程任意两个特解的线性组合不一定是通解,那么在什么情况下才能由两个特解构造出它的通解呢?

　　为了解决这个问题,我们先引入函数线性相关与线性无关的概念.

　　设 $y_1(x), y_2(x), \cdots, y_n(x)$ 为定义在区间 I 上的 n 个函数,如果存在不全为零的常数 $k_1, k_2, \cdots, k_n$,使得在区间 I 内恒有

$$k_1 y_1 + k_2 y_2 + \cdots + k_n y_n \equiv 0$$

成立,那么称这 n 个函数在区间 I 上**线性相关**,否则称**线性无关**.

　　例如,函数 $1, \cos 2x, \sin^2 x$ 在整个数轴上线性相关,因为取 $k_1 = 1$,$k_2 = -1$,$k_3 = -2$ 就有恒等式

$$1 - \cos 2x - 2\sin^2 x \equiv 0.$$

　　又如,函数 $1, x, x^2$ 在任何区间内都线性无关,因为当且仅当 k_1, k_2, k_3 全为零时,才有

$$k_1 + k_2 x + k_3 x^2 \equiv 0.$$

　　判断两个函数 $y_1(x)$ 和 $y_2(x)$ 线性相关或线性无关的方法:若 $\dfrac{y_2(x)}{y_1(x)} = $ 常数,则 $y_1(x)$ 和 $y_2(x)$ 线性相关;若 $\dfrac{y_2(x)}{y_1(x)} \neq$ 常数,则 $y_1(x)$ 和 $y_2(x)$ 线性无关. 用两个线性无关的函数可构造出方程(9.18)的通解.

　　定理 9.2　如果函数 $y_1(x), y_2(x)$ 是方程(9.18)的两个线性无关的特解,

那么

$$y = C_1 y_1(x) + C_2 y_2(x)$$

就是方程(9.18)的通解,其中 C_1, C_2 是任意常数.

例如,在 9.1 节中我们已知 $y = \sin x$, $y = \cos x$ 是二阶齐次线性微分方程 $y'' + y = 0$ 的两个特解,而

$$\frac{\sin x}{\cos x} = \tan x \neq \text{常数},$$

所以,函数 $y = C_1 \sin x + C_2 \cos x$ 是方程 $y'' + y = 0$ 的通解.

9.4.2　二阶常系数齐次线性微分方程的解法

二阶常系数齐次线性微分方程的一般形式为

$$y'' + py' + qy = 0, \tag{9.19}$$

其中 p, q 均为实常数.

由前面的讨论可知,要求方程(9.19)的通解,只要能求出它的两个线性无关的特解,由定理 9.2 便可得出它的通解. 那么,如何寻求方程(9.19)的两个线性无关的特解呢?

从方程(9.19)的结构来看,它的特点是 y, y', y'' 各乘上常数因子后相加等于零. 如果能找到一个函数 y,它和它的导数 y', y'' 之间只相差一个常数因子,这样的函数就有可能是方程(9.19)的解.

指数函数有这个特点,因此用 $y = e^{rx}$ 来尝试,看能否选取适当的 r,使 $y = e^{rx}$ 是方程(9.19)的解.

假设 $y = e^{rx}$ 是方程(9.19)的解,将 $y = e^{rx}$ 求导,得到

$$y' = re^{rx}, \quad y'' = r^2 e^{rx},$$

把 y, y', y'' 代入方程(9.19),得

$$r^2 e^{rx} + rp e^{rx} + q e^{rx} = 0,$$

即

$$(r^2 + pr + q)e^{rx} = 0.$$

由于 $e^{rx} \neq 0$,所以有

$$r^2 + pr + q = 0. \tag{9.20}$$

显然,对于一元二次方程(9.20)的每一个根 r,都对应方程(9.19)的一个解 $y = e^{rx}$,这样就把方程(9.19)的求解问题转化为代数方程(9.20)的求根问题. 我们把代数方程(9.20)称为微分方程(9.19)的**特征方程**.

特征方程(9.20)中 r^2, r 的系数和常数项恰好依次是微分方程(9.19)中 y'', y' 和 y 的系数.

特征方程(9.20)的两个根 r_1 和 r_2 可用公式

$$r_{1,2} = \frac{-p \pm \sqrt{p^2 - 4q}}{2}$$

求出,它们有三种不同的情形,相应地,微分方程(9.19)的通解也有三种不同的情形.

(1) 当 $p^2 - 4q > 0$ 时,特征方程(9.20)有两个互不相等的实根 r_1 和 r_2:

$$r_1 = \frac{-p + \sqrt{p^2 - 4q}}{2}, \quad r_2 = \frac{-p - \sqrt{p^2 - 4q}}{2},$$

此时

$$y_1 = e^{r_1 x}, \quad y_2 = e^{r_2 x}$$

是微分方程(9.19)的两个特解,并且

$$\frac{y_2}{y_1} = \frac{e^{r_2 x}}{e^{r_1 x}} = e^{(r_2 - r_1)x} \quad (r_1 \neq r_2)$$

不是一个常数,故 y_1 与 y_2 线性无关,所以微分方程(9.19)的通解为

$$y = C_1 e^{r_1 x} + C_2 e^{r_2 x}, \quad C_1, C_2 \text{ 为任意常数.}$$

(2) 当 $p^2 - 4q = 0$ 时,特征方程(9.20)有两个相等的实根 $r_1 = r_2 = -\frac{p}{2}$,此时只能得到微分方程(9.19)的一个特解 $y_1 = e^{r_1 x}$. 为了得出它的通解,还需要找出一个与 y_1 线性无关的特解 y_2. 为此设 $\frac{y_2}{y_1} = u(x)$,即 $y_2 = e^{r_1 x} u(x)$,下面来求 $u(x)$.

对 y_2 求导可得

$$y_2' = e^{r_1 x}(u' + r_1 u),$$
$$y_2'' = e^{r_1 x}(u'' + 2r_1 u' + r_1^2 u).$$

将 y_2, y_2' 和 y_2'' 代入微分方程(9.19),可得

$$e^{r_1 x}[u'' + 2r_1 u' + r_1^2 u + p(u' + r_1 u) + qu] = 0,$$

约去 $e^{r_1 x}$,整理可得

$$u'' + 2\left(r_1 + \frac{p}{2}\right)u' + (r_1^2 + pr_1 + q)u = 0.$$

由于 r_1 是特征方程(9.20)的二重根. 因此

$$r_1 + \frac{p}{2} = 0, \quad r_1^2 + pr_1 + q = 0,$$

于是得

$$u'' = 0,$$

积分两次,可得

$$u = k_1 x + k_2.$$

　　因为这里只需要得到一个不为常数的解,所以不妨选取 $u = x$,由此得到微分方程(9.19)的另一个特解

$$y_2 = x e^{r_1 x},$$

所以微分方程(9.19)的通解为

$$y = (C_1 + C_2 x) e^{r_1 x}, \quad C_1, C_2 \text{ 为任意常数}.$$

　　(3) 当 $p^2 - 4q < 0$ 时,特征方程(9.20)有一对共轭复根 $r_1 = \alpha + i\beta$ 和 $r_2 = \alpha - i\beta$,其中

$$\alpha = \frac{-p}{2}, \quad \beta = \frac{\sqrt{4q - p^2}}{2} \neq 0,$$

此时

$$y_1 = e^{(\alpha + i\beta)x}, \quad y_2 = e^{(\alpha - i\beta)x}$$

是微分方程(9.19)的两个特解,但它们是复值函数形式. 为了得出实值函数形式,先利用欧拉公式 $e^{i\theta} = \cos\theta + i\sin\theta$ 把 y_1, y_2 改写为

$$y_1 = e^{(\alpha + i\beta)x} = e^{\alpha x} e^{i\beta x} = e^{\alpha x}(\cos\beta x + i\sin\beta x),$$
$$y_2 = e^{(\alpha - i\beta)x} = e^{\alpha x} e^{-i\beta x} = e^{\alpha x}(\cos\beta x - i\sin\beta x).$$

复值函数 y_1 与 y_2 之间成共轭关系,因此,取它们的和除以 2 就得到它们的实部;取它们的差除以 2i 就得到它们的虚部. 由于微分方程(9.19)的解符合叠加原理,所以实值函数

$$\overline{y_1} = \frac{1}{2}(y_1 + y_2) = e^{\alpha x} \cos\beta x,$$

$$\overline{y_2} = \frac{1}{2i}(y_1 - y_2) = e^{\alpha x} \sin\beta x$$

还是微分方程(9.19)的解,且 $\dfrac{\overline{y_2}}{\overline{y_1}} = \dfrac{e^{\alpha x} \sin\beta x}{e^{\alpha x} \cos\beta x} = \tan\beta x$ 不是常数,所以微分方程(9.19)的通解为

$$y = e^{\alpha x}(C_1 \cos\beta x + C_2 \sin\beta x), \quad C_1, C_2 \text{ 为任意常数}.$$

　　综上所述,二阶常系数齐次线性微分方程

$$y'' + py' + qy = 0$$

的通解可按下述步骤求得.

第一步　写出微分方程(9.19)的特征方程

$$r^2 + pr + q = 0.$$

第二步　求出特征方程的两个根 r_1 和 r_2.

第三步　根据特征方程的两个根的不同情形,按照表 9.1 写出微分方程(9.19)的通解.

表 9.1　微分方程(9.19)(通解的形式)

特征方程的根	微分方程的通解
两个不等的实根 r_1 和 r_2	$y = C_1 e^{r_1 x} + C_2 e^{r_2 x}, C_1, C_2$ 为任意常数
两个相等的实根 $r_1 = r_2$	$y = (C_1 + C_2 x) e^{r_1 x}, C_1, C_2$ 为任意常数
一对共轭复根 $r_{1,2} = \alpha \pm i\beta$	$y = e^{\alpha x} (C_1 \cos\beta x + C_2 \sin\beta x), C_1, C_2$ 为任意常数

例 9.4.1　求微分方程 $y'' - 2y' - 3y = 0$ 的通解.

解　所给微分方程的特征方程为

$$r^2 - 2r - 3 = 0,$$

即 $(r+1)(r-3) = 0$,其根 $r_1 = -1, r_2 = 3$ 是两个不相等的实根,因此所给方程的通解为

$$y = C_1 e^{-x} + C_2 e^{3x}, \quad C_1, C_2 \text{ 为任意常数}.$$

例 9.4.2　求微分方程 $y'' + 2y' + y = 0$ 的通解.

解　所给微分方程的特征方程为

$$r^2 + 2r + 1 = 0,$$

即 $(r+1)^2 = 0$,其根 $r_1 = r_2 = -1$ 是两个相等的实根,因此所给方程的通解为

$$y = C_1 e^{-x} + C_2 x e^{-x}, \quad C_1, C_2 \text{ 为任意常数}.$$

例 9.4.3　求微分方程 $y'' - 2y' + 5y = 0$ 的通解.

解　所给微分方程的特征方程为

$$r^2 - 2r + 5 = 0,$$

其特征根为 $r_{1,2} = 1 \pm 2i$ 是一对共轭复根,因此所给方程的通解为

$$y = e^x (C_1 \cos 2x + C_2 \sin 2x), \quad C_1, C_2 \text{ 为任意常数}.$$

例 9.4.4　求微分方程 $25y'' + y = 0$ 满足初值条件 $y(0) = 1, y'(0) = 1$ 的特解.

解　所给微分方程的特征方程为

$$25r^2 + 1 = 0,$$

其特征根 $r_{1,2} = \pm \dfrac{1}{5} i$ 是一对共轭复根,因此该方程的通解为

$$y = C_1 \cos \frac{x}{5} + C_2 \sin \frac{x}{5}, \quad C_1, C_2 \text{ 为任意常数}.$$

$$y' = C_1 \cdot \left(-\frac{1}{5}\sin\frac{x}{5} \right) + C_2 \cdot \frac{1}{5}\cos\frac{x}{5},$$

将初值条件 $y(0)=1, y'(0)=1$ 分别代入 y, y'，即

$$\begin{cases} C_1\cos0 + C_2\sin0 = 1, \\ -\dfrac{1}{5}C_1\sin0 + \dfrac{1}{5}C_2\cos0 = 1, \end{cases} \quad 得\ C_1 = 1, C_2 = 5,$$

故该初值问题的解为 $y = \cos\dfrac{x}{5} + 5\sin\dfrac{x}{5}$.

习 题 9.4

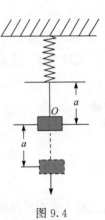

1. 求下列微分方程的通解.

(1) $y'' + y' - 2y = 0$;　　　(2) $y'' + y = 0$;

(3) $y'' - 4y' + 5y = 0$;　　　(4) $y'' - 3y' + 2y = 0$;

(5) $4y'' - 20y' + 25y = 0$;　　(6) $y'' - 4y' + 5y = 0$.

2. 求下列微分方程满足所给初值条件的特解.

(1) $y'' - 4y' + 3y = 0, y(0) = 6, y'(0) = 10$;

(2) $4y'' + 4y' + y = 0, y(0) = 2, y'(0) = 0$;

(3) $y'' + 4y' + 29y = 0, y(0) = 0, y'(0) = 15$;

(4) $y'' + 25y = 0, y(0) = 2, y'(0) = 5$.

图 9.4

3. 如图 9.4 所示，一个质量为 m 的重物悬挂在上端固定的竖直的弹簧的下端，使弹簧伸长 a（单位：cm），此时弹簧下端位于 O 点，将重物又拉下 a cm 后再放手.求重物相对于 O 的位置函数（假定物体只受重力和弹性力作用）.

9.5　二阶常系数非齐次线性微分方程

二阶非齐次线性微分方程的一般形式为

$$\frac{\mathrm{d}^2 y}{\mathrm{d}x^2} + P(x)\frac{\mathrm{d}y}{\mathrm{d}x} + Q(x)y = f(x), \tag{9.21}$$

其中 $P(x), Q(x)$ 和 $f(x)$ 是自变量为 x 的函数.对应的二阶齐次线性微分方程为

$$\frac{\mathrm{d}^2 y}{\mathrm{d}x^2} + P(x)\frac{\mathrm{d}y}{\mathrm{d}x} + Q(x)y = 0.$$

9.5.1　二阶非齐次线性微分方程解的性质和结构

定理 9.3　如果函数 $y_1(x), y_2(x)$ 是方程(9.21)的两个特解,则

$$y = y_1(x) - y_2(x)$$

是对应的二阶齐次线性微分方程的解.

将 $y = y_1(x) - y_2(x)$ 代入方程(9.21)即可证明,读者可自己证明.

定理 9.4　设 $y^*(x)$ 为二阶非齐次线性微分方程(9.21)的一个特解,$Y(x)$ 是与方程(9.21)对应的齐次方程的通解,那么

$$y = Y(x) + y^*(x) \tag{9.22}$$

是二阶非齐次线性微分方程(9.21)的通解.

将 y 代入方程(9.21)可证明 $y = Y(x) + y^*(x)$ 是二阶非齐次线性微分方程(9.21)的解,然后再根据 y 中有两个线性无关的特解可证 y 是方程(9.21)的通解,具体步骤读者可自己写出.

定理 9.5　设函数 $y_1(x), y_2(x)$ 分别是二阶非齐次线性微分方程

$$\frac{d^2 y}{dx^2} + P(x)\frac{dy}{dx} + Q(x)y = f_1(x),$$

$$\frac{d^2 y}{dx^2} + P(x)\frac{dy}{dx} + Q(x)y = f_2(x)$$

的解,则

$$y = y_1(x) + y_2(x)$$

是二阶非齐次线性微分方程

$$\frac{d^2 y}{dx^2} + P(x)\frac{dy}{dx} + Q(x)y = f_1(x) + f_2(x)$$

的解.

证明略.

定理 9.5 通常称为线性微分方程的解的叠加原理. 定理 9.4 和定理 9.5 可推广到 n 阶非齐次线性方程,这里不再赘述.

9.5.2　二阶常系数非齐次线性微分方程的解法

二阶常系数非齐次线性微分方程的一般形式为

$$y'' + py' + qy = f(x), \tag{9.23}$$

其中 p, q 均为实常数,$f(x)$ 为 x 的连续函数. 对应的二阶常系数齐次线性微分方程为

$$y'' + py' + qy = 0.$$

由定理 9.4 可知,可按如下步骤求二阶常系数非齐次线性微分方程的通解.

第一步　求方程(9.23)对应的齐次方程的通解

$$Y(x) = C_1 y_1(x) + C_2 y_2(x), \quad C_1, C_2 \text{ 为任意常数};$$

第二步　求方程(9.23)本身的一个特解 $y^*(x)$;

第三步　写出方程(9.23)的通解 $y = Y(x) + y^{*}(x)$.

由于二阶常系数齐次线性微分方程的通解求解问题已经得到解决,所以这里只需要讨论二阶常系数非齐次线性微分方程的一个特解 $y^{*}(x)$ 的方法.

下面只介绍微分方程(9.23)右端函数 $f(x)$ 为两种常见特殊类型的求特解 $y^{*}(x)$ 的待定系数法. 这种方法将求解微分方程的问题转化为代数问题来处理,不用积分就可求出特解 $y^{*}(x)$,因而比较简便.

类型 I　$f(x) = P_m(x)e^{\lambda x}$ 型

$f(x) = P_m(x)e^{\lambda x}$,其中 λ 是常数, $P_m(x)$ 是已知的 m 次多项式:

$$P_m(x) = a_0 x^m + a_1 x^{m-1} + \cdots + a_m.$$

微分方程(9.23)的特解 $y^{*}(x)$ 就是使其成为恒等式的函数. 怎样的函数能使它成为恒等式呢? 因为方程右端 $f(x)$ 是多项式 $P_m(x)$ 和指数函数 $e^{\lambda x}$ 的乘积,而多项式函数和指数函数的乘积的导数仍然是多项式函数和指数函数的乘积,所以,我们推测 $y^{*}(x) = Q(x)e^{\lambda x}$ (其中 $Q(x)$ 是某个多项式,次数和系数待定)可能是方程(9.23)的特解. 把 $y^{*}(x), y^{*\prime}(x), y^{*\prime\prime}(x)$ 代入方程(9.23),然后考虑能否选取适当的多项式 $Q(x)$,使 $y^{*}(x) = Q(x)e^{\lambda x}$ 满足方程(9.23),为此将

$$y^{*}(x) = Q(x)e^{\lambda x},$$
$$y^{*\prime}(x) = [\lambda Q(x) + Q'(x)]e^{\lambda x},$$
$$y^{*\prime\prime}(x) = [\lambda^2 Q(x) + 2\lambda Q'(x) + Q''(x)]e^{\lambda x}$$

代入微分方程(9.23),并消去 $e^{\lambda x}$,可得

$$Q''(x) + (2\lambda + p)Q'(x) + (\lambda^2 + p\lambda + q)Q(x) = P_m(x). \tag{9.24}$$

(i) 如果 λ 不是方程(9.23)对应齐次微分方程的特征方程

$$r^2 + pr + q = 0$$

的根,即 $\lambda^2 + p\lambda + q \neq 0$,由于 $P_m(x)$ 是一个 m 次多项式,要使(9.24)的两端恒等,那么可令 $Q(x)$ 为另一个 m 次多项式 $Q_m(x)$:

$$Q_m(x) = b_0 x^m + b_1 x^{m-1} + \cdots + b_m,$$

其中 $b_0, b_1, \cdots, b_m$ 为待定常数. 将 $Q_m(x)$ 代入(9.24),并比较两端 x 的同次幂的系数可解得

$$b_0, b_1, \cdots, b_m,$$

进而得到所求的特解为

$$y^{*}(x) = Q_m(x)e^{\lambda x}.$$

(ii) 如果 λ 是方程(9.23)对应齐次微分方程的特征方程

$$r^2 + pr + q = 0$$

的单根,即 $\lambda^2 + p\lambda + q = 0$,但 $2\lambda + p \neq 0$,要使(9.24)的两端恒等,那么 $Q'(x)$ 必须是一个 m 次多项式,此时可令

$$Q(x) = xQ_m(x),$$

并可用同样的方法来确定 $Q_m(x)$ 的系数 $b_0, b_1, \cdots, b_m$.

(iii) 如果 λ 是方程(9.23)对应齐次微分方程的特征方程

$$r^2 + pr + q = 0$$

的重根,即 $\lambda^2 + p\lambda + q = 0$,且 $2\lambda + p = 0$,要使式(9.24)的两端恒等,那么 $Q''(x)$ 必须是一个 m 次多项式,此时可令

$$Q(x) = x^2 Q_m(x),$$

并可用同样的方法来确定 $Q_m(x)$ 的系数.

综上所述,我们有如下结论.

如果 $f(x) = P_m(x)e^{\lambda x}$,则二阶常系数非齐次线性微分方程(9.23)的特解可设为

$$y^*(x) = x^k Q_m(x)e^{\lambda x},$$

其中 $Q_m(x)$ 是与 $P_m(x)$ 同次(m 次)的多项式. 若 λ 不是特征方程的根,取 $k=0$;若 λ 是特征方程的单根,取 $k=1$;若 λ 是特征方程的重根,取 $k=2$.

例 9.5.1 求微分方程 $y'' - 3y' + 2y = xe^{2x}$ 的通解.

解 对应的齐次线性微分方程为

$$y'' - 3y' + 2y = 0,$$

其特征方程为 $r^2 - 3r + 2 = 0$,其根 $r_1 = 1, r_2 = 2$ 是两个不相等的实根,因此原方程对应的齐次线性微分方程的通解为

$$Y = C_1 e^x + C_2 e^{2x}, \quad C_1, C_2 \text{ 为任意常数.}$$

因为 $f(x) = xe^{2x}$,$\lambda = 2$ 是特征方程的单根,所以,设特解为 $y^* = x(b_0 x + b_1)e^{2x}$,对 y^* 求导有

$$y^{*\prime} = [2b_0 x^2 + 2(b_0 + b_1)x + b_1]e^{2x},$$

$$y^{*\prime\prime} = [4b_0 x^2 + (8b_0 + 4b_1)x + 2b_0 + 4b_1]e^{2x},$$

将 $y^*, y^{*\prime}, y^{*\prime\prime}$ 代入所给方程,消去 e^{2x},整理得

$$2b_0 x + 2b_0 + b_1 = x,$$

于是,$\begin{cases} 2b_0 = 1, \\ 2b_0 + b_1 = 0, \end{cases}$ 解得

$$b_0 = \frac{1}{2}, \quad b_1 = -1,$$

所以,该微分方程的一个特解为

$$y^* = x\left(\frac{1}{2}x - 1\right)e^{2x},$$

故该微分方程的通解为

$$y = Y + y^* = C_1 e^x + C_2 e^{2x} + x \left(\frac{1}{2} x - 1 \right) e^{2x}.$$

例 9.5.2　求微分方程 $y'' - 4y' + 4y = e^{-2x}$ 的通解.

解　对应的齐次线性微分方程为

$$y'' - 4y' + 4y = 0,$$

其特征方程为 $(r-2)^2 = 0$,其根 $r_1 = r_2 = 2$ 是两个相等的实根,因此原方程对应的齐次线性微分方程的通解为

$$Y = C_1 e^{2x} + C_2 x e^{2x}, \quad C_1, C_2 \text{ 为任意常数.}$$

因为 $f(x) = e^{-2x}$,$\lambda = -2$ 不是特征方程的根,所以,设特解为 $y^* = b_0 e^{-2x}$,对 y^* 求导有

$$y^{*'} = -2 b_0 e^{-2x}, \quad y^{*''} = 4 b_0 e^{-2x},$$

将 $y^*, y^{*'}, y^{*''}$ 代入所给方程,整理得

$$16 b_0 e^{-2x} = e^{-2x},$$

解得

$$b_0 = \frac{1}{16},$$

所以,该微分方程的一个特解为

$$y^* = \frac{1}{16} e^{-2x},$$

故该微分方程的通解为

$$y = Y + y^* = C_1 e^{2x} + C_2 x e^{2x} + \frac{1}{16} e^{-2x}.$$

例 9.5.3　求微分方程 $y'' + 4y = \frac{1}{2} x$ 满足初值条件 $y(0) = 0, y'(0) = 0$ 的特解.

解　对应的齐次线性微分方程为

$$y'' + 4y = 0,$$

其特征方程为 $r^2 + 4 = 0$,其根 $r_{1,2} = \pm 2i$ 是一对共轭复根,因此原方程对应的齐次微分方程的通解为

$$Y = C_1 \cos 2x + C_2 \sin 2x, \quad C_1, C_2 \text{ 为任意常数.}$$

因为 $f(x) = \frac{1}{2} x$,$\lambda = 0$ 不是特征方程的根,所以,设特解为 $y^* = ax + b$,对 y^* 求导有

$$y^{*'} = a, \quad y^{*''} = 0,$$

将 $y^*, y^{*'}, y^{*''}$ 代入所给方程,整理得

$$4ax + 4b = \frac{1}{2}x,$$

解得

$$a = \frac{1}{8}, \quad b = 0,$$

所以,该微分方程的一个特解为 $y^* = \frac{1}{8}x$,故该微分方程的通解为

$$y = Y + y^* = C_1\cos2x + C_2\sin2x + \frac{1}{8}x.$$

又

$$y' = -2C_1\sin2x + 2C_2\cos2x + \frac{1}{8},$$

将初值条件 $y(0)=0, y'(0)=0$ 分别代入 y, y',得

$$C_1 = 0, \quad C_2 = -\frac{1}{16},$$

所以,满足初值条件的特解为

$$y = -\frac{1}{16}\sin2x + \frac{1}{8}x.$$

类型 Ⅱ $f(x) = e^{\lambda x}[P_l(x)\cos\omega x + P_n(x)\sin\omega x]$ 型

$f(x) = e^{\lambda x}[P_l(x)\cos\omega x + P_n(x)\sin\omega x]$,其中 $\lambda, \omega(\omega \neq 0)$ 是常数,$P_l(x)$,$P_n(x)$ 分别是 x 的 l 次和 n 次多项式(可以有一个为零).

可以证明:二阶常系数非齐次线性方程 $y'' + py' + qy = f(x)$ 的特解具有形式

$$y^* = x^k e^{\lambda x}[R_m^{(1)}(x)\cos\omega x + R_m^{(2)}(x)\sin\omega x],$$

其中 $R_m^{(1)}(x)$ 与 $R_m^{(2)}(x)$ 是系数待定的 m 次多项式,$m = \max\{l, n\}$. 当 $\lambda + i\omega$ 不是特征方程 $r^2 + pr + q = 0$ 的根时,取 $k = 0$;当 $\lambda + i\omega$ 是特征方程 $r^2 + pr + q = 0$ 的根时,取 $k = 1$.

例 9.5.4 写出下列微分方程的特解形式.

(1) $y'' + 4y = xe^{-x}\cos2x$;

(2) $y'' + 4y = \sin2x$.

解 (1)所给方程是二阶常系数非齐次线性微分方程,自由项 $f(x) = xe^{-x}$. $\cos2x$ 属于 $e^{\lambda x}[P_l(x)\cos\omega x + P_n(x)\sin\omega x]$. 取 $\lambda = -1, \omega = 2, P_l(x) = x, P_n(x) = 0$ 的情形. 对应齐次方程为

$$y'' + 4y = 0,$$

其特征方程为 $r^2 + 4 = 0$,其根为 $r_{1,2} = \pm 2i$,由于 $\lambda + i\omega$ 不是特征方程的根,所以,

方程特解的一般形式可设为
$$y^*(x) = e^{-x}[(Ax+B)\cos 2x + (Cx+D)\sin 2x].$$

(2) 所给方程是二阶常系数非齐次线性微分方程,自由项 $f(x) = \sin 2x$ 属于 $e^{\lambda x}[P_l(x)\cos\omega x + P_n(x)\sin\omega x]$. 取 $\lambda = 0, \omega = 2, P_l(x) = 0, P_n(x) = 1$ 的情形. 对应齐次方程的根为 $r_{1,2} = \pm 2i$, 由于 $\lambda + i\omega$ 是特征方程的根, 所以, 方程特解的一般形式可设为
$$y^*(x) = x(A\cos 2x + B\sin 2x).$$

例 9.5.5　求微分方程 $y'' + 3y' + 2y = 20\cos 2x$ 的通解.

解　对应的齐次线性微分方程为
$$y'' + 3y' + 2y = 0,$$
其特征方程为 $r^2 + 3r + 2 = 0$, 其根 $r_1 = -1, r_2 = -2$ 是两个不相等的实根,

因此原方程对应的齐次线性微分方程的通解为
$$Y = C_1 e^{-x} + C_2 e^{-2x}, \quad C_1, C_2 \text{ 为任意常数}.$$

因为 $f(x) = 20\cos 2x, \omega = 2, \lambda = 0, \lambda + i\omega = 2i$ 不是特征方程的根, 且 $P_l(x) = 20, P_n(x) = 0$, 所以, 设特解为 $y^* = a\cos 2x + b\sin 2x$, 对 y^* 求导有
$$y^{*'} = -2a\sin 2x + 2b\cos 2x, \quad y^{*''} = -4a\cos 2x - 4b\sin 2x,$$
将 $y^*, y^{*'}, y^{*''}$ 代入所给方程, 整理得
$$(-2a+6b)\cos 2x + (-2b-6a)\sin 2x = 20\cos 2x,$$
解得
$$a = -1, \quad b = 3,$$
所以, 该微分方程的一个特解为
$$y^* = -\cos 2x + 3\sin 2x,$$
故该微分方程的通解为
$$y = Y + y^* = C_1 e^{-x} + C_2 e^{-2x} - \cos 2x + 3\sin 2x.$$

例 9.5.6　求微分方程 $y'' + y = 4\sin x$ 的通解.

解　对应的齐次线性微分方程为
$$y'' + y = 0,$$
其特征方程为 $r^2 + 1 = 0$, 其根 $r_{1,2} = \pm i$ 是一对共轭复根, 因此原方程对应的齐次线性微分方程的通解为
$$Y = C_1 \cos x + C_2 \sin x, \quad C_1, C_2 \text{ 为任意常数}.$$

因为 $f(x) = 4\sin x, \omega = 1, \lambda = 0, \lambda + i\omega = i$ 是特征方程的根, 且 $P_l(x) = 0, P_n(x) = 4$, 所以, 设特解为 $y^* = x(a\cos x + b\sin x)$, 对 y^* 求导有
$$y^{*'} = (a\cos x + b\sin x) + x(-a\sin x + b\cos x),$$
$$y^{*''} = -2a\sin x + 2b\cos x - x(a\cos x + b\sin x),$$
将 $y^*, y^{*'}, y^{*''}$ 代入所给方程, 整理得

$$2b\cos x - 2a\sin x = 4\sin x,$$

解得

$$a = -2, \quad b = 0,$$

所以，该微分方程的一个特解为

$$y^* = -2x\cos x,$$

故该微分方程的通解为

$$y = Y + y^* = C_1\cos x + C_2\sin x - 2x\cos x.$$

例 9.5.7　求微分方程

$$y'' + 2y' + y = x\sin x$$

满足初始条件 $y(0)=0, y'(0)=1$ 的特解.

解　所给方程是二阶常系数非齐次线性微分方程，自由项 $f(x)=x\sin x$ 属于 $e^{\lambda x}[P_l(x)\cos\omega x + P_n(x)\sin\omega x]$. 取 $\lambda=0, \omega=1, P_l(x)=0, P_n(x)=x$ 的情形.

对应齐次方程为

$$y'' + 2y' + y = 0,$$

特征方程为 $r^2 + 2r + 1 = 0$，其根为 $r_{1,2}=-1$，对应齐次方程的通解为

$$Y = (C_1 + C_2 x)e^{-x}, \quad C_1, C_2 \text{ 为任意常数.}$$

由于 $\lambda + \mathrm{i}\omega$ 不是特征方程的根，所以，方程特解的一般形式可设为

$$y^*(x) = (Ax + B)\cos x + (Cx + D)\sin x.$$

对 $y^*(x)$ 求导有

$$y^{*\prime}(x) = (Cx + A + D)\cos x + (C - B - Ax)\sin x,$$

$$y^{*\prime\prime}(x) = (2C - B - Ax)\cos x - (Cx + D + 2A)\sin x,$$

将 $y^*(x), y^{*\prime}(x), y^{*\prime\prime}(x)$ 代入所给方程，整理得

$$2(Cx + A + C + D)\cos x - 2(Ax + A + B - C)\sin x = x\sin x.$$

比较等号两边的 $\sin x, \cos x$ 系数，得

$$\begin{cases} -2Ax - 2A - 2B + 2C = x, \\ 2Cx + 2A + 2C + 2D = 0, \end{cases}$$

解得

$$A = -\frac{1}{2}, \quad B = \frac{1}{2}, \quad C = 0, \quad D = \frac{1}{2}.$$

于是微分方程的一个特解为

$$y^*(x) = \frac{1}{2}(1-x)\cos x + \frac{1}{2}\sin x.$$

所求微分方程的通解为

$$y = Y + y^*(x) = (C_1 + C_2 x)e^{-x} + \frac{1}{2}(1-x)\cos x + \frac{1}{2}\sin x, \quad C_1, C_2 \text{ 为任意常数.}$$

对 y 求导,得

$$y'=C_2\mathrm{e}^{-x}-(C_1+C_2x)\mathrm{e}^{-x}-\frac{1}{2}(1-x)\sin x.$$

由初始条件 $y(0)=0,y'(0)=1$,代入可得

$$C_1=-\frac{1}{2},\quad C_2=\frac{3}{2}.$$

所以,满足初始条件的特解为

$$y=\frac{1}{2}\big[(3x-1)\mathrm{e}^{-x}+\cos x-x\cos x+\sin x\big].$$

习 题 9.5

1. 求下列微分方程的通解.

(1) $2y''+y'-y=2\mathrm{e}^x$;　　　　(2) $2y''+5y'=5x^2-2x-1$;

(3) $y''-2y'+5y=\mathrm{e}^x\sin 2x$;　　(4) $y''-4y'+4y=\mathrm{e}^{2x}$;

(5) $y''+3y'+2y=3x\mathrm{e}^{-x}$;　　(6) $y''+2y'+y=x$.

2. 求下列微分方程满足所给初值条件的特解.

(1) $y''-3y'+2y=1,y(0)=2,y'(0)=2$;

(2) $y''-6y'+9y=(2x+1)\mathrm{e}^{3x},y(0)=1,y'(0)=2$;

(3) $y''+4y'=\sin x,y(0)=1,y'(0)=1$;

(4) $y''-4y'=5,y(0)=1,y'(0)=0$.

3. 设函数 $f(x)$ 连续,$f(0)=0$,同时满足 $f'(x)=1+\int_0^x[3\mathrm{e}^{-t}-f(t)]\mathrm{d}t$,求函数 $f(x)$.

4. 一链条悬挂在一钉子上,起动时一端离开钉子 8m,另一端离开钉子 12m,分别在以下两种情况下求链条滑下来所需要的时间:

(1) 若不计钉子对链条所产生的摩擦力;

(2) 若摩擦力为链条 1m 长的质量.

9.6　常微分方程模型应用举例

9.6.1　化学物质冷却实验模型

在某实验室中,研究人员正在进行一项关于化学物质冷却速率的实验. 实验中使用了一种特殊的化学物质,其初始温度与人体正常体温相似. 研究人员记录了以下数据:

• 实验开始时,化学物质的温度为 37℃.

- 下午 4 点整,研究人员测量到化学物质的温度降至 30℃.
- 继续观察两小时后,即下午 6 点整,化学物质的温度为 35℃.
- 整个实验过程中,实验室内的环境温度保持在 20℃.

研究人员希望根据这些数据推断实验开始的时间.

模型假设

(1)假设化学物质的温度按牛顿冷却定律开始下降,即化学物质冷却的速度与化学物质温度和空气温度之差成正比;

(2)假设实验开始后周围空气的温度保持 20℃不变;

(3)假设化学物质的温度函数为 $T(t)$,(t 从实验开始时计,T 的单位为℃).

模型分析与建立

由牛顿冷却定律,化学物质的冷却速度 $\dfrac{\mathrm{d}T}{\mathrm{d}t}$ 与化学物质温度 T 和空气温度之差成正比,

设比例系数为 λ($\lambda > 0$ 为常数),则有

$$\frac{\mathrm{d}T}{\mathrm{d}t} = -\lambda(T - 20). \tag{9.25}$$

由于实验开始时,化学物质的温度为 37℃,则 $T(0) = 37$.

模型求解

微分方程(9.25)为可分离变量微分方程,分离变量

$$\frac{\mathrm{d}T}{T - 20} = -\lambda\,\mathrm{d}t\ ,$$

两端积分

$$\int \frac{\mathrm{d}T}{T - 20} = -\lambda \int \mathrm{d}t\ ,$$

得微分方程(9.25)的通解

$$T - 20 = Ce^{-\lambda t}.$$

将初始条件 $T(0) = 37$ 代入通解,得 $C = 17$,于是方程特解为

$$T = 20 + 17e^{-\lambda t}$$

又两个小时后化学物质的温度为 35℃,则 $35 = 20 + 17e^{-2\lambda}$,求得 $\lambda \approx 0.063$,于是得到化学物质的温度函数为

$$T = 20 + 17e^{-0.063t} \tag{9.26}$$

最后,将 $T = 30$ 代入式(9.26)有 $e^{-0.063t} = \dfrac{10}{17}$,即得 $t \approx 8.4(h)$.

从而可以大概判断在下午 4 点整,实验已进行了 8.4 小时,即实验开始时间是上午 7 点 36 分左右.

9.6.2　人口增长模型

假设世界人口的增长率(变化率)与当时的人口成正比,试建立世界人口增长的数学模型.研究较长时期后此模型是否符合实际,如果不符合实际,如何修改模型?

模型假设

(1) 设 $x(t)$ 表示 t 时刻的人口数,且 $x(t)$ 连续可微(尽管人口的增加和减少是离散的,但在人口数量很大的情况下,作为连续量来处理仍能很好地符合客观情况);

(2) 人口的增长率 r 是常数(增长率＝出生率－死亡率);

(3) 人口数量的变化是封闭的,即人口数量的增加与减少只取决于人口中个体的生育和死亡,且每一个体都具有同样的生育能力和死亡率.

模型分析与建立

由假设,t 时刻到 $t+\Delta t$ 时刻人口增量为

$$x(t+\Delta t)-x(t)=rx(t)\Delta t,$$

于是有

$$
\begin{cases}
\dfrac{\mathrm{d}x}{\mathrm{d}t}=rx, \\
x(0)=x_0,
\end{cases}
\tag{9.27}
$$

其解为

$$x(t)=x_0\mathrm{e}^{rt}.\tag{9.28}$$

这个解很简单,但需要考察它是否符合实际情况,我们来看看全世界人口增长的情况.

考虑 300 多年来人口的实际情况,1960～1970 年世界人口的平均年增长率为 2%,1961 年世界人口总数为 3.06×10^9,代入式(9.28)得

$$x(t)=3.06\times10^9\times\mathrm{e}^{0.02(t-1961)}.\tag{9.29}$$

根据 1700～1961 年间世界人口统计数据,发现这些数据与式(9.29)的计算结果相符合,因为在这期间全球人口大约每 35 年增加 1 倍,而用式(9.29)算出每 34.6 年增加 1 倍.

但是,根据式(9.29),当 $t=2670$ 年时,$x(t)=4.4\times10^{15}$,即 4400 万亿,这相当于地球上每平方米要容纳至少 20 人.

显然,用这一模型进行预测的结果远高于实际人口增长,似乎应把它抛弃掉.但是,因为这个公式与过去的事实是非常相符的,所以不能轻率地就将它抛弃.误差的原因是对增长率 r 估计过高,因此我们需要对增长率 r 进行修正.

地球上的资源是有限的,它只能提供一定数量的生命生存所需的条件.随着人

口数量的增加,自然资源、环境条件等对人口再增长的限制作用将越来越显著. 如果在人口较少时,可以把增长率 r 看成常数,那么当人口增加到一定数量后,就应当视 r 为一个随着人口的增加而减少的量,即将增长率 r 表示为人口 $x(t)$ 的函数 $r(x)$,且 $r(x)$ 为 x 的减函数. 可假设 $r(x)$ 为 x 的线性函数,即

$$r(x) = r - sx \quad (s > 0), \tag{9.30}$$

这里 r 表示人口很少时(理论上是 $x = 0$)的增长率. 为了确定系数 s 的意义,引入自然资源和环境条件所能容纳的最大人口数量 x_m,当 $x = x_m$ 时人口不再增长,即 $r(x_m) = 0$,代入式(9.30)得 $s = r/x_m$,于是

$$r(x) = r\left(1 - \frac{x}{x_m}\right). \tag{9.31}$$

将式(9.31)代入式(9.27)得

$$\begin{cases} \dfrac{\mathrm{d}x}{\mathrm{d}t} = r\left(1 - \dfrac{x}{x_m}\right)x, \\ x(0) = x_0, \end{cases} \tag{9.32}$$

这是一个可分离变量的方程,其解为

$$x(t) = \frac{x_m}{1 + \left(\dfrac{x_m}{x_0} - 1\right)\mathrm{e}^{-rt}}. \tag{9.33}$$

由式(9.32)计算可得

$$\frac{\mathrm{d}^2 x}{\mathrm{d}t^2} = r^2\left(1 - \frac{x}{x_m}\right)\left(1 - \frac{2x}{x_m}\right)x. \tag{9.34}$$

人口总数 $x(t)$ 有如下规律:

(1) $\lim\limits_{t \to +\infty} x(t) = x_m$,即无论人口初值 x_0 如何,人口总数都以 x_m 为极限.

(2) 当 $0 < x_0 < x_m$ 时,$\dfrac{\mathrm{d}x}{\mathrm{d}t} = r\left(1 - \dfrac{x}{x_m}\right)x > 0$,这说明 $x(t)$ 是单调增加的. 又由式(9.34)知,当 $x < \dfrac{x_m}{2}$ 时,$\dfrac{\mathrm{d}^2 x}{\mathrm{d}t^2} > 0$,$x = x(t)$ 为凹函数;当 $x > \dfrac{x_m}{2}$ 时,$\dfrac{\mathrm{d}^2 x}{\mathrm{d}t^2} < 0$,$x = x(t)$ 为凸函数.

(3) 人口变化率 $\dfrac{\mathrm{d}x}{\mathrm{d}t}$ 在 $x = \dfrac{x_m}{2}$ 时取到最大值,即人口总数达到极限值一半以前是加速生长时期,经过这一点后,生长速率会逐渐变小,最终达到零.

9.6.3 放射性废料的处理模型

美国原子能委员会以往处理浓缩的放射性废料的方法,一直是把它们装入密

封的圆桶里,然后扔到水深为 90m 的海里,一些生态学家和科学家担心圆桶下沉海底时与海底碰撞而发生破裂,从而造成核污染. 美国原子能委员会分辩说这是不可能的.

为此工程师们进行了碰撞试验,发现当圆桶下沉速度超过 12.2m/s 与海底相撞时,圆桶就可能发生破裂. 已知圆桶的质量 $m=239.46$kg,体积 $V=0.2058$m^3,海水密度 $\rho=1035.71$kg/m^3,需要计算一下圆桶沉到海底时的速度是多少. 若圆桶速度小于 12.2m/s 就说明这种方法是安全可靠的,否则就要禁止使用这种方法来处理放射性废料.

模型假设

(1) 假设圆桶在运输过程中不会发生破裂;

(2) 假设圆桶方位对于阻力影响甚小可以忽略不计;

(3) 假设水的阻力与速度大小成正比,其正比例系数 $k=0.6$.

模型分析与建立

首先要找出圆桶的运动规律,由于圆桶在运动过程中受到本身的重力以及水的浮力 H 和水的阻力 f 的作用,所以根据牛顿运动定律得到圆桶受到的合力 F 满足

$$F=G-H-f, \tag{9.35}$$

又因为 $F=ma=m\dfrac{\mathrm{d}v}{\mathrm{d}t}=m\dfrac{\mathrm{d}^2s}{\mathrm{d}t^2}$,$G=mg$,$H=\rho gV$ 以及 $f=kv=k\dfrac{\mathrm{d}s}{\mathrm{d}t}$,所以圆桶的位移和速度分别满足下面的微分方程:

$$m\frac{\mathrm{d}^2s}{\mathrm{d}t^2}=mg-\rho gV-k\frac{\mathrm{d}s}{\mathrm{d}t}, \tag{9.36}$$

$$m\frac{\mathrm{d}v}{\mathrm{d}t}=mg-\rho gV-kv. \tag{9.37}$$

根据方程(9.36),加上初始条件 $\dfrac{\mathrm{d}^2s}{\mathrm{d}t^2}\Big|_{t=0}=s|_{t=0}=0$,求得位移函数为

$$s(t)=-171510.9924+429.7444t+171510.9924\mathrm{e}^{-0.0025056t}. \tag{9.38}$$

由方程(9.37),加上初始条件 $v_{t=0}=0$,求得速度函数为

$$v(t)=429.7444-429.7444\mathrm{e}^{-0.0025056t}. \tag{9.39}$$

由 $s(t)=90$m,求得圆桶到达水深 90m 的海底需要时间 $t=12.9994$s,再代入方程(9.39),可得圆桶到达海底的速度 $v=13.7720$m/s.

圆桶到达海底的速度已超过 12.2m/s,可以得出这种处理废料的方法不合理. 因此,应禁止美国原子能委员会用这种方法来处理放射性废料.

9.6.4　鱼雷击舰问题

一敌舰在某海域内沿正北方向航行时,我方战舰恰好位于敌舰的正西方向

1n mile 处. 我舰向敌舰发射制导鱼雷,敌舰速度为 0.42n mile/min,鱼雷速度为敌舰速度的 2 倍. 试问敌舰航行多远时将被击中?

模型假设

（1）假设海水流动对鱼雷和敌舰的速度影响不计;

（2）鱼雷对敌舰的打击过程中,敌舰没有发现鱼雷的危险,即敌舰未作出防守的行动;

（3）鱼雷有足够的动力击中敌舰.

模型分析与建立

建立直角坐标系(图 9.5),设敌舰为动点 P,鱼雷为动点 Q,点 Q 的初始位置为 $Q_0(1,0)$,点 P 的初始位置为 $O(0,0)$.

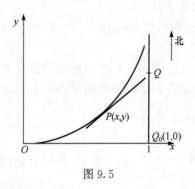

图 9.5

设敌舰的速度为常数 v_0,追击曲线为 $y = y(x)$. 即在时刻 t 鱼雷的位置在点 $P(x,y)$ 处,这时敌舰的位置在点 $Q(1, v_0 t)$ 处. 由于鱼雷在追击过程中始终指向敌舰,而鱼雷运动方向是沿曲线的切线方向,所以有

$$\frac{\mathrm{d}y}{\mathrm{d}x} = \frac{v_0 t - y}{1 - x} \quad \text{或} \quad v_0 t - y = (1-x)\frac{\mathrm{d}y}{\mathrm{d}x}.$$

两边同时对 x 求导,得

$$v_0 \frac{\mathrm{d}t}{\mathrm{d}x} - \frac{\mathrm{d}y}{\mathrm{d}x} = (1-x)\frac{\mathrm{d}^2 y}{\mathrm{d}x^2} - \frac{\mathrm{d}y}{\mathrm{d}x},$$

即

$$v_0 \frac{\mathrm{d}t}{\mathrm{d}x} = (1-x)\frac{\mathrm{d}^2 y}{\mathrm{d}x^2}. \tag{9.40}$$

由于鱼雷的速度为 $2v_0$,即

$$\sqrt{\left(\frac{\mathrm{d}x}{\mathrm{d}t}\right)^2 + \left(\frac{\mathrm{d}y}{\mathrm{d}t}\right)^2} = 2v_0,$$

因为 $\frac{\mathrm{d}x}{\mathrm{d}t} > 0$,所以,$\frac{\mathrm{d}x}{\mathrm{d}t}\sqrt{1 + \left(\frac{\mathrm{d}y}{\mathrm{d}x}\right)^2} = 2v_0$,即

$$\frac{\mathrm{d}t}{\mathrm{d}x} = \frac{1}{2v_0}\sqrt{1 + \left(\frac{\mathrm{d}y}{\mathrm{d}x}\right)^2}. \tag{9.41}$$

将式(9.41)代入式(9.40)得曲线 $y = y(x)$ 满足的微分方程模型

$$\begin{cases} y'' = \dfrac{\sqrt{1 + (y')^2}}{2(1-x)}, & 0 < x < 1, \\ y(0) = 0, y'(0) = 0, \end{cases}$$

方程不显含有 y，可令 $y'=p$，则有 $y''=p'$，代入方程后得

$$\begin{cases} p'=\dfrac{\sqrt{1+p^2}}{2(1-x)}, \\ p(0)=0, \end{cases}$$

分离变量，两端积分后代入初始条件得

$$\ln(p+\sqrt{1+p^2})=-\frac{1}{2}\ln(1-x),$$

即

$$p+\sqrt{1+p^2}=\frac{1}{\sqrt{1-x}},$$

而

$$\frac{1}{p+\sqrt{1+p^2}}=-p+\sqrt{1+p^2}=\sqrt{1-x},$$

上两式相减得

$$\frac{\mathrm{d}y}{\mathrm{d}x}=p=\frac{1}{2}\left(\frac{1}{\sqrt{1-x}}-\sqrt{1-x}\right),$$

两端积分后代入 $y(0)=0$ 后得

$$y=\frac{1}{3}\sqrt{(1-x)^3}-\sqrt{1-x}+\frac{2}{3}.$$

这就是鱼雷追击曲线的方程. 因为鱼雷击中敌舰时，它的横坐标 $x=1$，代入曲线方程得 $y=\dfrac{2}{3}$. 所以，敌舰航行至 $\dfrac{2}{3}$ n mile 处时将被击中，这段航程所需时间是 95.2381s.

习 题 9.6

1. 设物体 A 从点 $(0,1)$ 出发，以速度大小为常数 v 沿 y 轴正向运动. 物体 B 从点 $(-1,0)$ 与 A 同时出发，速度大小为 $2v$，方向始终指向 A. 试建立物体 B 的运动轨迹所满足的微分方程，并写出初始条件.

复习题 9

A

1. 填空题.

(1) 微分方程 $(y')^3 y'' - 4y = x^2$ 是_____阶微分方程.

(2) 微分方程 $xy' - 4y = x^2\sqrt{y}$ 的通解是_____.

(3) 微分方程 $y' = \dfrac{1}{2x - y^2}$ 的通解是_____.

(4) 方程 $y'' - y = e^x + xe^{-x}$ 的特解形式为_____.

2. 求下列微分方程的通解.

(1) $\dfrac{dy}{dx} = \dfrac{x - e^{-x}}{y + e^y}$;　　　　　　(2) $y^2 + x^2\dfrac{dy}{dx} = xy\dfrac{dy}{dx}$;

(3) $\dfrac{dy}{dx} = x^2 - \dfrac{y}{x}$;　　　　　　　(4) $\dfrac{dy}{dx} + \dfrac{1}{3}y = \dfrac{1}{3}(1 - 2x)y^4$;

(5) $x\,dy - y\,dx = (x^2 + y)^2\,dx$;　　(6) $yy'' - \dfrac{1}{2}(2y')^2 = 0$;

(7) $y'' + 6y' + 13 = 0$;　　　　　(8) $y'' + 4y = x\cos x$.

3. 求下列微分方程满足所给初始条件的特解.

(1) $\dfrac{dy}{dx} = y(y - 1), y(0) = 1$;

(2) $\dfrac{dy}{dx} = \dfrac{y}{x}\ln\dfrac{y}{x}, y(1) = 1$;

(3) $\dfrac{dy}{dx} - y\tan x = \sec x, y(0) = 0$;

(4) $y'' - 10y' + 9y = e^{2x}, y(0) = \dfrac{6}{7}, y'(0) = \dfrac{33}{7}$.

4. 可导函数 $f(x)$ 满足

$$f(x)\cos x + 2\int_0^x f(t)\sin t\,dt = x + 1,$$

求 $f(x)$.

5. 已知二阶非齐次线性微分方程 $y'' + P(x)y' + Q(x)y = f(x)$ 的三个特解 $y_1^* = x - (x^2 + 1), y_2^* = 3e^x - (x^2 + 1), y_3^* = 2x - e^x - (x^2 + 1)$, 求该方程满足初始条件 $y(0) = 0, y'(0) = 0$ 的特解.

B

1. 一重为 $P = 4\text{N}$ 的物体挂在弹簧下端, 它使弹簧的长度增大 1cm. 假定弹簧的上端有一机械装置, 使其产生铅直调和振动 $y = 2\sin 30t\,(\text{cm})$, 并在初始时刻 $t = 0$ 时, 重物处于静止状态, 试求该物体的运动规律.

第10章 无穷级数及其应用

19世纪上半叶,法国数学家柯西建立了严密的无穷级数理论基础,无穷级数是微积分的一个重要组成部分,它是表示函数、研究函数性质以及进行数值计算的一种工具.它在解决自然科学、工程技术、经济管理等各种实际问题中,有着广泛的应用.本章首先讨论常数项级数的概念、性质和敛散性的判别法,然后讨论函数项级数中的幂级数和傅里叶级数.

10.1 常数项级数的概念与性质

在中学我们就已经知道

$$0.\dot{3}=\frac{3}{10}+\frac{3}{10^2}+\cdots+\frac{3}{10^n}+\cdots=\frac{1}{3},$$

上式说明$\frac{1}{3}$这个确定的数可以表示为无限多个数相加的形式,反过来,无限多个数相加等于一个确定的数.这似乎不可思议,但又确是事实.显然,任意无限多个数相加不一定是一个确定的数.可见从有限和到无限和有可能产生质的飞跃.

10.1.1 常数项级数的概念

定义 10.1 给定数列 $u_1,u_2,\cdots,u_n,\cdots$,将其各项依次无限累加,记为

$$\sum_{n=1}^{\infty}u_n=u_1+u_2+\cdots+u_n+\cdots,$$

称这个无限累加的式子为(常数项)无穷级数,简称级数,其中 u_n 称为常数项级数的一般项,也称为通项.

对于一个无穷级数 $\sum_{n=1}^{\infty}u_n$,如何判断它的和是否存在呢? 如果按照通常的办法,从头到尾一个不漏地相加,这是无法实现的.因此,我们总是从有限和出发,观察它们的变化规律,利用极限来实现无穷多项相加,为此引入部分和数列的概念.

设 $\sum_{n=1}^{\infty}u_n=u_1+u_2+\cdots+u_n+\cdots$,作数列

$$S_1 = u_1,$$
$$S_2 = u_1 + u_2,$$
$$\cdots\cdots$$
$$S_n = u_1 + u_2 + \cdots + u_n,$$
$$\cdots\cdots$$

称数列 $\{S_n\}$ 为无穷级数 $\sum\limits_{n=1}^{\infty} u_n$ 的前 n 项和数列,也称为部分和数列.

定义 10.2   如果级数 $\sum\limits_{n=1}^{\infty} u_n$ 的部分和数列 $\{S_n\}$ 有极限 S,即

$$\lim_{n \to \infty} S_n = S,$$

则称级数 $\sum\limits_{n=1}^{\infty} u_n$ 收敛,否则称级数 $\sum\limits_{n=1}^{\infty} u_n$ 发散.

对于这个定义,需要明确两点.

(1) $\sum\limits_{n=1}^{\infty} u_n$ 收敛等价于部分和数列 $\{S_n\}$ 有极限. 这表明既然无穷级数收敛是利用部分和数列有极限来定义的,那么,反过来,也可以利用无穷级数的收敛性来计算数列的极限. 这是因为,如果要求数列 $\{a_n\}$ 的极限,可令

$$u_1 = a_1, u_2 = a_2 - a_1, \cdots, u_n = a_n - a_{n-1} \quad (n = 2, 3, \cdots),$$

于是有

$$a_n = a_1 + (a_2 - a_1) + \cdots + (a_n - a_{n-1}) = \sum_{i=1}^{n} u_i = S_n.$$

故 $\lim\limits_{n \to \infty} a_n = \lim\limits_{n \to \infty} S_n = \sum\limits_{n=1}^{\infty} u_n$,因此无穷级数与数列可以相互转化.

(2) 当 $\sum\limits_{n=1}^{\infty} u_n$ 收敛时,记 $R_n = S - S_n = u_{n+1} + u_{n+2} + \cdots$. 显然 R_n 仍为一个无穷级数,称 R_n 为 $\sum\limits_{n=1}^{\infty} u_n$ 的余项. 值得注意的是收敛级数才有余项,发散级数是没有余项的.

下面举出一些用定义来判断无穷级数敛散性的例子.

例 10.1.1   证明级数 $1 + 2 + 3 + \cdots + n + \cdots$ 是发散的.

证   级数的部分和为 $S_n = 1 + 2 + 3 + \cdots + n = \dfrac{n(n+1)}{2}$,显然,$\lim\limits_{n \to \infty} S_n = \infty$,故题设级数发散.

例 10.1.2   讨论等比级数 $\sum\limits_{n=1}^{\infty} aq^{n-1}$ 的敛散性,其中 $a \neq 0$,q 称为等比级数的公比,在级数收敛的情况下,求出级数的和.

解　若 $|q| \neq 1$,则等比级数前 n 项的和为

$$S_n = a + aq + aq^2 + \cdots + aq^{n-1} = \frac{a(1-q^n)}{1-q}.$$

当 $|q| < 1$ 时,因为 $\lim\limits_{n\to\infty} q^n = 0$,所以有

$$\lim_{n\to\infty} S_n = \frac{a}{1-q},$$

级数收敛且 $S = \dfrac{a}{1-q}$.

当 $|q| > 1$ 时,因为 $\lim\limits_{n\to\infty} q^n = \infty$,所以有 $\lim\limits_{n\to\infty} S_n = \infty$,因此级数发散.

当 $|q| = 1$ 时,有两种情况:

当 $q = 1$ 时,$S_n = na \to \infty$,因此级数发散;

当 $q = -1$ 时,$S_n = a - a + a - \cdots + (-1)^{n-1}a$,显然当 n 为奇数时,$S_n = a$,当 n 为偶数时,$S_n = 0$,由于 $a \neq 0$,故当 $n \to \infty$ 时,S_n 的极限不存在,因此级数发散.

综上可得

$$\sum_{n=1}^{\infty} aq^{n-1} = \begin{cases} \dfrac{a}{1-q}, & |q| < 1, \\ \text{发散}, & |q| \geq 1. \end{cases}$$

例 10.1.3　判别级数 $\displaystyle\sum_{n=1}^{\infty} \frac{1}{(3n-2)(3n+1)}$ 的敛散性.

解　因为通项 $u_n = \dfrac{1}{(3n-2)(3n+1)}$,所以部分和

$$S_n = \frac{1}{3}\left[\left(1 - \frac{1}{4}\right) + \left(\frac{1}{4} - \frac{1}{7}\right) + \cdots + \left(\frac{1}{3n-2} - \frac{1}{3n+1}\right)\right]$$

$$= \frac{1}{3}\left(1 - \frac{1}{3n+1}\right),$$

$\lim\limits_{n\to\infty} S_n = \dfrac{1}{3}$,所以此级数收敛.

例 10.1.4　判别级数 $\displaystyle\sum_{n=1}^{\infty} \ln\frac{n+1}{n}$ 的敛散性.

解　因为通项

$$u_n = \ln\frac{n+1}{n} = \ln(n+1) - \ln n,$$

所以部分和

$$S_n = (\ln 2 - \ln 1) + (\ln 3 - \ln 2) + \cdots + [\ln(n+1) - \ln n]$$

$$= \ln(n+1).$$

从而 $\lim\limits_{n\to\infty}S_n=\infty$,原级数发散.

例 10.1.5　证明调和级数 $\sum\limits_{n=1}^{\infty}\dfrac{1}{n}$ 发散.

证　采取反证法,假若级数 $\sum\limits_{n=1}^{\infty}\dfrac{1}{n}$ 收敛,设它的部分和为 S_n,且 $S_n\to S(n\to$

$\infty)$. 显然,对级数 $\sum\limits_{n=1}^{\infty}\dfrac{1}{n}$ 的部分和 S_{2n},也有 $S_{2n}\to S(n\to\infty)$. 于是

$$S_{2n}-S_n\to S-S=0\quad(n\to\infty).$$

而另一方面

$$S_{2n}-S_n=\frac{1}{n+1}+\frac{1}{n+2}+\cdots+\frac{1}{2n}>\underbrace{\frac{1}{2n}+\frac{1}{2n}+\cdots+\frac{1}{2n}}_{n\text{项}}=\frac{1}{2}.$$

故 $S_{2n}-S_n\nrightarrow 0(n\to\infty)$ 与假设级数 $\sum\limits_{n=1}^{\infty}\dfrac{1}{n}$ 收敛矛盾,故原级数 $\sum\limits_{n=1}^{\infty}\dfrac{1}{n}$ 必发散.

10.1.2　常数项级数的性质

由级数收敛与发散的概念,可得出常数项级数的下列基本性质.

性质 10.1　当 $k\neq 0$ 时,级数 $\sum\limits_{n=1}^{\infty}u_n$ 与级数 $\sum\limits_{n=1}^{\infty}ku_n$ 有相同的敛散性.

证　设 $\sum\limits_{n=1}^{\infty}u_n$ 的前 n 项和为 S_n,$\sum\limits_{n=1}^{\infty}ku_n$ 的前 n 项和为 Γ_n,则

$$S_n=u_1+u_2+\cdots+u_n,$$
$$\Gamma_n=ku_1+ku_2+\cdots+ku_n=k(u_1+u_2+\cdots+u_n)=kS_n,$$

从而 $\lim\limits_{n\to\infty}\Gamma_n=\lim\limits_{n\to\infty}kS_n$. 若 $\sum\limits_{n=1}^{\infty}u_n$ 收敛,即 $\lim\limits_{n\to\infty}S_n=S$,则 $\lim\limits_{n\to\infty}\Gamma_n=k\lim\limits_{n\to\infty}S_n=kS$,所以

$\sum\limits_{n=1}^{\infty}ku_n$ 收敛;若 $\sum\limits_{n=1}^{\infty}u_n$ 发散,$\lim\limits_{n\to\infty}S_n$ 不存在,则 $\lim\limits_{n\to\infty}\Gamma_n=\lim\limits_{n\to\infty}kS_n$ 也不存在,所以

$\sum\limits_{n=1}^{\infty}ku_n$ 发散.

如已知等比级数 $\sum\limits_{n=1}^{\infty}\dfrac{1}{2^{n-1}}$ 收敛,由性质 10.1,$\sum\limits_{n=1}^{\infty}\dfrac{100}{2^{n-1}}$ 也收敛. 又已知调和级数

$\sum\limits_{n=1}^{\infty}\dfrac{1}{n}$ 发散,由性质 10.1,$\sum\limits_{n=1}^{\infty}\dfrac{1}{100n}$ 也发散.

性质 10.2　设级数 $\sum\limits_{n=1}^{\infty}u_n$ 与 $\sum\limits_{n=1}^{\infty}v_n$ 均收敛,其和分别为 S 和 Γ,则级数

$\sum\limits_{n=1}^{\infty}(u_n\pm v_n)$ 也收敛,其和为 $S\pm\Gamma$.

证　设 $\sum\limits_{n=1}^{\infty}u_n,\sum\limits_{n=1}^{\infty}v_n$ 与 $\sum\limits_{n=1}^{\infty}(u_n\pm v_n)$ 的前 n 项和分别为 S_n,Γ_n 与 T_n,则它们之间的关系是

$$T_n=(u_1\pm v_1)+(u_2\pm v_2)+\cdots+(u_n\pm v_n)$$
$$=(u_1+u_2+\cdots+u_n)\pm(v_1+v_2+\cdots+v_n)=S_n\pm\Gamma_n.$$

因为 $\sum\limits_{n=1}^{\infty}u_n$ 与 $\sum\limits_{n=1}^{\infty}v_n$ 均收敛,所以可设 $\lim\limits_{n\to\infty}S_n=S,\lim\limits_{n\to\infty}\Gamma_n=\Gamma$,由极限的四则运算法则

$$\lim_{n\to\infty}T_n=\lim_{n\to\infty}S_n\pm\lim_{n\to\infty}\Gamma_n=S\pm\Gamma,$$

从而 $\sum\limits_{n=1}^{\infty}(u_n\pm v_n)$ 收敛,其和为 $S\pm\Gamma$.

需要注意的是,若级数 $\sum\limits_{n=1}^{\infty}u_n$ 收敛,而级数 $\sum\limits_{n=1}^{\infty}v_n$ 发散,则级数 $\sum\limits_{n=1}^{\infty}(u_n\pm v_n)$ 必发散;而当级数 $\sum\limits_{n=1}^{\infty}u_n$ 和 $\sum\limits_{n=1}^{\infty}v_n$ 均发散时,$\sum\limits_{n=1}^{\infty}(u_n\pm v_n)$ 可能收敛也可能发散. 前者可利用性质 10.2 反证,后者请读者通过举例说明.

例 10.1.6　求级数 $\sum\limits_{n=1}^{\infty}\left[(-1)^{n-1}\left(\dfrac{7}{8}\right)^n+\dfrac{1}{4^n}\right]$ 的和.

解　$\sum\limits_{n=1}^{\infty}(-1)^{n-1}\left(\dfrac{7}{8}\right)^n$ 和 $\sum\limits_{n=1}^{\infty}\dfrac{1}{4^n}$ 都是公比 $|q|$ 小于 1 的等比级数,其和分别为

$$S_1=\frac{\dfrac{7}{8}}{1+\dfrac{7}{8}}=\frac{7}{15},$$

$$S_2=\frac{\dfrac{1}{4}}{1-\dfrac{1}{4}}=\frac{1}{3},$$

因此 $\sum\limits_{n=1}^{\infty}\left[(-1)^{n-1}\left(\dfrac{7}{8}\right)^n+\dfrac{1}{4^n}\right]=\dfrac{7}{15}+\dfrac{1}{3}=\dfrac{4}{5}.$

例 10.1.7　讨论级数 $\sum\limits_{n=1}^{\infty}\left[\dfrac{(-1)^{n-1}}{2^n}+\dfrac{1}{3n}\right]$ 的敛散性.

解　显然级数 $\sum\limits_{n=1}^{\infty}\dfrac{(-1)^{n-1}}{2^n}$ 是公比 $|q|=\dfrac{1}{2}<1$ 的等比级数,收敛. 由例 10.1.5

和性质 10.1 可知级数 $\dfrac{1}{3}\displaystyle\sum_{n=1}^{\infty}\dfrac{1}{n}$ 发散,故原级数发散.

性质 10.3　在一个级数的前面加上或去掉有限项,此级数的收敛性不变,但对于收敛级数会改变原级数的和.

证　即证 $\displaystyle\sum_{n=k+1}^{\infty}u_n$ 与 $\displaystyle\sum_{n=1}^{\infty}u_n$ 的敛散性相同.

设级数 $\displaystyle\sum_{n=1}^{\infty}u_n$ 与去掉了前 k 项的级数 $\displaystyle\sum_{n=k+1}^{\infty}u_n$ 的前 n 项和分别为 S_n 和 Γ_n,则

$$\Gamma_n=u_{k+1}+u_{k+2}+\cdots+u_{k+n},$$
$$S_{k+n}=u_1+u_2+\cdots+u_k+u_{k+1}+u_{k+2}+\cdots+u_{k+n},$$

所以

$$\Gamma_n=S_{k+n}-S_k,\quad \lim_{n\to\infty}\Gamma_n=\lim_{n\to\infty}(S_{k+n}-S_k),$$

这里 k 与 n 无关,S_k 为定数,所以当 $n\to\infty$ 时,Γ_n 与 S_{k+n} 或同时有极限,或同时没有极限,当它们极限存在时,有 $\Gamma=\lim_{n\to\infty}\Gamma_n=\lim_{n\to\infty}(S_{k+n}-S_k)=S-S_k$,故 $\displaystyle\sum_{n=k+1}^{\infty}u_n$ 与 $\displaystyle\sum_{n=1}^{\infty}u_n$ 的敛散性相同.

类似地可证明在级数前面加上有限项也不改变级数的敛散性,但在级数收敛的情况下,两个级数的和不一定相等.

性质 10.4　对收敛级数加括号后所形成的新级数仍收敛于原级数的和.

证　设收敛级数 $\displaystyle\sum_{n=1}^{\infty}u_n$ 的和为 S,对 $\displaystyle\sum_{n=1}^{\infty}u_n$ 按照某一规律加括号后的级数为 $\displaystyle\sum_{n=1}^{\infty}v_n$,其中

$$v_1=u_1+u_2+\cdots+u_{k_1},$$
$$v_2=u_{k_1+1}+u_{k_1+2}+\cdots+u_{k_2},$$
$$\cdots\cdots$$
$$v_n=u_{k_{n-1}+1}+u_{k_{n-1}+2}+\cdots+u_{k_n},$$
$$\cdots\cdots.$$

并设级数 $\displaystyle\sum_{n=1}^{\infty}u_n$ 与 $\displaystyle\sum_{n=1}^{\infty}v_n$ 的部分和分别为 S_n 与 Γ_n,于是有

$$\Gamma_1=S_{k_1},\Gamma_2=S_{k_2},\cdots,\Gamma_n=S_{k_n},\cdots.$$

由 $\displaystyle\sum_{n=1}^{\infty}u_n$ 收敛,可知 $\lim_{n\to\infty}S_n=S$,而数列 $\{S_{k_n}\}$ 是数列 $\{S_n\}$ 的子数列,从而其所有子数列的极限存在并等于 S,所以

$$\lim_{n\to\infty}\Gamma_n=\lim_{n\to\infty}S_{k_n}=S,$$

即加括号后的级数收敛于原级数的和.

对于性质 10.4,有三点值得注意.

(1) 对收敛级数加括号不影响收敛性,但对发散级数加括号可能改变其发散性.

例如,$a-a+a-\cdots+(-1)^n a+\cdots$ 发散,但 $(a-a)+(a-a)+\cdots+(a-a)+\cdots$ 收敛.

(2) 对收敛级数去括号有可能影响收敛性,如上例.

(3) 若加括号后的级数发散,则原级数必发散,如若不然,原级数收敛,则由性质 10.4 加括号后级数收敛,与已知加括号后级数发散矛盾.

例 10.1.8　判别级数 $\dfrac{1}{2}+\dfrac{1}{10}+\dfrac{1}{2^2}+\dfrac{1}{2\times 10}+\cdots+\dfrac{1}{2^n}+\dfrac{1}{10n}+\cdots$ 是否收敛.

解　将所给级数每相邻两项加括号得到新级数 $\displaystyle\sum_{n=1}^{\infty}\left(\frac{1}{2^n}+\frac{1}{10n}\right)$.

因为 $\displaystyle\sum_{n=1}^{\infty}\frac{1}{2^n}$ 收敛,而级数 $\displaystyle\sum_{n=1}^{\infty}\frac{1}{10n}=\frac{1}{10}\sum_{n=1}^{\infty}\frac{1}{n}$ 发散,所以级数 $\displaystyle\sum_{n=1}^{\infty}\left(\frac{1}{2^n}+\frac{1}{10n}\right)$ 发散,则去括号后的级数 $\dfrac{1}{2}+\dfrac{1}{10}+\dfrac{1}{2^2}+\dfrac{1}{2\times 10}+\cdots+\dfrac{1}{2^n}+\dfrac{1}{10n}+\cdots$ 也发散.

10.1.3　级数收敛的必要条件

定理 10.1　设级数 $\displaystyle\sum_{n=1}^{\infty}u_n$ 收敛,则 $\lim\limits_{n\to\infty}u_n=0$.

证　设级数 $\displaystyle\sum_{n=1}^{\infty}u_n$ 的部分和为 S_n,则一般项 u_n 与部分和有如下关系

$$u_n=S_n-S_{n-1}.$$

由于 $\displaystyle\sum_{n=1}^{\infty}u_n$ 收敛,所以 $\lim\limits_{n\to\infty}S_n=S,\lim\limits_{n\to\infty}S_{n-1}=S$,于是有

$$\lim_{n\to\infty}u_n=\lim_{n\to\infty}(S_n-S_{n-1})=\lim_{n\to\infty}S_n-\lim_{n\to\infty}S_{n-1}=S-S=0.$$

由此有以下结论.

(1) 当 $\lim\limits_{n\to\infty}u_n=0$ 时,$\displaystyle\sum_{n=1}^{\infty}u_n$ 不一定收敛,即 $\lim\limits_{n\to\infty}u_n=0$ 是级数 $\displaystyle\sum_{n=1}^{\infty}u_n$ 收敛的必要而不充分的条件.

例如,$\displaystyle\sum_{n=1}^{\infty}\frac{1}{n}$,虽然 $\lim\limits_{n\to\infty}u_n=\lim\limits_{n\to\infty}\frac{1}{n}=0$,但 $\displaystyle\sum_{n=1}^{\infty}\frac{1}{n}$ 发散.

又如例 10.1.4，$\sum_{n=1}^{\infty} \ln \dfrac{n+1}{n}$，虽然 $\lim\limits_{n\to\infty} u_n = \lim\limits_{n\to\infty} \ln\left(1+\dfrac{1}{n}\right) = 0$，但原级数发散.

（2）$\lim\limits_{n\to\infty} u_n \neq 0$，则 $\sum_{n=1}^{\infty} u_n$ 必发散，所以 $\lim\limits_{n\to\infty} u_n \neq 0$ 是 $\sum_{n=1}^{\infty} u_n$ 发散的充分条件. 该结论可用于判别级数的发散性.

例如，$\sum_{n=1}^{\infty} \dfrac{n}{2n+1}$，$\sum_{n=1}^{\infty} 2^n \sin\dfrac{1}{2^n}$，$\sum_{n=1}^{\infty} \sin\dfrac{n\pi}{6}$ 均发散，因为 $\lim\limits_{n\to\infty} u_n \neq 0$.

例 10.1.9　判别级数 $\sum_{n=1}^{\infty}\left(\dfrac{1}{1+\dfrac{1}{n}}\right)^n$ 的敛散性.

解　由题知 $u_n = \left(\dfrac{1}{1+\dfrac{1}{n}}\right)^n$，$\lim\limits_{n\to\infty} u_n = \lim\limits_{n\to\infty} \dfrac{1}{\left(1+\dfrac{1}{n}\right)^n} = \dfrac{1}{\mathrm{e}} \neq 0$，故原级数发散.

例 10.1.10　判别级数 $\sum_{n=1}^{\infty} n\sin\dfrac{\pi}{n}$ 的敛散性.

解　由题知 $u_n = n\sin\dfrac{\pi}{n}$，$\lim\limits_{n\to\infty} u_n = \lim\limits_{n\to\infty} \dfrac{\sin\dfrac{\pi}{n}}{\dfrac{\pi}{n}} \cdot \pi = \pi \neq 0$，故该级数发散.

习 题 10.1

1. 写出下列级数的通项.

（1）$\dfrac{1}{2} - \dfrac{2}{3} + \dfrac{3}{4} - \dfrac{4}{5} + \dfrac{5}{6} - \cdots$；

（2）$1 - \dfrac{1}{2^2} + \dfrac{1}{3^2} - \cdots + (-1)^{n-1}\dfrac{1}{n^2} + \cdots$；

（3）$\dfrac{\sqrt{x}}{2} + \dfrac{x}{2\cdot4} + \dfrac{x\sqrt{x}}{2\cdot4\cdot6} + \dfrac{x^2}{2\cdot4\cdot6\cdot8} + \cdots$；

（4）$-a + \dfrac{a^2}{3} - \dfrac{a^3}{5} + \dfrac{a^4}{7} - \dfrac{a^5}{9} + \cdots$.

2. 写出下列级数的前 5 项.

（1）$\sum_{n=1}^{\infty} \dfrac{1+n}{1+n^2}$；　　　　　　　　　（2）$\sum_{n=1}^{\infty} \dfrac{n!}{n^n}$.

3. 判别下列级数的敛散性.

(1) $\displaystyle\sum_{n=1}^{\infty}\left(-\frac{3}{4}\right)^{n}$;

(2) $\displaystyle\sum_{n=1}^{\infty}\left(\sqrt{n+1}-\sqrt{n}\right)$;

(3) $\displaystyle\sum_{n=1}^{\infty}\left(\frac{3}{2}\right)^{n}$;

(4) $\displaystyle\sum_{n=1}^{\infty}n^{2}\left(1-\cos\frac{1}{n}\right)$;

(5) $\displaystyle\sum_{n=1}^{\infty}\frac{1}{(2n-1)(2n+1)}$;

(6) $\displaystyle\sum_{n=1}^{\infty}\left[\left(-\frac{1}{3}\right)^{n-1}+\frac{1}{n(n+2)}\right]$;

(7) $\displaystyle\sum_{n=1}^{\infty}\left(\frac{1}{3^{n}}-\frac{1}{100n}\right)$;

(8) $\displaystyle\sum_{n=1}^{\infty}\frac{3n^{n}}{(1+n)^{n}}$.

4. 求收敛几何级数 $\displaystyle\sum_{n=1}^{\infty}aq^{n-1}$ 的和 S 与部分和 S_{n} 之差 $S-S_{n}$.

5. 设级数 $\displaystyle\sum_{n=1}^{\infty}u_{n}$ 的前 n 项和为 $S_{n}=\dfrac{1}{n+1}+\dfrac{1}{n+2}+\cdots+\dfrac{1}{n+n}$,求级数的一般项 u_{n} 及和 S.

6. 思考下列各题.

(1) 若级数 $\displaystyle\sum_{n=1}^{\infty}u_{n}$ 收敛,问 $\displaystyle\sum_{n=1}^{\infty}u_{n+100}$,$\displaystyle\sum_{n=1}^{\infty}\frac{1}{u_{n}}$ 是否收敛? 为什么?

(2) 若级数 $\displaystyle\sum_{n=1}^{\infty}u_{n}$ 发散,问 $\displaystyle\sum_{n=1}^{\infty}u_{n+100}$,$\displaystyle\sum_{n=1}^{\infty}\frac{1}{u_{n}}$ 是否发散? 为什么?

7. 若 $\displaystyle\sum_{n=1}^{\infty}u_{n}(u_{n}>0)$ 的部分和为 S_{n},$v_{n}=\dfrac{1}{S_{n}}$,且 $\displaystyle\sum_{n=1}^{\infty}v_{n}$ 收敛,问 $\displaystyle\sum_{n=1}^{\infty}u_{n}$ 的收敛性如何?

10.2　正项级数判敛

由 10.1 节可知,一个无穷级数是否收敛,取决于其部分和数列是否有极限. 但是求一个级数的部分和数列$\{S_{n}\}$的极限是比较困难的,所以我们不总是用级数收敛的定义去判断一个级数的敛散性,而常常根据级数自身的特性推导出一些判别级数敛散性的方法.

本节讨论正项级数判敛的方法.

定义 10.3　若 $u_{n}\geqslant0(n=1,2,\cdots)$,则称级数

$$\sum_{n=1}^{\infty}u_{n}=u_{1}+u_{2}+\cdots+u_{n}+\cdots$$

为正项级数.

10.2.1　正项级数收敛的充要条件

定理 10.2　设 $\sum\limits_{n=1}^{\infty}u_n$ 是正项级数,则 $\sum\limits_{n=1}^{\infty}u_n$ 收敛的充要条件是它的部分和数列 $\{S_n\}$ 有上界.

证　因为 $\sum\limits_{n=1}^{\infty}u_n$ 是正项级数,所以 $u_n\geqslant 0(n=1,2,\cdots)$,于是数列 $\{S_n\}$ 是单调不减的数列,即

$$S_1\leqslant S_2\leqslant\cdots\leqslant S_n\leqslant\cdots.$$

必要性. 若级数 $\sum\limits_{n=1}^{\infty}u_n$ 收敛,则 $\lim\limits_{n\to\infty}S_n=S$,根据有极限的数列必有界可知,数列 $\{S_n\}$ 有上界.

充分性. 若数列 $\{S_n\}$ 有上界,由有上界的单调增加数列必有极限可知,$\{S_n\}$ 的极限存在,因此级数 $\sum\limits_{n=1}^{\infty}u_n$ 收敛.

上述定理的意义不在于利用它来直接判别正项级数的敛散性,而在于它是证明下面一系列判别法的基础.

下面将逐一介绍正项级数判敛的比较判别法、比值判别法和根值判别法.

10.2.2　比较判别法

定理 10.3　设 $\sum\limits_{n=1}^{\infty}u_n$ 和 $\sum\limits_{n=1}^{\infty}v_n$ 都是正项级数,且 $u_n\leqslant v_n(n=1,2,\cdots)$,则有以下结论:

(1) 若级数 $\sum\limits_{n=1}^{\infty}v_n$ 收敛,则级数 $\sum\limits_{n=1}^{\infty}u_n$ 收敛;

(2) 若级数 $\sum\limits_{n=1}^{\infty}u_n$ 发散,则级数 $\sum\limits_{n=1}^{\infty}v_n$ 发散.

证　设级数 $\sum\limits_{n=1}^{\infty}u_n$ 与 $\sum\limits_{n=1}^{\infty}v_n$ 的部分和分别为 S_n 与 Γ_n,由于 $\sum\limits_{n=1}^{\infty}u_n$ 与 $\sum\limits_{n=1}^{\infty}v_n$ 均为正项级数,且 $u_n\leqslant v_n(n=1,2,\cdots)$,则有

$$S_n=u_1+u_2+\cdots+u_n\leqslant v_1+v_2+\cdots+v_n=\Gamma_n.$$

(1) 若级数 $\sum\limits_{n=1}^{\infty}v_n$ 收敛,由定理 10.2 可知 $\{\Gamma_n\}$ 有上界,而 $0\leqslant S_n\leqslant\Gamma_n(n=1,2,\cdots)$,可知 $\{S_n\}$ 有上界,所以再由定理 10.2 知 $\sum\limits_{n=1}^{\infty}u_n$ 收敛.

（2）若级数 $\sum\limits_{n=1}^{\infty}u_n$ 发散，则级数 $\sum\limits_{n=1}^{\infty}v_n$ 发散，如若不然，级数 $\sum\limits_{n=1}^{\infty}v_n$ 收敛，则由

（1）知级数 $\sum\limits_{n=1}^{\infty}u_n$ 也收敛，与级数 $\sum\limits_{n=1}^{\infty}u_n$ 发散矛盾，故级数 $\sum\limits_{n=1}^{\infty}v_n$ 发散.

例 10.2.1　判别级数 $\sum\limits_{n=1}^{\infty}\dfrac{1}{\sqrt{n(n+1)}}$ 的敛散性.

解　由于

$$u_n=\frac{1}{\sqrt{n(n+1)}}>\frac{1}{\sqrt{n+1}\cdot\sqrt{n+1}}=\frac{1}{n+1}=v_n,$$

又级数

$$\sum_{n=1}^{\infty}\frac{1}{n+1}=\frac{1}{2}+\frac{1}{3}+\cdots+\frac{1}{n+1}+\cdots$$

是调和级数 $\sum\limits_{n=1}^{\infty}\dfrac{1}{n}$ 去掉第一项所成的级数，由级数的性质知它是发散的，再由比较

判别法知，级数 $\sum\limits_{n=1}^{\infty}\dfrac{1}{\sqrt{n(n+1)}}$ 是发散的.

例 10.2.2　判别级数 $\sum\limits_{n=1}^{\infty}\dfrac{4+(-1)^n}{3^n}$ 的敛散性.

解　$u_n=\dfrac{4+(-1)^n}{3^n}\leqslant\dfrac{5}{3^n}=v_n$. 由于 $\sum\limits_{n=1}^{\infty}v_n=5\sum\limits_{n=1}^{\infty}\dfrac{1}{3^n}$，其中 $\sum\limits_{n=1}^{\infty}\dfrac{1}{3^n}$ 为公比

$q=\dfrac{1}{3}<1$ 的收敛的等比级数，所以 $\sum\limits_{n=1}^{\infty}v_n$ 收敛，从而由比较判别法知，原级数

收敛.

例 10.2.3　证明：p-级数 $\sum\limits_{n=1}^{\infty}\dfrac{1}{n^p}(p>0)$ 当 $p\leqslant1$ 时发散，$p>1$ 时收敛.

证　当 $p=1$ 时，$\sum\limits_{n=1}^{\infty}\dfrac{1}{n^p}=\sum\limits_{n=1}^{\infty}\dfrac{1}{n}$ 发散.

当 $0<p<1$ 时，由于 $n^p<n$，所以 $\dfrac{1}{n^p}>\dfrac{1}{n}$，已知 $\sum\limits_{n=1}^{\infty}\dfrac{1}{n}$ 发散，由比较判别法

知 $\sum\limits_{n=1}^{\infty}\dfrac{1}{n^p}$ 发散.

当 $p>1$ 时，对 $\sum\limits_{n=1}^{\infty}\dfrac{1}{n^p}(p>0)$ 加括号，则

$$1+\frac{1}{2^p}+\frac{1}{3^p}+\cdots+\frac{1}{n^p}+\cdots$$

$$=1+\left(\frac{1}{2^p}+\frac{1}{3^p}\right)+\left(\frac{1}{4^p}+\frac{1}{5^p}+\cdots+\frac{1}{7^p}\right)+\left(\frac{1}{8^p}+\frac{1}{9^p}+\cdots+\frac{1}{15^p}\right)+\cdots$$

$$<1+2\cdot\frac{1}{2^p}+2^2\cdot\frac{1}{2^{2p}}+2^3\frac{1}{2^{3p}}+\cdots+2^n\cdot\frac{1}{2^{np}}+\cdots$$

$$=1+\frac{1}{2^{p-1}}+\frac{1}{2^{2(p-1)}}+\frac{1}{2^{3(p-1)}}+\cdots+\frac{1}{2^{n(p-1)}}+\cdots,$$

此为公比 $q=\dfrac{1}{2^{p-1}}<1(p>1)$ 的收敛的等比级数,根据比较判别法 $\displaystyle\sum_{n=1}^{\infty}\dfrac{1}{n^p}(p>1)$ 收敛.

综上所述,对于 p-级数,有如下结论:

p-级数 $\displaystyle\sum_{n=1}^{\infty}\dfrac{1}{n^p}$ 当 $0<p\leqslant1$ 时发散,$p>1$ 时收敛.

例 10.2.4 判别级数 $\displaystyle\sum_{n=1}^{\infty}\dfrac{\sqrt{n+1}-\sqrt{n}}{n}$ 的敛散性.

解 因为 $u_n=\dfrac{\sqrt{n+1}-\sqrt{n}}{n}=\dfrac{1}{n(\sqrt{n+1}+\sqrt{n})}<\dfrac{1}{2n\sqrt{n}}=\dfrac{1}{2n^{\frac{3}{2}}}$,而 $\displaystyle\sum_{n=1}^{\infty}\dfrac{1}{n^{\frac{3}{2}}}$

是 $p=\dfrac{3}{2}>1$ 的收敛的 p-级数,由比较判别法知原级数收敛.

例 10.2.5 判别级数 $\displaystyle\sum_{n=1}^{\infty}\dfrac{1}{\sqrt{4n^2+10}}$ 的敛散性.

解 因为 $u_n=\dfrac{1}{\sqrt{4n^2+10}}>\dfrac{1}{\sqrt{9n^2}}=\dfrac{1}{3n}=v_n$,而 $\displaystyle\sum_{n=1}^{\infty}v_n=\sum_{n=1}^{\infty}\dfrac{1}{3n}$ 发散,所以由比较判别法知,原级数发散.

注意本题虽然易见 $u_n=\dfrac{1}{\sqrt{4n^2+10}}<\dfrac{1}{2n}$,但是不能由 $\displaystyle\sum_{n=1}^{\infty}\dfrac{1}{2n}$ 发散得出

$\displaystyle\sum_{n=1}^{\infty}\dfrac{1}{\sqrt{4n^2+10}}$ 的敛散性,因此运用比较判别法时要注意其条件.

当级数的通项比较复杂的时候,比较判别法用起来很不方便,应用定理 10.3 可以推出更为方便的比较判别法的极限形式.

定理 10.4 设 $\displaystyle\sum_{n=1}^{\infty}u_n$ 与 $\displaystyle\sum_{n=1}^{\infty}v_n$ 都是正项级数,则有以下结论.

(i) 若 $\displaystyle\lim_{n\to\infty}\dfrac{u_n}{v_n}=l(0<l<+\infty)$,则级数 $\displaystyle\sum_{n=1}^{\infty}u_n$ 与 $\displaystyle\sum_{n=1}^{\infty}v_n$ 同时收敛或同时发散.

(ii) 若 $\lim\limits_{n\to\infty}\dfrac{u_n}{v_n}=0$，且级数 $\sum\limits_{n=1}^{\infty}v_n$ 收敛，则 $\sum\limits_{n=1}^{\infty}u_n$ 收敛.

(iii) 若 $\lim\limits_{n\to\infty}\dfrac{u_n}{v_n}=+\infty$，且级数 $\sum\limits_{n=1}^{\infty}v_n$ 发散，则 $\sum\limits_{n=1}^{\infty}u_n$ 发散.

例 10.2.6　判别级数 $\sum\limits_{n=1}^{\infty}\sin\dfrac{1}{2n}$ 的敛散性.

解　因为 $\lim\limits_{n\to\infty}\dfrac{\sin\dfrac{1}{2n}}{\dfrac{1}{2n}}=1>0$，而级数 $\sum\limits_{n=1}^{\infty}\dfrac{1}{2n}=\dfrac{1}{2}\sum\limits_{n=1}^{\infty}\dfrac{1}{n}$ 发散，根据定理 10.4 的

第 (i) 个结论知，级数 $\sum\limits_{n=1}^{\infty}\sin\dfrac{1}{2n}$ 发散.

用比较判别法和比较判别法的极限形式时，需要适当地选取一个已知其收敛性的级数 $\sum\limits_{n=1}^{\infty}v_n$ 作为比较基准. 最常选用作基准级数的是等比级数和 p-级数.

例 10.2.7　判别级数 $\sum\limits_{n=1}^{\infty}n^2\left(1-\cos\dfrac{1}{n}\right)$ 的敛散性.

解　方法一　因为 $\lim\limits_{n\to\infty}u_n=\lim\limits_{n\to\infty}n^2\left(1-\cos\dfrac{1}{n}\right)=\lim\limits_{n\to\infty}n^2\cdot\dfrac{1}{2n^2}=\dfrac{1}{2}\neq0\Big($ 其中

$n\to\infty$ 时，$1-\cos\dfrac{1}{n}\sim\dfrac{1}{2n^2}\Big)$，所以原级数发散.

方法二　用比较判别法的极限形式.

$$\lim_{n\to\infty}\frac{u_n}{v_n}=\lim_{n\to\infty}\frac{n^2\left(1-\cos\dfrac{1}{n}\right)}{\dfrac{1}{n}}=\lim_{n\to\infty}n^3\cdot\dfrac{1}{2n^2}=+\infty.$$

由于 $\sum\limits_{n=1}^{\infty}\dfrac{1}{n}$ 发散，根据定理 10.4 的第 (iii) 个结论，原级数发散.

例 10.2.8　判别级数 $\sum\limits_{n=1}^{\infty}\ln\left(1+\dfrac{1}{n}\right)$ 的敛散性.

解　由比较判别法的极限形式有

$$\lim_{n\to\infty}\frac{u_n}{v_n}=\lim_{n\to\infty}\frac{\ln\left(1+\dfrac{1}{n}\right)}{\dfrac{1}{n}}=\lim_{n\to\infty}n\ln\left(1+\dfrac{1}{n}\right)=\lim_{n\to\infty}\ln\left(1+\dfrac{1}{n}\right)^n=\ln e=1.$$

由于 $\sum\limits_{n=1}^{\infty} \dfrac{1}{n}$ 发散，根据定理 10.4 的第(i)个结论知，$\sum\limits_{n=1}^{\infty} \ln\left(1+\dfrac{1}{n}\right)$ 发散.

10.2.3　比值判别法

定理 10.5（达朗贝尔判别法）　设级数 $\sum\limits_{n=1}^{\infty} u_n$ 是正项级数，如果

$$\lim_{n \to \infty} \frac{u_{n+1}}{u_n} = \rho \quad (0 \leqslant \rho < +\infty),$$

则　(i)当 $\rho < 1$ 时，$\sum\limits_{n=1}^{\infty} u_n$ 收敛；

(ii)当 $\rho > 1$ 时，$\sum\limits_{n=1}^{\infty} u_n$ 发散；

(iii)当 $\rho = 1$ 时，$\sum\limits_{n=1}^{\infty} u_n$ 可能收敛，也可能发散.

证　因为 $\lim\limits_{n \to \infty} \dfrac{u_{n+1}}{u_n} = \rho$，所以对任给的 $\varepsilon > 0$，存在正整数 $N > 0$，当 $n > N$ 时，

$$\left| \frac{u_{n+1}}{u_n} - \rho \right| < \varepsilon,$$

$$\rho - \varepsilon < \frac{u_{n+1}}{u_n} < \rho + \varepsilon.$$

(i) 当 $\rho < 1$ 时，取适当小的 $\varepsilon > 0$，使得 $\rho + \varepsilon = r < 1$，由极限定义可知，存在正整数 N，当 $n > N$ 时，有 $\dfrac{u_{n+1}}{u_n} < \rho + \varepsilon = r < 1$，因此

$$u_{N+1} < r u_N, \ u_{N+2} < r u_{N+1} < r^2 u_N, \cdots.$$

依此类推，于是

$$u_{N+1} + u_{N+2} + \cdots < r u_N + r^2 u_N + \cdots + r^n u_N + \cdots.$$

右端是一个 $r < 1$ 的收敛的等比级数，由比较判别法知 $\sum\limits_{n=N+1}^{\infty} u_n$ 收敛，故原级数 $\sum\limits_{n=1}^{\infty} u_n$ 也收敛.

(ii) 当 $\rho > 1$ 时，取适当小的 $\varepsilon > 0$，使得 $\rho - \varepsilon > 1$，由极限定义可知存在正整数 N，当 $n > N$ 时，有

$$1 < \rho - \varepsilon < \frac{u_{n+1}}{u_n},$$

因此

$$u_{n+1} > u_n \quad (n = N+1, N+2, \cdots),$$

从而可知级数 $\sum\limits_{n=1}^{\infty} u_n$ 的一般项不趋于零,因此级数 $\sum\limits_{n=1}^{\infty} u_n$ 发散.

(iii) 当 $\rho = 1$ 时,级数可能收敛,也可能发散.

例如,对于级数 $\sum\limits_{n=1}^{\infty} \dfrac{1}{n}$ 和 $\sum\limits_{n=1}^{\infty} \dfrac{1}{n^2}$,分别有

$$\lim_{n\to\infty} \frac{\dfrac{1}{n+1}}{\dfrac{1}{n}} = \lim_{n\to\infty} \frac{n}{n+1} = 1, \quad \lim_{n\to\infty} \frac{\dfrac{1}{(n+1)^2}}{\dfrac{1}{n^2}} = \lim_{n\to\infty} \frac{n^2}{(n+1)^2} = 1,$$

但级数 $\sum\limits_{n=1}^{\infty} \dfrac{1}{n}$ 发散,级数 $\sum\limits_{n=1}^{\infty} \dfrac{1}{n^2}$ 收敛,因此,当 $\rho = 1$ 时,比值判别法失效,需用其他判别法判别级数的敛散性.

对于比值极限判别法有两点需要说明.

达朗贝尔判别法也称比值判别法.

(1) 对正项级数 $\sum\limits_{n=1}^{\infty} u_n$,若 $\lim\limits_{n\to\infty} \dfrac{u_{n+1}}{u_n} = \rho < 1$,则级数必收敛,但当级数收敛时,推不出 $\lim\limits_{n\to\infty} \dfrac{u_{n+1}}{u_n} = \rho < 1$;

(2) 由定理的证明可知凡用比值法得出 $\sum\limits_{n=1}^{\infty} u_n$ 发散时,必有 $\lim\limits_{n\to\infty} u_n \neq 0$.

例 10.2.9　利用比值判别法判别 $\sum\limits_{n=1}^{\infty} \dfrac{3^n \cdot n^n}{n!}$ 的敛散性.

解　$\lim\limits_{n\to\infty} \dfrac{u_{n+1}}{u_n} = \lim\limits_{n\to\infty} \dfrac{3^{n+1}(n+1)^{n+1}}{(n+1)!} \cdot \dfrac{n!}{3^n \cdot n^n} = \lim\limits_{n\to\infty} \dfrac{3(n+1)^n}{n^n} =$

$\lim\limits_{n\to\infty} 3\left(1 + \dfrac{1}{n}\right)^n = 3e > 1$. 由比值判别法知原级数发散.

例 10.2.10　判别级数 $\sum\limits_{n=1}^{\infty} \dfrac{n^2}{\left(2 + \dfrac{1}{n}\right)^n}$ 的散敛性.

解　因为 $\dfrac{n^2}{\left(2 + \dfrac{1}{n}\right)^n} < \dfrac{n^2}{2^n}$,而对于级数 $\sum\limits_{n=1}^{\infty} \dfrac{n^2}{2^n}$,由比值判别法,

$$\lim_{n\to\infty} \frac{u_{n+1}}{u_n} = \lim_{n\to\infty} \frac{(n+1)^2}{2^{n+1}} \cdot \frac{2^n}{n^2} = \lim_{n\to\infty} \frac{1}{2}\left(1 + \frac{1}{n}\right)^2 = \frac{1}{2} < 1,$$

所以级数 $\displaystyle\sum_{n=1}^{\infty}\frac{n^2}{2^n}$ 收敛，再根据比较判别法，原级数亦收敛。

一般地，当级数的通项 u_n 中含有 $n!$ 或关于 n 的因子连乘时，用比值判别法较为简捷有效。

例 10.2.11　判别级数 $\displaystyle\sum_{n=1}^{\infty}\frac{1}{n^n}$ 的敛散性。

解　由于

$$\lim_{n\to\infty}\frac{u_{n+1}}{u_n}=\lim_{n\to\infty}\frac{n^n}{(n+1)^{n+1}}$$

$$=\lim_{n\to\infty}\left(\frac{n}{n+1}\right)^n\cdot\frac{1}{n+1}$$

$$=\lim_{n\to\infty}\frac{1}{\left(1+\dfrac{1}{n}\right)^n}\cdot\frac{1}{n+1}$$

$$=\frac{1}{e}\times 0<1,$$

故级数 $\displaystyle\sum_{n=1}^{\infty}\frac{1}{n^n}$ 收敛。

例 10.2.12　判别级数 $\displaystyle\sum_{n=1}^{\infty}\frac{n!}{10^n}$ 的敛散性。

解　$\displaystyle\lim_{n\to\infty}\frac{u_{n+1}}{u_n}=\lim_{n\to\infty}\frac{(n+1)!}{10^{n+1}}\cdot\frac{10^n}{n!}=\lim_{n\to\infty}\frac{n+1}{10}=\infty$，故级数 $\displaystyle\sum_{n=1}^{\infty}\frac{n!}{10^n}$ 发散。

10.2.4　根值判别法

定理 10.6（柯西判别法）　设级数 $\displaystyle\sum_{n=1}^{\infty}u_n$ 是正项级数，如果

$$\lim_{n\to\infty}\sqrt[n]{u_n}=\rho\quad(0\leqslant\rho<+\infty),$$

则（i）当 $\rho<1$ 时，级数 $\displaystyle\sum_{n=1}^{\infty}u_n$ 收敛；

（ii）当 $\rho>1$ 时，级数 $\displaystyle\sum_{n=1}^{\infty}u_n$ 发散；

（iii）当 $\rho=1$ 时，级数 $\displaystyle\sum_{n=1}^{\infty}u_n$ 可能收敛，也可能发散。

例如，对于级数 $\displaystyle\sum_{n=1}^{\infty}\frac{1}{n}$ 和 $\displaystyle\sum_{n=1}^{\infty}\frac{1}{n^2}$，分别有 $\displaystyle\lim_{n\to\infty}\sqrt[n]{\frac{1}{n}}=1,\ \lim_{n\to\infty}\sqrt[n]{\frac{1}{n^2}}=1$，但级数

$\sum\limits_{n=1}^{\infty}\dfrac{1}{n}$ 发散,级数 $\sum\limits_{n=1}^{\infty}\dfrac{1}{n^2}$ 收敛,因此,当 $\rho=1$ 时,根值判别法失效,需用其他判别法判别级数的敛散性.

定理 10.6 的证明与定理 10.5 的证明类似,从略.柯西判别法也称根值判别法.

根值判别法适合 u_n 中含有 n 次幂,且 $\lim\limits_{n\to\infty}\sqrt[n]{u_n}=\rho$ 或等于 $+\infty$ 的情形.

例 10.2.13　判别级数 $\sum\limits_{n=1}^{\infty}\left(\dfrac{n}{2n+1}\right)^n$ 的敛散性.

解　因为 $\lim\limits_{n\to\infty}\sqrt[n]{u_n}=\lim\limits_{n\to\infty}\dfrac{n}{2n+1}=\dfrac{1}{2}<1$,由定理 10.6 可知,原级数收敛.

例 10.2.14　判别级数 $\sum\limits_{n=1}^{\infty}\dfrac{2+(-1)^n}{2^n}$ 的敛散性.

解　因为 $\dfrac{1}{2^n}\leqslant\dfrac{2+(-1)^n}{2^n}\leqslant\dfrac{3}{2^n}$,而

$$\lim\limits_{n\to\infty}\sqrt[n]{\dfrac{1}{2^n}}=\dfrac{1}{2},\quad \lim\limits_{n\to\infty}\sqrt[n]{\dfrac{3}{2^n}}=\dfrac{1}{2},$$

则

$$\lim\limits_{n\to\infty}\sqrt[n]{\dfrac{2+(-1)^n}{2^n}}=\dfrac{1}{2}<1,$$

故原级数收敛.

习 题 10.2

1. 用比较判别法或其极限形式判别下列级数的敛散性.

(1) $\sum\limits_{n=1}^{\infty}\dfrac{n+4}{n^3+1}$;　　　　　(2) $\sum\limits_{n=1}^{\infty}\dfrac{1}{\sqrt{n(n+1)}}$;

(3) $\sum\limits_{n=1}^{\infty}\dfrac{1}{(n+2)(5n+4)}$;　　(4) $\sum\limits_{n=1}^{\infty}\sin\dfrac{\pi}{3^n}$;

(5) $\sum\limits_{n=1}^{\infty}\dfrac{1}{\sqrt{n}}\sin\dfrac{1}{\sqrt{n}}$;　　　(6) $\sum\limits_{n=1}^{\infty}\ln\left(1+\dfrac{1}{n^2}\right)$;

(7) $\sum\limits_{n=1}^{\infty}\sqrt{n+1}\left(1-\cos\dfrac{\pi}{n}\right)$;　(8) $\sum\limits_{n=1}^{\infty}\dfrac{1}{1+a^n}(a>0)$.

2. 用比值判别法判别下列级数的敛散性.

(1) $\sum\limits_{n=1}^{\infty}\dfrac{n^2}{2^n}$;　　　　　　(2) $\sum\limits_{n=1}^{\infty}\dfrac{n!}{n^n}$;

(3) $\sum\limits_{n=1}^{\infty}\dfrac{x^n}{n!}(x\geqslant 0)$；　　　　(4) $\sum\limits_{n=1}^{\infty}n\cdot\tan\dfrac{\pi}{2^{n+1}}$；

(5) $\sum\limits_{n=1}^{\infty}na^n(a>0)$；

(6) $\sum\limits_{n=1}^{\infty}\dfrac{x^n}{(1+x)(1+x^2)\cdots(1+x^n)}(x>0)$.

3. 用根值判别法判别下列级数的敛散性.

(1) $\sum\limits_{n=1}^{\infty}\left(\dfrac{3n^2}{n^2+2}\right)^n$；　　　　(2) $\sum\limits_{n=1}^{\infty}\dfrac{1}{2^n}\left(1+\dfrac{1}{n}\right)^{n^2}$；

(3) $\sum\limits_{n=1}^{\infty}\left(1-\dfrac{1}{n}\right)^{n^2}$；　　　　(4) $\sum\limits_{n=1}^{\infty}\dfrac{2^n}{\left(\dfrac{n+1}{n}\right)^{n^2}}$；

(5) $\sum\limits_{n=1}^{\infty}\dfrac{1}{[\ln(1+n)]^n}$；　　　　(6) $\sum\limits_{n=1}^{\infty}\left(\dfrac{an}{n+1}\right)^n(a>0)$.

4. 设 $u_n>0$，$v_n>0(n=1,2,\cdots)$，且 $\dfrac{u_{n+1}}{u_n}<\dfrac{v_{n+1}}{v_n}$，证明：若 $\sum\limits_{n=1}^{\infty}v_n$ 收敛，则 $\sum\limits_{n=1}^{\infty}u_n$ 也收敛.

10.3　一般常数项级数判敛

10.2 节讨论了关于正项级数收敛性的判别法，本节进一步讨论关于一般常数项级数收敛性的判别法，这里所谓"一般常数项级数"是指级数的各项可以是正数、负数或零. 先来讨论一种特殊的级数——交错级数，然后讨论一般常数项级数.

10.3.1　交错级数

定义 10.4　设 $u_n>0(n=1,2,\cdots)$，则称形如

$$\sum\limits_{n=1}^{\infty}(-1)^{n-1}u_n=u_1-u_2+u_3-\cdots+(-1)^{n-1}u_n+\cdots$$

的级数为交错级数.

定理 10.7（莱布尼茨定理）　如果交错级数 $\sum\limits_{n=1}^{\infty}(-1)^{n-1}u_n$ 满足

(i) $u_n\geqslant u_{n+1}(n=1,2,\cdots)$，

(ii) $\lim\limits_{n\to\infty}u_n=0$，

则交错级数 $\sum\limits_{n=1}^{\infty}(-1)^{n-1}u_n$ 收敛,且其和 $S\leqslant u_1$,其余项 $|R_n|\leqslant u_{n+1}$.

证　由条件(i),对任意的 $n=1,2,\cdots$,有 $u_n\geqslant u_{n+1}$,所以

$$S_{2n}=(u_1-u_2)+(u_3-u_4)+\cdots+(u_{2n-1}-u_{2n})\geqslant 0,$$

这表明部分和数列 $\{S_n\}$ 的子数列 $\{S_{2n}\}$ 随着 n 的增大单调增加;又

$$S_{2n}=u_1-(u_2-u_3)-(u_4-u_5)-\cdots-(u_{2n-2}-u_{2n-1})-u_{2n}\leqslant u_1,$$

可知数列 $\{S_{2n}\}$ 有上界.

根据单调递增且有上界的数列必有极限的结论,如果设其极限值为 S,则

$$\lim_{n\to\infty}S_{2n}=S.$$

另一方面,由于 $S_{2n+1}=S_{2n}+u_{2n+1}$,由条件(ii)知 $\lim\limits_{n\to\infty}u_{2n+1}=0$,从而有

$$\lim_{n\to\infty}S_{2n+1}=\lim_{n\to\infty}S_{2n}+\lim_{n\to\infty}u_{2n+1}=S+0=S,$$

即数列 $\{S_n\}$ 的子数列 $\{S_{2n+1}\}$ 也收敛于 S.

由于级数的前偶数项和与前奇数项和趋于同一极限 S,所以 $\lim\limits_{n\to\infty}S_n=S$,从而

级数 $\sum\limits_{n=1}^{\infty}(-1)^{n-1}u_n$ 收敛,且其和 $S\leqslant u_1$.余项

$$R_n=S-S_n=(-1)^n u_{n+1}+(-1)^{n+1}u_{n+2}+\cdots$$
$$=(-1)^n(u_{n+1}-u_{n+2}+u_{n+3}-u_{n+4}+\cdots),$$

其绝对值为

$$|R_n|=u_{n+1}-u_{n+2}+u_{n+3}-u_{n+4}+\cdots.$$

上式右端又是一个交错级数,它也满足定理 10.7 的条件(i),(ii),所以其和满足 $|R_n|\leqslant u_{n+1}$.

例 10.3.1　判断级数 $\sum\limits_{n=1}^{\infty}\dfrac{(-1)^{n-1}}{n}$ 的敛散性.

解　易见题设级数的一般项 $(-1)^{n-1}u_n=\dfrac{(-1)^{n-1}}{n}$ 满足

(1) $\dfrac{1}{n}\geqslant\dfrac{1}{n+1}(n=1,2,3,\cdots)$;

(2) $\lim\limits_{n\to\infty}\dfrac{1}{n}=0$.

所以级数 $\sum\limits_{n=1}^{\infty}\dfrac{(-1)^{n-1}}{n}$ 收敛,其和 $S\leqslant 1$,用 S_n 近似 S 产生的误差 $|r_n|\leqslant\dfrac{1}{n+1}$.

注　判别交错级数 $\sum\limits_{n=1}^{\infty}(-1)^{n-1}f(n)$（其中 $f(n)>0$）的敛散性时,如果数列 $\{f(n)\}$ 单调减少不容易判断,可通过验证当 x 充分大时 $f'(x)\leqslant 0$,来判断当 n 充

分大时数列$\{f(n)\}$的单调减少；如果直接求极限$\lim\limits_{n\to\infty}f(n)$有困难，亦可通过求$\lim\limits_{x\to+\infty}f(x)$(假定它存在)来求$\lim\limits_{n\to\infty}f(n)$.

例 10.3.2　判别级数$\sum\limits_{n=1}^{\infty}(-1)^n\dfrac{\sqrt{2n}}{n+100}$的敛散性.

解　记$u_n=\dfrac{\sqrt{2n}}{n+100}$，显然$\lim\limits_{n\to\infty}u_n=\lim\limits_{n\to\infty}\dfrac{\sqrt{2n}}{n+100}=0$. 为了判定$u_n$与$u_{n+1}$的大小$(n=1,2,\cdots)$，设

$$f(x)=\frac{\sqrt{2x}}{x+100}\quad(x>0),$$

$$f'(x)=\frac{100-x}{\sqrt{2x}\,(x+100)^2}.$$

当$x>100$时，$f'(x)<0$，故$f(x)$单调减少. 从而当$n>100$时，有$u_n=f(n)>f(n+1)=u_{n+1}$.

根据莱布尼茨定理$\sum\limits_{n=101}^{\infty}(-1)^n\dfrac{\sqrt{2n}}{n+100}$收敛，所以由级数的性质10.3知原级数$\sum\limits_{n=1}^{\infty}(-1)^n\dfrac{\sqrt{2n}}{n+100}$收敛.

10.3.2　绝对收敛与条件收敛

前面已经讨论了交错级数的敛散性，下面讨论一般常数项级数的敛散性.

定义 10.5　设级数$\sum\limits_{n=1}^{\infty}u_n(u_n$为实数$)$为任意项级数，则称级数$\sum\limits_{n=1}^{\infty}|u_n|$为级数$\sum\limits_{n=1}^{\infty}u_n$的绝对值级数.

显然，级数$\sum\limits_{n=1}^{\infty}u_n$的绝对值级数为正项级数，并且有以下结论.

定理 10.8　如果级数$\sum\limits_{n=1}^{\infty}|u_n|$收敛，则级数$\sum\limits_{n=1}^{\infty}u_n$收敛.

证　因为$0\leqslant|u_n|+u_n\leqslant2|u_n|$，已知$\sum\limits_{n=1}^{\infty}|u_n|$收敛，由级数的性质10.1知$2\sum\limits_{n=1}^{\infty}|u_n|$也收敛，所以由比较判别法知级数$\sum\limits_{n=1}^{\infty}(|u_n|+u_n)$收敛，而

$$u_n=(u_n+|u_n|)-|u_n|,$$

由级数的性质10.2可知级数$\sum\limits_{n=1}^{\infty}u_n$收敛.

需要指出的是,当级数 $\sum\limits_{n=1}^{\infty} u_n$ 收敛时,绝对值级数 $\sum\limits_{n=1}^{\infty} |u_n|$ 不一定收敛. 例如,

级数 $\sum\limits_{n=1}^{\infty} \dfrac{(-1)^{n-1}}{n}$ 收敛,但 $\sum\limits_{n=1}^{\infty} \left| \dfrac{(-1)^{n-1}}{n} \right| = \sum\limits_{n=1}^{\infty} \dfrac{1}{n}$ 发散.

定义 10. 6 设 $\sum\limits_{n=1}^{\infty} u_n$ 为任意项级数.

若级数 $\sum\limits_{n=1}^{\infty} |u_n|$ 收敛,则称级数 $\sum\limits_{n=1}^{\infty} u_n$ 绝对收敛;

若级数 $\sum\limits_{n=1}^{\infty} |u_n|$ 发散,而 $\sum\limits_{n=1}^{\infty} u_n$ 收敛,则称级数 $\sum\limits_{n=1}^{\infty} u_n$ 条件收敛.

由定义 10. 6 可知,级数 $\sum\limits_{n=1}^{\infty} (-1)^{n-1} \dfrac{1}{n}$ 条件收敛.

根据定理 10. 8,在判别一个级数 $\sum\limits_{n=1}^{\infty} u_n$ 是否收敛时,一般地,应该首先利用正

项级数的判敛法,来判别其绝对值级数 $\sum\limits_{n=1}^{\infty} |u_n|$ 是否收敛,若绝对值级数

$\sum\limits_{n=1}^{\infty} |u_n|$ 收敛,则级数 $\sum\limits_{n=1}^{\infty} u_n$ 绝对收敛;若绝对值级数 $\sum\limits_{n=1}^{\infty} |u_n|$ 发散,再用其他判别

法(如莱布尼茨判别法、级数的性质等)来判别级数的敛散性,此时若 $\sum\limits_{n=1}^{\infty} u_n$ 收敛,

则级数 $\sum\limits_{n=1}^{\infty} u_n$ 条件收敛.

例 10. 3. 3 判别级数 $\sum\limits_{n=1}^{\infty} (-1)^n \dfrac{1}{n^p}$ 的敛散性.

解 (i) 当 $p \leqslant 0$ 时,因为 $\lim\limits_{n \to \infty} (-1)^n \dfrac{1}{n^p} \neq 0$,所以级数 $\sum\limits_{n=1}^{\infty} (-1)^n \dfrac{1}{n^p}$ 发散.

(ii) 当 $0 < p \leqslant 1$ 时,因为 $\left| (-1)^n \dfrac{1}{n^p} \right| = \dfrac{1}{n^p} \geqslant \dfrac{1}{n}$,而级数 $\sum\limits_{n=1}^{\infty} \dfrac{1}{n}$ 发散,所以绝

对值级数 $\sum\limits_{n=1}^{\infty} \left| (-1)^n \dfrac{1}{n^p} \right|$ 发散. 而原级数 $\sum\limits_{n=1}^{\infty} (-1)^n \dfrac{1}{n^p}$ 为交错级数,它满足

$$\lim_{n \to \infty} u_n = \lim_{n \to \infty} \frac{1}{n^p} = 0,$$

$$u_n = \frac{1}{n^p} \geqslant \frac{1}{(n+1)^p} = u_{n+1} \quad (n = 1, 2, \cdots),$$

由莱布尼茨判别法知 $\sum\limits_{n=1}^{\infty} (-1)^n \dfrac{1}{n^p}$ 收敛,此时级数为条件收敛.

(iii) 当 $p>1$ 时,因为 $\left|(-1)^n\dfrac{1}{n^p}\right|=\dfrac{1}{n^p}$,级数 $\displaystyle\sum_{n=1}^{\infty}\dfrac{1}{n^p}$ 收敛,所以原级数 $\displaystyle\sum_{n=1}^{\infty}(-1)^n\dfrac{1}{n^p}$ 绝对收敛. 从而有

$$\sum_{n=1}^{\infty}(-1)^n\frac{1}{n^p}\begin{cases}发散, & p\leqslant 0,\\ 条件收敛, & 0<p\leqslant 1,\\ 绝对收敛, & p>1.\end{cases}$$

例 10.3.4　判别级数 $\displaystyle\sum_{n=1}^{\infty}(-1)^{n-1}\ln\left(1+\dfrac{1}{\sqrt{n}}\right)$ 的敛散性.

解　记 $|u_n|=\left|(-1)^{n-1}\ln\left(1+\dfrac{1}{\sqrt{n}}\right)\right|=\ln\left(1+\dfrac{1}{\sqrt{n}}\right)$,取级数 $v_n=\dfrac{1}{\sqrt{n}}$,应用比较判别法的极限形式,由于

$$\lim_{n\to\infty}\frac{|u_n|}{v_n}=\lim_{n\to\infty}\frac{\ln\left(1+\dfrac{1}{\sqrt{n}}\right)}{\dfrac{1}{\sqrt{n}}}=1,$$

而 $\displaystyle\sum_{n=1}^{\infty}\dfrac{1}{\sqrt{n}}$ 发散,所以 $\displaystyle\sum_{n=1}^{\infty}|u_n|$ 也发散.

又因为 $\ln\left(1+\dfrac{1}{\sqrt{n}}\right)>\ln\left(1+\dfrac{1}{\sqrt{n+1}}\right)$,且 $\displaystyle\lim_{n\to\infty}\ln\left(1+\dfrac{1}{\sqrt{n}}\right)=0$,由莱布尼茨判别法知原级数收敛,故原级数条件收敛.

例 10.3.5　判别级数 $\displaystyle\sum_{n=1}^{\infty}\dfrac{\sin n}{n^2}$ 的敛散性.

解　因为 $\left|\dfrac{\sin n}{n^2}\right|\leqslant\dfrac{1}{n^2}$,而 $\displaystyle\sum_{n=1}^{\infty}\dfrac{1}{n^2}$ 收敛,由比较判别法知 $\displaystyle\sum_{n=1}^{\infty}\left|\dfrac{\sin n}{n^2}\right|$ 收敛,从而原级数绝对收敛.

例 10.3.6　判别级数 $\displaystyle\sum_{n=1}^{\infty}(-1)^n\dfrac{1}{2^n}\left(1+\dfrac{1}{n}\right)^{n^2}$ 的敛散性.

解　原级数为交错级数,记 $u_n=\dfrac{1}{2^n}\left(1+\dfrac{1}{n}\right)^{n^2}$,有

$$\sqrt[n]{u_n}=\frac{1}{2}\left(1+\frac{1}{n}\right)^n,\quad \lim_{n\to\infty}\sqrt[n]{u_n}=\lim_{n\to\infty}\frac{1}{2}\left(1+\frac{1}{n}\right)^n=\frac{1}{2}e,$$

而 $\dfrac{1}{2}e>1$,可知 $\displaystyle\lim_{n\to\infty}u_n\neq 0$,因此所给级数发散.

习 题 10.3

1. 判别下列级数的敛散性,若收敛是条件收敛还是绝对收敛?

(1) $\displaystyle\sum_{n=1}^{\infty}(-1)^{n}\sqrt{\dfrac{n}{3n+1}}$;　　　　(2) $\displaystyle\sum_{n=1}^{\infty}\dfrac{\sin na}{(n+1)^{2}}$;

(3) $\displaystyle\sum_{n=1}^{\infty}(-1)^{n-1}\dfrac{n}{3^{n+1}}$;　　　　(4) $\displaystyle\sum_{n=1}^{\infty}(-1)^{n+1}\dfrac{1}{2n+1}$;

(5) $\displaystyle\sum_{n=1}^{\infty}(-1)^{n}\left(1-\cos\dfrac{1}{n}\right)$;　　(6) $\displaystyle\sum_{n=1}^{\infty}(-1)^{n}\ln\left(\dfrac{n+1}{n}\right)$.

2. 判别级数 $\displaystyle\sum_{n=2}^{\infty}\dfrac{(-1)^{n}\sqrt{n}}{n-1}$ 的敛散性.

3. 已知级数 $\displaystyle\sum_{n=1}^{\infty}(-1)^{n}\sqrt{n}\sin\dfrac{1}{n^{\alpha}}$ 绝对收敛,级数 $\displaystyle\sum_{n=1}^{\infty}\dfrac{(-1)^{n}}{n^{2-\alpha}}$ 条件收敛,则(　　).

A. $0<\alpha\leqslant\dfrac{1}{2}$　　B. $\dfrac{1}{2}<\alpha\leqslant1$　　C. $1<\alpha\leqslant\dfrac{3}{2}$　　D. $\dfrac{3}{2}<\alpha<2$

4. 证明:级数 $\displaystyle\sum_{n=1}^{\infty}\sin\left(n+\dfrac{k}{n}\right)\pi$(k 为某个自然数) 条件收敛.

5. 讨论级数 $\displaystyle\sum_{n=1}^{\infty}\dfrac{1}{n\cdot3^{n}}(a+1)^{n}$(a 为常数) 的敛散性.

10.4　幂　级　数

10.4.1　函数项级数

定义 10.7　给定区间 I 上的一个函数列
$$u_{1}(x),u_{2}(x),\cdots,u_{n}(x),\cdots,$$
将其依次无限累加的式子
$$\sum_{n=1}^{\infty}u_{n}(x)=u_{1}(x)+u_{2}(x)+\cdots+u_{n}(x)+\cdots$$
称为定义在 I 上的一个函数项级数,$u_{n}(x)$ 称为这个函数项级数的通项.

对任给的 $x_{0}\in I$,级数 $\displaystyle\sum_{n=1}^{\infty}u_{n}(x_{0})$ 为一个常数项级数,可见函数项级数实际上是定义在区间 I 上的一族常数项级数.

对函数项级数不能笼统地谈收敛或者发散,因为一般地,对定义区间 I 上每一点,函数项级数并不是都收敛或都发散,而是对 I 上有些点级数收敛,对另一些点级数发散.

定义 10.8 设 $x_0 \in I$，如果级数 $\sum\limits_{n=1}^{\infty} u_n(x_0)$ 收敛，则称 x_0 为函数项级数 $\sum\limits_{n=1}^{\infty} u_n(x)$ 的收敛点；如果级数 $\sum\limits_{n=1}^{\infty} u_n(x_0)$ 发散，则称 x_0 为函数项级数 $\sum\limits_{n=1}^{\infty} u_n(x)$ 的发散点. 全体收敛点的集合称为函数项级数的收敛域，而全体发散点的集合称为函数项级数的发散域.

定义 10.9 给定函数项级数 $\sum\limits_{n=1}^{\infty} u_n(x)$，称 $u_1(x), u_1(x)+u_2(x), \cdots, u_1(x)+u_2(x)+\cdots+u_n(x), \cdots$ 为函数项级数的前 n 项和数列，记为 $\{S_n(x)\}$.

定义 10.10 给定函数项级数 $\sum\limits_{n=1}^{\infty} u_n(x)$，设其收敛域为 D，若
$$\lim_{n\to\infty} S_n(x) = S(x), \quad \forall x \in D,$$
则称 $S(x)$ 为函数项级数 $\sum\limits_{n=1}^{\infty} u_n(x)$ 的和函数，也称函数项级数 $\sum\limits_{n=1}^{\infty} u_n(x)$ 收敛于 $S(x)$.

$$R_n(x) = S(x) - S_n(x) = \sum_{i=n+1}^{\infty} u_i(x)$$
称为函数项级数 $\sum\limits_{n=1}^{\infty} u_n(x)$ 的余项，在收敛域上，$\lim\limits_{n\to\infty} R_n(x) = 0$.

例 10.4.1 求函数项级数 $\sum\limits_{n=1}^{\infty} x^n$ 的收敛域、和函数.

解 $\sum\limits_{n=0}^{\infty} x^n = 1+x+x^2+\cdots+x^n+\cdots, x\in(-\infty,+\infty)$. 这是一个公比 $q=x$ 的等比级数，其前 n 项和数列
$$S_n(x) = 1+x+x^2+\cdots+x^{n-1} = \frac{1-x^n}{1-x}, \quad |x|\neq 1.$$

当 $|x|<1$ 时，$\lim\limits_{n\to\infty} S_n(x) = \dfrac{1}{1-x}$；

当 $|x|>1$ 时，$\lim\limits_{n\to\infty} S_n(x) = \infty$；

当 $x=1$ 时，$S_n = 1+1+\cdots+1 = n$，$\lim\limits_{n\to\infty} S_n = \infty$；

当 $x=-1$ 时，$S_n = 1-1+1-\cdots+(-1)^{n-1}$，$\lim\limits_{n\to\infty} S_n$ 不存在.

综上，对于函数项级数 $\sum\limits_{n=0}^{\infty} x^n$，当 $|x|<1$ 时收敛，当 $|x|\geq 1$ 时发散，收敛域为 $(-1,1)$，和函数为 $\dfrac{1}{1-x}$，发散域为 $(-\infty,-1]\cup[1,+\infty)$.

例 10.4.2　求 $\displaystyle\sum_{n=1}^{\infty}\frac{nx^2}{n^4+x^{2n}}$ 的收敛域.

解　显然 $x\in(-\infty,+\infty)$，因为 $u_n(x)=\dfrac{nx^2}{n^4+x^{2n}}<\dfrac{nx^2}{n^4}=\dfrac{x^2}{n^3}$，对任何 x，

$x^2\displaystyle\sum_{n=1}^{\infty}\dfrac{1}{n^3}$ 收敛，所以由比较判别法知原级数收敛，其收敛域为 $(-\infty,+\infty)$.

10.4.2　幂级数及其收敛区间

幂级数是一种简单而又重要的函数项级数，它的一般形式为

$$\sum_{n=0}^{\infty}a_n(x-x_0)^n=a_0+a_1(x-x_0)+a_2(x-x_0)^2+\cdots+a_n(x-x_0)^n+\cdots,$$

其中 x_0 是某个定数，$a_0,a_1,\cdots,a_n,\cdots$ 为幂级数的系数. 当 $x=x_0$ 时，上述幂级数恒收敛于 a_0.

若作代换 $t=x-x_0$，则有 $\displaystyle\sum_{n=0}^{\infty}a_nt^n$，所以可以仅讨论形如

$$\sum_{n=0}^{\infty}a_nx^n=a_0+a_1x+a_2x^2+\cdots+a_{n-1}x^{n-1}+\cdots,\quad x\in(-\infty,+\infty)\quad(10.1)$$

的幂级数. 显然它在 $x=0$ 时恒收敛于 a_0.

下面讨论幂级数的收敛问题和怎样求幂级数的收敛域.

定理 10.9（阿贝尔（Abel）定理）　如果幂级数 $\displaystyle\sum_{n=0}^{\infty}a_nx^n$ 在 $x=x_0$ 点 $(x_0\neq0)$

收敛，则当 $|x|<|x_0|$ 时，幂级数 $\displaystyle\sum_{n=0}^{\infty}a_nx^n$ 绝对收敛；如果幂级数 $\displaystyle\sum_{n=0}^{\infty}a_nx^n$ 在 $x=$

x_0 点发散，则当 $|x|>|x_0|$ 时，幂级数 $\displaystyle\sum_{n=0}^{\infty}a_nx^n$ 发散.

证　设 $\displaystyle\sum_{n=0}^{\infty}a_nx_0^n$ 收敛，由级数收敛的必要条件知 $\displaystyle\lim_{n\to\infty}a_nx_0^n=0$，于是存在常数

$M\geqslant0$，使得 $|a_nx_0^n|\leqslant M(n=0,1,2,\cdots)$，且

$$|a_nx^n|=\left|a_nx_0^n\frac{x^n}{x_0^n}\right|=|a_nx_0^n|\left|\frac{x}{x_0}\right|^n\leqslant M\left|\frac{x}{x_0}\right|^n.$$

当 $|x|<|x_0|$ 时，有 $\left|\dfrac{x}{x_0}\right|<1$，所以等比级数 $\displaystyle\sum_{n=0}^{\infty}M\left|\frac{x}{x_0}\right|^n$ 收敛，由比较判别法知

$\displaystyle\sum_{n=0}^{\infty}|a_nx^n|$ 收敛，从而幂级数 $\displaystyle\sum_{n=0}^{\infty}a_nx^n$ 绝对收敛.

如果 $\displaystyle\sum_{n=0}^{\infty}a_nx_0^n$ 发散，以下证明对任意的 $|x|>|x_0|$，幂级数 $\displaystyle\sum_{n=0}^{\infty}a_nx^n$ 均发散. 反

证：设有点 x_1，满足 $|x_1|>|x_0|$ 且 $\sum\limits_{n=0}^{\infty}a_nx_1^n$ 收敛，则由前面所证，因为 $|x_0|<|x_1|$，所以 $\sum\limits_{n=0}^{\infty}a_nx_0^n$ 收敛. 此与已知 $\sum\limits_{n=0}^{\infty}a_nx_0^n$ 发散矛盾. 这样就证明了定理10.9的第二个结论.

定理10.9说明，幂级数的收敛区间是整齐的. 如果幂级数在 $x=x_0(x_0\neq0)$ 点收敛，则对开区间 $(-|x_0|,|x_0|)$ 内的任何 x，幂级数都收敛；如果幂级数在 $x=x_0$ 点发散，则对闭区间 $[-|x_0|,|x_0|]$ 外的任何 x，幂级数都发散，所以我们可得到如下推论.

推论10.1　　如果幂级数 $\sum\limits_{n=0}^{\infty}a_nx^n$ 不是处处发散的，也不是处处收敛的，则存在一个完全确定的正数 R，使得

(i) 当 $|x|<R$ 时，幂级数绝对收敛；

(ii) 当 $|x|>R$ 时，幂级数发散；

(iii) 当 $|x|=R$ 时，幂级数可能收敛，也可能发散.

这个确定的正数 R 称为幂级数 $\sum\limits_{n=0}^{\infty}a_nx^n$ 的收敛半径，$(-R,R)$ 称为幂级数的收敛区间. 如果幂级数 $\sum\limits_{n=0}^{\infty}a_nx^n$ 仅在 $x=0$ 收敛，规定收敛半径 $R=0$. 如果幂级数 $\sum\limits_{n=0}^{\infty}a_nx^n$ 对一切 x 值均收敛，规定收敛半径 $R=+\infty$. 而 $x=\pm R$ 的收敛性需要作具体判别(图10.1).

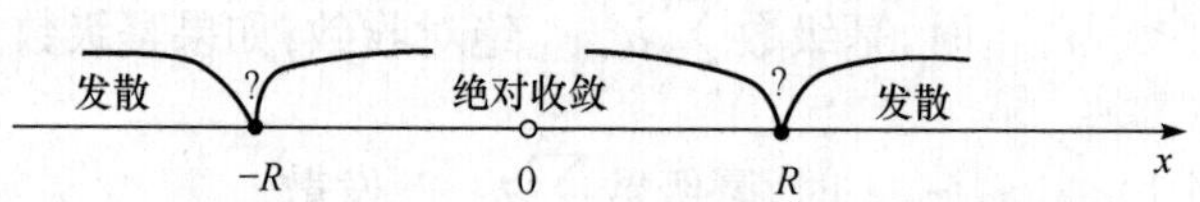

图 10.1

根据幂级数在 $x=\pm R$ 处的收敛情况，幂级数的收敛域可以表示为下列四种情况之一：

$$(-R,R),\quad(-R,R],\quad[-R,R),\quad[-R,R].$$

下面介绍求幂级数的收敛半径的方法.

定理10.10　　给定幂级数 $\sum\limits_{n=0}^{\infty}a_nx^n$，其中 a_n,a_{n+1} 是幂级数相邻两项的系数，如果 $\lim\limits_{n\to\infty}\left|\dfrac{a_{n+1}}{a_n}\right|=\rho$（或 $\lim\limits_{n\to\infty}\sqrt[n]{|a_n|}=\rho$），则

(i) 当 $\rho\neq0$ 时，$R=\dfrac{1}{\rho}$；

(ii) 当 $\rho=0$ 时，$R=+\infty$；

(iii) 当 $\rho=+\infty$ 时，$R=0$.

证　对 $\sum\limits_{n=0}^{\infty} a_n x^n$ 逐项取绝对值得 $\sum\limits_{n=0}^{\infty} |a_n x^n|$，利用比值判别法有

$$\lim_{n\to\infty} \frac{|a_{n+1} x^{n+1}|}{|a_n x^n|} = \lim_{n\to\infty} \left| \frac{a_{n+1}}{a_n} \right| |x| = \rho |x|.$$

(i) 如果 $\rho \neq 0$，则当 $\rho|x|<1$，即 $|x|<\dfrac{1}{\rho}$ 时，幂级数 $\sum\limits_{n=0}^{\infty} |a_n x^n|$ 收敛，所以 $\sum\limits_{n=0}^{\infty} a_n x^n$ 绝对收敛；当 $\rho|x|>1$，即 $|x|>\dfrac{1}{\rho}$ 时，$\sum\limits_{n=0}^{\infty} |a_n x^n|$ 发散，由于是用比值判别法得到的发散，所以 $|a_n x^n|$ 不趋于零，从而 $a_n x^n$ 也不趋于零，故 $\sum\limits_{n=0}^{\infty} a_n x^n$ 发散，于是收敛半径 $R=\dfrac{1}{\rho}$.

(ii) 如果 $\rho=0$，则对一切 $x \in (-\infty, +\infty)$，均有 $\rho|x|=0<1$，幂级数 $\sum\limits_{n=0}^{\infty} |a_n x^n|$ 收敛，所以 $\sum\limits_{n=0}^{\infty} a_n x^n$ 绝对收敛，于是收敛半径 $R=+\infty$.

(iii) 如果 $\rho=+\infty$，那么对于除 $x=0$ 外的一切 x，$\rho|x|>1$，幂级数 $\sum\limits_{n=0}^{\infty} |a_n x^n|$ 发散，由于是用比值判别法得到的发散，所以 $|a_n x^n|$ 不趋于零，从而 $a_n x^n$ 也不趋于零，故 $\sum\limits_{n=0}^{\infty} a_n x^n$ 仅在 $x=0$ 点收敛，于是收敛半径 $R=0$.

综上，得到求幂级数 $\sum\limits_{n=0}^{\infty} a_n x^n$ 的收敛半径、收敛区间、收敛域的步骤.

第一步　求幂级数的收敛半径，先求 $\rho=\lim\limits_{n\to\infty} \left| \dfrac{a_{n+1}}{a_n} \right|$，得收敛半径 $R=\dfrac{1}{\rho}$；

第二步　写出收敛区间 $(-R, R)$；

第三步　讨论级数 $\sum\limits_{n=0}^{\infty} a_n (-R)^n$ 与 $\sum\limits_{n=0}^{\infty} a_n R^n$ 的敛散性，写出收敛域，如 $\sum\limits_{n=0}^{\infty} a_n (-R)^n$ 收敛，$\sum\limits_{n=0}^{\infty} a_n R^n$ 发散，则收敛域为 $[-R, R)$.

例 10.4.3　求幂级数 $x-\dfrac{x^2}{2}+\dfrac{x^3}{3}-\cdots+(-1)^{n-1}\dfrac{x^n}{n}+\cdots$ 的收敛半径与收敛域.

解　因为

$$\rho = \lim_{n \to \infty} \left| \frac{a_{n+1}}{a_n} \right| = \lim_{n \to \infty} \frac{\dfrac{1}{n+1}}{\dfrac{1}{n}} = 1,$$

所以收敛半径 $R = \dfrac{1}{\rho} = 1$. 对于端点 $x = 1$, 级数成为交错级数 $1 - \dfrac{1}{2} + \dfrac{1}{3} - \cdots +$

$(-1)^{n-1} \dfrac{1}{n} + \cdots$, 此级数收敛; 对于端点 $x = -1$, 级数成为 $-1 - \dfrac{1}{2} - \dfrac{1}{3} - \cdots$

$- \dfrac{1}{n} - \cdots$, 此级数发散. 因此, 收敛域是 $(-1, 1]$.

例 10.4.4　求幂级数 $\displaystyle\sum_{n=0}^{\infty} \frac{x^n}{n!}$ 的收敛域.

解　因为 $\rho = \lim\limits_{n \to \infty} \left| \dfrac{a_{n+1}}{a_n} \right| = \lim\limits_{n \to \infty} \dfrac{\dfrac{1}{(n+1)!}}{\dfrac{1}{n!}} = \lim\limits_{n \to \infty} \dfrac{1}{n+1} = 0$, 所以收敛半径

$R = +\infty$, 从而收敛域是 $(-\infty, +\infty)$.

例 10.4.5　求幂级数 $\displaystyle\sum_{n=0}^{\infty} n!\, x^n$ 的收敛半径.

解　因为 $\rho = \lim\limits_{n \to \infty} \left| \dfrac{a_{n+1}}{a_n} \right| = \lim\limits_{n \to \infty} \dfrac{(n+1)!}{n!} = \lim\limits_{n \to \infty} (n+1) = +\infty$, 所以收敛半径

$R = 0$, 即级数仅在点 $x = 0$ 处收敛.

例 10.4.6　求幂级数 $\displaystyle\sum_{n=1}^{\infty} (-1)^n \frac{2^n}{\sqrt{n}} \left(x - \frac{1}{2} \right)^n$ 的收敛域.

解　令 $t = x - \dfrac{1}{2}$, 原级数化为 $\displaystyle\sum_{n=1}^{\infty} (-1)^n \frac{2^n}{\sqrt{n}} t^n$, 由于

$$\rho = \lim_{n \to \infty} \left| \frac{a_{n+1}}{a_n} \right| = \lim_{n \to \infty} \frac{2^{n+1}}{\sqrt{n+1}} \cdot \frac{\sqrt{n}}{2^n} = 2,$$

则收敛半径 $R = \dfrac{1}{2}$, 收敛区间为 $|t| < \dfrac{1}{2}$, 即 $0 < x < 1$.

当 $x = 0$ 时, 级数为 $\displaystyle\sum_{n=1}^{\infty} \frac{1}{\sqrt{n}}$, 该级数发散, 当 $x = 1$ 时, 级数为 $\displaystyle\sum_{n=1}^{\infty} \frac{(-1)^n}{\sqrt{n}}$, 该级

数收敛, 从而所求收敛域为 $(0, 1]$.

10.4.3　幂级数的运算性质和函数

1. 幂级数的四则运算性质

设幂级数 $\sum\limits_{n=0}^{\infty} a_n x^n$ 在$(-R_1, R_1)$ 上收敛,幂级数 $\sum\limits_{n=0}^{\infty} b_n x^n$ 在$(-R_2, R_2)$ 上收敛,若记 $R = \min\{R_1, R_2\}$,则

$$\sum_{n=0}^{\infty} a_n x^n \pm \sum_{n=0}^{\infty} b_n x^n = \sum_{n=0}^{\infty} (a_n \pm b_n) x^n$$

在$(-R, R)$上收敛;

$$\sum_{n=0}^{\infty} a_n x^n \cdot \sum_{n=0}^{\infty} b_n x^n = a_0 b_0 + (a_0 b_1 + a_1 b_0) x + \cdots + (a_0 b_n + a_1 b_{n-1} + \cdots$$
$$+ a_{n-1} b_1 + a_n b_0) x^n + \cdots$$
$$= \sum_{n=0}^{\infty} \left(\sum_{k=0}^{n} a_k b_{n-k} \right) x^n$$

在$(-R, R)$上收敛.

当 $b_0 \neq 0$ 时,有

$$\frac{\sum\limits_{n=0}^{\infty} a_n x^n}{\sum\limits_{n=0}^{\infty} b_n x^n} = \sum_{n=0}^{\infty} c_n x^n = c_0 + c_1 x + c_2 x^2 + \cdots + c_n x^n + \cdots,$$

其中系数 $c_0, c_1, \cdots, c_n, \cdots$ 可由比较

$$\sum_{n=0}^{\infty} a_n x^n = \left(\sum_{n=0}^{\infty} b_n x^n \right) \left(\sum_{n=0}^{\infty} c_n x^n \right)$$

两端同次幂的系数求出,即由

$$a_0 = b_0 c_0,$$
$$a_1 = b_0 c_1 + b_1 c_0,$$
$$a_2 = b_0 c_2 + b_1 c_1 + b_2 c_0,$$
$$\cdots\cdots$$

解出 $c_0, c_1, \cdots, c_n, \cdots$. 此时幂级数 $\sum\limits_{n=0}^{\infty} c_n x^n$ 的收敛域可能比$(-R, R)$ 小得多.

2. 幂级数的和函数的分析运算性质

性质 10.5　幂级数 $\sum\limits_{n=0}^{\infty} a_n x^n$ 的和函数 $S(x)$ 在收敛区间$(-R, R)$ 内连续,即对收敛区间内任一点 x_0,均有

$$\lim_{x \to x_0} S(x) = S(x_0) = \sum_{n=0}^{\infty} a_n x_0^n.$$

性质 10.6 幂级数的和函数 $S(x)$ 在其收敛区间 $(-R,R)$ 内可导，且对任意 $x \in (-R,R)$，均有逐项求导公式

$$S'(x) = \left(\sum_{n=0}^{\infty} a_n x^n\right)' = \sum_{n=0}^{\infty} (a_n x^n)' = \sum_{n=1}^{\infty} n a_n x^{n-1}, \quad x \in (-R,R).$$

性质 10.7 幂级数的和函数 $S(x)$ 在收敛区间 $(-R,R)$ 内可积，且对任意 $x \in (-R,R)$，均有逐项积分公式

$$\int_0^x S(t)\mathrm{d}t = \int_0^x \left(\sum_{n=0}^{\infty} a_n t^n\right) \mathrm{d}t = \sum_{n=0}^{\infty} \int_0^x a_n t^n \mathrm{d}t = \sum_{n=0}^{\infty} \frac{a_n}{n+1} x^{n+1}, \quad x \in (-R,R).$$

值得注意的是，逐项积分和逐项求导后的幂级数的收敛区间与原级数相同，但在收敛区间的端点 $x = \pm R$ 处，敛散性有可能发生改变，所以逐项积分和逐项求导后，在 $x = \pm R$ 处级数的敛散性要另行判断.

例 10.4.7 求幂级数 $\sum_{n=1}^{\infty} \frac{(-1)^{n-1}}{2n-1} x^{2n}$ 的收敛域及和函数.

解 因为 $\lim_{n \to \infty} \left|\frac{u_{n+1}}{u_n}\right| = \lim_{n \to \infty} \left|\frac{(2n-1)x^{2n+2}}{(2n+1)x^{2n}}\right| = x^2$，所以当 $x^2 < 1$，即 $-1 < x < 1$ 时，原幂级数 $\sum_{n=1}^{\infty} \frac{(-1)^{n-1}}{2n-1} x^{2n}$ 收敛.

又 $x = \pm 1$ 时，级数为 $\sum_{n=1}^{\infty} \frac{(-1)^{n-1}}{2n-1}$，由莱布尼茨判别法知收敛，故原幂级数的收敛域为 $[-1,1]$.

又 $\sum_{n=1}^{\infty} \frac{(-1)^{n-1}}{2n-1} x^{2n} = x \sum_{n=1}^{\infty} \frac{(-1)^{n-1}}{2n-1} x^{2n-1}$，令

$$f(x) = \sum_{n=1}^{\infty} \frac{(-1)^{n-1}}{2n-1} x^{2n-1}, \quad x \in (-1,1),$$

则

$$f'(x) = \sum_{n=1}^{\infty} (-1)^{n-1} x^{2(n-1)} = \frac{1}{1+x^2}.$$

注意到 $f(0) = 0$，所以

$$f(x) = \int_0^x f'(t)\mathrm{d}t + f(0) = \int_0^x \frac{1}{1+t^2}\mathrm{d}t = \arctan x.$$

从而原幂级数的和函数为 $x\arctan x, x \in [-1,1]$.

例 10.4.8　求幂级数 $\sum\limits_{n=1}^{\infty}(-1)^n\dfrac{x^n}{n\cdot 2^n}$ 的收敛域及和函数.

解　幂级数的系数 $a_n=(-1)^n\dfrac{1}{n\cdot 2^n}$,因为 $\lim\limits_{n\to\infty}\sqrt[n]{|a_n|}=\lim\limits_{n\to\infty}\sqrt[n]{\dfrac{1}{n\cdot 2^n}}=\dfrac{1}{2}$,

所以收敛半径 $R=2$,收敛区间为 $(-2,2)$.

当 $x=-2$ 时,级数 $\sum\limits_{n=1}^{\infty}\dfrac{1}{n}$ 发散,当 $x=2$ 时,$\sum\limits_{n=1}^{\infty}\dfrac{(-1)^n}{n}$ 收敛,故收敛域为

$(-2,2]$.

设 $S(x)=\sum\limits_{n=1}^{\infty}(-1)^n\dfrac{x^n}{n\cdot 2^n}$,$x\in(-2,2]$,在收敛区间 $(-2,2)$ 内两边求导,

得

$$S'(x)=\sum_{n=1}^{\infty}(-1)^n\frac{x^{n-1}}{2^n}=\frac{-\dfrac{1}{2}}{1-\left(-\dfrac{x}{2}\right)}=-\frac{1}{2+x}.$$

在收敛区间 $(-2,2)$ 内两边积分,得

$$\int_0^x S'(t)\,\mathrm{d}t=\int_0^x\frac{-1}{2+t}\,\mathrm{d}t,$$

即

$$S(x)-S(0)=\ln 2-\ln(2+x),$$

由于 $S(0)=0$,所以 $S(x)=\ln 2-\ln(2+x)$,$x\in(-2,2]$.

习 题 10.4

1. 求下列幂级数的收敛域.

(1) $\sum\limits_{n=1}^{\infty}nx^n$;

(2) $\sum\limits_{n=1}^{\infty}\dfrac{x^n}{n}$;

(3) $\sum\limits_{n=1}^{\infty}(-1)^{n-1}\dfrac{x^n}{2^n n^2}$;

(4) $\sum\limits_{n=1}^{\infty}\dfrac{x^n}{n!}$;

(5) $\sum\limits_{n=0}^{\infty}\dfrac{2^n}{n+1}x^n$;

(6) $\sum\limits_{n=1}^{\infty}\dfrac{2n-1}{2^n}x^{2n-2}$;

(7) $\sum\limits_{n=1}^{\infty}2^n(x+3)^n$;

(8) $\sum\limits_{n=1}^{\infty}\dfrac{(2x-1)^n}{\sqrt{n}}$.

2. 求下列幂级数的收敛域及和函数.

(1) $\sum\limits_{n=0}^{\infty}nx^n$;

(2) $\sum\limits_{n=1}^{\infty}(-1)^n nx^n$;

(3) $\displaystyle\sum_{n=0}^{\infty} \frac{n+1}{3^n} x^n$;

(4) $\displaystyle\sum_{n=0}^{\infty} 2nx^{2n-1}$;

(5) $\displaystyle\sum_{n=1}^{\infty} \frac{n}{2^n} x^{n-1}$;

(6) $\displaystyle\sum_{n=1}^{\infty} n(n+1)x^n$;

(7) $\displaystyle\sum_{n=1}^{\infty} \frac{x^{n+1}}{n(n+1)}$;

(8) $\displaystyle\sum_{n=1}^{\infty} \frac{(-1)^{n-1}}{2n-1} x^{2n-1}$.

3. 求级数 $\displaystyle\sum_{n=0}^{\infty} (n+1)(n+3)x^n$ 的收敛域及和函数.

4. 求级数 $\displaystyle\sum_{n=0}^{\infty} \frac{1}{2n+1} x^{2n+1}$ 的收敛域及和函数,并由此求 $\displaystyle\sum_{n=0}^{\infty} \frac{1}{2n+1}\left(\frac{1}{2}\right)^{2n+1}$ 的和.

10.5　函数展开成幂级数

10.4 节讨论了幂级数的收敛域以及幂级数在收敛域上的和函数. 现在我们要考虑相反的问题,即对给定的函数 $f(x)$,要确定它能否在某一区间上"表示成幂级数",或者说,能否找到这样的幂级数,它在某一区间内收敛,且其和恰好等于给定的函数 $f(x)$. 如果能找到这样的幂级数,我们就称函数 $f(x)$ 在该区间内能展开成幂级数,而这个幂级数在该区间内就表达了函数 $f(x)$.

不定积分曾经提到 $\dfrac{\sin x}{x}$,e^{-x^2} 等初等函数的原函数不能用一个解析表达式表示,而在很多学科中这些函数又经常遇到,解决这些函数的积分问题的一个解析方法就是对已知的函数找到某个幂级数,然后对其逐项积分,使其在积分范围内幂级数的和函数就是这个函数,这样利用幂级数在其收敛区间内部逐项积分的性质,就可以求出函数的积分.

10.5.1　泰勒级数

定义 10.11　设函数 $f(x)$ 在 x_0 的某邻域内有任意阶导数,则级数

$$\sum_{n=0}^{\infty} \frac{f^{(n)}(x_0)}{n!}(x-x_0)^n = f(x_0) + \frac{f'(x_0)}{1!}(x-x_0) + \frac{f''(x_0)}{2!}(x-x_0)^2$$

$$+ \cdots + \frac{f^{(n)}(x_0)}{n!}(x-x_0)^n + \cdots$$

称为函数 $f(x)$ 在 x_0 点的**泰勒级数**.

特别地,若 $x_0 = 0$,则级数

$$\sum_{n=0}^{\infty}\frac{f^{(n)}(0)}{n!}x^n=f(0)+\frac{f'(0)}{1!}x+\frac{f''(0)}{2!}x^2+\cdots+\frac{f^{(n)}(0)}{n!}x^n+\cdots$$

称为函数 $f(x)$ 的**麦克劳林级数**.

　　显然,泰勒级数是一种特殊的幂级数. 因为对一般的幂级数 $\sum\limits_{n=0}^{\infty}a_n(x-x_0)^n$ 而言,对其中的 a_n 没有特殊要求,级数也不一定与某个函数对应. 而泰勒级数中的 $a_n=\dfrac{f^{(n)}(x_0)}{n!}$,且级数要与函数 $f(x)$ 对应,我们将该级数称为函数 $f(x)$ 在 x_0 点的泰勒级数.

　　下面讨论泰勒级数在什么条件下收敛;在收敛区间内,其和函数是否与 $f(x)$ 相等.

函数展开成泰勒级数的充要条件

　　定理 10.11　设函数 $f(x)$ 在点 x_0 的某邻域 $N(x_0,\delta)$ 内有任意阶导数,则

$$f(x)=f(x_0)+\frac{f'(x_0)}{1!}(x-x_0)+\frac{f''(x_0)}{2!}(x-x_0)^2+\cdots+\frac{f^{(n)}(x_0)}{n!}(x-x_0)^n+\cdots$$

的充要条件是 $f(x)$ 的泰勒公式中的余项 $R_n(x)$ 满足

$$\lim_{n\to\infty}R_n(x)=0,\quad\forall x\in N(x_0,\delta),$$

其中 $R_n(x)=\dfrac{f^{(n+1)}(\xi)}{(n+1)!}(x-x_0)^{n+1}$,$\xi$ 在 x_0 与 x 之间.

　　证　必要性. 设函数 $f(x)$ 在 $N(x_0,\delta)$ 内可以展开成为泰勒级数,即

$$f(x)=\sum_{n=0}^{\infty}\frac{f^{(n)}(x_0)}{n!}(x-x_0)^n.$$

记 $S_{n+1}(x)=\sum\limits_{k=0}^{n}\dfrac{f^{(k)}(x_0)}{k!}(x-x_0)^k$,由函数项级数收敛的定义,有

$$\lim_{n\to\infty}S_{n+1}(x)=f(x).$$

由泰勒公式有

$$\lim_{n\to\infty}R_n(x)=\lim_{n\to\infty}[f(x)-S_{n+1}(x)]=f(x)-\lim_{n\to\infty}S_{n+1}(x)=f(x)-f(x)=0.$$

　　充分性. 因为对 $\forall x\in N(x_0,\delta)$ 均有 $\lim\limits_{n\to\infty}R_n(x)=0$,则由泰勒公式可知

$$f(x)=S_{n+1}(x)+R_n(x),$$

所以

$$\lim_{n\to\infty}S_{n+1}(x)=\lim_{n\to\infty}[f(x)-R_n(x)]=f(x)-\lim_{n\to\infty}R_n(x)=f(x),$$

即泰勒级数在 $N(x_0,\delta)$ 内收敛于 $f(x)$.

　　定理 10.12　若函数 $f(x)$ 在区间 (x_0-R,x_0+R) 能展开成泰勒级数

$$f(x) = \sum_{n=0}^{\infty} \frac{f^{(n)}(x_0)}{n!}(x-x_0)^n,$$

则展开式是唯一的.

证明略.

10.5.2　函数展开成幂级数

1. 直接展开法

由前面的讨论可知,要将 $f(x)$ 展开成 $x-x_0$ 的幂级数,就是将 $f(x)$ 展开成泰勒级数,要将 $f(x)$ 展开成 x 的幂级数,就是将 $f(x)$ 展开成麦克劳林级数,不失一般性,下面以展开成泰勒级数为例归纳一下将函数 $f(x)$ 展开成 $x-x_0$ 的幂级数的步骤.

直接展开法的步骤:

(1) 求 $f(x)$ 的各阶导数 $f'(x), f''(x), \cdots, f^{(n)}(x), \cdots$(如果在 $x=x_0$ 处某阶导数不存在,$f(x)$ 就不能展开成 $x-x_0$ 的幂级数);

(2) 求出 $f(x)$ 及其各阶导数在点 x_0 的值 $f(x_0), f'(x_0), f''(x_0), \cdots,$ $f^{(n)}(x_0), \cdots$;

(3) 写出幂级数 $\sum_{n=0}^{\infty} \frac{f^{(n)}(x_0)}{n!}(x-x_0)^n$,并求出它的收敛半径和收敛区间;

(4) 考察在收敛范围内,$\lim\limits_{n\to\infty} R_n(x) = \lim\limits_{n\to\infty} \frac{f^{(n+1)}(\xi)}{(n+1)!}(x-x_0)^{n+1} = 0$ 是否成立,如果成立,则对收敛区间的任何 x,均有

$$f(x) = \sum_{n=0}^{\infty} \frac{f^{(n)}(x_0)}{n!}(x-x_0)^n.$$

例 10.5.1　将 $f(x) = \mathrm{e}^x$ 展开成 x 的幂级数.

解　由题意即求 $f(x) = \mathrm{e}^x$ 的麦克劳林展开式,也就是将 $f(x)$ 在 $x_0 = 0$ 点展开.

因为 $f(x) = \mathrm{e}^x, f^{(n)}(x) = \mathrm{e}^x, n=1,2,\cdots$,所以

$$f(0) = 1, \quad f^{(n)}(0) = 1, \quad a_n = \frac{f^{(n)}(0)}{n!} = \frac{1}{n!}, \quad n=1,2,\cdots.$$

于是得到函数 $f(x) = \mathrm{e}^x$ 的幂级数

$$\sum_{n=0}^{\infty} \frac{x^n}{n!} = 1 + x + \frac{x^2}{2!} + \cdots + \frac{x^n}{n!} + \cdots, \quad x \in (-\infty, +\infty).$$

下证 $\lim\limits_{n\to\infty} |R_n(x)| = 0$. 因为

$$0 \leqslant |R_n(x)| = \left| \frac{f^{(n+1)}(\xi)}{(n+1)!} x^{n+1} \right| = \left| \frac{\mathrm{e}^\xi}{(n+1)!} x^{n+1} \right| \leqslant \frac{\mathrm{e}^{|x|}}{(n+1)!} |x|^{n+1},$$

其中 ξ 是 0 与 x 之间的一个数. 当 x 固定时, $\mathrm{e}^{|x|}$ 为一个确定的数, 于是对级数

$\sum\limits_{n=N}^{\infty} \dfrac{\mathrm{e}^{|x|}}{(n+1)!} \mid x \mid^{n+1}$, 可由比值判别法得到

$$\lim_{n\to\infty}\left|\frac{u_{n+1}(x)}{u_n(x)}\right|=\lim_{n\to\infty}\frac{n!}{(n+1)!}|x|=\lim_{n\to\infty}\frac{1}{n+1}|x|=0<1,\quad \forall x\in(-\infty,+\infty),$$

从而 $\sum\limits_{n=N}^{\infty} \dfrac{\mathrm{e}^{|x|}}{(n+1)!} \mid x \mid^{n+1}$ 收敛, 收敛级数的通项趋于 0, 即

$$\lim_{n\to\infty}\frac{\mathrm{e}^{|x|}}{(n+1)!}|x|^{n+1}=0,$$

由夹逼准则得

$$\lim_{n\to\infty}R_n(x)=0.$$

由定理 10.11 知, 该幂级数收敛于函数 $f(x)=\mathrm{e}^x$, 即

$$\mathrm{e}^x=1+x+\frac{x^2}{2!}+\cdots+\frac{x^n}{n!}+\cdots,\quad x\in(-\infty,+\infty).$$

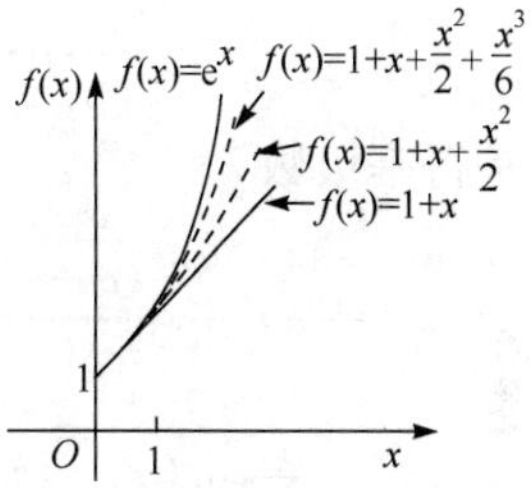

图 10.2

图 10.2 说明在 $x=0$ 附近用幂级数的部分和来近似代替 $f(x)=\mathrm{e}^x$ 时, 随着项数的增加, $S_n(x)$ 越来越接近 e^x.

例 10.5.2　将 $f(x)=\sin x$ 展开成 x 的幂级数.

解　$f(x)=\sin x$, $f^{(n)}(x)=\sin\left(x+\dfrac{n\pi}{2}\right)$. 将 $x=0$ 代入 $f(x)$ 和 $f^{(n)}(x)$ 可得

$$f(0)=0,\quad f'(0)=1,\quad f''(0)=0,\quad f'''(0)=-1,\quad f^{(4)}(0)=0,$$
$$f^{(5)}(0)=1,\quad f^{(6)}(0)=0,\quad f^{(7)}(0)=-1,\cdots,$$

于是得幂级数

$$x-\frac{x^3}{3!}+\frac{x^5}{5!}-\frac{x^7}{7!}+\cdots+(-1)^n\frac{x^{2n+1}}{(2n+1)!}+\cdots=\sum_{n=0}^{\infty}(-1)^n\frac{x^{2n+1}}{(2n+1)!}.$$

容易求得幂级数的收敛区间为 $(-\infty,+\infty)$. 又

$$|R_n(x)|=\left|\frac{f^{(n+1)}(\xi)}{(n+1)!}x^{n+1}\right|=\left|\frac{\sin\left(\xi+\dfrac{n+1}{2}\pi\right)}{(n+1)!}x^{n+1}\right|$$

$$\leqslant\frac{|x|^{n+1}}{(n+1)!}\to0,\quad n\to\infty,$$

其中 $\left|\sin\left(\xi+\dfrac{n+1}{2}\pi\right)\right|\leqslant1$, x 是实数, ξ 介于 0 与 x 之间. 类似于例 10.5.1 可证明 $\lim\limits_{n\to\infty}R_n(x)=0$, 根据定理 10.11 有

$$\sin x=x-\frac{x^3}{3!}+\frac{x^5}{5!}-\cdots+\frac{(-1)^nx^{2n+1}}{(2n+1)!}+\cdots,\quad x\in(-\infty,+\infty).$$

例 10.5.3　将 $f(x)=(1+x)^{\alpha}$ 展开成 x 的幂级数,其中 α 为任意实数.

解　$f(x)=(1+x)^{\alpha}$,

$$f'(x)=\alpha(1+x)^{\alpha-1},$$

$$f''(x)=\alpha(\alpha-1)(1+x)^{\alpha-2},$$

$$\cdots\cdots$$

$$f^{(n)}(x)=\alpha(\alpha-1)(\alpha-2)\cdots(\alpha-n+1)(1+x)^{\alpha-n},\quad n=1,2,\cdots,$$

$$\cdots\cdots$$

于是得幂级数

$$1+\alpha x+\frac{\alpha(\alpha-1)}{2!}x^2+\cdots+\frac{\alpha(\alpha-1)(\alpha-2)\cdots(\alpha-n+1)}{n!}x^n+\cdots$$

$$=1+\sum_{n=1}^{\infty}\frac{\alpha(\alpha-1)(\alpha-2)\cdots(\alpha-n+1)}{n!}x^n.$$

因为

$$\lim_{n\to\infty}\left|\frac{a_{n+1}}{a_n}\right|=\lim_{n\to\infty}\left|\frac{\alpha(\alpha-1)(\alpha-2)\cdots(\alpha-n+1)(\alpha-n)}{\alpha(\alpha-1)(\alpha-2)\cdots(\alpha-n+1)}\cdot\frac{n!}{(n+1)!}\right|$$

$$=\lim_{n\to\infty}\left|\frac{\alpha-n}{n+1}\right|=1=\rho,$$

所以收敛半径 $R=\dfrac{1}{\rho}=1$,可知幂级数在 $(-1,1)$ 内收敛.

可以证明:当 $\alpha>-1$ 时,在 $x=1$ 处级数收敛,当 $\alpha>0$ 时,在 $x=-1$ 处级数也收敛,且当 $x\in(-1,1)$ 时,$\lim\limits_{n\to\infty}|R_n(x)|=0$. 从而

$$(1+x)^{\alpha}=1+\sum_{n=1}^{\infty}\frac{\alpha(\alpha-1)(\alpha-2)\cdots(\alpha-n+1)}{n!}x^n,\quad x\in(-1,1).$$

上式右端的级数称为二项式级数.

2. 间接展开法

通过上面的讨论,我们已经知道以下基本展开式:

$$\frac{1}{1-x}=1+x+x^2+\cdots+x^n+\cdots=\sum_{n=0}^{\infty}x^n,\quad x\in(-1,1),$$

$$\frac{1}{1+x}=1-x+x^2-x^3+\cdots+(-1)^nx^n+\cdots=\sum_{n=0}^{\infty}(-1)^nx^n,\quad x\in(-1,1),$$

$$\mathrm{e}^x=1+x+\frac{x^2}{2!}+\cdots+\frac{x^n}{n!}+\cdots=\sum_{n=0}^{\infty}\frac{x^n}{n!},\quad x\in(-\infty,+\infty),$$

$$\sin x = x-\frac{x^3}{3!}+\frac{x^5}{5!}-\cdots+(-1)^n\frac{x^{2n+1}}{(2n+1)!}+\cdots$$

$$=\sum_{n=0}^{\infty}\frac{(-1)^n}{(2n+1)!}x^{2n+1},\quad x\in(-\infty,+\infty),$$

$$(1+x)^\alpha=1+\alpha x+\frac{\alpha(\alpha-1)}{\alpha!}x^2+\cdots+\frac{\alpha(\alpha-1)(\alpha-2)\cdots(\alpha-n+1)}{n!}x^n+\cdots$$

$$=1+\sum_{n=1}^{\infty}\frac{\alpha(\alpha-1)(\alpha-2)\cdots(\alpha-n+1)}{n!}x^n,\quad x\in(-1,1).$$

利用这些展开式,通过运算可间接得到另一些函数的泰勒展开式或麦克劳林展开式,这就是间接展开.

(1) 逐项积分,逐项求导法.

例 10.5.4　求 $f(x)=\cos x$ 的麦克劳林级数.

解　$\cos x = (\sin x)'$

$$=\left[x-\frac{x^3}{3!}+\frac{x^5}{5!}-\cdots+\frac{(-1)^nx^{2n+1}}{(2n+1)!}+\cdots\right]'$$

$$=1-\frac{x^2}{2!}+\frac{x^4}{4!}-\cdots+\frac{(-1)^n}{(2n)!}x^{2n}+\cdots$$

$$=\sum_{n=0}^{\infty}\frac{(-1)^n}{(2n)!}x^{2n},\quad x\in(-\infty,+\infty).$$

例 10.5.5　求 $f(x)=\ln(1+x)$ 的麦克劳林级数.

解　由于 $\dfrac{1}{1+x}=1-x+x^2-\cdots+(-1)^nx^n+\cdots,x\in(-1,1)$,所以

$$\ln(1+x)=\int_0^x\frac{\mathrm{d}t}{1+t}=\int_0^x\left[1-t+t^2+\cdots+(-1)^nt^n+\cdots\right]\mathrm{d}t$$

$$=x-\frac{x^2}{2}+\frac{x^3}{3}-\cdots+(-1)^n\frac{x^{n+1}}{n+1}+\cdots$$

$$=\sum_{n=0}^{\infty}\frac{(-1)^n}{n+1}x^{n+1}.$$

当 $x=-1$ 时，$\sum\limits_{n=0}^{\infty}\dfrac{(-1)^n}{n+1}x^{n+1}\Big|_{x=-1}=-1-\dfrac{1}{2}-\dfrac{1}{3}-\cdots-\dfrac{1}{n}-\cdots$，发散；

当 $x=1$ 时，$\sum\limits_{n=0}^{\infty}\dfrac{(-1)^n}{n+1}x^{n+1}\Big|_{x=1}=1-\dfrac{1}{2}+\dfrac{1}{3}-\cdots+(-1)^{n-1}\dfrac{1}{n}+\cdots$，收敛.

所以 $\ln(1+x)=\sum\limits_{n=0}^{\infty}\dfrac{(-1)^n}{n+1}x^{n+1}$，$x\in(-1,1]$.

例 10.5.6　求 $f(x)=\arctan x$ 的麦克劳林级数.

解　由于 $\dfrac{1}{1+x^2}=1-x^2+x^4-\cdots+(-1)^n x^{2n}+\cdots$，$x\in(-1,1)$，所以

$$\arctan x=\int_0^x\dfrac{\mathrm{d}x}{1+t^2}=\int_0^x(1-t^2+t^4-\cdots+(-1)^n t^{2n}+\cdots)\mathrm{d}t$$

$$=x-\dfrac{x^3}{3}+\dfrac{x^5}{5}-\cdots+(-1)^n\dfrac{x^{2n+1}}{2n+1}+\cdots.$$

当 $x=-1$ 时，上式右端级数 $-1+\dfrac{1}{3}-\dfrac{1}{5}+\dfrac{1}{7}-\cdots$，收敛；

当 $x=1$ 时，上式右端级数 $1-\dfrac{1}{3}+\dfrac{1}{5}-\dfrac{1}{7}+\cdots$，收敛.

从而有

$$\arctan x=x-\dfrac{x^3}{3}+\dfrac{x^5}{5}-\dfrac{x^7}{7}+\cdots+(-1)^n\dfrac{x^{2n+1}}{2n+1}+\cdots,\quad x\in[-1,1].$$

(2) 变量代换法.

例 10.5.7　将 $f(x)=\mathrm{e}^{-x^2}$ 展开成 x 的幂级数.

解　因为 $\mathrm{e}^t=\sum\limits_{n=0}^{\infty}\dfrac{t^n}{n!}$，$t\in(-\infty,+\infty)$，令 $t=-x^2$，于是

$$\mathrm{e}^{-x^2}=\mathrm{e}^t=\sum\limits_{n=0}^{\infty}\dfrac{t^n}{n!}=\sum\limits_{n=0}^{\infty}\dfrac{(-x^2)^n}{n!}=\sum\limits_{n=0}^{\infty}(-1)^n\dfrac{x^{2n}}{n!}$$

$$=1-x^2+\dfrac{x^4}{2!}-\dfrac{x^6}{3!}+\cdots+(-1)^n\dfrac{x^{2n}}{n!}+\cdots,\quad x\in(-\infty,+\infty).$$

例 10.5.8　将函数 $\ln(4-3x-x^2)$ 展开成 x 的幂级数.

解　因为 $\ln(4-3x-x^2)=\ln(1-x)(4+x)=\ln(1-x)+\ln(4+x)$，而

$$\ln(1-x)=\ln[1+(-x)]=(-x)-\dfrac{(-x)^2}{2}+\dfrac{(-x)^3}{3}-\cdots\quad(-1\leqslant x<1),$$

$$\ln(4+x)=\ln4\left(1+\dfrac{x}{4}\right)=\ln4+\ln\left(1+\dfrac{x}{4}\right)$$

$$=\ln 4+\frac{x}{4}-\frac{1}{2} \cdot \left(\frac{x}{4}\right)^2+\frac{1}{3} \cdot \left(\frac{x}{4}\right)^3-\cdots \quad (-4<x\leqslant 4),$$

所以

$$\ln(4-3x-x^2)=\left(-x-\frac{x^2}{2}-\frac{x^3}{3}-\cdots\right)+\ln 4+\frac{x}{4}-\frac{x^2}{2 \cdot 4^2}+\frac{x^3}{3 \cdot 4^3}-\cdots$$

$$=\ln 4-\frac{3}{4}x-\frac{17}{32}x^2-\frac{63}{192}x^3-\cdots \quad (-1\leqslant x<1).$$

例 10.5.9　将函数 $f(x)=\dfrac{1}{x^2}$ 展开成 $x-2$ 的幂级数.

解　因为

$$\frac{1}{x}=\frac{1}{(x-2)+2}=\frac{1}{2} \cdot \frac{1}{1+\dfrac{x-2}{2}}$$

$$=\frac{1}{2}\left[1-\frac{x-2}{2}+\left(\frac{x-2}{2}\right)^2-\left(\frac{x-2}{2}\right)^3+\cdots\right]$$

$$=\frac{1}{2}\sum_{n=0}^{\infty}\frac{(-1)^n}{2^n}(x-2)^n \quad (|x-2|<2),$$

逐项求导,得

$$-\frac{1}{x^2}=\frac{1}{2}\sum_{n=1}^{\infty}(-1)^n\frac{n}{2^n}(x-2)^{n-1},$$

所以

$$f(x)=\frac{1}{x^2}=\sum_{n=1}^{\infty}(-1)^{n+1}\frac{n}{2^{n+1}}(x-2)^{n-1} \quad (0<x<4).$$

例 10.5.10　将函数 $f(x)=\dfrac{1}{x^2+4x+3}$ 展开成 $x-1$ 的幂级数.

解　因为

$$f(x)=\frac{1}{x^2+4x+3}=\frac{1}{(x+1)(x+3)}=\frac{1}{2(1+x)}-\frac{1}{2(3+x)}$$

$$=\frac{1}{4\left(1+\dfrac{x-1}{2}\right)}-\frac{1}{8\left(1+\dfrac{x-1}{4}\right)},$$

而

$$\frac{1}{4\left(1+\dfrac{x-1}{2}\right)}=\frac{1}{4}\sum_{n=0}^{\infty}\frac{(-1)^n}{2^n}(x-1)^n \quad (-1<x<3),$$

$$\frac{1}{8\left(1+\dfrac{x-1}{4}\right)}=\frac{1}{8}\sum_{n=0}^{\infty}\frac{(-1)^n}{4^n}(x-1)^n\quad(-3<x<5),$$

故

$$\frac{1}{x^2+4x+3}=\sum_{n=0}^{\infty}(-1)^n\left(\frac{1}{2^{n+2}}-\frac{1}{2^{2n+3}}\right)(x-1)^n\quad(-1<x<3).$$

幂级数由于其形式简单,并且有很好的四则运算和分析运算性质,所以常用于近似计算和一些函数的表示.下面举两个简单例子.

例 10.5.11　求 $f(x)=\sin x$ 在 $-\dfrac{\pi}{4}\leqslant x\leqslant\dfrac{\pi}{4}$ 上的一个三次近似多项式,并估计近似式的误差.

解　因 $\sin x=x-\dfrac{x^3}{3!}+\dfrac{x^5}{5!}-\dfrac{x^7}{7!}+\cdots\approx x-\dfrac{x^3}{3!}$,故

$$|R_3(x)|=\left|\frac{x^5}{5!}-\frac{x^7}{7!}+\cdots\right|,\quad x\in\left[-\frac{\pi}{4},\frac{\pi}{4}\right].$$

当 $-\dfrac{\pi}{4}\leqslant x\leqslant\dfrac{\pi}{4}$ 时,余项 $R_3(x)$ 是交错级数,且满足莱布尼茨定理,于是由莱布尼茨定理的结论,其误差 $|R_n(x)|$ 不超过余项中的第一项的绝对值.

$$|R_3(x)|\leqslant\frac{|x|^5}{5!}\leqslant\frac{1}{5!}\left(\frac{\pi}{4}\right)^5<\frac{1}{5!}(0.786)^5<0.003=3\times10^{-3}.$$

因此在 $\left[-\dfrac{\pi}{4},\dfrac{\pi}{4}\right]$ 上,用三次多项式 $x-\dfrac{x^3}{3!}$ 近似 $\sin x$ 时,所产生的截断误差不超过 3×10^{-3}.

在不定积分中,有些函数的原函数不能用初等函数表示,但是它却可以用幂级数来表示.这样就拓展了函数的类型.

例 10.5.12　用幂级数表示函数 $S(x)=\displaystyle\int_0^x\frac{\sin t}{t}\mathrm{d}t$.

解　因为 $\displaystyle\int_0^x\frac{\sin t}{t}\mathrm{d}t$ 不能用初等函数来表示,即我们找不到一个初等函数,使其可以作为 $\displaystyle\int_0^x\frac{\sin t}{t}\mathrm{d}t$ 的原函数,于是将 $\dfrac{\sin t}{t}$ 展开成幂级数,利用逐项积分方法,用幂级数来表示 $S(x)$.

$$S(x)=\int_0^x\frac{\sin t}{t}\mathrm{d}t=\int_0^x\left(\frac{1}{t}\sum_{n=0}^{\infty}\frac{(-1)^n}{(2n+1)!}t^{2n+1}\right)\mathrm{d}t=\int_0^x\left(\sum_{n=0}^{\infty}\frac{(-1)^n}{(2n+1)!}t^{2n}\right)\mathrm{d}t$$

$$= \sum_{n=0}^{\infty} \frac{(-1)^n}{(2n+1)!} \int_0^x t^{2n} \mathrm{d}t = \sum_{n=0}^{\infty} \frac{(-1)^n}{(2n+1)(2n+1)!} x^{2n+1}$$

$$= x - \frac{x^3}{3 \cdot 3!} + \frac{x^5}{5 \cdot 5!} - \frac{x^7}{7 \cdot 7!} + \cdots, \quad x \in (-\infty, +\infty).$$

习 题 10.5

1. 利用已知展开式将下列函数展开成 x 的幂级数.

(1) $f(x) = x^3 \mathrm{e}^{-x}$；ㅤㅤㅤㅤㅤㅤㅤ(2) $f(x) = x \mathrm{e}^{x^2}$；

(3) $f(x) = \sin \dfrac{x}{3}$；ㅤㅤㅤㅤㅤㅤㅤㅤ(4) $f(x) = \sin^2 x$；

(5) $f(x) = \dfrac{1}{3-x}$；ㅤㅤㅤㅤㅤㅤㅤㅤ(6) $f(x) = \dfrac{x}{1+x-2x^2}$；

(7) $f(x) = \dfrac{1}{(1-x)(1-2x)}$；ㅤㅤㅤ(8) $f(x) = \ln(2-3x)$.

2. 利用已知展开式将下列函数展开成 $x-2$ 的幂级数.

(1) $f(x) = \mathrm{e}^{x-1}$；ㅤㅤㅤㅤㅤㅤㅤㅤ(2) $f(x) = \ln x$；

(3) $f(x) = \dfrac{1}{x}$；ㅤㅤㅤㅤㅤㅤㅤㅤ(4) $f(x) = \dfrac{1}{x^2+3x+2}$.

3. 将 $f(x) = \ln x$ 展开成 $x-1$ 的幂级数，并写出收敛域.

4. 将 $f(x) = \dfrac{1}{x}$ 展开成 $x-3$ 的幂级数，并写出收敛域.

10.6　傅里叶级数

在自然界中许多变量的变化过程都具有周期性，如心脏的跳动、肺的呼吸、交流电的变化、弹簧的振动等. 描绘这些变化规律的函数多为周期函数，为了精确表示这些事物变化的关系以及对变化本质特征进行分析，我们需要研究这些函数的级数逼近问题.

10.6.1　三角级数和三角函数系的正交性

在电子技术中我们常常会遇到周期为 T 的一些信号(图 10.3). 它们呈现出一种较复杂的周期运动. 要对波形图进行定量分析，就必须首先确定函数的表达式. 由于这些波形往往不能用初等函数表示，而采用级数逼近是一个很好的方法. 注意到波形具有周期性，所以用来逼近的级数也应具有同样的周期. 如何构建和确定这样的级数是对信号做定量分析时常会遇到的问题.

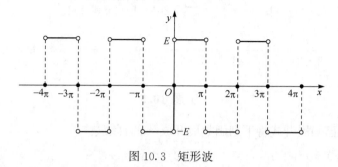

图 10.3　矩形波

下面将这个问题抽象为数学问题,建立数学模型.

(1) 为了讨论方便,假设波形函数 $f(x)$ 是以 2π 为周期的周期函数;

(2) 取正弦函数 $A_n\sin(n\omega t + \varphi_n)$ 为级数的通项,因为它是最简单的以 2π 为周期的简谐振动函数,无穷多个简谐振动的叠加可以表示为无穷级数

$$\sum_{n=0}^{\infty} A_n\sin(n\omega t + \varphi_n)$$

$$= A_0\sin\varphi_0 + A_1\sin(\omega t + \varphi_1) + A_2\sin(2\omega t + \varphi_2) + \cdots + A_n\sin(n\omega t + \varphi_n).$$

令 $\omega t = x$,则 $A_n\sin(n\omega t + \varphi_n) = A_n\sin\varphi_n\cos nx + A_n\cos\varphi_n\sin nx$,记 $a_n = A_n\sin\varphi_n$,$b_n = A_n\cos\varphi_n$,$A_0\sin\varphi_0 = \dfrac{a_0}{2}$,其中 a_n,b_n 与 x 无关$(n=1,2,\cdots)$,称此级数为三角级数,记为

$$\frac{a_0}{2} + \sum_{n=1}^{\infty} (a_n\cos nx + b_n\sin nx).$$

三角级数是用于逼近周期函数的非常好的函数,该级数在收敛域内是周期为 2π 的函数,它与所研究的波形图的周期保持一致.

(3) 假设以 2π 为周期的函数 $f(x)$ 在 $[-\pi,\pi]$ 上可积,并且在某个范围内与上述三角级数相对应,即 $f(x) \sim \dfrac{a_0}{2} + \sum_{n=1}^{\infty} (a_n\cos nx + b_n\sin nx)$,那么接下来的问题就是 $f(x)$ 应满足怎样的条件才能使右端的级数在某个范围内收敛于 $f(x)$ 本身? 此时三角级数中的系数 $a_0,a_n,b_n(n=1,2,\cdots)$ 与 $f(x)$ 的关系如何? 如果这两个问题都得到了解决,那么用三角级数去逼近函数 $f(x)$ 就成为可能.

以上就是研究用傅里叶级数逼近周期函数的基本思想方法.

上述级数中出现的函数序列 $\{1,\cos x,\sin x,\cos 2x,\sin 2x,\cdots,\cos nx,\sin nx,\cdots\}$ 称为三角函数系. 三角函数系的两个非常重要的性质就是周期性与正交性.

　　三角函数系以 2π 为周期,为方便计算,常取这个周期区间为$[-\pi,\pi]$. 三角函数系的正交性是指其中任何两个不同的函数的乘积在区间$[-\pi,\pi]$上的积分等于零.

$$\int_{-\pi}^{\pi} \sin nx \, \mathrm{d}x = 0, \quad n = 1, 2, \cdots,$$

$$\int_{-\pi}^{\pi} \cos nx \, \mathrm{d}x = 0, \quad n = 1, 2, \cdots,$$

$$\int_{-\pi}^{\pi} \sin mx \cos nx \, \mathrm{d}x = 0, \quad m, n = 1, 2, \cdots,$$

$$\int_{-\pi}^{\pi} \sin mx \sin nx \, \mathrm{d}x = 0, \quad m, n = 1, 2, \cdots, m \neq n,$$

$$\int_{-\pi}^{\pi} \cos mx \cos nx \, \mathrm{d}x = 0, \quad m, n = 1, 2, \cdots, m \neq n.$$

之所以称为正交性,是由于解析几何中相互垂直的向量的数量积为零,而在三角函数系中,如果把每一个函数看成一个"向量",而定义两个"向量"f, g 的"数量积"为 $f \cdot g = \int_{-\pi}^{\pi} f \cdot g \, \mathrm{d}x$,则这个数量积就是上面的积分式,因而可以将其视作几何中向量的数量积的推广.

　　而这个"数量积"为零,也就引申为向量的正交. 三角函数系的正交性是极其重要的性质.

　　同时,我们还要看到,在这个函数系中,任意一个函数的平方在$[-\pi,\pi]$上的积分不等于零,即

$$\int_{-\pi}^{\pi} 1^2 \, \mathrm{d}x = 2\pi,$$

$$\int_{-\pi}^{\pi} \cos^2 nx \, \mathrm{d}x = \pi, \quad n = 1, 2, \cdots$$

$$\int_{-\pi}^{\pi} \sin^2 nx \, \mathrm{d}x = \pi, \quad n = 1, 2, \cdots.$$

10.6.2　傅里叶级数的概念

　　要将函数 $f(x)$ 展开成三角级数,首先要确定三角级数的一系列系数 $a_0, a_n,$ $b_n (n = 1, 2, 3, \cdots)$,然后讨论由这样的一系列系数构成的三角级数的收敛性. 如果级数收敛,再进一步考虑它的和函数与函数 $f(x)$ 是否相同,如果在某个范围内两个函数相同,则在这个范围内函数 $f(x)$ 可以展开成这个三角级数.

　　设 $f(x)$ 是周期为 2π 的周期函数,并且能够展开为三角级数

$$f(x) = \frac{a_0}{2} + \sum_{n=1}^{\infty} (a_n \cos nx + b_n \sin nx),$$

那么系数 $a_0,a_n,b_n(n=1,2,3,\cdots)$ 与函数 $f(x)$ 之间存在着怎样的关系呢？

假定上述等式两端可逐项积分，首先求 a_0. 在 $[-\pi,\pi]$ 上积分，

$$\int_{-\pi}^{\pi} f(x)\mathrm{d}x = \frac{a_0}{2}\int_{-\pi}^{\pi}\mathrm{d}x + \sum_{k=1}^{\infty}\left[a_k\int_{-\pi}^{\pi}\cos kx\,\mathrm{d}x + b_k\int_{-\pi}^{\pi}\sin kx\,\mathrm{d}x\right].$$

由三角函数系的正交性可知，等式右端除第一项外，其余各项积分均为零，所以

$$\int_{-\pi}^{\pi} f(x)\mathrm{d}x = \frac{a_0}{2}2\pi = a_0\pi,$$

整理得

$$a_0 = \frac{1}{\pi}\int_{-\pi}^{\pi} f(x)\mathrm{d}x,$$

然后求 a_n，对等式两边乘以 $\cos nx$ 后，再在 $[-\pi,\pi]$ 上逐项积分，则得

$$\int_{-\pi}^{\pi} f(x)\cos nx\,\mathrm{d}x = \int_{-\pi}^{\pi}\frac{a_0}{2}\cos nx\,\mathrm{d}x + \sum_{n=1}^{\infty}\left[a_k\int_{-\pi}^{\pi}\cos kx\cos nx\,\mathrm{d}x + b_k\int_{-\pi}^{\pi}\sin kx\cos nx\,\mathrm{d}x\right].$$

由三角函数系的正交性可知，等式右端除第二个积分式中 $k=n$ 这一项外，其余各项积分均为零，所以

$$\int_{-\pi}^{\pi} f(x)\cos nx\,\mathrm{d}x = a_n\int_{-\pi}^{\pi}\cos^2 nx\,\mathrm{d}x = a_n\pi,$$

即

$$a_n = \frac{1}{\pi}\int_{-\pi}^{\pi} f(x)\cos nx\,\mathrm{d}x, \quad n=1,2,\cdots.$$

类似地，对等式两边乘以 $\sin nx$，并在 $[-\pi,\pi]$ 上积分可得

$$b_n = \frac{1}{\pi}\int_{-\pi}^{\pi} f(x)\sin nx\,\mathrm{d}x, \quad n=1,2,\cdots.$$

综上有

$$a_0 = \frac{1}{\pi}\int_{-\pi}^{\pi} f(x)\mathrm{d}x,$$

$$a_n = \frac{1}{\pi}\int_{-\pi}^{\pi} f(x)\cos nx\,\mathrm{d}x, \quad n=1,2,\cdots,$$

$$b_n = \frac{1}{\pi}\int_{-\pi}^{\pi} f(x)\sin nx\,\mathrm{d}x, \quad n=1,2,\cdots.$$

如果上述积分均存在，则所确定的系数 $a_0,a_n,b_n(n=1,2,3,\cdots)$ 称为函数 $f(x)$ 的傅里叶系数. 以傅里叶系数为系数的三角级数

$$\frac{a_0}{2} + \sum_{n=1}^{\infty}(a_n\cos nx + b_n\sin nx)$$

称为**傅里叶级数**(简称**傅氏级数**).

10.6.3　函数展开成傅里叶级数

任何一个以 2π 为周期的函数 $f(x)$,只要傅里叶系数存在,总可以求出它的傅里叶级数.但是这个傅里叶级数是否一定收敛? 如果收敛,它是否一定收敛于函数 $f(x)$? 因此要解决的一个基本问题就是 $f(x)$ 在怎样的条件下,它的傅里叶级数必收敛,且在什么范围内收敛于 $f(x)$? 下面不加证明地叙述关于傅里叶级数收敛的一个充分条件.

定理 10.13(收敛定理,狄利克雷充分条件)　设 $f(x)$ 以 2π 为周期,如果它在一个周期内连续或只有有限个第一类间断点,在一个周期内至多只有有限个极值点,则 $f(x)$ 的傅里叶级数在 $[-\pi,\pi]$ 上收敛,且其和函数为

$$S(x)=\begin{cases} f(x), & x \text{ 是 } f(x) \text{ 的连续点}, \\ \dfrac{f(x-0)+f(x+0)}{2}, & x \text{ 是 } f(x) \text{ 的间断点}. \end{cases}$$

显然,狄利克雷充分条件比泰勒定理中的条件弱得多,一般地,工程技术中所遇到的周期函数都满足狄利克雷条件,所以都能展开成傅里叶级数.

推论 10.2　如果函数 $f(x)$ 在 $[-\pi,\pi]$ 上满足狄利克雷条件,则 $f(x)$ 的傅里叶级数在 $x=\pm\pi$ 处的和函数 $S(x)=\dfrac{f(-\pi+0)+f(\pi-0)}{2}$.

例 10.6.1　设 $f(x)$ 是周期为 2π 的周期函数,它在 $[-\pi,\pi]$ 上的表达式为

$$f(x)=\begin{cases} -1, & -\pi\leqslant x<0, \\ 1, & 0\leqslant x<\pi, \end{cases}$$

将 $f(x)$ 展开为傅里叶级数.

解　如图 10.4 所示,所给函数满足收敛定理的条件,它在点 $x=k\pi(k=0,\pm1,\pm2,\cdots)$ 处不连续,在其他点处处连续,从而由收敛定理可知 $f(x)$ 的傅里叶级数收敛,并且当 $x=k\pi$ 时收敛于

$$\frac{1}{2}[f(x-0)+f(x+0)]=\frac{1}{2}(-1+1)=0.$$

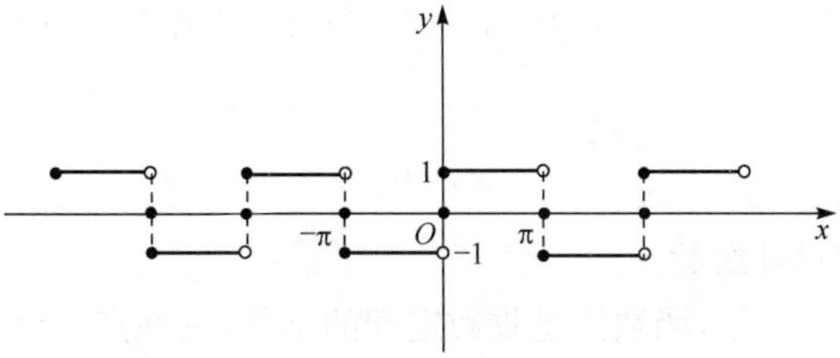

图 10.4

当 $x \neq k\pi$ 时,级数收敛于 $f(x)$,傅里叶系数计算如下:

$$a_n = \frac{1}{\pi}\int_{-\pi}^{\pi} f(x)\cos nx\, \mathrm{d}x$$

$$= \frac{1}{\pi}\int_{-\pi}^{0}(-1)\cos nx\, \mathrm{d}x + \frac{1}{\pi}\int_{0}^{\pi} 1\cdot\cos nx\, \mathrm{d}x = 0, \quad n = 1,2,\cdots,$$

$$b_n = \frac{1}{\pi}\int_{-\pi}^{\pi} f(x)\sin nx\, \mathrm{d}x$$

$$= \frac{1}{\pi}\int_{-\pi}^{0}(-1)\sin nx\, \mathrm{d}x + \frac{1}{\pi}\int_{0}^{\pi} 1\cdot\sin nx\, \mathrm{d}x$$

$$= \frac{1}{\pi}\left(\frac{\cos nx}{n}\right)\Big|_{-\pi}^{0} + \frac{1}{\pi}\left(-\frac{\cos nx}{n}\right)\Big|_{0}^{\pi}$$

$$= \frac{1}{n\pi}\left[1 - \cos n\pi - \cos n\pi(-1)^n\right]$$

$$= \frac{2}{n\pi}\left[1 - (-1)^n\right]$$

$$= \begin{cases} \dfrac{4}{n\pi}, & n = 1,3,5,\cdots, \\ 0, & n = 2,4,6,\cdots. \end{cases}$$

于是 $f(x)$ 的傅里叶级数展开式为

$$f(x) = \sum_{n=1}^{\infty} \frac{4}{(2n-1)\pi}\sin(2n-1)x$$

$$= \frac{4}{\pi}\left[\sin x + \frac{1}{3}\sin 3x + \cdots + \frac{1}{2n-1}\sin(2n-1)x + \cdots\right]$$

$$(-\infty < x < +\infty; x \neq 0, \pm\pi, \pm 2\pi, \cdots).$$

例 10.6.2 设 $f(x)$ 是周期为 2π 的周期函数,它在 $[-\pi,\pi)$ 上的表达式为

$$f(x) = \begin{cases} 0, & -\pi \leqslant x < 0, \\ x, & 0 \leqslant x < \pi, \end{cases}$$

将 $f(x)$ 展开成傅里叶级数.

解 如图 10.5 所示,函数满足收敛定理的条件,它在点 $x = (2k+1)\pi$($k = 0$, $\pm 1, \pm 2, \cdots$)处不连续,因此,$f(x)$ 的傅里叶级数在 $x = (2k+1)\pi$ 处收敛于

$$\frac{1}{2}[f(x-0)+f(x+0)]=\frac{1}{2}(\pi-0)=\frac{\pi}{2},$$

在连续点 $x(x\neq(2k+1)\pi)$ 处级数收敛于 $f(x)$.

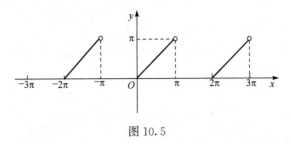

图 10.5

傅里叶系数计算如下:

$$a_0=\frac{1}{\pi}\int_{-\pi}^{\pi}f(x)\mathrm{d}x=\frac{1}{\pi}\int_0^{\pi}x\mathrm{d}x=\frac{\pi}{2},$$

$$a_n=\frac{1}{\pi}\int_{-\pi}^{\pi}f(x)\cos nx\,\mathrm{d}x$$

$$=\frac{1}{\pi}\int_0^{\pi}x\cos nx\,\mathrm{d}x$$

$$=\frac{1}{\pi}\left(\frac{x\sin nx}{n}+\frac{\cos nx}{n^2}\right)\bigg|_0^{\pi}=\frac{1}{n^2\pi}(\cos n\pi-1)$$

$$=\begin{cases}\dfrac{-2}{n^2\pi}, & n=1,3,5,\cdots,\\[2mm] 0, & n=2,4,6,\cdots,\end{cases}$$

$$b_n=\frac{1}{\pi}\int_{-\pi}^{\pi}f(x)\sin nx\,\mathrm{d}x$$

$$=\frac{1}{\pi}\int_0^{\pi}x\sin nx\,\mathrm{d}x$$

$$=\frac{1}{\pi}\left(-\frac{x\cos nx}{n}+\frac{\sin nx}{n^2}\right)\bigg|_0^{\pi}$$

$$=-\frac{\cos n\pi}{n}$$

$$=\frac{(-1)^{n-1}}{n}, \quad n=1,2,\cdots.$$

$f(x)$ 的傅里叶级数展开式为

$$f(x) = \frac{\pi}{4} + \sum_{n=1}^{\infty} \left[\frac{-2}{(2n-1)^2 \pi} \cos(2n-1)x + \frac{(-1)^{n-1}}{n} \sin nx \right]$$

$$= \frac{\pi}{4} - \frac{2}{\pi} \cos x + \sin x - \frac{2}{3^2 \pi} \cos 3x - \frac{1}{2} \sin 2x - \frac{2}{5^2 \pi} \cos 5x + \frac{1}{3} \sin 3x + \cdots$$

$$(-\infty < x < +\infty; x \neq \pm\pi, \pm3\pi, \cdots).$$

例 10.6.3　如图 10.6 所示，设 $f(x)$ 是以 2π 为周期的函数，它在 $(-\pi, \pi]$ 上的定义为

$$f(x) = \begin{cases} -1, & -\pi < x \leqslant 0, \\ 1+x^2, & 0 < x \leqslant \pi, \end{cases}$$

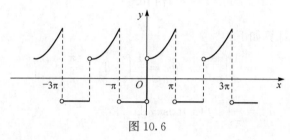

图 10.6

求 $f(x)$ 的傅里叶级数分别在 $x=0, x=1$ 及 $x=\pm\pi$ 处的和及 $f(x)$ 的傅里叶级数在 $[-\pi, \pi]$ 上的和函数.

解　设函数 $f(x)$ 的傅里叶级数的和函数为 $S(x), f(x)$ 在 $(-\pi, \pi]$ 上满足狄利克雷收敛定理的条件，级数收敛. $x=0$ 为 $f(x)$ 的间断点，$x=1$ 为连续点，$x=\pm\pi$ 为区间 $(-\pi, \pi]$ 的端点，由收敛定理有

$$S(0) = \frac{f(0^-) + f(0^+)}{2} = \frac{-1+1}{2} = 0,$$

$$S(1) = f(1) = 2,$$

$$S(\pm\pi) = \frac{f(-\pi+0) + f(\pi-0)}{2} = \frac{-1+1+\pi^2}{2} = \frac{\pi^2}{2}.$$

10.6.4　正弦级数和余弦级数

当 $f(x)$ 为奇函数时，$f(x)\cos nx$ 是奇函数，$f(x)\sin nx$ 是偶函数，故傅里叶系数为

$$a_n = 0 \quad (n = 0, 1, 2, \cdots),$$

$$b_n = \frac{2}{\pi} \int_0^\pi f(x) \sin nx \, dx \quad (n = 1, 2, \cdots).$$

因此，奇函数的傅里叶级数是只含有正弦项的正弦级数 $\displaystyle\sum_{n=1}^{\infty} b_n \sin nx$.

当 $f(x)$ 为偶函数时, $f(x)\cos nx$ 是偶函数, $f(x)\sin nx$ 是奇函数,故傅里叶系数为

$$a_n = \frac{2}{\pi}\int_0^\pi f(x)\cos nx\,\mathrm{d}x, \quad n=0,1,2,\cdots,$$

$$b_n = 0, \quad n=1,2,\cdots.$$

因此,偶函数的傅里叶级数是只含有余弦项的余弦级数 $\dfrac{a_0}{2} + \sum\limits_{n=1}^{\infty} a_n\cos nx$.

例 10.6.4　设 $f(x)$ 是周期为 2π 的周期函数,它在 $[-\pi,\pi)$ 上的表达式为 $f(x)=x$,将 $f(x)$ 展开成傅里叶级数.

解　如图 10.7 所示,所给函数满足收敛定理的条件,它在点 $x=(2k+1)\pi$ $(k=0,\pm1,\pm2,\cdots)$ 不连续,其傅里叶级数收敛于

$$\frac{1}{2}\big[f(-\pi+0)+f(\pi-0)\big] = \frac{1}{2}(-\pi+\pi)=0,$$

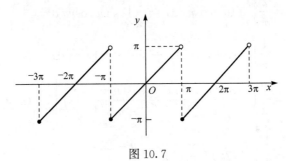

图 10.7

当 $x\neq(2k+1)\pi$ 时, $f(x)$ 处处连续,其傅里叶级数收敛于 $f(x)$ 本身. 由于 $f(x)$ 是周期为 2π 的奇函数,所以有

$$a_n = 0, \quad n=0,1,2,\cdots,$$

而

$$b_n = \frac{2}{\pi}\int_0^\pi f(x)\sin nx\,\mathrm{d}x = \frac{2}{\pi}\int_0^\pi x\sin nx\,\mathrm{d}x = \frac{2}{\pi}\left(-\frac{x\cos nx}{n}+\frac{\sin nx}{n^2}\right)\bigg|_0^\pi$$

$$= -\frac{2}{n}\cos n\pi = \frac{2}{n}(-1)^{n+1}, \quad n=1,2,3,\cdots.$$

$f(x)$ 的傅里叶级数展开式为

$$f(x) = 2\sum_{n=1}^{\infty}\frac{(-1)^{n+1}}{n}\sin nx$$

$$= 2\left[\sin x - \frac{1}{2}\sin 2x + \frac{1}{3}\sin 3x - \cdots + (-1)^{n+1}\frac{1}{n}\sin nx + \cdots\right]$$

$$(-\infty < x < +\infty, x \neq \pm\pi, \pm3\pi, \cdots).$$

例 10.6.5 将周期函数 $f(x) = |\sin x|$(图 10.8)展开为傅里叶级数.

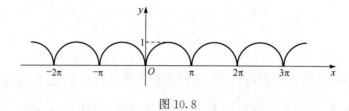

图 10.8

解 所给函数满足狄利克雷充分条件,故能展为傅里叶级数,因为 $f(x)$ 为偶函数,所以 $b_n = 0 (n=1,2,\cdots)$,由系数公式

$$a_0 = \frac{2}{\pi}\int_0^\pi f(x)\mathrm{d}x = \frac{2}{\pi}\int_0^\pi \sin x\,\mathrm{d}x = \frac{4}{\pi},$$

$$a_n = \frac{2}{\pi}\int_0^\pi f(x)\cos nx\,\mathrm{d}x = \frac{2}{\pi}\int_0^\pi \sin x\cos nx\,\mathrm{d}x$$

$$= \frac{1}{\pi}\int_0^\pi [\sin(n+1)x - \sin(n-1)x]\,\mathrm{d}x$$

$$= \frac{1}{\pi}\left(-\frac{\cos(n+1)x}{n+1} + \frac{\cos(n-1)x}{n-1}\right)\Big|_0^\pi \quad (n \neq 1)$$

$$= \begin{cases} -\dfrac{4}{[(2k)^2-1]\pi}, & n=2k, \\ 0, & n=2k+1. \end{cases}$$

因为 $n \neq 1$,所以 a_1 要单独计算

$$a_1 = \frac{2}{\pi}\int_0^\pi f(x)\cos x\,\mathrm{d}x = \frac{2}{\pi}\int_0^\pi \sin x\cos x\,\mathrm{d}x = 0.$$

函数 $f(x)$ 在整个数轴上连续,故

$$f(x) = \frac{4}{\pi}\left(\frac{1}{2} - \frac{1}{3}\cos 2x - \frac{1}{15}\cos 4x - \frac{1}{35}\cos 6x - \cdots\right)$$

$$= \frac{2}{\pi}\left[1 - 2\sum_{n=1}^\infty \frac{\cos 2nx}{4n^2-1}\right] \quad (-\infty < x < +\infty).$$

10.6.5　周期延拓

以上我们讨论的是以 2π 为周期的函数的傅里叶级数展开问题. 如果 $f(x)$ 只在 $[-\pi,\pi]$ 上有定义,并且满足定理条件,而在其他区间没有定义,那么可以在区间 $[-\pi,\pi]$ 外补充函数 $f(x)$ 的定义,将它延拓为周期为 2π 的周期函数 $F(x)$,延

拓时,在$(-\pi,\pi)$内,保持$F(x)=f(x)$,然后将$F(x)$展开成傅里叶级数,延拓后的周期函数$F(x)$的傅里叶级数在$(-\pi,\pi)$内收敛于$f(x)$,这就是周期延拓的概念.

例 10.6.6　将定义在$[-\pi,\pi]$上的函数$f(x)=|x|$展开成傅里叶级数.

解　如图 10.9 所示,所给函数在区间$[-\pi,\pi]$上满足收敛定理的条件,将$f(x)$延拓为以2π为周期的周期函数$F(x)$.

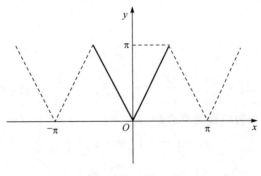

图 10.9

$$F(x)=f(x)=\begin{cases}-x & -\pi\leqslant x<0,\\ x, & 0\leqslant x<\pi,\end{cases}\quad T=2\pi,$$

则$F(x)$在$(-\infty,+\infty)$连续,傅里叶系数为

$$a_0=\frac{1}{\pi}\int_{-\pi}^{\pi}f(x)\mathrm{d}x=\frac{1}{\pi}\int_{-\pi}^{0}(-x)\,\mathrm{d}x+\frac{1}{\pi}\int_{0}^{\pi}x\,\mathrm{d}x=\pi,$$

$$a_n=\frac{1}{\pi}\int_{-\pi}^{\pi}f(x)\cos nx\,\mathrm{d}x=\frac{1}{\pi}\int_{-\pi}^{0}(-x)\cos nx\,\mathrm{d}x+\frac{1}{\pi}\int_{0}^{\pi}x\cos nx\,\mathrm{d}x$$

$$=\frac{2}{n^2\pi}(\cos n\pi-1)$$

$$=\begin{cases}-\dfrac{4}{n^2\pi}, & n=1,3,5,\cdots,\\[2mm] 0, & n=2,4,6,\cdots,\end{cases}$$

$$b_n=\frac{1}{\pi}\int_{-\pi}^{\pi}f(x)\sin nx\,\mathrm{d}x$$

$$=\frac{1}{\pi}\int_{-\pi}^{0}(-x)\sin nx\,\mathrm{d}x+\frac{1}{\pi}\int_{0}^{\pi}x\sin nx\,\mathrm{d}x=0,\quad n=1,2,\cdots.$$

于是$F(x)$的傅里叶级数为

$$F(x)=\frac{\pi}{2}-\frac{4}{\pi}\sum_{n=1}^{\infty}\frac{1}{(2n-1)^2}\cos(2n-1)x$$

$$= \frac{\pi}{2} - \frac{4}{\pi} \left(\cos x + \frac{1}{3^2} \cos 3x + \frac{1}{5^2} \cos 5x + \cdots \right), \quad x \in (-\infty, +\infty),$$

而 $f(x)$ 的傅里叶级数展开式为

$$f(x) = \frac{\pi}{2} - \frac{4}{\pi} \left(\cos x + \frac{1}{3^2} \cos 3x + \frac{1}{5^2} \cos 5x + \cdots \right), \quad x \in [-\pi, \pi].$$

令 $x=0$, 则 $0 = \frac{\pi}{2} - \frac{4}{\pi} \left[1 + \frac{1}{3^2} + \frac{1}{5^2} + \cdots + \frac{1}{(2n-1)^2} + \cdots \right]$, 所以

$$1 + \frac{1}{3^2} + \frac{1}{5^2} + \cdots + \frac{1}{(2n-1)^2} + \cdots = \frac{\pi^2}{8}.$$

设 $\sigma_1 = \sum_{n=1}^{\infty} \frac{1}{n^2}, \sigma_2 = \sum_{n=1}^{\infty} \frac{(-1)^{n-1}}{n^2}, \sigma_3 = \sum_{n=1}^{\infty} \frac{1}{(2n-1)^2}, \sigma_4 = \sum_{n=1}^{\infty} \frac{1}{(2n)^2}.$

注意到以上四个数项级数都收敛, 且

$$\sigma_1 = \sigma_3 + \sigma_4, \quad \sigma_2 = \sigma_3 - \sigma_4.$$

因为 $\sigma_4 = \frac{1}{4} \sum_{n=1}^{\infty} \frac{1}{n^2} = \frac{1}{4} \sigma_1$, 所以 $\sigma_1 = \sigma_3 + \frac{\sigma_1}{4}$, 即

$$\frac{3}{4} \sigma_1 = \sigma_3, \sigma_1 = \frac{4}{3} \sigma_3 = \frac{4}{3} \times \frac{\pi^2}{8} = \frac{\pi^2}{6}.$$

于是 $\sigma_4 = \frac{\pi^2}{24}, \sigma_2 = \frac{\pi^2}{12}.$

10.6.6 奇延拓与偶延拓

设函数 $f(x)$ 仅在区间 $[0, \pi]$ (或 $(0, \pi)$) 上有意义并且满足收敛定理的条件, 我们在开区间 $(-\pi, 0)$ 内补充函数 $f(x)$ 的定义, 使它在 $(-\pi, \pi)$ 上成为奇函数或者偶函数然后再作周期延拓, 从而得到定义在 $(-\infty, +\infty)$ 上的函数 $F(x)$. 这就是奇延拓与偶延拓的概念. 奇延拓得到正弦级数, 偶延拓得到余弦级数.

如 $f(x)$ 在 $(0, \pi)$ 上有定义, 现要求将 $f(x)$ 在 $[-\pi, \pi]$ 上展开为傅里叶余弦级数, 那么就应采用偶延拓的方式, 使周期延拓函数 $F(x)$ 在 $[-\pi, \pi]$ 上为偶函数, 即定义 $F(x) = \begin{cases} f(-x), & -\pi \leqslant x < 0, \\ f(x), & 0 \leqslant x \leqslant \pi, \end{cases}$ 则傅里叶级数系数为

$$b_n = 0, \quad n = 1, 2, \cdots,$$

$$a_0 = \frac{2}{\pi} \int_0^{\pi} f(x) \, dx,$$

$$a_n = \frac{2}{\pi} \int_0^{\pi} f(x) \cos nx \, dx, \quad n = 1, 2, \cdots,$$

其傅里叶余弦级数为 $\dfrac{a_0}{2}+\sum\limits_{n=1}^{\infty}a_n\cos nx$，收敛性根据收敛定理写出．

类似地可以得到奇延拓．

例 10.6.7　将函数 $f(x)=\begin{cases}1-\dfrac{x}{2}, & 0\leqslant x\leqslant 2,\\[2mm] 0, & 2<x\leqslant\pi\end{cases}$ 在 $[0,\pi]$ 上展开为余弦级数．

解　如图 10.10 所示，$f(x)$ 只在 $[0,\pi]$ 上有定义，求余弦级数就是要对 $f(x)$ 作偶延拓．

$$b_n=0,\quad n=1,2,\cdots,$$

$$a_0=\frac{2}{\pi}\int_0^{\pi}f(x)\mathrm{d}x$$

$$=\frac{2}{\pi}\int_0^2\left(1-\frac{x}{2}\right)\mathrm{d}x+\frac{2}{\pi}\int_2^{\pi}0\mathrm{d}x=\frac{2}{\pi},$$

$$a_n=\frac{2}{\pi}\int_0^{\pi}f(x)\cos nx\,\mathrm{d}x$$

$$=\frac{2}{\pi}\int_0^2\left(1-\frac{x}{2}\right)\cos nx\,\mathrm{d}x$$

$$=\frac{2}{\pi}\left.\frac{\sin nx}{n}\right|_0^2-\frac{1}{\pi}\left(\frac{x\sin nx}{n}+\frac{\cos nx}{n^2}\right)\Bigg|_0^2$$

$$=\frac{2}{\pi}\left(\frac{\sin n}{n}\right)^2,\quad n=1,2,\cdots.$$

于是有

$$f(x)=\frac{1}{\pi}+\frac{2}{\pi}\sum_{n=1}^{\infty}\left(\frac{\sin n}{n}\right)^2\cos nx,\quad x\in[0,\pi].$$

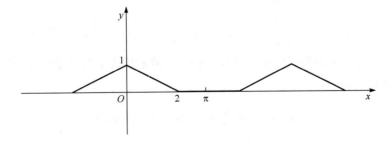

图 10.10

例 10.6.8　应当如何把给定在区间 $(0,\pi/2)$ 内满足狄利克雷收敛定理且连续的函数 $f(x)$ 延拓到区间 $(-\pi,\pi)$ 内，而使它的傅里叶级数展开式为

$$f(x) = \sum_{n=1}^{\infty} a_{2n-1} \cos(2n-1)x, \quad -\pi < x < \pi, \quad x \neq 0, \pm\frac{\pi}{2}.$$

解　由于展开式中无正弦项，故 $f(x)$ 延拓到 $(-\pi, \pi)$ 内应满足 $f(-x) = f(x)$. 设函数 $f(x)$ 延拓到 $(\pi/2, \pi)$ 的部分记为 $g(x)$，则按题意，有

$$a_{2n} = \int_0^{\pi/2} f(x)\cos 2nx \, dx + \int_{\pi/2}^{\pi} g(x)\cos 2nx \, dx = 0, \quad n = 0, 1, 2, \cdots.$$

由

$$\int_0^{\pi/2} f(x)\cos 2nx \, dx \xlongequal{\pi - x = y} -\int_{\pi}^{\pi/2} f(\pi - y)\cos 2ny \, dy$$

$$= \int_{\pi/2}^{\pi} f(\pi - x)\cos 2nx \, dx,$$

于是

$$\int_{\pi/2}^{\pi} [f(\pi - x) + g(x)]\cos 2nx \, dx = 0, \quad n = 0, 1, 2, \cdots.$$

为使上式成立，只要对每一个 $x \in (\pi/2, \pi)$，令 $f(\pi - x) + g(x) = 0$，即 $g(x) = -f(\pi - x)$. 故首先要在 $(\pi/2, \pi)$ 内定义一个函数，使它等于 $-f(\pi - x)$，然后，再按偶延拓把 $f(x)$ 延拓到 $(-\pi, 0)$，不妨将延拓到 $(-\pi, \pi)$ 上的函数仍记为 $f(x)$，则由上面讨论知

$$f(\pi - x) = -f(x), \quad \pi/2 < x < \pi.$$
$$f(-x) = f(x), \quad -\pi < x < \pi, \quad x \neq 0, \pm\pi/2.$$

10.6.7　以 $2l$ 为周期的函数的傅里叶级数

对于以 $2l$ 为周期的函数 $f(x)$，可以先将 $f(x)$ 变换为周期为 2π 的周期函数，然后再展开成傅里叶级数. 作线性变换如下：

令 $x = \dfrac{l}{\pi}t$，$f(x) = f\left(\dfrac{l}{\pi}t\right) = F(t)$，因为

$$F(t + 2\pi) = f\left[\frac{l}{\pi}(t + 2\pi)\right] = f\left(\frac{l}{\pi}t + 2l\right) = f\left(\frac{l}{\pi}t\right) = F(t),$$

所以 $F(t)$ 是以 2π 为周期的周期函数. 当 $F(t)$ 满足收敛定理的条件时，$F(t)$ 可展开成傅里叶级数

$$F(t) = \frac{a_0}{2} + \sum_{n=1}^{\infty} (a_n \cos nt + b_n \sin nt),$$

即

$$f(x) = \frac{a_0}{2} + \sum_{n=1}^{\infty} \left(a_n \cos\frac{n\pi x}{l} + b_n \sin\frac{n\pi x}{l}\right),$$

其中

$$a_n = \frac{1}{l}\int_{-l}^{l} f(x)\cos\frac{n\pi x}{l}\mathrm{d}x, \quad n = 0,1,2,\cdots,$$

$$b_n = \frac{1}{l}\int_{-l}^{l} f(x)\sin\frac{n\pi x}{l}\mathrm{d}x, \quad n = 1,2,\cdots.$$

特别地,当 $f(x)$ 为奇函数时,

$$f(x) = \sum_{n=1}^{\infty} b_n\sin\frac{n\pi x}{l},$$

其中 $b_n = \dfrac{2}{l}\displaystyle\int_0^l f(x)\sin\dfrac{n\pi x}{l}\mathrm{d}x, n = 1,2,\cdots.$

当 $f(x)$ 为偶函数时,

$$f(x) = \frac{a_0}{2} + \sum_{n=1}^{\infty} a_n\cos\frac{n\pi x}{l},$$

其中 $a_n = \dfrac{2}{l}\displaystyle\int_0^l f(x)\cos\dfrac{n\pi x}{l}\mathrm{d}x, n = 0,1,2,\cdots.$

例 10.6.9　设 $f(x)$ 是周期为 4 的周期函数,它在 $[-2,2)$ 上的表达式为

$$f(x) = \begin{cases} 0, & -2 \leqslant x < 0, \\ k, & 0 \leqslant x < 2, \end{cases}$$

常数 $k \neq 0$,将 $f(x)$ 展开成傅里叶级数.

解　由于 $T = 4 = 2l$,所以 $l = 2$,由任意周期区间上的函数的傅里叶系数公式有

$$a_0 = \frac{1}{2}\int_0^2 k\,\mathrm{d}x = k,$$

$$a_n = \frac{1}{2}\int_0^2 k\cos\frac{n\pi x}{2}\mathrm{d}x$$

$$= \frac{k}{n\pi}\left(\sin\frac{n\pi x}{2}\right)\bigg|_0^2 = 0, \quad n \neq 0,$$

$$b_n = \frac{1}{2}\int_0^2 k\sin\frac{n\pi x}{2}\mathrm{d}x$$

$$= -\frac{k}{n\pi}\left(\cos\frac{n\pi x}{2}\right)\bigg|_0^2$$

$$= \frac{k}{n\pi}(1 - \cos n\pi)$$

$$= \begin{cases} \dfrac{2k}{n\pi}, & n = 1,3,5,\cdots, \\ 0, & n = 2,4,6,\cdots. \end{cases}$$

由收敛定理,函数 $f(x)$ 的傅里叶级数收敛,

$$f(x)=\frac{k}{2}+\frac{2k}{\pi}\Big(\sin\frac{\pi}{2}x+\frac{1}{3}\sin\frac{3\pi}{2}x+\frac{1}{5}\sin\frac{5\pi}{2}x+\cdots\Big),$$

$$-\infty<x<+\infty,\quad x\neq0,\pm2,\pm4,\cdots.$$

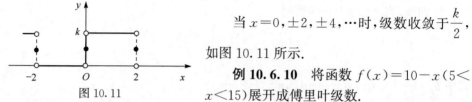
图 10.11

当 $x=0,\pm2,\pm4,\cdots$ 时,级数收敛于 $\dfrac{k}{2}$,如图 10.11 所示.

例 10.6.10 将函数 $f(x)=10-x(5<x<15)$ 展开成傅里叶级数.

解法一 变量代换 $z=x-10(5<x<15)$,则 $f(x)=f(z+10)=-z=F(z)$ $(-5<z<5)$,补充定义 $F(-5)=5$,然后将 $F(z)$ 作周期延拓 $(T=10)$,延拓后的函数满足收敛定理的条件,且展开式在 $(-5,5)$ 内收敛于 $F(z)$.

$$a_n=0\quad(n=0,1,2,\cdots),$$

$$b_n=\frac{2}{5}\int_0^5(-z)\sin\frac{n\pi z}{5}\mathrm{d}z=(-1)^n\frac{10}{n\pi}\quad(n=1,2,\cdots),$$

所以

$$F(z)=\frac{10}{\pi}\sum_{n=1}^{\infty}\frac{(-1)^n}{n}\sin\frac{n\pi z}{5}\quad(-5<z<5).$$

解法二 直接计算傅里叶系数.

$$a_n=\frac{1}{5}\int_5^{15}(10-x)\cos\frac{n\pi x}{5}\mathrm{d}x$$

$$=2\int_5^{15}\cos\frac{n\pi x}{5}\mathrm{d}x-\frac{1}{5}\int_5^{15}x\cos\frac{n\pi x}{5}\mathrm{d}x=0\quad(n=1,2,\cdots),$$

$$a_0=\frac{1}{5}\int_5^{15}(10-x)\mathrm{d}x=0,$$

$$b_n=\frac{1}{5}\int_5^{15}(10-x)\sin\frac{n\pi x}{5}\mathrm{d}x=(-1)^n\frac{10}{n\pi}(n=1,2,\cdots),$$

所以

$$f(x)=10-x=\frac{10}{\pi}\sum_{n=1}^{\infty}\frac{(-1)^n}{n}\sin\frac{n\pi}{5}x\quad(5<x<15).$$

习 题 10.6

1. 写出函数 $f(x)=\begin{cases}-1,&-\pi\leqslant x<0,\\1,&0\leqslant x\leqslant\pi\end{cases}$ 在 $[-\pi,\pi]$ 上的傅里叶级数的和函数.

2. 设 $f(x)$ 是以 2π 为周期的周期函数,它在 $[-\pi,\pi]$ 上的表达式为 $f(x)=x^2$,将 $f(x)$ 展开成傅里叶级数.

3. 设 $f(x)$ 是以 2π 为周期的周期函数,将 $f(x)=\mathrm{e}^x\,(-\pi\leqslant x\leqslant\pi)$ 展开成傅里叶级数.

4. 将函数

$$f(x)=\begin{cases}-\dfrac{\pi}{2}, & -\pi\leqslant x<-\dfrac{\pi}{2},\\[2mm] x, & -\dfrac{\pi}{2}\leqslant x<\dfrac{\pi}{2},\\[2mm] \dfrac{\pi}{2}, & \dfrac{\pi}{2}\leqslant x\leqslant\pi\end{cases}$$

展开成傅里叶级数,并写出和函数.

5. 设 $f(x)$ 是周期为 2 的周期函数,它在区间 $(-1,1]$ 上定义为 $f(x)=\begin{cases}2, & -1<x\leqslant0,\\ x^3, & 0<x\leqslant1,\end{cases}$ 则 $f(x)$ 的傅里叶级数在 $x=1$ 处收敛于_____.

6. 设 $x^2=\displaystyle\sum_{n=0}^{\infty}a_n\cos nx\,(-\pi\leqslant x\leqslant\pi)$,则 $a_2=$_____.

7. 将 $f(x)=1-x^2\,(0\leqslant x\leqslant\pi)$ 展开成余弦级数,并求 $\displaystyle\sum_{n=1}^{\infty}\frac{(-1)^{n-1}}{n^2}$ 的和.

8. 将 $f(x)=x+1\,(0\leqslant x\leqslant\pi)$ 展开成正弦级数.

9. 设函数 $f(x)=x^2\,(0\leqslant x<1)$,而 $f(x)$ 的傅里叶级数为 $\displaystyle\sum_{n=1}^{\infty}b_n\sin nx$,$-\infty<x<+\infty$,其中 $b_n=2\displaystyle\int_0^1 f(x)\sin nx\,\mathrm{d}x\,(n=1,2,\cdots)$,$S(x)$ 为此傅里叶级数的和,求 $S\left(-\dfrac{1}{2}\right)$.

10.7　无穷级数模型应用举例

无穷级数模型应用是广泛的,下面举几个实际的例子.

例 10.7.1　美丽雪花的面积及周长的计算.

瑞典数学家黑尔格·冯·科赫(Helge Von Koch)在 1904 年首先考虑一种集合图形,就是所谓的"科赫曲线",因其形状类似雪花而称为"雪花曲线".

雪花到底是什么形状呢?

首先画一等边三角形,把边长为原来 $\dfrac{1}{3}$ 的小等边三角形放在原来三角形的三个边的中部,由此得到一个六角星;再将六角星的每个角上的小三角形按上述同样方法变成一个小六角星,如此一直进行下去,就得到了雪花的形状,如图 10.12 所示,但是美丽雪花的面积及周长应该如何计算呢?

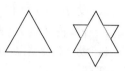

从雪花曲线的形成可以想到,它的周长是无限的,而面积是有限的.

解　雪花的面积和周长可以分别用无穷级数和无穷数列表示,在雪花曲线产生过程中,假设初始三角形的边长为 1,则各图形的边数依次为

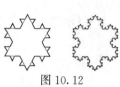

图 10.12

$$3,3 \cdot 4,3 \cdot 4^2,3 \cdot 4^3,\cdots,3 \cdot 4^{n-1},\cdots,$$

各图形的边长依次为

$$1,\frac{1}{3},\frac{1}{3^2},\frac{1}{3^3},\cdots,\frac{1}{3^{n-1}}.$$

各图形的周长依次为

$$L_0 = 1 \cdot 3 = 3,$$

$$L_1 = \frac{4}{3} \cdot L_0 = 4,$$

$$L_2 = \left(\frac{4}{3}\right)^2 \cdot L_0,$$

$$\cdots\cdots$$

$$\lim_{n \to \infty} L_n = \lim_{n \to \infty} \left(\frac{4}{3}\right)^n \cdot L_0 = \infty.$$

初始面积

$$S_0 = \frac{1}{2} \cdot 1 \cdot \frac{\sqrt{3}}{2} = \frac{\sqrt{3}}{4},$$

$$S_1 = S_0 + \frac{1}{9} \cdot 3 = S_0 + \frac{1}{3},$$

$$\cdots\cdots$$

$$S_n = S_{n-1} + 3\left\{4^{n-2}\left[\left(\frac{1}{9}\right)^{n-1} S_0\right]\right\}$$

$$= S_0\left\{1 + \left[\frac{1}{3} + \frac{1}{3}\left(\frac{4}{9}\right) + \frac{1}{3}\left(\frac{4}{9}\right)^2 + \cdots + \frac{1}{3}\left(\frac{4}{9}\right)^{n-2}\right]\right\}$$

$$= S_0 + \frac{S_0}{3}\sum_{n=0}^{\infty}\left(\frac{4}{9}\right)^k,$$

$$\lim_{n\to\infty}S_n=S_0\left(1+\dfrac{\dfrac{1}{3}}{1-\dfrac{4}{9}}\right)=S_0\left(1+\dfrac{3}{5}\right)=\dfrac{8}{5}S_0,$$

即雪花曲线所围成的面积为原三角形面积的 $\dfrac{8}{5}$ 倍.

Mathematica 计算程序

计算周长程序：

```
L0 = 3;
f[n]:= (4/3)^n * 10
Table[f[n], {n, 0, 10}];
TableForm[% ] // N
```

运行结果如下：

变化次数	0	1	2	3	4	5	6	7	8	9	10
周长近似	3	4	5.33	7.11	9.48	12.6	16.9	22.5	30.1	41.1	53.3

计算面积程序

```
S0 = Sqrt[3]/4;
S[n_] :=(1 +(1/3) Sum[(4/9)^k, {k, 0, n}]) * S0
Table[S[n], {n, 0, 10}];
TableForm[% ] // N
```

运行结果如下：

变化次数	0	1	2	3	4	5	6	7	8	9	10
面积近似	0.57	0.6	0.67	0.6	0.69	0.69	0.69	0.69	0.69	0.69	0.69

近似计算数据证实科赫雪花的周长是无限的,面积是有限的.

例 10.7.2（药物的残留量问题） 设某患者由于病情需要长期服用一种药物,其体内药量需维持在 $0.2\mathrm{mg}$,若体内药物每天有 15% 通过各种渠道排泄掉,问该患者每天的服药量应该为多少?

解 设该患者每天服 $x\mathrm{mg}$ 的药,那么患者体内

第一天的药物残留量为 $x\mathrm{mg}$;

第二天的药物残留量为 $x+\dfrac{85}{100}x=x\left(1+\dfrac{85}{100}\right)\mathrm{mg}$;

第三天的药物残留量为 $x+x\left(1+\dfrac{85}{100}\right)\dfrac{85}{100}=x\left[1+\dfrac{85}{100}+\left(\dfrac{85}{100}\right)^2\right]\mathrm{mg}$;

．．．．．．

第 n 天的药物残留量为 $x\left[1+\dfrac{85}{100}+\left(\dfrac{85}{100}\right)^2+\cdots+\left(\dfrac{85}{100}\right)^{n-1}\right]$ mg.

由题意，当 $n\to\infty$ 时患者体内药物残留量为

$$x\left[1+\frac{85}{100}+\left(\frac{85}{100}\right)^2+\cdots+\left(\frac{85}{100}\right)^{n-1}+\cdots\right]=\sum_{n=1}^{\infty}\left(\frac{85}{100}\right)^{n-1}x=0.2.$$

此为一个等比级数，且公比 $q=\dfrac{85}{100}<1$，故

$$\frac{x}{1-\dfrac{85}{100}}=0.2,$$

解得

$$x=0.2\times\frac{15}{100}=\frac{3}{100}=0.03(\text{mg}),$$

即患者每天服药量应为 0.03mg.

例 10.7.3（现金流量的现值问题）　某银行准备实行一种新的存款与付款方式，若某人在银行存入一笔钱，希望在第 n 年年末取出 $n^2(n=1,2,\cdots)$ 元，并且永远按此规律提取，问事先需要存入多少本金？

解　本问题是财务管理中不等额现金流量现值的计算问题.

设本金为 A 元，年利率为 p，按复利的计算方法，第一年年末的本利和（即本金与利息之和）为 $A(1+p)$，第二年年末的本利和为 $A(1+p)+A(1+p)p=A(1+p)^2,\cdots$，第 n 年年末的本利和为 $A(1+p)^n(n=1,2,\cdots)$，假定存 n 年的本金为 A_n，即第 n 年年末的本利和应为 $A_n(1+p)^n(n=1,2,\cdots)$.

为保证该存款人的要求得以实现，即第 n 年年末提取 n^2 元，那么必须要求第 n 年年末的本利和最少应等于 n^2，从而

$$A_n(1+p)^n=n^2\quad(n=1,2,\cdots),$$

也就是 A_n,p 应当满足下述条件：

$$A_1(1+p)=1,A_2(1+p)^2=2^2=4,A_3(1+p)^3=3^2=9,\cdots,A_n(1+p)^n=n^2,\cdots.$$

因此，第 n 年年末要提取 n^2 元时，事先应存入的本金 $A_n=n^2(1+p)^{-n}$，如果这种提款的方式要永远继续下去，则事先需要存入的本金总数应等于

$$\sum_{n=1}^{\infty}n^2(1+p)^{-n}=\frac{1}{1+p}+\frac{4}{(1+p)^2}+\frac{9}{(1+p)^3}+\cdots+\frac{n^2}{(1+p)^n}+\cdots.$$

由正项级数的比值判别法，得

$$\lim_{n\to\infty}\frac{u_{n+1}}{u_n}=\lim_{n\to\infty}\frac{(n+1)^2}{(1+p)^{n+1}}\frac{(1+p)^n}{n^2}=\frac{1}{1+p}<1.$$

所以级数收敛,为求得需要存入的本金总数,就要计算这个无穷级数的和.

由于对上述常数项级数 $\sum\limits_{n=1}^{\infty}\dfrac{n^2}{(1+p)^n}$ 求和比较困难,所以我们作一个幂级数

$\sum\limits_{n=1}^{\infty}n^2x^n$,先求出这个幂级数的和函数,再利用和函数求在 $x=\dfrac{1}{1+p}$ 时,常数项级

数 $\sum\limits_{n=1}^{\infty}\dfrac{n^2}{(1+p)^n}$ 的和.

设 $S(x)=\sum\limits_{n=1}^{\infty}n^2x^n$,则

$$S(x)=x\sum_{n=1}^{\infty}n^2x^{n-1}=x\Big(\sum_{n=1}^{\infty}n^2\int_0^x t^{n-1}\mathrm{d}t\Big)'=x\Big(\sum_{n=1}^{\infty}nx^n\Big)'.$$

因为

$$\sum_{n=1}^{\infty}nx^n=x\sum_{n=1}^{\infty}nx^{n-1}=x\Big(\sum_{n=1}^{\infty}n\int_0^x t^{n-1}\mathrm{d}t\Big)'=x\Big(\sum_{n=1}^{\infty}x^n\Big)'$$

$$=x\Big(\frac{x}{1-x}\Big)'=\frac{x}{(1-x)^2},$$

所以

$$S(x)=x\Big(\sum_{n=1}^{\infty}nx^n\Big)'=x\cdot\Big(\frac{x}{(1-x)^2}\Big)'=\frac{x+x^2}{(1-x)^3},\quad x\in(-1,1).$$

将 $x=\dfrac{1}{1+p}$ 代入上式两端,注意到 $x=\dfrac{1}{1+p}\in(-1,1)$,则

$$S\Big(\frac{1}{1+p}\Big)=\sum_{n=1}^{\infty}n^2x^n\Big|_{x=\frac{1}{1+p}}=\frac{x+x^2}{(1-x)^3}\Big|_{x=\frac{1}{1+p}}=\frac{p^2+3p+2}{p^3}.$$

这就是事先需要存入的本金数.

如果年利率为 10%,可算得需事先存入本金 2310 元;如果年利率为 5%,可算得需要事先存入本金 17220 元.

例 10.7.4　求满足微分方程 $\dfrac{\mathrm{d}y}{\mathrm{d}x}=y+\dfrac{1}{1+x}$,$y(0)=1$ 的函数 $y(x)$ 关于 $x=0$ 的四次幂级数逼近值.

解　$\dfrac{\mathrm{d}y}{\mathrm{d}x}=y+\dfrac{1}{1+x}$,$y(0)=1$. 利用级数是我们目前所能采取的用公式近似求解该方程的唯一办法.

设 $y(x)=c_0+c_1x+c_2x^2+c_3x^3+c_4x^4+c_5x^5+\cdots$. 由 $y(0)=1$, 得 $c_0=1$, 所以

$$y(x)=1+c_1x+c_2x^2+c_3x^3+c_4x^4+c_5x^5+\cdots,$$

$$\frac{\mathrm{d}y}{\mathrm{d}x}=c_1+2c_2x+3c_3x^2+4c_4x^3+5c_5x^4+\cdots.$$

因为

$$\frac{1}{1+x}=1-x+x^2-x^3+x^4-x^5+\cdots,$$

将以上结果代到方程中,可得

$$c_1+2c_2x+3c_3x^2+4c_4x^3+5c_5x^4+\cdots$$
$$=(1+c_1x+c_2x^2+c_3x^3+c_4x^4+\cdots)+(1-x+x^2-x^3+x^4-\cdots)$$
$$=2+(c_1-1)x+(c_2+1)x^2+(c_3-1)x^3+(c_4+1)x^4+\cdots.$$

比较同次幂的系数,可得

常数项: $c_1=2$,

x 的系数: $2c_2=c_1-1=1$,从而 $c_2=\dfrac{1}{2}$,

x^2 的系数: $3c_3=c_2+1=\dfrac{3}{2}$,从而 $c_3=\dfrac{1}{2}$,

x^3 的系数: $4c_4=c_3-1=-\dfrac{1}{2}$,从而 $c_4=-\dfrac{1}{8}$.

所以,当 x 在 0 附近时,解的逼近值为 $y(x)\approx1+2x+\dfrac{x^2}{2}+\dfrac{x^3}{2}-\dfrac{x^4}{8}$.

例 10.7.5　矩形波是开关往复断开和接通时电流的波形,试用傅里叶级数逼近该波形.

解　如图 10.13 所示,设波形函数为 $f(x)$,则 $f(x)$ 是以 2 为周期的函数, $T=2l=2,l=1$,它在 $(-1,1]$ 上的定义为

$$f(x)=\begin{cases}0, & -1<x<0,\\ 1, & 0\leqslant x\leqslant1.\end{cases}$$

$f(x)$ 在 $(-1,1]$ 上满足狄利克雷条件,故可展开成傅里叶级数. 由系数公式得

$$a_0=\int_{-1}^{1}f(x)\mathrm{d}x=\int_{0}^{1}\mathrm{d}x=1,$$

$$a_n=\frac{1}{1}\int_{-1}^{1}f(x)\cos\frac{n\pi}{1}x\,\mathrm{d}x=\int_{0}^{1}\cos n\pi x\,\mathrm{d}x=\frac{1}{n\pi}\sin n\pi x\,\Big|_{0}^{1}$$

$$= \frac{1}{n\pi} \sin n\pi x \Big|_0^1 = 0, \quad n = 1,2,3,\cdots,$$

$$b_n = \frac{1}{1} \int_{-1}^1 f(x) \sin \frac{n\pi}{1} x \, \mathrm{d}x = \int_0^1 \sin n\pi x \, \mathrm{d}x = \frac{1}{n\pi}(1 - \cos n\pi)$$

$$\Rightarrow \begin{cases} \dfrac{2}{n\pi}, & n \text{ 为奇数}, \\ 0, & n \text{ 为偶数}, \end{cases} \quad n = 1,2,3,\cdots.$$

由于 $x = k\,(k \in \mathbf{Z})$ 为 $f(x)$ 的间断点,根据收敛定理,在这些点处级数收敛于该点的左右极限的算术平均值为 $\dfrac{1}{2}$.

$$f(x) = \frac{1}{2} + \sum_{n=1}^{\infty} \frac{2}{(2n-1)\pi} \sin(2n-1)\pi x,$$
$$-\infty < x < +\infty, \quad x \neq k, \quad k \in \mathbf{Z}.$$

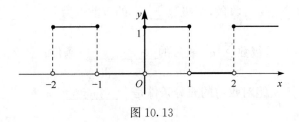

图 10.13

如果用傅里叶级数的部分和来近似代替例 10.7.5 中的 $f(x)$,那么随着项数 n 的增加($n = 1,2,8$),它们就越来越接近于函数 $f(x)$,如图 10.14 所示.

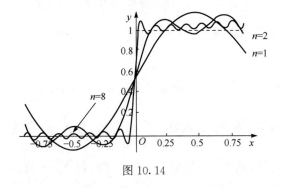

图 10.14

习 题 10.7

1. 在下午一点到两点之间的什么时刻,时钟的分针恰好与时针重合?

2. 设 $f(x) = \begin{cases} -\dfrac{\pi}{4}, & -\pi < x < 0, \\ \dfrac{\pi}{4}, & 0 \leqslant x < \pi, \end{cases}$ 试求 $f(x)$ 的傅里叶级数,并利用 MATLAB

软件作出函数 $f(x)$ 的级数的部分和 $S_1, S_3, S_5, \cdots$ 的图像.

复 习 题 10

A

1. 填空题.

(1) 已知级数 $\displaystyle\sum_{n=1}^{\infty} u_n$ 的前 n 项部分和 $S_n = \dfrac{2n^2}{n^2+1}$,则该级数敛散性为

_____,其和为_____;

(2) 若级数 $\displaystyle\sum_{n=1}^{\infty} |u_n|$ 收敛,则级数 $\displaystyle\sum_{n=1}^{\infty} u_n$ 的敛散性为_____;

(3) $\lim\limits_{n\to\infty} u_n = 0$ 是级数 $\displaystyle\sum_{n=1}^{\infty} u_n$ 收敛的_____条件;

(4) 级数 $\displaystyle\sum_{n=1}^{\infty} \dfrac{a^n}{n}$ 绝对收敛的充分条件是_____;

(5) 设 $f(x) = \begin{cases} \dfrac{1}{\pi}(x+\pi)^2, & -\pi \leqslant x < 0, \\ \dfrac{1}{\pi}x^2, & 0 \leqslant x < \pi, \end{cases}$ 以 2π 为周期,在 $[-2\pi, 2\pi]$ 上

$f(x)$ 的傅里叶级数的和函数 $S(x) = $_____.

2. 选择题.

(1) 正项级数 $\displaystyle\sum_{n=1}^{\infty} u_n$ 和 $\displaystyle\sum_{n=1}^{\infty} v_n$ 满足关系式 $u_n \leqslant v_n$,则(　　).

A. 若 $\displaystyle\sum_{n=1}^{\infty} u_n$ 收敛,则 $\displaystyle\sum_{n=1}^{\infty} v_n$ 收敛　　　　B. 若 $\displaystyle\sum_{n=1}^{\infty} v_n$ 收敛,则 $\displaystyle\sum_{n=1}^{\infty} u_n$ 收敛

C. 若 $\displaystyle\sum_{n=1}^{\infty} v_n$ 发散,则 $\displaystyle\sum_{n=1}^{\infty} u_n$ 发散　　　　D. 若 $\displaystyle\sum_{n=1}^{\infty} u_n$ 收敛,则 $\displaystyle\sum_{n=1}^{\infty} v_n$ 发散

(2) 下列级数收敛的是(　　).

A. $\displaystyle\sum_{n=1}^{\infty} (-1)^n \dfrac{n}{n+1}$　　B. $\displaystyle\sum_{n=1}^{\infty} \dfrac{3^n}{2^n}$　　C. $\displaystyle\sum_{n=1}^{\infty} \dfrac{(-1)^{n-1}}{n}$　　D. $\displaystyle\sum_{n=1}^{\infty} \dfrac{1}{\sqrt{n}}$

(3) 下列级数条件收敛的是(　　).

A. $\displaystyle\sum_{n=1}^{\infty}(-1)^{n-1}\frac{1}{n(n+1)}$　　　　　　　　B. $\displaystyle\sum_{n=1}^{\infty}(-1)^{n-1}\frac{n}{n+1}$

C. $\displaystyle\sum_{n=1}^{\infty}\frac{(-1)^{n-1}}{n}$　　　　　　　　　　　D. $\displaystyle\sum_{n=1}^{\infty}(-1)^{n-1}\frac{1}{n^2}$

(4) 幂级数 $\displaystyle\sum_{n=0}^{\infty}(-1)^n\frac{x^n}{n+1}$ 的收敛域为(　　).

A. $(-1,1)$　　　　B. $[-1,1]$　　　　C. $(-1,1]$　　　　D. $[-1,1)$

(5) 已知 $\dfrac{1}{1-x}=\displaystyle\sum_{n=0}^{\infty}x^n(-1<x<1)$，则函数 $\dfrac{1}{2-x}=($　　$)$.

A. $\displaystyle\sum_{n=0}^{\infty}\frac{x^n}{2^{n+1}}(-2<x<2)$　　　　B. $\displaystyle\sum_{n=0}^{\infty}\frac{x^n}{2^n}(-2<x<2)$

C. $\displaystyle\sum_{n=0}^{\infty}\frac{(-1)^n}{2^{n+1}}x^n(-2<x<2)$　　　D. $\displaystyle\sum_{n=0}^{\infty}2^n x^n(-2<x<2)$

(6) 设 $f(x)$ 是周期为 2π 的周期函数，它在区间 $(-\pi,\pi]$ 上定义为

$$f(x)=\begin{cases}0,&-\pi<x\leqslant 0,\\ \mathrm{e}^x,&0<x\leqslant\pi,\end{cases}$$ 则傅里叶级数在 $x=\pi$ 处收敛于(　　).

A. $\dfrac{\mathrm{e}^\pi}{2}$　　　　　　B. 0　　　　　　C. e^π　　　　　　D. 1

3. 判断下列正项级数的敛散性.

(1) $\displaystyle\sum_{n=1}^{\infty}\frac{2n-1}{n^3+1}$；　　　　　　　　(2) $\displaystyle\sum_{n=1}^{\infty}\frac{3^n}{3^n-2^n}$；

(3) $\displaystyle\sum_{n=1}^{\infty}\frac{n}{3^n}\cos^2\frac{n\pi}{6}$；　　　　　(4) $\displaystyle\sum_{n=1}^{\infty}\frac{a^n}{1+a^{2n}}(a>0)$.

4. 判别下列级数的敛散性,若收敛,指出是条件收敛还是绝对收敛.

(1) $\displaystyle\sum_{n=1}^{\infty}\frac{1}{5^n}\sin\frac{n\pi}{5}$；　　　　　(2) $\displaystyle\sum_{n=2}^{\infty}\frac{(-1)^n}{\ln n}$；

(3) $\displaystyle\sum_{n=2}^{\infty}\frac{(-1)^{n-1}}{\ln\left(1+\dfrac{1}{n}\right)}$；　　　　(4) $\displaystyle\sum_{n=2}^{\infty}\frac{\sin na}{(n+1)^2}$.

5. 求下列幂级数的收敛域与和函数.

(1) $\displaystyle\sum_{n=1}^{\infty}(-1)^n\frac{1}{n}x^n$；　　　　　(2) $\displaystyle\sum_{n=0}^{\infty}\frac{(x-1)^n}{2^n}$；

(3) $\displaystyle\sum_{n=0}^{\infty}(n+1)x^n$；　　　　　　(4) $\displaystyle\sum_{n=1}^{\infty}\frac{x^{2n+1}}{2n+1}$.

6. 将函数 $f(x) = 2\sin\dfrac{x}{3}(-\pi \leqslant x \leqslant \pi)$ 展开成傅里叶级数.

B

1. 设级数 $\displaystyle\sum_{n=1}^{\infty} a_n$ 和 $\displaystyle\sum_{n=1}^{\infty} c_n$ 都收敛,且满足 $a_n \leqslant b_n \leqslant c_n (n=1,2,\cdots)$,求证级数 $\displaystyle\sum_{n=1}^{\infty} b_n$ 也收敛.

2. 设正项数列 $\{a_n\}$ 单调减少,且 $\displaystyle\sum_{n=1}^{\infty} (-1)^n a_n$ 发散,求证 $\displaystyle\sum_{n=1}^{\infty} \left(\dfrac{1}{a_n+1}\right)^n$ 收敛.

3. 设 $a_n = \displaystyle\int_0^{\frac{\pi}{4}} \tan^n x\,\mathrm{d}x$.

(1) 求 $\displaystyle\sum_{n=1}^{\infty} \dfrac{1}{n}(a_n + a_{n+2})$ 的值;

(2) 试证:对任意常数 $\lambda > 0$,$\displaystyle\sum_{n=1}^{\infty} \dfrac{a_n}{n^\lambda}$ 收敛.

4. 将 $f(x) = x^2 (-\pi \leqslant x \leqslant \pi)$ 展开成傅里叶级数,并利用恒等式 $\dfrac{1}{\pi}\displaystyle\int_{-\pi}^{\pi} f^2(x)\,\mathrm{d}x = \dfrac{a_0^2}{2} + \sum_{n=1}^{\infty}(a_n^2 + b_n^2)$,其中 a_0, a_n, b_n 为 $f(x)$ 的傅里叶系数,证明

$$\sum_{n=1}^{\infty} \frac{1}{n^4} = \frac{\pi^4}{90}.$$

5. 某银行存款的年利率为 $p = 0.05$,并依年复利计算,某基金会希望存款实现第 n 年末提取 $10+9n$ 万元,且永远按此规律提取,问事先需要存入多少本金?

部分习题参考答案

习 题 6.1

1. (1) $D=\{(x,y)\,|\,x+y>0,x-y>0\}$;

   (2) $D=\{(x,y)\,|\,y^2-2x+1>0\}$;

   (3) $D=\{(x,y)\,|\,4<x^2+y^2\leqslant16\}$;

   (4) $D=\{(x,y)\,|\,-1\leqslant x\leqslant1,-4\leqslant y\leqslant4\}$.

2. $f(tx,ty)=t^2f(x,y)$.

3. (1) $\ln2$;　(2) 0;　(3) 6.

习 题 6.2

1. (1) $\dfrac{\partial z}{\partial x}=\dfrac{2}{y}\csc\dfrac{2x}{y},\dfrac{\partial z}{\partial y}=\dfrac{-2x}{y^2}\csc\dfrac{2x}{y}$;

   (2) $\dfrac{\partial z}{\partial x}=y^2(1+xy)^{y-1},\dfrac{\partial z}{\partial y}=(1+xy)^y\left[\ln(1+xy)+\dfrac{xy}{1+xy}\right]$;

   (3) $\dfrac{\partial u}{\partial x}=\dfrac{z}{y}\left(\dfrac{x}{y}\right)^{z-1},\dfrac{\partial u}{\partial y}=\dfrac{-zx^z}{y^{z+1}},\dfrac{\partial u}{\partial z}=\left(\dfrac{x}{y}\right)^z\ln\dfrac{x}{y}$;

   (4) $\dfrac{\partial u}{\partial x}=\dfrac{-2xz}{(x^2+y^2)^2},\dfrac{\partial u}{\partial y}=\dfrac{-2yz}{(x^2+y^2)^2},\dfrac{\partial u}{\partial z}=\dfrac{1}{(x^2+y^2)}$.

3. (1) $\dfrac{\partial^2z}{\partial x^2}=12x^2-8y^2,\dfrac{\partial^2z}{\partial y^2}=12y^2-8x^2,\dfrac{\partial^2z}{\partial x\partial y}=-16xy$;

   (2) $\dfrac{\partial^2z}{\partial x^2}=y^x\ln^2y,\dfrac{\partial^2z}{\partial y^2}=x(x-1)y^{x-2},\dfrac{\partial^2z}{\partial x\partial y}=y^{x-1}(1+x\ln y)$.

4. $\dfrac{\pi}{4}$.

习 题 6.3

1. (1) $\left(y+\dfrac{1}{y}\right)\mathrm{d}x+x\left(1-\dfrac{1}{y^2}\right)\mathrm{d}y$;

   (2) $\mathrm{e}^x\left[(x^2+y^2+z^2+2x)\mathrm{d}x+2y\mathrm{d}y+2z\mathrm{d}z\right]$;

   (3) $\dfrac{y\mathrm{d}x-x\mathrm{d}y}{y\sqrt{y^2-x^2}}$.

2. $\dfrac{1}{3}\mathrm{d}x+\dfrac{2}{3}\mathrm{d}y.$

3. $\Delta z=-0.119, \mathrm{d}z=-0.125.$

4. 2.039.

5. 约减少 5cm.

习 题 6.4

1. $\dfrac{\partial z}{\partial x}=\dfrac{2x}{y^2}\ln(3x-2y)+\dfrac{3x^2}{(3x-2y)y^2}$,

$\dfrac{\partial z}{\partial y}=-\dfrac{2x^2}{y^3}\ln(3x-2y)-\dfrac{2x^2}{(3x-2y)y^2}.$

2. $\mathrm{e}^{\sin t-2t^3}(\cos t-6t^2).$

3. $\dfrac{\mathrm{e}^x(1+x)}{1+x^2\mathrm{e}^{2x}}.$

5. (1) $\dfrac{\partial z}{\partial x}=\mathrm{e}^{\frac{x^2+y^2}{xy}}\left[2x+\dfrac{x^4-y^4}{x^2y}\right]$,

$\dfrac{\partial z}{\partial y}=\mathrm{e}^{\frac{x^2+y^2}{xy}}\left[2y+\dfrac{y^4-x^4}{xy^2}\right];$

(2) $\dfrac{\partial z}{\partial u}=\dfrac{2u}{v^2}\ln(3u-2v)+\dfrac{3u^2}{v^2(3u-2v)}$,

$\dfrac{\partial z}{\partial v}=-\dfrac{2u^2}{v^3}\ln(3u-2v)-\dfrac{2u^2}{v^2(3u-2v)};$

(3) $\dfrac{\partial z}{\partial x}=2xf_1+y\mathrm{e}^{xy}f_2, \dfrac{\partial z}{\partial y}=-2yf_1+x\mathrm{e}^{xy}f_2.$

7. (1) $\dfrac{\partial^2 z}{\partial x^2}=2a^2\cos(2ax+2by), \dfrac{\partial^2 z}{\partial y^2}=2b^2\cos(2ax+2by),$

$\dfrac{\partial^2 z}{\partial x\partial y}=2ab\cos(2ax+2by);$

(2) $\dfrac{\partial^2 z}{\partial x^2}=4f_{11}+\dfrac{4}{y}f_{12}+\dfrac{1}{y^2}f_{22}, \dfrac{\partial^2 z}{\partial x\partial y}=-\dfrac{1}{y^2}f_2-\dfrac{2x}{y^2}f_{12}-\dfrac{x}{y^3}f_{22},$

$\dfrac{\partial^2 z}{\partial y^2}=\dfrac{2x}{y^3}f_2+\dfrac{x^2}{y^4}f_{22}.$

习 题 **6.5**

1. $\dfrac{\mathrm{d}y}{\mathrm{d}x}=-\dfrac{y}{x}$.

2. $\dfrac{\partial z}{\partial x}=\dfrac{yz-\sqrt{xyz}}{\sqrt{xyz}-xy},\dfrac{\partial z}{\partial y}=\dfrac{xz-2\sqrt{xyz}}{\sqrt{xyz}-xy}$.

3. $\dfrac{\partial z}{\partial x}=\dfrac{yz}{z^{2}-xy},\dfrac{\partial z}{\partial y}=\dfrac{xz}{z^{2}-xy}$.

4. $\dfrac{\partial^{2}z}{\partial x^{2}}=\dfrac{-16xz}{(3z^{2}-2x)^{3}}$.

6. $\dfrac{\mathrm{d}x}{\mathrm{d}z}=\dfrac{y-z}{x-y},\dfrac{\mathrm{d}y}{\mathrm{d}z}=\dfrac{z-x}{x-y}$.

7. $\dfrac{\partial u}{\partial x}=\dfrac{\sin v}{\mathrm{e}^{u}(\sin v-\cos v)+1},\dfrac{\partial u}{\partial y}=\dfrac{-\cos v}{\mathrm{e}^{u}(\sin v-\cos v)+1}$,

   $\dfrac{\partial v}{\partial x}=\dfrac{\cos v-\mathrm{e}^{u}}{u\,[\mathrm{e}^{u}(\sin v-\cos v)+1]},\dfrac{\partial v}{\partial y}=\dfrac{\sin v+\mathrm{e}^{u}}{u\,[\mathrm{e}^{u}(\sin v-\cos v)+1]}$.

习 题 **6.6**

1. 极大值 $\dfrac{500}{27}$.

2. 极小值 30.

3. 极小值 $\dfrac{-\mathrm{e}}{2}$.

4. 极小值 $\dfrac{a^{2}b^{2}}{a^{2}+b^{2}}$.

5. 长、宽都是 $\sqrt[3]{2k}$,高为 $\dfrac{1}{2}\sqrt[3]{2k}$.

习 题 **6.7**

1. 当 $P_{1}=31.5,P_{2}=14$ 时,利润最大,最大利润为 164.25 万元.

2. (1) 需要用 0.75 万元做电台广告,1.25 万元做报纸广告;

   (2) 要将 1.5 万元广告费全部用于报纸广告.

复习题 6

A

1. 2.

2. $\dfrac{y}{(x+y)^2}$.

3. $\dfrac{1}{3}$.

4. $\dfrac{y}{x^2+y^2}\mathrm{d}x+\dfrac{x}{x^2+y^2}\mathrm{d}y$.

5. $(1,3)$.

6. 在驻点 $(0,0)$ 处取极大值 $f(0,0)=1$.

7. $\dfrac{\partial z}{\partial x}=\dfrac{1}{\mathrm{e}^{z-y}-1}$.

8. $\{(x,y)\mid 0<x^2+y^2<1,y^2\leqslant 4x\}$, $\dfrac{\dfrac{\sqrt{2}}{3}}{\ln\dfrac{3}{4}}$.

9. $\dfrac{\partial^2 z}{\partial x^2}=2\cos(x+y)-x\sin(x+y)$,

　　$\dfrac{\partial^2 z}{\partial x\partial y}=\cos(x+y)-x\sin(x+y)$,

　　$\dfrac{\partial^2 z}{\partial y^2}=-x\sin(x+y)$.

10. $\dfrac{\sqrt{6}}{6}\pi$(提示:该椭圆的中心在原点).

11. $\Delta z=0.02,\mathrm{d}z=0.03$.

12. $\dfrac{\partial z}{\partial x}=(v\cos v-u\sin v)\mathrm{e}^{-u}$,

　　$\dfrac{\partial z}{\partial y}=(u\cos v+v\sin v)\mathrm{e}^{-u}$.

B

1. 当 $p_1=80,p_2=120$ 时总利润最大,最大总利润为 605.

习 题 7.1

1. (1) $0 \leqslant I \leqslant 2$;
   (2) $I_1 \geqslant I_2$.

2. (1) $\iint\limits_{D} \ln(x+y)\mathrm{d}\sigma \leqslant \iint\limits_{D} [\ln(x+y)]^2 \mathrm{d}\sigma$;

   (2) $\iint\limits_{D} [\ln(x+y)]^2 \mathrm{d}\sigma \leqslant \iint\limits_{D} \ln(x+y)\mathrm{d}\sigma$.

3. 令 $f(x,y) = x+y+10$,关键是求 $f(x,y)$ 在 D 上的最大值和最小值,在 D 内部,$f_x = 1, f_y = 1$,因此 $f(x,y)$ 在 D 内部无驻点,最值点一定在边界上取得,作辅助函数
$$F(x,y) = x+y+10+\lambda(x^2+y^2-4),$$
由方程组
$$\begin{cases} F_x = 1+2\lambda x = 0, \\ F_y = 1+2\lambda y = 0, \\ F_\lambda = x^2+y^2-4 = 0, \end{cases}$$
解得驻点为$(\sqrt{2},\sqrt{2}),(-\sqrt{2},-\sqrt{2})$,比较可得最小值 $m = 10-2\sqrt{2}$,最大值为 $M = 10+2\sqrt{2}$,而 D 的面积为 4π,由估值定理得 $8\pi(5-\sqrt{2}) \leqslant I \leqslant 8\pi(5+\sqrt{2})$.

习 题 7.2

1. (1) ① $\int_0^1 \mathrm{d}x \int_0^{x^2} f(x,y)\mathrm{d}y + \int_1^{\sqrt{2}} \mathrm{d}x \int_0^{2-x^2} f(x,y)\mathrm{d}y$;

   ② $\int_0^4 \mathrm{d}x \int_{\frac{x}{2}}^{\sqrt{x}} f(x,y)\mathrm{d}y$;　③ $\int_0^1 \mathrm{d}x \int_x^1 f(x,y)\mathrm{d}y$;　④ $\int_{-1}^1 \mathrm{d}x \int_0^{\sqrt{1-x^2}} f(x,y)\mathrm{d}y$;

   ⑤ $\int_0^1 \mathrm{d}y \int_{e^y}^{e} f(x,y)\mathrm{d}x$;　⑥ $\int_{-2}^0 \mathrm{d}x \int_{2x+4}^{4-x^2} f(x,y)\mathrm{d}y$.

   (2) $\dfrac{1}{2}(1-e^{-4})$.

   (3) $\pi - 2$.

2. (1) $\dfrac{3}{4}\pi a^4$;　　(2) 0.

3. (1) $\dfrac{\pi}{4}(e-1)$;　　(2) $\dfrac{\pi}{4}(2\ln 2 - 1)$;　　(3) $\dfrac{3}{64}\pi^2$.

4. (1) $\dfrac{9}{4}$;　　(2) $\dfrac{3}{2} + \cos 1 + \sin 1 - \cos 2 - 2\sin 2$;

(3) $\dfrac{1}{3}R^3\left(\pi-\dfrac{4}{3}\right)$;　　　　(4) $\dfrac{2}{3}\pi(b^3-a^3)$.

5. $\dfrac{1}{3}R^3\arctan k$.

6. $\dfrac{7}{2}$.

7. $\dfrac{17}{6}$.

8. $\dfrac{3}{32}\pi a^4$.

习 题 7.3

1. (1) $\displaystyle\int_0^1\mathrm{d}x\int_0^{\frac{1-x}{2}}\mathrm{d}y\int_0^{1-x-2y}x\,\mathrm{d}z$;　　　　(2) $\displaystyle\int_0^{2\pi}\mathrm{d}\theta\int_0^{\frac{\pi}{4}}\mathrm{d}\varphi\int_0^{\sqrt{2}}f(r^2)\,r^2\sin\varphi\,\mathrm{d}r$.

2. (1) $\displaystyle\int_0^1\mathrm{d}x\int_0^{1-x}\mathrm{d}y\int_0^{xy}f(x,y,z)\,\mathrm{d}z$;

(2) $\displaystyle\int_{-1}^1\mathrm{d}x\int_{-\sqrt{1-x^2}}^{\sqrt{1-x^2}}\mathrm{d}y\int_{x^2+2y^2}^{2-x^2}f(x,y,z)\,\mathrm{d}z$.

3. $\dfrac{1}{364}$.

4. $\dfrac{1}{48}$.

5. $\dfrac{\pi}{4}$.

6. $\dfrac{7}{12}\pi$.

7. $\dfrac{4}{5}\pi$.

8. (1) $\dfrac{1}{8}$;　(2) $\dfrac{59}{480}\pi R^5$;　(3) 8π;　(4) $\dfrac{4\pi}{15}(A^5-a^5)$.

9. (1) $\dfrac{32}{3}\pi$;　　　　(2) πa^3.

习 题 7.4

1. $\dfrac{1}{40}\pi^5$.

2. $\dfrac{4}{3}$.

3. $\dfrac{3}{2}$.

4. $k\pi R^{3}$.

5. $2a^{2}(\pi-2)$.

6. $\sqrt{2}\pi$.

7. $I=\dfrac{368}{105}\mu$.

8. $\bar{x}=0,\bar{y}=\dfrac{4b}{3\pi}$.

9. $\bar{x}=\dfrac{35}{48},\bar{y}=\dfrac{35}{54}$.

10. (1) $\left(0,0,\dfrac{3}{4}\right)$; (2) $\left(0,0,\dfrac{3(A^{4}-a^{4})}{\delta(A^{3}-a^{3})}\right)$.

11. $\dfrac{1}{2}a^{2}M(M=\pi a^{2}h\rho$ 为圆柱体的质量$)$.

复习题 7

A

1. $\dfrac{2}{3}\pi(5\sqrt{5}-4)$.

2. (1) $\mathrm{e}-\mathrm{e}^{-1}$;　　(2) $\dfrac{13}{6}$;　　(3) $\dfrac{\pi}{4}R^{4}+9\pi R^{2}$.

3. (1) $I=\displaystyle\int_{-r}^{r}\mathrm{d}x\int_{0}^{\sqrt{r^{2}-x^{2}}}f(x,y)\mathrm{d}y$ 或 $I=\displaystyle\int_{0}^{r}\mathrm{d}y\int_{-\sqrt{r^{2}-y^{2}}}^{\sqrt{r^{2}-y^{2}}}f(x,y)\mathrm{d}x$;

(2) $I=\displaystyle\int_{-2}^{-1}\mathrm{d}x\int_{-\sqrt{4-x^{2}}}^{\sqrt{4-x^{2}}}f(x,y)\mathrm{d}y+\int_{-1}^{1}\mathrm{d}x\int_{\sqrt{1-x^{2}}}^{\sqrt{4-x^{2}}}f(x,y)\mathrm{d}y$

$+\displaystyle\int_{-1}^{1}\mathrm{d}x\int_{-\sqrt{4-x^{2}}}^{-\sqrt{1-x^{2}}}f(x,y)\mathrm{d}y+\int_{1}^{2}\mathrm{d}x\int_{-\sqrt{4-x^{2}}}^{\sqrt{4-x^{2}}}f(x,y)\mathrm{d}y$ 或

$I=\displaystyle\int_{1}^{2}\mathrm{d}y\int_{-\sqrt{4-y^{2}}}^{\sqrt{4-y^{2}}}f(x,y)\mathrm{d}x+\int_{-1}^{1}\mathrm{d}y\int_{-\sqrt{4-y^{2}}}^{-\sqrt{1-y^{2}}}f(x,y)\mathrm{d}x$

$+\displaystyle\int_{-1}^{1}\mathrm{d}y\int_{\sqrt{1-y^{2}}}^{\sqrt{4-y^{2}}}f(x,y)\mathrm{d}x+\int_{-2}^{-1}\mathrm{d}y\int_{-\sqrt{4-y^{2}}}^{\sqrt{4-y^{2}}}f(x,y)\mathrm{d}x$.

4. 6π.

5. $\dfrac{1}{2}\left(\ln 2-\dfrac{5}{8}\right)$.

6. (1) $\dfrac{59}{480}\pi R^5$;　(2) 0;　(3) $\dfrac{250}{3}\pi$.

7. $4-\dfrac{\pi}{2}$.

8. $I=\displaystyle\int_0^1 \mathrm{d}x\int_0^{\sqrt{2x-x^2}} f(x,y)\mathrm{d}y$

　　$+\displaystyle\int_1^2 \mathrm{d}x\int_0^1 f(x,y)\mathrm{d}y+\int_2^3 \mathrm{d}x\int_0^{3-x} f(x,y)\mathrm{d}y$.

9. $\dfrac{\pi}{16}+\dfrac{9\sqrt{3}}{64}$.

10. $-\dfrac{2}{3}$.

11. $\dfrac{59}{480}\pi R^5$.

12. $\dfrac{1}{312}$.

B

1. $\left(0,0,\dfrac{5}{4}R\right)$.

2. (1) $\dfrac{8}{3}a^4$;　　(2) $\left(0,0,\dfrac{7}{15}a^2\right)$;　　(3) $\dfrac{112}{45}\rho a^6$.

3. $\left(-\dfrac{R}{4},0,0\right)$.

4. 100h.

习 题 8.1

1. $2ka^2,(0,\pi a/4)$.

2. (1) $(5\sqrt{5}-1)/12$;　(2) $\sqrt{2}$;　(3) $2\pi a^{2n+1}$;　(4) 9.

习 题 8.2

1. (1) $-4a^3/3$;　(2) 0.

2. $1/3$.

3. $\displaystyle\int_L \dfrac{P+2xQ+3yR}{\sqrt{1+4x^2+9y^2}}\mathrm{d}s$.

4. $mg(z_2 - z_1)$.

习 题 8.3

1. $\dfrac{1}{2}(1 - \mathrm{e}^{-1})$.

2. πab.

3. $\mathrm{e}^2 - \dfrac{7}{2}$.

4. $\pi + 1$.

5. (1) 是，$\dfrac{1}{2}x^2 + 2xy + \dfrac{1}{2}y^2 = C$，$C$ 为任意常数；

 (2) 是，通解为 $x^2 + 3x^2y^2 + \dfrac{4}{3}y^3 = C$，$C$ 为任意常数；

 (3) 是，通解为 $x\mathrm{e}^y - y^2 = C$，C 为任意常数；

 (4) 是，通解为 $y^2\sin x + x^2\cos y = C$，$C$ 为任意常数；

 (5) 不是.

6. 积分因子为 $\dfrac{1}{y^2}$，通解为 $\dfrac{x^2}{2} - 3xy - \dfrac{1}{y} = C$，$C$ 为任意常数.

习 题 8.4

1. $\dfrac{32\sqrt{2}}{9}$.

2. $\dfrac{64}{15}\sqrt{2}$.

3. $\pi a(a^2 - h^2)$.

4. $\dfrac{2\pi}{15}(6\sqrt{3} + 1)$.

习 题 8.5

1. $4\pi a^3$.

2. $\displaystyle\iint_{\Sigma}\left(\dfrac{3}{5}P + \dfrac{2}{5}Q + \dfrac{2\sqrt{3}}{5}R\right)\mathrm{d}S$.

3. $2\pi(\mathrm{e} - \mathrm{e}^2)$.

4. 2π.

5. $\dfrac{2\pi R^7}{105}$.

习 题 8.6

1. 0.

2. $-\dfrac{9\pi}{2}$.

3. $-\sqrt{3}\,\pi a^{2}$.

4. -20π.

习 题 8.7

1. 4π.

2. (1) 2π; (2) 12π.

复习题 8

A

1. $\dfrac{3}{2}\pi$.

2. $\dfrac{4}{3}\pi R^{3}$.

3. $-\dfrac{1000\pi}{3}$.

4. C.

5. D.

6. C.

7. (2) $\varphi(y) = -y^{2}$.

8. $-\pi$.

9. $2\pi R^{2}$.

10. $\dfrac{2}{3}\pi a^{3}$.

11. $-\dfrac{\pi}{4}h^{4}$.

12. $2\pi R^{3}$.

13. $4\pi R^{4}$.

14. $\dfrac{4\pi}{3}a$.

B

1. $2(\pi-1)$.

习 题 9.1

1. (1) 不是；　(2) 是,三阶；　(3) 是,一阶；　(4) 是,二阶；　(5) 是,一阶；
   (6) 是,二阶.

3. $y=\cos x+2\sin x+x$.

4. (1) $y'=x^{2}$；　(2) $\dfrac{\mathrm{d}^{2}x}{\mathrm{d}t^{2}}+\dfrac{k}{m}\dfrac{\mathrm{d}x}{\mathrm{d}t}=g,x(0)=0,x'(0)=0$.

习 题 9.2

1. (1) $\mathrm{e}^{-y}-\cos x=C$；　(2) $\sqrt{1+x^{2}}+\sqrt{1+y^{2}}=C$；　(3) $y=\mathrm{e}^{Cx}$；
   (4) $\tan x\tan y=C$；　(5) $y=x\,\mathrm{e}^{Cx+1}$；　(6) $y^{2}=x^{2}\ln(Cx^{2})$；

   (7) $x^{2}+y^{2}=C\mathrm{e}^{2\arctan\frac{y}{x}}$；　(8) $y^{2}=2Cx+C^{2}$.

2. (1) $y=(C+x)\mathrm{e}^{-\sin x}$,$C$ 为任意常数；

   (2) $2x\ln y=\ln^{2}y+C$,C 为任意常数；　(3) $y=\dfrac{1}{x}\mathrm{e}^{x}$；

   (4) $y=\dfrac{1}{2}x^{3}\big(1-\mathrm{e}^{\frac{1}{x^{2}}-1}\big)$；　(5) $\dfrac{1}{y}=-\sin x+C\mathrm{e}^{x}$,$C$ 为任意常数；

   (6) $\dfrac{x^{2}}{y^{2}}=C-\dfrac{2}{3}x^{2}\Big(\ln x+\dfrac{2}{3}\Big)$,$C$ 为任意常数；

   (7) $y^{-3}=\dfrac{1}{4x}-\dfrac{3}{2}x\ln x+\dfrac{3}{4}x$；　(8) $\dfrac{x^{6}}{y}-\dfrac{x^{8}}{8}=\dfrac{7}{8}$.

3. (1) $(x-y)^{2}=-2x+C$,C 为任意常数；

   (2) $y=\dfrac{1}{x}\mathrm{e}^{Cx}$,$C$ 为任意常数,C 为任意常数；

   (3) $y=\ln\left(\dfrac{x^{3}}{C-\dfrac{1}{2}x^{2}}\right)$,$C$ 为任意常数；

   (4) $\cos y=\dfrac{\ln x}{C+x}$,$C$ 为任意常数,此外 $y=n\pi+\dfrac{\pi}{2}$(n 为整数) 也是原方程
   的解.

4. $g(x) = \dfrac{1}{2}(e^{2x} + 1)$.

5. $v = \sqrt{72500} \approx 269.3\text{cm/s}$.

6. $i = e^{-5t} + \sqrt{2}\sin\left(5t - \dfrac{\pi}{4}\right)$.

7. 提示：设 AOB 坐标系中的曲线 $\begin{cases} x = x(t) \\ y = y(t) \end{cases}(0 \leqslant t \leqslant 100)$ 表示小船的航行路线，其中 x, y 分别表示小船 OB, OA 的位移. 易知 $x = 5t$，且 $y(0) = 0$，$y'(x)$ 表示小船在 $P(x, y)$ 处沿 OA 方向的瞬时速度（即水流速度），有 $y' = 0.02(5t + y)$，整理得 $y' - 0.02y = 0.1t$.

习 题 9.3

1. (1) $y = \dfrac{1}{12}x^4 + C_1 x + C_2$；　　　　　　　(2) $y = \dfrac{1}{12}x^4 - \dfrac{1}{9}\cos 3x + C_1 x + C_2$；

　(3) $y = -\dfrac{1}{2}x^2 - x - C_1 e^x + C_2$；　(4) $y = C_1(x - e^{-x}) + C_2$；

　(5) $C_1 y - 1 = C_2 e^{C_1 x}$；　　　　　　　(6) $y = C_2 e^{C_1 x}$.

2. (1) $y = x^3 + 3x + 1$；　　　　　　　(2) $y = \dfrac{1}{2}\ln^2 x + \ln x$；

　(3) $2y^{\frac{1}{4}} = \pm x + 2$；　　　　　　　(4) $e^{-y} = 1 \pm x$.

习 题 9.4

1. (1) $y = C_1 e^x + C_2 e^{-2x}$；　(2) $y = C_1 \cos x + C_2 \sin x$；

　(3) $y = e^{2x}(C_1 \cos x + C_2 \sin x)$；　(4) $y = C_1 e^x + C_2 e^{2x}$；

　(5) $y = (C_1 + C_2 x)e^{\frac{5}{2}x}$；　(6) $y = e^{2x}(C_1 \cos x + C_2 \sin x)$.

2. (1) $y = 4e^x + 2e^{3x}$；　(2) $y = (2 + x)e^{-\frac{x}{2}}$；

　(3) $y = 3e^{-2x}\sin 5x$；　(4) $y = 2\cos 5x + \sin 5x$.

3. 提示：设任意时刻 t 时，重物的位置为 $x = x(t)$，由题意可知，物体所受的力为 $mg - k(a + x)$，当 $t = 0$ 时，$x = a$，由牛顿第二定律知 $m\dfrac{\mathrm{d}^2 x}{\mathrm{d}t^2} = mg - \dfrac{mg}{a}(a + x)$，即

$$\begin{cases} \dfrac{\mathrm{d}^2 x}{\mathrm{d}t^2} + \dfrac{g}{a}x = 0, \\ x(0) = a, \\ x'(0) = 0. \end{cases}$$

习 题 9.5

1. (1) $y = C_1 \mathrm{e}^{\frac{1}{2}x} + C_2 \mathrm{e}^{-x} + \mathrm{e}^x$;

(2) $y = C_1 + C_2 \mathrm{e}^{-\frac{5}{2}x} + \dfrac{1}{3}x^3 - \dfrac{3}{5}x^2 + \dfrac{7}{25}x$;

(3) $y = \mathrm{e}^x (C_1 \cos 2x + C_2 \sin 2x) - \dfrac{1}{4}x \mathrm{e}^x \cos 2x$;

(4) $y = \mathrm{e}^{2x}(C_1 + C_2 x) + \dfrac{1}{2}x^2 \mathrm{e}^{2x}$;

(5) $y = C_1 \mathrm{e}^{-x} + C_2 \mathrm{e}^{-2x} + \left(\dfrac{3}{2}x^2 - 3x\right)\mathrm{e}^{-x}$;

(6) $y = \mathrm{e}^{-x}(C_1 + C_2 x) + x - 2$.

2. (1) $y = \mathrm{e}^x + \dfrac{1}{2}(\mathrm{e}^{2x} + 1)$;　(2) $y = \left(1 - x + \dfrac{1}{2}x^2 + \dfrac{1}{3}x^3\right)\mathrm{e}^{3x}$;

(3) $y = \cos 2x + \dfrac{1}{3}(\sin 2x + \cos 2x)$;　(4) $y = \dfrac{11}{16} + \dfrac{5}{16}\mathrm{e}^{4x} - \dfrac{5}{4}x$.

3. $f(x) = -\dfrac{3}{2}\cos x + \dfrac{5}{2}\sin x + \dfrac{3}{2}\mathrm{e}^{-x}$.

4. (1) $t = \sqrt{\dfrac{10}{g}}\ln(5 + 2\sqrt{6})\,\mathrm{s}$;　(2) $t = \sqrt{\dfrac{10}{g}}\ln\left(\dfrac{19 + 4\sqrt{22}}{3}\right)\mathrm{s}$.

习 题 9.6

1. $x\dfrac{\mathrm{d}^2 y}{\mathrm{d}x^2} = -\dfrac{1}{2}\sqrt{1 + \left(\dfrac{\mathrm{d}y}{\mathrm{d}x}\right)^2}$，初始条件为 $y(-1) = 0, y'(-1) = 1$.

复习题 9

A

1. (1) 3;　(2) $\sqrt{y} = Cx^2 + \dfrac{1}{2}x^2\ln x$，$C$ 为任意常数;

(3) $x = C\mathrm{e}^{2y} + \dfrac{1}{2}y^2 + \dfrac{1}{2}y + \dfrac{1}{4}$，$C$ 为任意常数；

(4) $Ax\,\mathrm{e}^{x} + x(Bx + C)\mathrm{e}^{-x}$，$A,B,C$ 为任意常数.

2. (1) $y^2 - x^2 + 2(\mathrm{e}^{y} - \mathrm{e}^{-x}) = C$，$C$ 为任意常数；

(2) $y = C\mathrm{e}^{\frac{y}{x}}$，$C$ 为任意常数；   (3) $y = \dfrac{1}{x}\left(C + \dfrac{x^4}{4}\right)$，$C$ 为任意常数；

(4) $y = \left(\dfrac{1}{C\mathrm{e}^{x} - 2x - 1}\right)^{\frac{1}{3}}$ 和 $y = 0$，C 为任意常数；

(5) $y = x\cot(C - x) - x^2$，C 为任意常数；

(6) $y = -\dfrac{1}{C_1 x + C_2}$，$C_1,C_2$ 为任意常数；

(7) $y = \mathrm{e}^{-3x}(C_1\cos 2x + C_2\sin 2x)$，$C_1,C_2$ 为任意常数；

(8) $y = C_1\cos 2x + C_2\sin 2x + \dfrac{1}{3}x\cos x + \dfrac{2}{9}\sin x$，$C_1,C_2$ 为任意常数.

3. (1) $y = 1$；   (2) $y = x\mathrm{e}^{1-x}$；   (3) $y = \dfrac{x}{\cos x}$；   (4) $y = \dfrac{1}{2}(\mathrm{e}^{9x} + \mathrm{e}^{x}) - \dfrac{1}{7}\mathrm{e}^{2x}$.

4. $f(x) = \cos x + \sin x$.

5. $y = \mathrm{e}^{x} - x^2 - x - 1$.

B

1. $x = \dfrac{2g\sin 30t - 60\sqrt{g}\sin\sqrt{g}\,t}{g - 900}$.

习 题 10.1

1. (1) $u_n = (-1)^{n-1}\dfrac{n}{n+1}$；   (2) $u_n = (-1)^{n-1}\dfrac{1}{n^2}$；

(3) $u_n = \dfrac{x^{\frac{n}{2}}}{2\cdot4\cdot6\cdot\cdots\cdot2n}$；   (4) $u_n = (-1)^{n}\dfrac{a^n}{2n-1}$.

2. (1) $1 + \dfrac{3}{5} + \dfrac{4}{10} + \dfrac{5}{17} + \dfrac{6}{26} + \cdots$；   (2) $1 + \dfrac{2!}{2^2} + \dfrac{3!}{3^3} + \dfrac{4!}{4^4} + \dfrac{5!}{5^5} + \cdots$.

3. (1) 收敛； (2) 发散； (3) 发散； (4) 发散； (5) 收敛； (6) 收敛；

(7) 发散； (8) 发散.

4. $S - S_n = \dfrac{aq^n}{1-q}$.

5. $u_n = \dfrac{1}{2n-1} - \dfrac{1}{2n}, S = \ln 2.$

6. (1) $\sum\limits_{n=1}^{\infty} u_{n+100}$ 收敛，$\sum\limits_{n=1}^{\infty} \dfrac{1}{u_n}$ 发散；

   (2) $\sum\limits_{n=1}^{\infty} u_{n+100}$ 发散，$\sum\limits_{n=1}^{\infty} \dfrac{1}{u_n}$ 可能收敛，也可能发散.

7. 发散.

习 题 10. 2

1. (1) 收敛；　(2) 发散；　(3) 收敛；　(4) 收敛；　(5) 发散；　(6) 收敛；

   (7) 收敛；　(8) $0 < a \leqslant 1$ 时发散，$a > 1$ 时收敛.

2. (1) 收敛；　(2) 收敛；　(3) 收敛；　(4) 收敛；

   (5) $a < 1$ 时收敛，$a \geqslant 1$ 时发散；

   (6) 收敛$\left(\text{提示分 } x = 1, 0 < x < 1 \text{ 及 } x > 1 \text{ 三种情形讨论} \lim\limits_{n \to \infty} \dfrac{u_{n+1}}{u_n}\right).$

3. (1) 发散；　(2) 发散；　(3) 收敛；　(4) 收敛；　(5) 收敛；　(6) $0 < a < 1$
   时收敛，$a \geqslant 1$ 时发散.

习 题 10. 3

1. (1) 发散；　(2) 绝对收敛；　(3) 绝对收敛；　(4) 条件收敛；

   (5) 绝对收敛；　(6) 条件收敛.

2. 条件收敛.

3. D.

4. 提示：将级数化为交错级数，然后应用莱布尼茨判别法.

5. 当 $-4 < a < 2$ 时，级数绝对收敛；当 $a = -4$ 时，条件收敛；当 $a \geqslant 2$ 或
   $a < -4$ 时发散.

习 题 10. 4

1. (1) $(-1, 1)$；　(2) $[-1, 1)$；　(3) $[-2, 2]$；　(4) $(-\infty, +\infty)$；

   (5) $\left[-\dfrac{1}{2}, \dfrac{1}{2}\right)$；　(6) $(-\sqrt{2}, \sqrt{2})$；　(7) $\left(-\dfrac{7}{2}, -\dfrac{5}{2}\right)$；　(8) $[0, 1).$

2. (1) $S(x) = \dfrac{x}{(1-x)^2}, x \in (-1, 1)$；

   (2) $S(x) = -\dfrac{x}{(1+x)^2}, x \in (-1, 1)$；

(3) $S(x) = \dfrac{9}{(3-x)^2}, x \in (-3,3)$;

(4) $S(x) = \dfrac{2x}{(1-x^2)^2}, x \in (-1,1)$;

(5) $S(x) = \dfrac{2}{(2-x)^2}, x \in (-2,2)$;

(6) $S(x) = \dfrac{2x}{(1-x)^3}, x \in (-1,1)$;

(7) $S(x) = \begin{cases} (1-x)\ln(1-x)+x, & -1 \leqslant x < 1, \\ 1, & x = 1; \end{cases}$

(8) $S(x) = \arctan x, x \in [-1,1]$.

3. $S(x) = \dfrac{3-x}{(1-x)^3}, x \in (-1,1)$.

4. $S(x) = \dfrac{1}{2}\ln\dfrac{1+x}{1-x}, x \in (-1,1), \quad \dfrac{1}{2}\ln 3$.

习 题 10. 5

1. (1) $x^3 e^{-x} = \displaystyle\sum_{n=0}^{\infty} (-1)^n \dfrac{x^{n+3}}{n!}, x \in (-\infty, +\infty)$;

(2) $x e^{x^2} = \displaystyle\sum_{n=0}^{\infty} \dfrac{x^{2n+1}}{n!}, x \in (-\infty, +\infty)$;

(3) $\sin\dfrac{x}{3} = \displaystyle\sum_{n=1}^{\infty} (-1)^{n-1} \dfrac{x^{2n-1}}{(2n-1)! \ 3^{2n-1}}, x \in (-\infty, +\infty)$;

(4) $\sin^2 x = \displaystyle\sum_{n=1}^{\infty} (-1)^{n-1} \dfrac{2^{2n-1}}{(2n)!} x^{2n}, x \in (-\infty, +\infty)$;

(5) $\dfrac{1}{3-x} = \displaystyle\sum_{n=0}^{\infty} \dfrac{x^n}{3^{n+1}}, x \in (-3,3)$;

(6) $\dfrac{x}{1+x-2x^2} = \displaystyle\sum_{n=0}^{\infty} \dfrac{1-(-1)^n}{3} x^n, x \in \left(-\dfrac{1}{2}, \dfrac{1}{2}\right)$;

(7) $\dfrac{1}{(1-x)(1-2x)} = \displaystyle\sum_{n=0}^{\infty} (2^{n+1}-1)x^n, x \in (-1,1)$;

(8) $\ln(2-3x) = \ln 2 - \displaystyle\sum_{n=0}^{\infty} \left(\dfrac{3}{2}\right)^{n+1} \dfrac{x^{n+1}}{n+1}, x \in \left[-\dfrac{2}{3}, \dfrac{2}{3}\right)$.

2. (1) $e^{x-1} = e \displaystyle\sum_{n=0}^{\infty} \dfrac{(x-2)^n}{n!}, x \in (-\infty, +\infty)$;

(2) $\ln x = \ln 2 + \sum_{n=0}^{\infty} (-1)^n \dfrac{(x-2)^{n+1}}{2^{n+1}(n+1)}, x \in (0,4]$;

(3) $\dfrac{1}{x} = \sum_{n=0}^{\infty} \dfrac{(-1)^n}{2^{n+1}}(x-2)^n, x \in (0,4)$;

(4) $\dfrac{1}{x^2+3x+2} = \sum_{n=0}^{\infty} (-1)^n \left(\dfrac{1}{3^{n+1}} - \dfrac{1}{4^{n+1}}\right)(x-2)^n, x \in (-1,5)$.

3. $\ln x = \sum_{n=1}^{\infty} (-1)^{n-1} \dfrac{(x-1)^n}{n}, 0 < x \leqslant 2$.

4. $\dfrac{1}{x} = \dfrac{1}{3} \sum_{n=1}^{\infty} (-1)^n \left(\dfrac{x-3}{3}\right)^n, 0 < x < 6$.

习 题 10.6

1. $S(x) = \begin{cases} -1, & -\pi < x < 0, \\ 1, & 0 < x < \pi, \\ 0, & x = 0, \pm \pi. \end{cases}$

2. $f(x) = \dfrac{\pi^2}{3} + 4 \sum_{n=1}^{\infty} \dfrac{(-1)^n}{n^2} \cos nx, -\infty < x < +\infty$.

3. $f(x) = \dfrac{e^{\pi} - e^{-\pi}}{\pi} \left[\dfrac{1}{2} + \sum_{n=1}^{\infty} \dfrac{(-1)^n}{n^2+1}(\cos nx - n \sin nx)\right], x \neq (2n+1)\pi$,

   $n = 0, \pm 1, \pm 2, \cdots$.

4. $f(x) = \dfrac{2}{\pi} \sum_{n=1}^{\infty} \dfrac{1}{n} \left[\dfrac{1}{n} \sin \dfrac{n\pi}{2} - (-1)^n \dfrac{\pi}{2}\right] \sin nx, x \in [-\pi, \pi]$.

5. $\dfrac{3}{2}$.

6. 1.

7. $1 - x^2 = 1 - \dfrac{\pi^2}{3} + \sum_{n=1}^{\infty} \dfrac{4 \cdot (-1)^{n+1}}{n^2} \cos nx$; $\quad \sum_{n=1}^{\infty} \dfrac{(-1)^{n+1}}{n^2} = \dfrac{\pi^2}{12}$.

8. $x + 1 = \dfrac{2}{\pi} \left[(\pi+2)\sin x - \dfrac{\pi}{2}\sin 2x + \dfrac{1}{3}(\pi+2)\sin 3x - \dfrac{\pi}{4}\sin 4x + \cdots\right]$,

   $x \in (0,\pi)$, 在 $x = 0, x = \pi$ 处级数均收敛于 0.

9. $-\dfrac{1}{4}$.

习 题 10.7

1. 分针要追上时针需要时间 5 分 27 秒 27, 分针与时针重合的时间为下午

1 点 5 分 27 秒 27.

2. $a_n = 0 (n = 0, 1, 2, \cdots)$, $b_n = \dfrac{1}{2n}[1 - (-1)^n]$ $(n = 1, 2, \cdots)$, $f(x) = \sin x +$

$\dfrac{\sin 3x}{3} + \dfrac{\sin 5x}{5} + \cdots + \dfrac{\sin(2n-1)x}{2n-1} + \cdots, x \in (-\pi, 0) \bigcup (0, \pi)$.

函数 $f(x)$ 的傅里叶级数的部分和 $S_1, S_3, S_5, \cdots$ 的图像如下图. 由此可见,随着 $n (n = 1, 3, 5, 7, \cdots)$ 的增加,$S_n(x)$ 就越接近 $f(x)$.

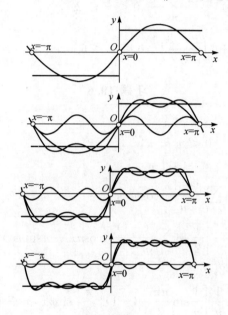

复习题 10

A

1. (1) 收敛,2; (2) 收敛; (3) 必要; (4) $|a| < 1$;

$$(5)\ S(x) = \begin{cases} \dfrac{1}{\pi}(x + 2\pi)^2, & -2\pi < x < -\pi, \\[2mm] \dfrac{1}{\pi}(x + \pi)^2, & -\pi < x < 0, \\[2mm] \dfrac{1}{\pi}x^2, & 0 < x < \pi, \\[2mm] \dfrac{\pi}{2}, & x = 0, \pm\pi, -2\pi. \end{cases}$$

2. (1) B; (2) C; (3) B; (4) C; (5) A; (6) A.

3. (1) 收敛; (2) 发散; (3) 收敛;

(4) $0 < a < 1$ 时收敛, $a = 1$ 时发散, $a > 1$ 时收敛.

4. (1) 绝对收敛；(2) 条件收敛；(3) 发散；(4) 绝对收敛.

5. (1) $S(x) = -\ln(1+x), x \in (-1,1]$；

(2) $S(x) = -\dfrac{2}{3-x}, x \in (-1,3)$；

(3) $S(x) = \dfrac{1}{(1-x)^2}, x \in (-1,1)$；

(4) $S(x) = -x - \dfrac{1}{2}\ln(1-x) + \dfrac{1}{2}\ln(1+x), x \in (-1,1)$.

6. $\dfrac{18\sqrt{3}}{\pi} \displaystyle\sum_{n=1}^{\infty} (-1)^{n-1} \dfrac{n\sin(nx)}{9n^2-1}, x \in (-\pi,\pi)$.

B

3. (1) 先求 $\displaystyle\sum_{n=1}^{\infty} \dfrac{1}{n}(a_n + a_{n+2})$，因

$$a_n + a_{n+2} = \int_0^{\frac{\pi}{4}} \tan^n x\,dx + \int_0^{\frac{\pi}{4}} \tan^{n+2} x\,dx = \dfrac{1}{n+1},$$

$$S_n = \sum_{k=1}^{n} \dfrac{1}{k}(a_k + a_{k+2}) = \sum_{k=1}^{n} \dfrac{1}{k(k+1)} = \sum_{k=1}^{n}\left(\dfrac{1}{k} - \dfrac{1}{k+1}\right)$$

$$= 1 - \dfrac{1}{n+1} \xrightarrow{(n\to\infty)} 1,$$

故 $\displaystyle\sum_{n=1}^{\infty} \dfrac{1}{n}(a_n + a_{n+2}) = 1$.

(2) $a_n = \displaystyle\int_0^{\frac{\pi}{4}} \tan^n x\,dx$，令 $\tan x = t$，则

$$a_n = \int_0^1 t^n \dfrac{1}{1+t^2}dt \leqslant \int_0^1 t^n dt = \dfrac{t^{n+1}}{n+1}\bigg|_0^1 = \dfrac{1}{n+1},$$

故

$$u_n = \dfrac{a_n}{n^\lambda} < \dfrac{1}{n^\lambda(n+1)} = \dfrac{1}{n^{\lambda+1} + n^\lambda} < \dfrac{1}{n^{\lambda+1}}.$$

因为 $\displaystyle\sum_{n=1}^{\infty} \dfrac{1}{n^{\lambda+1}}$ 收敛，所以 $\displaystyle\sum_{n=1}^{\infty} \dfrac{a_n}{n^\lambda}$ 收敛.

4. 将 $f(x) = x^2$ 在 $(-\infty,\infty)$ 上作周期延拓.

由 $f(-x) = f(x)$ 可知

$$b_n = 0 \quad (n=1,2,\cdots),$$

$$a_0 = \frac{2}{\pi} \int_0^\pi x^2 \,\mathrm{d}x = \frac{2}{3}\pi^2,$$

$$a_n = \frac{2}{\pi} \int_0^\pi x^2 \cos nx \,\mathrm{d}x = \frac{4(-1)^n}{n^2} \quad (n=1,2,\cdots).$$

由收敛定理

$$x^2 = f(x) = \frac{\pi^2}{3} + 4\sum_{n=1}^\infty \frac{(-1)^n}{n^2}\cos nx, \quad x\in[-\pi,\pi],$$

根据恒等式

$$左端 = \frac{1}{\pi}\int_{-\pi}^\pi f^2(x)\,\mathrm{d}x = \frac{1}{\pi}\int_{-\pi}^\pi x^4\,\mathrm{d}x = \frac{2}{5}x^4.$$

$$右端 = \frac{1}{2}\left(\frac{2}{3}\pi^2\right)^2 + \sum_{n=1}^\infty \left[\frac{4(-1)^n}{n^2}\right]^2 = \frac{4}{18}\pi^4 + \sum_{n=1}^\infty \frac{16}{n^4},$$

即

$$\frac{2}{5}\pi^4 = \frac{2}{9}\pi^4 + 16\sum_{n=1}^\infty \frac{1}{n^4},$$

解得 $\sum_{n=1}^\infty \dfrac{1}{n^4} = \dfrac{\pi^4}{90}.$

5. 3980 万元.

参 考 文 献

傅英定,彭年斌. 2005. 微积分学习指导教程. 北京:高等教育出版社.

傅英定,谢芸荪. 2009. 微积分. 2 版. 北京:高等教育出版社.

贾晓峰,魏毅强. 2008. 微积分与数学模型. 2 版. 北京:高等教育出版社.

姜启源,谢金星,叶俊. 2011. 数学建模. 4 版. 北京:高等教育出版社.

刘春凤. 2010. 应用微积分. 北京:科学出版社.

清华大学数学科学系《微积分》编写组. 2010. 微积分(Ⅰ). 2 版. 北京:清华大学出版社.

同济大学数学系. 2014. 高等数学(上册). 7 版. 北京:高等教育出版社.

王宪杰,侯仁民,赵旭强. 2005. 高等数学典型应用实例与模型. 北京:科学出版社.

王雪标,王拉娣,聂高辉. 2006. 微积分(下册). 北京:高等教育出版社.

吴赣昌. 2011. 高等数学(上册)(理工类). 4 版. 北京:中国人民大学出版社.

颜文勇. 2021. 数学建模. 2 版. 北京:高等教育出版社.

杨启帆,康旭升,赵雅囡. 2005. 数学建模. 北京:高等教育出版社.

赵家国,彭年斌. 2010. 微积分(上册). 北京:高等教育出版社.

Barnett R A, Ziegler M R, Byleen K E. 2005. Calculus for Business, Economics, Life Sciences, and Social Sciences(影印版). 北京:高等教育出版社.

Varberg D, Purcell E J, Rigdon S E. 2013. 微积分. 9 版. 刘深泉等,译. 北京:机械工业出版社.